世界经典
科普读本

几何原本

Euclid's Elements

〔古希腊〕欧几里得◎著
李彩菊◎译

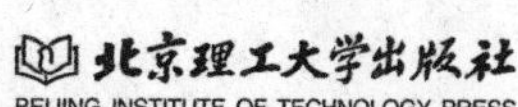

BEIJING INSTITUTE OF TECHNOLOGY PRESS

图书在版编目（CIP）数据

几何原本 / (古希腊) 欧几里得著 ; 李彩菊译. —北京 : 北京理工大学出版社, 2017.8

ISBN 978-7-5682-4184-7

Ⅰ. ①几… Ⅱ. ①欧… ②李… Ⅲ. ①欧氏几何 Ⅳ. ①O181

中国版本图书馆CIP数据核字（2017）第143241号

出版发行 / 北京理工大学出版社有限责任公司
社　　址 / 北京市海淀区中关村南大街 5 号
邮　　编 / 100081
电　　话 / （010）68914775（总编室）
（010）82562903（教材售后服务热线）
（010）68948351（其他图书服务热线）
网　　址 / http: //www.bitpress.com.cn
经　　销 / 全国各地新华书店
印　　刷 / 三河市金元印装有限公司
开　　本 / 700 毫米 × 1000 毫米　1/16
印　　张 / 38.5　　责任编辑 / 刘永兵
字　　数 / 434千字　　文案编辑 / 刘永兵
版　　次 / 2017 年 8 月第 1 版　2017 年 8 月第 1 次印刷　　责任校对 / 周瑞红
定　　价 / 65.00元　　责任印制 / 边心超

图书出现印装质量问题，请拨打售后服务热线，本社负责调换

目录

Contents

第 1 卷　平面几何基础 ……………………………………001

第 2 卷　几何代数的基本原理……………………………051

第 3 卷　与圆有关的平面几何……………………………072

第 4 卷　与圆有关的直线图形的作法 ……………………117

第 5 卷　比例……………………………………………138

第 6 卷　相似图形………………………………………169

第 7 卷　初等数论………………………………………213

第 8 卷　连比例 …………………………………………252

第 9 卷　数论的应用……………………………………280

第 10 卷　无理量 ………………………………………310

第 11 卷　简单立体几何 ………………………………479

第 12 卷　立体几何中的比例问题 ……………………534

第 13 卷　正多面体 ……………………………………572

第 1 卷　平面几何基础

定 义

1. 点：点不可以再分割。

2. 线：线是无宽度的长度。

3. 线的两端是点。

4. 直线：直线是它上面的点一样地平铺的线。

5. 面：面只有长度和宽度。

6. 面的边是线。

7. 平面：平面是它上面的线一样地平铺的面。

8. 平面角：平面角是一个平面上的两条直线相交的倾斜度。

9. 平角：当含有角的两条线成一条直线时，这个角称为平角。

10. 直角与垂线：一条直线与另一条直线相交所形成的两相邻的角相等，这两个角均称为直角，其中一条是另一条的垂线。

11. 钝角：当一个角大于直角时，该角为钝角。

12. 锐角：当一个角小于直角时，该角为锐角。

13. 边界：边界是物体的边缘。

14. 图形：图形可以是一个边界，也可以是几个边界所围成的。

15. 圆：圆是由一条线包围（称作圆周）的平面图形，该圆里特定的一点到线上所有点的距离相等。

16. 圆心：上述特定的一点称为圆心。

17. 直径：任意一条经过圆心、两端点在圆上的线段叫作圆的直径。每条直径都可以将圆平分成两半。

18. 半圆：半圆是由一条直径和被直径所切割的圆弧组成的图形。半圆的圆心和原圆心相同。

19. 直线形是由直线所围成的图形：三角形是由三条线围成的，四边形是由四条线围成的，多边形则是由四条以上的直线围成的。

20. 在三角形中，若三条边相等，则称作等边三角形；若只有两条边相等，则称作等腰三角形；若三条边都不相等，则称作不等边三角形。

21. 在三角形中，若有一个角是直角，该三角形是直角三角形；若有一个角为钝角，该三角形是钝角三角形；若三个角都是锐角，该三角形是锐角三角形。

22. 在四边形中，若四个角都是直角且四条边相等，该四边形是正方形；若只有四个角为直角，四条边不相等，该四边形是矩形；若四边相等，角非直角，该四边形为菱形；若两组对边、两组对角分别相等，角非直角，边不全相等，该四边形是平行四边形；其他四边形是梯形。

23. 平行线：在同一平面内，两条直线向两端无限延伸而无法相交，这两条直线是平行线。

公 设

公设 1：过任意两点可以作一条直线。

公设 2：一条有限直线可以继续延长。

公设 3：以任意点为圆心，任意长为半径，可以画圆。

公设 4：所有的直角都彼此相等。

公设 5：同平面内一条直线和另外两条直线相交，若直线同侧的两个内角之和小于两直角和，则这两条直线经无限延长后，在这一侧相交。

公 理

公理 1：等于同量的量彼此相等。

公理 2：等量加等量，其和仍相等。

公理 3：等量减等量，其差仍相等。

公理 4：彼此能够重合的物体是全等的。

公理 5：整体大于部分。

命　题

命题 1

在一个已知有限直线（即线段——译者注）上作一个等边三角形。

已知给定的线段是 *AB*。

在线段 *AB* 上作等边三角形。

以 *A* 为圆心，并以 *AB* 为半径作圆 *BCD*【公设 3】；再以 *B* 为圆心，

并以 BA 为半径作圆 ACE【公设 3】；从两圆的交点 C 分别到 A 和 B，连接 CA 和 CB【公设 1】。

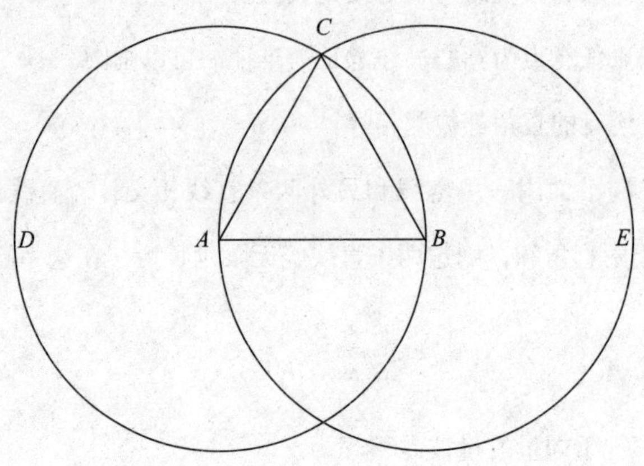

因为点 A 是圆 CDB 的圆心，AC 等于 AB【定义 1.15】。又，点 B 是圆 CAE 的圆心，BC 等于 BA【定义 1.15】。但 CA 和 CB 都等于 AB。而等于同量的量彼此相等【公理 1】。所以，CA 等于 CB。因此，三条线段 CA、AB 和 BC 彼此相等。

因此，三角形 ABC 是等边的，且在给定线段 AB 上作出了这个三角形。这就是命题 1 的结论。

命题 2[①]

由一个已知点（作为端点）作一条线段等于已知线段。

设 A 为已知点，BC 为已知线段。要求以 A 为端点，作长度与 BC 相等的线段。（由 A 点作一条线段等于已知线段 BC。——译者注）

① 该命题根据点 A 与线段 BC 相对位置的不同，存在不同情况。在这种情况下，欧几里得总是只考虑一种情况——通常情况，是最难的一种情况——其他情况就留给读者来当作练习。

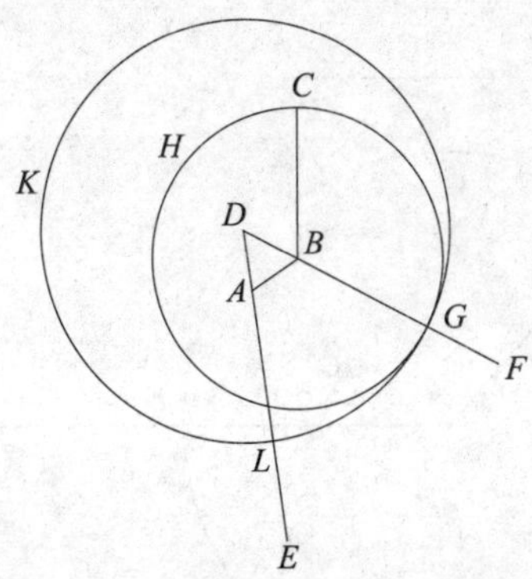

连接 AB，得到直线 AB【公设 1】，在 AB 上作等边三角形 DAB【命题 1.1】。分别延长 DA，DB 成直线 AE，BF【公设 2】。以 B 为圆心，以 BC 为半径，作圆 CGH【公设 3】（点 G 是圆与直线 DF 的交点——译者注），再以 D 为圆心，以 DG 为半径，作圆 GKL【公设 3】。

因为 B 是圆 CGH 的圆心，所以 BC 等于 BG【定义 1.15】。同理，因为 D 是圆 GKL 的圆心，所以 DL 等于 DG【定义 1.15】。又 DA 等于 DB。所以余量 AL 等于余量 BG【公理 3】。已证明 BC 等于 BG，所以 AL 和 BC 都等于 BG。又因为等于同量的量彼此相等【公理 1】。所以，AL 等于 BC。

所以，以 A 为端点作出线段 AL 等于已知线段 BC。这就是命题 2 的结论。

命题 3

两条不相等的线段，在长的线段上可以截取一条线段使它等于另一条线段。

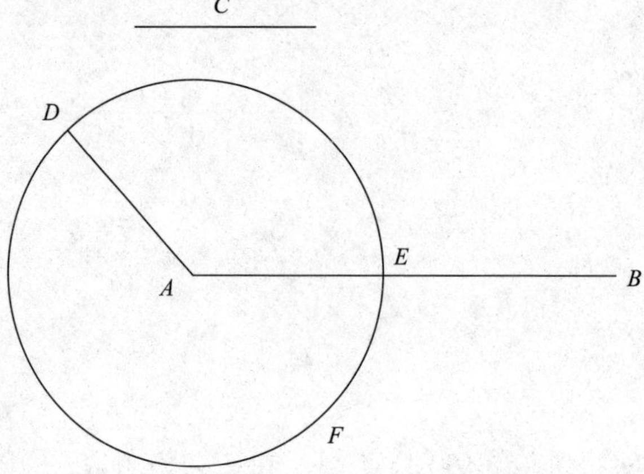

设线段 *AB* 和 *C* 是两条不相等的线段，且 *AB* 长于 *C*。要求从 *AB* 上截取一条线段，使其等于线段 *C*。

由 *A* 作 *AD* 等于线段 *C*【命题 1.2】，以 *A* 为圆心，以 *AD* 为半径画圆 *DEF*【公设 3】。

因为 *A* 是圆 *DEF* 的圆心，所以 *AE* 等于 *AD*【定义 1.15】。又因为线段 *C* 等于 *AD*，所以 *AE* 和 *C* 都等于 *AD*。所以 *AE* 等于 *C*【公理 1】。

因此，两条已知不相等的线段 *AB* 和 *C*，从 *AB* 上截取的线段 *AE* 等于线段 *C*。这就是命题 3 的结论。

命题 4

如果两个三角形中，一个的两边分别等于另一个的两边，且相等线段所夹的角相等，那么，它们的底边相等，两个三角形全等，且其余的角也分别等于相应的角，即等边所对的角。

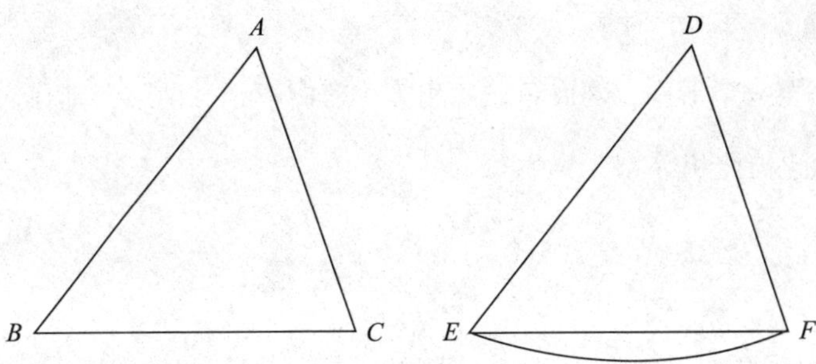

设在三角形 ABC 和三角形 DEF 中，AB 等于 DE，AC 等于 DF，且角 BAC 等于角 EDF。那么，就认为底边 BC 等于 EF，三角形 ABC 全等于三角形 DEF，并且这两个三角形中相等边所对的另外两个角也相等。（也就是）角 ABC 等于角 DEF，角 ACB 等于角 DFE。

如果把三角形 ABC 移动到三角形 DEF 上，若点 A 落在点 D 上，直线 AB 放在 DE 上，因为 AB 等于 DE，所以点 B 和点 E 重合。又角 BAC 等于角 EDF，线段 AB 与 DE 重合，所以 AC 与 DF 重合。又因为 AC 等于 DF，所以点 C 与点 F 重合。点 B 已经确定与点 E 重合，所以底 BC 与底 EF 重合。如若 B 与 E 重合，C 与 F 重合，底 BC 不与底 EF 重合，两条直线会围成一块有长有宽的区域，这是不可能的【公设 1】。因此，底 BC 与底 EF 重合，且 BC 等于 EF【公理 4】。所以整个三角形 ABC 与整个三角形 DEF 重合，于是它们全等【公理 4】。且其余的角也与其余的角重合，于是它们都相等【公理 4】，即角 ABC 等于角 DEF，角 ACB 等于角 DFE【公理 4】。

综上，如果两个三角形中，一个的两边分别等于另一个的两边，且相等线段所夹的角相等，那么，它们的底边相等，两个三角形全等，且其余的角也分别等于相应的角，即等边所对的角。这就是命题 4 的结论。

命题 5

在等腰三角形中，两底角彼此相等，若向下延长两腰，则在底边下面的两个角也彼此相等。

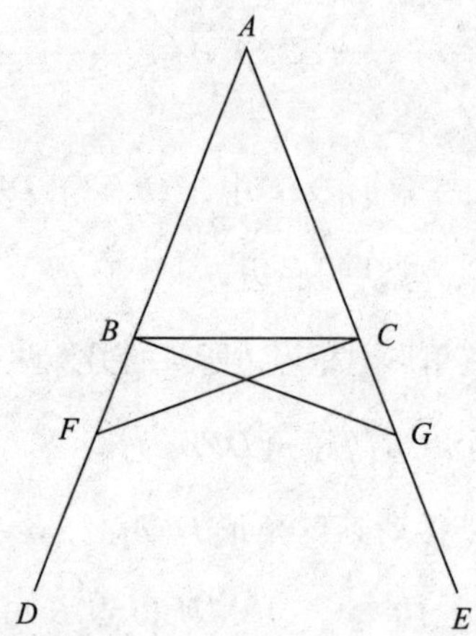

已知在等腰三角形 *ABC* 中，边 *AB* 等于边 *AC*，分别延长 *AB*、*AC* 成直线 *BD*、*CE*【公设 2】。可证角 *ABC* 等于角 *ACB*，且角 *CBD* 等于角 *BCE*。

在 *BD* 上任取一点 *F*，在较大的 *AE* 上截取一段 *AG*，使 *AG* 等于 *AF*【命题 1.3】。

连接 *FC* 和 *GB*【公设 1】。

因为 *AF* 等于 *AG*，*AB* 等于 *AC*，两边 *FA* 和 *AC* 分别与边 *GA* 和 *AB* 相等，且它们有一个公共角 *FAG*。所以，底 *FC* 等于底 *GB*，三角形 *AFC* 与三角形 *AGB* 全等，剩下的相等的边所对的角也分别相等（即等边对等角——译者注），即角 *ACF* 等于角 *ABG*，角 *AFC* 等于角 *AGB*【命题 1.4】。

又因为整体 *AF* 等于整体 *AG*，它们中的 *AB* 等于 *AC*，剩下的 *BF* 等于

剩下的 *CG*。【公理 3】

但已经证明 *FC* 与 *GB* 相等，所以边 *BF*、*FC* 分别与边 *CG*、*GB* 相等，且角 *BFC* 等于角 *CGB*。底边 *BC* 为公共边，所以，三角形 *BFC* 全等于三角形 *CGB*。等边对应的角也分别相等【命题 1.4】。

所以角 *FBC* 等于角 *GCB*，角 *BCF* 等于角 *CBG*。已经证明整个角 *ABG* 等于整个角 *ACF*，且角 *CBG* 等于角 *BCF*，剩下的角 *ABC* 等于剩下的角 *ACB*【公理 3】。

又它们在三角形 *ABC* 的底边以上。已经证明角 *FBC* 也等于角 *GCB*。它们在三角形的底边下。

综上，在等腰三角形中，两底角彼此相等，且如果沿两腰作延长线，延长线与底边所成的角也彼此相等。这就是命题 5 的结论。

命题 6

在一个三角形里，如果有两个角彼此相等，那么这两个角所对的边也彼此相等。

已知在三角形 *ABC* 中，角 *ABC* 等于角 *ACB*，可证边 *AB* 等于边 *AC*。

假设 *AB* 不等于 *AC*，且 *AB* 大于 *AC*。在线段 *AB* 上作 *DB* 等于 *AC*【命题 1.3】。连接 *DC*【公设 1】。

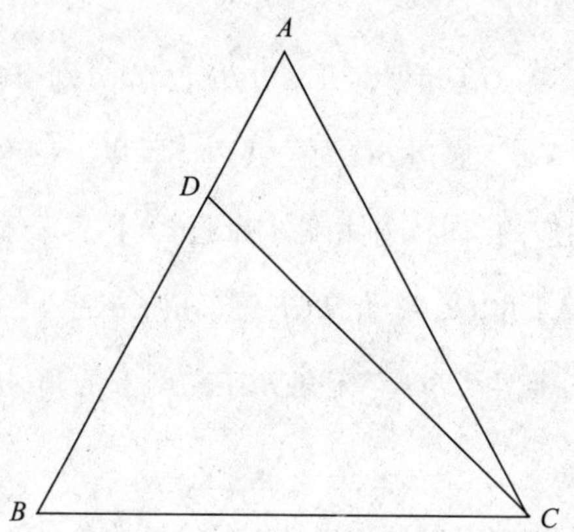

因为 DB 等于 AC，BC 是公共边，两边 DB、BC 分别与边 AC、CB 相等，且角 DBC 等于角 ACB，所以底边 DC 等于底边 AB，三角形 DBC 与三角形 ACB 全等【命题 1.4】，即小的等于大的。假设不正确【公理 5】。所以 AB 等于 AC。

综上，如果在一个三角形中，有两个角彼此相等，那么这两个等角对应的边也相等。这就是命题 6 的结论。

命题 7

过线段两端点引出的两条线段交于一点，则不可能在该线段（从它的两个端点）的同侧作出相交于另一点的另两条线段，分别等于前两条线段。

设线段 AC、CB 分别等于 AD、DB，且它们的端点都在线段 AB 上，AC、CB 相交于点 C，AD、DB 相交于点 D，C、D 在（线段 AB 的）同一侧。所以 CA 等于 DA，有公共点 A，CB 等于

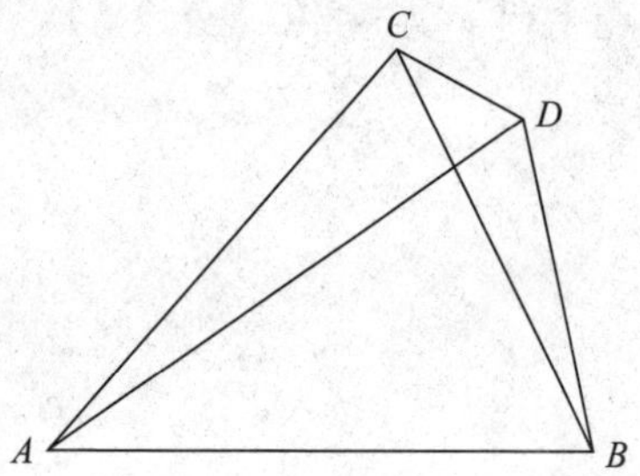

DB，有公共点 B。连接 CD【公设 1】。

因为 AC 等于 AD，所以角 ACD 等于角 ADC【命题 1.5】。所以，角 ADC 大于角 DCB【公理 5】。进而角 CDB 大于角 DCB【公理 5】。又因为 CB 等于 DB，所以角 CDB 等于角 DCB【命题 1.5】。但是前面得出前者大于后者，所以矛盾，假设不对。

综上，过线段端点引出两条线段交于一点，则不可能过同一线段两端且在同侧作出相交于另一点的两条线段，使其分别等于前两条线段。这就是命题 7 的结论。

命题 8

如果一个三角形的三条边与另外一个三角形的三条边都相等，那么等边所夹的角也都相等。

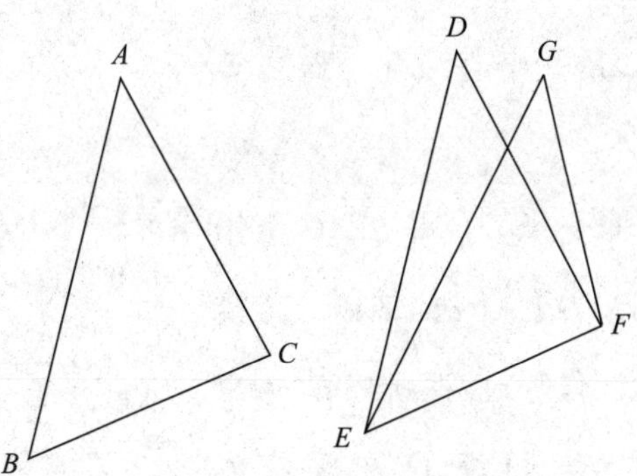

设 ABC 和 DEF 是两个三角形，边 AB、AC 分别与边 DE、DF 相等。即 AB 等于 DE，AC 等于 DF。且底边 BC 等于底边 EF。可证角 BAC 等于角 EDF。

如果将三角形 ABC 移至三角形 DEF 上，让点 B 落在点 E 上，线段 BC

放在 *EF* 上，那么，因为 *BC* 等于 *EF*，所以点 *C* 与点 *F* 重合。因为 *BC* 和 *EF* 重合，所以 *BA*、*CA* 分别和 *ED*、*DF* 重合。假设 *BC* 和 *EF* 重合，*AB*、*AC* 不与 *ED*、*DF* 重合，而是落在旁边的 *EG*、*GF* 处（如图所示），那么过线段（*EF*）两端点引出的两条线段（*DE*、*DF*）交于一点，从该线段（*EF*）的两个端点的同侧作出相交于另一点（*G*）的两条线段（*GE*、*GF*），分别等于前两条线段（*DE*、*DF*）。而这样的两条线段是不存在的【命题 1.7】。所以当底边 *BC* 与 *EF* 重合时，边 *BA*、*AC* 分别与 *ED*、*DF* 重合。所以角 *BAC* 与角 *EDF* 重合，即角 *BAC* 与角 *EDF* 彼此相等【公理 4】。

综上，如果两个三角形的两条边彼此分别相等，且底边相等，那么等边所夹的角也相等。这就是命题 8 的结论。

命题 9

二等分一个已知直线角。

已知角 *BAC* 是一个直线角，作二等分角。

在 *AB* 上任取一点 *D*，并在 *AC* 上作 *AE*，使 *AE* 等于 *AD*【命题 1.3】，连接 *DE*。以 *DE* 为边，作等边三角形 *DEF*【命题 1.1】，连接 *AF*。可证 *AF* 二等分角 *BAC*。

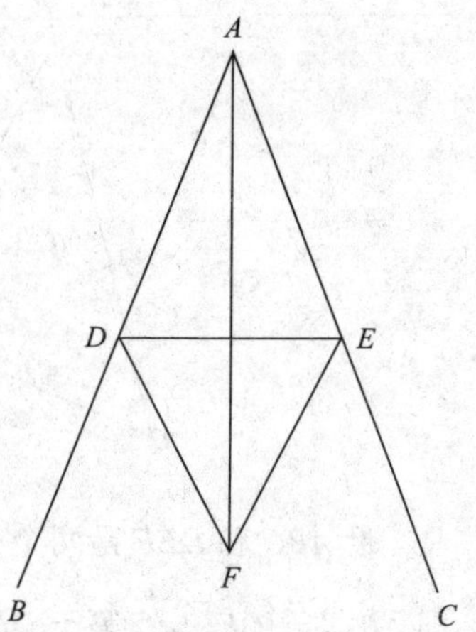

因为 *AD* 等于 *AE*，*AF* 为公共边，（线段）*DA*、*AF* 分别等于（线段）*EA*、*AF*，且底边 *DF* 等于 *EF*。所以角 *DAF* 等于角 *EAF*【命题 1.8】

综上，直线角 *BAC* 被 *AF* 二等分。这就是命题 9 的结论。

命题 10

二等分已知线段。

已知线段 *AB*，作二等分线段。

以 *AB* 为一边，作等边三角形 *ABC*【命题 1.1】，作直线 *CD* 二等分角 *ACB*【命题 1.9】。可证线段 *AB* 被点 *D* 二等分，点 *D* 为等分点。

因为 *AC* 等于 *CB*，*CD* 为公共边，边 *AC*、*CD* 分别等于边 *BC*、*CD*，且角 *ACD* 等于角 *BCD*。所以底边 *AD* 等于底边 *BD*【命题 1.4】。

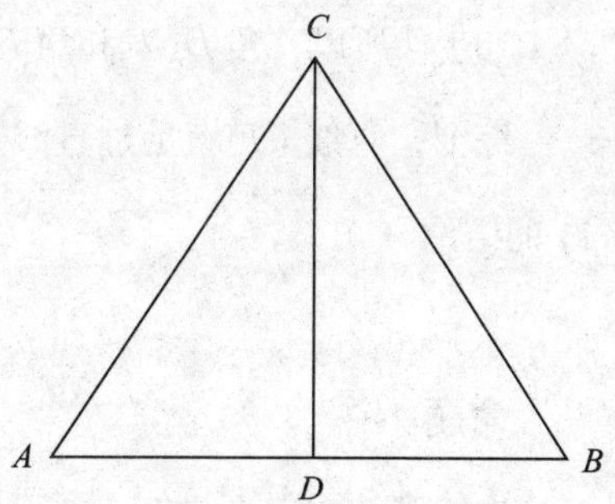

综上，线段 *AB* 二等分于点 *D*。这就是命题 10 的结论。

命题 11

由给定的直线上一已知点作一直线和给定的直线成直角。

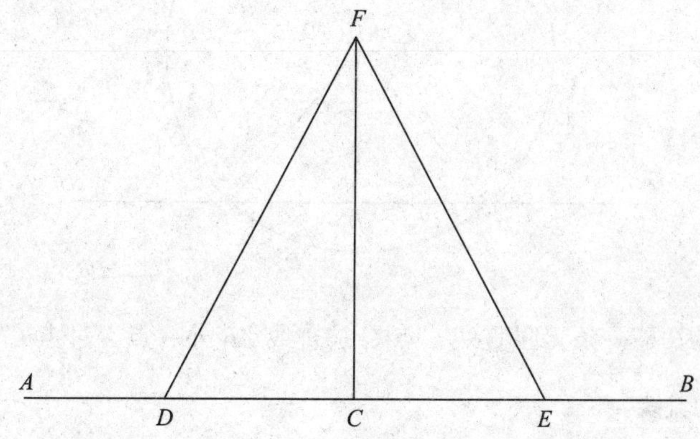

已知直线 AB，点 C 是 AB 上任意一点。过点 C 作一条直线与 AB 成直角。

在 AC 上任取一点 D，在 CB 上作 CE 等于 CD【命题 1.3】，以 DE 为边，作等边三角形 FDE【命题 1.1】，连接 FC。可证 FC 是过点 C 与直线 AB 成直角的直线。

因为 DC 等于 CE，CF 是公共边，边 DC、CF 分别等于边 EC、CF。又底 DF 等于底 FE。所以角 DCF 等于角 ECF【命题 1.8】，且它们是邻角。如果两条直线相交，形成两个相邻的相等角，那么这两个角均为直角【定义 1.10】。所以，角 DCF 和角 FCE 都为直角。

综上，直线 CF 满足过直线 AB 上的点 C，且垂直于 AB。这就是命题 11 的结论。

命题 12

由给定的无限直线外一已知点作该直线的垂线。

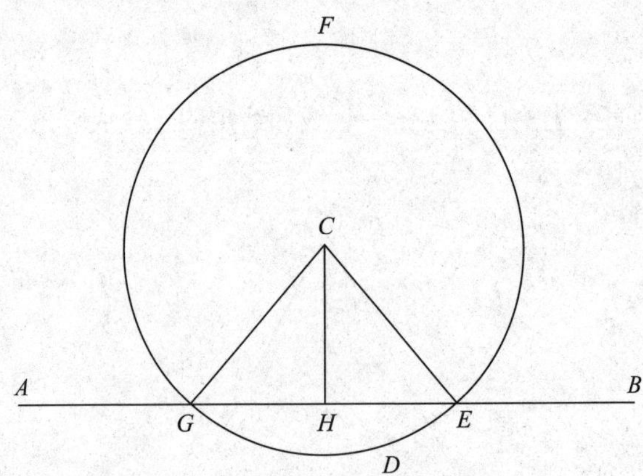

已知 AB 是一条无限直线，点 C 是直线 AB 外一点。过点 C 作垂直于直线 AB 的直线。

点 D 是直线 AB 外任意一点，且位于点 C 的相反一侧，以点 C 为圆心，CD 为半径作圆 EFG【公设 3】。作点 H 为 EG 的二等分点（G、E 为圆 EFG 与直线 AB 的交点。——译者注）【命题 1.10】，连接 CG、CH 和 CE。可证直线 CH 过点 C 且垂直于直线 AB。

因为 GH 等于 HE，HC 为公共边，边 GH、HC 分别等于边 EH、HC，且底 CG 等于 CE。所以角 CHG 等于角 CHE【命题 1.8】，同时它们是邻角。当两条直线相交，形成两个相等的邻角时，这两个角均为直角，两条直线互为垂线【定义 1.10】

综上，（直线）CH 过直线 AB 外的任意点 C，且垂直于 AB。这就是命题 12 的结论。

命题 13

一条直线和另一条直线相交所成的角，要么是两个直角，要么它们的和等于两个直角。

设直线 AB 在 CD 的上侧，且与 CD 相交于 B，形成角 CBA 和角 ABD，可证角 CBA 和角 ABD 都是直角，或者它们的和等于两个直角。

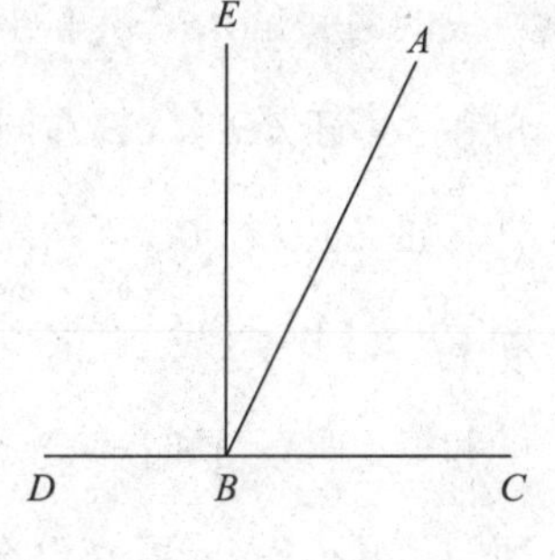

事实上，若角 CBA 等于角 ABD，那么它们就是两个直角【定义 1.10】。如果这两个角不相等，过点 B 作直线 BE 垂直于（直线）CD【命题 1.11】。所以，角 CBE 和角 EBD 是两个直角。又因为角 CBE 等于角 CBA 加角 ABE，给它们分别加上角 EBD，则角 CBE、角 EBD 之和等于角 CBA、角 ABE、角 EBD 之和【公理 2】。又因为角 DBA 等于角 DBE 加

角 *EBA*，给它们分别加上角 *ABC*，则角 *DBA* 和角 *ABC* 之和等于角 *DBE*、角 *EBA* 及角 *ABC* 的和【公理 2】。但是，角 *CBE* 加角 *EBD* 等于相同的三个角之和。等于同量的量彼此相等【公理 1】。所以角 *CBE* 与角 *EBD* 之和也等于角 *DBA* 与角 *ABC* 的和。又因为角 *CBE* 和角 *EBD* 是两个直角，所以角 *ABD* 与角 *ABC* 的和等于两直角的和。

综上，两条直线相交时形成的邻角，要么是两个直角，要么其和等于两直角和。这就是命题 13 的结论。

命题 14

如果过某一直线上任意一点且在该直线的两边有两条直线，且这两条直线与该直线所形成的两邻角之和等于两直角和，那么这两条直线在同一直线上。

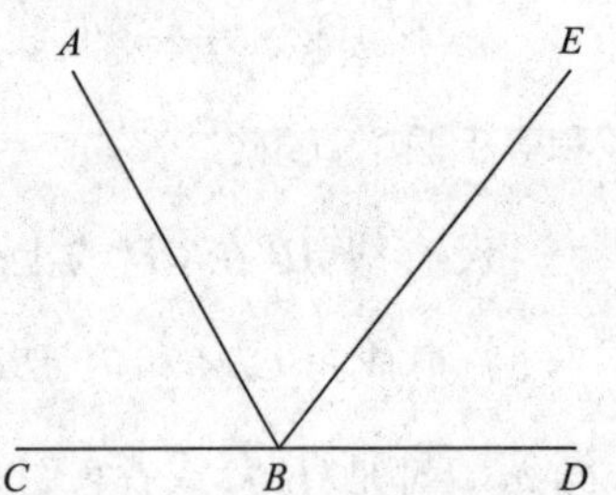

已知过直线 *AB* 上的一点 *B*，有两条直线 *BC* 和 *BD* 分别在直线 *AB* 的两侧，与 *AB* 所成的两邻角 *ABC*、角 *ABD* 的和等于两直角和。可证 *BD* 和 *CB* 在同一直线上。

如果 *BD* 和 *BC* 不在同一直线上，设 *BE* 和 *CB* 在同一直线上。因为直线 *AB* 在直线 *CBE* 的上方，角 *ABC* 与角 *ABE* 的和等于两直角和【命题 1.13】。但角 *ABC* 和角 *ABD* 的和也等于两直角和。所以，角 *CBA*、角 *ABE* 的和等于角 *CBA*、角 *ABD* 的和【公理 1】。同时减去角 *CBA*。所以，余下的角 *ABE* 等于角 *ABD*【公理 3】，较小的角等于较大的角，这是不可能的。所以，*BE* 与 *CB* 不在同一直线上。相似地，我们可以证明除 *BD* 外，其他直线都不满足与 *CB* 在同一直线上。所以，*CB*

与 *BD* 在同一直线上。

综上，如果过某一直线上的任意一点的两条直线不在该直线的同一边，且这两条直线与该直线所形成的两邻角之和等于两直角和，那么这两条直线在同一直线上。这就是命题 14 的结论。

命题 15

如果两直线相交，则它们所成的对顶角相等。

已知直线 *AB* 和 *CD* 相交于点 *E*，可证角 *AEC* 等于角 *DEB*，角 *CEB* 等于角 *AED*。

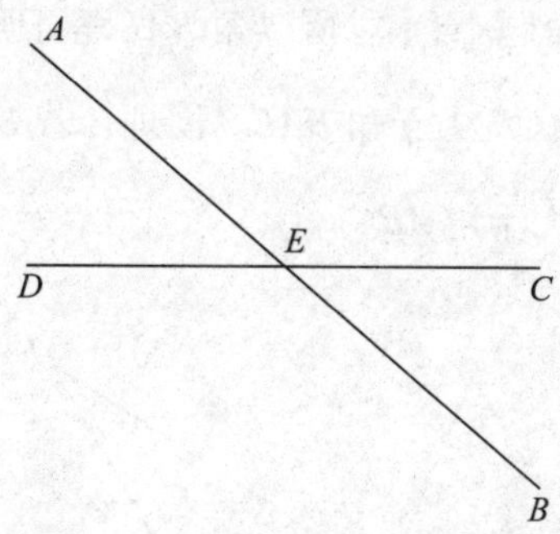

直线 *AE* 在直线 *CD* 的上侧，构成角 *CEA* 和角 *AED*，角 *CEA* 与角 *AED* 的和等于两直角之和【命题 1.13】。又因为直线 *DE* 与 *AB* 相交，形成角 *AED* 和角 *DEB*，且两角之和等于两直角之和【命题 1.13】。所以角 *CEA* 与角 *AED* 之和等于角 *AED* 和角 *DEB* 之和【公理 1】。从两角中减去角 *AED*，剩下的角 *CEA* 等于剩下的角 *BED*【公理 3】。同理，角 *CEB* 等于角 *DEA*。

综上，如果两条直线相交，则它们所构成的相对的角（这样的角称作对顶角。——译者注）相等。这就是命题 15 的结论。

命题 16

在任意三角形中，延长一边，所形成的外角大于任何一个内对角。

已知三角形 *ABC*，延长边 *BC* 至 *D*。可证外角 *ACD* 大于内角 *CBA* 和角 *BAC* 中的任何一个。

作 *AC* 的二等分点 *E*【命题 1.10】，连接 *BE* 并延长至 *F*。使 *EF* 等于 *BE*【命题 1.3】，连接 *FC*。延长 *AC* 至（点）*G*。

因为 *AE* 等于 *EC*，*BE* 等于 *EF*。因为角 *AEB*、角 *FEC* 是对顶角，所以角 *AEB* 等于角 *FEC*【命题 1.15】。所以，在三角形 *AEB* 和三角形 *CEF* 中，底边 *AB* 等于底边 *FC*，且三角形 *ABE* 与三角形 *CFE* 全等，即等边对应的角相等【命题 1.4】。所以角 *BAE* 等于角 *ECF*。因为角 *ECD* 大于角 *ECF*，所以角 *ACD* 大于角 *BAE*。同理，若 *BC* 二等分，可以得到角 *BCG*，即角 *ACD*，大于角 *ABC*。

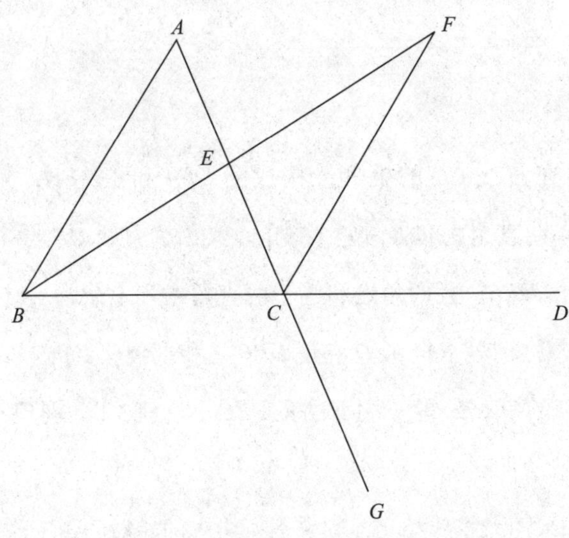

综上，对于任意三角形，延长任何一边所形成的外角大于内对角。这

就是命题 16 的结论。

命题 17

在任意三角形中，任何两角之和小于两直角和。

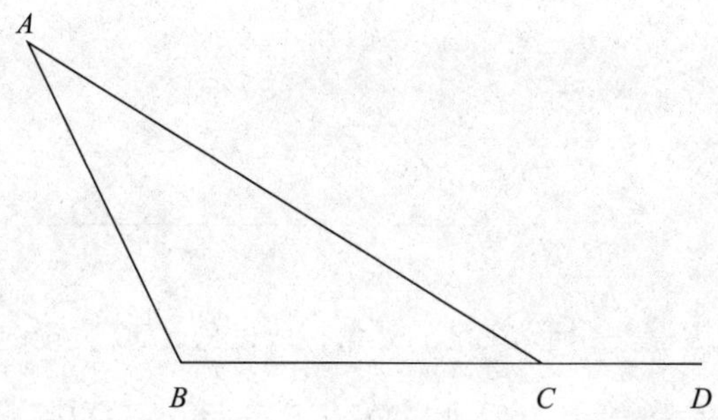

已知在三角形 *ABC* 中，可证任意两角之和小于两直角和。

延长 *BC* 至 *D*。

因为角 *ACD* 是三角形 *ABC* 的一个外角，所以角 *ACD* 大于内对角 *ABC*【命题 1.16】。两角同时加上角 *ACB*，则角 *ACD* 和 *ACB* 之和大于角 *ABC* 和角 *BCA* 之和。又因为角 *ACD* 与角 *ACB* 之和等于两直角之和【命题 1.13】。所以，角 *ABC* 与角 *BCA* 的和小于两直角和。同理，角 *BAC* 与角 *ACB* 的和也小于两直角和，角 *CAB* 与角 *ABC* 的和也小于两直角和。

综上，在任意三角形中，任意两内角和小于两直角和。这就是命题 17 的结论。

命题 18

在任意三角形中，大边对大角。

已知在三角形 ABC 中，边 AC 大于边 AB。可证角 ABC 大于角 BCA。

因为 AC 大于 AB，作 AD 等于 AB【命题 1.3】，连接 BD。

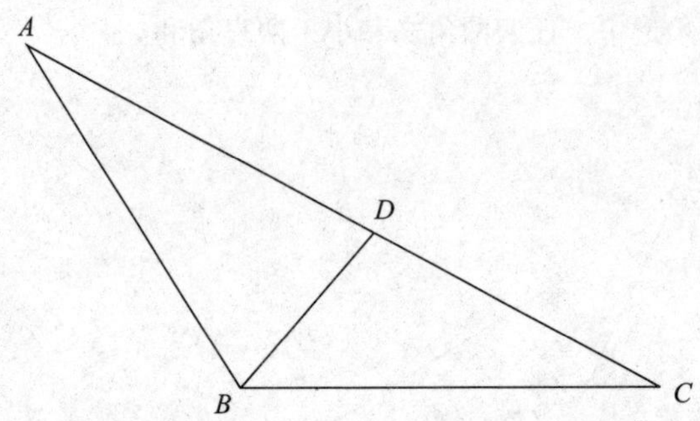

因为角 ADB 是三角形 BCD 的外角，所以角 ADB 大于内对角 DCB【命题 1.16】。因为 AB 等于 AD，所以角 ADB 等于角 ABD【命题 1.5】。所以，角 ABD 大于角 ACB。所以角 ABC 大于角 ACB。

综上，在任意三角形中，较大的边所对的角较大。这就是命题 18 的结论。

命题 19

在任意三角形中，大角对大边。

已知在三角形 ABC 中，角 ABC 大于角 BCA。可证边 AC 大于边 AB。

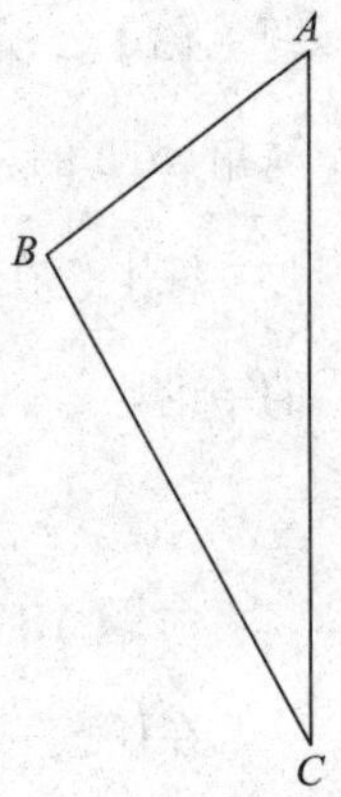

如果 AC 不大于 AB，即 AC 等于或者小于 AB。实际上，AC 不可能等于 AB，因为如果相等，则角 ABC 等于角 ACB【命题 1.5】。与已知不符。所以，AC 不等于 AB。同样，如果 AC 小于 AB，那么角 ABC 应该小于角 ACB【命题 1.18】。也与已知不符。所以 AC 不能小于 AB。又因为 AC 不等于

AB。因此，AC 只能大于 AB。

综上，在任意三角形中，较大的角所对的边较大。这就是命题 19 的结论。

命题 20

在任意三角形中，任意两边之和大于第三边。

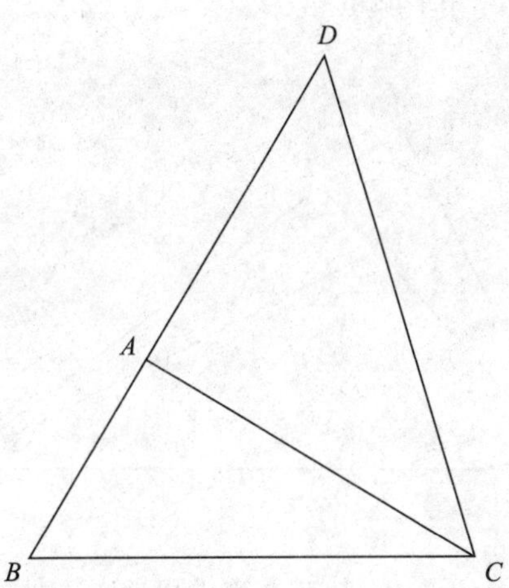

已知在三角形 ABC 中，可证三角形 ABC 任意两边之和大于第三边。即 BA 与 AC 的和大于 BC，AB 与 BC 的和大于 AC，BC 与 CA 的和大于 AB。

延长 BA 至 D，使 AD 等于 CA【命题 1.3】，连接 DC。

因为 DA 等于 AC，角 ADC 等于角 ACD【命题 1.5】。所以角 BCD 大于角 ADC。在三角形 DCB 中，角 BCD 大于角 BDC，大角对大边【命题 1.19】，所以 DB 大于 BC。又因为 DA 等于 AC，所以 BA 与 AC 的和大于 BC。同理，AB 与 BC 之和大于 CA，BC 与 CA 之和大于 AB。

综上，在任意三角形中，任意两边之和大于第三边。这就是命题 20 的结论。

命题 21

由三角形的一条边的两个端点作相交于三角形内的两条线段，那么交点到这两个端点的线段和小于三角形其他两边之和，但是，所形成的角大于同一条边对应的原三角形的角。

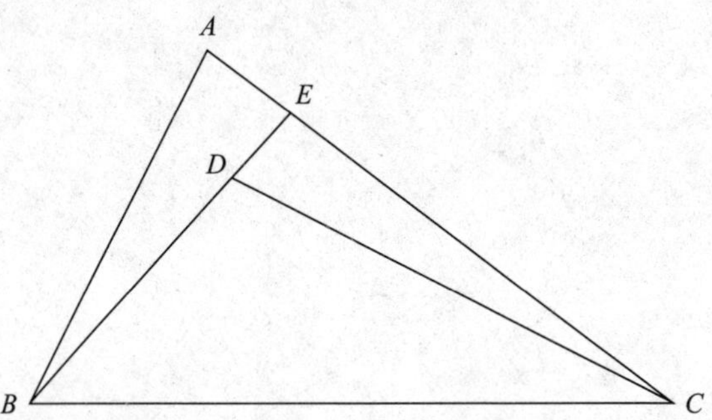

过三角形 *ABC* 中的边 *BC* 的两个端点 *B*、*C* 分别作线段 *BD*、*DC*。可证 *BD* 与 *DC* 之和小于 *AB* 与 *AC* 之和，且角 *BDC* 大于角 *BAC*。

延长 *BD* 与 *AC* 交于点 *E*。因为在任意三角形中，两边之和大于第三边【命题 1.20】，即在三角形 *ABE* 中，*AB* 与 *AE* 之和大于 *BE*。两边同时加 *EC*。那么 *BA* 和 *AC*（*AC* 等于 *AE* 加 *EC*。——译者注）的和大于 *BE* 与 *EC* 的和。又因为在三角形 *CED* 中，*CE* 与 *ED* 的和大于第三边 *CD*，两边同时加 *DB*，即 *CE* 与 *EB* 之和大于 *CD* 与 *BD* 之和。又因为 *BA* 与 *AC* 之和大于 *BE* 与 *EC* 之和。所以，*BA* 与 *AC* 之和大于 *BD* 与 *DC* 之和（即 *BD* 与 *DC* 之和小于 *AB* 与 *AC* 之和。——译者注）。

因为任何三角形的外角大于内对角【命题 1.16】，所以在三角形 *CDE* 中，

外角 *BDC* 大于角 *CED*。同理，在三角形 *ABE* 中，外角 *CEB* 大于角 *BAC*。因为角 *BDC* 大于角 *CED*，所以角 *BDC* 大于角 *BAC*。

综上，以三角形一边的两个端点向三角形内引两条相交线，则交点到这两个端点的距离之和小于原三角形的另外两边之和，两相交线所形成的角大于同边所对应的原三角形的角。这就是命题 21 的结论。

命题 22

以分别与三条已知线段相等的线段为三边作三角形：要求给定线段中的任意两条线段之和大于第三条线段，因为在任意三角形中，任意两边之和大于第三边【命题 1.20】。

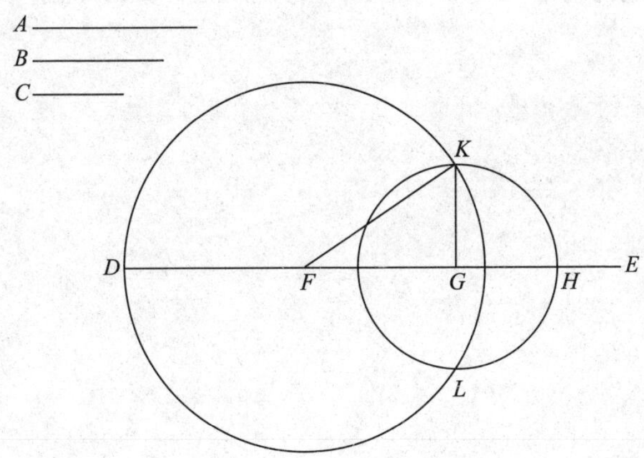

设 *A*、*B*、*C* 是三条给定线段，且任意两条线段之和大于第三条线段。即 *A* 与 *B* 的和大于 *C*，*A* 与 *C* 的和大于 *B*，*B* 与 *C* 的和大于 *A*。作三角形，使其三边分别等于 *A*、*B*、*C*。

已知 *DE* 为任意直线，一端为 *D*，沿 *E* 方向可无限延长。作 *DF* 等于 *A*，*FG* 等于 *B*，*GH* 等于 *C*【命题 1.3】。以 *F* 为圆心，*FD* 为半径作圆 *DKL*。

再以 G 为圆心，GH 为半径作圆 KLH。连接 KF 和 KG（K 和 L 为两圆交点。——译者注）。可证三角形 KFG 的三边分别等于 A、B、C。

因为 F 是圆 DKL 的圆心，所以 FD 等于 FK。因为 FD 等于 A，所以 KF 也等于 A。又因为 G 是圆 LKH 的圆心，所以 GH 等于 GK。因为 GH 等于 C，所以 KG 等于 C。又因为 FG 等于 B。所以 KF、FG、GK 分别等于 A、B、C。

综上，三角形 KFG 的三边 KF、FG 和 GK 分别等于已知线段 A、B、C。这就是命题 22 的结论。

命题 23

在已知直线和它上面的一点，作一个直线角等于已知直线角。

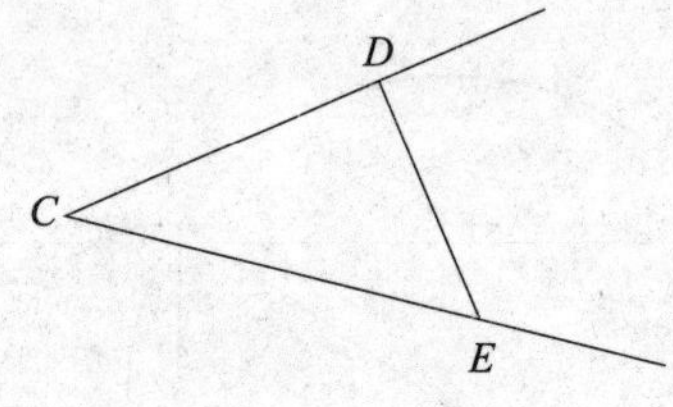

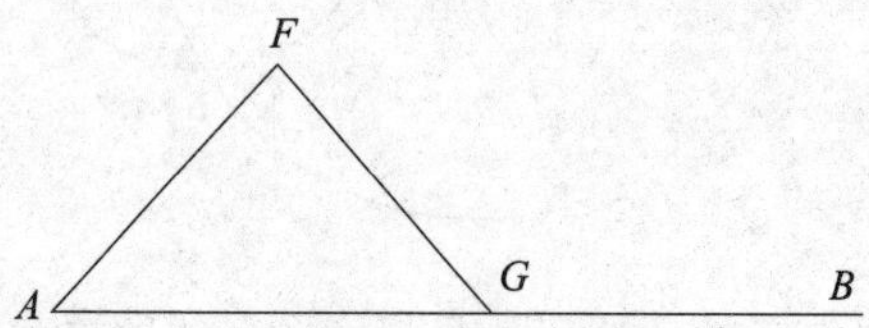

已知 AB 是给定直线，点 A 是它上面一点，角 DCE 是给定直线角。由已知直线 AB 上的点 A 作一个等于已知角 DCE 的直线角。

在直线 CD 和 CE 上分别任取两点 D、E，连接 DE。作三角形 AFG，使三边分别等于 CD、DE、CE，即 CD 等于 AF，CE 等于 AG，DE 等于 FG【命

题 1.22】。

因为 *DC*、*CE* 分别与 *FA*、*AG* 相等，且 *DE* 等于 *FG*，所以角 *DCE* 等于角 *FAG*【命题 1.8】。

综上，在给定的直线 *AB* 和它上面的一点 *A* 作出等于已知直线角 *DCE* 的直线角 *FAG*。这就是命题 23 的结论。

命题 24

如果两个三角形中分别有两条边对应相等，若一个三角形中的一个夹角比另一个三角形中的夹角大，那么夹角大的所对的边也较大。

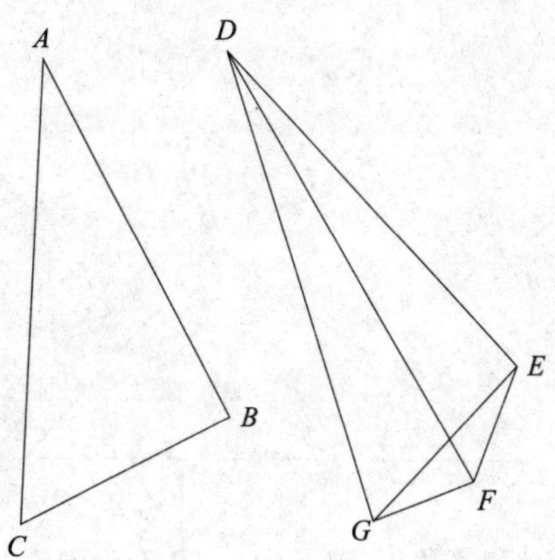

已知在三角形 *ABC* 和三角形 *DEF* 中，边 *AB* 和 *AC* 分别等于 *DE* 和 *DF*，即 *AB* 等于 *DE*，*AC* 等于 *DF*。角 *A* 大于角 *D*。可证底边 *BC* 大于底边 *EF*。

因为角 *BAC* 大于角 *EDF*，以 *DE* 上的 *D* 为顶点，作角 *EDG* 等于角 *BAC*【命题 1.23】，使 *DG* 等于 *AC* 或 *DF*【命题 1.3】，并连接 *EG*、*FG*。

因为 *AB* 等于 *DE*，且 *AC* 等于 *DG*，角 *BAC* 等于角 *EDG*，所以边 *BC* 等于 *EG*【命题 1.4】。又因为 *DF* 等于 *DG*，所以角 *DGF* 等于角 *DFG*【命

题 1.5】。因为角 DFG 大于角 EGF，所以角 EFG 大于角 EGF。在三角形 EFG 中，角 EFG 大于角 EGF，大角对大边【命题 1.19】，所以边 EG 大于 EF。又因为 EG 等于 BC，所以 BC 也大于 EF。

综上，在两个三角形中，分别有两条边对应相等，两边所构成的夹角越大，夹角所对的第三边就越大。这就是命题 24 的结论。

命题 25

如果两个三角形有两条对应边相等，则第三边越长，其所对应的角越大。

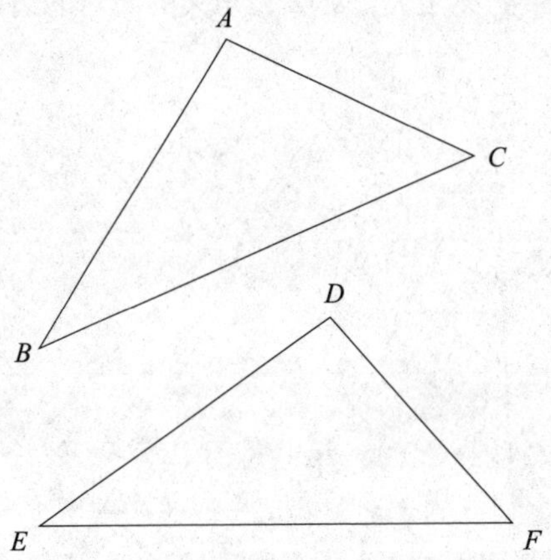

设在三角形 ABC 和三角形 DEF 中，AB 等于 DE，AC 等于 DF，且 BC 大于 EF。可证角 BAC 大于角 EDF。

假设角 BAC 不大于角 EDF，即角 BAC 等于或小于角 EDF。实际上，角 BAC 不可能等于角 EDF，因为如果它们相等，那么 BC 就等于 EF【命题 1.4】，与已知矛盾。所以角 BAC 不等于角 EDF。角 BAC 也不可能小于角 EDF。因为如果角 BAC 小于角 EDF，那么 BC 小于 EF【命题 1.24】，与已知矛盾。所以角 BAC 不小于角 EDF。又因为已经证明两角不相等，所

以角 BAC 大于角 EDF。

综上，如果两个三角形中有两边分别相等，那么第三边长的所对的角也较大。这就是命题 25 的结论。

命题 26

如果在两个三角形中，有两对角分别相等，且有一条边相等——这条边或者是等角之间的边，或者是任意等角的对边——那么这两个三角形的其他边和角都对应相等。

设在三角形 ABC 和三角形 DEF 中，角 ABC 等于角 DEF，角 BCA 等于角 EFD。且两个三角形中的一条边相等。第一种情况，这条边是两对相等角之间的边，即 BC 等于 EF。可证：两个三角形的其他边和角也都对应相等。即 AB 等于 DE，AC 等于 DF，角 BAC 等于角 EDF。

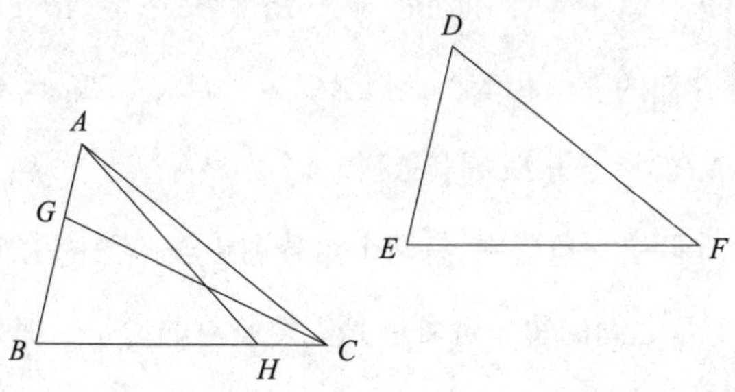

如果 AB 不等于 DE，那么其中一条边较大。设 AB 为较大的边。作 BG 等于 DE【命题 1.3】，连接 GC。

因为 BG 等于 DE，BC 等于 EF，且角 GBC 等于角 DEF。所以 GC 等于 DF，三角形 GBC 和三角形 DEF 全等，等边对应的角也都相等【命题 1.4】。所以，角 GCB 等于角 DFE。但是，已知角 DFE 等于角 BCA，所以

角 *BCG* 也等于角 *BCA*，即小角等于大角，这是不可能的。所以，*AB* 不可能不等于 *DE*。所以 *AB* 等于 *DE*。因为 *BC* 等于 *EF*。所以，*AB*、*BC* 分别等于 *DE*、*EF*，且角 *ABC* 等于角 *DEF*，所以 *AC* 等于 *DF*。角 *BAC* 等于角 *EDF*【命题 1.4】。

第二种情况，如果等角对的边相等：例如，让 *AB* 等于 *DE*。可证两个三角形的其他边、角分别相等，即 *AC* 等于 *DF*，*BC* 等于 *EF*，角 *BAC* 等于角 *EDF*。

如果 *BC* 不等于 *EF*，则设 *BC* 大于 *EF*。作 *BH* 等于 *EF*【命题 1.3】，连接 *AH*。因为 *BH* 等于 *EF*，*AB* 等于 *DE*，且它们的夹角相等。所以 *AH* 等于 *DF*，三角形 *ABH* 和三角形 *DEF* 全等。则等边对应的其他角也相等【命题 1.4】。所以角 *BHA* 等于角 *EFD*。因为角 *EFD* 等于角 *BCA*，所以在三角形 *AHC* 中，外角 *BHA* 等于内对角 *BCA*，这是不可能的【命题 1.16】。所以 *BC* 不可能不等于 *EF*，即 *BC* 等于 *EF*。又因为 *AB*、*BC* 分别等于 *DE*、*EF*，并且它们的夹角相等，所以 *AC* 等于 *DF*，三角形 *ABC* 与三角形 *DEF* 全等，角 *BAC* 等于角 *EDF*【命题 1.4】。

综上，如果在两个三角形中，有两个角分别相等，其中一条边也相等——这条边可以是等角之间的边，也可以是等角所对的边——那么这两个三角形的其他边和角都相等。这就是命题 26 的结论。

命题 27

如果一条直线与两条直线相交，内错角相等，则两直线平行。

已知直线 *EF* 与直线 *AB*、*CD* 分别相交，并有内错角 *AEF*、*EFD* 彼此相等。可证直线 *AB* 平行于 *CD*。

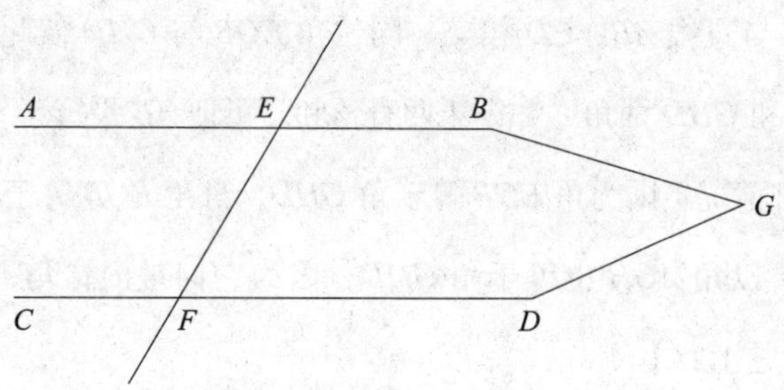

假设 AB 不与 CD 平行，则两直线延长时，在 B、D 方向或在 A、C 方向终会交于一点【定义 1.23】，设两直线在 B、D 方向的延长线交于点 G。则在三角形 GEF 中，外角 AEF 等于内对角 EFG，这是不可能的【命题 1.16】。所以，AB、CD 不会在 B、D 方向相交。同理可证，两直线也不会在 A、C 方向相交。又因为两条直线不在任何一方相交，就是平行线【定义 1.23】，所以直线 AB 与 CD 平行。

综上，如果一条直线与另外两条直线相交，内错角相等，那么这两条直线平行。这就是命题 27 的结论。

命题 28

如果一条直线与两条直线相交，同位角相等，或同旁内角之和等于两直角和，则这两条直线平行。

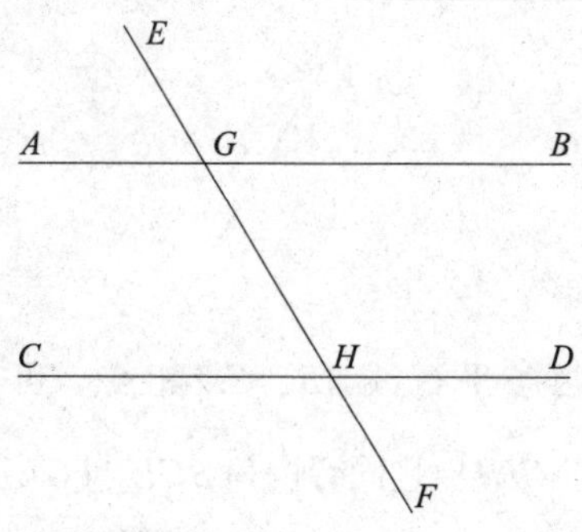

已知 *EF* 与直线 *AB*、*CD* 相交，同位角 *EGB* 与 *GHD* 彼此相等，或同旁内角 *BGH* 和 *GHD* 两角之和等于两直角和。可证 *AB* 平行于 *CD*。

（第一种情况）因为角 *EGB* 等于角 *GHD*，且角 *EGB* 等于角 *AGH*【命题 1.15】，所以角 *AGH* 也等于角 *GHD*。因为它们是内错角，所以 *AB* 平行于 *CD*【命题 1.27】

（第二种情况）因为角 *BGH* 与角 *GHD* 的和等于两直角和，且角 *AGH* 与角 *BGH* 的和也等于两直角和【命题 1.13】，所以角 *AGH* 与角 *BGH* 的和等于角 *BGH* 和角 *GHD* 的和。两边同时减去角 *BGH*，则有角 *AGH* 等于角 *GHD*。因为它们是内错角，所以 *AB* 与 *CD* 平行【命题 1.27】。

综上，如果一条直线与两条直线相交，同位角相等，或同旁内角之和等于两直角和，则这两条直线平行。这就是命题 28 的结论。

命题 29

如果一条直线与两条平行线相交，那么内错角相等，同位角相等，且同旁内角之和等于两直角和。

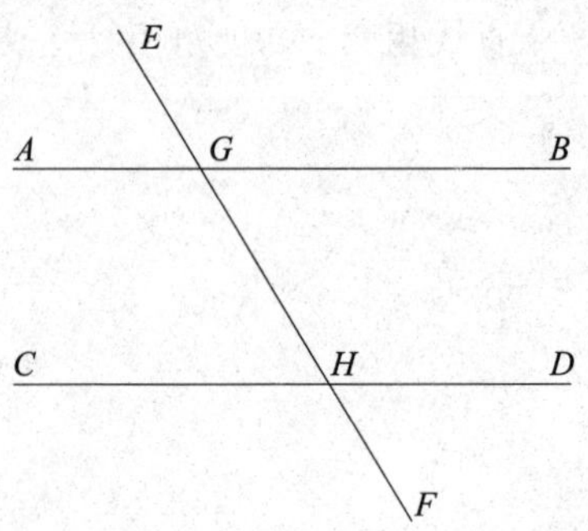

已知直线 *EF* 与两条平行线 *AB*、*CD* 相交。可证内错角 *AGH* 等于 *GHD*，同位角 *EGB* 等于 *GHD*，且同旁内角 *BGH* 与 *GHD* 的和等于两直角和。

假设角 *AGH* 不等于角 *GHD*，则其中一个角大于另一个角。设角 *AGH* 大于角 *GHD*。两角同时加角 *BGH*，则有角 *AGH* 与角 *BGH* 的和大于角 *BGH* 与角 *GHD* 的和。又因为角 *AGH* 与角 *BGH* 的和等于两直角和【命题 1.13】，所以角 *BGH* 与角 *GHD* 的和小于两直角和。在同一平面内，一条直线和两条直线相交，若直线同侧的两个内角之和小于两个直角和，则这两条直线经无限延长后，在这一侧相交【公设 5】。所以 *AB*、*CD* 在无限延长后，最终会相交。但是因为已经假设它们是两条平行线，所以它们不会相交【定义 1.23】。所以角 *AGH*、角 *GHD* 不可能不相等。即角 *AGH* 等于角 *GHD*。又因为角 *AGH* 等于角 *EGB*【命题 1.15】，所以角 *EGB* 也等于角 *GHD*。两边加上 *BGH*。所以，*EGB* 与 *BGH* 的和等于 *BGH* 与 *GHD* 的和。因为角 *EGB* 与角 *BGH* 的和等于两直角和【命题 1.13】，所以角 *BGH* 与角 *GHD* 的和也等于两直角和。

综上，如果一条直线与两条平行线相交，那么内错角相等，同位角相等，且同旁内角之和等于两直角和。这就是命题 29 的结论。

命题 30

平行于同一条直线的直线相互平行。

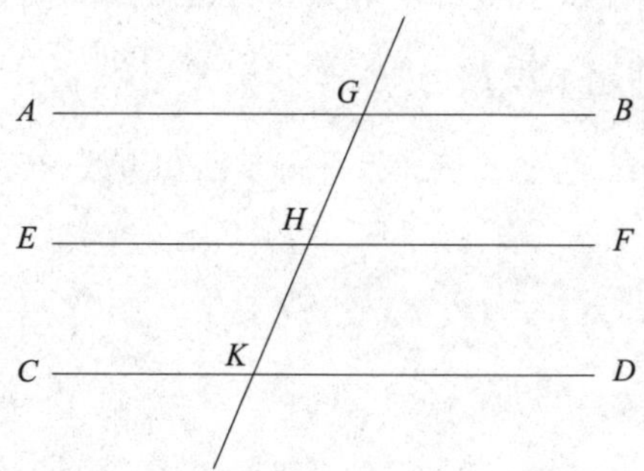

已知直线 *AB* 平行于 *EF*，*CD* 平行于 *EF*。可证 *AB* 平行于 *CD*。

作直线 *GK* 与直线 *AB*、*CD* 和 *EF* 相交。

因为直线 *GK* 与平行线 *AB*、*EF* 相交，所以角 *AGK* 等于角 *GHF*【命题 1.29】。又因为直线 *GK* 与平行线 *EF* 和 *CD* 相交，所以角 *GHF* 等于角 *GKD*【命题 1.29】。所以角 *AGK* 也等于角 *GKD*。因为它们是内错角，所以 *AB* 平行于 *CD*【命题 1.27】。

综上，平行于同一条直线的直线互相平行。这就是命题 30 的结论。

命题 31

过给定点，作一条直线与已知直线平行。

已知 *A* 是给定一点，*BC* 是给定直线。过 *A* 作一条直线平行于 *BC*。

在 *BC* 上任取一点 *D*，连接 *AD*。在直线 *DA* 上的点 *A*，作角 *DAE* 等于角 *ADC*【命题 1.23】。作直线 *EA* 的延长线 *AF*。

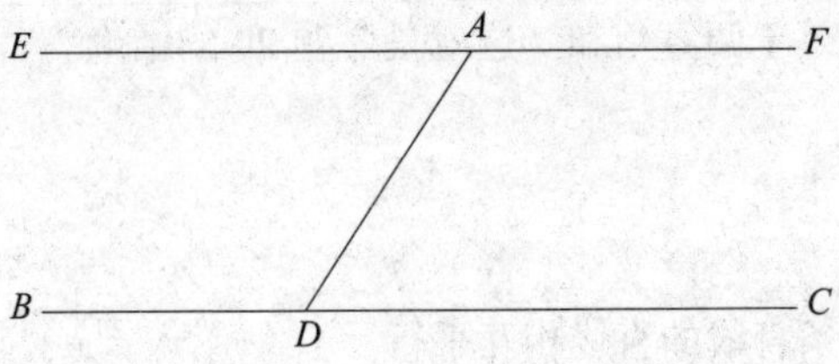

因为直线 *AD* 与直线 *BC*、*EF* 相交，内错角 *EAD* 等于 *ADC*，所以直线 *EAF* 平行于 *BC*【命题 1.27】。

综上，直线 *EAF* 是过 *A* 点，且平行于已知直线 *BC* 的直线。这就是命题 31 的结论。

命题 32

在任意三角形中，如果延长一边，则外角等于两个内对角的和，而且三角形的三个内角的和等于两个直角和。

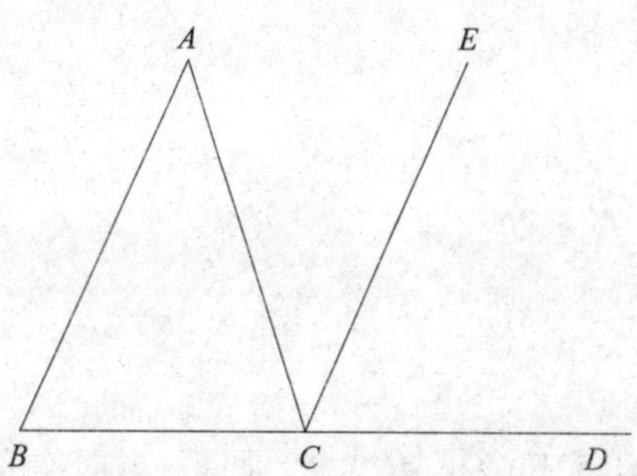

已知三角形 *ABC*，延长一边 *BC* 至 *D*。可证角 *ACD* 等于两个内对角 *CAB* 与角 *ABC* 的和，且三角形三个内角 *ABC*、*BCA*、*CAB* 的和等于两直角和。

过 *C* 作 *CE* 平行于直线 *AB*【命题 1.31】。

因为 *AB* 平行于 *CE*，*AC* 与两直线相交，所以内错角 *BAC* 等于 *ACE*【命题 1.29】。又因为 *AB* 平行于 *CE*，直线 *BD* 与两直线相交，所以同位角 *ECD* 等于 *ABC*【命题 1.29】。又因为角 *ACE* 等于角 *BAC*，所以角 *ACD* 等于两个内对角 *BAC* 与 *ABC* 的和。

两边同时加 *ACB*，所以角 *ACD* 与角 *ACB* 的和等于角 *ABC*、角 *BCA* 和角 *CAB* 的和。又因为角 *ACD* 与角 *ACB* 的和等于两直角和【命题 1.13】，所以角 *ACB*、角 *CBA*、角 *CAB* 的和也等于两直角和。

综上，在任意三角形中，一边延长形成的外角等于两个内对角的和，且三个内角的和等于两直角和。这就是命题 32 的结论。

命题 33

在同一方向连接平行且相等的线段，连成的线段相互平行且相等。

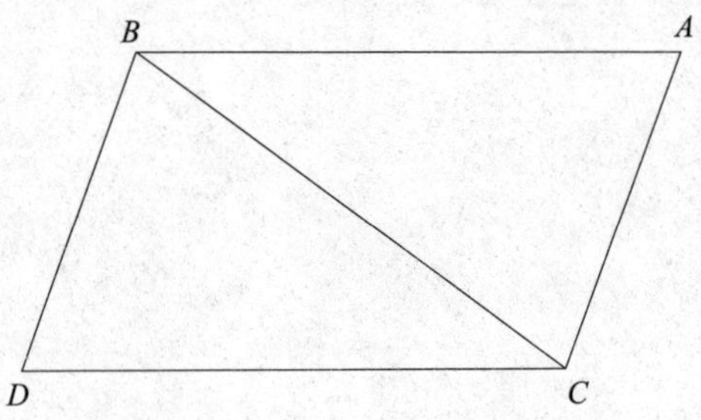

已知 AB 平行且等于 CD。AC、BD 是同一方向连接它们的线段。可证 AC 平行且等于 BD。

连接 BC。因为 AB 平行于 CD，BC 与它们相交，所以内错角 ABC 等于 BCD【命题 1.29】。又因为 AB 等于 CD，BC 是公共边。AB 与 DC、BC 与 CB 分别相等，且角 ABC 等于角 BCD。所以底边 AC 等于 BD。三角形 ABC 全等于三角形 DCB，相等边所对应的角也相等【命题 1.4】。所以角 ACB 等于角 CBD，又因为直线 BC 与 AC 和 BD 相交，角 ACB 和角 CBD 是内错角且彼此相等，所以 AC 平行于 BD【命题 1.27】。且已经证明 AC 等于 BD。

综上，在同一方向连接平行且相等的线段，连成的线段相互平行且相等。这就是命题 33 的结论。

命题 34

平行四边形的对边对角彼此相等，且对角线二等分平行四边形。

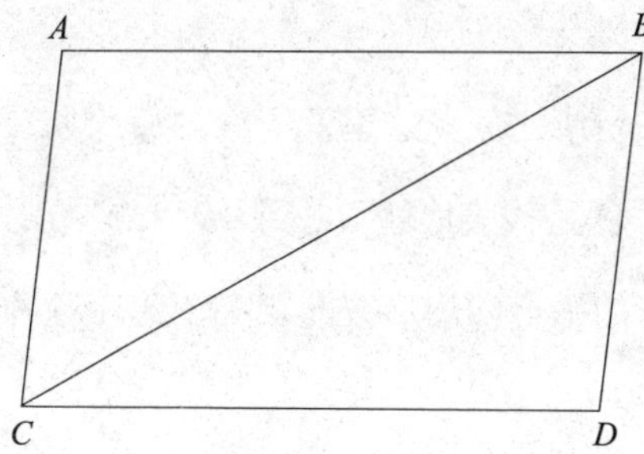

已知 *ACDB* 是平行四边形，*BC* 是对角线。可证平行四边形 *ACDB* 的对边对角彼此相等，且对角线 *BC* 二等分该四边形。

因为 *AB* 平行于 *CD*，直线 *BC* 与两直线相交，所以内错角 *ABC* 与 *BCD* 相等【命题 1.29】。又因为 *AC* 平行于 *BD*，直线 *BC* 与两直线相交，所以内错角 *ACB* 与 *CBD* 相等【命题 1.29】。所以在三角形 *ABC* 和三角形 *BCD* 中，角 *ABC*、*BCA* 分别与角 *BCD*、*CBD* 相等，且有一边——两对等角之间的公共边 *BC*——相等，所以，两个三角形的其他边对应相等，其他角也对应相等【命题 1.26】。所以，边 *AB* 等于 *CD*，*AC* 等于 *BD*，角 *BAC* 等于角 *CDB*。又因为角 *ABC* 等于角 *BCD*，角 *CBD* 等于角 *ACB*，则角 *ABD* 等于角 *ACD*。且已经证明角 *BAC* 等于角 *CDB*。

综上，在平行四边形中，对边对角彼此相等。

再证明对角线平分平行四边形。因为 *AB* 等于 *CD*，*BC* 是公共边，且角 *ABC* 等于角 *BCD*，所以 *AC* 等于 *DB*，所以三角形 *ABC* 全等于三角形 *BCD*【命题 1.4】。

综上，对角线 *BC* 平分平行四边形 *ACDB*。这就是命题 34 的结论。

命题 35

同底且在相同平行线之间（这里及下面的命题涉及的“在相同平行线之间的平行四边形”就是代表底边 *BC* 到 *AD*、*EF* 的距离是相等的，即高相等。——译者注）的平行四边形彼此相等（此命题和下列命题均指面积相等。——译者注）。

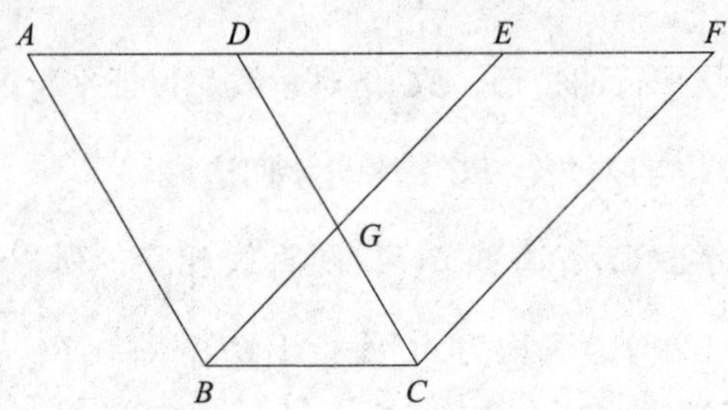

已知平行四边形 *ABCD* 和 *EBCF*，它们有同底 *BC* 且在相同的平行线 *AF*、*BC* 之间。可证 *ABCD* 等于 *EBCF*。

因为 *ABCD* 是平行四边形，所以 *AD* 等于 *BC*【命题 1.34】。同理，*EF* 等于 *BC*。所以 *AD* 等于 *EF*。两边同时加 *DE*。所以 *AE* 等于 *DF*。又因为 *AB* 等于 *DC*，所以两边 *EA*、*AB* 分别等于 *FD*、*DC*，且角 *FDC* 等于角 *EAB*，因为同位角相等【命题 1.29】。所以底边 *EB* 等于底边 *FC*，三角形 *EAB* 全等于三角形 *FDC*【命题 1.4】。两三角形同时减去三角形 *DGE*。所以剩下的梯形 *ABGD* 等于 *EGCF*。再同时加三角形 *GBC*，则平行四边形 *ABCD* 等于平行四边形 *EBCF*。

综上，同底且在相同的平行线之间的平行四边形彼此相等。这就是命题 35 的结论。

命题 36

在等底上且在相同的平行线之间的平行四边形彼此相等。

已知平行四边形 *ABCD*、*EFGH* 在等底 *BC*、*FG* 上，且都在平行线 *AH* 和 *BG* 之间。可证平行四边形 *ABCD* 等于 *EFGH*。

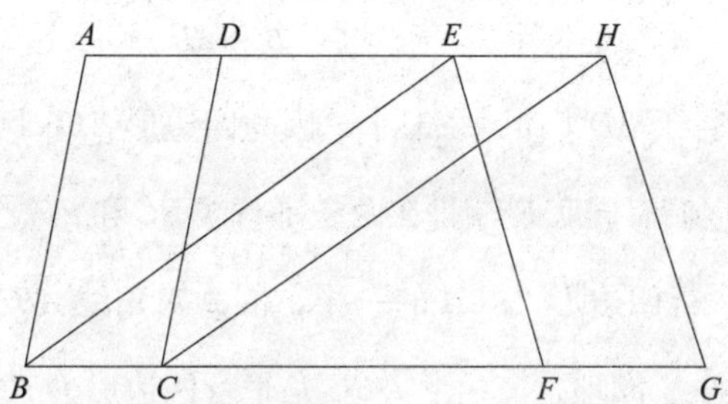

连接 *BE*、*CH*。因为 *BC* 等于 *FG*，*FG* 等于 *EH*【命题 1.34】，所以 *BC* 等于 *EH*。*BC* 平行于 *EH*，连接 *EB*、*HC*，所以在同方向连接相等且平行的线段是相等且平行的【命题 1.33】，即 *EB* 平行且等于 *HC*。所以 *EBCH* 是平行四边形【命题 1.34】，且等于 *ABCD*。因为它与 *ABCD* 有同底 *BC*，且在相同的平行线 *BG*、*AH* 之间【命题 1.35】。同理，*EFGH* 也与 *EBCH* 相等【命题 1.34】。所以平行四边形 *ABCD* 与 *EFGH* 相等。

综上，在等底上且在相同平行线之间的平行四边形彼此相等。这就是命题 36 的结论。

命题 37

在同底上且在相同平行线之间的三角形彼此相等。

已知三角形 *ABC* 与三角形 *DBC* 有公共边 *BC*，且两三角形在相同的平行线 *AD*、*BC* 之间。可证三角形 *ABC* 等于三角形 *DBC*。

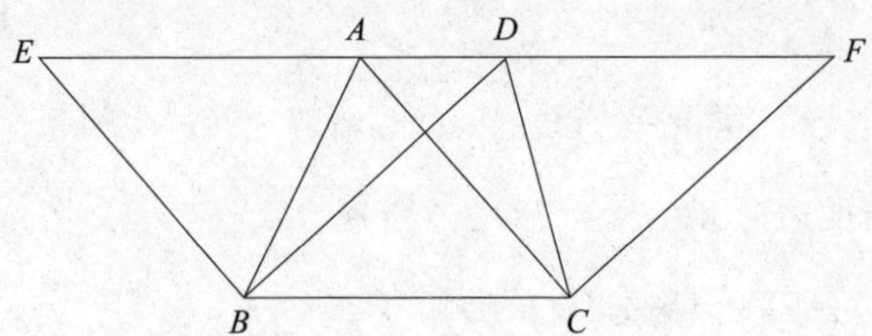

连接 AD 并向两端延长至 E、F，过点 B 作 BE 平行于 CA【命题 1.31】，过点 C 作 CF 平行于 BD【命题 1.31】。因为四边形 $EBCA$ 和 $DBCF$ 是平行四边形，又因为它们有同底 BC，且在两条平行线 BC 和 EF 之间【命题 1.35】。三角形 ABC 是平行四边形 $EBCA$ 的一半，因为对角线 AB 是 $EBCA$ 的二等分线【命题 1.34】。同理，三角形 DBC 是平行四边形 $DBCF$ 的一半，因为对角线 DC 是 $DBCF$ 的二等分线【命题 1.34】。【等于等量的一半的量彼此相等。】所以，三角形 ABC 等于三角形 DBC。

综上，在同底上且在相同的平行线之间的三角形彼此相等。这就是命题 37 的结论。

命题 38

在等底上且在相同平行线之间的三角形彼此相等。

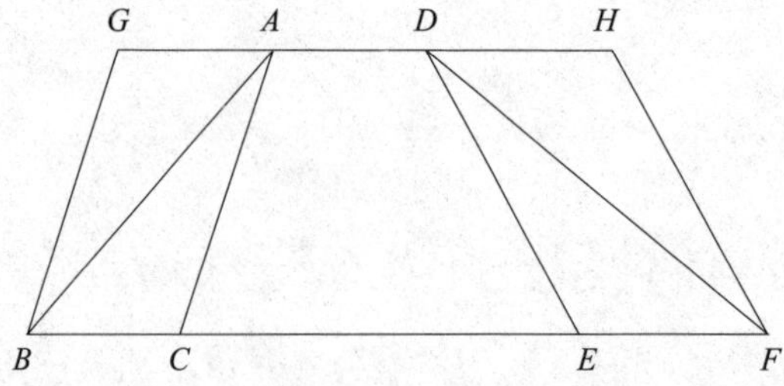

已知在三角形 ABC 和三角形 DEF 中，底边 BC 等于 EF，且在相同的平行线 BF、AD 之间。可证三角形 ABC 等于三角形 DEF。

连接 *AD* 并向两边延长至 *G*、*H*。过点 *B* 作 *BG* 平行于 *CA*【命题 1.31】，过点 *F* 作 *FH* 平行于 *DE*【命题 1.31】。所以 *GBCA* 和 *DEFH* 为平行四边形，因为它们在等底 *BC*、*EF* 上，且在相同的平行线 *BF*、*GH* 之间【命题 1.36】。三角形 *ABC* 是平行四边形 *GBCA* 的一半，因为 *AB* 是 *GBCA* 的对角线【命题 1.34】。同理，三角形 *FED* 是平行四边形 *DEFH* 的一半，因为 *DF* 是 *DEFH* 的对角线。【等于等量的一半的量彼此相等。】所以三角形 *ABC* 等于三角形 *DEF*。

综上，在等底上且在相同平行线之间的三角形彼此相等。这就是命题 38 的结论。

命题 39

在同底上且在底的同一侧的相等三角形在相同的平行线之间。

已知三角形 *ABC* 和三角形 *DBC* 面积相等，*BC* 是公共边，且两个三角形在 *BC* 的同一侧。可证三角形 *ABC* 和三角形 *DBC* 在相同的平行线之间。

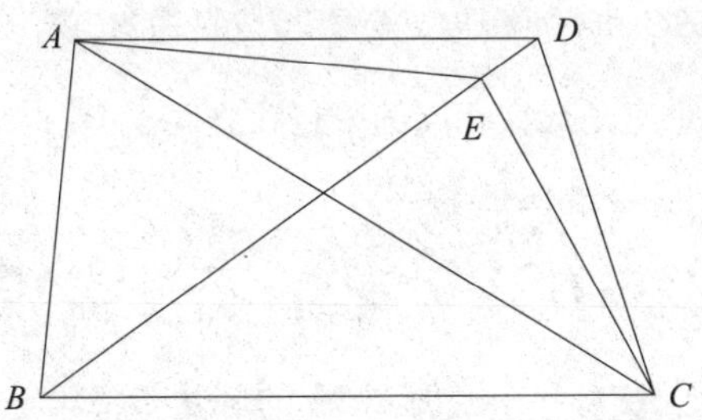

连接 *AD*。可证 *AD* 平行于 *BC*（若证明得出 *AD* 平行于 *BC*，则两个三角形的高相等。——译者注）。

假设 *AD* 不与 *BC* 平行。过点 *A* 作 *AE* 平行于 *BC*【命题 1.31】，连接 *EC*。因为三角形 *ABC* 和三角形 *EBC* 有公共底边 *BC*，且在相同的平行线之间，所以三角形 *ABC* 等于三角形 *EBC*【命题 1.37】。但是三角形 *ABC* 等于三角形 *DBC*，所以三角形 *DBC* 也等于三角形 *EBC*，较大量等于较小量，这是不可能的。所以 *AE* 不平行于 *BC*。同理可得，除了 *AD*，其他任何直线也都不平行于 *BC*。所以 *AD* 平行于 *BC*。

综上，在同底上且在底的同一侧的相等三角形在相同的平行线之间。这就是命题 39 的结论。

命题 40

在等底上且在底的同一侧的相等三角形在相同的平行线之间。

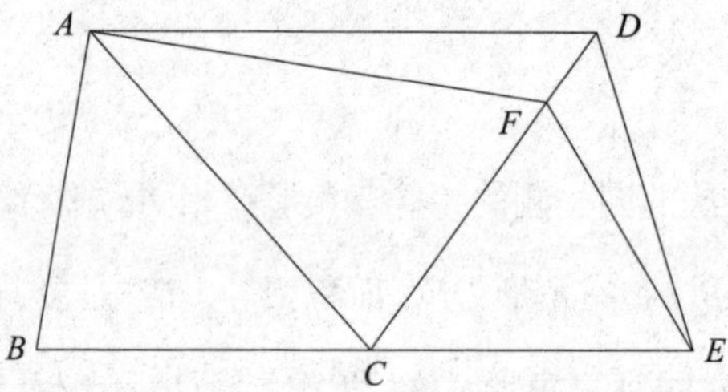

已知三角形 *ABC* 和三角形 *CDE* 相等，底边 *BC* 与 *CE* 相等，且在 *BE* 的同一侧。可证两个三角形在相同的平行线之间。

连接 *AD*，可证 *AD* 平行于 *BE*。

假设 *AD* 不与 *BE* 平行。过点 *A* 作 *AF* 平行于 *BE*【命题 1.31】，并连接 *FE*。因为三角形 *ABC* 和三角形 *FCE* 的底边 *BC* 等于 *CE*，且在相同的平行线之间，所以三角形 *ABC* 等于三角形 *FCE*【命题 1.38】。但是三角形 *ABC* 等于三角形 *DCE*。所以三角形 *DCE* 也等于三角形 *FCE*，较大量等于较小量，这是不可能的。所以，*AF* 不平行于 *BE*。同理可得，除了 *AD*，其他任何直线也都不平行于 *BE*。所以 *AD* 平行于 *BE*。

综上，在等底上且在底的同一侧的相等的三角形在相同的平行线之间。这就是命题 40 的结论。

命题 41

如果平行四边形和三角形既同底又在相同的平行线之间，那么平行四边形是三角形的二倍。

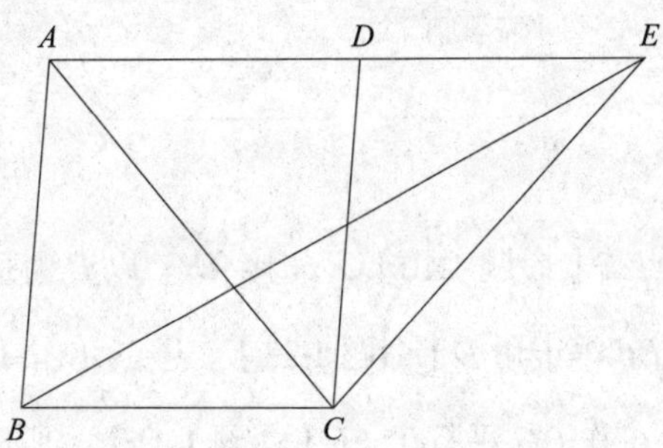

已知平行四边形 *ABCD* 与三角形 *EBC* 有公共边 *BC*，且在平行线 *BC* 和 *AE* 之间。可证平行四边形 *ABCD* 的面积是三角形 *BEC* 的二倍。

连接 *AC*。三角形 *ABC* 等于三角形 *EBC*，*BC* 为公共底边，又在相同的平行线 *BC* 和 *AE* 之间【命题 1.37】。又因为对角线 *AC* 二等分平行四边形 *ABCD*，所以平行四边形 *ABCD* 是三角形 *ABC* 的二倍【命题 1.34】。所以平行四边形 *ABCD* 也是三角形 *EBC* 的二倍。

综上，平行四边形与三角形同底，又在相同的平行线之间，那么平行四边形是三角形的二倍。这就是命题 41 的结论。

命题 42

用已知直线角作平行四边形，使它等于已知三角形。

已知三角形 *ABC*，角 *D* 是给定直线角。要求在给定角 *D* 上作一个平行四边形等于三角形 *ABC*。

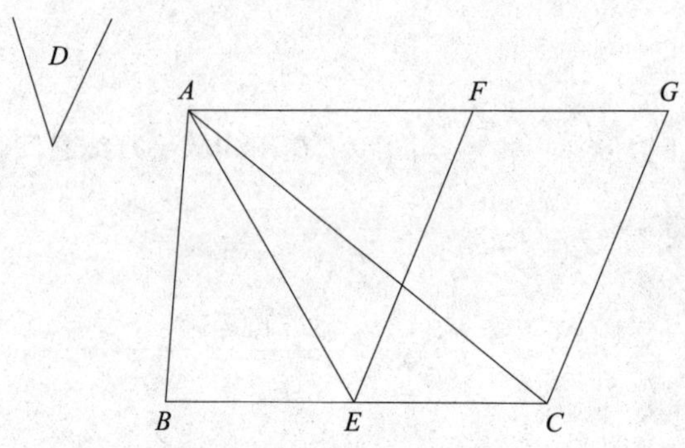

BC 二等分于点 *E*【命题 1.10】，连接 *AE*。以 *E* 为顶点，作以 *EC* 为边的角 *CEF*，使 *CEF* 等于角 *D*【命题 1.23】。过点 *A* 作 *AG* 平行于 *EC*【命题 1.31】，并过点 *C* 作 *CG* 平行于 *EF*【命题 1.31】。所以，*FECG* 是平行四边形。因为 *BE* 等于 *EC*，所以三角形 *ABE* 等于三角形 *AEC*。因为三角形 *ABE* 和三角形 *AEC* 的底边相等，即 *BE* 等于 *EC*，并且在相同的平行线 *BC*、*AG* 之间（即等高——译者注）【命题 1.38】。所以三角形 *ABC* 是三角形 *AEC* 的二倍。因为三角形 *AEC* 和平行四边形 *FECG* 有相同的底边，且在相同的平行线之间（即等高——译者注），所以平行四边形 *FECG* 也是三角形 *AEC* 的二倍【命题 1.41】。所以平行四边形 *FECG* 等于三角形 *ABC*，且角 *CEF* 等于给定角 *D*。

综上，平行四边形 *FECG* 等于给定的三角形 *ABC*，且其中一角 *CEF* 等于给定角 *D*。这就是命题 42 的结论。

命题 43

在任意平行四边形中，对角线两侧的平行四边形的补形彼此相等。

已知在平行四边形 *ABCD* 中，*AC* 是对角线。作 *EH*（即 *AEKH*——译者注）和 *FG*（即 *KGCF*——译者注），使其成为以 *AC* 为对角线的平行四边形。则 *BK*（即平行四边形 *EBGK*——译者注）和 *KD*（即平行四边形 *HKFD*——译者注）就叫作 *AC* 的补形。可证补形 *BK* 等于 *KD*。

在平行四边形 *ABCD* 中，*AC* 是对角线，所以三角形 *ABC* 等于三角形 *ACD*【命题 1.34】。又因为 *EH* 是平行四边形，*AK* 是对角线，所以三角形 *AEK* 等于三角形 *AHK*【命题 1.34】。同理可得，三角形 *KFC* 等于三角形 *KGC*。所以，三角形 *AEK* 等于三角形 *AHK*，三角形 *KFC* 等于三角形 *KGC*，三角形 *AEK* 加 *KGC* 就等于三角形 *AHK* 加 *KFC*。又因为整个三角形 *ABC* 等于 *ADC*。所以补形 *BK* 等于 *KD*（即大三角形 *ABC* 减去 *AEK* 减去 *KGC* 等于三角形 *ADC* 减去 *AHK* 减去 *KFC*——译者注）。

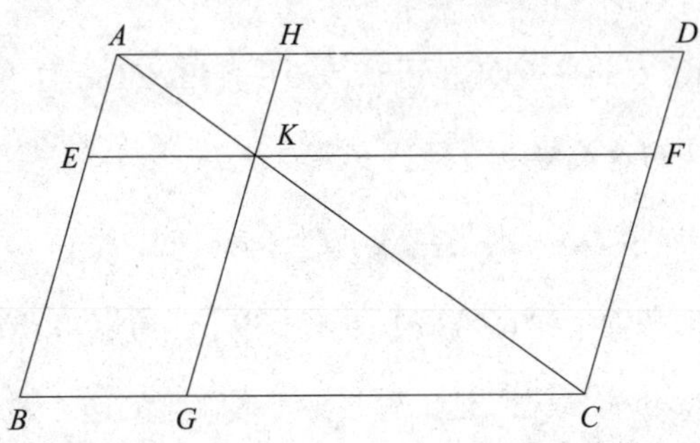

综上，在任意平行四边形中，对角线两侧的平行四边形的补形彼此相等。这就是命题 43 的结论。

命题 44

用已知线段及已知直线角作一个平行四边形，使它等于已知三角形。

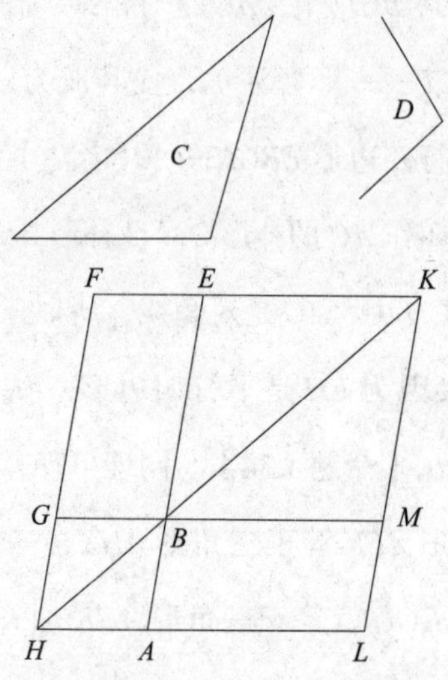

已知 AB 是给定直线，C 是给定三角形，D 是给定直线角。用线段 AB 和等于角 D 的一个角作一平行四边形等于三角形 C。

作等于三角形 C 的平行四边形 BEFG，并且角 EBG 等于角 D【命题 1.42】。且 BE 在直线 AB 的延长线上。延长 FG 至 H，过 A 作 AH 平行于 BG 或 EF【命题 1.31】，连接 HB。因为直线 HF 与平行线 AH 和 EF 相交，所以角 AHF 和角 HFE 的和等于两直角和【命题 1.29】。所以角 BHG 与角 GFE 的和小于两直角和。将直线无限延长后在小于两直角的这一侧相交【公设 5】。所以分别延长 HB、FE，它们一定相交，设相交于点 K。过点 K 作 KL 平行于 EA 或 FH【命题 1.31】。分别延长 HA、GB 至点 L、M。所以 HLKF 是平行四边形，且 HK 是对角线。又因为 AG、ME 是平行四边形，LB、BF 是关于 HK 的补形，所以 LB 等于 BF【命题 1.43】。又因为 BF 等于三角形 C，所以 LB 也等于三角形 C。又因为角 GBE 等于角 ABM【命题 1.15】，且角 GBE 等于角 D，所以角 ABM 也等于角 D。

综上，用线段 AB 作的平行四边形 LB 等于给定三角形 C，且一角 ABM 等于已知角 D。这就是命题 44 的结论。

命题 45

用一个已知直线角作一个平行四边形使它等于已知直线形。

已知 ABCD 是给定直线图形，E 是给定直线角。用已知角作平行四边形等于直线形 ABCD。

连接 DB，作平行四边形 FH，使其等于三角形 ABD，且角 HKF 等于角 E【命题 1.42】。在线段 GH 上作平行四边形 GM，使其等于三角形 DBC，且角 GHM 等于角 E【命题 1.44】。因为角 E 等于角 HKF、GHM，所以角 HKF 也等于角 GHM。两边同时加 KHG。所以角 FKH 与 KHG 的和等于 KHG 与 GHM 的和。又因为角 FKH 与 KHG 的和等于两直角和【命题 1.29】。所以角 KHG 与 GHM 的和也等于两直角和。所以，用 GH 及其上面一点 H，在它两侧的线段 KH 和 HM 作成相邻的两角的和等于两直角。所以 KH 与 HM 在同一直线上【命题 1.14】。因为 HG 与平行线 KM 和 FG 相交，所以内错角 MHG 等于 HGF【命题 1.29】。两边同时加 HGL。所以，角 MHG 加 HGL 等于角 HGF 加 HGL。又因为角 MHG 与 HGL 的和等于两直角和【命题 1.29】。所以，角 HGF 与 HGL 的和也等于两直角和。所以 FG 与 GL 在同一直线上【命题 1.14】。因为 FK 平行且等于 HG【命题 1.34】，且 HG 也平行且等于 ML【命题 1.34】，所以 KF 平行且等于 ML【命题 1.30】。直线 KM 和 FL 分别连接直线 FK、LM 的两端，所以 KM 平行

且等于 *FL*【命题 1.33】。所以 *KFLM* 是平行四边形。因为三角形 *ABD* 等于平行四边形 *FH*，三角形 *DBC* 等于平行四边形 *GM*，所以直线形 *ABCD* 等于平行四边形 *KFLM*。

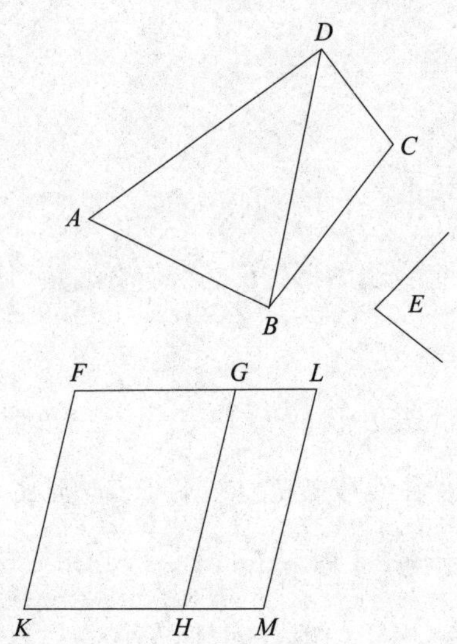

综上，平行四边形 *KFLM* 等于已知直线形 *ABCD*，且其中一角 *FKM* 等于已知角 *E*。这就是命题 45 的结论。

命题 46

在已知线段上作正方形。

已知 *AB* 是给定线段。作以 *AB* 为边的正方形。

过线段 *AB* 上的点 *A* 作 *AC* 垂直于 *AB*【命题 1.11】，取 *AD* 等于 *AB*【命题 1.3】。过点 *D* 作 *DE* 平行于 *AB*【命题 1.31】。过点 *B* 作 *BE* 平行于 *AD*【命题 1.31】。则 *ADEB* 是平行四边形。所以 *AB* 等于 *DE*，*AD* 等于 *BE*【命题 1.34】，又因为 *AB* 等于 *AD*，所以四边 *BA*、*AD*、*DE* 和 *EB* 彼此相等。所以，

平行四边形 *ADEB* 四边相等。可证它的四个角为直角。因为直线 *AD* 与平行线 *AB* 和 *DE* 相交，所以角 *BAD* 与 *ADE* 的和等于两直角和【命题 1.29】。又因为角 *BAD* 是直角（因为 *AC* 垂直于 *AB*——译者注），所以角 *ADE* 也是直角。在平行四边形中，对边和对角彼此相等【命题 1.34】，所以对角 *ABE* 和角 *BED* 也是直角。所以四边形 *ADEB* 的四个角都为直角。又已证明它是等边的平行四边形。

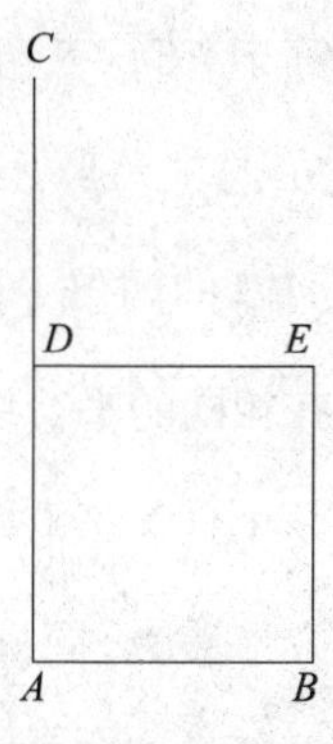

综上，*ADEB* 是正方形【定义 1.22】，且在已知线段 *AB* 上。这就是命题 46 的结论。

命题 47

在直角三角形中，直角所对的边上的正方形等于夹直角两边上的正方形的和。

已知三角形 *ABC*，角 *BAC* 为直角。可证以 *BC* 为边的正方形等于以 *BA* 与 *AC* 为边的正方形的和。

分别在 *BC*、*BA*、*AC* 边上作正方形 *BDEC*、*GB*（即 *AGFB*——译者注）和 *HC*（即 *HACK*——译者注）【命题 1.46】。过 *A* 作 *AL* 平行于 *BD* 或 *CE*【命题 1.31】。连接 *AD*、*FC*。因为角 *BAC* 和角 *BAG* 都为直角，过直线 *BA* 上的点 *A* 有直线 *AC*、*AG* 不在它的同一侧所成的两邻角的和等于两直角。所以 *CA* 与 *AG* 在同一直线上【命题 1.14】。同理可得，*BA* 与 *AH* 也在同一直线上。因为角 *DBC* 和角 *FBA* 都是直角，所以角 *DBC* 等于角 *FBA*，两角同时加角 *ABC*，所以角 *DBA* 等于角 *FBC*。又因为 *DB* 等于 *BC*，*FB* 等于 *BA*，即 *DB*、*BA* 分别与 *CB*、*BF* 相等，角 *DBA* 等于角 *FBC*，所以底边 *AD*

等于 *FC*，三角形 *ABD* 全等于三角形 *FBC*【命题 1.4】。因为平行四边形 *BL* 与三角形 *ABD* 有同底 *BD* 且在平行线 *BD*、*AL* 之间，所以 *BL* 是三角形 *ABD* 的两倍【命题 1.41】。又因为正方形 *GB* 和三角形 *FBC* 有同底 *FB* 且在相同的平行线 *FB*、*GC* 之间，所以正方形 *GB* 是三角形 *FBC* 的两倍【命题 1.41】。【等于等量的两倍的量彼此相等】所以平行四边形 *BL* 等于正方形 *GB*。同理，连接 *AE*、*BK*，平行四边形 *CL* 等于正方形 *HC*。所以整个正方形 *BDEC* 等于正方形 *GB* 和 *HC* 的和。正方形 *BDEC* 以 *BC* 为边，正方形 *GB* 和 *HC* 分别以 *BA* 和 *AC* 为边。所以，以 *BC* 为边的正方形等于以 *BA* 和 *AC* 为边的正方形的和。

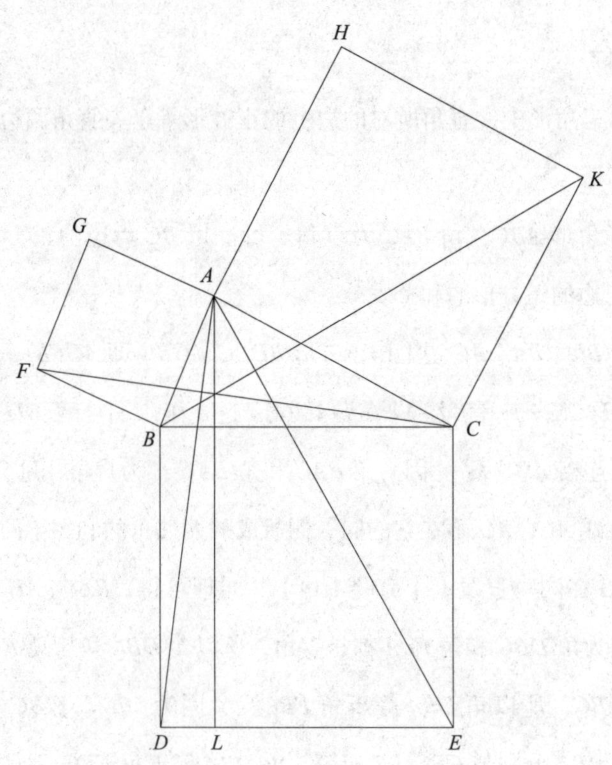

综上，在直角三角形中，直角所对的边上的正方形等于夹直角两条边上正方形的和。这就是命题 47 的结论。

命题 48

如果在一个三角形中，一边上的正方形等于这个三角形另外两边上正方形的和，则夹在后两边之间的角是直角。

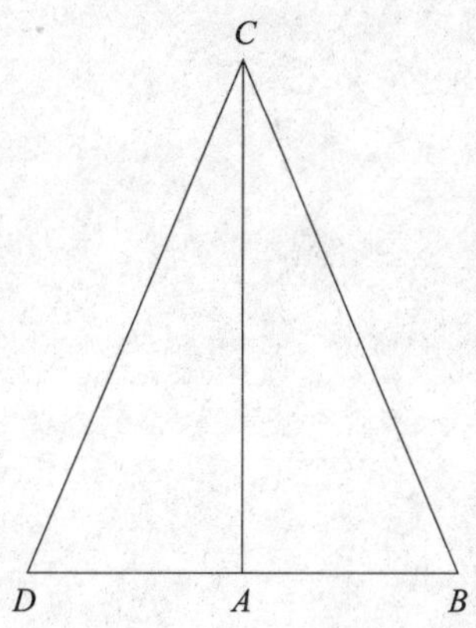

已知在三角形 *ABC* 的一边 *BC* 上的正方形等于另外两边 *BA*、*AC* 上的正方形的和。可证角 *BAC* 是直角。

过点 *A* 作 *AD* 垂直于 *AC*【命题 1.11】，且 *AD* 等于 *AB*【命题 1.3】，连接 *DC*。因为 *DA* 等于 *AB*，所以 *DA* 上的正方形等于 *AB* 上的正方形。[①] 两正方形同时加 *AC* 上的正方形，所以 *DA* 和 *AC* 上的正方形和等于 *BA* 和 *AC* 上的正方形和。因为角 *DAC* 是直角，所以 *DC* 上的正方形等于 *DA* 和 *AC* 上的正方形的和【命题 1.47】。又因为 *BC* 上的正方形等于 *BA* 和

① 这里运用了另一个公理，相等线段上的正方形相等。之后，又使用了逆公理。

AC 上的正方形的和，所以就可以认为，*DC* 上的正方形等于 *BC* 上的正方形，所以 *DC* 等于 *BC*。因为 *DA* 等于 *AB*，*AC* 是公共边，即三边相等，所以角 *DAC* 等于角 *BAC*【命题 1.8】。又因为角 *DAC* 是直角，所以角 *BAC* 也是直角。

综上，如果三角形一边上的正方形等于这个三角形另外两边上正方形的和，则夹在后两边之间的角是直角。这就是命题 48 的结论。

第 2 卷　几何代数的基本原理

定 义

1. 相邻两边的夹角是直角的平行四边形称为矩形。

2. 在任何平行四边形中，以该平行四边形的对角线为对角线的一个较小的平行四边形与两个相应的补形构成的图形称为折尺形。

命　题

命题 1①

有两条线段，其中一条被截成若干段，以这两条线段为边的矩形（面积）等于所有截段与未截的线段所围成的矩形的和。

已知 A、BC 两条线段，用点 D、E 分线段 BC。可证线段 A 和 BC 围成的矩形等于 A 与 BD、A 与 DE、A 与 EC 分别围成的矩形的和。

① 该命题是代数恒等式的几何版，用代数表示为：$a(b+c+d+\cdots)=ab+ac+ad+\cdots$。

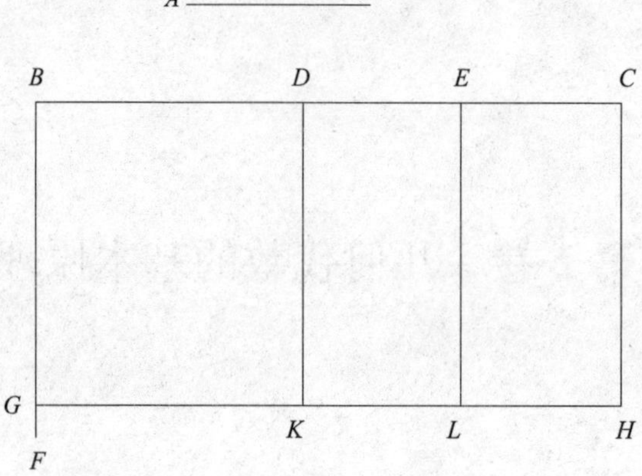

过 B 作 BF 和 BC 成直角【命题 1.11】，在 BF 上作 BG 等于 A【命题 1.3】，过（点）G 作 GH 平行于 BC【命题 1.31】，过 D、E、C 分别作 DK、EL、CH 平行于 BG【命题 1.31】。

所以（矩形）BH 等于（矩形）BK、DL 和 EH 的和。BH 是矩形 A、BC。因为它由 GB 和 BC 构成，且 BG 等于 A。BK 是矩形 A、BD。因为它由 GB 和 BD 构成，且 BG 等于 A。DL 是矩形 A 和 DE。因为 DK 即 BG【命题 1.34】等于 A。同理，EH 是矩形 A 和 EC。所以矩形 A、BC 等于矩形 A、BD 与矩形 A、DE 以及矩形 A、EC 的和。（线段 A 和 BC 围成的矩形，可以称为矩形 A、BC。——译者注）这就是命题 1 的结论。

命题 2①

如果任意截一条线段，则被截线段与原线段所分别构成的矩形的和，等于在原线段上作的正方形。

① 该命题是代数恒等式的几何版，用代数表示为：如果 $a=b+c$，那么 $ab+ac=a^2$。

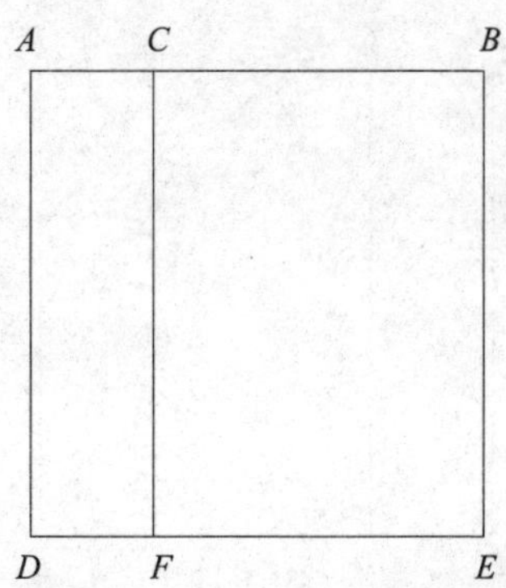

已知直线 *AB* 被任意截取，截点为 *C*。可证由 *AB* 和 *BC* 所构成的矩形与由 *BA* 和 *AC* 所构成的矩形的和等于 *AB* 上的正方形。

设在 *AB* 上作正方形为 *ADEB*【命题 1.46】，过 *C* 作 *CF* 平行于 *AD* 或 *BE*【命题 1.31】。

所以（正方形）*AE* 等于（矩形）*AF* 和 *CE* 的和。且 *AE* 是 *AB* 上的正方形。*AF* 是 *BA* 和 *AC* 所构成的矩形。这是因为它是由 *DA* 和 *AC* 所构成的，而 *AD* 等于 *AB*。*CE* 是 *AB* 和 *BC* 所构成的矩形。这是因为 *BE* 等于 *AB*。所以矩形 *BA* 和 *AC* 与矩形 *AB* 和 *BC* 的和等于 *AB* 上的正方形。

综上，如果任意截一条线段，则被截的线段分别与原线段所构成的矩形的和，等于原线段上的正方形。这就是命题 2 的结论。

命题 3①

如果任意截一条线段，则其中一部分线段与原线段围成的矩形等于两条所截的线段围成的矩形与之前在部分段线段上作的正方形的和。

① 该命题是代数恒等式的几何版，用代数表示为：$(a+b)\,a = ab+a^2$。

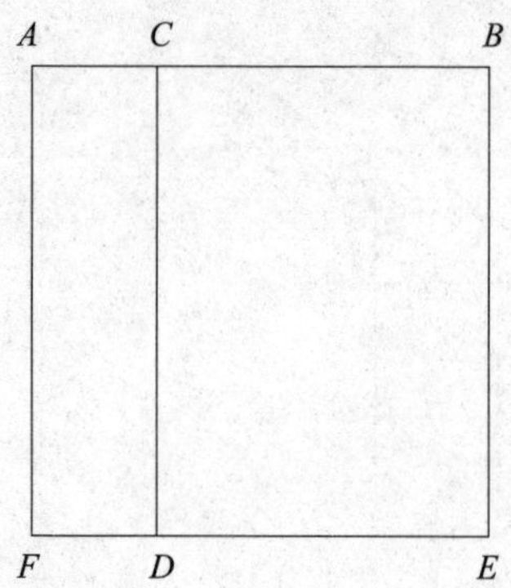

已知直线 AB 被任意截取，截点为 C。可证 AB、BC 所构成的矩形等于 AC、CB 所构成的矩形与 BC 上的正方形的和。

设在 CB 上作正方形为 $CDEB$【命题 1.46】，延长 ED 至 F。过 A 作 AF 平行于 CD 或 BE【命题 1.31】。所以（矩形）AE 等于（矩形）AD 与（正方形）CE 的和。AE 是 AB 和 BC 所构成的矩形。这是因为它是由 AB 和 BE 所构成的，且 BE 等于 BC。AD 是 AC 和 CB 所构成的矩形。这是因为 DC 等于 CB，且 DB 是 CB 上的正方形。所以，AB、BC 构成的矩形等于 AC、CB 构成的矩形与 BC 上的正方形的和。

综上，如果任意截一条线段，则原线段与其中一条线段所构成的矩形等于两条所截的线段所构成的矩形和在前一条线段上作的正方形的和。这就是命题 3 的结论。

命题 4①

如果任意截一条线段，则在原线段上作的正方形等于截成的各部分线

① 该命题是代数恒等式的几何版，用代数表示为：$(a+b)^2=a^2+b^2+2ab$。

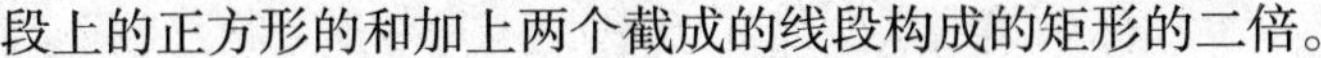
段上的正方形的和加上两个截成的线段构成的矩形的二倍。

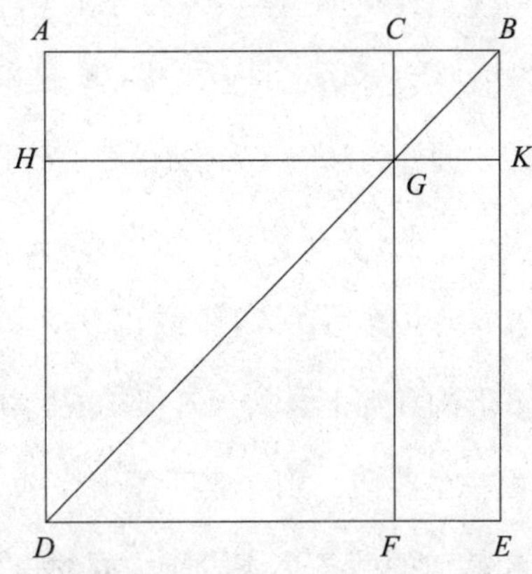

已知直线 *AB* 被任意截取，截点为 *C*。可证 *AB* 上的正方形等于 *AC* 和 *CB* 上的正方形和加上 *AC* 和 *CB* 所构成的矩形的两倍。

设在 *AB* 上所作的正方形为 *ADEB*【命题 1.46】，连接 *BD*，过 *C* 作 *CF* 平行于 *AD* 或 *EB*【命题 1.31】，过点 *G* 作 *HK* 平行于 *AB* 或 *DE*【命题 1.31】。因为 *CF* 平行于 *AD*，*BD* 与两线相交，所以同位角 *CGB* 和 *ADB* 相等【命题 1.29】。因为 *BA* 等于 *AD*，所以角 *ADB* 等于角 *ABD*【命题 1.5】。所以角 *CGB* 也等于 *GBC*，边 *BC* 等于 *CG*【命题 1.6】。但是，*CB* 等于 *GK*，且 *CG* 等于 *KB*【命题 1.34】。所以，*GK* 也等于 *KB*。所以，*CGKB* 四边相等，又可以证明它是直角的。因为 *CG* 平行于 *BK*【直线 *CB* 与两线相交】，角 *KBC* 与 *GCB* 的和等于两直角和【命题 1.29】。但是角 *KBC* 是直角，所以角 *BCG* 也是直角。所以它们的对角 *CGK* 和 *GKB* 也都是直角【命题 1.34】。所以 *CGKB* 是直角的，又因为已经证得它四边相等，所以它是正方形。且它是 *CB* 上的正方形。同理，*HF* 也是正方形，且它在 *HG* 上，就是 *AC* 上【命题 1.34】。所以，正方形 *HF* 和 *KC* 分别在 *AC* 和 *CB* 上。（矩形）*AG* 等于（矩形）

GE【命题 1.43】。AG 是 AC 和 CB 所构成的矩形。因为 GC 等于 CB。所以 GE 也等于 AC 和 CB 所构成的矩形。所以（矩形）AG 和 GE 的和等于由 AC 和 CB 所构成的矩形的二倍。且 HF 和 CK 的和也等于 AC 和 CB 上的正方形的和。所以四个面积，HF、CK、AG 和 GE 等于 AC 和 BC 上的两个正方形加上两倍的由 AC 和 CB 所构成的矩形的和。但是，HF、CK、AG 和 GE 相当于整个 ADEB，也就是在 AB 上的正方形。所以 AB 上的正方形等于 AC、CB 上的正方形的和加上 AC、CB 所构成的矩形的二倍。

综上，如果任意截一条线段，则在原线段上作的正方形等于截成的各部分线段上的正方形和截成的两条小线段所构成的矩形的二倍的和。这就是命题 4 的结论。

命题 5[①]

如果把一条线段截成相等和不相等的线段，则由两个不相等的线段所构成的矩形与两个截点之间的线段上的正方形的和等于原来线段一半上的正方形。

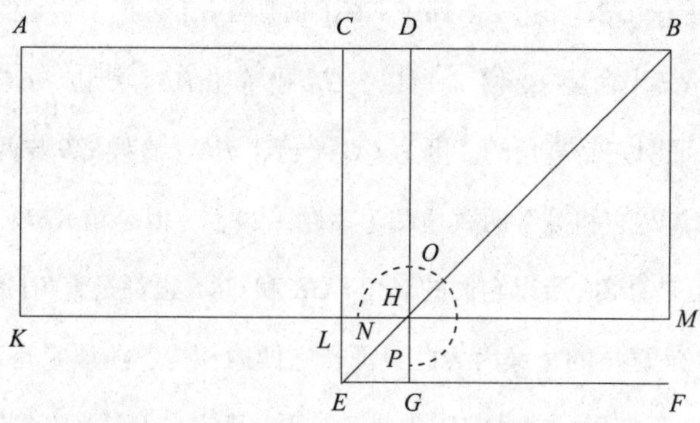

① 该命题是代数恒等式的几何版，用代数表示为：$ab+[(a+b)/2-b]^2=[(a+b)/2]^2$。

已知 C 点平分线段 AB，再由 D 点分成不相等的线段。可证 AD、DB 所构成的矩形与 CD 上的正方形的和等于 CB 上的正方形。

在 CB 上作正方形 $CEFB$【命题 1.46】，连接 BE，过 D 作 DG 平行于 CE 或 BF【命题 1.31】，过 H（H 是 BE 与 DG 的交点。——译者注）作 KM 平行于 AB 或 EF【命题 1.31】，过 A 点作 AK 平行于 CL 或 BM【命题 1.31】。因为补形 CH 等于补形 HF【命题 1.43】，两补形同时加（正方形）DM。所以整个（矩形）CM 等于整个（矩形）DF。但是因为 AC 等于 CB，所以（矩形）CM 等于（矩形）AL【命题 1.36】。所以，（矩形）AL 也等于（矩形）DF。两矩形同时加（矩形）CH。所以整个（矩形）AH 就等于折尺形 NOP。但是，AH 是由 AD、DB 所构成的矩形，因为 DH 等于 DB。所以，折尺形 NOP 也等于 AD、DB 所构成的矩形。同时加上等于 CD 上的正方形的 LG。所以，折尺形 NOP 和（正方形）LG 等于 AD、DB 构成的矩形与 CD 上的正方形的和。但是，折尺形 NOP 和（正方形）LG 相当于 CB 上的整个正方形 $CEFB$。所以 AD、DB 构成的矩形加上 CD 上的正方形，等于 CB 上的正方形。

综上，如果一条线段被截成相等的线段，再分成不相等的线段，则由两个不相等的线段所构成的矩形与两个截点之间的线段上的正方形的和等于原来线段一半上的正方形。这就是命题 5 的结论。

命题 6[①]

如果平分一个线段并且在同一线段上加上一个线段，则新组成的线段

① 该命题是代数恒等式的几何版，用代数表示为：$(2a+b)b+a^2=(a+b)^2$。

与后加的线段所构成的矩形及原线段一半上的正方形的和等于原线段一半与后加的线段的和上的正方形。

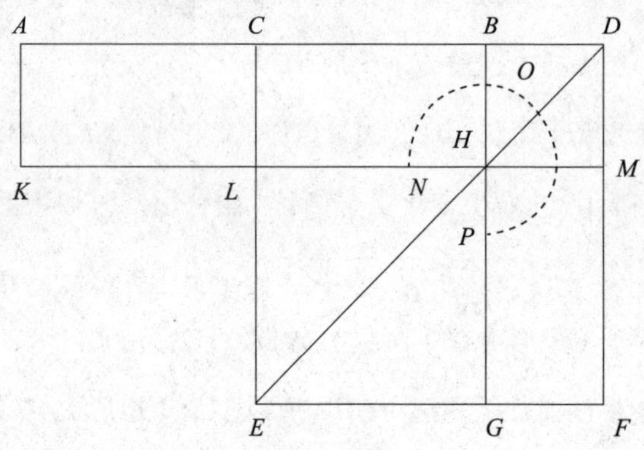

已知直线 *AB* 被平分，设 *C* 为二等分点，*BD* 是 *AB* 直线上新加的线段。可证 *AD*、*DB* 所构成的矩形及 *CB* 上的正方形的和等于 *CD* 上的正方形。

在 *CD* 上作正方形 *CEFD*【命题 1.46】，连接 *DE*，过 *B* 作 *BG* 平行于 *EC* 或 *DF*【命题 1.31】，过 *H* 作 *KM* 平行于 *AB* 或 *EF*【命题 1.31】，最后过 *A* 作 *AK* 平行于 *CL* 或 *DM*【命题 1.31】。

因为，*AC* 等于 *CB*，所以矩形 *AL* 等于矩形 *CH*【命题 1.36】。但是，矩形 *CH* 又等于矩形 *HF*【命题 1.43】。所以，矩形 *AL* 也等于矩形 *HF*。同时加上矩形 *CM*。则有整个矩形 *AM* 等于折尺形 *NOP*。但是 *AM* 是 *AD* 和 *DB* 所构成的矩形。所以折尺形 *NOP* 也等于 *AD* 和 *DB* 所构成的矩形。同时加 *LG*，且 *LG* 等于 *BC* 上的正方形。所以 *AD* 和 *DB* 所构成的矩形加上 *CB* 上的正方形，等于折尺形 *NOP* 和正方形 *LG* 的和。但折尺形 *NOP* 与正方形 *LG* 的和相当于 *CD* 上的整个正方形 *CEFD*。所以，*AD*、*DB* 所构成的矩形与 *CB* 上的正方形的和等于 *CD* 上的正方形。

综上，如果平分一个线段，并在同一线段上加上一个线段，则新组成的线段与后加的线段所构成的矩形及原线段一半上的正方形的和等于原线段一半与后加的线段的和上的正方形。这就是命题 6 的结论。

命题 7[①]

如果任意截一个线段，则整个线段上的正方形与其中一条小线段上的正方形的和等于整线段与该小线段所构成的矩形的二倍与另一小线段上正方形的和。

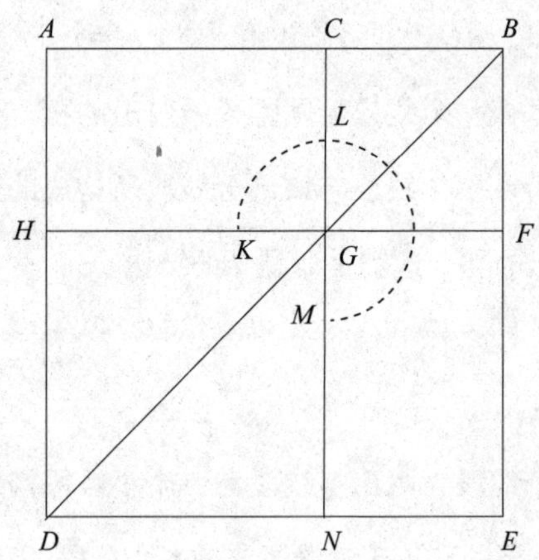

已知线段 *AB* 被点 *C* 任意截为两段。可证 *AB* 上的正方形和 *BC* 上的正方形的和等于 *AB*、*BC* 所构成的矩形的二倍与 *CA* 上的正方形的和。

在 *AB* 上作正方形 *ADEB*【命题 1.46】。（作法如图。——译者注）

因为矩形 *AG* 等于矩形 *GE*【命题 1.43】，两者同时加 *CF*。所以整个矩形 *AF* 等于整个矩形 *CE*。所以，矩形 *AF* 与矩形 *CE* 的和是矩形 *AF* 的

① 该命题是代数恒等式的几何版，用代数表示为：$(a+b)^2+a^2=2(a+b)a+b^2$。

二倍。又因为矩形 *AF* 与矩形 *CE* 的和是折尺形 *KLM* 与正方形 *CF* 的和，所以折尺形 *KLM* 与正方形 *CF* 的和是矩形 *AF* 的二倍。又因为矩形 *AF* 的二倍是 *AB*、*BC* 所构成的矩形的二倍，*BF* 等于 *BC*，所以折尺形 *KLM* 与正方形 *CF* 的和等于 *AB*、*BC* 所构成的矩形的二倍。同时加 *DG*，且 *DG* 是 *AC* 边上的正方形。所以，折尺形 *KLM* 与正方形 *BG*、正方形 *GD* 的和等于 *AB*、*BC* 所构成的矩形的二倍加上 *AC* 上的正方形。但是折尺形 *KLM* 和正方形 *BG*、正方形 *GD* 的和是整个 *ADEB* 和 *CF* 的和，且 *ADEB* 和 *CF* 分别是 *AB*、*BC* 上的正方形。所以，*AB* 和 *BC* 上的正方形的和等于 *AB*、*BC* 所构成的矩形的二倍加上 *AC* 上正方形的和。

综上，如果任意截一个线段，则整个线段上的正方形与其中一部分线段上的正方形的和等于整个线段与该部分线段所构成的矩形的二倍与另一部分线段上的正方形的和。这就是命题 7 的结论。

命题 8[①]

如果任意截一个线段，则用整线段和一个小线段构成的矩形的四倍与另一小线段上的正方形的和等于整线段与前一小线段的和上的正方形。

已知线段 *AB* 被任意截于点 *C*。可证 *AB*、*BC* 所构成的矩形的四倍与 *AC* 上的正方形的和等于 *AB* 与 *BC* 的和上的正方形。

延长线段 *AB* 至 *D*，使 *BD* 等于 *CB*【命题 1.3】，在 *AD* 上作正方形 *AEFD*【命题 1.46】，设已作两个这样的图。

① 该命题是代数恒等式的几何版，用代数表示为：$4(a+b)a+b^2=[(a+b)+a]^2$。

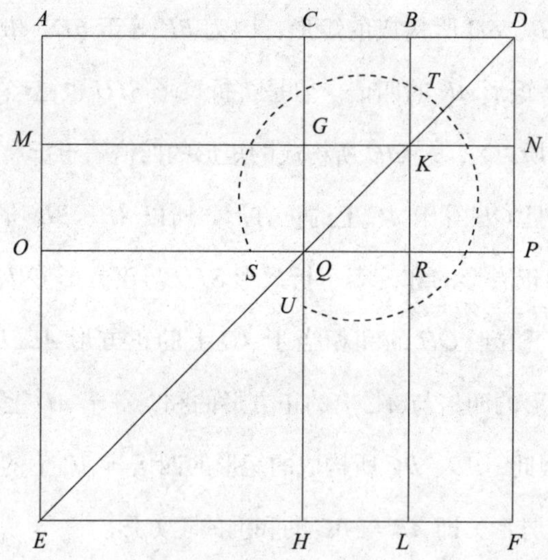

因为 *CB* 等于 *BD*，而 *CB* 等于 *GK*【命题 1.34】，*BD* 等于 *KN*【命题 1.34】，所以 *GK* 等于 *KN*。同理，*QR* 等于 *RP*。因为 *BC* 等于 *BD*，*GK* 等于 *KN*，所以正方形 *CK* 等于正方形 *KD*，正方形 *GR* 等于正方形 *RN*【命题 1.36】。但是，正方形 *CK* 等于正方形 *RN*。这是因为它们是平行四边形 *CP* 的补形【命题 1.43】。所以，正方形 *KD* 也等于正方形 *GR*。所以，四个正方形 *DK*、*CK*、*GR* 和 *RN* 彼此相等。因此，这四个正方形的和就是正方形 *CK* 的四倍。又因为 *CB* 等于 *BD*，*BD* 等于 *BK*（即 *CG*），且 *CB* 等于 *GK*（即 *GQ*），因此 *CG* 等于 *GQ*。因为 *CG* 等于 *GQ*，*QR* 等于 *RP*，所以矩形 *AG* 等于矩形 *MQ*，矩形 *QL* 等于矩形 *RF*【命题 1.36】。但是，矩形 *MQ* 等于矩形 *QL*。这是因为它们是平行四边形 *ML* 的补形【命题 1.43】。所以矩形 *AG* 也等于矩形 *RF*。所以，四个矩形 *AG*、*MQ*、*QL*、*RF* 是矩形 *AG* 的四倍。且已经证得，*CK*、*KD*、*GR* 和 *RN* 这四个正方形的和是正方形 *CK* 的四倍。所以，这八个（图形作为整体）构成折尺形 *STU*，也是矩形 *AK* 的四倍。

又因为 AK 是 AB、BD 所构成的矩形，因为 BK 等于 BD，AB、BD 所构成的矩形的四倍是矩形 AK 的四倍。但是，折尺形 STU 也已经被证明等于矩形 AK 的四倍。所以，AB、BD 所构成的矩形的四倍等于折尺形 STU。各边同时加上 OH，且 OH 等于 AC 上的正方形，所以 AB、BD 所构成的矩形的四倍与 AC 上的正方形的和，等于折尺形 STU 与正方形 OH 的和。但是，折尺形 STU 和正方形 OH 的和相当于 AD 上的正方形 $AEFD$。所以 AB、BD 所构成的矩形的四倍与 AC 上的正方形的和，等于 AD 上的正方形。且 BD 等于 BC。因此，AB、BC 所构成的矩形的四倍与 AC 上的正方形的和，等于 AD 上的正方形，即 AB 与 BC 的和上的正方形。

综上，如果任意截一个线段，则用整线段和一个小线段所构成的矩形的四倍与另一小线段上的正方形的和等于整线段与前一小线段的和上的正方形。这就是命题 8 的结论。

命题 9①

如果一条线段既被截成相等的两段，又被截成不相等的两段，则在不相等的各线段上正方形的和等于原线段一半上的正方形与两个分点之间一段上正方形的和的二倍。

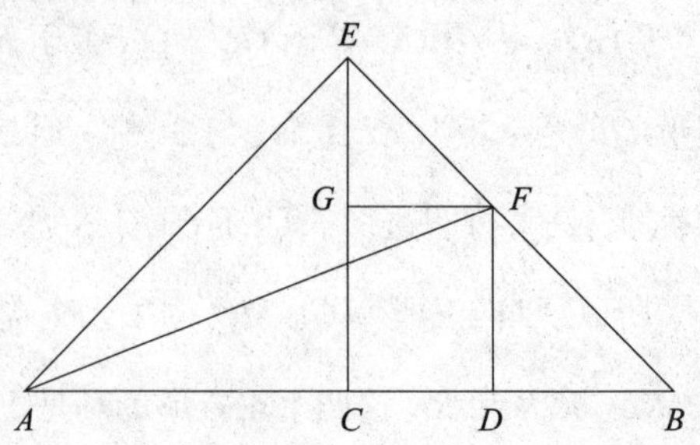

① 该命题是代数恒等式的几何版，用代数表示为：$a^2 + b^2 = 2[([a + b]/2)^2 + ([a + b]/2 - b)^2]$。

已知线段 *AB* 被点 *C* 平分，又被点 *D* 分为不相等的线段。可证 *AD* 和 *DB* 上的正方形和是 *AC* 和 *CD* 上正方形的和的二倍。

过点 *C* 作 *CE* 与 *AB* 成直角【命题 1.11】，并使 *CE* 等于 *AC* 或 *CB*【命题 1.3】。连接 *EA* 和 *EB*。过点 *D* 作 *DF* 平行于 *EC*【命题 1.31】，过点 *F* 作 *FG* 平行于 *AB*【命题 1.31】。连接 *AF*。因为 *AC* 等于 *CE*，所以角 *EAC* 等于角 *AEC*【命题 1.5】。因为点 *C* 处的角是直角，所以其余的角 *EAC* 和 *AEC* 的和等于直角【命题 1.32】。因为两角相等，所以角 *CEA* 和 *CAE* 均等于直角的一半。同理，角 *CEB* 和 *EBC* 也等于直角的一半。所以，整个角 *AEB* 是直角。因为 *GEF* 是直角的一半，*EGF* 是直角，因为它与角 *ECB* 是同位角【命题 1.29】。剩下的角 *EFG* 等于直角的一半【命题 1.32】。所以角 *GEF* 等于 *EFG*。所以边 *EG* 等于 *GF*【命题 1.6】。又因为点 *B* 处的角是直角的一半，角 *FDB* 是直角，因为它与角 *ECB* 是同位角【命题 1.29】。剩下的角 *BFD* 是直角的一半【命题 1.32】。所以点 *B* 处的角等于 *DFB*。所以，边 *FD* 等于 *DB*【命题 1.6】。因为 *AC* 等于 *CE*，*AC* 上的正方形也等于 *CE* 上的正方形。所以，*AC* 与 *CE* 上的正方形的和是 *AC* 上的正方形的二倍。但是，*EA* 上的正方形等于 *AC* 和 *CE* 上的正方形的和。这是因为角 *ACE* 是直角【命题 1.47】。因此，*EA* 上的正方形是 *AC* 上的正方形的二倍。又因为 *EG* 等于 *GF*，所以 *EG* 上的正方形等于 *GF* 上的正方形。所以，*EG* 和 *GF* 上的正方形的和是 *GF* 上的正方形的二倍。*EF* 上的正方形等于 *EG* 和 *GF* 上的正方形的和【命题 1.47】。因此，*EF* 上的正方形是 *GF* 上的正方形的二倍。但是，*GF* 等于 *CD*【命题 1.34】。因此，*EF* 上的正方形是 *CD* 上的正方形的二倍。但是，*EA* 上的正方形是 *AC* 上的正方形的二倍。因此，*AE* 和 *EF* 上的正方形的和是 *AC* 和 *CD* 上的正方形的和的二倍。*AF* 上的正

方形等于 AE 和 EF 上的正方形的和。这是因为角 AEF 是直角【命题 1.47】。因此，AF 上的正方形是 AC 和 CD 上的正方形和的二倍。但是，AD 和 DF 上的正方形的和等于 AF 上的正方形，因为点 D 处的角是直角【命题 1.47】。因此，AD 和 DF 上的正方形和是 AC 和 CD 上的正方形的和的二倍。又 DF 等于 DB。所以，AD 和 DB 上的正方形的和是 AC 和 CD 上的正方形的和的二倍。

综上，如果一条线段既被截成相等的两段，又被截成不相等的两段。则在不相等的各线段上正方形的和等于原线段一半上的正方形与两个分点之间一段上正方形的和的二倍。这就是命题 9 的结论。

命题 10[①]

如果二等分一条线段，且在同一直线上再给原线段添加上一条线段，则合成线段上的正方形与添加线段上的正方形的和等于原线段一半上的正方形与原线段的一半加上后加的线段（即作为一整条线段）之和上的正方形的和的二倍。

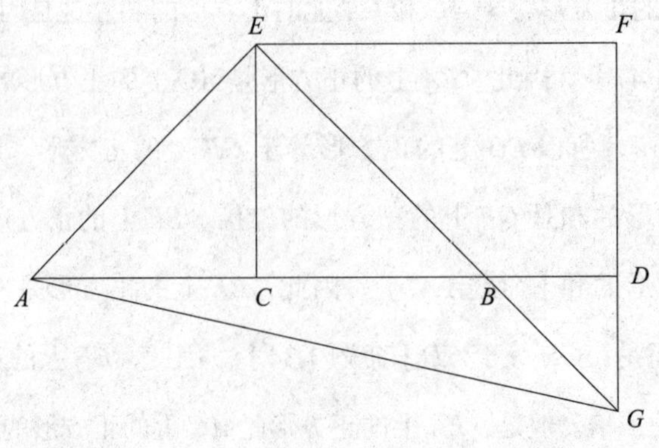

① 该命题是代数恒等式的几何版，用代数表示为：$(2a+b)^2+b^2=2[a^2+(a+b)^2]$。

已知线段 AB 被点 C 二等分，延长 AB 至点 D。可证 AD 和 DB 上的正方形的和等于 AC 和 CD 上正方形和的二倍。

过点 C 作 CE 与 AB 成直角【命题 1.11】，并使 CE 等于 AC 或 CB【命题 1.3】。连接 EA、EB。过 E 作 EF 平行于 AD【命题 1.31】，过 D 作 FD 平行于 EC【命题 1.31】。因为直线 EF 与平行线 EC 和 FD 相交，角 CEF 和 EFD 的和等于两直角【命题 1.29】。所以，角 FEB 和 EFD 的和小于两直角。小于两直角一侧的直线延长后会相交【公设 5】。所以，EB 和 FD 延长后会相交。设交点为 G，连接 AG。因为 AC 等于 CE，所以角 EAC 等于角 AEC【命题 1.5】，且点 C 处的角为直角。所以，EAC、AEC 各是直角的一半【命题 1.32】。同理，CEB 和 EBC 也是直角的一半。所以，角 AEB 是直角。因为 EBC 是直角的一半，所以 DBG 也是直角的一半【命题 1.15】。BDG 是直角，因为它等于角 DCE，它们是内错角【命题 1.29】。所以，剩下的角 DGB 是直角的一半。所以，DGB 等于 DBG。所以，边 BD 等于 GD【命题 1.6】。又因为 EGF 是直角的一半， 点 F 处的角是直角，因为它等于点 C 处的对角【命题 1.34】。所以，剩下的角 FEG 是直角的一半。所以，角 EGF 等于 FEG。所以，边 GF 等于 EF【命题 1.6】。因为 EC 等于 CA，所以 EC 上的正方形等于 CA 上的正方形。所以，EC 和 CA 上的正方形的和是 CA 上正方形的二倍。EA 上的正方形等于 EC 和 CA 上正方形的和【命题 1.47】。所以，EA 上的正方形是 AC 上的正方形的二倍。又因为 FG 等于 EF，所以 FG 上的正方形等于 FE 上的正方形。所以，GF 和 FE 上的正方形的和是 EF 上正方形的二倍，且 EG 上的正方形等于 GF 和 FE 上正方形的和【命题 1.47】。所以，EG 上的正方形是 EF 上的正方形的二倍，且 EF 等于 CD【命题 1.34】。所以，EG 上的正方形是 CD 上的正方形的二倍。

因为已经证得 *EA* 上的正方形是 *AC* 上的正方形的二倍。所以，*AE* 和 *EG* 上的正方形的和是 *AC* 和 *CD* 上的正方形和的二倍。且 *AG* 上的正方形等于 *AE* 和 *EG* 上的正方形的和【命题 1.47】。所以，*AG* 上的正方形是 *AC* 和 *CD* 上正方形的和的二倍。又因为 *AD* 和 *DG* 上的正方形的和等于 *AG* 上的正方形【命题 1.47】。所以，*AD* 和 *DG* 上的正方形的和是 *AC* 和 *CD* 上正方形的和的二倍。又 *DG* 等于 *DB*。所以，*AD* 和 *DB* 上的正方形的和是 *AC* 和 *CD* 上的正方形的和的二倍。

综上，如果二等分一条线段，且在同一直线上再给原线段添加上一条线段，则合成线段上的正方形与添加线段上的正方形的和等于原线段一半上的正方形与原线段的一半加上后加的线段（即作为一整条线段）之和上的正方形的和的二倍。这就是命题 10 的结论。

命题 11[①]

截一条给定线段，则原线段与其中一条小线段所构成的矩形等于另一条小线段上的正方形。

已知 *AB* 是给定线段。可证截 *AB* 后，*AB* 与其中一条小线段所构成的矩形等于另一条小线段上的正方形。

在 *AB* 上作正方形 *ABDC*【命题 1.46】。点 *E* 二等分 *AC*【命题 1.10】，连接 *BE*。延长 *CA* 至 *F*，使 *EF* 等于 *BE*【命题 1.3】。在 *AF* 上作正方形 *FH*【命题 1.46】，延长 *GH* 至点 *K*（*K* 是 *GH* 的延长线与 *CD* 的交点。——译者注）。可证 *AB* 被 *H* 截为两段，*AB* 和 *BH* 所构成的矩形等于 *AH* 上的正方形。

① 这里截线段的方法是——原线段与其中较长的一段线段的比率等于较大的线段与较小的线段的比率——有时也称作“黄金分割”。

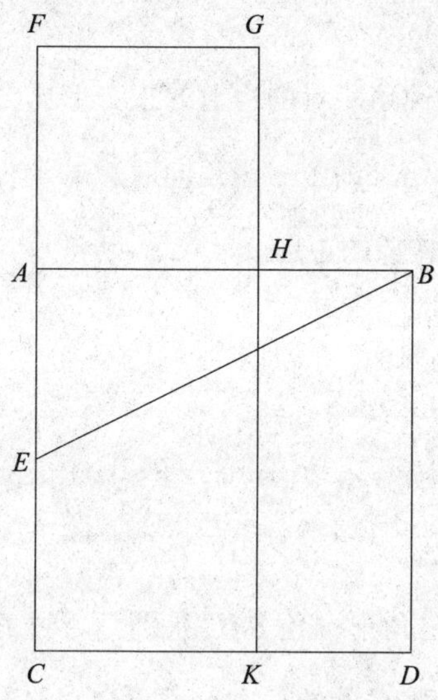

因为 E 二等分 AC，且 FA 是 AC 上增加的线段，所以 CF 和 FA 所构成的矩形与 AE 上的正方形的和等于 EF 上的正方形【命题 2.6】。且 EF 等于 EB。所以，CF 和 FA 所构成的矩形加上 AE 上的正方形等于 EB 上的正方形。但是，BA 和 AE 上的正方形的和等于 EB 上的正方形，因为点 A 处的角是直角【命题 1.47】。所以，矩形 CF 和 FA 加上 AE 上的正方形，等于 BA 和 AE 上的正方形的和。同时减去 AE 上的正方形，剩下的矩形 CF 和 FA 等于 AB 上的正方形。FK 是 CF 和 FA 所构成的矩形。因为 AF 等于 FG，AD 是 AB 上的正方形。所以 FK 等于 AD。同时减去 AK。因此，剩下的 FH 等于 HD。且 HD 是 AB 和 BH 所构成的矩形。因为 AB 等于 BD。且 FH 是 AH 上的正方形。所以，AB 和 BH 所构成的矩形等于 HA 上的正方形。

综上，截给定线段 AB，截点为 H，则 AB 和 BH 所构成的矩形等于 HA 上的正方形。这就是命题 11 的结论。

命题 12[①]

在钝角三角形中，钝角所对的边上的正方形比夹钝角的两边上的正方形的和大一个矩形的二倍。即由一锐角向对边的延长线作垂线，垂足到钝角之间一段与另一边所构成的矩形。

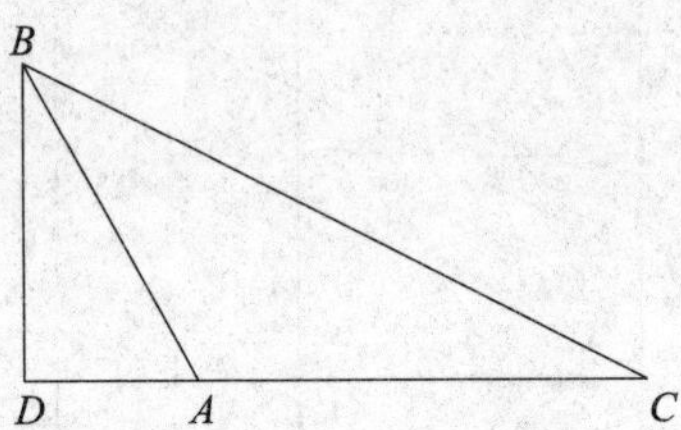

已知 *ABC* 是钝角三角形，角 *BAC* 是钝角。过 *B* 作 *CA* 延长线的垂线 *BD*【命题 1.12】。可证 *BC* 上的正方形比 *BA* 和 *AC* 上的正方形的和大 *CA* 和 *AD* 所构成的矩形的二倍。

因为点 *A* 任意分直线 *CD*，所以 *DC* 上的正方形等于 *CA* 和 *AD* 上的正方形的和加上 *CA* 和 *AD* 所构成的矩形的二倍【命题 2.4】。同时加 *DB* 上的正方形。因此，*CD* 和 *DB* 上的正方形的和等于 *CA*、*AD* 和 *DB* 上的正方形的和加上 *CA* 和 *AD* 所构成的矩形的二倍。但是，*CB* 上的正方形等于 *CD* 和 *DB* 上的正方形的和。这是因为点 *D* 的角是直角【命题 1.47】。且 *AB* 上的正方形等于 *AD* 和 *DB* 上的正方形的和【命题 1.47】。所以，*CB* 上的正方形等于 *CA* 和 *AB* 上的正方形的和加上 *CA* 和 *AD* 所构成的矩形的二倍。所以 *CB* 上的正方形比 *CA* 和 *AB* 上的正方形大 *CA* 和 *AD* 所构成的矩形的二倍。

综上，在钝角三角形中，钝角所对的边上的正方形比夹钝角的两边上

① 这一命题就是著名的余弦公式：$BC^2=AB^2+AC^2-2AB\cdot AC\cos BAC$，因为 $\cos BAC=-AD/AB$。

的正方形的和大一个矩形的二倍。即由一锐角向对边的延长线作垂线，垂足到钝角之间一段与另一边所构成的矩形。这就是命题 12 的结论。

命题 13[①]

在锐角三角形中，一个锐角对边上的正方形比夹锐角两边上的正方形的和小一个矩形的二倍。即由另一锐角向对边作垂直线，垂足到原锐角顶点的线段与垂足所在边所构成的矩形。

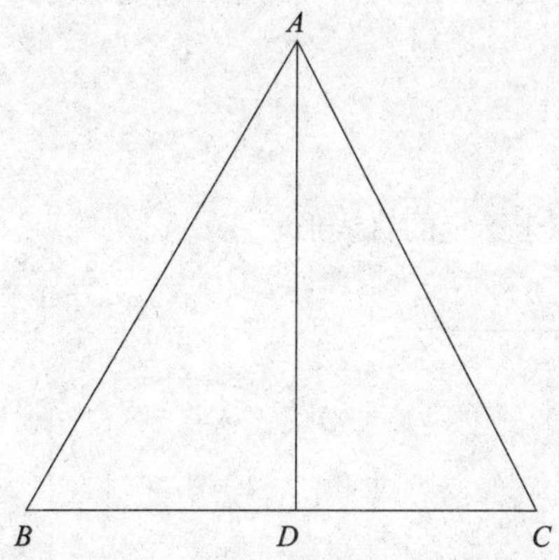

已知 *ABC* 是锐角三角形，点 *B* 处的角为锐角。过点 *A* 作 *BC* 的垂线 *AD*【命题 1.12】。可证 *AC* 上的正方形比 *CB* 和 *BA* 上的正方形的和小 *CB* 和 *BD* 所构成的矩形的二倍。

点 *D* 截线段 *CB*，*CB* 和 *BD* 上的正方形的和等于 *CB* 和 *BD* 所构成矩形的二倍加上 *DC* 上的正方形【命题 2.7】。同时加 *DA* 上的正方形。所以，*CB*、*BD* 和 *DA* 上的正方形的和等于 *CB* 和 *BD* 所构成的矩形的二倍和

① 这一命题就是著名的余弦公式：$AC^2=AB^2+BC^2-2AB\cdot BC\cos ABC$，因为 $\cos ABC=BD/AB$。

AD、*DC* 上正方形的和。但是，*AB* 上的正方形等于 *BD* 和 *DA* 上的正方形的和。因为点 *D* 处的角是直角【命题 1.47】。且 *AC* 上的正方形等于 *AD* 和 *DC* 上的正方形的和【命题 1.47】。所以，*CB* 和 *BA* 上的正方形的和等于 *AC* 上的正方形和 *CB*、*BD* 所构成矩形的和的二倍。所以 *AC* 上的正方形比 *CB* 和 *BA* 上的正方形和小 *CB*、*BD* 所构成的矩形的二倍。

综上，在锐角三角形中，一个锐角对边上的正方形比夹锐角两边上的正方形的和小一个矩形的二倍。即由另一锐角向对边作垂直线，垂足到原锐角顶点的线段与垂足所在边所构成的矩形。这就是命题 13 的结论。

命题 14

作一个正方形等于给定的直线形。

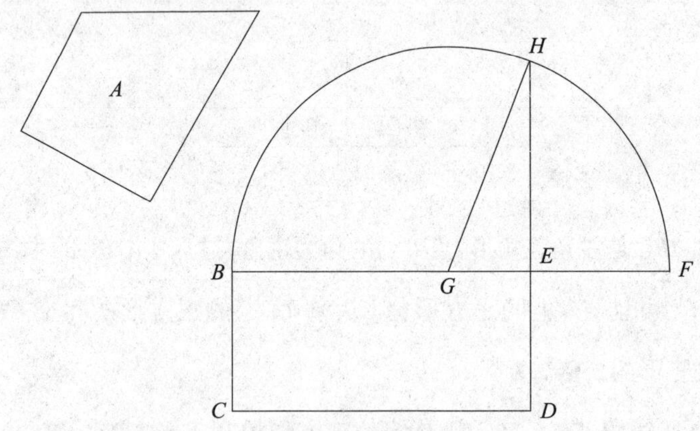

已知 *A* 是给定直线图形。求作一正方形等于直线形 *A*。

设矩形 *BD* 等于直线形 *A*【命题 1.45】。所以，如果 *BE* 等于 *ED*，则这就是所要求作的图形。这是因为正方形 *BD* 等于直线形 *A*。如果 *BD* 不等于 *A*，则线段 *BE*、*ED* 中有一个较大。设 *BE* 较大，延长 *BE* 至 *F*，使 *EF*

等于 *ED*【命题 1.3】。作 *BF* 的二等分点 *G*【命题 1.10】。以 *G* 为圆心，以 *GB* 或 *GF* 为半径作半圆 *BHF*。延长 *DE* 至 *H*，连接 *GH*。

因为 *BF* 被 *G* 平分，被 *E* 分为不相等的两段，*BE* 和 *EF* 所构成的矩形与 *EG* 上的正方形的和，等于 *GF* 上的正方形【命题 2.5】。*GF* 等于 *GH*。所以，矩形 *BE*、*EF* 与 *GE* 上的正方形的和，等于 *GH* 上的正方形【命题 1.47】。所以，矩形 *BE*、*EF* 与 *GE* 上的正方形的和等于 *HE* 和 *EG* 上的正方形的和。各边同时减去 *GE* 上的正方形。所以，余下的矩形 *BE*、*EF* 等于 *EH* 上的正方形。但是，*BD* 是由 *BE* 和 *EF* 构成的矩形。这是因为 *EF* 等于 *ED*。所以，平行四边形 *BD* 等于 *HE* 上的正方形，且 *BD* 等于直线形 *A*。所以，直线形 *A* 也等于所要求的在 *EH* 上作的正方形。

综上，一个正方形——在 *EH* 上作的——等于给定的直线形 *A*。这就是命题 14 的结论。

第3卷　与圆有关的平面几何

定 义

1. 相等的圆，其直径相等，或圆心到圆周的距离相等（即半径相等）。

2. 一条直线与圆相切，就是它与圆相遇，而这条直线延长后不再与圆相交。

3. 两圆相切，就是彼此相遇，而不相交。

4. 过圆心作圆内弦的垂线，垂线相等（圆心到垂足的距离相等。——译者注），则称这些弦有相等的弦心距。

5. 当垂线较长时，称这弦有较大的弦心距。

6. 弓形是由一条弦和一段弧（即一段圆周。——译者注）组成的。

7. 弓形的角是由一条直线和一段圆弧所夹的角。

8. 弓形的角是连接弧上任意一点和这段圆弧的底的两端的两条直线所夹的角。

9. 弓形角也叫作含于这段弧上的弓形角。

10. 由顶点在圆心的角的两边和这两边所截的一段圆弧共同围成的图形叫作扇形。

11. 相似弓形是那些含相等角的弓形，或者它们上的角是彼此相等的。

命　题

命题 1

求出已知圆的圆心。

已知圆 *ABC*，作出圆 *ABC* 的圆心。

在圆上作任意直线 *AB*，并作 *AB* 的二等分点 *D*【命题 1.9】。过 *D* 作 *DC* 垂直于 *AB*【命题 1.11】。延长 *CD* 与圆交于 *E*。作 *CE* 的二等分点 *F*【命题 1.9】。可证 *F* 是圆 *ABC* 的圆心。

假设 *F* 不是圆 *ABC* 的圆心。设 *G* 点为圆心，连接 *GA*、*GD*、*GB*。因为 *AD* 等于 *DB*，*DG* 是公共边，即 *AD*、*DG* 分别与 *BD*、*DG* 相等。又因为 *GA*、*GB* 是半径，所以 *GA* 等于 *GB*。所以，角 *ADG* 等于角 *GDB*【命题 1.8】。若两直线相交形成的邻角彼此相等，则这两个角为直角【定义 1.10】。所以角 *GDB* 是直角。又因为角 *FDB* 是直角，所以角 *FDB* 等于角 *GDB*，即较大角等于较小角，这是不可能的。所以点 *G* 不是圆 *ABC* 的圆心。同理，我们可以证明任何除 *F* 以外的点都不是圆心。

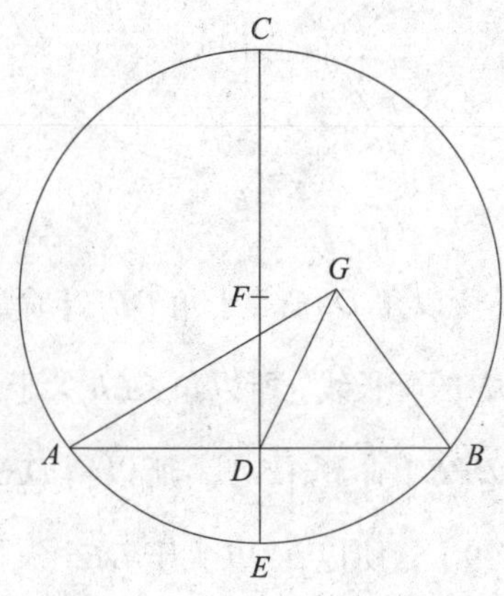

综上，点 F 是圆 ABC 的圆心。

推 论

从上述命题可以得到，如果在一个圆内一条直线把另一条直线平分为两部分且交成直角，则这个圆的圆心在前一直线上。这就是命题 1 的结论。

命题 2

连接圆上任意两点，则连接这两点的直线上的其他点均在圆内。

已知圆 ABC，A、B 是圆上任意两点。可证连接 AB 后，AB 在圆内。

假设 AB 不在圆内，如果这是可能的，假设 AB 落在圆外，如 AEB（如图所示）。设圆 ABC 的圆心【命题 3.1】为 D。连接 DA、DB，画 DFE。

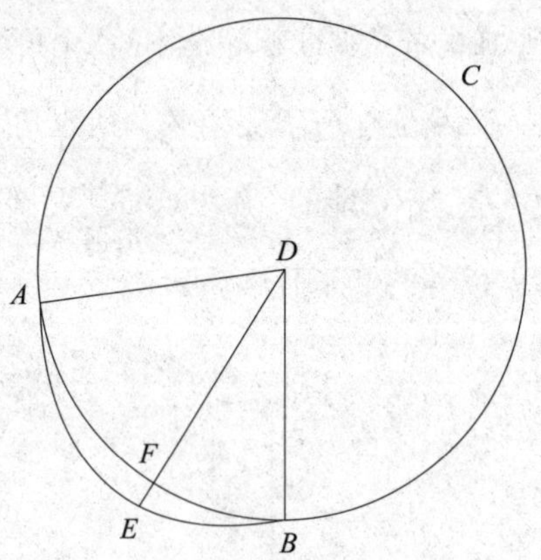

因为 DA 等于 DB，所以角 DAE 等于角 DBE【命题 1.5】。因为在三角形 DAE 中，AEB 是边 AE 的延长线，所以角 DEB 大于角 DAE【命题 1.16】。又因为角 DAE 等于角 DBE【命题 1.5】，所以角 DEB 大于角 DBE。又因为大角对大边【命题 1.19】，所以，DB 大于 DE。又因为 DB 等于 DF，所

以 *DF* 也大于 *DE*，即较小边大于较大边，这是不可能的。所以，连接 *A*、*B* 的直线不落在圆外。同理，我们可以证明该直线也不落在圆周上。因此，它落在圆内。

综上，连接圆上任意两点的直线在圆内。这就是命题 2 的结论。

命题 3

在一个圆中，过圆心的直线二等分一条不过圆心的直线，那么这两条直线互相垂直；如果过圆心的直线垂直于不过圆心的直线，那么前者二等分后者。

已知圆 *ABC*，直线 *CD* 过圆心且二等分不过圆心的直线 *AB* 于点 *F*。可证 *CD* 垂直于 *AB*。

作圆 *ABC* 的圆心【命题 3.1】，设圆心为 *E*，连接 *EA*、*EB*。

因为 *AF* 等于 *FB*，*FE* 是公共边，即（三角形 *AFE* 的）两边等于（三角形 *BFE* 的）两边，第三边 *EA* 等于 *EB*。所以角 *AFE* 等于角 *BFE*【命题 1.8】。当两条直线相交且形成相等的邻角时，则这两个角是直角【定义 1.10】。角 *AFE* 和角 *BFE* 都是直角，所以直线 *CD* 过圆心且二等分不过圆心的直线 *AB*，两条直线相互垂直。

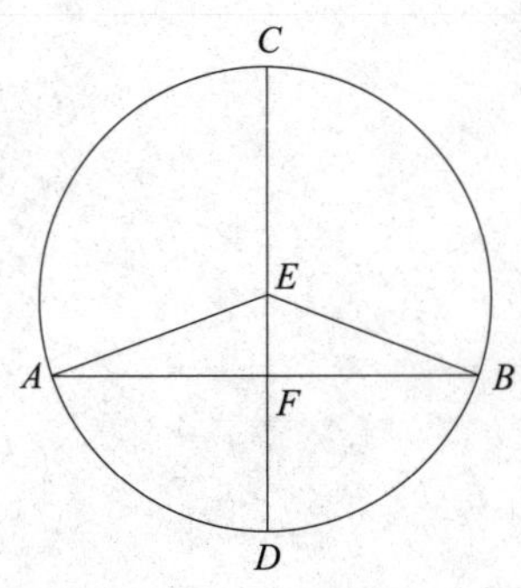

设 *AB* 垂直于 *CD*。可证 *CD* 二等分 *AB*，即 *AF* 等于 *FB*。

用上述作法作同一个图，因为 *EA* 等于 *EB*，角 *EAF* 等于角 *EBF*【命题 1.5】。直角 *AFE* 等于直角 *BFE*。所以三角形 *EAF* 和 *EFB* 是两个角相等且有一条边相等的三角形，*EF* 是公共边，其所对的角也相等。所以，其他边也都对应相等【命题 1.26】。所以，*AF* 等于 *FB*。

综上，在一个圆中，过圆心的直线二等分一条不过圆心的直线，那么这两条直线互相垂直；如果过圆心的直线垂直于不过圆心的直线，那么前者二等分后者。这就是命题 3 的结论。

命题 4

在一个圆中，如果两条不过圆心的直线相交，则它们不相互平分。

已知圆 *ABCD*，其中有两条不过圆心的直线 *AC* 和 *BD* 交于点 *E*。可证它们不互相平分。

假设它们互相二等分，即 *AE* 等于 *EC*，*BE* 等于 *ED*。作圆 *ABCD* 的圆心【命题 3.1】。设圆心为点 *F*，连接 *FE*。

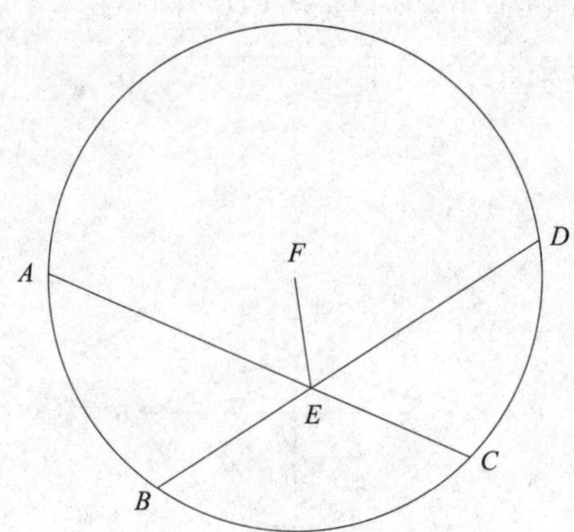

因为过圆心的直线 *FE* 二等分另一条没过圆心的直线 *AC*，则它们相互垂直【命题 3.3】。所以角 *FEA* 是直角。又因为 *FE* 也二等分 *BD*，所以它们也互相垂直【命题 3.3】。所以角 *FEB* 是直角。但是，角 *FEA* 也是直角，所以角 *FEA* 等于 *FEB*，即较小角等于较大角，这是不可能的。所以，*AC* 与 *BD* 不互相平分。

综上，在一个圆中，如果两条不过圆心的直线相交，则它们不互相平分。这就是命题 4 的结论。

命题 5

两圆相交，圆心不同。

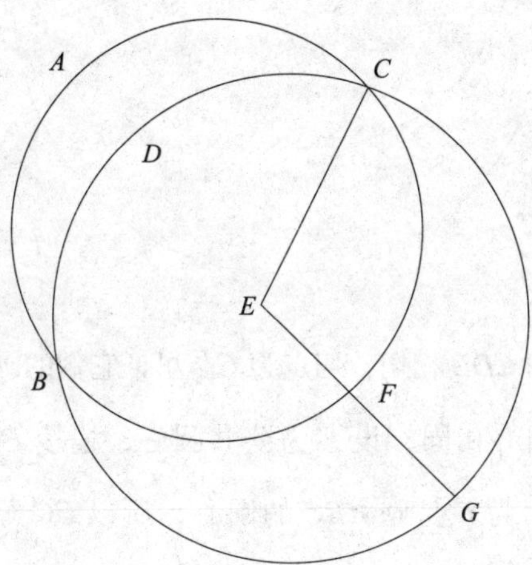

已知圆 *ABC* 和 *CDG* 相交，交点是 *B*、*C*。可证它们的圆心不同。

假设两圆圆心相同，设 *E* 为公共圆心。连接 *EC*，*EFG* 是穿过两圆的任意直线。因为 *E* 是圆 *ABC* 的圆心，所以 *EC* 等于 *EF*。又因为点 *E* 是圆 *CDG* 的圆心，所以 *EC* 等于 *EG*。又因为 *EC* 等于 *EF*，所以 *EF* 也等于

EG，即小的等于大的，这是不可能的。所以点 *E* 不是圆 *ABC* 和 *CDG* 的共同圆心。

综上，若两圆相交，则它们的圆心不同。这就是命题 5 的结论。

命题 6

两圆相切，圆心不同。

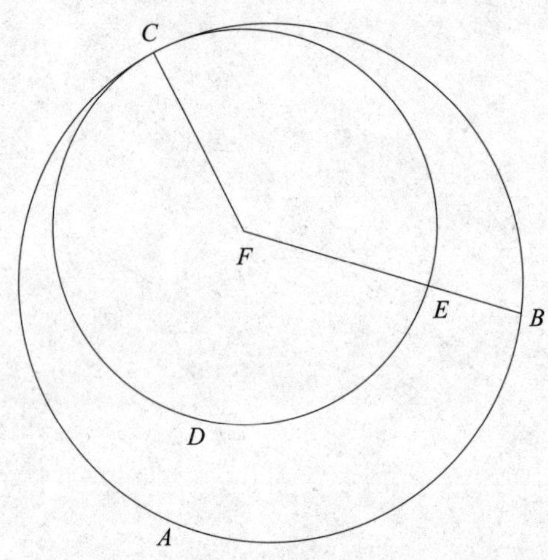

已知圆 *ABC* 和 *CDE* 相切，切点为 *C*。可证它们的圆心不同。

假设它们的圆心相同，设 *F* 为公共圆心，连接 *FC*，*FEB* 是穿过两圆的任意直线。因为 *F* 是圆 *ABC* 的圆心，所以 *FC* 等于 *FB*。又因为 *F* 是圆 *CDE* 的圆心，所以 *FC* 等于 *FE*。因为 *FC* 等于 *FB*，所以 *FE* 也等于 *FB*，即小的等于大的，这是不可能的。所以点 *F* 不是圆 *ABC* 和 *CDE* 的共同圆心。

综上，若两圆相切，则它们的圆心不同。这就是命题 6 的结论。

命题 7

如果在一个圆的直径上取一个不是圆心的点，在过该点相交于圆的所有线段中，最长的线段是过圆心的那条，最短的是同一直径上剩下的线段。在其他线段中，离圆心近的线段比离得远的长，过该点到圆上只有两条线段相等，且分别在最短线段的两边。

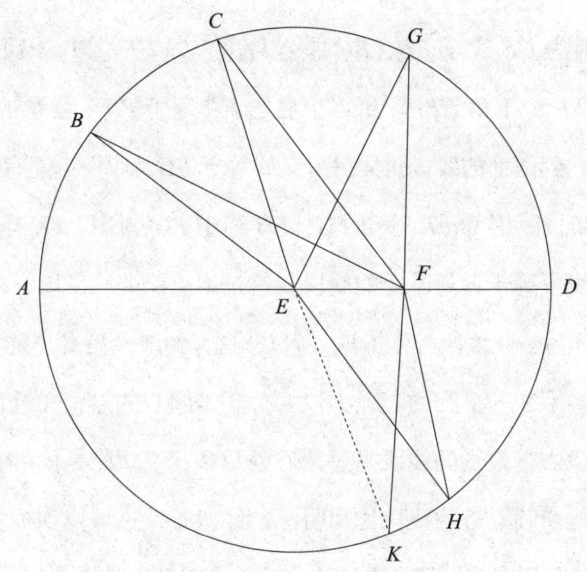

已知在圆 *ABCD* 中，*AD* 是直径，在 *AD* 上任取一个非圆心的点 *F*。设 *E* 是圆心。过 *F* 向圆 *ABCD* 上作线段 *FB*、*FC* 和 *FG*。可证 *FA* 是最长的线段，*FD* 最短，其次，*FB* 大于 *FC*，*FC* 大于 *FG*。

连接 *BE*、*CE* 和 *GE*。因为三角形任意两边之和大于第三边【命题 1.20】，所以 *EB* 与 *EF* 的和大于 *BF*。*AE* 等于 *BE*，所以 *AF* 大于 *BF*。又因为 *BE* 等于 *CE*，*FE* 是公共边，即两边 *BE*、*EF* 分别等于两边 *CE*、*EF*。但是，角 *BEF* 大于角 *CEF*。 所以，底 *BF* 大于 *CF*【命题 1.24】。同理，*CF* 大

于 FG。

又因为 GF 和 FE 的和大于 EG【命题 1.20】，且 EG 等于 ED， GF 和 FE 的和大于 ED。同时减去 EF，剩余的 GF 大于 FD。所以，FA 最长，FD 最短，FB 大于 FC，FC 大于 FG。

又可证明过点 F 到圆 ABCD 上的线段仅有两条相等，且各在最短线段 FD 的两边。以 EF 为边，E 为顶点作角 FEH 等于角 GEF【命题 1.23】，连接 FH。因为 GE 等于 EH，EF 是公共边，即 GE、EF 分别等于 HE、EF，且角 GEF 等于角 HEF。所以，底边 FG 等于 FH【命题 1.4】。又可以证明过点 F 到圆上的线段再无另一条线等于 FG。假设可能有，设 FK 是等于 FG 的线段。因为 FK 等于 FG，FH 等于 FG，所以 FK 也等于 FH，靠近圆心的线段等于远离圆心的线段，这是不可能的。所以，过点 F 到圆上的线段再无另一条线段等于 GF。所以，这样的线段只有一条。

综上，如果在一个圆的直径上取一个不是圆心的点，在过该点相交于圆的所有线段中，最长的线段是过圆心的那条，最短的是同一直径上剩下的线段。其他离圆心近的线段比离得远的线段长。过该点到圆上只有两条线段相等，且分别在最短线段的两边。这就是命题 7 的结论。

命题 8

如果在圆外任取一点，过该点作通过圆的线段，其中一条线段过圆心，其他线段都是任意画的，则在凹圆弧上的线段中，过圆心的线段最长。在其他线段中，靠近圆心的线段大于远离的线段。而在凸圆弧上的线段中，在取定的点到直径之间的一条线段最短。在其他线段中，靠近圆心的线段小于远离的线段，且在该点到圆周上的线段中，彼此相等的线段只有两条，它们各在最短线段的一侧。

已知 ABC 是一个圆，点 D 是圆 ABC 外任意一点，过 D 作 DA、DE、DF 和 DC，设 DA 过圆心。可证在凹圆弧 $AEFC$ 上的线段中，最长的是过圆心的线段 AD，且 DE 大于 DF，DF 大于 DC。在凸圆弧 $HLKG$ 上的线段中，最短的是该点和直径 AG 之间的线段 DG，且靠近最短线段 DG 的线段小于远离的线段，（即）DK 小于 DL，DL 小于 DH。

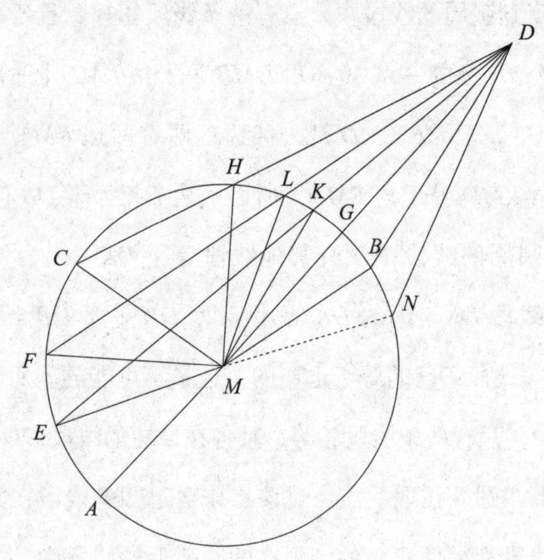

设圆的圆心为 M【命题3.1】。连接 ME、MF、MC、MK、ML 和 MH。

因为 AM 等于 EM，各边同时加 MD，所以 AD 等于 EM 与 MD 的和。但是，EM 与 MD 的和大于 ED【命题1.20】，所以 AD 大于 ED。又因为 ME 等于 MF，MD 是公共边，即 EM 与 MD 的和等于 FM 与 MD 的和。又，角 EMD 大于角 FMD，所以底边 ED 大于 FD【命题1.24】。同理，我们可以证明 FD 大于 CD，所以 DA 是最大的，DE 大于 DF，DF 大于 DC。

因为 *MK* 和 *KD* 的和大于 *MD*【命题 1.20】，且 *MG* 等于 *MK*，所以剩下的 *KD* 大于 *GD*。这样一来，*GD* 小于 *KD*。又因为在三角形 *MLD* 中，在一边 *MD* 的上方，有两条直线 *MK* 和 *KD* 相交于三角形内，所以 *MK* 与 *KD* 的和小于 *ML* 与 *LD* 的和【命题 1.21】。且 *MK* 等于 *ML*，所以剩下的 *DK* 小于 *DL*。同理，我们可以证明 *DL* 小于 *DH*。所以，*DG* 是最小的，且 *DK* 小于 *DL*，*DL* 小于 *DH*。

可证在从 *D* 到圆周的线段中，只有两条线段相等，且各在最短的线段 *DG* 的一边。以 *MD* 上的一点 *M* 作角 *DMB* 等于角 *KMD*【命题 1.23】，连接 *DB*。因为 *MK* 等于 *MB*，*MD* 是公共边，即有两边 *KM*、*MD* 分别等于 *BM*、*MD*，且角 *KMD* 等于角 *BMD*，所以底边 *DK* 等于 *DB*【命题 1.4】。又可证从 *D* 到圆周的线段中没有其他线段等于 *DK*。因为如果可能，假设有另外一条线段 *DN*。因为 *DK* 等于 *DN*，*DK* 等于 *DB*，所以 *DB* 等于 *DN*，即靠近最短线段 *DG* 的等于远离的，这是不可能的。所以，在从点 *D* 到圆周的线段中，只有两条线段相等，且各在最短的线段 *DG* 的一侧。

综上，如果在圆外任取一点，过该点作通过圆的线段，其中一条线段过圆心，其他线段都是任意画的，则在凹圆弧上的线段中，过圆心的线段最长。在其他线段中，靠近圆心的线段大于远离的线段。而在凸圆弧上的线段中，在取定的点到直径之间的一条线段最短。在其他线段中，靠近圆心的线段小于远离的线段，且在该点到圆周上的线段中，彼此相等的线段只有两条，它们各在最短线段的一侧。这就是命题 8 的结论。

命题 9

如果在圆内的任意一点到圆周的线段中，有超过两条线段相等，那么这点就是该圆的圆心。

已知圆 ABC，D 是圆内一点，由 D 到圆 ABC 的圆周的相等线段有 DA、DB 和 DC。可证点 D 是圆 ABC 的圆心。

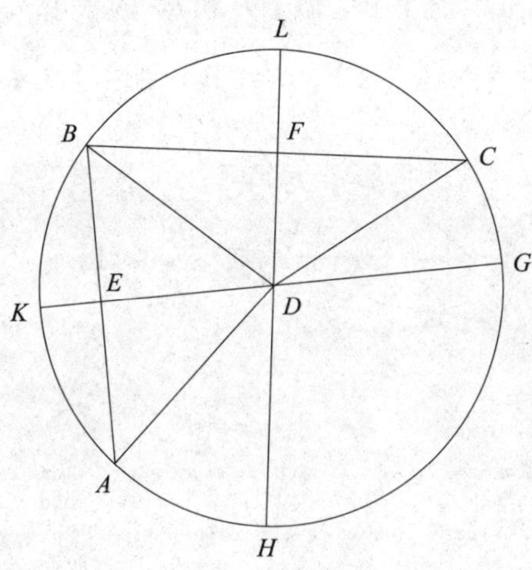

连接 AB 和 BC，且平分它们于点 E 和 F【命题 1.10】。连接 ED 和 FD，使它们经过点 G、K、H 和 L。

因为 AE 等于 EB，ED 是公共边，两边 AE、ED 分别等于 BE、ED，且底边 DA 等于 DB，所以角 AED 等于角 BED【命题 1.8】，所以角 AED 和角 BED 都是直角【定义 1.10】，所以 GK 平分且垂直于 AB。因为如果在一个圆内一条线段截另一条线段成相等的两部分，且交成直角，则圆心在前一条直线上【命题 3.1 推论】，即圆心在 GK 上。同理，圆 ABC 的圆心也在 HL 上，且 GK 和 HL 除点 D 以外没有其他公共点，所以点 D 是圆 ABC 的圆心。

综上，如果在圆内的任意一点到圆周的线段中，有超过两条线段相等，那么这点就是该圆的圆心。这就是命题 9 的结论。

命题 10

一个圆截另一个圆，交点不多于两个。

因为如果可能，设圆 *ABC* 截圆 *DEF* 的交点多于两个，设为 *B*、*G*、*F* 和 *H*。连接 *BH* 和 *BG*，且平分它们于 *K* 和 *L*。过 *K* 和 *L* 作 *KC* 和 *LM* 分别与 *BH* 和 *BG* 成直角【命题 1.11】，并使其分别通过点 *A* 和 *E*。

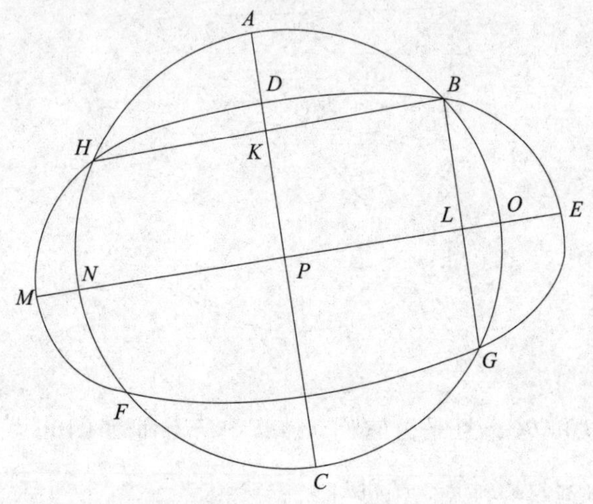

因为圆 *ABC* 中的任意一条弦 *AC* 平分另一条弦 *BH*，且相交成直角，所以圆 *ABC* 的圆心在 *AC* 上【命题 3.1 推论】。又因为在同一个圆 *ABC* 中，弦 *NO* 平分弦 *BG*，且相交成直角，所以圆 *ABC* 的圆心在 *NO* 上【命题 3.1 推论】。已经证得它在 *AC* 上，且 *AC* 和 *NO* 除 *P* 以外无其他交点。所以，点 *P* 是圆 *ABC* 的圆心。同理，我们可以证明 *P* 是圆 *DEF* 的圆心。所以，圆 *ABC* 和 *DEF* 相交，有同一个圆心 *P*，这是不可能的【命题 3.5】。

综上，一个圆截另一个圆，交点不多于两个。这就是命题 10 的结论。

命题 11

如果两个圆内切，找到它们的圆心并用线段连接这两个圆心，这条线段的延长线必过两圆的切点。

已知两圆 *ABC* 和 *ADE* 相互内切于点 *A*，且设圆 *ABC* 的圆心为 *F*【命题 3.1】，圆 *ADE* 的圆心为 *G*【命题 3.1】。可证连接 *GF* 的线段的延长线必经过点 *A*。

假设连接 *GF* 的线段的延长线不经过 *A*，如果这是可能的，设连线为 *FGH*（如图所示），连接 *AG* 和 *AF*。

因为 *AG* 和 *GF* 的和大于 *FA*，即大于 *FH*【命题 1.20】，各边同时减去 *FG*，剩下的 *AG* 大于 *GH*。且 *AG* 等于 *GD*，所以 *GD* 也大于 *GH*，小的大于大的，这是不可能的。所以，连接 *FG* 的直线不会落在 *FA* 的外边。所以，它一定经过两圆的切点 *A*。

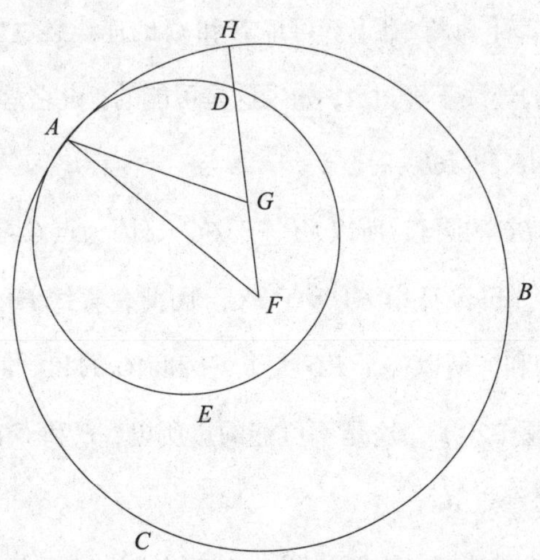

综上，如果两个圆内切，找到它们的圆心并用线段连接这两个圆心，这条线段的延长线必过两圆的切点。这就是命题 11 的结论。

命题 12

如果两圆外切，则两圆圆心的连线必经过切点。

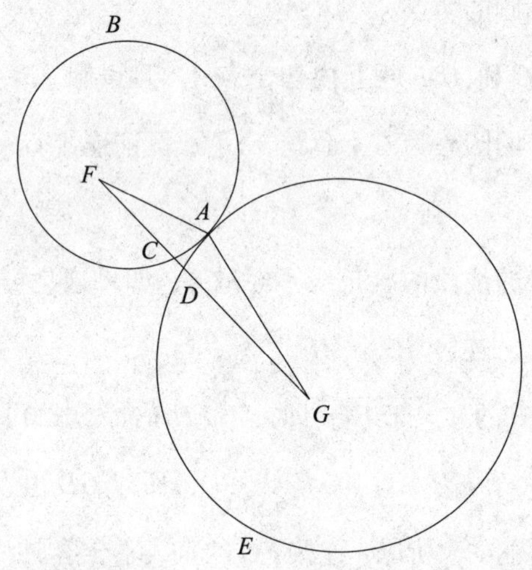

已知两圆 ABC 和 ADE 外切于点 A，设圆 ABC 的圆心为 F【命题 3.1】，圆 ADE 的圆心为 G【命题 3.1】。可证 F 和 G 的连线必过切点 A。

假设 F 和 G 的连线不经过 A，如果这是可能的，设它落在 $FCDG$ 上（如图所示），连接 AF 和 AG。

因为 F 是圆 ABC 的圆心，所以 FA 等于 FC。又因为点 G 是圆 ADE 的圆心，所以 GA 等于 GD。已经证得 FA 等于 FC。因此，直线 FA 和 AG 的和等于直线 FC 和 GD 的和，所以整个 FG 大于 FA 和 AG 的和。但是，FG 应该小于它们的和【命题 1.20】，这是不可能的。所以，F 和 G 的连线不可能不过切点 A，即它必经过 A。

综上，如果两圆外切，则两圆圆心的连线必经过切点。这就是命题 12 的结论。

命题 13

一个圆与另一个圆无论是内切还是外切，切点不超过一个。

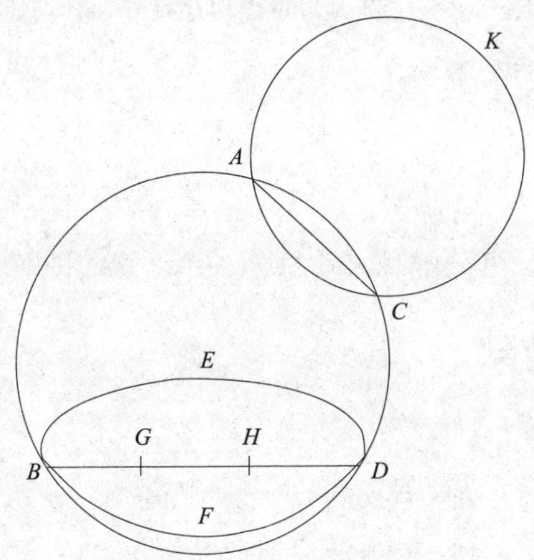

设圆 *ABDC* 和圆 *EBFD* 相切——首先设它们内切——切点为 *D* 和 *B*。

设圆 *ABDC* 的圆心是 *G*【命题 3.1】，圆 *EBFD* 的圆心是 *H*【命题 3.1】。连接 *GH*，其延长线必过切点 *B*、*D*【命题 3.11】。设其为 *BGHD*。因为点 *G* 是圆 *ABDC* 的圆心，*BG* 等于 *GD*，所以 *BG* 大于 *HD*，因此 *BH* 比 *HD* 更大。又因为点 *H* 是圆 *EBFD* 的圆心，*BH* 等于 *HD*。但已经证得 *BG* 比 *HD* 更大。这是不可能的。因此，一个圆与另一个圆内切，切点不超过一个。

下面要求证明两圆外切时的切点也不会超过一个。

因为如果这是可能的，假设圆 *ACK* 和圆 *ABDC* 外切有不止一个切点，设它们是 *A* 和 *C*。连接 *AC*。

因为 *A* 和 *C* 是圆 *ABDC* 和 *ACK* 圆周上的任意两点，所以连接这两点的线段落在每个圆的圆内【命题 3.2】。但是，它落在了 *ABDC* 的内部、

ACK 的外部【定义 3.3】。这是不可能的。所以，一个圆与另一个圆外切，切点不多于一个，而且已经证明内切时也不可能。

综上，一个圆与另一个圆无论是内切还是外切，切点不超过一个。这就是命题 13 的结论。

命题 14

在一个圆中，相等弦的弦心距相等；相反，弦心距相等的弦彼此相等。

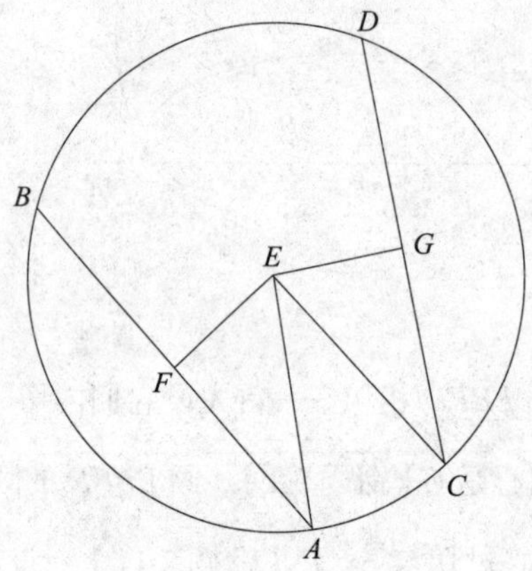

已知圆 ABDC，圆内的两条弦 AB 和 CD 彼此相等。可证 AB 和 CD 的弦心距相等。

假设已确定圆 ABDC 的圆心为 E【命题 3.1】。过 E 作 EF 和 EG 分别垂直于 AB、CD【命题 1.12】。连接 AE、EC。

因为过圆心的直线 EF 相交于不过圆心的直线 AB，且成直角，则 EF 二等分 AB【命题 3.3】，所以 AF 等于 FB，AB 是 AF 的二倍。同理，CD 是 CG 的二倍，且 AB 等于 CD，所以 AF 等于 CG。又因为 AE 等于 EC，AE 上的正方形等于 EC 上的正方形。但是，AF 和 EF 上的正方形的和等于

AE 上的正方形，这是因为 *F* 处的角是直角【命题 1.47】。且 *EG* 和 *GC* 上的正方形的和等于 *EC* 上的正方形，这是因为 *G* 处的角是直角【命题 1.47】。所以，*AF* 和 *FE* 上的正方形的和等于 *CG* 和 *GE* 上的正方形的和，且 *AF* 上的正方形等于 *CG* 上的正方形。这是因为 *AF* 等于 *CG*，所以剩下的 *FE* 上的正方形等于 *EG* 上的正方形，所以 *EF* 等于 *EG*。在圆中，过圆心作圆内弦的垂线，垂线相等，则称这些弦有相等的弦心距【定义 3.4】，所以 *AB* 和 *CD* 的弦心距彼此相等。

其次，弦 *AB* 和 *CD* 的弦心距相等，即 *EF* 等于 *EG*。可证 *AB* 等于 *CD*。

用同样的作图，相似地，我们可以证明 *AB* 是 *AF* 的二倍，且 *CD* 是 *CG* 的二倍。因为 *AE* 等于 *CE*，所以 *AE* 上的正方形等于 *CE* 上的正方形。但是，*EF* 和 *FA* 上的正方形的和等于 *AE* 上的正方形【命题 1.47】，且 *EG* 和 *GC* 上的正方形的和等于 *CE* 上的正方形【命题 1.47】，所以 *EF* 和 *FA* 上的正方形的和等于 *EG* 和 *GC* 上的正方形的和，且 *EF* 上的正方形等于 *EG* 上的正方形。这是因为 *EF* 等于 *EG*，所以剩下的 *AF* 上的正方形等于 *CG* 上的正方形，所以 *AF* 等于 *CG*。且 *AB* 是 *AF* 的二倍，*CD* 是 *CG* 的二倍，所以 *AB* 等于 *CD*。

综上，在一个圆中，相等弦的弦心距相等；相反，弦心距相等的弦彼此相等。这就是命题 14 的结论。

命题 15

在一个圆中，直径是最长的弦，其他越靠近圆心的弦总是比远离的长。

已知 *ABCD* 是一个圆，*AD* 是其直径，*E* 是圆心。*BC* 靠近直径 *AD*[①]，*FG* 远离圆心。可证 *AD* 最长且 *BC* 大于 *FG*。

过 *E* 作 *EH*、*EK* 分别与 *BC*、*FG* 垂直【命题 1.12】。因为 *BC* 靠近圆心，*FG* 远离圆心，所以 *EK* 大于 *EH*【定义 3.5】。取 *EL* 等于 *EH*【命题 1.3】。过 *L* 作 *LM* 与 *EK* 成直角【命题 1.11】，延长至 *N*。连接 *ME*、*EN*、*FE* 和 *EG*。

因为 *EH* 等于 *EL*，所以 *BC* 等于 *MN*【命题 3.14】。又因为 *AE* 等于 *EM*，*ED* 等于 *EN*，所以 *AD* 等于 *ME* 与 *EN* 的和。但是，*ME* 与 *EN* 的和大于 *MN*【命题 1.20】，且 *MN* 等于 *BC*，所以 *AD* 也大于 *BC*。又因为 *ME*、*EN* 的和等于 *FE*、*EG* 的和，且角 *MEN* 大于角 *FEG*[②]，所以底边 *MN* 大于 *FG*【命题 1.24】。但是，已经证得 *MN* 等于 *BC*，所以 *AD* 是最长的，且 *BC* 大于 *FG*。

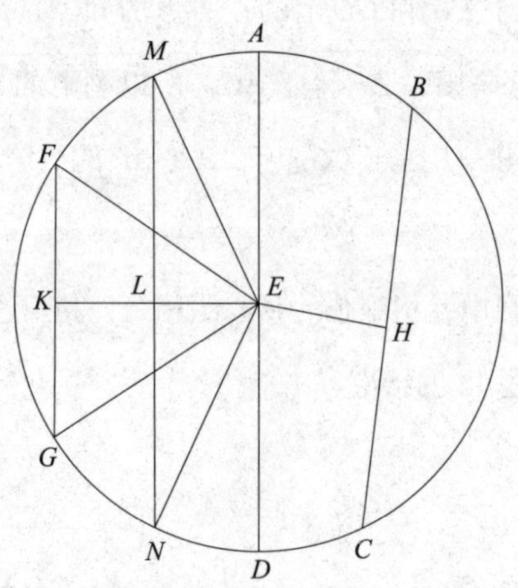

---

① 欧几里得本应该说是“靠近圆心”，而不是“靠近直径 *AD*”，因为 *BC*、*AD* 和 *FG* 没有必要一定平行。

② 这个结论不是通过证明得到的，而是通过参考作图得到的。

综上，在一个圆中，直径是最长的弦，其他越靠近圆心的弦总是比远离的长。这就是命题 15 的结论。

命题 16

过圆的直径的端点作一条直线与直径成直角，则该直线落在圆外，又，在这个平面上这条直线与圆周之间无法再插入另一条直线，且半圆角大于任何锐直线角，余下的角小于任何锐直线角。

已知在圆 *ABC* 中，*D* 是圆心，*AB* 为直径。可证过 *A* 与 *AB* 成直角的直线【命题 1.11】落在圆外。

假设不是这样，如果这是可能的，让该直线是 *CA*，且落在圆内（如图所示），连接 *DC*。

因为 *DA* 等于 *DC*，所以角 *DAC* 等于角 *ACD*【命题 1.5】。且角 *DAC* 是直角，所以角 *ACD* 也是直角。在三角形 *ACD* 中，角 *DAC*、*ACD* 的和等于两直角，这是不可能的【命题 1.17】。所以，过点 *A* 的直线与 *BA* 成直角时，不会落在圆内。同理，我们可以证明它也不会落在圆周上，所以它落在圆外。

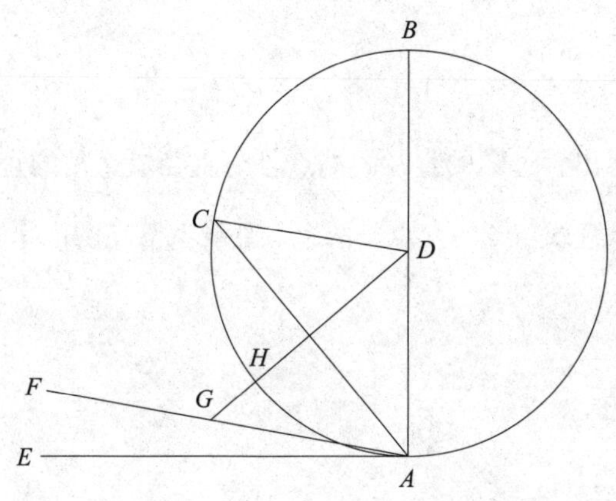

设该直线落在 *AE* 处（如图所示）。可证在这个平面上，直线 *AE* 和圆周 *CHA* 之间无法再插入其他直线。

因为如果可能，设插入的直线是 *FA*（如图所示），过点 *D* 作 *DG* 垂直于 *FA*【命题 1.12】。因为角 *AGD* 是直角，且角 *DAG* 小于直角，所以 *AD* 大于 *DG*【命题 1.19】。又，*DA* 等于 *DH*，所以 *DH* 大于 *DG*。小的大于大的，这是不可能的。所以，在这个平面上，直线 *AE* 和圆周之间无法再插入其他直线。

接下来可证弦 *BA* 与圆周 *CHA* 所夹的半圆角大于任何锐直线角，余下的由圆周 *CHA* 与直线 *AE* 所包含的角小于任何锐直线角。

因为如果有一个直线角大于直线 *BA* 与圆周 *CHA* 所包含的角，而且有一个直线角小于圆周 *CHA* 与直线 *AE* 所包含的角，那么在这个平面上，在圆弧与直线 *AE* 之间可以插入直线包含这样的角——是由直线包含的，而它大于由直线 *BA* 和圆周 *CHA* 包含的角，而且与直线 *AE* 包含的其他的角都小于圆周 *CHA* 与直线 *AE* 包含的角。但是，这样的直线并不能插入。所以，由直线所夹的锐角不能大于由直线 *BA* 和圆周 *CHA* 所包含的角，也不能小于由圆弧 *CHA* 和直线 *AE* 所夹的角。

推 论

由此可以得出，过圆的直径的端点且与直径成直角的直线与圆相切于一点，因为如果直线与圆的交点是两个，直线就落在圆内【命题 3.2】。这就是命题 16 的结论。

命题 17

过给定点作已知圆的切线。

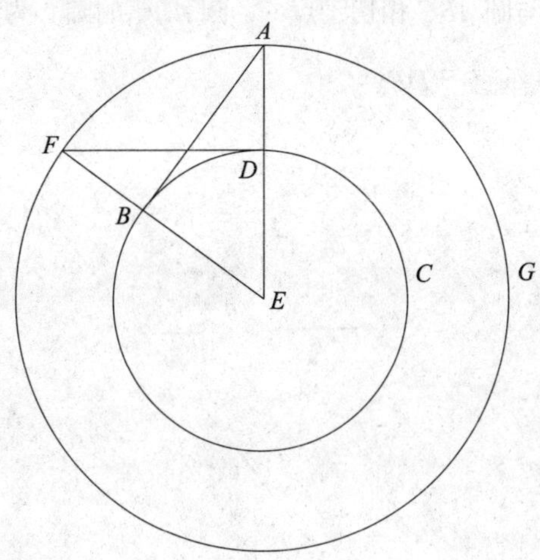

已知 *A* 是给定点，*BCD* 是已知圆。过点 *A* 作一条直线与圆 *BCD* 相切。

设 *E* 为圆心【命题 3.1】，连接 *AE*。以 *E* 为圆心，*EA* 为半径作圆 *AFG*。过 *D* 作 *DF* 与 *EA* 成直角【命题 1.11】。连接 *EF* 和 *AB*。则直线 *AB* 过点 *A* 且与圆 *BCD* 相切。

因为 *E* 是圆 *BCD* 和 *AFG* 的圆心，所以 *EA* 等于 *EF*，*ED* 等于 *EB*；所以两边 *AE*、*EB* 分别等于 *FE*、*ED*，且它们有共同的角 *E*；所以底边 *DF* 等于 *AB*，三角形 *DEF* 与三角形 *EBA* 全等，并且余下的角也对应相等【命题 1.4】所以角 *EDF* 等于角 *EBA*。又，角 *EDF* 是直角，所以角 *EBA* 也是直角。又，*EB* 是半径，过圆的直径的端点的直线与该直径成直角，该直线与圆相切【命题 3.16 推论】，所以 *AB* 与圆 *BCD* 相切。

所以，直线 *AB* 过给定点 *A*，且与已知圆 *BCD* 相切。这就是命题 17 的结论。

命题 18

如果一条直线与圆相切，那么连接圆心和切点的直线垂直于切线。

已知直线 DE 与圆 ABC 相切于点 C，圆 ABC 的圆心为 F【命题 3.1】，连接 FC。可证 FC 垂直于 DE。

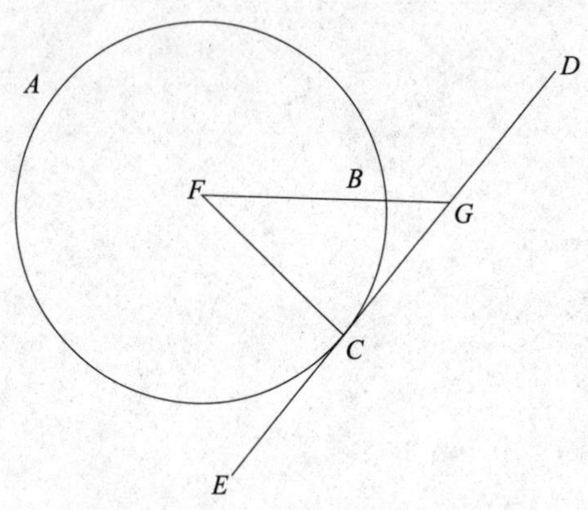

假设不垂直，过 F 作 FG 垂直于 DE【命题 1.12】。

因为角 FGC 是直角，所以角 FCG 是锐角【命题 1.17】。大角对大边【命题 1.19】，所以 FC 大于 FG。又，FC 等于 FB，所以 FB 大于 FG。较小的大于较大的，这是不可能的。所以，FG 不垂直于 DE。相似地，我们可以证明除 FC 以外的任何直线都不与 DE 垂直，所以 FC 垂直于 DE。

综上，如果一条直线与圆相切，那么连接圆心和切点的直线垂直于切线。这就是命题 18 的结论。

命题 19

如果一条直线与圆相切，那么过切点作与切线成直角的直线，必经过圆心。

已知直线 *DE* 与圆 *ABC* 相切于点 *C*。过 *C* 作 *CA*，使其与 *DE* 成直角【命题 1.11】。可证圆心在 *AC* 上。

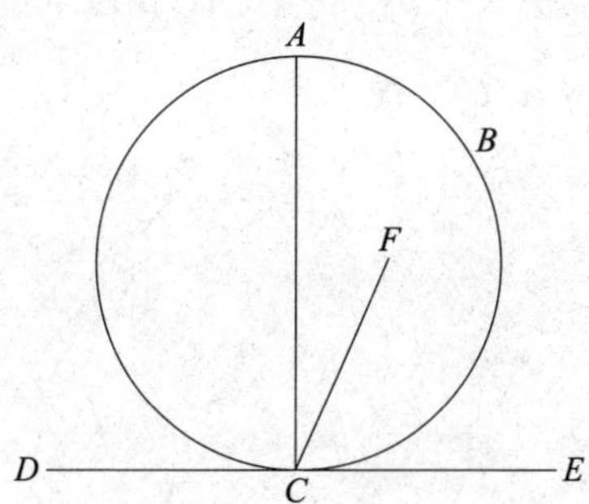

假设圆心不在 *AC* 上，如果这是可能的，设 *F* 为圆心，连接 *CF*。

因为直线 *DE* 与圆 *ABC* 相切，*FC* 是圆心与切点的连线，所以 *FC* 垂直于 *DE*【命题 3.18】，所以角 *FCE* 是直角。又，角 *ACE* 也是直角，所以角 *FCE* 等于角 *ACE*，即较小角等于较大角，这是不可能的。所以，*F* 不是圆 *ABC* 的圆心。相似地，我们可以证明除在 *AC* 上的点，其他点都不是圆心。

综上，如果一条直线与圆相切，那么过切点作与切线成直角的直线，必经过圆心。这就是命题 19 的结论。

命题 20

在一个圆内，同弧上的圆心角是圆周角的二倍。

已知 *ABC* 是一个圆，角 *BEC* 是圆心角，角 *BAC* 是圆周角，它们有一个以 *BC* 作底边的弧。可证角 *BEC* 是角 *BAC* 的二倍。

连接 *AE* 并经过 *F*。

因为 *EA* 等于 *EB*，角 *EAB* 也等于 *EBA*【命题 1.5】，所以角 *EAB* 与 *EBA* 的和是角 *EAB* 的二倍。又，角 *BEF* 等于角 *EAB* 与 *EBA* 的和【命题 1.32】，所以角 *BEF* 也是 *EAB* 的二倍，所以 *FEC* 也是 *EAC* 的二倍，所以整个角 *BEC* 是整个角 *BAC* 的二倍。

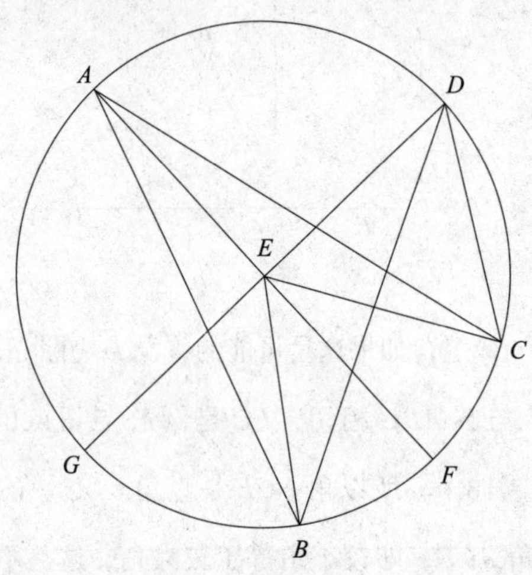

再作一条边和另一个角 *BDC*。连接 *DE*，延长至 *G*。相似地，我们可以证明角 *GEC* 是 *EDC* 的二倍，其中 *GEB* 是 *EDB* 的二倍，所以余下的角 *BEC* 是 *BDC* 的二倍。

综上，在一个圆内，同弧上的圆心角是圆周角的二倍。这就是命题 20 的结论。

命题 21

在一个圆内，同一弓形上的角彼此相等。

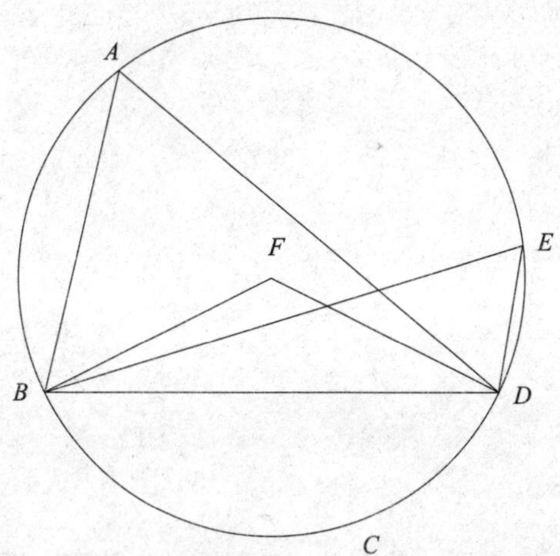

已知 *ABCD* 是一个圆，使角 *BAD* 和 *BED* 在同一弓形 *BAED* 上。可证角 *BAD* 和 *BED* 彼此相等。

设圆 *ABCD* 的圆心为点 *F*【命题 3.1】。连接 *BF* 和 *FD*。

因为角 *BFD* 是圆心角，*BAD* 是圆周角，且它们有相同的弧 *BCD* 为底边，所以角 *BFD* 是 *BAD* 的二倍【命题 3.20】。同理，角 *BFD* 是 *BED* 的二倍，所以角 *BAD* 等于 *BED*。

综上，在一个圆内，同一弓形上的角彼此相等。这就是命题 21 的结论。

命题 22

圆的内接四边形的对角的和等于两直角和。

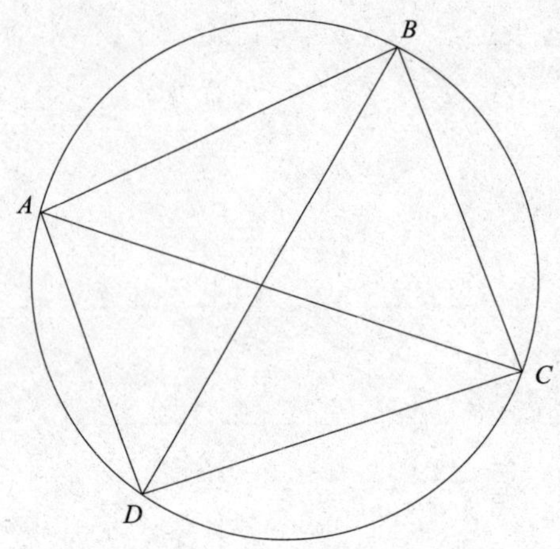

已知 *ABCD* 是一个圆，并令 *ABCD* 是圆的内接四边形。可证四边形的对角的和等于两直角和。

连接 *AC* 和 *BD*。

因为三角形的三个角的和等于两直角和【命题 1.32】，即三角形 *ABC* 的三个角 *CAB*、*ABC* 和 *BCA* 的和等于两直角和。又，角 *CAB* 等于 *BDC*，这是因为它们在同一弓形 *BADC* 上【命题 3.21】；且角 *ACB* 等于 *ADB*，这是因为它们在同一弓形 *ADCB* 上【命题 3.21】；所以整个角 *ADC* 等于 *BAC* 与 *ACB* 的和。两边同时加角 *ABC*，所以角 *ABC*、*BAC* 与 *ACB* 的和等于角 *ABC* 与 *ADC* 的和。但是，角 *ABC*、*BAC* 与 *ACB* 的和等于两直角和，所以角 *ABC* 与 *ADC* 的和也等于两直角和。同理，我们可以证明角 *BAD* 与 *DCB* 的和也等于两直角和。

综上，圆的内接四边形的对角的和等于两直角和。这就是命题 22 的结论。

命题 23

在同一条线段的同侧不能作两个相似且不等的弓形。

因为，如果这是可能的，设有两个相似且不等的弓形 *ACB* 和 *ADB*，且它们在线段 *AB* 的同一侧。作直线 *ACD* 与两弓形相交，并连接 *CB* 和 *DB*。

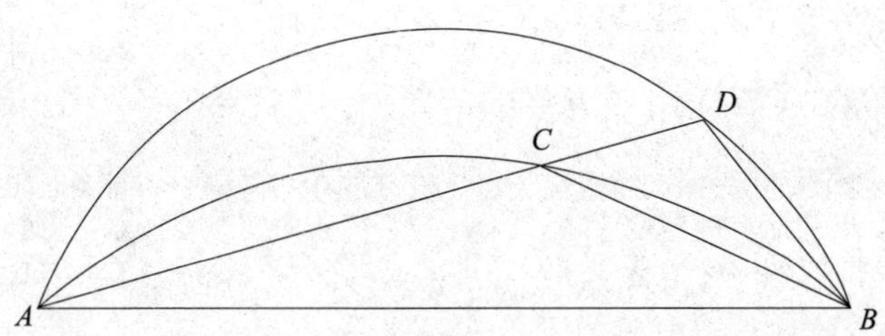

因为弓形 *ACB* 与弓形 *ADB* 相似，又，相似的弓形上的角相等【定义 3.11】，所以角 *ACB* 等于 *ADB*，即外角等于内对角，这是不可能的【命题 1.16】。

综上，在同一条线段的同侧不能作两个相似且不等的弓形。

命题 24

在相等线段上的相似弓形彼此相等。

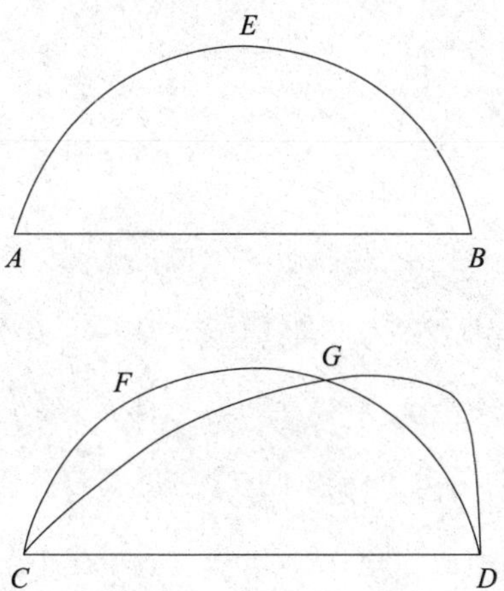

已知 *AEB* 和 *CFD* 是相等线段 *AB*、*CD* 上的相似的弓形。可证弓形 *AEB* 等于弓形 *CFD*。

如果将弓形 *AEB* 平移到 *CFD* 上，且点 *A* 落在 *C* 上，线段 *AB* 落在 *CD* 上，则点 *B* 也落在点 *D* 上，这是因为 *AB* 等于 *CD*，并且 *AB* 和 *CD* 重合，弓形 *AEB* 也与 *CFD* 重合。如果线段 *AB* 与 *CD* 重合，而弓形 *AEB* 不与 *CFD* 重合，那么它或者落在 *CFD* 内，或者落在 *CFD* 外，或者落在 *CGD* 的位置（如图所示），则一个圆与另一个圆相交，交点超过两个。这是不可能的【命题3.10】。所以，如果将线段 *AB* 平移到 *CD*，那么弓形 *AEB* 必将与 *CFD* 重合，并且彼此相等【公理4】。

综上，在相等线段上的相似弓形彼此相等。这就是命题 24 的结论。

命题 25

根据给定弓形作完整的圆，则该弓形是圆中的一段。

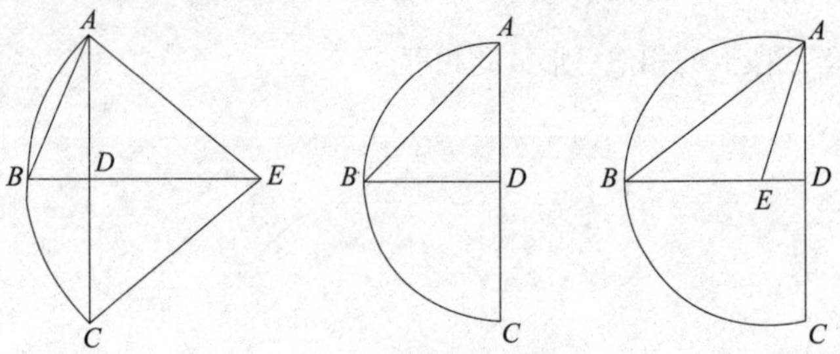

已知 *ABC* 是给定的弓形。可证根据弓形 *ABC* 作完整的圆，使弓形是圆中的一段。

设 *D* 是 *AC* 的二等分点【命题 1.10】，过点 *D* 作 *DB* 与 *AC* 成直角【命题 1.11】。连接 *AB*。所以，角 *ABD* 大于、等于或小于角 *BAD*。

首先，设它大于角 *BAD*。以 *BA* 为一边，点 *A* 为顶点，作角 *BAE* 等于角 *ABD*【命题 1.23】。延长 *DB* 到点 *E*，连接 *EC*。因为角 *ABE* 等于角 *BAE*，所以线段 *EB* 等于 *EA*【命题 1.6】。因为 *AD* 等于 *DC*，*DE* 是公共边，两边 *AD*、*DE* 分别等于 *CD*、*DE*，且角 *ADE* 等于角 *CDE*。因为这两个角都是直角，所以底边 *AE* 等于 *CE*【命题 1.4】。但是，已经证明 *AE* 等于 *BE*，所以 *BE* 也等于 *CE*；所以，三条线段 *AE*、*EB* 和 *EC* 彼此相等；所以，如果以 *E* 为圆心，*AE*、*EB* 或 *EC* 中的一条为半径作圆，将过其他点，且要求作的圆也已经完成【命题 3.9】；所以根据给定弓形作的圆已经完成，且很明显地，弓形 *ABC* 小于半圆，因为圆心 *E* 在弓形外。

相似地，如果角 *ABD* 等于 *BAD*，*AD* 等于 *BD*【命题 1.6】和 *DC*，三条线段 *DA*、*DB* 和 *DC* 彼此相等，点 *D* 就是完整圆的圆心。很明显，弓形 *ABC* 是半圆。

如果角 *ABD* 小于 *BAD*，我们以 *BA* 为一边、*A* 为顶点，作角 *BAE* 等于角 *ABD*【命题 1.23】，圆心落在 *DB* 上，且在弓形 *ABC* 内。很明显，弓形 *ABC* 比半圆大。

综上，根据给定弓形作完整的圆，则该弓形是圆中的一段。这就是命题 25 的结论。

命题 26

在等圆中，相等的角无论是圆心角还是圆周角，所对的弧也彼此相等。

已知 *ABC* 和 *DEF* 是相等的圆，且圆心角 *BGC* 等于 *EHF*，圆周角 *BAC* 等于 *EDF*。可证弧 *BKC* 等于弧 *ELF*。

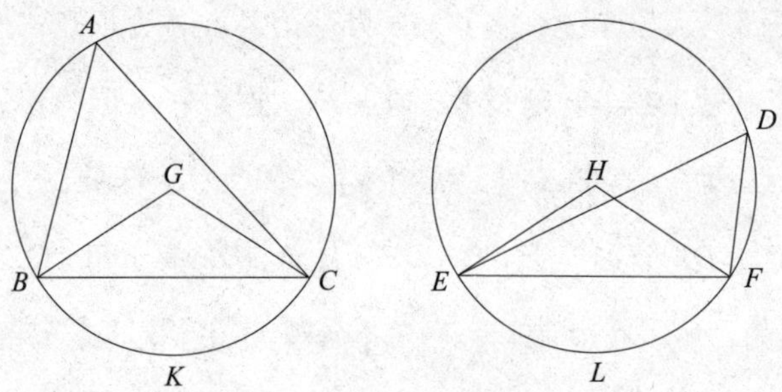

连接 *BC* 和 *EF*。

因为圆 *ABC* 等于 *DEF*，它们的半径相等，所以两线段 *BG*、*GC* 等于 *EH* 和 *HF*。又因为角 *G* 等于角 *H*，所以底边 *BC* 等于 *EF*【命题 1.4】。因为角 *A* 等于角 *D*，所以弓形 *BAC* 与弓形 *EDF* 相似【定义 3.11】。且它们所在的线段相等，在相等线段上的相似弓形彼此相等【命题 3.24】，所以弓形 *BAC* 等于弓形 *EDF*。又，整个圆 *ABC* 等于 *DEF*，所以余下的弧 *BKC* 等于 *ELF*。

综上，在等圆中，相等的角无论是圆心角还是圆周角，所对的弧也彼此相等。这就是命题 26 的结论。

命题 27

在等圆中，等弧所对的圆心角或圆周角彼此相等。

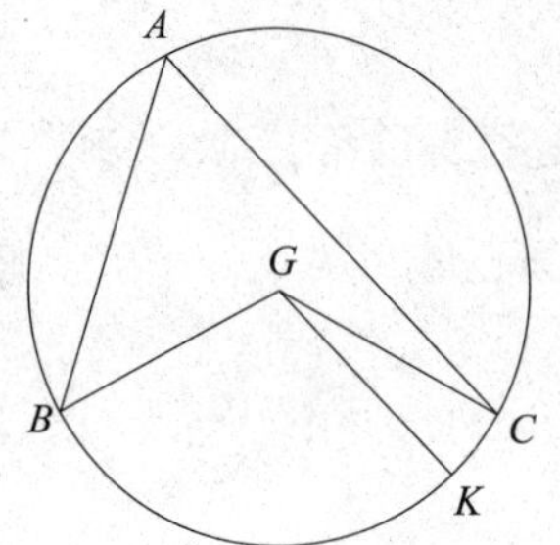

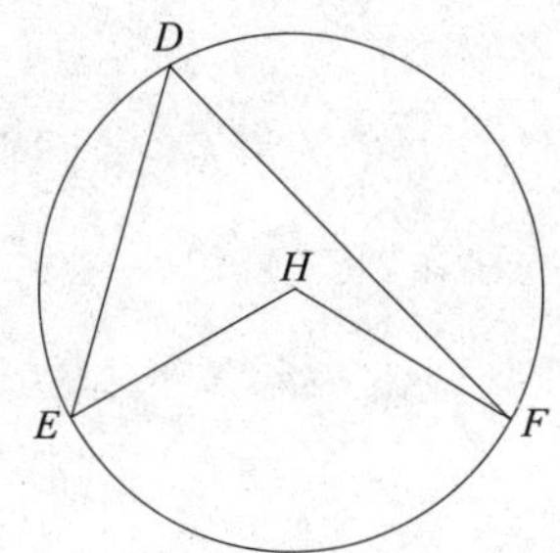

已知在圆 *ABC* 和 *DEF* 中，角 *BGC* 和 *EHF* 分别是圆心 *G* 和 *H* 处的圆心角，角 *BAC* 和 *EDF* 是圆周角，它们所对的弧 *BC* 与 *EF* 彼此相等。可证角 *BGC* 等于角 *EHF*，且角 *BAC* 等于 *EDF*。

如果角 *BGC* 不等于 *EHF*，则有一个角较大。设 *BGC* 较大。在线段 *BG* 上，以 *G* 为顶点，作角 *BGK* 等于角 *EHF*【命题 1.23】。当角在圆心时，等弧上的角彼此相等【命题 3.26】。因此，弧 *BK* 等于弧 *EF*。但是，弧 *EF* 等于 *BC*，所以 *BK* 也等于 *BC*。较小的等于较大的，这是不可能的。所以，角 *BGC* 不可能与 *EHF* 不相等，因此它们彼此相等。又因为点 *A* 处的角是 *BGC* 的一半，点 *D* 处的角是 *EHF* 的一半【命题 3.20】，因此角 *A* 也等于角 *D*。

综上，在等圆中，等弧所对的圆心角或圆周角彼此相等。这就是命题 27 的结论。

命题 28

在等圆中，等弦所截的弧相等，优弧等于优弧，劣弧等于劣弧。

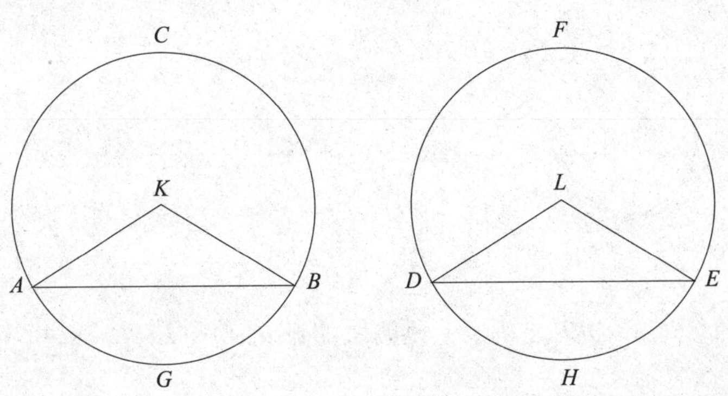

已知 *ABC* 和 *DEF* 是等圆，*AB* 和 *DE* 是两圆中的相等的弦，并将两圆

截成两优弧 *ACB* 和 *DFE*，以及两劣弧 *AGB* 和 *DHE*。可证优弧 *ACB* 等于优弧 *DFE*，劣弧 *AGB* 等于劣弧 *DHE*。

设两圆的圆心是 *K* 和 *L*【命题 3.1】，连接 *AK*、*KB*、*DL* 和 *LE*。

因为圆 *ABC* 和 *DEF* 相等，它们的半径也相等【定义 3.1】，所以两线段 *AK*、*KB* 分别等于 *DL*、*LE*，且底边 *AB* 等于 *DE*；所以角 *AKB* 等于角 *DLE*【命题 1.8】。又，相等的圆心角所对的弧相等【命题 3.26】，所以弧 *AGB* 等于 *DHE*。又，整个圆 *ABC* 也等于 *DEF*，所以余下的弧 *ACB* 等于余下的弧 *DFE*。

综上，在等圆中，等弦所截的弧相等，优弧等于优弧，劣弧等于劣弧。这就是命题 28 的结论。

命题 29

在等圆中，等弧所对的弦彼此相等。

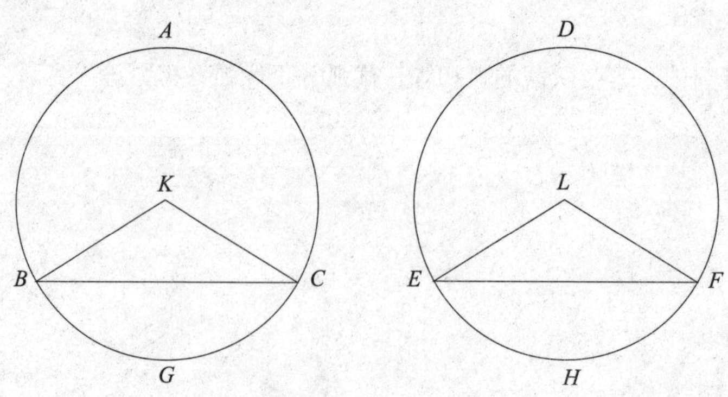

已知 *ABC* 和 *DEF* 是等圆，设截取的弧 *BGC* 和 *EHF* 彼此相等。连接 *BC* 和 *EF*。可证 *BC* 等于 *EF*。

设两圆圆心为 *K* 和 *L*【命题 3.1】。连接 *BK*、*KC*、*EL* 和 *LF*。

因为弧 BGC 等于弧 EHF，角 BKC 也等于角 ELF【命题 3.27】；又因为圆 ABC 和 DEF 相等，它们的半径也相等【定义 3.1】；所以线段 BK、KC 分别等于 EL、LF，且它们所夹的角相等；所以底边 BC 等于底边 EF【命题 1.4】。

综上，在等圆中，等弧所对的弦彼此相等。这就是命题 29 的结论。

命题 30

二等分给定弧。

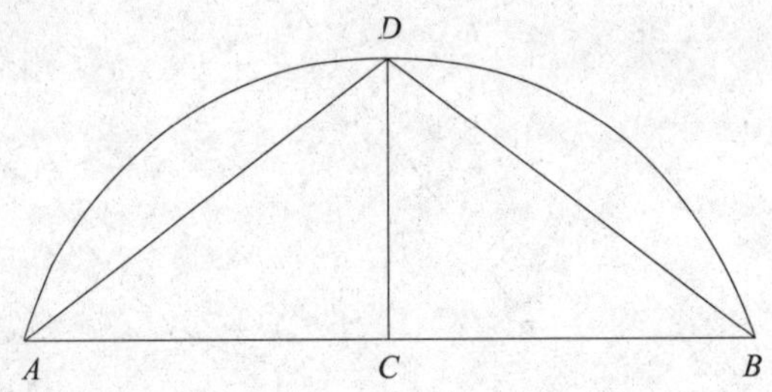

已知 ADB 是给定弧。二等分弧 ADB。

连接 AB，并作其二等分点 C【命题 1.10】。过点 C 作 CD 与 AB 的夹角为直角【命题 1.11】。连接 AD 和 DB。

因为 AC 等于 CB，CD 是公共边，两边 AC、CD 分别等于 BC、CD，且角 ACD 等于角 BCD，这是因为它们都是直角，所以底边 AD 等于 DB【命题 1.4】。又，等弦所截的弧相等，优弧等于优弧，劣弧等于劣弧【命题 3.28】，且弧 AD 和 DB 都小于半圆，因此弧 AD 等于弧 DB。

综上，给定弧二等分于点 D。这就是命题 30 的结论。

命题 31

在一个圆内，半圆上的角是直角，较大的弓形上的角小于直角，较小的弓形上的角大于直角；且较大的弓形角大于直角，较小的弓形角小于直角。（这里请注意弓形上的角和弓形角的区别。——译者注）

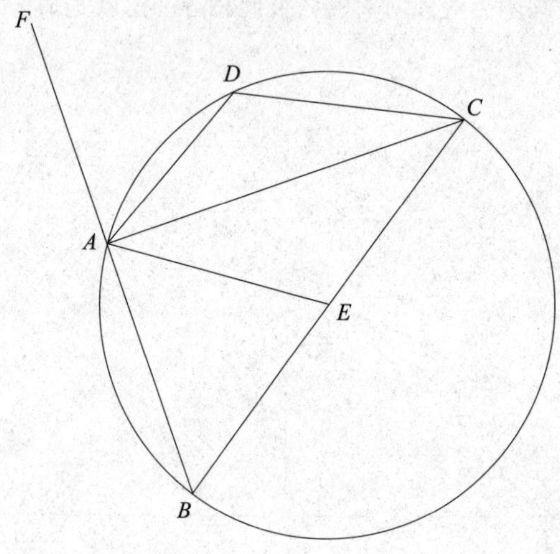

已知 *ABCD* 是一个圆，设 *BC* 是其直径、*E* 是圆心。连接 *BA*、*AC*、*AD* 和 *DC*。可证半圆 *BAC* 上的角 *BAC* 是直角，大于半圆的弓形 *ABC* 上的角 *ABC* 小于直角，且小于半圆的弓形 *ADC* 上的角 *ADC* 大于直角。

连接 *AE*，延长 *BA* 至 *F*。

因为 *BE* 等于 *EA*，角 *ABE* 也等于角 *BAE*【命题 1.5】；又因为 *CE* 等于 *EA*，角 *ACE* 也等于角 *CAE*【命题 1.5】；所以整个角 *BAC* 等于角 *ABC* 和 *ACB* 的和。又因为角 *FAC* 是三角形 *ABC* 的外角，所以它等于角 *ABC* 与 *ACB* 的和【命题 1.32】，所以角 *BAC* 也等于角 *FAC*，所以它们都是直角【定义 1.10】，所以半圆 *BAC* 上的角 *BAC* 是直角。

因为三角形 *ABC* 的两个角 *ABC* 与 *BAC* 的和小于两直角和【命题 1.17】，

且 *BAC* 是直角，所以角 *ABC* 小于直角，且它是大于半圆的弓形 *ABC* 上的角。

因为 *ABCD* 是圆内接四边形，且其对角的和等于两直角【命题 3.22】，角 *ABC* 小于直角，所以余下的角 *ADC* 大于直角，且它是小于半圆的弓形 *ADC* 上的角。

也可以证明较大的弓形角，即由弧 *ABC* 和线段 *AC* 构成的角大于直角。较小的弓形角，即由弧 *ADC* 和线段 *AC* 构成的角小于直角。这是很明显的。因为由线段 *BA* 和 *AC* 所构成的角是直角，所以由弧 *ABC* 和线段 *AC* 所构成的角大于直角。又因为由线段 *AC* 和 *AF* 所构成的角是直角，所以由弧 *ADC* 和线段 *CA* 所构成的角小于直角。

综上，在一个圆内，半圆上的角是直角，较大的弓形上的角小于直角，较小的弓形上的角大于直角；且较大的弓形角大于直角，较小的弓形角小于直角。这就是命题 31 的结论。

命题 32

若直线与圆相切，由切点过圆内作一条直线将圆截成两部分，那么切线与该直线所夹的角等于另一弓形上的角。

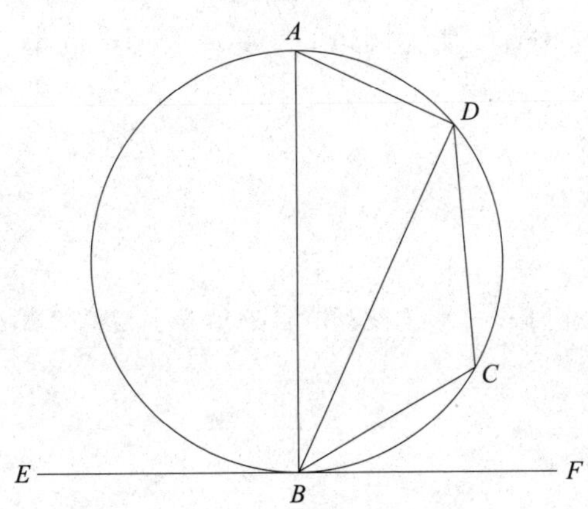

已知直线 *EF* 与圆 *ABCD* 相切于点 *B*，过点 *B* 作直线 *BD* 与圆 *ABCD* 相交，将圆分成两部分。可证 *BD* 和切线 *EF* 所夹的角等于另一个弓形上的角。也就是说，角 *FBD* 等于弓形 *BAD* 上的角，且角 *EBD* 等于弓形上的角 *DCB*。

过 *B* 作 *BA* 与 *EF* 成直角【命题 1.11】。在弧 *BD* 上任取一点 *C*。连接 *AD*、*DC* 和 *CB*。

因为直线 *EF* 与圆 *ABCD* 相切于点 *B*，*BA* 过切点且与切线成直角，所以圆 *ABCD* 的圆心在 *BA* 上【命题 3.19】，所以 *BA* 是圆 *ABCD* 的直径，所以角 *ADB* 是半圆上的角【命题 3.31】，所以剩余的角 *BAD* 和 *ABD* 的和等于一个直角【命题 1.32】。又，*ABF* 也是直角，所以 *ABF* 等于 *BAD* 与 *ABD* 的和。两边同时减去 *ABD*，则余下的角 *DBF* 等于圆的另一弓形上的角 *BAD*。因为 *ABCD* 是圆内接四边形，它的对角的和等于两直角和【命题 3.22】。又，角 *DBF* 与 *DBE* 的和也是两直角和【命题 1.13】，所以角 *DBF* 与 *DBE* 的和等于角 *BAD* 与 *BCD* 的和。其中，已经证明角 *BAD* 等于 *DBF*，所以余下的角 *DBE* 等于另一弓形上的角 *DCB*。

综上，若直线与圆相切，由切点过圆内作一条直线将圆截成两部分，那么切线与该直线所夹的角等于另一弓形上的角。这就是命题 32 的结论。

命题 33

在给定直线上作一弓形，使其所含的角等于给定的直线角。

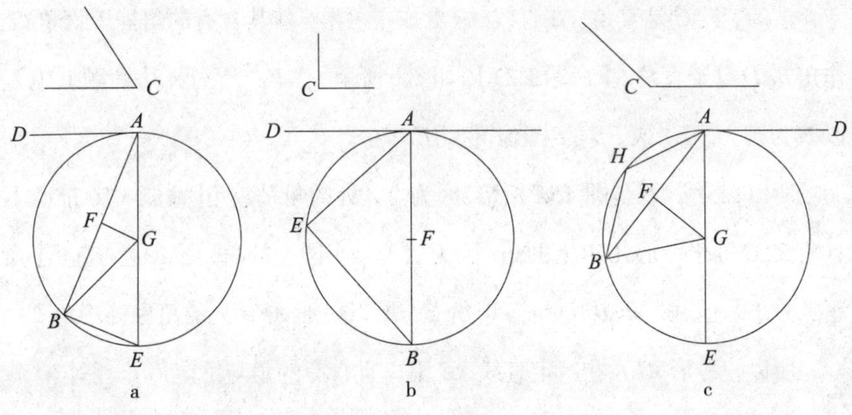

已知 AB 是给定直线，C 是给定直线角。可证在直线 AB 上作一弓形，使其所含的角等于 C。

角 C 可以是锐角、直角或者是钝角。

首先，设角 C 为锐角。在图 a 中，在直线 AB 上，以点 A 为顶点，作角 BAD 等于角 C【命题 1.23】，所以角 BAD 也是锐角。作直线 AE 与 DA 成直角【命题 1.11】。再作 F 二等分 AB【命题 1.10】。过点 F 作 FG 与 AB 成直角【命题 1.11】。连接 GB。

因为 AF 等于 FB，FG 是公共边，两线段 AF、FG 分别等于 BF、FG，且角 AFG 等于角 BFG，所以底边 AG 等于 BG【命题 1.4】。以 G 点为圆心，GA 为半径，经过 B 作圆。设作好的圆为 ABE。连接 EB。因为 AD 在直径 AE 的端点 A 上，与 AE 成直角，所以直线 AD 与圆 ABE 相切【命题 3.16 推论】。因为直线 AD 与圆 ABE 相切，直线 AB 过切点 A 与圆 ABE 相交，所以角 DAB 等于另一弓形上的角 AEB【命题 3.32】。但角 DAB 等于角 C，所以角 C 也等于角 AEB。

所以，弓形 AEB 在给定直线 AB 上，且包含的角与给定角 C 相等。

然后，设 C 是直角。在直线 AB 上作一弓形，使其含有的角等于直角 C。作角 BAD 等于直角 C【命题 1.23】，如图 b 所示。作 F 二等分 AB【命题 1.10】。以 F 为圆心，FA 或 FB 为半径作圆 AEB。

所以，直线 AD 与圆 ABE 相切，因为点 A 处的角是直角【命题 3.16 推论】，且角 BAD 等于弓形 AEB 上的角。因为后者是半圆上的角，所以也是直角【命题 3.31】。但是，角 BAD 也等于角 C，所以弓形 AEB 上的角也等于角 C。

所以，弓形 AEB 在给定直线 AB 上，且含有的角与给定角 C 相等。

最后，设 C 是钝角。在直线 AB 上，以点 A 为顶点，作角 BAD 等于角 C【命题 1.23】，如图 c 所示。作直线 AE 与 AD 成直角【命题 1.11】。再作 F 二等分 AB【命题 1.10】。作 FG 与 AB 成直角【命题 1.10】。连接 GB。

因为 AF 等于 FB，FG 是公共边，两线段 AF、FG 分别与 BF、FG 相等，且角 AFG 等于角 BFG，所以底边 AG 等于底边 BG【命题 1.4】；所以以 G 为圆心，GA 为半径作圆经过 B，即圆 AEB（图 c）。且因为由直径的端点作出的 AD 与直径 AE 成直角，所以 AD 是圆 AEB 的切线【命题 3.16 推论】。又，AB 过切点 A 与圆相交，所以角 BAD 等于另一弓形 AHB 上的角【命题 3.32】。但是，角 BAD 等于角 C，所以弓形 AHB 上的角也等于角 C。

所以，弓形 AHB 在给定线段 AB 上，且含有的角与给定角 C 相等。这就是命题 33 的结论。

命题 34

在给定圆内，截取一弓形，使其含有的角等于给定直线角。

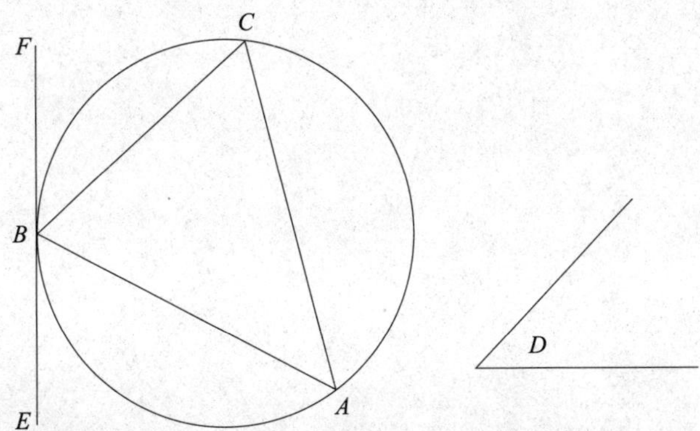

已知 *ABC* 是给定圆，*D* 是给定直线角。在圆 *ABC* 内截取一弓形，使其含有的角等于给定直线角 *D*。

设 *EF* 与圆 *ABC* 相切于点 *B*[①]。在直线 *FB* 上，以点 *B* 为顶点，作角 *FBC* 等于角 *D*【命题 1.23】。

因为直线 *EF* 与圆 *ABC* 相切，*BC* 过切点且与圆相交，所以角 *FBC* 等于另一弓形 *BAC* 上的角【命题 3.32】。但是，*FBC* 等于角 *D*，所以弓形 *BAC* 上的角也等于角 *D*。

综上，弓形 *BAC* 是从给定圆 *ABC* 中截取的，且其所含的角等于给定的直线角 *D*。这就是命题 34 的结论。

命题 35

如果圆内有两条弦相交，则其中一条弦的两段所构成的矩形等于另一条弦的两段所构成的矩形。

① 经推测，是通过先找到圆 *ABC* 的圆心【命题 3. 1】，连接圆心和点 *B*，再过点 *B* 作 *EF* 与之前的线段成直角【命题 1.11】。

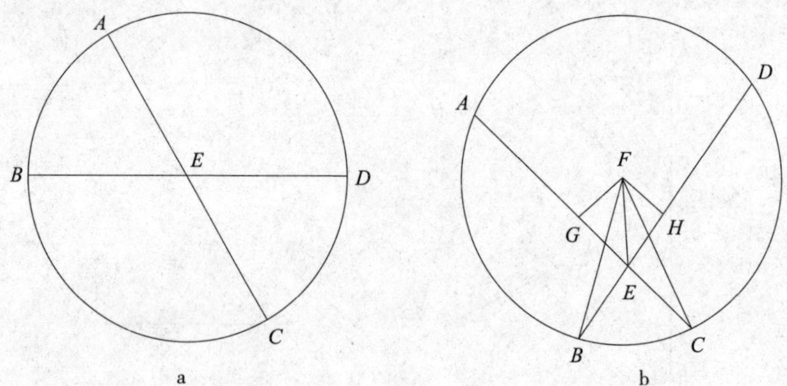

设直线 AC 和 BD 是圆 $ABCD$ 内的两条弦，且相交于点 E。可证 AE 和 EC 所构成的矩形等于 DE 和 EB 所构成的矩形。

事实上，如果 AC 和 BD 经过圆心，如图 a 所示，设 E 是圆 $ABCD$ 的圆心，很明显，AE、EC、DE 和 EB 彼此相等，所以 AE 和 EC 所构成的矩形等于 DE 和 EB 所构成的矩形。

设 AC 和 DB 不经过圆心，如图 b 所示，且设圆 $ABCD$ 的圆心为 F【命题 3.1】。过 F 作 FG、FH 分别垂直于弦 AC 和 DB【命题 1.12】。连接 FB、FC 和 FE。

因为直线 GF 经过圆心与不经过圆心的直线 AC 成直角，GF 平分 AC【命题 3.3】，所以 AG 等于 GC。因为 AC 被 G 等分，且不等分于点 E，所以 AE 和 EC 所构成的矩形与 EG 上的正方形的和等于 GC 上的正方形【命题 2.5】。两边同时加上 GF 上的正方形，所以 AE 和 EC 所构成的矩形与 GE 与 GF 上的正方形的和等于 CG 与 GF 上的正方形的和。但是，FE 上的正方形等于 EG 和 GF 上的正方形的和【命题 1.47】，FC 上的正方形等于 CG 和 GF 上的正方形的和【命题 1.47】，所以 AE 和 EC 所构成的矩形与 FE 上的正方形的和等于 FC 上的正方形；且 FC 等于 FB，所以 AE 和 EC

所构成的矩形与 *EF* 上的正方形的和，等于 *FB* 上的正方形。同理，*DE* 和 *EB* 所构成的矩形与 *FE* 上的正方形的和等于 *FB* 上的正方形，且已经证明 *AE* 和 *EC* 所构成的矩形与 *FE* 上的正方形的和等于 *FB* 上的正方形，所以 *AE* 和 *EC* 所构成的矩形与 *FE* 上的正方形的和等于 *DE* 与 *EB* 所构成的矩形与 *FE* 上的正方形的和。两边同时减去 *FE* 上的正方形，所以余下的 *AE* 与 *EC* 所构成的矩形等于 *DE* 与 *EB* 所构成的矩形。

综上，如果圆内有两条弦相交，则其中一条弦的两段所构成的矩形等于另一条弦的两段所构成的矩形。这就是命题 35 的结论。

命题 36

若在圆外任取一点，由该点作两条直线，其中一条与圆相交，另一条与圆相切，那么由圆截得的整个线段与圆外定点与凸弧之间一段所构成的矩形，等于切线上的正方形。

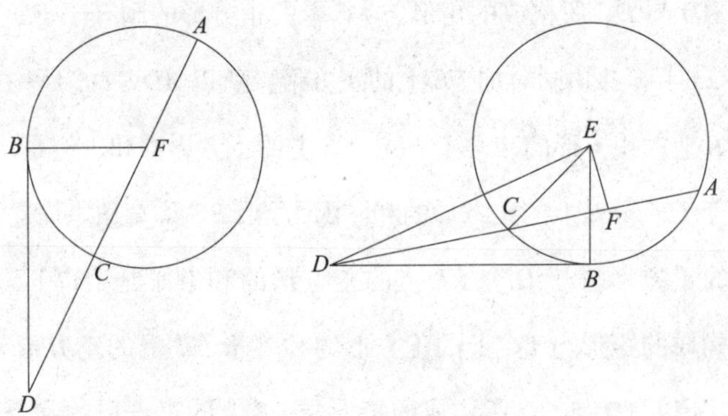

已知点 *D* 是圆 *ABC* 外一点，过 *D* 有两条直线 *DCA* 和 *DB*。设 *DCA* 与圆 *ABC* 相交，*BD* 与圆相切。可证 *AD* 与 *DC* 所构成的矩形等于 *DB* 上的正方形。

DCA 可能经过圆心，也可能不经过。首先，设它经过圆心，且 *F* 是圆 *ABC* 的圆心，连接 *FB*，所以角 *FBD* 是直角【命题 3.18】。因为线段 *AC* 被 *F* 平分，*CD* 是 *AC* 的延长线，所以 *AD* 与 *DC* 所构成的矩形与 *FC* 上的正方形的和等于 *FD* 上的正方形【命题 2.6】。又，*FC* 等于 *FB*，所以 *AD* 与 *DC* 所构成的矩形与 *FB* 上的正方形的和等于 *FD* 上的正方形。又，*FD* 上的正方形等于 *FB* 与 *BD* 上的正方形的和【命题 1.47】，所以 *AD* 与 *DC* 所构成的矩形与 *FB* 上的正方形的和等于 *FB* 与 *BD* 上的正方形的和。两边同时减去 *FB* 上的正方形，所以余下的 *AD* 与 *DC* 所构成的矩形等于切线 *DB* 上的正方形。

再设 *DCA* 不经过圆 *ABC* 的圆心，设圆心为 *E*，过 *E* 作 *EF* 垂直于 *AC*【命题 1.12】，连接 *EB*、*EC* 和 *ED*，所以角 *EBD* 是直角【命题 3.18】。因为 *EF* 过圆心，并与不过圆心的直线 *AC* 相交且成直角，*EF* 平分 *AC*【命题 3.3】，所以 *AF* 等于 *FC*。因为线段 *AC* 被 *F* 平分，*CD* 是 *AC* 的延长线，所以 *AD* 与 *DC* 所构成的矩形与 *FC* 上的正方形的和等于 *FD* 上的正方形【命题 2.6】。各边同时加 *FE* 上的正方形，所以 *AD*、*DC* 所构成的矩形与 *CF*、*FE* 上的正方形的和等于 *FD*、*FE* 上的正方形的和。但是，*EC* 上的正方形等于 *CF*、*FE* 上的正方形的和。因为角 *EFC* 是直角【命题 1.47】，且 *ED* 上的正方形等于 *DF*、*FE* 上的正方形的和【命题 1.47】，所以 *AD* 与 *DC* 所构成的矩形与 *EC* 上的正方形的和等于 *ED* 上的正方形。又，*EC* 等于 *EB*，所以 *AD* 与 *DC* 所构成的矩形与 *EB* 上的正方形的和等于 *ED* 上的正方形。又，*EB* 与 *BD* 上的正方形的和等于 *ED* 上的正方形。这是因为 *EBD* 是直角【命题 1.47】，所以 *AD* 与 *DC* 所构成的矩形与 *EB* 上的正方形的和等于 *EB*、*BD* 上的正方形的和。两边同时减去 *EB* 上的正方形，所以

余下的 *AD* 与 *DC* 所构成的矩形等于 *BD* 上的正方形。

综上，若在圆外任取一点，由该点作两条直线，其中一条与圆相交，另一条与圆相切，那么由圆截得的整个线段与圆外定点与凸弧之间一段所构成的矩形，等于切线上的正方形。这就是命题 36 的结论。

命题 37

在圆外任取一点，由该点作两条直线，其中一条与圆相交，另一条落在圆上，如果由圆截得的整条线段与这条直线上由圆外定点与凸弧之间一段构成的矩形，等于落在圆上的线段上的正方形，则落在圆上的直线与圆相切。

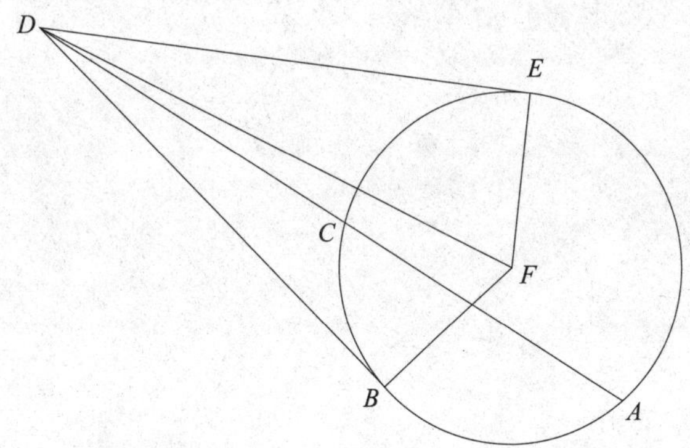

已知点 *D* 是圆 *ABC* 外任意一点，过 *D* 有两条直线 *DCA* 和 *DB*。设 *DCA* 与圆 *ABC* 相交，*BD* 落在圆上。设 *AD* 与 *DC* 所构成的矩形等于 *DB* 上的正方形。可证 *DB* 与圆 *ABC* 相切。

设 *DE* 与圆 *ABC* 相切【命题 3.17】，且设圆 *ABC* 的圆心为 *F*，连接 *FE*、*FB* 和 *FD*，所以角 *FED* 是直角【命题 3.18】。又因为 *DE* 与圆 *ABC* 相切，*DCA* 与圆相交，所以 *AD* 与 *DC* 所构成的矩形等于 *DE* 上的正方

形【命题 3.36】。且 *AD* 与 *DC* 所构成的矩形也等于 *DB* 上的正方形，所以 *DE* 上的正方形等于 *DB* 上的正方形；所以 *DE* 等于 *DB*。又，*FE* 等于 *FB*，所以两边 *DE*、*EF* 分别等于 *DB*、*BF*。且它们的底边 *FD* 为公共边，所以角 *DEF* 等于角 *DBF*【命题 1.8】。又，角 *DEF* 是直角，所以角 *DBF* 也是直角。将 *BF* 延长成直径，过圆的直径的端点并与直径成直角的直线与圆相切【命题 3.16 推论】，所以 *DB* 与圆 *ABC* 相切。相似地，可以证明圆心在 *AC* 上的情况。

综上，在圆外任取一点，由该点作两条直线，其中一条与圆相交，另一条落在圆上，如果由圆截得的整条线段与这条直线上由圆外定点与凸弧之间一段构成的矩形，等于落在圆上的线段上的正方形，则落在圆上的直线与圆相切。这就是命题 37 的结论。

第 4 卷　与圆有关的直线图形的作法

定 义

1. 当一个直线形的各角的顶点分别在另一个直线形的各边上时，这个直线形叫作内接于后一个直线形。

2. 类似地，当一个图形的各边分别经过另一个图形的各角的顶点时，前一个图形叫作外接于后一个图形。

3. 当一个直线形的各角的顶点都在一个圆周上时，这个直线形叫作内接于圆。

4. 当一个直线形的各边都切于一个圆时，这个直线形叫作外切于这个圆。

5. 类似地，当一个圆在一个图形内，且切于这个图形的每一条边时，称这个圆内切于这个图形。

6. 当一个圆经过一个图形的每个角的顶点时，称这个圆外接于这个图形。

7. 当一条线段的两个端点都在圆周上时，则称这条线段拟合于圆。

命　题

命题 1

给定的线段不大于圆的直径，把这条线段拟合于这个圆。

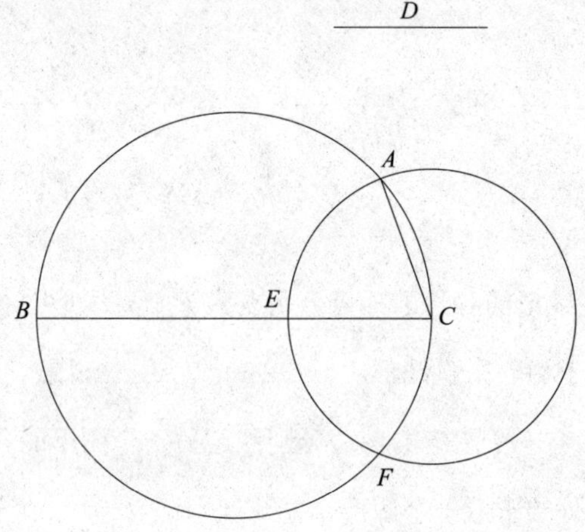

已知给定的圆是 ABC，D 是不大于圆的直径的给定线段。作等于 D 的线段拟合于圆 ABC。

作圆 ABC 的直径 BC[①]。如果 BC 等于 D，就不必作这条线段了，因为线段 BC 等于线段 D，且拟合于圆 ABC。如果 BC 大于 D，则使 CE 等于 D【命题 1.3】，并以 C 为圆心，CE 为半径作圆 EAF。连接 CA。

因为点 C 是圆 EAF 的圆心，所以 CA 等于 CE。但是，CE 等于 D，所以 D 也等于 CA。

综上，CA 等于给定线段 D，且拟合于圆 ABC。这就是命题 1 所要求作的。

---

① 经推测，是先找到圆心【命题 3.1】，然后作过圆心的线段。

命题 2

在给定的圆内，作一个与给定三角形等角的内接三角形。

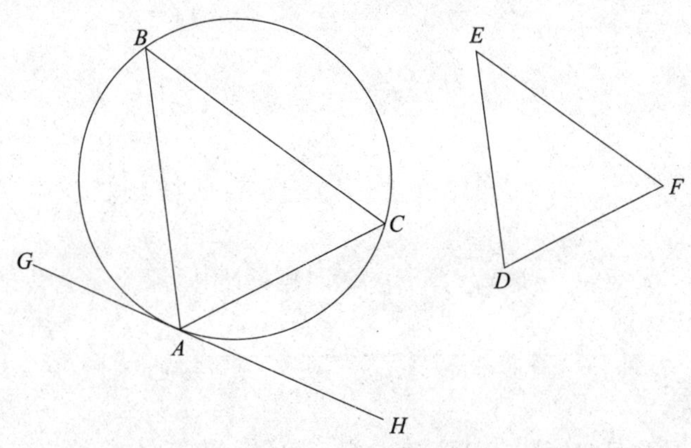

已知 *ABC* 是给定的圆，*DEF* 是给定的三角形。作与三角形 *DEF* 等角的内接于圆 *ABC* 的三角形。

过点 *A* 作 *GH* 与圆 *ABC* 相切[①]。在直线 *AH* 上，以 *A* 为顶点作角 *HAC* 等于角 *DEF*，并在直线 *AG* 上，以 *A* 为顶点作角 *GAB* 等于角 *DFE*【命题 1.23】。连接 *BC*。

因为 *AH* 切于圆 *ABC*，且直线 *AC* 过切点 *A* 经过圆内，所以角 *HAC* 等于对应的弓形上的角 *ABC*。【命题 3.32】。但是，角 *HAC* 等于角 *DEF*，所以角 *ABC* 等于角 *DEF*。同理，角 *ACB* 等于角 *DFE*，即余下的角 *BAC* 等于角 *EDF*【命题 1.32】，所以三角形 *ABC* 与三角形 *DEF* 等角，且内接于圆 *ABC*。

综上，在给定的圆内，作一个与给定三角形等角的内接三角形。这就是命题 2 的结论。

① 参考命题 3.34 的脚注。

命题 3

在已知圆外作一个与给定三角形等角的外切三角形。

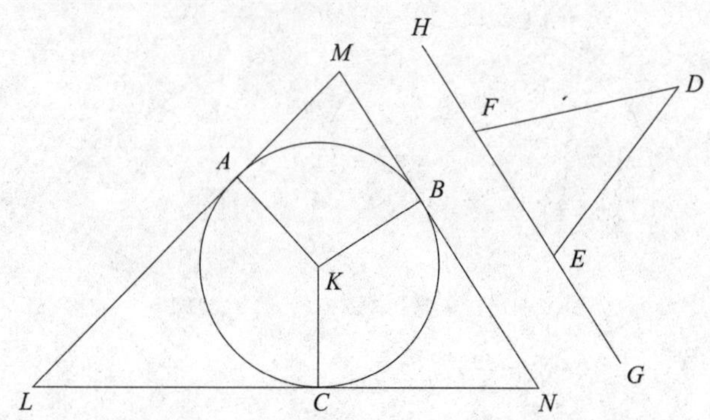

已知 *ABC* 是给定圆，*DEF* 是给定三角形。作圆 *ABC* 的与三角形 *DEF* 等角的外切三角形。

EF 向两端延长至 *G* 和 *H*。设圆 *ABC* 的圆心是 *K*【命题 3.1】。在圆 *ABC* 内，作任意直线 *KB*。以直线 *KB* 为边，*K* 为顶点，作角 *BKA* 等于角 *DEG*，角 *BKC* 等于角 *DFH*【命题 1.23】。分别过 *A*、*B* 和 *C* 作直线 *LAM*、*MBN* 和 *NCL* 与圆 *ABC* 相切[①]。

因为 *LM*、*MN* 和 *NL* 与圆 *ABC* 分别相切于 *A*、*B* 和 *C*，由圆心 *K* 到点 *A*、*B*、*C* 连接 *KA*、*KB* 和 *KC*，则 *A*、*B* 和 *C* 处的角是直角【命题 3.18】。因为四边形 *AMBK* 可以分为两个三角形，所以四边形 *AMBK* 的四个角的和等于四个直角【命题 1.32】，且角 *KAM* 和 *KBM* 是直角，所以余下的两个角 *AKB* 和 *AMB* 的和等于两个直角【命题 1.13】。角 *DEG*、*DEF* 的和也等于两个直角，所以角 *AKB*、*AMB* 的和等于角 *DEG*、*DEF* 的和，其中角 *AKB*

① 见命题 3.34 的脚注。

等于角 *DEG*，所以余下的角 *AMB* 等于角 *DEF*。相似地，可以证明角 *LNB* 等于角 *DFE*，所以剩下的角 *MLN* 等于角 *EDF*【命题 1.32】。所以，三角形 *LMN* 与 *DEF* 等角，且它外切于圆 *ABC*。

综上，在已知圆外作一个与给定三角形等角的外切三角形。这就是命题 3 的结论。

命题 4

作给定三角形的内切圆。

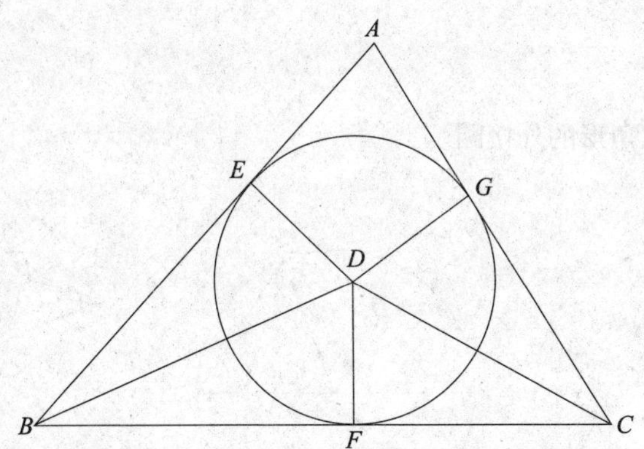

已知 *ABC* 是给定三角形。求作三角形 *ABC* 的内切圆。

分别作角 *ABC* 和 *ACB* 的角平分线 *BD* 和 *CD*【命题 1.9】，且两线交于点 *D*，过点 *D* 作 *DE*、*DF* 和 *DG* 分别垂直于 *AB*、*BC* 和 *CA*【命题 1.12】。

因为角 *ABD* 等于角 *CBD*，直角 *BED* 等于直角 *BFD*，所以在三角形 *EBD* 和三角形 *FBD* 中，有两对角相等，且有一条边也对应相等，即对着相等角的边，也就是两三角形的公共边 *BD*，所以其他边也对应相等【命题 1.26】。所以，*DE* 等于 *DF*。同理，*DG* 等于 *DF*，所以三条线段 *DE*、

DF 和 *DG* 彼此相等。所以，以 *D* 为圆心，到 *E*、*F* 或 *G*[①] 的距离为半径作圆，会经过另外两点，且与直线 *AB*、*BC* 和 *AC* 相切。这是因为 *E*、*F* 和 *G* 处的角都是直角。如果圆不与这些直线相切，而与它们相交，则过圆的直径的端点且与直径成直角的直线落在圆内，这已经证明是不可能的【命题 3.16】，所以以 *D* 为圆心，以 *DE*、*DF*、*DG* 之一为半径的圆不与 *AB*、*BC* 和 *CA* 相交。因此，圆 *FGE* 与它们相切，且是三角形 *ABC* 的内切圆。令内切圆是 *FGE*（如图所示）。

综上，圆 *EFG* 是给定三角形 *ABC* 的内切圆。这就是命题 4 的结论。

命题 5

作给定三角形的外接圆。

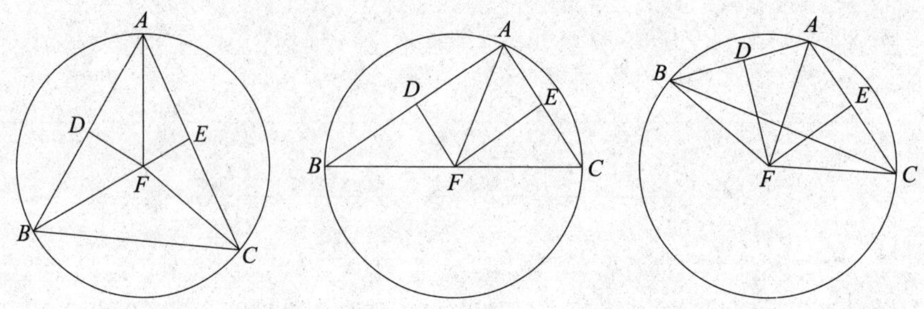

已知 *ABC* 是给定的三角形。作给定三角形 *ABC* 的外接圆。

分别作线段 *AB* 和 *AC* 的二等分点 *D* 和 *E*【命题 1.10】，分别过 *D* 和 *E* 作 *DF* 和 *EF* 与 *AB* 和 *AC* 成直角【命题 1.11】，所以 *DF* 和 *EF* 要么相交于三角形 *ABC* 内，要么在 *BC* 上，要么在 *BC* 外。

① 这里和接下来的命题应理解为实际上半径就是 *DE*、*DF* 或 *DG* 中的一条。

首先，设它们交于三角形 *ABC* 内，交点为 *F*，连接 *FB*、*FC* 和 *FA*。因为 *AD* 等于 *DB*，且 *DF* 为公共边，又成直角，所以底边 *AF* 等于 *FB*【命题 1.4】。同理，我们可以证明 *CF* 也等于 *AF*，所以 *FB* 等于 *FC*。因此，三条线段 *FA*、*FB* 和 *FC* 彼此相等。所以，以 *F* 为圆心，以 *FA*、*FB*、*FC* 之一为半径作圆，将经过剩下的另外两点，且该圆外接于三角形 *ABC*。

设外接圆是 *ABC*。再设 *DF* 和 *EF* 相交于 *BC* 上的点 *F*。连接 *AF*。相似地，我们可以证明以 *F* 为圆心作的圆是三角形 *ABC* 的外接圆。

最后，设 *DF* 和 *EF* 相交于三角形 *ABC* 外，交点为 *F*。连接 *AF*、*BF* 和 *CF*。因为 *AD* 等于 *DB*，*DF* 是公共边，又成直角，所以底边 *AF* 等于 *BF*【命题 1.4】。相似地，我们可以证明 *CF* 也等于 *AF*，所以 *BF* 也等于 *FC*。因此，以 *F* 为圆心，以 *FA*、*FB*、*FC* 之一为半径作圆经过剩下的另外两点，这个圆外接于三角形 *ABC*。

综上，这就是给定三角形的外接圆的作法。这就是命题 5 的结论。

命题 6

作给定圆的内接正方形。

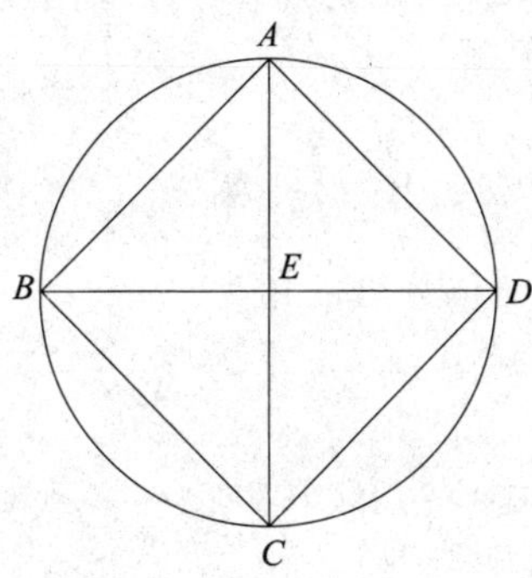

已知给定圆是 ABCD。作圆 ABCD 的内接正方形。

作圆 ABCD 的两条直径 AC 和 BD，且这两条直径所夹的角为直角[①]。连接 AB、BC、CD、DA。

因为 E 是圆心，所以 BE 等于 ED，且 EA 是公共边，E 处的角为直角，所以底边 AB 等于 AD【命题 1.4】。同理，BC、CD 与 AB、AD 彼此相等，所以四边形 ABCD 是等边的。又，可以证明它是直角的。因为线段 BD 是圆 ABCD 的直径，所以 BAD 是半圆，所以角 BAD 是直角【命题 3.31】。同理，角 ABC、BCD 和 CDA 也都是直角。因此，四边形 ABCD 是直角的，且已经证明它是等边的，所以它是正方形【定义 1.22】，且内接于圆 ABCD。

综上，正方形 ABCD 内接于给定圆。这就是命题 6 的结论。

命题 7

作给定圆的外切正方形。

已知 ABCD 是给定圆。作圆 ABCD 的外切正方形。

作圆 ABCD 的两条直径 AC 和 BD，且这两条直径所夹的角为直角[②]。分别过 A、B、C、D 作圆 ABCD 的切线 FG、GH、HK 和 KF。

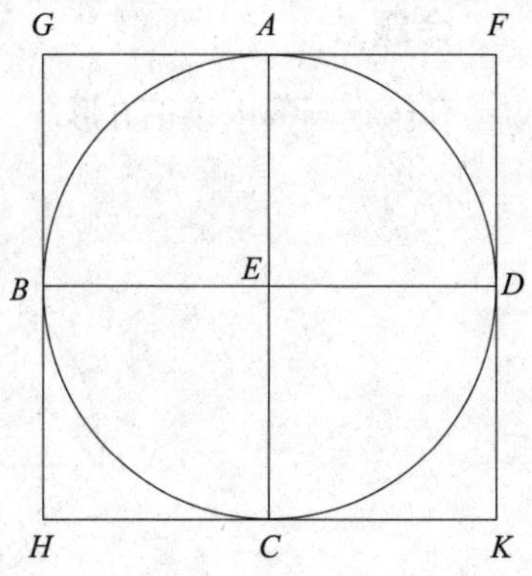

因为 FG 切于圆 ABCD，且 EA 是圆心 E 和切点 A 的连线，所以 A 处的角为

① 经推测，是先找到圆心【命题 3.1】，然后作过圆心的一条线段，再作过圆心的另一条线段，且两条直线的夹角是直角【命题 1.11】。

② 见上一个命题的脚注。

直角【命题 3.18】。同理，点 B、C 和 D 处的角也为直角。因为角 AEB 是直角，角 EBG 也是直角，所以 GH 平行于 AC【命题 1.29】。同理，AC 也平行于 FK，所以 GH 也平行于 FK【命题 1.30】。同理，我们可以证明 GF 和 HK 也都平行于 BED，所以 GK、GC、AK、FB 和 BK 都是平行四边形，所以 GF 等于 HK，GH 等于 FK【命题 1.34】。又因为 AC 等于 BD，且 AC 还与 GH 和 FK 相等，BD 与 GF 和 HK 相等【命题 1.34】，所以四边形 FGHK 是等边的。可以证明它是直角的。因为 GBEA 是平行四边形，且角 AEB 是直角，所以角 AGB 也是直角【命题 1.34】。同理，我们可以证明 H、K 和 F 处的角为直角，所以 FGHK 是直角的，且已经证明它是等边的，所以它是正方形【定义 1.22】，且外切于圆 ABCD。

综上，这就是给定圆的外切正方形的作法。这就是命题 7 的结论。

命题 8

作给定正方形的内切圆。

已知 ABCD 为给定正方形。作正方形 ABCD 的内切圆。

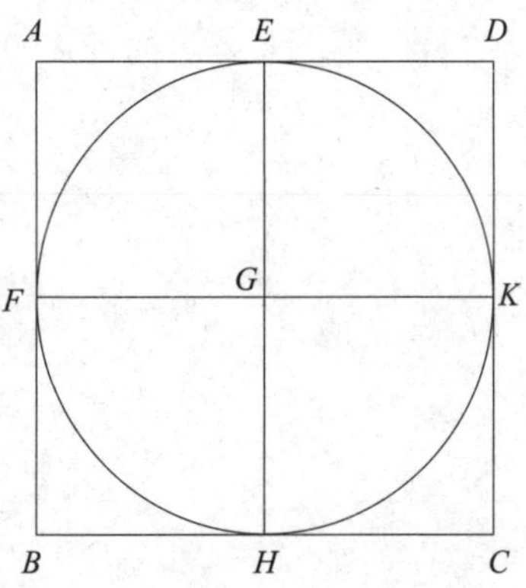

分别作 AD 和 AB 的二等分点 E 和 F【命题 1.10】。过 E 作 EH 平行于 AB 或 CD，过 F 作 FK 平行于 AD 或 BC【命题 1.31】。因此，AK、KB、AH、HD、AG、GC、BG 和 GD 是平行四边形，显然它们的对边都彼此相等【命题 1.34】。因为 AD 等于 AB，AE 是 AD 的一半，AF 是 AB 的一半，所以 AE 等于 AF。因为对边相等，所以 FG 也等于 GE。同理，

我们可以证明 *GH* 和 *GK* 与 *FG* 和 *GE* 都彼此相等。所以，四条线段 *GE*、*GF*、*GH* 和 *GK* 都彼此相等。因此，以 *G* 为圆心，*GE*、*GF*、*GH* 或 *GK* 为半径作圆，经过其他点，并且它与直线 *AB*、*BC*、*CD* 和 *DA* 都相切。这是因为 *E*、*F*、*H* 和 *K* 处的角都是直角。因为如果圆与 *AB*、*BC*、*CD* 或 *DA* 相交，则过圆的直径的端点且与直径成直角的直线落在圆内，这在之前已经证明是不可能的【命题 3.16】，所以，以 *G* 为圆心，*GE*、*GF*、*GH* 或 *GK* 为半径的圆不会与 *AB*、*BC*、*CD* 或 *DA* 中的一条直线相交；所以，这个圆与它们相切，且内切于正方形 *ABCD*。

综上，这就是给定正方形的内切圆的作法。这就是命题 8 的结论。

命题 9

作给定正方形的外接圆。

已知 *ABCD* 为给定正方形。作正方形 *ABCD* 的外接圆。

连接 *AC*、*BD*，设其交点为 *E*。

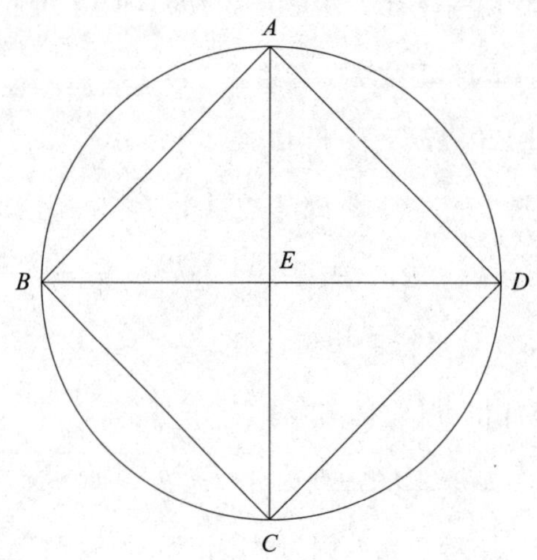

因为 *DA* 等于 *AB*，*AC* 是公共边，所以两边 *DA*、*AC* 分别等于 *BA*、*AC*。且底边 *DC* 等于 *BC*。所以，角 *DAC* 等于角 *BAC*【命题 1.8】。因此，角 *DAB* 被 *AC* 平分。同理，我们可以证明角 *ABC*、*BCD* 和 *CDA* 也分别被角 *AC*、*DB* 平分。因为角 *DAB* 等于角 *ABC*，角 *EAB* 等于角 *DAB* 的一半，角 *EBA* 等于角 *ABC* 的一半，所以角 *EAB* 等于角 *EBA*，所以边 *EA* 等于 *EB*【命题 1.6】。同理，我们可以证明 *EA*、*EB* 与 *EC*、*ED* 彼此相等，所以四条线段 *EA*、*EB*、*EC* 和 *ED* 彼此相等。以 *E* 为圆心，以线段 *EA*、*EB*、*EC*、*ED* 之一为半径的圆，经过其他点，且外接于正方形 *ABCD*。设外接圆是 *ABCD*。

综上，这就是给定正方形的外接圆的作法。这就是命题 9 的结论。

命题 10

作一个等腰三角形，使它的每个底角是顶角的二倍。

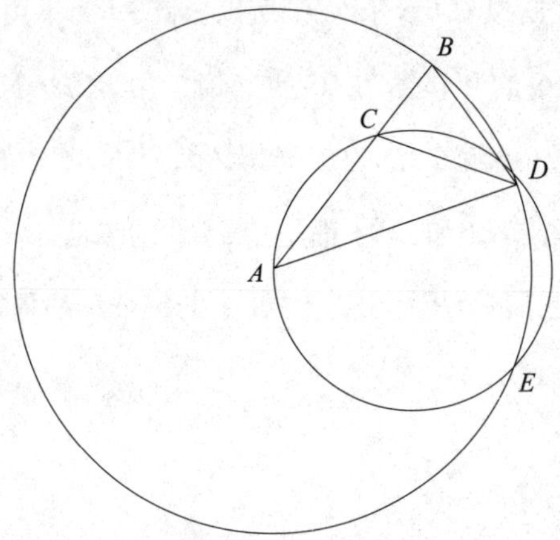

任取一条线段 *AB*，在 *AB* 上取一点 *C*，使 *AB* 和 *BC* 所构成的矩形等于 *CA* 上的正方形【命题 2.11】。以 *A* 为圆心、*AB* 为半径作圆 *BDE*。作圆

BDE 的拟合线 *BD*，使 *BD* 等于 *AC*，且不大于圆 *BDE* 的直径【命题 4.1】。连接 *AD* 和 *DC*，令圆 *ACD* 为三角形 *ACD* 的外接圆【命题 4.5】。

因为 *AB* 和 *BC* 所构成的矩形等于 *AC* 上的正方形，且 *AC* 等于 *BD*，所以 *AB* 和 *BC* 所构成的矩形等于 *BD* 上的正方形。因为点 *B* 在圆 *ACD* 外，且 *BA* 和 *BD* 是从点 *B* 到圆 *ACD* 的线段，其中一条与圆相交，另一条在圆上，且 *AB* 和 *BC* 所构成的矩形等于 *BD* 上的正方形，所以 *BD* 与圆 *ACD* 相切【命题 3.37】。因为 *BD* 与圆相切，*DC* 是过切点 *D* 作的圆的拟合线，所以角 *BDC* 等于相对弓形上的角 *DAC*【命题 3.32】。因为角 *BDC* 等于角 *DAC*，各边同时加角 *CDA*，所以整个角 *BDA* 等于角 *CDA* 与 *DAC* 的和。又因为外角 *BCD* 等于 *CDA* 与 *DAC* 的和【命题 1.32】，所以角 *BDA* 等于角 *BCD*。又因为角 *BDA* 也等于角 *CBD*，因为边 *AD* 等于 *AB*【命题 1.5】，所以角 *DBA* 也等于角 *BCD*，所以三个角 *BDA*、*DBA* 和 *BCD* 彼此相等。因为角 *DBC* 等于角 *BCD*，所以边 *BD* 等于 *DC*【命题 1.6】。但是，已经假设 *BD* 等于 *CA*，所以 *CA* 等于 *CD*，所以角 *CDA* 等于角 *DAC*【命题 1.5】，所以角 *CDA*、*DAC* 的和是角 *DAC* 的二倍。角 *BCD* 等于角 *CDA* 与 *DAC* 的和，所以角 *BCD* 是角 *CAD* 的二倍。又因为角 *BCD* 等于角 *BDA*，也等于角 *DBA*，所以角 *BDA* 和 *DBA* 都是角 *DAB* 的二倍。

所以，等腰三角形 *ABD* 的底边 *DB* 上的每个角都是顶角的二倍。这就是命题 10 的结论。

命题 11

作给定圆的内接五边形，该五边形等边且等角。

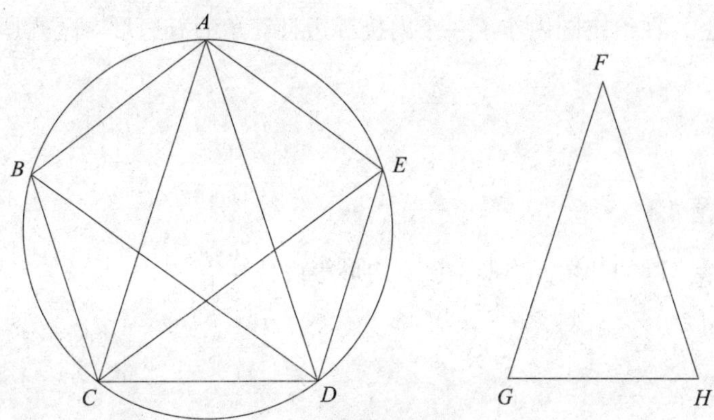

已知 *ABCDE* 是给定圆。作圆 *ABCDE* 的内接等边且等角的五边形。

作一个等腰三角形 *FGH*，使角 *G* 和角 *H* 都是角 *F* 的二倍【命题 4.10】。在圆 *ABCDE* 内作内接三角形 *ACD*，使它与 *FGH* 等角，即角 *CAD* 等于角 *F*，角 *G* 和角 *H* 分别等于角 *ACD* 和 *CDA*【命题 4.2】，所以角 *ACD* 和 *CDA* 都是角 *CAD* 的二倍。作角 *ACD* 和 *CDA* 的角平分线，分别为直线 *CE* 和 *DB*【命题 1.9】。连接 *AB*、*BC*、*DE* 和 *EA*。

因为角 *ACD* 和 *CDA* 都是角 *CAD* 的二倍，且直线 *CE* 和 *DB* 平分两角，所以五个角 *DAC*、*ACE*、*ECD*、*CDB* 和 *BDA* 彼此相等，且相等的角所对的弧也相等【命题 3.26】。因此，五条弦 *AB*、*BC*、*CD*、*DE* 和 *EA* 彼此相等【命题 3.29】。因此，五边形 *ABCDE* 是等边的。接下来可证它是等角的。因为弧 *AB* 等于弧 *DE*，各边同时加上弧 *BCD*，所以整个弧 *ABCD* 等于整个弧 *EDCB*。且角 *AED* 是弧 *ABCD* 所对的角，角 *BAE* 是弧 *EDCB* 所对的角，所以角 *BAE* 等于角 *AED*【命题 3.27】。同理，可以证明角 *ABC*、*BCD* 和 *CDE* 都与 *BAE*、*AED* 相等。所以，五边形 *ABCDE* 是等角的。又因为已经证明它是等边的。

综上，在给定圆内作了一个内接等边且等角的五边形。这就是命题 11 的结论。

命题 12

作给定圆的外切五边形，该五边形等边且等角。

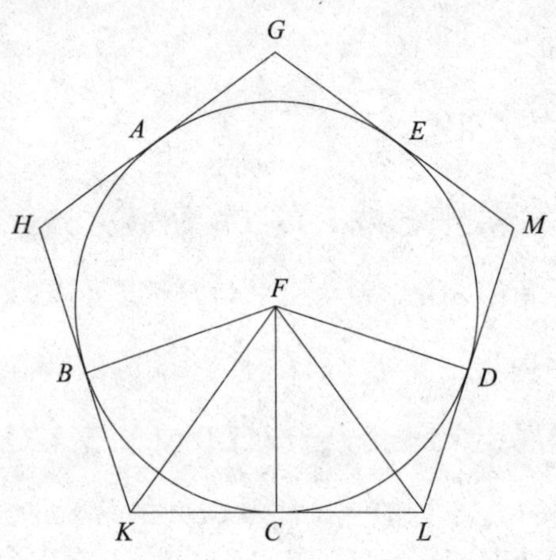

已知 *ABCDE* 是给定的圆。作圆 *ABCDE* 的外切等边且等角的五边形。

设 *A*、*B*、*C*、*D* 和 *E* 五点是圆 *ABCDE* 的内接五边形的顶点【命题 3.11】(这里的内接五边形等边且等角。——译者注)，所以弧 *AB*、*BC*、*CD*、*DE* 和 *EA* 彼此相等。分别过点 *A*、*B*、*C*、*D* 和 *E* 作圆的切线 *GH*、*HK*、*KL*、*LM* 和 *MG*。作圆 *ABCDE* 的圆心 *F*【命题 3.1】。连接 *FB*、*FK*、*FC*、*FL* 和 *FD*。

因为直线 *KL* 与圆 *ABCDE* 相切于 *C*，*FC* 是圆心 *F* 和切点 *C* 的连线，所以 *FC* 垂直于 *KL*【命题 3.18】，所以 *C* 处的角是直角。同理，*B* 处和 *D* 处的角也都是直角，且因为角 *FCK* 是直角，所以 *FK* 上的正方形等于 *FC*

与 *CK* 上的正方形的和【命题 1.47】。同理，*FK* 上的正方形等于 *FB* 与 *BK* 上的正方形的和，所以 *FC* 与 *CK* 上的正方形的和等于 *FB* 与 *BK* 上的正方形的和。因为 *FC* 上的正方形等于 *FB* 上的正方形，所以余下的 *CK* 上的正方形等于 *BK* 上的正方形。所以，*BK* 等于 *CK*。又因为 *FB* 等于 *FC*，*FK* 是公共边，两边 *BF*、*FK* 分别等于 *CF*、*FK*，且底边 *BK* 等于 *CK*。所以，角 *BFK* 等于角 *KFC*【命题 1.8】。且角 *BKF* 等于角 *FKC*【命题 1.8】，所以角 *BFC* 是角 *KFC* 的二倍，角 *BKC* 是角 *FKC* 的二倍。同理，角 *CFD* 是角 *CFL* 的二倍，角 *DLC* 是角 *FLC* 的二倍。因为弧 *BC* 等于弧 *CD*，所以角 *BFC* 等于角 *CFD*【命题 3.27】。且角 *BFC* 是角 *KFC* 的二倍，角 *DFC* 是角 *LFC* 的二倍，所以角 *KFC* 等于角 *LFC*。所以，三角形 *FKC* 和 *FLC* 有两对角对应相等，一条边对应相等，即它们的公共边 *FC*。所以它们其余的边对应相等，其余的角也对应相等【命题 1.26】。所以，线段 *KC* 等于 *CL*，角 *FKC* 等于角 *FLC*。且因为 *KC* 等于 *CL*，所以 *KL* 是 *KC* 的二倍。同理，可以证明 *HK* 也是 *BK* 的二倍，且 *BK* 等于 *KC*，所以 *HK* 也等于 *KL*。相似地，可以证明 *HG*、*GM*、*ML* 都与 *HK*、*KL* 相等，因此五边形 *GHKLM* 是等边的。接下来可以证明它是等角的。因为角 *FKC* 等于角 *FLC*，且已经证明角 *HKL* 是角 *FKC* 的二倍，角 *KLM* 是角 *FLC* 的二倍，所以角 *HKL* 等于角 *KLM*。相似地，也可以证明角 *KHG*、*HGM*、*GML* 与 *HKL*、*KLM* 相等，所以五个角 *GHK*、*HKL*、*KLM*、*LMG* 和 *MGH* 彼此相等，所以五边形 *GHKLM* 是等角的。且已经证明它是等边的，且外切于圆 *ABCDE*。

综上，这就是给定圆的外切等边且等角的五边形的作法。这就是命题 12 的结论。

命题 13

作给定等边且等角的五边形的内切圆。

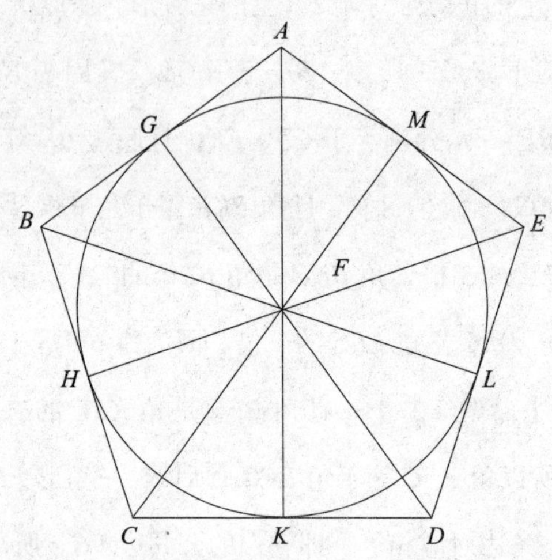

已知 $ABCDE$ 是给定等边且等角的五边形。求作五边形 $ABCDE$ 的内切圆。

作角 BCD 和 CDE 的角平分线，分别为 CF 和 DF【命题 1.9】。点 F 是 CF 和 DF 的交点。连接 FB、FA 和 FE。因为 BC 等于 CD，CF 为公共边，两边 BC、CF 分别等于 DC、CF，且角 BCF 等于角 DCF，所以底边 BF 等于 DF，三角形 BCF 全等于三角形 DCF，且等边对应的角彼此相等【命题 1.4】，所以角 CBF 等于角 CDF。因为角 CDE 是角 CDF 的二倍，角 CDE 等于角 ABC，角 CDF 等于角 CBF，所以角 CBA 是角 CBF 的二倍，所以角 ABF 等于角 FBC，所以角 ABC 被直线 BF 平分。相似地，可以证明角 BAE 和角 AED 分别被 FA 和 FE 平分。过点 F 作 FG、FH、FK、FL 和 FM 分别垂直于直线 AB、BC、CD、DE 和 EA【命题 1.12】。因为角 HCF 等于角 KCF，直角 FHC 等于角 FKC，所以三角形 FHC 和 FKC 有两对等角和一条

等边，即它们的公共边 *FC*，也是它们其中一对等角所对的边，所以两个三角形其余的边都相等【命题 1.26】，所以垂线 *FH* 等于 *FK*。相似地，可以证明 *FL*、*FM*、*FG* 都与 *FH*、*FK* 相等，所以五条线段 *FG*、*FH*、*FK*、*FL* 和 *FM* 彼此相等。因此，以 *F* 为圆心，以 *FG*、*FH*、*FK*、*FL*、*FM* 中的一条为半径作圆，将经过其他点，且与直线 *AB*、*BC*、*CD*、*DE* 和 *EA* 相切，这是因为点 *G*、*H*、*K*、*L* 和 *M* 处的角是直角。假设它不与直线相切，而是相交，则有过圆的直径的端点且与直径成直角的直线落在圆内，这与之前的结论不符【命题 3.16】。因此，以 *F* 为圆心，以 *FG*、*FH*、*FK*、*FL*、*FM* 中的一条为半径的圆不会与直线 *AB*、*BC*、*CD*、*DE* 或 *EA* 相交，因而相切。设该圆为 *GHKLM*（如图所示）。

综上，这就是给定等边且等角的五边形的内切圆的作法。这就是命题 13 的结论。

命题 14

作给定等边且等角的五边形的外接圆。

已知 *ABCDE* 是给定的等边且等角的五边形。作五边形 *ABCDE* 的外接圆。

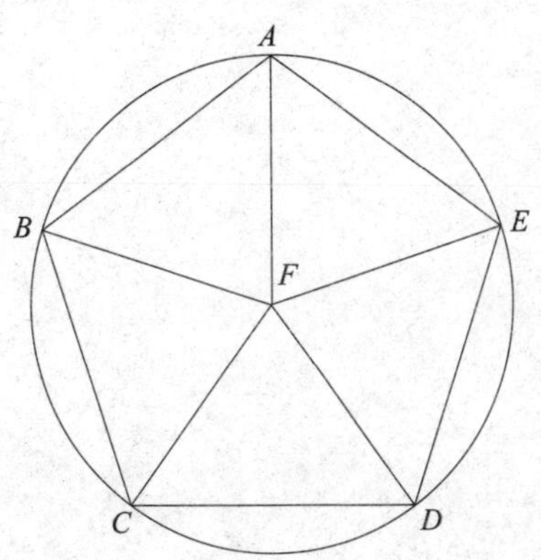

作角 *BCD* 和 *CDE* 的角平分线，分别为 *CF* 和 *DF*【命题 1.9】，点 *F* 是 *CF* 和 *DF* 的交点。连接 *FB*、*FA* 和 *FE*。相似地，可以证明角 *CBA*、*BAE* 和 *AED* 分别被直线 *FB*、*FA* 和 *FE* 平分。且因为角 *BCD* 等于角 *CDE*，角 *FCD* 是角 *BCD* 的一半，角 *CDF* 是角 *CDE*

的一半，所以角 FCD 等于角 CDF，所以边 FC 等于 FD【命题 1.6】。相似地，也可以证明 FB、FA、FE 都等于 FC、FD，所以五条线段 FA、FB、FC、FD 和 FE 彼此相等，所以以 F 为圆心，以 FA、FB、FC、FD、FE 中的一条为半径作圆，经过其他点，且是外接的。设该外接圆是 ABCDE。

综上，这就是给定等边且等角的五边形的外接圆的作法。这就是命题 14 的结论。

命题 15

作给定圆的内接六边形，该六边形等边且等角。

已知 ABCDEF 是给定圆。作圆 ABCDEF 的内接等边等角六边形。

作圆 ABCDEF 的直径 AD。设圆心为 G【命题 3.1】。以 D 为圆心，DG 为半径作圆 EGCH。连接 EG、CG，并分别延长至点 B 和 F。连接 AB、BC、CD、DE、EF 和 FA。可以证明六边形 ABCDEF 是等边且等角的。

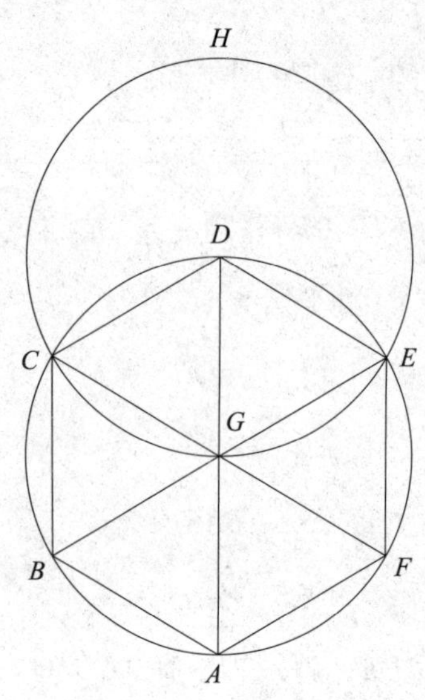

因为点 *G* 是圆 *ABCDEF* 的圆心，*GE* 等于 *GD*，又因为点 *D* 是圆 *GCH* 的圆心，*DE* 等于 *DG*，但是已经证明 *GE* 等于 *GD*，所以 *GE* 也等于 *ED*。因此，三角形 *EGD* 是等边三角形。所以，它的三个角 *EGD*、*GDE* 和 *DEG* 彼此相等，因为在等腰三角形中，底边的两个角彼此相等【命题 1.5】，且三角形的三个角的和等于两直角和【命题 1.32】，因此角 *EGD* 是两直角和的三分之一。相似地，角 *DGC* 也是两直角和的三分之一。因为 *CG* 与 *EB* 所成的邻角 *EGC* 和 *CGB* 的和等于两直角和【命题 1.13】，所以余下的角 *CGB* 也等于两直角和的三分之一，所以角 *EGD*、*DGC* 和 *CGB* 彼此相等，所以它们的对顶角 *BGA*、*AGF* 和 *FGE* 分别等于角 *EGD*、*DGC* 和 *CGB*【命题 1.15】。因此，六个角 *EGD*、*DGC*、*CGB*、*BGA*、*AGF* 和 *FGE* 彼此相等，且等角所对的弧相等【命题 3.26】，所以六个弧 *AB*、*BC*、*CD*、*DE*、*EF* 和 *FA* 彼此相等。又因为等弧所对的弦相等【命题 3.29】，所以六条弦 *AB*、*BC*、*CD*、*DE*、*EF* 和 *FA* 彼此相等。因此，六边形 *ABCDEF* 是等边的。所以，接下来可以证明它是等角的。因为弧 *FA* 等于弧 *ED*，各边同时加弧 *ABCD*，所以整个弧 *FABCD* 等于整个弧 *EDCBA*。弧 *FABCD* 所对的角是 *FED*，弧 *EDCBA* 所对的角是 *AFE*，因此角 *AFE* 等于角 *DEF*【命题 3.27】。相似地，也可以证明六边形 *ABCDEF* 剩下的角也都等于角 *AFE* 和 *FED* 中的一个。因此，六边形 *ABCDEF* 是等角的，且已经证明它是等边的，并内接于圆 *ABCDEF*。

综上，这就是给定圆内接等边且等角的六边形的作法。这就是命题 15 的结论。

推 论

所以，从此可得，六边形的边等于圆的半径。

与五边形的情况相似，如果过圆上的截点作圆的切线，可以得到圆的一个等边且等角的外切六边形；并且根据前面五边形的情况，我们可以作出给定六边形的内切圆和外接圆。这就是命题 15 的结论。

命题 16

作给定圆的内接十五角形，该十五角形等边且等角。

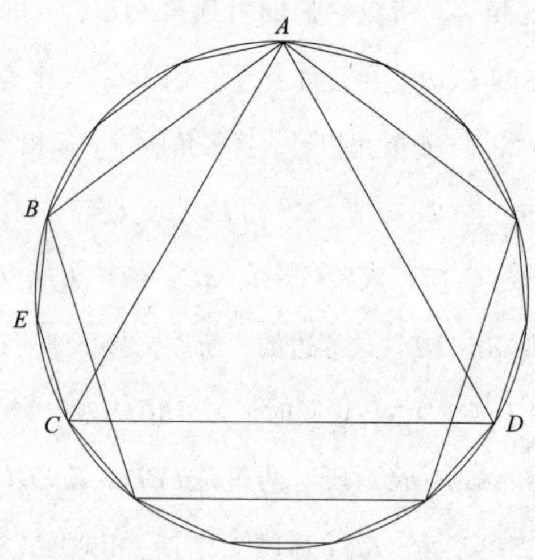

已知给定圆是 *ABCD*。作圆 *ABCD* 的内接等边且等角的十五角形。

设 *AC* 是圆 *ABCD* 的内接等边三角形的一边【命题 4.2】，*AB* 是圆 *ABCD* 的内接等边五边形的一边【命题 4.11】。因此，在圆 *ABCD* 中有十五条相等的线段，在弧 *ABC* 上有五条，而弧 *ABC* 是圆的三分之一，在弧 *AB* 上有三条，而弧 *AB* 是圆的五分之一。因此，剩余的 *BC* 上就有两段相等的弧。设弧 *BC* 的二等分点为 *E*【命题 3.30】。因此，*BE* 和 *EC* 都是

圆 *ABCD* 的十五段中的一段。

因此，如果连接 *BE* 和 *EC*，可以在圆 *ABCD* 上截取与它们相等的线段【命题 4.1】，这样就可以得到内接于圆的等边且等角的十五角形。这就是命题 16 的结论。

和五边形类似，如果我们过截点作圆的切线，就可以得到圆的等边且等角的外切十五角形；并且类似五边形的情况，我们也可以作给定十五角形的内切圆和外接圆。这就是命题 16 的结论。

第5卷　比例[①]

定义

1. 当一个较小的量能量尽一个较大的量时，则较小量是较大量的一部分。[②]

2. 当一个较大的量能被较小的量量尽时，则较大的量是较小量的倍量。

3. 比是两个同类量彼此之间的一种大小关系。[③]

4. 把一个量几倍以后大于另一个量时，则说明这两个量彼此之间有一个比。[④]

5. 有四个量，第一量比第二量与第三量比第四量叫作有相同比。如果对第一与第三个量取相同倍数，又对第二与第四个量取相同倍数，第一与第二倍量之间依次有大于、等于或小于的关系，那么第三与第四倍量之间

---

① 本卷中的比例部分是尼多斯的欧多克索斯（Eudoxus of Cnidus）的主要贡献。这一理论的不同之处就是它的应用解决了无理数的问题，而这一问题曾一直是希腊数学家要解决的一道难题。此书用 α, β, γ 等脚注来表示一般量（有可能是无理数），用 m, n, l 等表示正整数。

② 也就是，如果 $\beta = m\alpha$，那么 α 是 β 的一部分。

③ 用现在的记号法，α 和 β 两个量的比，表示为 $\alpha : \beta$。

④ 也就是，因为存在 m 和 n，所以若 $m\alpha > \beta$ 且 $n\beta > \alpha$，则 α 相对于 β 有一个比。

也有相应的关系。①

6. 有相同比的量是成比例的量。②

7. 在四个量之间，第一、三两个量取相同的倍数，又第二、四两个量取另一相同的倍数，若第一个的倍量大于第二个的倍量，但是第三个的倍量不大于第四个的倍量时，则称第一量与第二量的比大于第三量与第四量的比。

8. 一个比例至少要有三项。③

9. 当三个量成比例时，则第一量与第三量的比④是第一量与第二量的二次比⑤。

10. 当四个量成连比例时，则第一量与第四量的比⑥为第一量与第二量的三次比⑦，不论有几个量成连比都以此类推。

11. 在成比例的四个量中，将前项与前项且后项与后项叫作对应量。

12. 更比例是让（有相同的比的两组量）前项比前项，后项比后项。⑧

13. 反比例是后项作前项，前项作后项。⑨

14. 合比例是前项与后项的和比后项。⑩

---

① 也就是，$\alpha:\beta::\gamma:\delta$，对于所有的 m 和 n，若 $m\alpha>n\beta$，则 $m\gamma>n\delta$, 若 $m\alpha=n\beta$，则 $m\gamma=n\delta$，若 $m\alpha<n\beta$，则 $m\gamma<n\delta$。此定义是欧多克索斯（Eudoxus）的比理论的核心，即使 α, β, γ 等是无理数，此定义仍然成立。

② 因此如果 α 和 β 的比与 γ 和 δ 的比相等，那么它们成比例。用现在的记号法表示为 $\alpha:\beta::\gamma:\delta$。

③ 用现在的记号法表示，三个项成比例——α , β 和 γ——可以写成：$\alpha:\beta::\beta:\gamma$。

④ 字面上是“双倍”的意思。

⑤ 也就是，若 $\alpha:\beta::\beta:\gamma$，就有 $\alpha:\gamma::\alpha^2:\beta^2$。

⑥ 字面上是“三次方”的意思。

⑦ 也就是，若 $\alpha:\beta::\beta:\gamma::\gamma:\delta$，则 $\alpha:\delta::\alpha^3:\beta^3$。

⑧ 也就是，若 $\alpha:\beta::\gamma:\delta$，则更比例是 $\alpha:\gamma::\beta:\delta$。

⑨ 也就是，$\alpha:\beta$ 的反比例是 $\beta:\alpha$。

⑩ 也就是，$\alpha:\beta$ 的合比例是 $(\alpha+\beta):\beta$。

15. 分比例是前项与后项的差比后项。①

16. 换比例是前项比前项与后项的差。②

17. 首末比例指的是，有一些量又有一些与它们个数相等的量，若在各组每取两个量作成相同的比例，则第一组量中首量比末量如同第二组中首量比末量。或者换言之，这是去掉中间项，保留两头的项。③

18. 调动比例是这样的，有三个量，又有另外与它们相等的三个量，在第一组量里前项比后项如同第二组量里前项比后项，这时，第一组量里的后项比第三项如同第二组量里第三项比前项。④

命　题

命题 1⑤

如果有任意多个量，分别是同样多个量的同倍量，则无论这个倍数是多少，前者的和都是后者的和的同倍量。

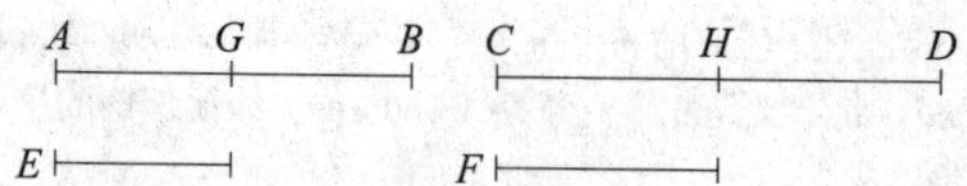

① 也就是，$\alpha:\beta$ 的分比例是 $(\alpha-\beta):\beta$。

② 也就是，$\alpha:\beta$ 的换比例是 $\alpha:(\alpha-\beta)$。

③ 也就是，α，β，γ 是第一组量，δ，ε，ζ 是第二组量，且 $\alpha:\beta:\gamma::\delta:\varepsilon:\zeta$，则首末比例是 $\alpha:\gamma::\delta:\zeta$。

④ 也就是，α，β，γ 是第一组量，δ，ε，ζ 是第二组量，且 $\alpha:\beta::\delta:\varepsilon$，$\beta:\gamma::\zeta:\delta$，这个比例就是所说的混乱。

⑤ 用现在的记法，该命题表示为：$m\alpha+m\beta+\cdots=m(\alpha+\beta+\cdots)$。

已知量 AB、CD 分别是个数与它们相等的量 E、F 的同倍量。可证 AB 是 E 的几倍，AB 与 CD 的和就是 E 与 F 的和的几倍。

因为 AB、CD 分别是 E、F 的同倍量，AB 中有多少个量等于 E，CD 中也就有多少个量等于 F，将 AB 分成 AG、GB 都等于 E，CD 分成 CH、HD 都等于 F，所以量 AG、GB 的个数等于量 CH、HD 的个数。又因为 AG 等于 E，CH 等于 F，所以 AG 等于 E，且 AG、CH 的和等于 E、F 的和。同理，GB 等于 E，且 GB、HD 的和等于 E、F 的和，所以在 AB 中有多少个等于 E 的量，在 AB、CD 的和中也有同样数量的量等于 E、F 的和；所以 AB 是 E 的多少倍，AB、CD 的和就是 E、F 的和的多少倍数。

综上，如果有任意多个量，分别是同样多个量的同倍量，则无论这个倍数是多少，前者的和都是后者的和的同倍量。这就是命题 1 的结论。

命题 2①

如果第一量和第三量分别是第二量和第四量的同倍量，且第五量和第六量也分别是第二量和第四量的同倍量，则第一量与第五量的和及第三量与第六量的和分别是第二量及第四量的同倍量。

已知第一量 AB 和第三量 DE 分别是第二量 C 和第四量 F 的同倍量，且第五量 BG 和第六量 EH 分别是第二量 C 和第四量 F 的别的同倍量，可证第一量与第五量的和 AG、第三量与第六量的和 DH，分别是第二量 C 和第四量 F 的同倍量。

因为 AB 和 DE 分别是 C 和 F 的同倍量，所以 AB 里有多少个量等于 C，

① 用现在的记法，该命题表示为：$m\alpha+n\alpha=(m+n)\alpha$。

DE 里就有相等数量的量等于 *F*。同理，*BG* 里有多少个量等于 *C*，*EH* 里就有相等数量的量等于 *F*，所以整个 *AG* 里有多少个量等于 *C*，整个 *DH* 里就有相等数量的量等于 *F*；所以 *AG* 是 *C* 的多少倍，*DH* 就是 *F* 的多少倍。因此，第一量与第五量的和 *AG*，第三量与第六量的和 *DH*，分别是第二量 *C* 和第四量 *F* 的同倍量。

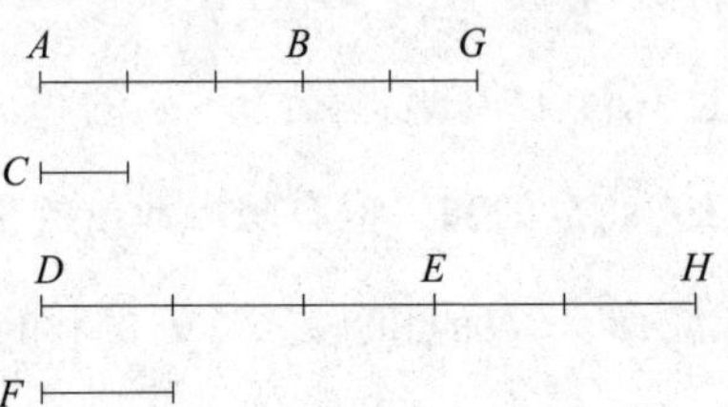

综上，如果第一量与第三量分别是第二量与第四量的同倍量，且第五量与第六量也分别是第二量与第四量的同倍量，则第一量与第五量的和与第三量与第六量的和分别是第二量与第四量的同倍量。这就是命题 2 的结论。

命题 3①

如果第一量和第三量分别是第二量和第四量的同倍量，如果再有同倍数的第一量及第三量，则同倍后的这两个量分别是第二量及第四量的同倍量。

已知第一量 *A* 和第三量 *C* 分别是第二量 *B* 和第四量 *D* 的同倍量，分别取定 *A* 和 *C* 的同倍量 *EF* 和 *GH*，可证 *EF* 和 *GH* 分别是 *B* 和 *D* 的同倍量。

① 用现在的记法，该命题表示为：$m(n\alpha)=(mn)\alpha$。

因为 EF 和 GH 分别是 A 和 C 的同倍量，所以 EF 里有多少个量等于 A，GH 里就有相等数量的量等于 C。将 EF 分成 EK、KF，且都等于 A，将 GH 分成 GL、LH，且都等于 C，所以量 EK、KF 的个数等于量 GL、LH 的个数。因为 A 和 C 分别是 B 和 D 的同倍量，且 EK 等于 A，GL 等于 C，所以 EK 和 GL 分别是 B 和 D 的同倍量。同理，KF 和 LH 分别是 B 和 D 的同倍量。因为第一量 EK 和第三量 GL 分别是第二量 B 和第四量 D 的同倍量，且第五量 KF 和第六量 LH 分别是第二量 B 和第四量 D 的同倍量，所以第一量与第五量的和 EF，第三量与第六量的和 GH，也分别是第二量 B 和第四量 D 的同倍量【命题 5.2】。

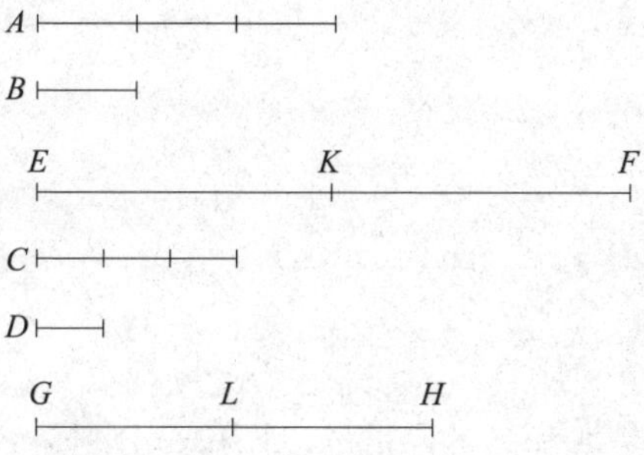

综上，如果第一量和第三量分别是第二量和第四量的同倍量，如果再有同倍数的第一量及第三量，则同倍后的这两个量分别是第二量及第四量的同倍量。这就是命题 3 的结论。

命题 4[①]

如果第一量比第二量与第三量比第四量有相同的比，则第一量与第三

① 用现在的记法，该命题表示为：对所有的 m 和 n，如果 $\alpha:\beta::\gamma:\delta$，那么 $m\alpha:n\beta::m\gamma:n\delta$。

量的同倍量，第二量与第四量的同倍量，按顺序它们仍有相同的比。

已知第一量 A 比第二量 B 与第三量 C 比第四量 D 有相同的比。分别取 A 和 C 的同倍量 E 和 F，再任意取 B 和 D 的同倍量 G 和 H，可证 E 比 G 等于 F 比 H。

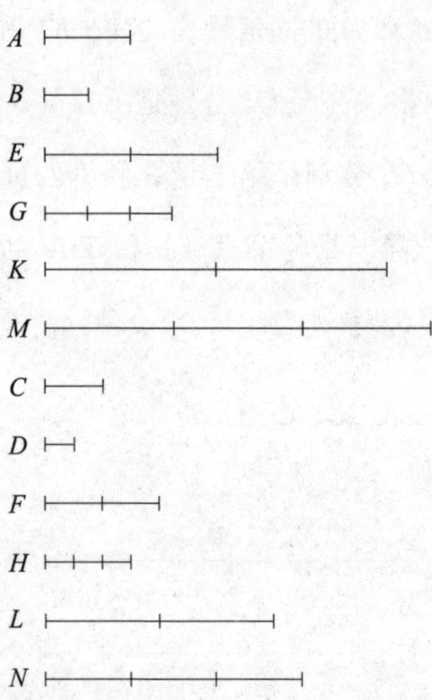

设 K 和 L 分别是 E 和 F 的同倍量，M 和 N 分别是 G 和 H 的同倍量。

因为 E 和 F 分别是 A 和 C 的同倍量，K 和 L 分别是 E 和 F 的同倍量，所以 K 和 L 分别是 A 和 C 的同倍量【命题 5.3】。同理，M 和 N 分别是 B 和 D 的同倍量。因为 A 比 B 等于 C 比 D，且 K 和 L 分别是 A 和 C 的同倍量，M 和 N 分别是 B 和 D 的同倍量，则如果 K 大于 M，那么 L 也大于 N；如果 K 等于 M，则 L 等于 N；如果 K 小于 M，则 L 小于 N【定义 5.5】。又，K 和 L 分别是 E 和 F 的同倍量，M 和 N 分别是 G 和 H 的同倍量，所以 E 比 G 等于 F 比 H【定义 5.5】。

综上，如果第一量比第二量与第三量比第四量有相同的比，则第一量与第三量的同倍量，第二量与第四量的同倍量，按顺序它们仍有相同的比。这就是命题4的结论。

命题5[①]

如果一个量是另一个量的倍量，而且第一个量减去的部分是第二个量减去的部分的倍量，且倍数相等，则剩余部分是剩余部分的倍量，整体是整体的倍量，其倍数相等。

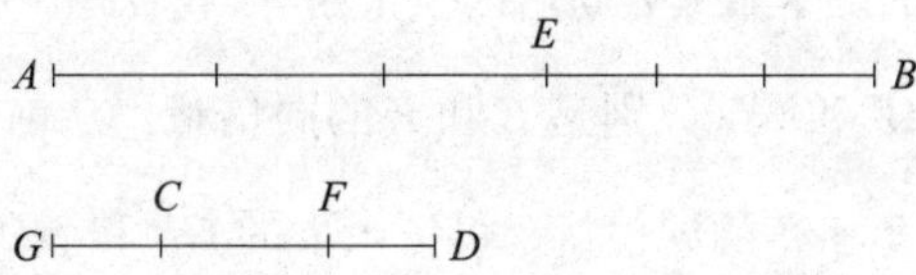

已知量*AB*是量*CD*的倍量，其中部分*AE*是部分*CF*的倍量，且倍数相等，可证余下的*EB*是*FD*的倍量，整体*AB*是整体*CD*的倍量，其倍数相等。

因为*AE*中有多少个量等于*CF*，*EB*中就有多少个量等于*CG*，所以*AE*和*EB*分别是*CF*和*GC*的同倍量，*AE*和*AB*分别是*CF*和*GF*的同倍量【命题5.1】。且已知*AE*和*AB*分别是*CF*和*CD*的同倍量，所以*AB*既是*GF*的倍量，又是*CD*的倍量，且倍数相等，所以*GF*等于*CD*。同时减去*CF*，所以剩下的*GC*等于*FD*。因为*AE*和*EB*分别是*CF*和*GC*的同倍量，且*GC*等于*DF*，所以*AE*和*EB*分别是*CF*和*FD*的同倍量。已知*AE*和*AB*分别是*CF*和*CD*的同倍量，所以*EB*和*AB*分别是*FD*和*CD*的同倍量，所以余下的*EB*也是余下的*FD*的倍量，整体*AB*是整体*CD*的倍量，

① 用现在的记法，该命题表示为：$m\alpha - m\beta = m(\alpha - \beta)$。

其倍数相等。

综上，如果一个量是另一个量的倍量，而且第一个量减去的部分是第二个量减去的部分的倍量，且倍数相等，则剩余部分是剩余部分的倍量，整体是整体的倍量，其倍数相等。

命题 6①

如果两个量是另外两个量的同倍量，而且从前两个量中减去后两个量的同倍量，则剩余的两个量或者与后两个量相等，或者是后两个量的同倍量。

已知两个量 *AB* 和 *CD* 分别是 *E* 和 *F* 的同倍量，从前两个量中减去的 *AG* 和 *CH* 分别是 *E* 和 *F* 的同倍量，可证余下的 *GB* 和 *HD* 或者分别等于 *E* 和 *F*，或者分别是它们的同倍量。

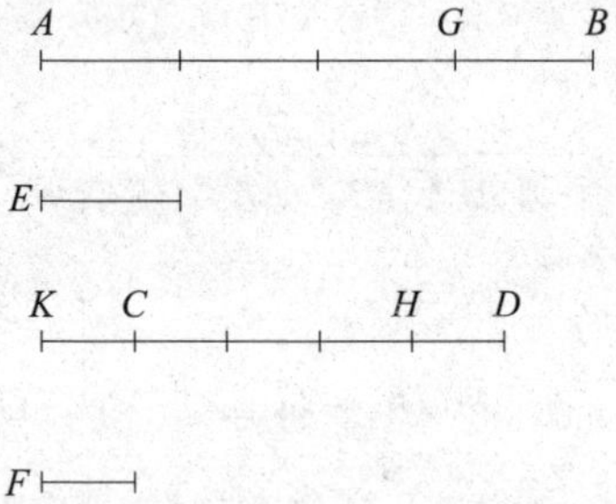

A G B

E

K C H D

F

首先，设 *GB* 等于 *E*。可证 *HD* 也等于 *F*。

作 *CK* 等于 *F*。因为 *AG* 和 *CH* 分别是 *E* 和 *F* 的同倍量，且 *GB* 等于 *E*，*KC* 等于 *F*，所以 *AB* 和 *KH* 分别是 *E* 和 *F* 的同倍量【命题 5.2】。已知 *AB* 和 *CD* 分别是 *E* 和 *F* 的同倍量，所以 *KH* 和 *CD* 都是 *F* 的同倍量，所以 *KH*

① 用现在的记法，该命题表示为：$m\alpha - n\alpha = (m-n)\alpha$。

和 CD 都是 F 的倍量，且倍数相等，所以 KH 等于 CD。同时减去 CH，所以余下的 KC 等于 HD。但是，F 等于 KC，所以 HD 也等于 F。所以，如果 GB 等于 E，HD 也等于 F。

相似地，我们可以证明如果 GB 是 E 的倍量，则 HD 是 F 的同倍量。

综上，如果两个量是另外两个量的同倍量，而且从前两个量中减去后两个量的同倍量，则剩余的两个量或者与后两个量相等，或者是后两个量的同倍量。

命题 7

相等的量比同一个量，其比相同，且同一个量比相等的量，其比也相同。

已知 A 和 B 是相等的量，C 是其他的任意的量，可证 A 和 B 分别比 C，其比相同，且 C 分别比 A 和 B，其比也相同。

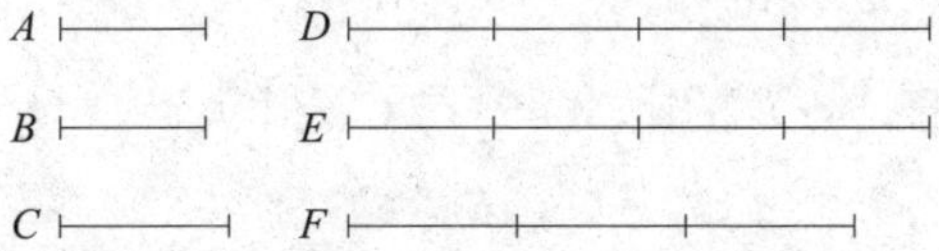

设 D 和 E 分别是 A 和 B 的同倍量，F 是 C 的倍量。

因为 D 和 E 分别是 A 和 B 的同倍量，且 A 等于 B，所以 D 等于 E。而 F 是另外的任意量，所以如果 D 大于 F，E 也大于 F；如果 D 等于 F，E 也等于 F；如果 D 小于 F，E 也小于 F。又因为 D 和 E 分别是 A 和 B 的同倍量，F 是 C 的任意倍量，所以 A 比 C 等于 B 比 C【定义 5.5】。

可以证明 C 分别比 A 和 B，其比也相同。

用同样的作法，相似地，我们可以证明 D 等于 E。F 是一个另外的量。如果 F 大于 D，则它也大于 E；如果 F 等于 D，则它也等于 E；如果 F 小于 D，

则它也小于 E。且 F 是 C 的倍量，D 和 E 分别是 A 和 B 的另外的倍量，所以 C 比 A 等于 C 比 B【定义 5.5】。

综上，相等的量比同一个量，其比相同，且同一个量比相等的量，其比也相同。

推 论[①]

由此，很明显，如果几个量成比例，那么它们也是这个比例的反比例。这就是命题 7 的结论。

命题 8

不等的两个量与同一个量相比，较大的量与这个量的比大于较小的量与这个量的比；而这个量与较小的量的比大于这个量与较大的量的比。

已知 AB 和 C 是不相等的量，其中 AB 较大，D 是另一个任意量，可证 AB 与 D 的比大于 C 与 D 的比，而 D 与 C 的比大于 D 与 AB 的比。

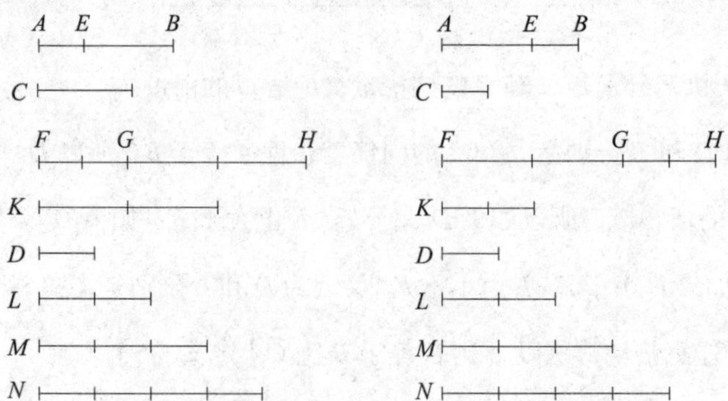

因为 AB 大于 C，作 BE 等于 C；那么，AE 和 EB 中较小的一个量，在

① 用现在的记法，该推论表示为：如果 $\alpha:\beta::\gamma:\delta$，则 $\beta:\alpha::\delta:\gamma$。

扩大若干倍后，会大于 D【定义 5.4】。首先，设 AE 小于 EB，加倍 AE，设 AE 的倍量 FG 大于 D。FG 中有多少个 AE，就使 GH 中有多少个 EB；另作 K，使 K 中有同样多个 C。作 D 的二倍量 L，三倍量 M，每次增加一倍，直到 D 的倍量第一次大于 K。设该倍量已经被确定为 D 的四倍量 N——第一个大于 K 的倍量。

所以，K 第一次小于 N，K 不小于 M。又因为 FG 和 GH 分别是 AE 和 EB 的同倍量，所以 FG 和 FH 分别是 AE 和 AB 的同倍量【命题 5.1】。又，FG 和 K 分别是 AE 和 C 的同倍量，所以 FH 和 K 分别是 AB 和 C 的同倍量，所以 FH、K 是 AB、C 的同倍量。又因为 GH 是 EB 的倍量，K 是 C 的倍量，其倍数相等，且 EB 等于 C，所以 GH 等于 K。又，K 不小于 M，所以 GH 也不小于 M。又，FG 大于 D，所以整个 FH 大于 D 与 M 的和。但是，D 与 M 的和等于 N，所以 M 是 D 的三倍，M 与 D 的和是 D 的四倍，而 N 也是 D 的四倍，所以 M 与 D 的和等于 N。但是 FH 大于 M 与 D 的和，所以 FH 大于 N。又，K 不大于 N，FH、K 是 AB、C 的同倍量，N 是另外任意设定的 D 的倍量，所以 AB 与 D 的比大于 C 与 D 的比【定义 5.7】。

可以证明 D 与 C 的比大于 D 与 AB 的比。

相似地，同样地作图，我们可以证明 N 大于 K，N 不大于 FH。又，N 是 D 的倍量，FH、K 分别是 AB、C 的另外任意设定的同倍量，所以 D 与 C 的比大于 D 与 AB 的比【定义 5.5】。

再设 AE 大于 EB，所以加倍较小的 EB 至大于 D。设 EB 的倍量 GH 大于 D，GH 中有多少个 EB，就使 FG 中有多少个 AE，使 K 中有同样多个 C。相似地，我们可以证明 FH 和 K 分别是 AB 和 C 的同倍量。且相似地，设定 D 的倍量 N 第一次大于 FG，所以 FG 不小于 M。且 GH 大于 D，所以

整个 FH 大于 D 与 M 的和，即大于 N。K 不大于 N，所以 FG 大于 GH，即大于 K，而不大于 N。所以，根据上述论证，我们以相同的方法完成证明。

综上，不等的两个量与同一个量相比，较大的量与这个量的比大于较小的量与这个量的比；而这个量与较小的量的比大于这个量与较大的量的比。

命题 9

与同一个量的比相等的量彼此相等；且同一个量与几个量的比相等，则这些量彼此相等。

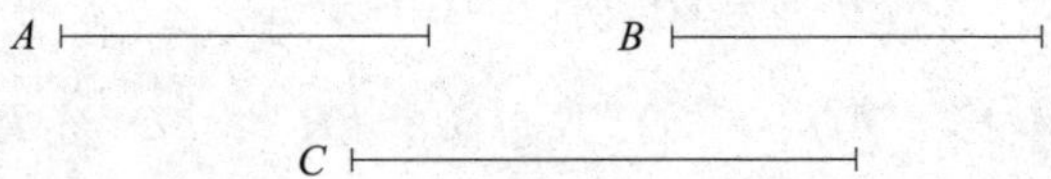

已知 A、B 与 C 的比相等，可证 A 等于 B。

如果不是这样，A、B 与 C 的比不会相同【命题 5.8】。但它们的比相同。所以，A 等于 B。

已知 C 分别与 A、B 的比相等，可证 A 等于 B。

如果不是这样，C 与 A、B 的比不会相同【命题 5.8】。但它们的比相同。所以，A 等于 B。

综上，与同一个量的比相等的量彼此相等；且同一个量与几个量的比相等，则这些量彼此相等。

命题 10

一些量比同一个量，比越大，对应的量越大；且同一个量比一些量，比越大，对应的量越小。

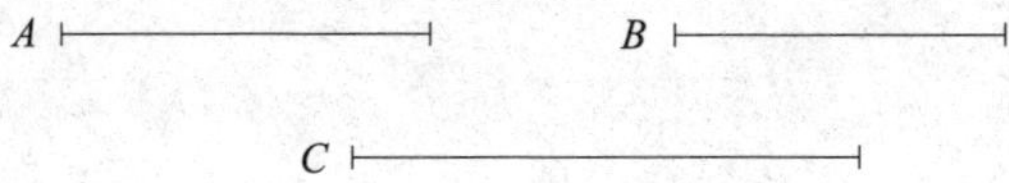

已知 A 与 C 的比大于 B 与 C 的比，可证 A 大于 B。

如果不是这样，那么 A 或者等于 B，或者小于 B。设 A 不等于 B。因为如果相等，那么 A 比 C 与 B 比 C 的比相同【命题5.7】。但是它们的比不相同，所以 A 不等于 B。A 小于 B 也是不可能的。因为如果 A 小于 B，那么 A 与 C 的比小于 B 与 C 的比【命题5.8】。但已知不是这样，所以 A 也不小于 B。且已经证明它们不相等，所以 A 大于 B。

再设 C 与 B 的比大于 C 与 A 的比，可证 B 小于 A。

如果不是这样，那么 B 或者等于 A，或者大于 A。设 B 不等于 A。因为如果相等，那么 C 与 A 的比与 C 与 B 的比应该相等【命题5.7】。但是它们的比不相等，所以 A 不等于 B。B 大于 A 也是不可能的，因为如果 B 大于 A，那么 C 与 B 的比小于 C 与 A 的比【命题5.8】。但已知不是这样，所以 B 不大于 A。且已经证明它们不相等，所以 B 小于 A。

综上，一些量比同一个量，比越大，对应的量越大；且同一个量比一些量，比越大，对应的量越小。这就是命题10的结论。

命题11[①]

与同一个比相等的比彼此相等。

---

① 用现在的记法，该命题表示为：如果 $\alpha:\beta::\gamma:\delta$，且 $\gamma:\delta::\varepsilon:\zeta$，那么 $\alpha:\beta::\varepsilon:\zeta$。

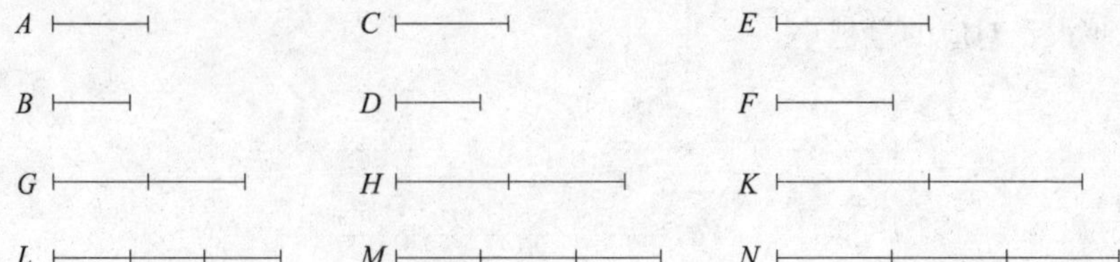

已知 A 比 B 等于 C 比 D，且 C 比 D 等于 E 比 F，可证 A 比 B 等于 E 比 F。

设 G、H、K 分别是 A、C、E 的同倍量，L、M、N 分别是任意设定的 B、D、F 的同倍量。

因为 A 比 B 等于 C 比 D，且 G 和 H 分别是取定的 A 和 C 的同倍量，L 和 M 分别是任意设定的 B 和 D 的同倍量，所以如果 G 大于 L，那么 H 也大于 M；如果 G 等于 L，那么 H 也等于 M；如果 G 小于 L，那么 H 也小于 M【定义 5.5】。又因为 C 比 D 等于 E 比 F，且 H 和 K 分别是 C 和 E 的同倍量，M 和 N 分别是 D 和 F 的任意同倍量，所以如果 H 大于 M，那么 K 大于 N；如果 H 等于 M，那么 K 等于 N；如果 H 小于 M，那么 K 小于 N【定义 5.5】。且我们已经发现，如果 H 大于 M，那么 G 大于 L；如果 H 等于 M，那么 G 也等于 L；如果 H 小于 M，那么 G 也小于 L。因此，如果 G 大于 L，那么 K 大于 N；如果 G 等于 L，那么 K 等于 N；如果 G 小于 L，那么 K 小于 N。且 G 和 K 分别是 A 和 E 的同倍量，所以，A 比 B 等于 E 比 F【定义 5.5】。

综上，与同一个比相等的比彼此相等。

命题 12[①]

如果有任意多个量成比例，那么其中一个前项比对应的后项，等于所

① 用现在的记法，该命题表示为：如果 $\alpha:\alpha'::\beta:\beta'::\gamma:\gamma'$，那么 $\alpha:\alpha'::(\alpha+\beta+\gamma+\cdots):(\alpha'+\beta'+\gamma'+\cdots)$。

有前项的和比所有后项的和。

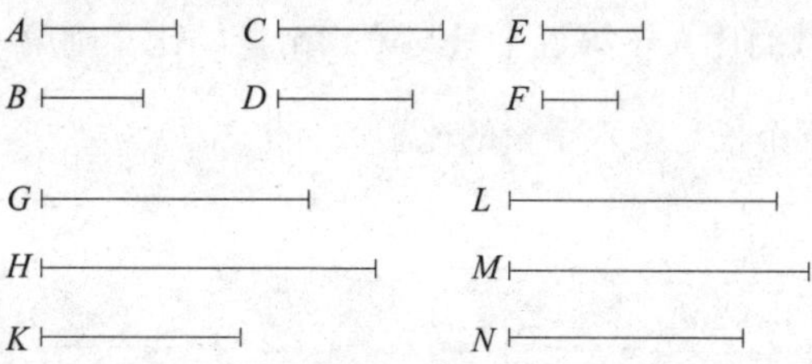

已知有任意多个量 A、B、C、D、E、F 成比例，即 A 比 B 等于 C 比 D，又等于 E 比 F，可证 A 比 B 等于 A、C、E 的和比 B、D、F 的和。

设 G、H、K 分别是 A、C、E 的同倍量，任取 L、M、N 分别是 B、D、F 的同倍量。

因为 A 比 B 等于 C 比 D，又等于 E 比 F，且 G、H、K 分别是 A、C、E 的同倍量，L、M、N 分别是 B、D、F 的同倍量，所以如果 G 大于 L，那么 H 大于 M，K 大于 N；如果 G 等于 L，那么 H 等于 M，K 等于 N；如果 G 小于 L，那么 H 小于 M，K 小于 N【定义 5.5】。如果 G 大于 L，那么 G、H、K 的和大于 L、M、N 的和；如果 G 等于 L，那么 G、H、K 的和等于 L、M、N 的和；如果 G 小于 L，那么 G、H、K 的和小于 L、M、N 的和。又因为 G 与 G、H、K 的和是 A 与 A、C、E 的和的同倍量，因为如果有任意多个量，分别是相同数量的另外一些量的同倍量，则前者是后者的几倍，前者的和就是后者的和的几倍【命题 5.1】。同理，L 与 L、M、N 的和分别是 B 与 B、D、F 的和的同倍量，所以 A 比 B 等于 A、C、E 的和比 B、D、F 的和。

综上，如果有任意多个量成比例，那么其中一个前项比对应的后项，等于所有前项的和比所有后项的和。这就是命题 12 的结论。

命题 13[①]

如果第一个量与第二个量的比等于第三个量与第四个量的比，且第三个量与第四个量的比大于第五个量与第六个量的比，则第一个量与第二个量的比大于第五个量与第六个量的比。

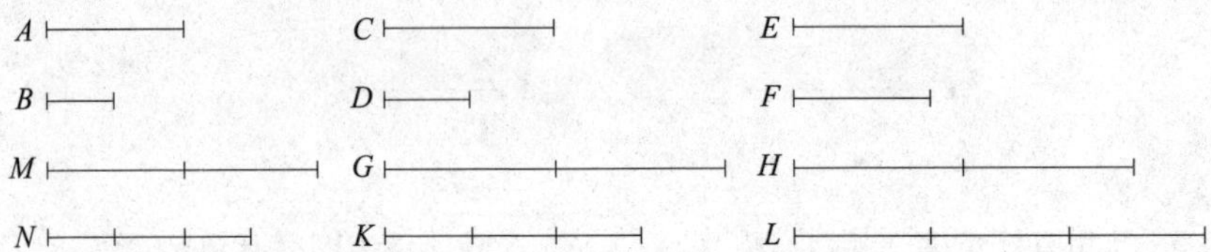

已知第一个量 A 与第二个量 B 的比等于第三个量 C 与第四个量 D 的比，且第三个量 C 与第四个量 D 的比大于第五个量 E 与第六个量 F 的比，可证 A 与 B 的比大于 E 与 F 的比。

因为 C 和 E 有某个同倍量，D 和 F 也有任意同倍量，设已经确定倍量，使得 C 的倍量大于 D 的倍量，而 E 的倍量不大于 F 的倍量【定义 5.7】。G 和 H 分别是 C 和 E 的同倍量，K 和 L 分别是 D 和 F 的同倍量，如此就有 G 大于 K，H 不大于 L。且 G 中有多少个 C，M 中就有多少个 A；K 中有多少个 D，N 中就有多少个 B。

因为 A 比 B 等于 C 比 D，且 M 和 G 分别是 A 和 C 的同倍量，N 和 K 分别是任意设定的 B 和 D 的同倍量，所以，如果 M 大于 N，那么 G 大于 K；如果 M 等于 N，那么 G 等于 K；如果 M 小于 N，那么 G 小于 K【定义 5.5】。又，G 大于 K，所以 M 也大于 N。又，H 不大于 L，且 M 和 H 分别是 A 和 E 的同倍量，另外任意设定的 N 和 L 分别是 B 和 F 的同倍量，所以 A 比 B

① 用现在的记法，该命题表示为：如果 $\alpha:\beta::\gamma:\delta$，且 $\gamma:\delta>\varepsilon:\zeta$，那么 $\alpha:\beta>\varepsilon:\zeta$。

大于 E 比 F【定义 5.7】。

综上，如果第一个量与第二个量的比等于第三个量与第四个量的比，且第三个量与第四个量的比大于第五个量与第六个量的比，则第一个量与第二个量的比大于第五个量与第六个量的比。

命题 14①

如果第一个量与第二个量的比等于第三个量与第四个量的比，且第一个量大于第三个量，那么第二个量大于第四个量；如果第一个量等于第三个量，那么第二个量等于第四个量；如果第一个量小于第三个量，那么第二个量小于第四个量。

已知第一个量 A 与第二个量 B 的比和第三个量 C 与第四个量 D 的比相同。设 A 大于 C。可证 B 大于 D。

因为 A 大于 C，B 是另外任意设定的量，所以 A 比 B 大于 C 比 B【命题 5.8】。又，A 比 B 等于 C 比 D，所以 C 比 D 大于 C 比 B。又，同一个量比一些量，比越大，对应的量越小【命题 5.10】，所以 D 小于 B。所以，B 大于 D。

相似地，我们可以证明，如果 A 等于 C，则 B 等于 D；如果 A 小于 C，则 B 小于 D。

① 用现在的记法，该命题表示为：如果 $\alpha:\beta::\gamma:\delta$，那么如果 $\alpha \gtreqless \gamma$，则 $\beta \gtreqless \delta$。

综上，如果第一个量与第二个量的比等于第三个量与第四个量的比，且第一个量大于第三个量，那么第二个量大于第四个量。且如果第一个量等于第三个量，那么第二个量等于第四个量。如果第一个量小于第三个量，那么第二个量小于第四个量。这就是命题 14 的结论。

命题 15①

部分与部分的比按相应顺序等于其同倍量的比。

A G H B C D K L E F

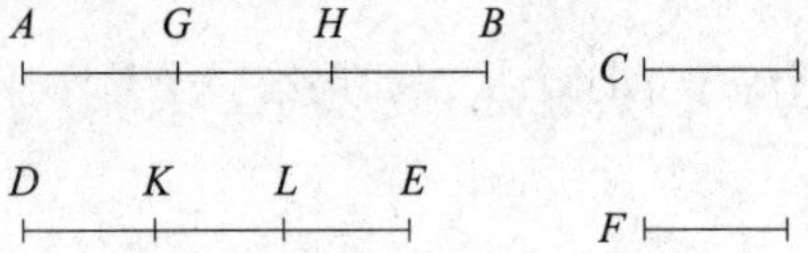

已知 *AB* 和 *DE* 分别 *C* 和 *F* 的同倍量，可证 *C* 比 *F* 等于 *AB* 比 *DE*。

因为 *AB* 和 *DE* 分别是 *C* 和 *F* 的同倍量，所以 *AB* 中有多少个量等于 *C*，*DE* 中就有多少个量等于 *F*。将 *AB* 分成 *AG*、*GH*、*HB*，且均等于 *C*，将 *DE* 分为 *DK*、*KL*、*LE*，均等于 *F*，所以 *AG*、*GH*、*HB* 的个数等于 *DK*、*KL*、*LE* 的个数。又因为 *AG*、*GH*、*HB* 彼此相等，*DK*、*KL*、*LE* 也彼此相等，所以 *AG* 比 *DK* 等于 *GH* 比 *KL*，等于 *HB* 比 *LE*【命题 5.7】；所以，其中一个前项比对应的后项等于所有前项的和比所有后项的和【命题 5.12】；所以，*AG* 比 *DK* 等于 *AB* 比 *DE*。又，*AG* 等于 *C*，*DK* 等于 *F*，所以 *C* 比 *F* 等于 *AB* 比 *DE*。

综上，部分与部分的比按相应顺序等于其同倍量的比。

---

① 用现在的记法，该命题表示为：$\alpha:\beta::m\alpha:m\beta$。

命题 16[①]

如果四个量成比例，则它们的更比例也成立。

已知 A、B、C、D 成比例，则 A 比 B 等于 C 比 D，可证它们的更比例也成立，即 A 比 C 等于 B 比 D。

设 E 和 F 分别是 A 和 B 的同倍量，G 和 H 分别是任意设定的 C 和 D 的同倍量。

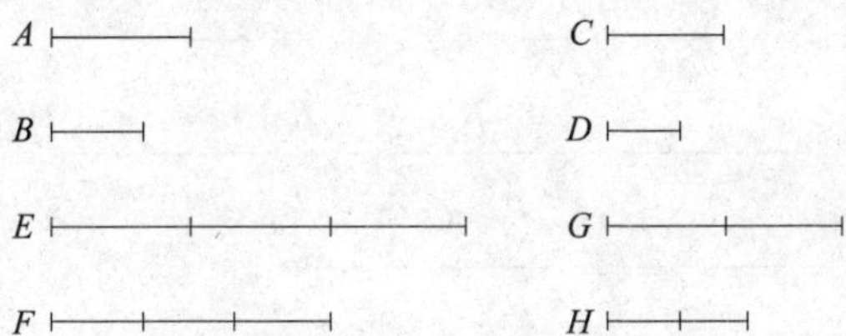

因为 E 和 F 分别是 A 和 B 的同倍量，则各部分间的比与它们同倍量的比相同【命题 5.15】，所以 A 比 B 等于 E 比 F。但 A 比 B 等于 C 比 D，所以 C 比 D 等于 E 比 F【命题 5.11】。因为 G 和 H 分别是 C 和 D 的同倍量，所以 C 比 D 等于 G 比 H【命题 5.15】。但 C 比 D 等于 E 比 F，所以 E 比 F 等于 G 比 H【命题 5.11】。如果四个量成比例，且第一个量大于第三个量，那么第二个量大于第四个量。且如果第一个量等于第三个量，那么第二个量等于第四个量。如果第一个量小于第三个量，那么第二个量小于第四个量【命题 5.14】。所以，如果 E 大于 G，则 F 大于 H；如果 E 等于 G，则 F 等于 H；如果 E 小于 G，则 F 小于 H。又，E 和 F 分别是 A 和 B 的同倍量，G 和 H 分别是任意设定的 C 和 D 的同倍量，所以 A 比 C 等于 B 比 D【定

① 用现在的记法，该命题表示为：如果 $\alpha:\beta::\gamma:\delta$，则 $\alpha:\gamma::\beta:\delta$。

义 5.5】。

综上，如果四个量成比例，则它们的更比例也成立。这就是命题 16 的结论。

命题 17[①]

如果几个量成合比例，那么它们也成分比例。

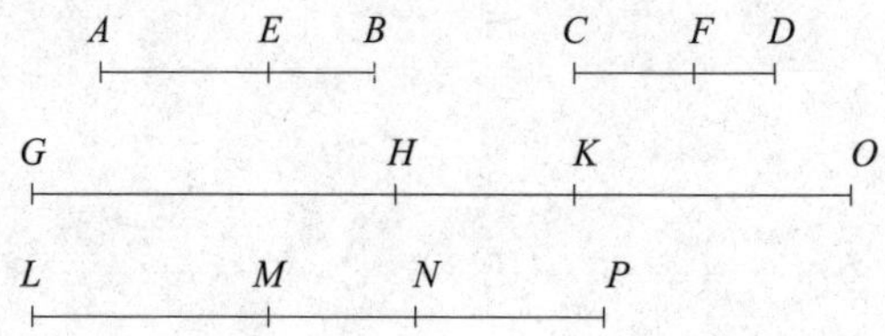

已知 *AB*、*BE*、*CD*、*DF* 成合比例，即 *AB* 比 *BE* 等于 *CD* 比 *DF*，可证它们也成分比例，即 *AE* 比 *EB* 等于 *CF* 比 *DF*。

设 *GH*、*HK*、*LM* 和 *MN* 分别是 *AE*、*EB*、*CF* 和 *FD* 的同倍量，*KO* 和 *NP* 分别是另外任意设定的 *EB* 和 *FD* 的同倍量。

因为 *GH* 和 *HK* 分别是 *AE* 和 *EB* 的同倍量，所以 *GH* 和 *GK* 分别是 *AE* 和 *AB* 的同倍量【命题 5.1】。*GH* 和 *LM* 分别是 *AE* 和 *CF* 的同倍量，所以 *GK* 和 *LM* 分别是 *AB* 和 *CF* 的同倍量。又因为 *LM* 和 *MN* 分别是 *CF* 和 *FD* 的同倍量，所以 *LM* 和 *LN* 分别是 *CF* 和 *CD* 的同倍量【命题 5.1】。又，*LM* 和 *GK* 分别是 *CF* 和 *AB* 的同倍量，所以 *GK* 和 *LN* 分别是 *AB*、*CD* 的同倍量。又因为 *HK* 和 *MN* 分别是 *EB* 和 *FD* 的同倍量，且 *KO* 和 *NP* 分别是 *EB* 和 *FD* 的同倍量，所以和 *HO* 和 *MP* 分别是 *EB* 和 *FD* 的同倍量【命

① 用现在的记法，该命题表示为：如果 $(\alpha+\beta):\beta::(\gamma+\delta):\delta$，则 $\alpha:\beta::\gamma:\delta$。

题 5.2】。因为 AB 比 BE 等于 CD 比 DF，GK、LN 分别是 AB、CD 的同倍量，HO、MP 分别是 EB、FD 的同倍量，所以如果 GK 大于 HO，那么 LN 大于 MP；如果 GK 等于 HO，则 LN 等于 MP；如果 GK 小于 HO，则 LN 小于 MP【定义 5.5】。设 GK 大于 HO，同时减去 HK，则 GH 大于 KO。但我们知道，如果 GK 大于 HO，那么 LN 大于 MP，所以 LN 大于 MP。同时减去 MN，则 LM 大于 NP，所以如果 GH 大于 KO，那么 LM 大于 NP。相似地，我们可以证明，如果 GH 等于 KO，则 LM 等于 NP；如果 GH 小于 KO，则 LM 小于 NP。且 GH、LM 是 AE、CF 的同倍量，KO、NP 是另外任意设定的 EB、FD 的同倍量。所以，AE 比 EB 等于 CF 比 FD【定义 5.5】。

综上，如果几个量成合比例，那么它们也成分比例。

命题 18[①]

如果几个量的分比例成立，那么这几个量的合比例也成立。

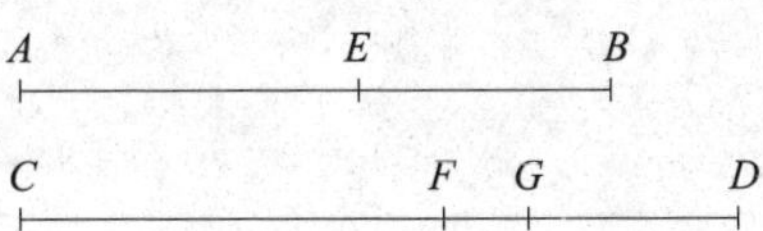

已知 AE、EB、CF 和 FD 是成分比例的量，即 AE 比 EB 等于 CF 比 FD，可证其合比例也成立，即 AB 比 BE 等于 CD 比 FD。

如果 AB 比 BE 不等于 CD 比 FD，那么一定有 AB 比 BE 等于 CD 比一个比 DF 小的量，或者比一个比 DF 大的量。[②]

① 用现在的记法，该命题表示为：如果 $\alpha:\beta::\gamma:\delta$，则 $(\alpha+\beta):\beta::(\gamma+\delta):\delta$。
② 欧几里得认为，已知成比例的三个量，就一定能知道与这几个量成比例的第四个量，而不需要证明。

首先，设 DG 是比 DF 小的量。因为 AB 比 BE 等于 CD 比 DG，它们是成合比例的量，所以它们的分比例也成立【命题 5.17】。所以，AE 比 EB 等于 CG 比 GD。但已知 AE 比 EB 等于 CF 比 FD，所以 CG 比 GD 等于 CF 比 FD【命题 5.11】。且第一个量 CG 大于第三个量 CF，所以第二个量 GD 大于第四个量 FD【命题 5.14】。但 GD 小于 FD，这是不可能的。所以，AB 比 BE 不等于 CD 比一个比 FD 小的量。相似地，我们可以证明也不存在一个比 FD 大的量可以满足条件，所以只有等于 FD。

综上，如果几个量的分比例成立，那么这几个量的合比例也成立。这就是命题 18 的结论。

命题 19[①]

如果整体比整体等于减去的部分比减去的部分，那么余下的部分比余下的部分也等于整体比整体。

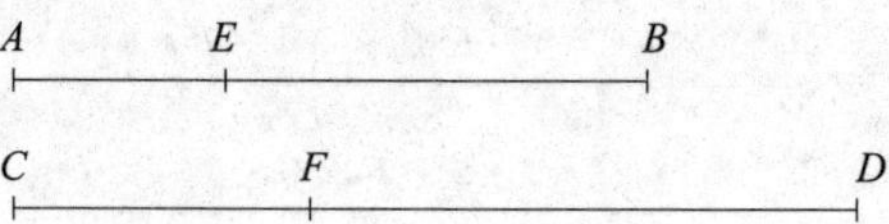

已知整体 AB 比整体 CD 等于部分 AE 比部分 CF，可证余下的 EB 比余下的 FD 也等于整体 AB 比整体 CD。

因为 AB 比 CD 等于 AE 比 CF，所以其更比例为，BA 比 AE 等于 DC 比 CF【命题 5.16】。因为如果几个量成合比例，那么它们也成分比例，即 BE 比 EA 等于 DF 比 CF【命题 5.17】。又，更比例也成立，即 BE 比 DF

① 用现在的记法，该命题表示为：如果 $\alpha:\beta::\gamma:\delta$，则 $\alpha:\beta::(\alpha-\gamma):(\beta-\delta)$。

等于 EA 比 FC【命题5.16】。且已知 AE 比 CF 等于整个 AB 比整个 CD，所以余下的 EB 比余下的 FD 等于整个 AB 比整个 CD。

综上，如果整体比整体等于减去的部分比减去的部分，那么余下的部分比余下的部分也等于整体比整体。这就是命题 19 的结论。

推　论[①]

很明显，如果这些量成合比例，那么换比例也成立。

命题 20[②]

如果有三个量，又有个数与它们相同的另外三个量，从前三个量和后三个量中分别任取的两个相应的量的比相等，如果第一个量大于第三个量，那么第四个量大于第六个量；如果第一个量等于第三个量，那么第四个量等于第六个量；如果第一个量小于第三个量，那么第四个量小于第六个量。

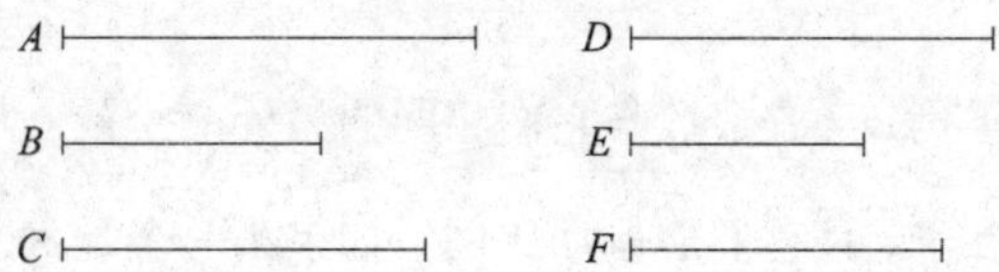

已知 A、B、C 是三个量，D、E、F 是另三个量，从前三个量中任取两个量的比与后三个量中的两个量的比相同，即 A 比 B 等于 D 比 E，且 B 比 C 等于 E 比 F，设 A 大于 C，可证 D 大于 F。且如果 A 等于 C，则 D 等于 F；

① 用现在的记法，该推论表示为：如果 $\alpha:\beta::\gamma:\delta$，则 $\alpha:(\alpha-\beta)::\gamma:(\gamma-\delta)$。

② 用现在的标记法，该命题表示为：如果 $\alpha:\beta::\delta:\varepsilon$，且 $\beta:\gamma::\varepsilon:\zeta$，那么如果 $\alpha \gtreqless \gamma$，则 $\delta \gtreqless \zeta$。

如果 A 小于 C，那么 D 小于 F。

设 A 大于 C，B 是另外的量，因为较大量与某个量的比大于较小量与该量的比【命题 5.8】，所以 A 与 B 的比大于 C 与 B 的比。但 A 比 B 等于 D 比 E，且由反比例，C 比 B 等于 F 比 E【命题 5.7 推论】，所以 D 比 E 大于 F 比 E【命题 5.13】。一些量与同一个量相比，比越大，对应的量越大【命题 5.10】，所以 D 大于 F。相似地，我们可以证明，如果 A 等于 C，则 D 等于 F；如果 A 小于 C，则 D 小于 F。

综上，如果有三个量，又有个数与它们相同的另外三个量，从前三个量和后三个量中分别任取的两个相应的量的比相等，如果第一个量大于第三个量，那么第四个量大于第六个量；如果第一个量等于第三个量，那么第四个量等于第六个量；如果第一个量小于第三个量，那么第四个量小于第六个量。这就是命题 20 的结论。

命题 21[①]

如果有三个量，又有个数与它们相同的另外三个量，从各组中任意取的两个量的比相等，且它们成调动比例。如果第一个量大于第三个量，那么第四个量也大于第六个量；如果第一个量等于第三个量，那么第四个量等于第六个量；如果第一个量小于第三个量，那么第四个量小于第六个量。

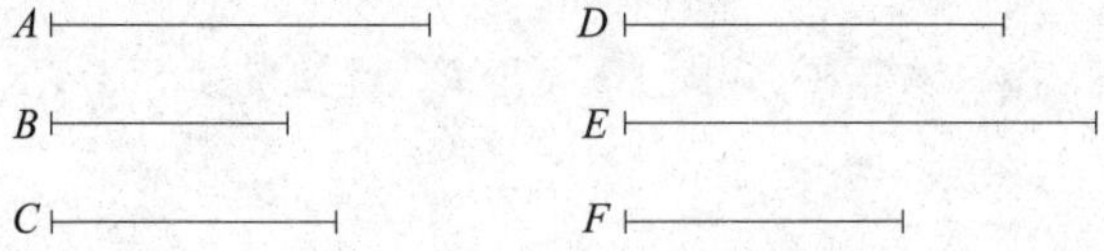

① 用现在的标记法，该命题表示为：如果 $\alpha:\beta::\varepsilon:\zeta$，且 $\beta:\gamma::\delta:\varepsilon$，那么 $\alpha \gtreqless \gamma$，则 $\delta \gtreqless \zeta$。

已知 A、B、C 三个量，又有 D、E、F 三个量，分别从这两个组中任意取的两个量的比相等，且它们成调动比例，即 A 比 B 等于 E 比 F，B 比 C 等于 D 比 E。如果设首末两项 A 大于 C，可证 D 大于 F；如果 A 等于 C，那么 D 等于 F；如果 A 小于 C，那么 D 小于 F。

因为 A 大于 C，且 B 是另外的量，所以 A 与 B 的比大于 C 与 B 的比【命题5.8】。但 A 比 B 等于 E 比 F，且由其反比例可得，C 比 B 等于 E 比 D【命题5.7推论】，所以 E 与 F 的比大于 E 与 D 的比【命题5.13】。如果同一个量分别与不同的量相比，那么比越大，对应的量越小【命题5.10】，所以 F 小于 D，所以 D 大于 F。相似地，我们可以证明，如果 A 等于 C，那么 D 等于 F；如果 A 小于 C，那么 D 小于 F。

综上，如果有三个量，又有个数与它们相同的另外三个量，从各组中任意取的两个量的比相等，且它们成调动比例。如果第一个量大于第三个量，那么第四个量也大于第六个量；如果第一个量等于第三个量，那么第四个量等于第六个量；如果第一个量小于第三个量，那么第四个量小于第六个量。这就是命题21的结论。

命题22[①]

如果有任意多个量，又有一些数量与它们相等的量，各组每取两个相对应的量都有相同的比，那么它们成首末比例。

已知有任意多个量 A、B、C，又有另一些数量与它们相等的量 D、E、F，各组每取两个相对应的量都有相同的比，即 A 比 B 等于 D 比 E，且 B 比 C

① 用现在的标记法，该命题表示为：如果 $\alpha:\beta::\varepsilon:\zeta$，且 $\beta:\gamma::\zeta:\eta$，$\gamma:\delta::\eta:\theta$，那么 $\alpha:\delta::\varepsilon:\theta$。

等于 E 比 F，可证它们成首末比例，即 A 比 C 等于 D 比 F。

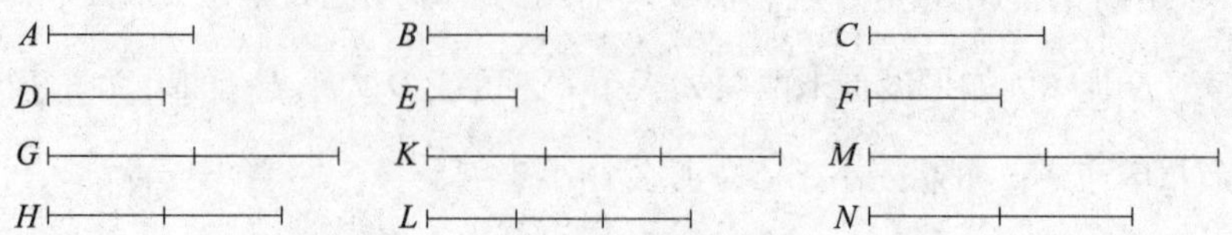

设 G 和 H 分别是 A 和 D 的同倍量，K 和 L 分别是对 B 和 E 任意设定的同倍量，M 和 N 分别是对 C 和 F 任意设定的同倍量。

因为 A 比 B 等于 D 比 E，又 G 和 H 分别是 A 和 D 的同倍量，K 和 L 分别是对 B 和 E 任意设定的同倍量，所以 G 比 K 等于 H 比 L【命题 5.4】。同理，K 比 M 等于 L 比 N。因为 G、K、M 是三个量，H、L、N 是另三个量，各组每取两个对应的量有相同的比，所以首末项的关系是，如果 G 大于 M，则 H 大于 N；如果 G 等于 M，则 H 等于 N；如果 G 小于 M，则 H 小于 N【命题 5.20】。且 G 和 H 分别是 A 和 D 的同倍量，M 和 N 分别是 C 和 F 的任意设定的同倍量，所以 A 比 C 等于 D 比 F【定义 5.5】。

综上，如果有任意多个量，又有一些数量与它们相等的量，各组每取两个相对应的量都有相同的比，那么它们成首末比例。这就是命题 22 的结论。

命题 23[①]

如果有三个量，又有与它们数量相等的三个量，从前三个量和后三个量中任取两个相应的量的比相等，若它们成调动比例，那么它们也成首末

① 用现在的标记法，该命题表示为：如果 $\alpha:\beta::\varepsilon:\zeta$，且 $\beta:\gamma::\delta:\varepsilon$，那么 $\alpha:\gamma::\delta:\zeta$。

比例。

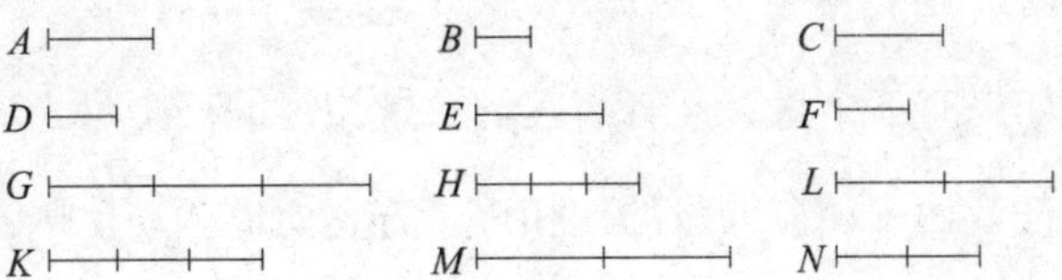

已知 A、B 和 C 是三个量，又有 D、E、F 三个量，从前三个量中任取两个量的比与后三个量中的两个相应的量的比相同，且设它们成调动比例，即 A 比 B 等于 E 比 F，且 B 比 C 等于 D 比 E，可以证明 A 比 C 等于 D 比 F。

设 G、H 和 K 分别是 A、B 和 D 的同倍量，L、M 和 N 分别是 C、E 和 F 的任意设定的同倍量。

因为 G 和 H 分别是 A 和 B 的同倍量，且部分间的比等于同倍量间的比【命题5.15】，所以 A 比 B 等于 G 比 H。同理，E 比 F 等于 M 比 N，且 A 比 B 等于 E 比 F，所以 G 比 H 等于 M 比 N【命题5.11】。又因为 B 比 C 等于 D 比 E，更比例为 B 比 D 等于 C 比 E【命题5.16】。因为 H 和 K 分别是 B 和 D 的同倍量，且部分间的比等于同倍量间的比【命题5.15】，所以 B 比 D 等于 H 比 K。但 B 比 D 等于 C 比 E，所以 H 比 K 等于 C 比 E【命题5.11】。又因为 L 和 M 分别是 C 和 E 的同倍量，所以 C 比 E 等于 L 比 M【命题5.15】。但是，C 比 E 等于 H 比 K，所以 H 比 K 等于 L 比 M【命题5.11】。更比例是，H 比 L 等于 K 比 M【命题5.16】，且已经证明 G 比 H 等于 M 比 N。因为 G、H 和 L 是三个量，又有与它们个数相同的三个量 K、M 和 N，从前三个量中任取两个量的比与后三个量中相应的两个量的比相同，且设它们的比例是调动比例，所以首末项的关系是，如果 G 大于 L，则 K 大于 N；如果 G 等于 L，则 K 等于 N；如果 G 小于 L，则 K 小于 N【命题 5.21】。又，G 和 K 分别是 A 和 D 的同倍量，L 和 N 分别是 C 和 F 的同倍量，所以 A 比 C 等于 D 比 F【定义 5.5】。

综上，如果有三个量，又有与它们数量相等的三个量，从前三个量和后三个量中任取两个相应的量的比相等，若它们成调动比例，那么它们也成首末比例。这就是命题 23 的结论。

命题 24[①]

如果第一个量与第二个量的比等于第三个量与第四个量的比，且第五个量与第二个量的比等于第六个量与第四个量的比，那么第一个量与第五个量的和与第二个量的比等于第三个量与第六个量的和与第四个量的比。

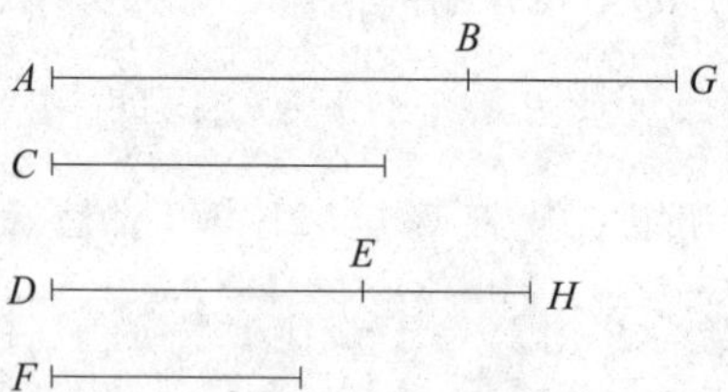

已知第一个量 AB 与第二个量 C 的比等于第三个量 DE 与第四个量 F 的比，且第五个量 BG 与第二个量 C 的比等于第六个量 EH 与第四个量 F 的比，可证第一个量与第五个量的和 AG 与第二个量 C 的比，等于第三个量与第六个量的和 DH 与第四个量 F 的比。

因为 BG 比 C 等于 EH 比 F，所以其反比例为：C 比 BG 等于 F 比 EH【命题 5.7 推论】。因为 AB 比 C 等于 DE 比 F，且 C 比 BG 等于 F 比 EH，所

① 用现在的标记法，该命题表示为：如果 $\alpha:\beta::\gamma:\delta$，且 $\varepsilon:\beta::\zeta:\delta$，那么 $(\alpha+\varepsilon):\beta::(\gamma+\zeta):\delta$。

以其首末比例为：AB 比 BG 等于 DE 比 EH【命题 5.22】。又因为分比例也成立，所以其合比例也成立【命题 5.18】。所以，AG 比 GB 等于 DH 比 HE。又因为 BG 比 C 等于 EH 比 F，所以其首末比例为：AG 比 C 等于 DH 比 F【命题 5.22】。

综上，如果第一个量与第二个量的比等于第三个量与第四个量的比，且第五个量与第二个量的比等于第六个量与第四个量的比，那么第一个量与第五个量的和与第二个量的比等于第三个量与第六个量的和与第四个量的比。这就是命题 24 的结论。

命题 25[1]

如果四个量成比例，那么最大的量与最小的量的和大于余下的两个量的和。

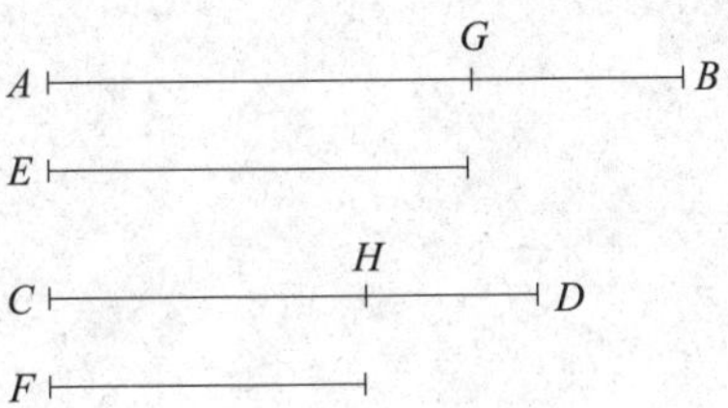

已知 AB、CD、E 和 F 四个量成比例，即有 AB 比 CD 等于 E 比 F，且设 AB 是它们中最大的量，F 是最小的量，可证 AB 与 F 的和大于 CD 与 E 的和。

作 AG 等于 E，CH 等于 F。

因为 AB 比 CD 等于 E 比 F，E 等于 AG，且 F 等于 CH，所以 AB 比

① 用现在的标记法，该命题表示为：如果 $\alpha:\beta::\gamma:\delta$，且 α 是最大的量，δ 是最小的量，那么 $\alpha+\delta>\beta+\gamma$。

CD 等于 *AG* 比 *CH*。整体 *AB* 比整体 *CD* 等于减去的部分 *AG* 比减去的部分 *CH*, 所以余下的 *GB* 比余下的 *HD* 等于整体 *AB* 比整体 *CD*【命题 5.19】。又，*AB* 大于 *CD*，所以 *GB* 大于 *HD*。又，因为 *AG* 等于 *E*，*CH* 等于 *F*，所以 *AG* 与 *F* 的和等于 *CH* 与 *E* 的和。如果 *GB*、*HD* 不等，设 *GB* 较大，在 *GB* 上加 *AG* 和 *F*，且在 *HD* 上加 *CH* 和 *E* ，可以推出 *AB* 与 *F* 的和大于 *CD* 与 *E* 的和。

综上，如果四个量成比例，那么最大的量与最小的量的和大于余下的两个量的和。这就是命题 25 的结论。

第 6 卷　相似图形

定 义

1. 相似的直线图形，各角对应相等且夹等角的边成比例。

2. 一条线段按中外比进行分割，是指将这条线段分为两段，其中整体线段和较长线段的比与较长线段和较短线段的比相同。

3. 图形的高是从顶端到底边的垂线。

命　题

命题 1[①]

等高的三角形或平行四边形，它们的比等于它们底边的比。

设三角形 *ABC* 和三角形 *ACD*，平行四边形 *EC* 和平行四边形 *CF*，有相同的高 *AC*，可证底边 *BC* 与底边 *CD* 的比，等于三角形 *ABC* 与三角形

① 这是很容易推导的，即使三角形或平行四边形不同边，且 / 或者不是直角的，本命题也是成立的。

ACD 的比，也等于平行四边形 EC 与平行四边形 CF 的比。

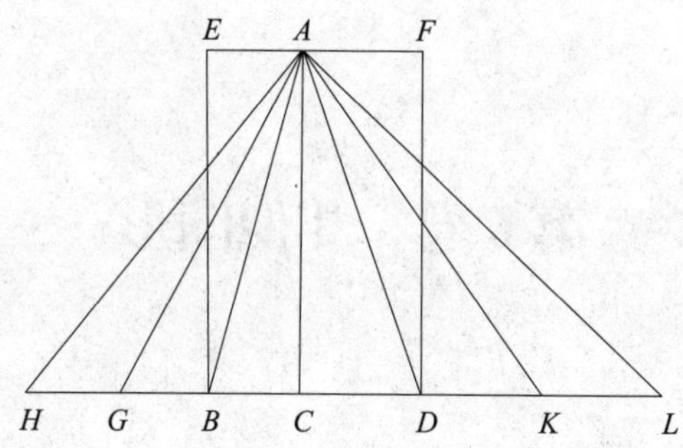

向两端延长 BD 至 H、L，使 BG、GH 等于底边 BC，DK、KL 等于底边 CD。连接 AG、AH、AK、AL。

因为 CB、BG、GH 彼此相等，三角形 AHG、三角形 AGB 与三角形 ABC 也彼此相等【命题 1.38】。因此，无论底边 HC 是底边 BC 的多少倍，三角形 AHC 也是三角形 ABC 同样的倍数。同理，无论底边 LC 是底边 CD 的多少倍，三角形 ALC 也是三角形 ACD 同样的倍数。如果底边 HC 与底边 CL 相等，那么三角形 AHC 与三角形 ACL 相等【命题 1.38】。如果底边 HC 大于底边 CL，则三角形 AHC 大于三角形 ACL①。如果底边 HC 小于底边 CL，则三角形 AHC 小于三角形 ACL。因此，有这四个量，两条底边 BC、CD 和两个三角形 ABC、ACD，已经设定底边 BC 和三角形 ABC 的同倍量，即底边 HC 和三角形 AHC，又有底边 CD 和三角形 ADC 的任意设定的同倍量，即底边 LC 和三角形 ALC。已经证明，若底边 HC 大于底边 CL，则三角形 AHC 大于三角形 ALC；若底边 HC 等于底边 CL，则三角形

① 本命题是命题 1.38 的直接归纳。

AHC 等于三角形 *ALC*；若底边 *HC* 小于底边 *CL*，则三角形 *AHC* 小于三角形 *ALC*。因此，底边 *BC* 与底边 *CD* 的比，即为三角形 *ABC* 与三角形 *ACD* 的比【定义 5.5】。因为平行四边形 *EC* 是三角形 *ABC* 的二倍，平行四边形 *FC* 是三角形 *ACD* 的二倍【命题 1.34】，而且部分之间的比等于其同倍量之间的比【命题 5.15】，因此，三角形 *ABC* 比三角形 *ACD*，等于平行四边形 *EC* 比平行四边形 *FC*。因为已证明了底边 *BC* 比底边 *CD* 等于三角形 *ABC* 比三角形 *ACD*，而三角形 *ABC* 比三角形 *ACD* 等于平行四边形 *EC* 比平行四边形 *CF*，所以底边 *BC* 比底边 *CD* 等于平行四边形 *EC* 比平行四边形 *FC*【命题 5.11】。

综上，等高的三角形或平行四边形，它们的比等于它们底边的比。以上推导过程已对此作出证明。

命题 2

作一条线段平行于三角形的一边，这条线段会将该三角形的另外两条边成比例分割。若将三角形的两条边成比例分割，则连接分割点所形成的线段将平行于该三角形的另外一条边。

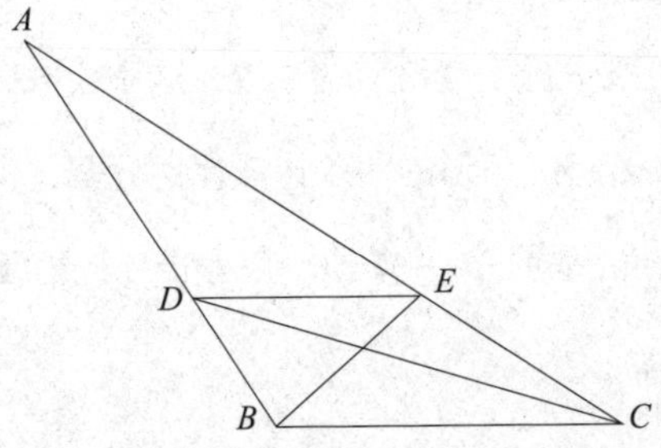

作 *DE* 平行于三角形 *ABC* 的边 *BC*，可证 *BD* 比 *DA* 等于 *CE* 比 *EA*。

连接 *BE*、*CD*，则三角形 *BDE* 等于三角形 *CDE*。因为这两个三角形有相同的底边 *DE*，且都处于平行线 *DE*、*BC* 之间【命题 1.38】。三角形 *ADE* 是另外一个三角形。相等的量比同一个量，其比相同【命题 5.7】。因此，三角形 *BDE* 比三角形 *ADE* 等于三角形 *CDE* 比三角形 *ADE*。而三角形 *BDE* 比三角形 *ADE* 等于 *BD* 比 *DA*。因为这两个三角形是同高的，即过点 *E* 所作的到 *AB* 的垂线，二者之比等于其底之比【命题 6.1】。同理，三角形 *CDE* 比三角形 *ADE* 等于 *CE* 比 *EA*。所以，*BD* 比 *DA* 等于 *CE* 比 *EA*【命题 5.11】。

按比例分割三角形 *ABC* 的两边 *AB*、*AC*，使 *BD* 比 *DA* 等于 *CE* 比 *EA*，连接 *DE*，可证 *DE* 平行于 *BC*。

用同样的作图，因为 *BD* 比 *DA* 等于 *CE* 比 *EA*，而 *BD* 比 *DA* 等于三角形 *BDE* 比三角形 *ADE*，且 *CE* 比 *EA* 等于三角形 *CDE* 比三角形 *ADE*【命题 6.1】，所以三角形 *BDE* 比三角形 *ADE* 等于三角形 *CDE* 比三角形 *ADE*【命题 5.11】。因此，三角形 *BDE* 和三角形 *CDE* 比三角形 *ADE*，有相同的比。因此，三角形 *BDE* 等于三角形 *CDE*【命题 5.9】。同时，这两个三角形有相同的底边 *DE*。相等三角形同底时，这两个三角形处于同一组平行线之间【命题 1.39】。因此，*DE* 平行于 *BC*。

因此，作一条线段平行于三角形的一边，这条线段会将该三角形的另外两条边成比例分割。若将三角形的两条边成比例分割，则连接分割点所形成的线段将平行于该三角形的另外一条边。以上推导过程已对此作出证明。

命题 3

若一条线段将三角形一角均分为两份，该角平分线将底边分得的线段之比，等于三角形另两边之比。若三角形底边分割所得的线段之比等于另两边之比，那么，分割点与顶点间的连线平分三角形的这个角。

设有三角形 *ABC*，设线段 *AD* 二等分角 *BAC*，可证 *BD* 比 *CD* 等于 *BA* 比 *AC*。

过 *C* 点作 *CE* 平行于 *DA*。延长 *BA* 交 *CE* 于点 *E*①。

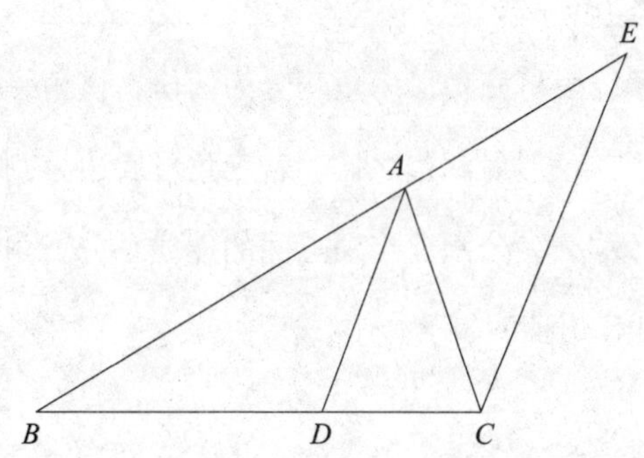

因为线段 *AC* 与平行线 *AD*、*EC* 相交，因此角 *ACE* 等于角 *CAD*【命题 1.29】。但已经假设了角 *CAD* 等于角 *BAD*，因此角 *BAD* 等于角 *ACE*。又因为线段 *BAE* 与平行线 *AD*、*EC* 相交，所以外角 *BAD* 等于内角 *AEC*【命题 1.29】。因为已证明了角 *ACE* 等于角 *BAD*，所以角 *ACE* 等于角 *AEC*。所以，边 *AE* 等于边 *AC*【命题 1.6】。因为已作 *AD* 平行于三角形 *BCE* 的一边 *EC*，因此可得以下比例，*BD* 比 *DC* 等于 *BA* 比 *AE*【命题 6.2】。因为 *AE* 等于 *AC*，所以 *BD* 比 *DC* 等于 *BA* 比 *AC*。

设 *BD* 比 *DC* 等于 *BA* 比 *AC*，连接 *AD*，可证明线段 *AD* 二等分角 *BAC*。

---

① 这两条直线之所以能够相交，是因为角 *ACE* 与角 *CAE* 之和小于两倍的直角，这是很容易证明的。

在作图不变的情况下，因为 *BD* 比 *DC* 等于 *BA* 比 *AC*，且由于已作 *AD* 平行于三角形 *BCE* 的一边 *EC*，所以 *BD* 比 *DC* 等于 *BA* 比 *AE*【命题 6.2】；所以 *BA* 比 *AC* 等于 *BA* 比 *AE*【命题 5.11】；所以 *AC* 等于 *AE*【命题 5.9】。因此角 *AEC* 等于角 *ACE*【命题 1.5】。由于角 *AEC* 等于外角 *BAD*，角 *ACE* 又等于内错角 *CAD*【命题 1.29】，因此角 *BAD* 等于角 *CAD*。所以，线段 *AD* 二等分角 *BAC*。

综上，若一条线段将三角形一角均分为两份，该角平分线将底边分得的线段之比，等于三角形另两边之比。若三角形底边分割所得的线段之比等于另两边之比，那么，分割点与顶点间的连线平分三角形的这个角。以上推导过程已对此作出证明。

命题 4

在各角对应相等的三角形中，夹等角的边成比例，且等角的对边为相对应的边。

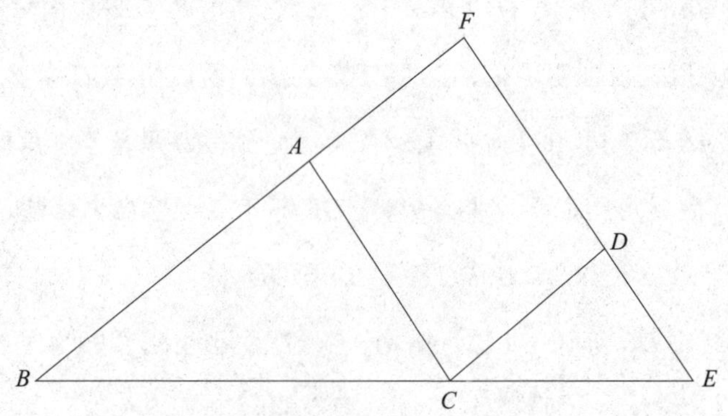

ABC 和 *DCE* 为各角对应相等的三角形，设角 *ABC* 等于角 *DCE*，角 *BAC* 等于角 *CDE*，角 *ACB* 等于角 *CED*。可证在三角形 *ABC* 和三角形 *DCE* 中，

夹等角的边成比例，且等角所对的边是对应边。

将 *BC*、*CE* 置于同一直线上。因为角 *ABC* 与角 *ACB* 之和小于两直角【命题 1.17】，角 *ACB* 等于角 *DEC*，所以角 *ABC* 与角 *DEC* 之和小于两直角。因此，*BA* 与 *ED* 的延长线可以相交【公设 5】，将二者延长交于 *F* 点。

因为角 *DCE* 等于角 *ABC*，*BF* 平行于 *CD*【命题 1.28】，又因为角 *ACB* 等于角 *DEC*，*AC* 平行于 *FE*【命题 1.28】，因此 *FACD* 为平行四边形。所以，*FA* 等于 *DC*，*AC* 等于 *FD*【命题 1.34】。因为 *AC* 平行于三角形 *FBE* 的一边 *FE*，所以 *BA* 比 *AF* 等于 *BC* 比 *CE*【命题 6.2】。因为 *AF* 等于 *CD*，所以 *BA* 比 *CD* 等于 *BC* 比 *CE*，由更比例可得，*AB* 比 *BC* 等于 *DC* 比 *CE*【命题 5.16】。又因为 *CD* 平行于 *BF*，因此 *BC* 比 *CE* 等于 *FD* 比 *DE*【命题 6.2】。因为 *FD* 等于 *AC*，因此 *BC* 比 *CE* 等于 *AC* 比 *DE*，由更比例可得，*BC* 比 *CA* 等于 *CE* 比 *ED*【命题 5.16】。因为已经证明了，*AB* 比 *BC* 等于 *DC* 比 *CE*，*BC* 比 *CA* 等于 *CE* 比 *ED*，所以通过首末比可得，*BA* 比 *AC* 等于 *CD* 比 *DE*【命题 5.22】。

综上，在各角对应相等的三角形中，夹等角的边成比例，且等角的对边为相对应的边。以上推导过程已对此作出证明。

命题 5

若两个三角形的边成比例，那么这两个三角形的各角对应相等，对应边所对的角相等。

ABC 与 *DEF* 是边成比例的两个三角形，即 *AB* 比 *BC* 等于 *DE* 比 *EF*，*BC* 比 *CA* 等于 *EF* 比 *FD*，*BA* 比 *AC* 等于 *ED* 比 *DF*。可证三角形 *ABC* 与三角形 *DEF* 的各角对应相等，且对应边所对的角相等，即角 *ABC* 等于角

DEF，角 *BCA* 等于角 *EFD*，角 *BAC* 等于角 *EDF*。

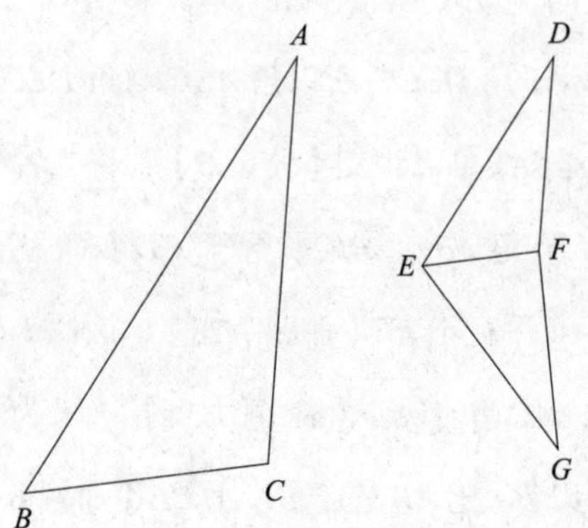

在线段 *EF* 上的点 *E*、*F* 处分别作角 *FEG* 等于角 *ABC*，角 *EFG* 等于角 *ACB*【命题 1.23】，因此，余下的 *A* 点的角与 *G* 点的角是相等的【命题 1.32】。因此，三角形 *ABC* 与三角形 *GEF* 的各角对应相等。所以，三角形 *ABC* 与三角形 *EGF* 夹等角的边成比例，且对着等角的边是对应边【命题 6.4】。因此，*AB* 比 *BC* 等于 *GE* 比 *EF*。但已经假设了 *AB* 比 *BC* 等于 *DE* 比 *EF*，所以 *DE* 比 *EF* 等于 *GE* 比 *EF*【命题 5.11】，即 *DE*、*GE* 与 *EF* 的比是相同的，所以 *DE* 等于 *GE*【命题 5.9】。同理，*DF* 等于 *GF*。因为 *DE* 等于 *EG*，*EF* 为共同的边，边 *DE*、*EF* 分别等于边 *GE*、*EF*，底 *DF* 等于底 *FG*，因此，角 *DEF* 等于角 *GEF*【命题 1.8】，且三角形 *DEF* 全等于三角形 *GEF*，其余的角，即等边所对应的角相等【命题 1.4】。因此，角 *DFE* 等于角 *GFE*，角 *EDF* 等于角 *EGF*。因为角 *FED* 等于角 *GEF*，角 *GEF* 等于角 *ABC*，因此，角 *ABC* 也等于角 *DEF*。同理，角 *ACB* 也等于角 *DFE*，*A* 点的角等于 *D* 点的角。因此，三角形 *ABC* 与三角形 *DEF* 的各角对应相等。

综上，若两个三角形的边成比例，那么这两个三角形的各角对应相等，对应边所对的角相等。以上推导过程已对此作出证明。

命题 6

若在两个三角形中有一个角彼此相等，且夹该等角的边成比例，那么这两个三角形的各角对应相等，且对应边所对的角相等。

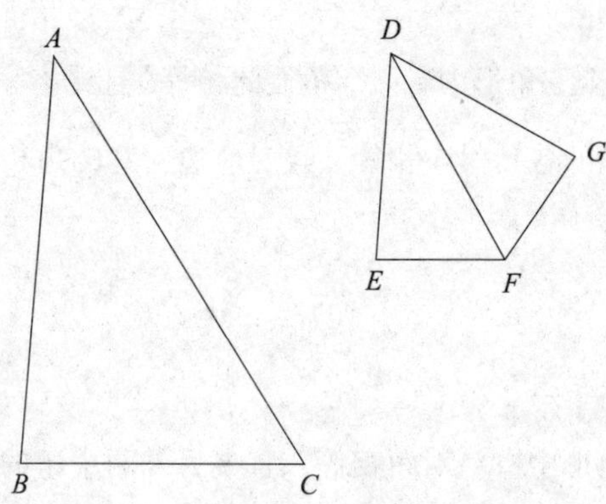

三角形 *ABC*、*DEF* 中，角 *BAC* 等于角 *EDF*，且夹这两个等角的边成比例，即 *BA* 比 *AC* 等于 *ED* 比 *DF*。可证三角形 *ABC* 与三角形 *DEF* 的各角对应相等，角 *ABC* 等于角 *DEF*，角 *ACB* 等于角 *DFE*。

在线段 *DF* 上的点 *D*、*F* 处作角 *FDG* 等于角 *BAC* 和角 *EDF*，使角 *DFG* 等于角 *ACB*【命题 1.23】。因此，余下的 *B* 点处的角等于 *G* 点处的角【命题 1.32】。

所以，三角形 *ABC* 与三角形 *DGF* 的各角对应相等。因此，可得比例 *BA* 比 *AC* 等于 *GD* 比 *DF*【命题 6.4】。因为已经假设 *BA* 比 *AC* 等于 *ED* 比 *DF*，所以 *ED* 比 *DF* 等于 *GD* 比 *DF*【命题 5.11】，所以 *ED* 等于 *DG*【命题 5.9】。因为 *DF* 是公共边，所以 *ED*、*DF* 这两条边分别等于边 *GD*、边

DF。因为角 *EDF* 等于角 *GDF*，所以底 *EF* 等于底 *GF*，三角形 *DEF* 全等于三角形 *GDF*，其余的角，即等边所对应的角相等【命题 1.4】。因此，角 *DFG* 等于角 *DFE*，角 *DGF* 等于角 *DEF*。而角 *DFG* 等于角 *ACB*，所以角 *ACB* 也等于角 *DFE*。因为已经假设角 *BAC* 也等于角 *EDF*，所以余下的 *B* 点处的角等于 *E* 点处的角【命题 1.32】。因此，三角形 *ABC* 与三角形 *DEF* 的各角对应相等。

综上，若在两个三角形中有一个角彼此相等，且夹该等角的边成比例，那么这两个三角形的各角对应相等，且对应边所对的角相等。以上推导过程已对此作出证明。

命题 7

若在两个三角形中有一对角相等，且夹另外两个角的边对应成比例，其余的那两个角都小于或都不小于直角，那么这两个三角形的各角对应相等，且成比例的边所夹的角也相等。

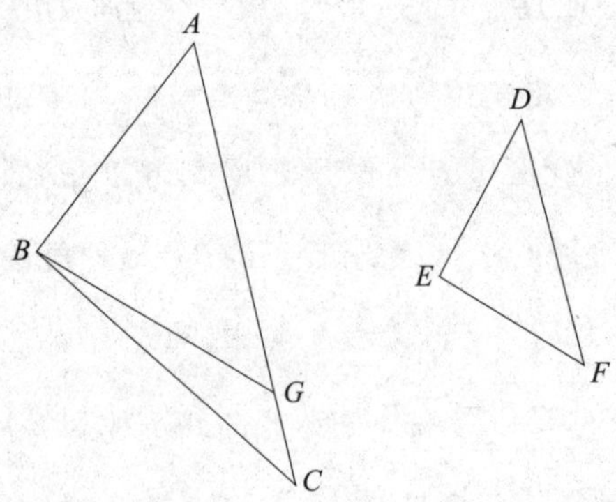

在三角形 *ABC*、*DEF* 中，角 *BAC* 等于角 *EDF*，夹角 *ABC* 和角 *DEF* 的边分别对应成比例，即 *AB* 比 *BC* 等于 *DE* 比 *EF*，首先令在 *C* 点、*F* 点

处的角都小于直角。可证三角形 ABC 与三角形 DEF 各角对应相等，角 ABC 等于角 DEF，余下的 C 点处的角等于 F 点处的角。

若角 ABC 与角 DEF 不相等，则有其中一个角大于另一个角。设角 ABC 为较大角。在线段 AB 上的 B 点作角 ABG 等于角 DEF【命题 1.23】。

因为角 A 等于角 D，角 ABG 等于角 DEF，因此，余下的角 AGB 等于角 DFE【命题 1.32】。因此，三角形 ABG 与三角形 DEF 的各角相等。所以，AB 比 BG 等于 DE 比 EF【命题 6.4】。因为已假设 DE 比 EF 等于 AB 比 BC，所以 AB 与 BC、BG 的比相等【命题 5.11】。因此，BC 等于 BG【命题 5.9】。因此，C 点处的角等于角 BGC【命题 1.5】。因为已假设 C 点处的角小于直角，所以角 BGC 也小于直角。因此，其邻角 AGB 大于直角【命题 1.13】。已证明角 AGB 等于 F 点处的角，因此 F 点处的角也大于直角。但已假设此角小于直角，这个结论是不成立的。因此，角 ABC 并非不等于角 DEF，所以二角相等。因为 A 点处的角等于 D 点处的角，所以余下的在 C 点处的角等于 F 点处的角【命题 1.32】。因此，三角形 ABC 与三角形 DEF 的各角相等。

另设在 C 点、F 点处的两个角都不小于直角。可证在此条件下，三角形 ABC 与三角形 DEF 的各角相等仍然成立。

在作图不变的情况下，同样可以证出 BC 等于 BG。因此，C 点处的角也等于角 BGC。因为 C 点处的角不小于直角，所以角 BGC 也不小于直角。由此，在三角形 BGC 中，两角之和不小于直角的二倍，这是不可能成立的【命题 1.17】。因此，角 ABC 并非不等于角 DEF，所以二角相等。因为 A 点处的角等于 D 点处的角，所以余下的在 C 点处的角等于 F 点处的角【命题 1.32】。因此，三角形 ABC 与三角形 DEF 的各角相等。

综上，若在两个三角形中有一对角相等，且夹另外两个角的边对应成比例，其余的那两个角都小于或都不小于直角，那么这两个三角形的各角对应相等，且成比例的边所夹的角也相等。以上推导过程已对此作出证明。

命题 8

若在直角三角形中，由直角顶点向底边作垂线，垂线两侧的两个三角形与原三角形相似，且它们两个也彼此相似。

设在直角三角形 *ABC* 中，角 *BAC* 是直角，由 *A* 点作 *AD* 垂直于 *BC*【命题 1.12】。可证三角形 *ABD*、三角形 *ADC* 均与三角形 *ABC* 相似，且它们也彼此相似。

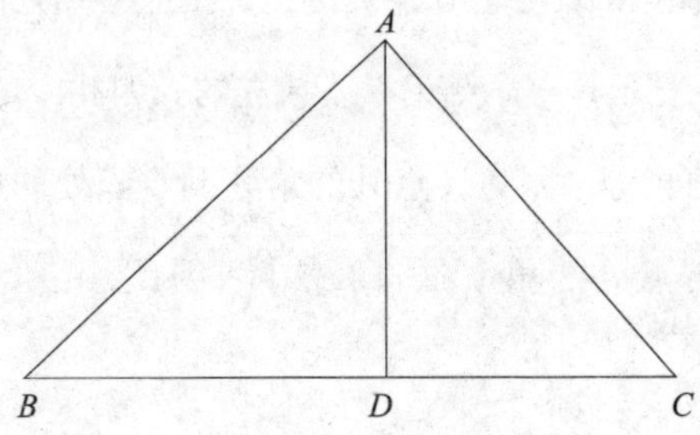

因为角 *BAC* 等于角 *ADB*，因为二者均为直角，且 *B* 点处的角是三角形 *ABC*、*ABD* 的公共角，所以余下的角 *ACB* 等于余下的角 *BAD*【命题 1.32】。因此，三角形 *ABC* 与三角形 *ABD* 的各角相等。所以，在三角形 *ABC* 中，直角的对边 *BC* 与三角形 *ABD* 中直角的对边 *BA* 的比，等于三角形 *ABC* 中 *C* 点处的角的对边 *AB* 与其在三角形 *ABD* 中的等角 *BAD* 的对边 *BD* 的比，也等于 *AC* 比 *AD*，因为这两条边都是公共点 *B* 处角的对应边【命题 6.4】。因此，三角形 *ABC* 与三角形 *ABD* 的各角相等，且夹等角的边成比例。因此，

三角形 *ABC* 与三角形 *ABD* 相似【定义 6.1】。同理可证，三角形 *ABC* 也相似于三角形 *ADC*。因此，三角形 *ABD*、三角形 *ADC* 均与原三角形 *ABC* 相似。

另可证三角形 *ABD* 与三角形 *ADC* 也彼此相似。

因为直角 *BDA* 等于直角 *ADC*，角 *BAD* 等于 *C* 点处的角，剩下的在 *B* 处的角等于角 *DAC*【命题 1.32】，所以三角形 *ABD* 与三角形 *ADC* 的各角相等。所以，在三角形 *ABD* 中与角 *BAD* 所对的边 *BD* 比三角形 *ADC* 中 *C* 点处的角的对边 *DA*，而 *C* 点处的角等于角 *BAD*，这个比等于三角形 *ABD* 中的点 *B* 处的角的对边 *AD* 比三角形 *ADC* 中等于 *B* 处角的角 *DAC* 所对的边 *DC*，也等于 *BA* 比 *AC*，因为这两边所对的角都是直角【命题 6.4】。因此，三角形 *ABD* 与三角形 *ADC* 相似【定义 6.1】。

综上，若在直角三角形中，由直角顶点向底边作垂线，垂线两侧的两个三角形与原三角形相似，且它们两个也彼此相似。以上推导过程已对此作出证明。

推　论

在直角三角形中，由直角顶点向底边作垂线，这条垂线即为底边两部分的比例中项[①]。以上推导过程已对此作出证明。

命题 9

从给定直线上截取一段指定长度的线段。

---

① 换句话说，这条垂线为底边两部分的等比中项。

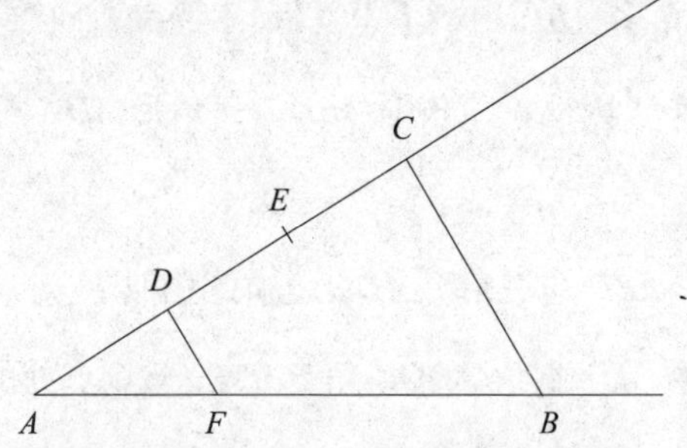

设 *AB* 为给定直线。需要从 *AB* 上截取一段指定长度的线段。

设指定线段长为 *AB* 的三分之一。由 *A* 点作直线 *AC*，与 *AB* 成任意角。在 *AC* 上取任意一点 *D*。再取 *DE*、*EC* 等于 *AD*【命题 1.3】。连接 *BC*。过 *D* 点作 *DF* 平行于 *BC*【命题 1.31】。

因为 *FD* 平行于三角形 *ABC* 的一边 *BC*，所以，可得 *CD* 比 *DA* 等于 *BF* 比 *FA*【命题 6.2】。因为 *CD* 是 *DA* 的二倍，所以 *BF* 是 *FA* 的二倍。因此，*BA* 是 *AF* 的三倍。

由此，在已知直线 *AB* 上，截得 *AF* 等于 *AB* 的三分之一长。以上推导过程已对此作出证明。

命题 10

有一已给定的未分割线段，分割这条线段，使其与给定的已分割线段相似。

设 *AB* 是给定的未分割线段，将 *AC* 在 *D*、*E* 两点处分割，*AC* 与 *AB* 成任意角。连接 *CB*。分别过点 *D*、*E* 作 *DF*、*EG* 平行于 *BC*，再过点 *D* 作 *DHK* 平行于 *AB*【命题 1.31】。

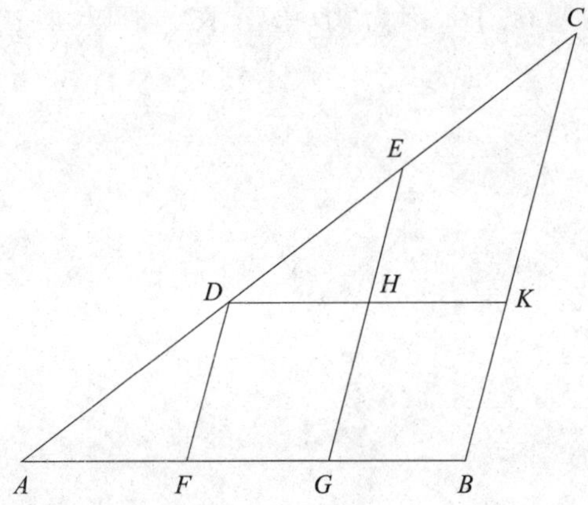

由此，*FH*、*HB* 均为平行四边形，所以 *DH* 等于 *FG*，*HK* 等于 *GB*【命题 1.34】。因为 *HE* 平行于三角形 *DKC* 的一边 *KC*，所以可得比例 *CE* 比 *ED* 等于 *KH* 比 *HD*【命题 6.2】。因为 *KH* 等于 *BG*，*HD* 等于 *GF*，所以 *CE* 比 *ED* 等于 *BG* 比 *GF*。又因为 *FD* 平行于三角形 *AGE* 的一边 *GE*，所以 *ED* 比 *DA* 等于 *GF* 比 *FA*【命题 6.2】。因为已经证明 *CE* 比 *ED* 等于 *BG* 比 *GF*，因此 *CE* 比 *ED* 等于 *BG* 比 *GF*，*ED* 比 *DA* 等于 *GF* 比 *FA*。

综上，有一已给定的未分割线段，分割这条线段，使其与给定的已分割线段相似。以上推导过程已对此作出证明。

命题 11

求两条给定线段的第三比例项。

设 *BA*、*AC* 为两条给定线段，这两条线段成任意角。作 *BA*、*AC* 的第三比例项。延长二者至点 *D*、*E*，使 *BD* 等于 *AC*【命题 1.3】。连接 *BC*。过 *D* 点作 *DE* 平行于 *BC*【命题 1.31】。

因为 *BC* 平行于三角形 *ADE* 的一边 *DE*，所以可得比例 *AB* 比 *BD* 等

于 *AC* 比 *CE*【命题 6.2】。因为 *BD* 等于 *AC*，所以 *AB* 比 *AC* 等于 *AC* 比 *CE*。

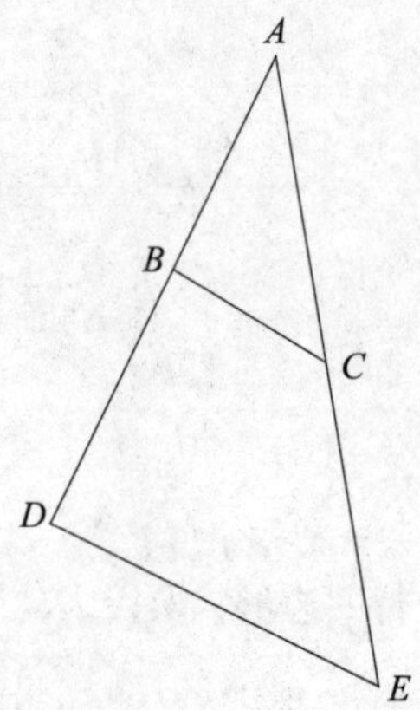

综上，*CE* 即为两条给定线段 *AB*、*AC* 的第三比例项。以上推导过程已对此作出证明。

命题 12

求三条给定线段的第四比例项。

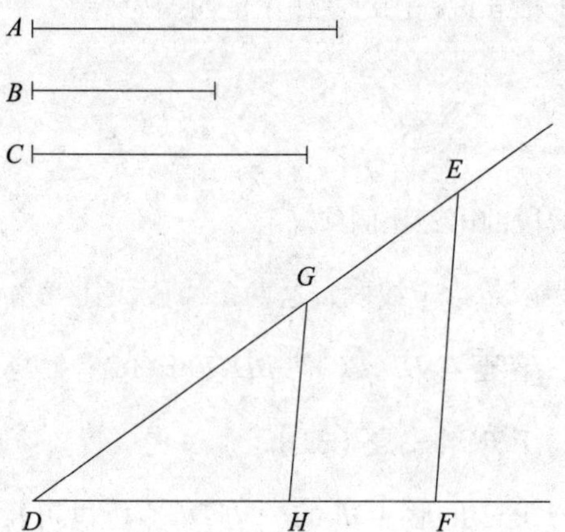

设 *A*、*B*、*C* 为三条给定线段，求作 *A*、*B*、*C* 的第四比例项线段。

设有两条直线 *DE*、*DF*，二者形成任意角 *EDF*。作 *DG* 等于 *A*，*GE* 等于 *B*，*DH* 等于 *C*【命题 1.3】。连接 *GH*，过 *E* 点作 *EF* 平行于 *GH*【命题 1.31】。

因为 *GH* 平行于三角形 *DEF* 的一边 *EF*，所以 *DG* 比 *GE* 等于 *DH* 比 *HF*【命题 6.2】。而 *DG* 等于 *A*，*GE* 等于 *B*，*DH* 等于 *C*，所以 *A* 比 *B* 等于 *C* 比 *HF*。

综上，*HF* 即为三条给定线段 *A*、*B*、*C* 的第四比例项。以上推导过程已对此作出证明。

命题 13

求作两条给定线段的比例中项。[①]

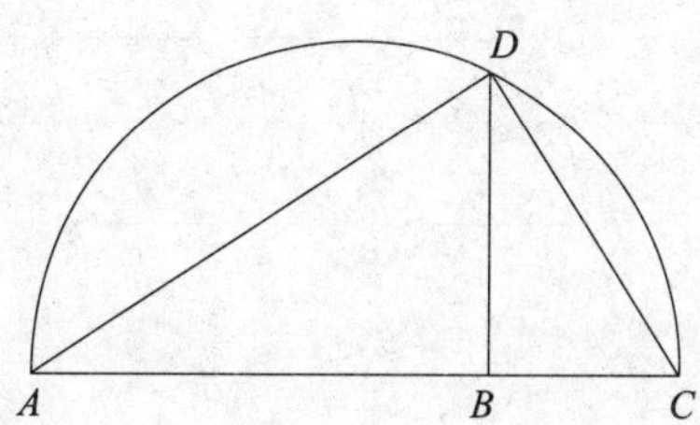

AB、*BC* 为两条给定线段，求作 *AB*、*BC* 的比例中项。

将 *AB*、*BC* 置于同一条直线上，在 *AC* 上作半圆 *ADC*【命题 1.10】。过 *B* 点作 *BD* 与 *AC* 成直角【命题 1.11】。连接 *AD*、*DC*。

因为角 *ADC* 是半圆的内接角，所以角 *ADC* 是直角【命题 3.31】。在直角三角形 *ADC* 中，由于已知 *DB* 过直角的顶点垂直于底边，所以 *DB* 是

① 即求两条给定线段的等比中项。

底边 *AB*、*BC* 的比例中项【命题 6.8 推论】。

综上，*DB* 即为两条给定线段 *AB*、*BC* 的比例中项。以上推导过程已对此作出证明。

命题 14

在相等且等角的平行四边形中，夹等角的边互成反比。在等角平行四边形中，若夹等角的边互成反比，则平行四边形相等。

设 *AB*、*BC* 为相等且等角的平行四边形，二者在 *B* 点处的角相等。设 *DB*、*BE* 在同一直线上。因此，*FB*、*BG* 也在同一直线上【命题 1.14】。可证在平行四边形 *AB* 与平行四边形 *BC* 中，夹等角的边互成反比，即 *DB* 比 *BE* 等于 *GB* 比 *BF*。

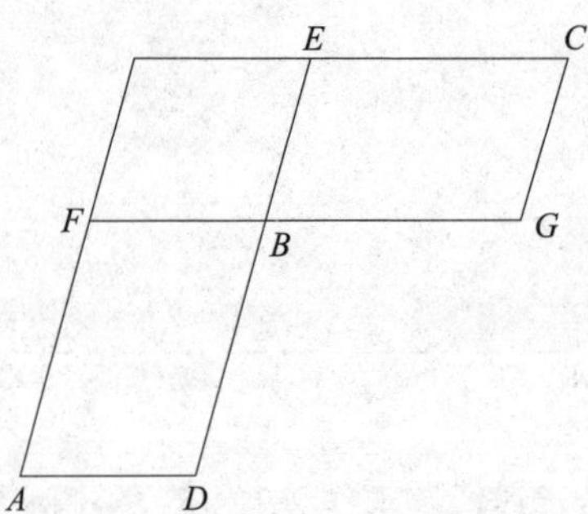

平行四边形 *FE* 是补形。因为平行四边形 *AB* 等于平行四边形 *BC*，*FE* 为任意平行四边形，因此平行四边形 *AB* 比平行四边形 *FE* 等于平行四边形 *BC* 比平行四边形 *FE*【命题 5.7】。因为平行四边形 *AB* 比平行四边形 *FE* 等于 *DB* 比 *BE*，平行四边形 *BC* 比平行四边形 *FE* 等于 *GB* 比 *BF*【命题 6.1】。因此，*DB* 比 *BE* 等于 *GB* 比 *BF*。所以，在平行四边形 *AB*、*BC* 中，夹等角的边互成反比。

另设 DB 比 BE 等于 BG 比 BF。可证平行四边形 AB 等于平行四边形 BC。

因为 DB 比 BE 等于 GB 比 BF，而 DB 比 BE 等于平行四边形 AB 比平行四边形 FE，BG 比 BF 等于平行四边形 BC 比 FE【命题 6.1】，所以平行四边形 AB 比平行四边形 FE 等于平行四边形 BC 比平行四边形 FE【命题 5.11】。因此，平行四边形 AB 等于平行四边形 BC【命题 5.9】。

综上，在相等且等角的平行四边形中，夹等角的边互成反比。在等角平行四边形中，若夹等角的边互成反比，则平行四边形相等。以上推导过程已对此作出证明。

命题 15

在相等的两个三角形中，有一对角相等，夹该等角的边互成反比。若在这两个三角形中有一对角相等，夹该等角的边互成反比，那么这两个三角形相等。

设在三角形 ABC 与三角形 ADE 中，角 BAC 等于角 DAE。可证在三角形 ABC、三角形 ADE 中，夹等角的边互成反比，即 CA 比 AD 等于 EA 比 AB。

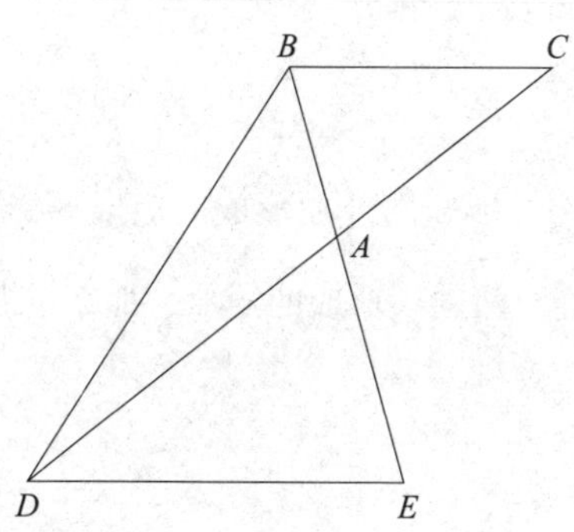

将 *CA*、*AD* 置于同一直线上。因此，*EA* 与 *AB* 也在同一直线上【命题 1.14】。连接 *BD*。

因为三角形 *ABC* 等于三角形 *ADE*，三角形 *BAD* 为任意三角形，所以三角形 *CAB* 比三角形 *BAD* 等于三角形 *EAD* 比三角形 *BAD*【命题 5.7】。而三角形 *CAB* 比三角形 *BAD* 等于 *CA* 比 *AD*，三角形 *EAD* 比三角形 *BAD* 等于 *EA* 比 *AB*【命题 6.1】。因此，*CA* 比 *AD* 等于 *EA* 比 *AB*。所以，在三角形 *ABC* 和三角形 *ADE* 中，夹等角的边互成反比。

另设三角形 *ABC* 与三角形 *ADE* 的边互成反比，*CA* 比 *AD* 等于 *EA* 比 *AB*。可证三角形 *ABC* 等于三角形 *ADE*。

再次连接 *BD*。因为 *CA* 比 *AD* 等于 *EA* 比 *AB*，*CA* 比 *AD* 等于三角形 *ABC* 比三角形 *BAD*，*EA* 比 *AB* 等于三角形 *EAD* 比三角形 *BAD*【命题 6.1】，所以三角形 *ABC* 比三角形 *BAD* 等于三角形 *EAD* 比三角形 *BAD*。因此，三角形 *ABC*、三角形 *EAD* 均与三角形 *BAD* 有同样的比。所以，三角形 *ABC* 等于三角形 *EAD*【命题 5.9】。

综上，在相等的两个三角形中，有一对角相等，夹该等角的边互成反比。若在这两个三角形中有一对角相等，夹该等角的边互成反比，那么这两个三角形相等。以上推导过程已对此作出证明。

命题 16

若四条线段成比例，那么两外项形成的矩形等于两内项形成的矩形。若两外项形成的矩形等于两内项形成的矩形，那么这四条线段成比例。

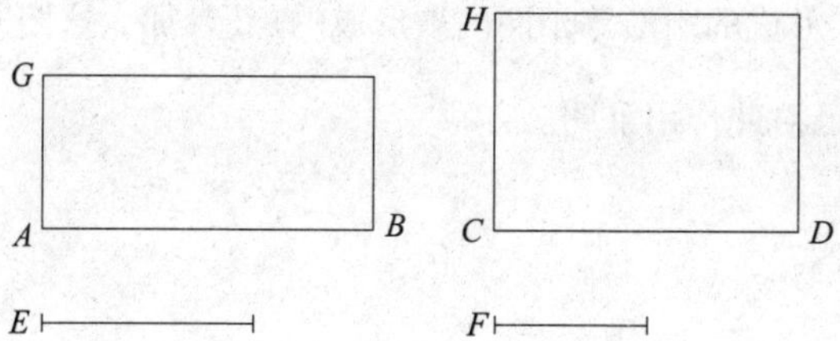

设 AB、CD、E、F 为四条成比例的线段，即 AB 比 CD 等于 E 比 F。可证由 AB、F 构成的矩形等于由 CD、E 构成的矩形。

过点 A、C 分别作 AG、CH 与 AB、CD 成直角【命题 1.11】。且 AG 等于 F，CH 等于 E【命题 1.3】。作平行四边形 BG、DH 成补形。

因为 AB 比 CD 等于 E 比 F，E 等于 CH，F 等于 AG，所以 AB 比 CD 等于 CH 比 AG。在平行四边形 BG、DH 中，夹等角的边互成反比。在这两个等角平行四边形中，若夹等角的边互成反比，则平行四边形相等【命题 6.14】，所以平行四边形 BG 等于平行四边形 DH。因为 AG 等于 F，所以 BG 是由 AB、F 组成的矩形，因为 E 等于 CH，DH 即为由 CD、E 组成的矩形，所以由 AB、F 组成的矩形等于由 CD、E 构成的矩形。

另设由 AB、F 构成的矩形等于由 CD、E 构成的矩形。可证这四条线段成比例，即 AB 比 CD 等于 E 比 F。

在作图不变的情况下，由 AB、F 构成的矩形等于由 CD、E 构成的矩形。因为 AG 等于 F，所以 BG 是由 AB、F 构成的矩形；因为 CH 等于 E，所以 DH 是 CD、E 构成的矩形。所以，BG 等于 DH，且二者等角。在相等且等角的平行四边形中，夹等角的边互成反比【命题 6.14】，所以 AB 比 CD 等于 CH 比 AG。因为 CH 等于 E，AG 等于 F，所以 AB 比 CD 等于 E 比 F。

综上，若四条线段成比例，那么两外项形成的矩形等于两内项形成的矩形。若两外项形成的矩形等于两内项形成的矩形，那么这四条线段成比例。以上推导过程已对此作出证明。

命题 17

若三条线段成比例，那么由两外项构成的矩形等于中项上的正方形。若由两外项构成的矩形等于中项上的正方形，那么这三条线段成比例。

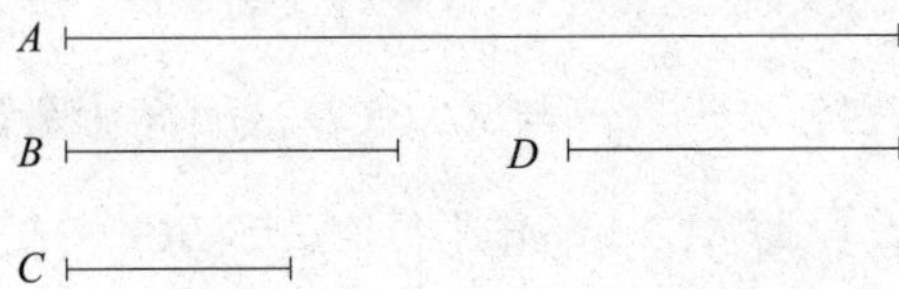

设 *A*、*B*、*C* 为三条成比例的线段，*A* 比 *B* 等于 *B* 比 *C*，可证由 *A*、*C* 构成的矩形等于 *B* 上的正方形。

作 *D* 等于 *B*【命题 1.3】。

因为 *A* 比 *B* 等于 *B* 比 *C*，*B* 等于 *D*，所以 *A* 比 *B* 等于 *D* 比 *C*。若四条线段成比例，那么两外项构成的矩形等于两中项构成的矩形【命题 6.16】。因此，由 *A*、*C* 构成的矩形等于由 *B*、*D* 构成的矩形。因为 *B* 等于 *D*，所以 *B*、*D* 构成的矩形是 *B* 上的正方形。所以，由 *A*、*C* 构成的矩形等于 *B* 上的正方形。

另设由 *A*、*C* 构成的矩形等于 *B* 上的正方形，可证 *A* 比 *B* 等于 *B* 比 *C*。

在作图不变的情况下，由 *A*、*C* 构成的矩形等于 *B* 上的正方形。因为 *B* 等于 *D*，所以 *B* 上的正方形是由 *B*、*D* 构成的矩形。因此，由 *A*、*C* 构成的矩形等于由 *B*、*D* 构成的矩形。若两外项构成的矩形等于两中项构成的矩形，那么这四条线段成比例【命题 6.16】，所以 *A* 比 *B* 等于 *D* 比 *C*。因为 *B* 等于 *D*，所以 *A* 比 *B* 等于 *B* 比 *C*。

综上，若三条线段成比例，那么由两外项构成的矩形等于中项上的正方形。若由两外项构成的矩形等于中项上的正方形，那么这三条线段成比例。以上推导过程已对此作出证明。

命题 18

在给定线段上作一个直线形，使该图形与给定直线图形相似，且有相似的位置。

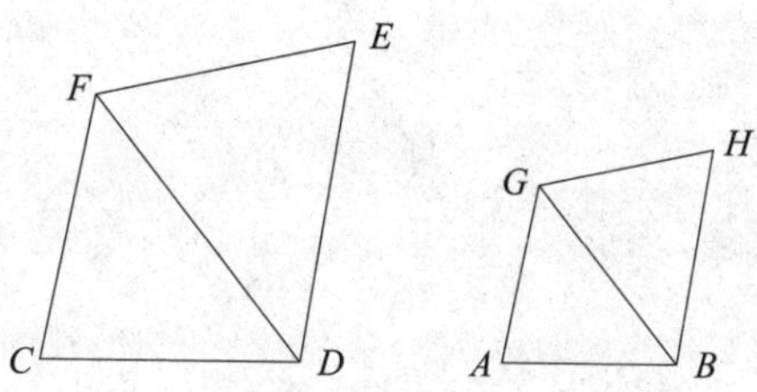

设 *AB* 为给定线段，*CE* 为给定直线形。在线段 *AB* 上作一个直线形，使该图形与 *CE* 相似，且有相似的位置。

连接 *DF*，分别过点 *A*、*B* 在线段 *AB* 上作角 *GAB* 等于 *C* 点处的角、角 *ABG* 等于角 *CDF*【命题 1.23】。由此，余下的角 *CFD* 等于角 *AGB*【命题 1.32】；所以，三角形 *FCD* 与三角形 *GAB* 的各角相等。所以，可得比例：*FD* 比 *BG* 等于 *FC* 比 *GA*，又等于 *CD* 比 *AB*【命题 6.4】。另，分别过点 *G*、*B* 在线段 *BG* 上作角 *BGH* 等于角 *DFE*、角 *GBH* 等于角 *FDE*【命题 1.23】。因此，余下的 *E* 点处的角等于 *H* 点处的角【命题 1.32】；所以，三角形 *FDE* 与三角形 *BGH* 的各角相等。所以，可得比例 *FD* 比 *GB* 等于 *FE* 比 *GH*，又等于 *ED* 比 *HB*【命题 6.4】。已经证明了 *FD* 比 *GB* 等于 *FC* 比 *GA*，又等于 *CD* 比 *AB*；所以，*FC* 比 *AG* 等于 *CD* 比 *AB*，又等于 *FE* 比

GH，又等于 ED 比 HB。因为角 CFD 等于角 AGB，角 DFE 等于角 BGH，所以角 CFE 等于角 AGH。同理，角 CDE 等于角 ABH。又因为 C 点处的角等于 A 点处的角，E 点处的角等于 H 点处的角，所以 AH 与 CE 的各角相等。因为这两个图形夹等角的边成比例，所以直线形 AH 相似于直线形 CE【定义 6.1】。

综上，给定线段 AB 上的直线形 AH，与给定直线形 CE 相似，且有相似的位置。以上推导过程已对此作出证明。

命题 19

相似三角形之比等于其对应边的二次比[①]。

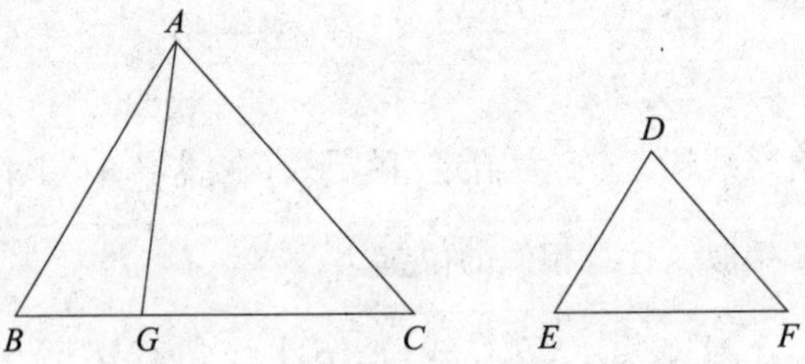

设三角形 ABC、三角形 DEF 为相似三角形，B 点处的角等于 E 点处的角，AB 比 BC 等于 DE 比 EF，因此，BC 对应 EF。可证三角形 ABC 与三角形 DEF 的比等于 BC 与 EF 的二次比。

作 BC、EF 的第三比例项 BG，得 BC 比 EF 等于 EF 比 BG【命题 6.11】。连接 AG。

因为 AB 比 BC 等于 DE 比 EF，所以 AB 比 DE 等于 BC 比 EF【命题 5.16】。而 BC 比 EF 等于 EF 比 BG，所以 AB 比 DE 等于 EF 比 BG。所以，

① 字面意思为：双倍。

对于三角形 ABG、三角形 DEF 来说，其夹等角的边互成反比。这些三角形中有一对角相等，且夹该等角的边互成反比，那么这些三角形相等【命题 6.15】。因为三角形 ABG 等于三角形 DEF。又因为 BC 比 EF 等于 EF 比 BG，若三条线段成比例，那么第一条与第三条之比等于第一条与第二条的二次比【定义 5.9】，因此，BC 与 BG 的比等于 CB 与 EF 的二次比。因为 BC 比 BG 等于三角形 ABC 比三角形 ABG【命题 6.1】，所以三角形 ABC 与三角形 ABG 的比等于边 BC 与边 EF 的二次比。因为三角形 ABG 等于三角形 DEF，所以三角形 ABC 与三角形 DEF 的比等于边 BC 与边 EF 的二次比。

综上，相似三角形之比等于其对应边的二次比。以上推导过程已对此作出证明。

推 论

由此得出，如果三条线段成比例，那么第一条线段与第三条线段的比等于第一条线段上的图形与第二条线段上的与其相似且有相似位置的图形的比。以上推导过程已对此作出证明。

命题 20

两个相似的多边形被分割为相等数量的相似三角形，对应三角形间的比与原图形的比一致，且多边形间的比等于对应边的二次比。

多边形 $ABCDE$ 与多边形 $FGHKL$ 是相似多边形，AB 的对应边为 FG。可证多边形 $ABCDE$ 与多边形 $FGHKL$ 被分割为等量的相似三角形后，三角形之间的比与原图形的比一致，且多边形 $ABCDE$ 与多边形 $FGHKL$ 之比等于 AB 与 FG 的二次比。

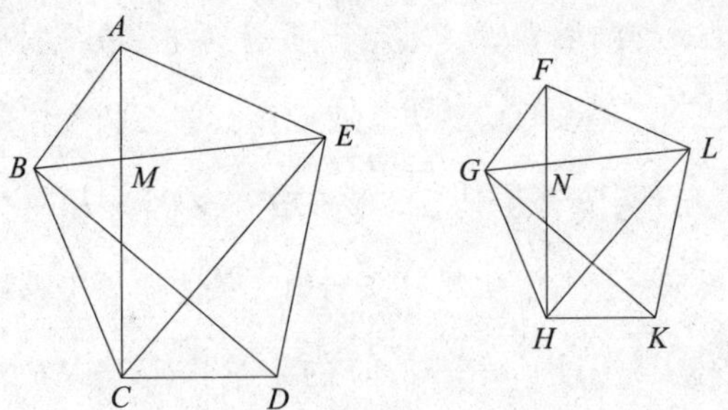

连接 BE、EC、GL、LH。

因为多边形 ABCDE 与多边形 FGHKL 相似，角 BAE 等于角 GFL，BA 比 AE 等于 GF 比 FL【定义 6.1】。因为三角形 ABE 和三角形 FGL 有一个角相等，且夹等角的边成比例，所以三角形 ABE 与三角形 FGL 的各角相等【命题 6.6】。所以，这两个三角形相似【命题 6.4、定义 6.1】。因此，角 ABE 等于角 FGL。因为两个多边形相似，所以角 ABC 等于角 FGH。所以，角 EBC 等于角 LGH。因为三角形 ABE、FGL 相似，所以 EB 比 BA 等于 LG 比 GF。又因为两个多边形相似，AB 比 BC 等于 FG 比 GH，因此，可得首末比，EB 比 BC 等于 LG 比 GH【命题 5.22】，且夹等角 EBC、LGH 的边成比例。因此，三角形 EBC 与三角形 LGH 的各角相等【命题 6.6】。因此，三角形 EBC 与三角形 LGH 相似【命题 6.4、定义 6.1】。同理，三角形 ECD 与三角形 LHK 也相似。综上，相似多边形 ABCDE 与 FGHKL 被分为相同数量的相似三角形。

另可证三角形间的比等于原多边形间的比，即三角形是成比例的：三角形 ABE、EBC、ECD 是前项，三角形 FGL、LGH、LHK 是后项。另可证多边形 ABCDE 与多边形 FGHKL 的比等于对应边 AB、FG 的二次比。

连接 AC、FH。因为角 ABC 等于角 FGH，AB 比 BC 等于 FG 比 GH，

两个多边形相似，三角形 *ABC* 与三角形 *FGH* 的各角相等【命题 6.6】，所以角 *BAC* 等于角 *GFH*，角 *BCA* 等于角 *GHF*。因为角 *BAM* 等于角 *GFN*，角 *ABM* 等于角 *FGN*，所以角 *AMB* 等于角 *FNG*【命题 1.32】。因此，三角形 *ABM* 与三角形 *FGN* 的各角相等。同理可证，三角形 *BMC* 与三角形 *GNH* 的各角相等。因此，可得比例，*AM* 比 *MB* 等于 *FN* 比 *NG*，*BM* 比 *MC* 等于 *GN* 比 *NH*【命题 6.4】。因此，可得首末比，*AM* 比 *MC* 等于 *FN* 比 *NH*【命题 5.22】。因为三角形的比等于其底边的比，所以 *AM* 比 *MC* 等于三角形 *ABM* 比三角形 *MBC*，又等于三角形 *AME* 比三角形 *EMC*【命题 6.1】。一个前项比一个后项，等于所有前项的和比所有后项的和【命题 5.12】。因此，三角形 *AMB* 比三角形 *BMC* 等于三角形 *ABE* 比三角形 *CBE*。而三角形 *AMB* 比三角形 *BMC* 等于 *AM* 比 *MC*，所以 *AM* 比 *MC* 等于三角形 *ABE* 比三角形 *EBC*。同理，*FN* 比 *NH* 等于三角形 *FGL* 比三角形 *GLH*。因为 *AM* 比 *MC* 等于 *FN* 比 *NH*，所以三角形 *ABE* 比三角形 *BEC* 等于三角形 *FGL* 比三角形 *GLH*，可得其更比例，三角形 *ABE* 比三角形 *FGL* 等于三角形 *BEC* 比三角形 *GLH*【命题 5.16】。同理可证，连接 *BD*、*GK*，三角形 *BEC* 比三角形 *LGH* 等于三角形 *ECD* 比三角形 *LHK*。因为三角形 *ABE* 比三角形 *FGL* 等于三角形 *EBC* 比三角形 *LGH*，又等于三角形 *ECD* 比三角形 *LHK*，所以一个前项比一个对应的后项，等于所有前项的和比所有后项的和【命题 5.12】，所以三角形 *ABE* 比三角形 *FGL* 等于多边形 *ABCDE* 比多边形 *FGHKL*。因为相似三角形的比等于其对应边的二次比【命题 6.19】，所以三角形 *ABE* 与三角形 *FGL* 的比等于对应边 *AB* 与 *FG* 的二次比。因此，多边形 *ABCDE* 与多边形 *FGHKL* 的比等于对应边 *AB* 与 *FG* 的二次比。

综上，两个相似的多边形被分割为相等数量的相似三角形，对应三角形间的比与原图形的比一致，且多边形间的比等于对应边的二次比。以上推导过程已对此作出证明。

推 论

同理可证，对于四边形来说，其比也等于其对应边的二次比。已证明了此结论对三角形也适用。因此，一般情况下，相似直线形的比等于其对应边的二次比。以上推导过程已对此作出证明。

命题 21

相似于同一直线形的图形，彼此之间也相似。

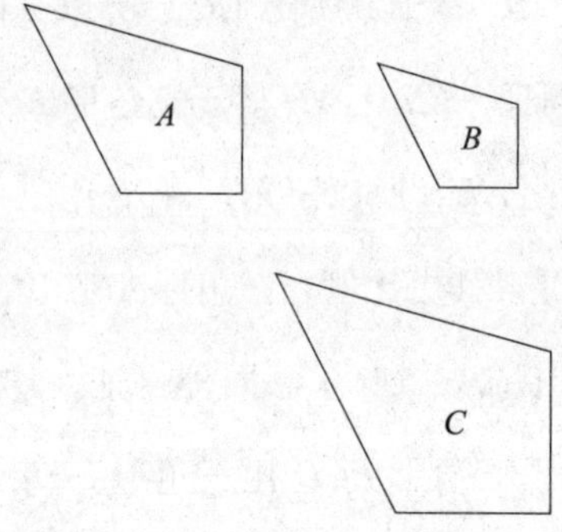

设直线形 A、B 均相似于直线形 C。可证 A 与 B 相似。

因为 A 相似于 C，A、C 的各角相等，且夹等角的边成比例【定义 6.1】；又因为 B 相似于 C，B 与 C 的各角相等，且夹等角的边成比例【定义 6.1】；所以 A、B 均与 C 的各角相等，且夹等角的边成比例。因此，A 相似于 B【定义 6.1】。以上推导过程已对此作出证明。

命题 22

有四条成比例的线段，若在这四条线段上作有相似位置的相似直线形，那么这些直线形也是成比例的。若线段上所作的相似且有相似位置的直线形是成比例的，那么这些线段也是成比例的。

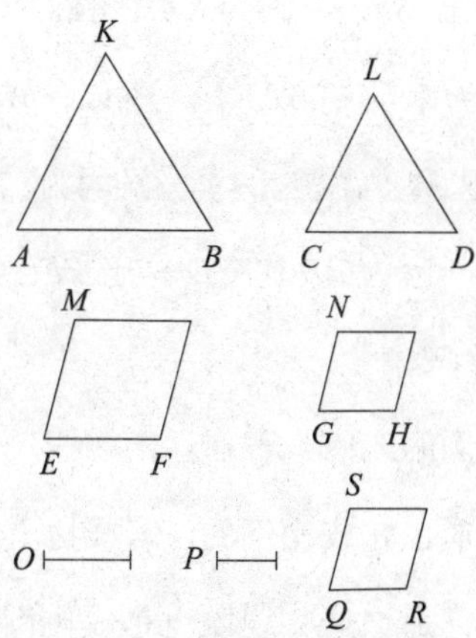

设 *AB*、*CD*、*EF*、*GH* 为四条成比例的线段，*AB* 比 *CD* 等于 *EF* 比 *GH*。在 *AB*、*CD* 上作有相似位置的相似直线形 *KAB*、*LCD*，在 *EF*、*GH* 上作有相似位置的相似直线图形 *MF*、*NH*。可证 *KAB* 比 *LCD* 等于 *MF* 比 *NH*。

取 *AB*、*CD* 的第三比例项 *O*，*EF*、*GH* 的第三比例项 *P*【命题 6.11】。因为 *AB* 比 *CD* 等于 *EF* 比 *GH*，*CD* 比 *O* 等于 *GH* 比 *P*，所以可得首末比例，*AB* 比 *O* 等于 *EF* 比 *P*【命题 5.22】。而 *AB* 比 *O* 等于 *KAB* 比 *LCD*，*EF* 比 *P* 等于 *MF* 比 *NH*【命题 5.19 推论】；所以，*KAB* 比 *LCD* 等于 *MF* 比 *NH*。

另设 *KAB* 比 *LCD* 等于 *MF* 比 *NH*。可证 *AB* 比 *CD* 等于 *EF* 比 *GH*。若 *AB* 比 *CD* 不等于 *EF* 比 *GH*，设 *AB* 比 *CD* 等于 *EF* 比 *QR*【命题 6.12】。

在 *QR* 上作直线形 *SR*，使其与 *MF* 或 *NH* 中的任意一个相似，且有相似的位置【命题 6.18、6.21】。

因为 *AB* 比 *CD* 等于 *EF* 比 *QR*。在 *AB*、*CD* 上作有相似位置的相似直线形 *KAB*、*LCD*，在 *EF*、*QR* 上作有相似位置的相似直线形 *MF*、*SR*，所以 *KAB* 比 *LCD* 等于 *MF* 比 *SR*。又因为 *KAB* 比 *LCD* 等于 *MF* 比 *NH*。所以，*MF* 比 *SR* 等于 *MF* 比 *NH*【命题 5.11】。所以，*MF* 与 *NH*、*SR* 相比有同样的比。所以，*NH* 等于 *SR*【命题 5.9】。又因为二者相似，且有相似的位置，所以 *GH* 等于 *QR*[①]。因为 *AB* 比 *CD* 等于 *EF* 比 *QR*，*QR* 等于 *GH*，所以 *AB* 比 *CD* 等于 *EF* 比 *GH*。

综上，有四条成比例的线段，若在这四条线段上作有相似位置的相似直线形，那么这些直线形也是成比例的。若线段上所作的相似且有相似位置的直线形是成比例的，那么这些线段也是成比例的。以上推导过程已对此作出证明。

命题 23

等角的平行四边形的比等于其边的比的复比[②]。

设 *AC*、*CF* 为等角的平行四边形，角 *BCD* 等于角 *ECG*。可证平行四边形 *AC* 与 *CF* 的比等于其边的比的复比。

将 *BC*、*CG* 置于同一直线上，因此，*DC*、*CE* 也在同一直线上【命题 1.14】。作平行四边形 *DG* 为补形。引入线段 *K*，使 *BC* 比 *CG* 等于 *K* 比 *L*，

---

① 此处，欧几里得假设（未加以证明），若两个相似图形相等，那么该图形的对应边的任意部分也相等。

② 在现代术语中，两个比的“复比”即二者相乘。

DC 比 *CE* 等于 *L* 比 *M*【命题 6.12】。

因此，*K* 和 *L* 的比与 *L* 和 *M* 的比分别等于边 *BC* 和 *CG* 的比与 *DC* 和 *CE* 的比。而 *K* 比 *M* 等于 *K* 比 *L* 和 *L* 比 *M* 的复比，因此，*K* 比 *M* 等于平行四边形边的比的复比。因为 *BC* 比 *CG* 等于平行四边形 *AC* 比 *CH*【命题 6.1】，而 *BC* 比 *CG* 等于 *K* 比 *L*，所以 *K* 比 *L* 等于平行四边形 *AC* 比平行四边形 *CH*。又因为 *DC* 比 *CE* 等于平行四边形 *CH* 比 *CF*【命题 6.1】，而 *DC* 比 *CE* 等于 *L* 比 *M*，所以 *L* 比 *M* 等于平行四边形 *CH* 比平行四边形 *CF*。因为已经证明了 *K* 比 *L* 等于平行四边形 *AC* 比平行四边形 *CH*，*L* 比 *M* 等于平行四边形 *CH* 比平行四边形 *CF*，因此有首末比，*K* 比 *M* 等于平行四边形 *AC* 比平行四边形 *CF*【命题 5.22】。因为 *K* 比 *M* 等于平行四边形边的比的复比，所以平行四边形 *AC* 比平行四边形 *CF* 等于二者边的比的复比。

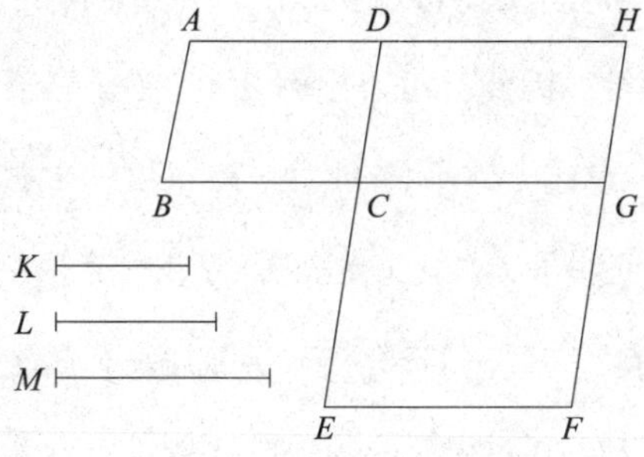

综上，等角的平行四边形的比等于其边的比的复比。以上推导过程已对此作出证明。

命题 24

在任意平行四边形内，与其有公共对角线的平行四边形都相似于原平行四边形，且它们彼此相似。

设 *ABCD* 是平行四边形，*AC* 是其对角线。设平行四边形 *EG*、*HK* 的对角线为 *AC*。可证平行四边形 *EG*、*HK* 均相似于平行四边形 *ABCD*，且二者也相似。

因为 *EF* 平行于三角形 *ABC* 的一边 *BC*，可得比例 *BE* 比 *EA* 等于 *CF* 比 *FA*【命题 6.2】；又因为 *FG* 平行于三角形 *ACD* 的一边 *CD*，得比例 *CF* 比 *FA* 等于 *DG* 比 *GA*【命题 6.2】；因为已证明 *CF* 比 *FA* 等于 *BE* 比 *EA*；所以，*BE* 比 *EA* 等于 *DG* 比 *GA*。由合比例得，*BA* 比 *AE* 等于 *DA* 比 *AG*【命题 5.18】。再由更比例得，*BA* 比 *AD* 等于 *EA* 比 *AG*【命题 5.16】。因此，在平行四边形 *ABCD*、*EG* 中，夹公共角 *BAD* 的边是成比例的。因为 *GF* 平行于 *DC*，角 *AFG* 等于角 *DCA*【命题 1.29】；角 *DAC* 是三角形 *ADC*、*AGF* 的公共角；因此，三角形 *ADC* 与三角形 *AGF* 的各角相等【命题 1.32】。同理，三角形 *ACB* 与三角形 *AFE* 的各角相等，平行四边形 *ABCD* 与平行四边形 *EG* 的各角相等；因此，可得比例 *AD* 比 *DC* 等于 *AG* 比 *GF*，*DC* 比 *CA* 等于 *GF* 比 *FA*，*AC* 比 *CB* 等于 *AF* 比 *FE*，*CB* 比 *BA* 等于 *FE* 比 *EA*【命题 6.4】。因为已经证明了 *DC* 比 *CA* 等于 *GF* 比 *FA*，*AC* 比 *CB* 等于 *AF* 比 *FE*，由首末比例可得，*DC* 比 *CB* 等于 *GF* 比 *FE*【命题 5.22】；因此，在平行四边形 *ABCD*、*EG* 中，夹等角的边成比例。因此，平行四边形 *ABCD* 与平行四边形 *EG* 相似【定义 6.1】。同理，平行四边形 *ABCD* 与平行四边形 *KH* 也相似；因此，平行四边形 *EG*、*HK* 都与平行四边形 *ABCD* 相似。相似于同一直线形的图形也彼此相似【命题 6.21】；因此，平行四边形 *EG* 与平行四边形 *HK* 相似。

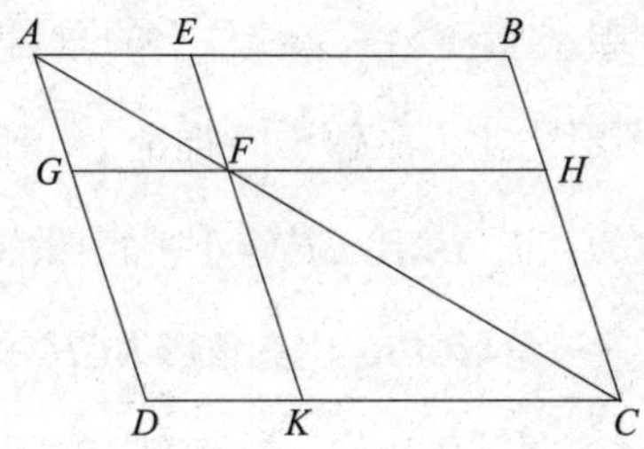

综上，在任意平行四边形内，与其有公共对角线的平行四边形都相似于原平行四边形，且它们彼此相似。以上推导过程已对此作出证明。

命题 25

作一个直线形，该图形与给定直线形相似，且等于另一给定直线形。

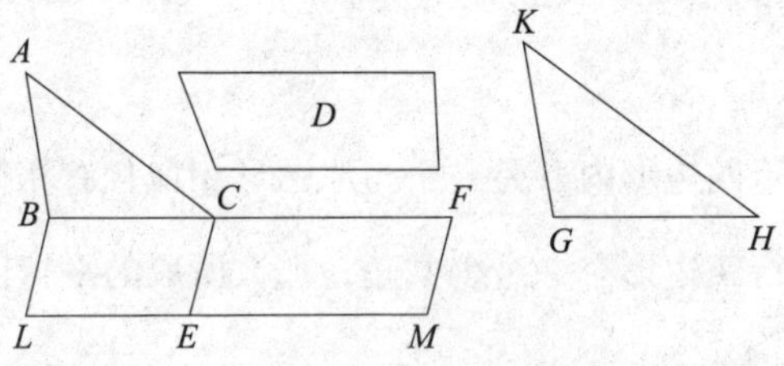

设 *ABC* 为给定的直线形，求作一个与其相似的图形，且该图形与另一给定直线图形 *D* 相等；所以，所作的图形既要与 *ABC* 相似，又要与 *D* 相等。

在 *BC* 上作平行四边形 *BE* 等于三角形 *ABC*【命题 1.44】，在 *CE* 上作平行四边形 *CM* 等于 *D*，角 *FCE* 等于角 *CBL*【命题 1.45】；所以，*BC*、*CF* 在一条直线上，*LE*、*EM* 在一条直线上【命题 1.14】。作 *BC*、*CF* 的比例中项 *GH*【命题 6.13】。在 *GH* 上作 *KGH* 相似于 *ABC*，且有相似的位置【命题 6.18】。

因为 *BC* 比 *GH* 等于 *GH* 比 *CF*，若这三条线段是成比例的，那么第一条线段与第三条线段的比，等于第一条线段上的图形与第二条线段上与其相似且有相似位置的图形之比【命题 6.19 推论】，所以 *BC* 比 *CF* 等于三角形 *ABC* 比三角形 *KGH*。而 *BC* 比 *CF* 等于平行四边形 *BE* 比平行四边形 *EF*【命题 6.1】。所以，三角形 *ABC* 比三角形 *KGH* 等于平行四边形 *BE* 比平行四边形 *EF*。所以，可得其更比例，三角形 *ABC* 比平行四边形 *BE* 等于三角形 *KGH* 比平行四边形 *EF*【命题 5.16】。而三角形 *ABC* 等于平行四边形 *BE*，所以三角形 *KGH* 等于平行四边形 *EF*。因为平行四边形 *EF* 等于 *D*，所以 *KGH* 等于 *D*。*KGH* 也相似于 *ABC*。

综上，所作直线形 *KGH* 与给定直线形 *ABC* 相似，且等于另一给定直线形 *D*。以上推导过程已对此作出证明。

命题 26

若在一个平行四边形内取另一个与原图形相似且有相似位置的平行四边形，这两个平行四边形有一个公共角，那么所取的平行四边形与原图形有共同的对角线。

在平行四边形 *ABCD* 内取平行四边形 *AF*，使其与 *ABCD* 相似且有相似的位置，它们又有公共角 *DAB*。可证 *ABCD* 与 *AF* 有共线的对角线。

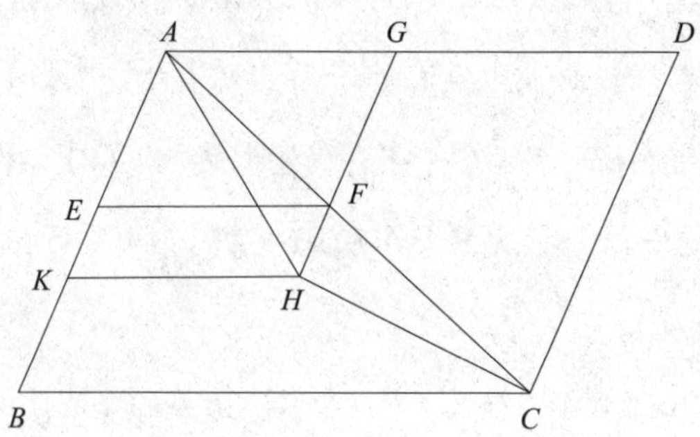

假设该命题不成立，则可能有 *AHC* 是 *ABCD* 的对角线。延长 *GF* 至 *H* 点。过点 *H* 作 *HK* 平行于 *AD* 或 *BC*【命题 1.31】。

因为 *ABCD* 与 *KG* 有共线的对角线，所以 *DA* 比 *AB* 等于 *GA* 比 *AK*【命题 6.24】。因为 *ABCD* 与 *EG* 相似，*DA* 比 *AB* 等于 *GA* 比 *AE*，所以 *GA* 比 *AK* 等于 *GA* 比 *AE*。所以，*GA* 与 *AK*、*AE* 相比，其比是相同的。所以，*AE* 等于 *AK*【命题 5.9】，较小的等于较大的，这是不可能成立的。因此，*ABCD* 与 *AF* 的对角线并非不共线。因此，平行四边形 *ABCD* 与平行四边形 *AF* 有共线的对角线。

综上，若在一个平行四边形内取另一个与原图形相似且有相似位置的平行四边形，这两个平行四边形有一个公共角，那么所取的平行四边形与原图形有共同的对角线。以上推导过程已对此作出证明。

命题 27

在同一线段上的所有任意平行四边形中，取掉一个平行四边形，该平行四边形与在一半线段上所作的平行四边形相似且有相似的位置，则在所作图形中，最大的平行四边形是作在原线段一半上的那个平行四边形，并且它相似于所取图形。

设线段 *AB*，点 *C* 为其二等分点【命题 1.10】。取掉在 *AB* 的一半 *CB* 上所作的平行四边形 *DB*，得到平行四边形 *AD*。可证所有位于 *AB* 上的平行四边形去掉与 *DB* 相似且有相似位置的平行四边形后，*AD* 为最大。设平行四边形 *AF* 位于线段 *AB* 上，取 *DB* 的相似平行四边形 *FB*，使二者的位置也相似。可证 *AD* 大于 *AF*。

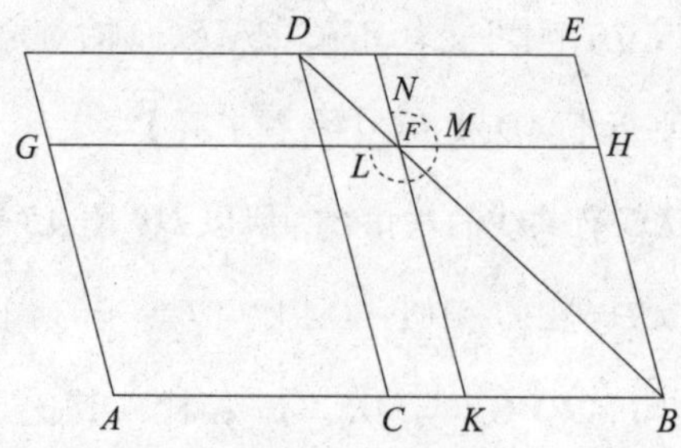

因为平行四边形 DB 相似于平行四边形 FB，二者的对角线共线【命题 6.26】。连接对角线 DB，并设图形已作好。

因为 CF 等于 FE【命题 1.43】，平行四边形 FB 是公共图形，所以平行四边形 CH 等于平行四边形 KE。因为 AC 等于 CB，所以 CH 等于 CG【命题 6.1】。因此，平行四边形 GC 等于平行四边形 EK。两边均加上平行四边形 CF；则有平行四边形 AF 等于折尺形 LMN；所以，平行四边形 DB，即 AD，大于平行四边形 AF。

综上，在同一线段上的所有任意平行四边形中，取掉一个平行四边形，该平行四边形与在一半线段上所作的平行四边形相似且有相似的位置，则在所作图形中，最大的平行四边形是作在原线段一半上的那个平行四边形，并且它相似于所取图形。以上推导过程已对此作出证明。

命题 28①

在一给定线段上作一个平行四边形等于一个给定的直线形，在所作图

① 本命题为二次方程式 $x^2-\alpha x+\beta=0$ 的几何解法。在此情景下，x 为所取图形的一边与其在图形 D 的对应边的比，α 为 AB 的长与图形 D 的边长的比，该边为所取图形作于 AB 上的边的对应边，β 为 C、D 面积的比。为使方程式有实根，有约束条件 $\beta<\alpha^2/4$。只有找到等式的更小的根，其更大的根才能通过相似的方法求得。

形中取掉一个平行四边形，该所取图形与另一个给定的平行四边形相似。对于给定的直线形来说，该图形不大于以给定线段一半为边且与所取掉部分相似的平行四边形。

设 *AB* 为给定线段，*C* 为给定直线形，后续所取的平行四边形位于 *AB* 上且等于 *C*，*C* 不大于以 *AB* 一半所作的相似于所取图形的平行四边形，平行四边形 *D* 与所取图形相似。因此，需要在线段 *AB* 上作一个平行四边形，这个图形等于给定的直线形 *C*，且需要从这个平行四边形上取掉一个与 *D* 相似的平行四边形。

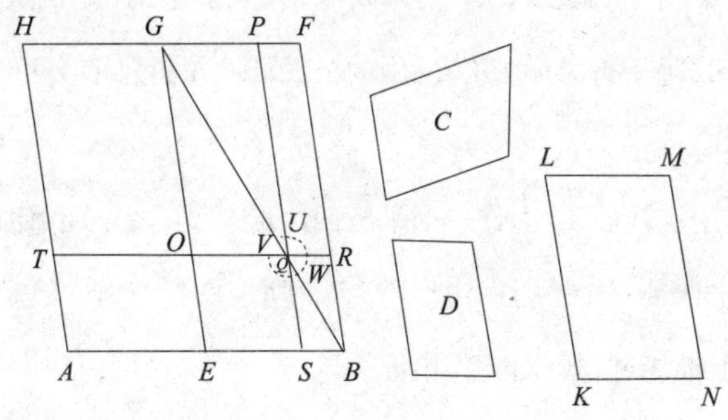

取 *AB* 的二等分点 *E*【命题 1.10】，在 *EB* 上作平行四边形 *EBFG*，使其与平行四边形 *D* 相似，且有相似的位置【命题 6.18】。设平行四边形 *AG* 是补形。

若 *AG* 等于 *C*。位于线段 *AB* 上的平行四边形 *AG*，等于给定的直线形 *C*，且它是取掉相似于 *D* 的平行四边形 *BG* 后所得的图形。若不是这样，设 *HE* 大于 *C*。*HE* 等于 *GB*【命题 6.1】，所以 *GB* 也大于 *C*。作平行四边形 *KLMN* 相似于 *D*，且与 *D* 有相似的位置，同时 *KLMN* 等于 *GB* 与 *C* 的差【命题 6.25】。而 *D* 相似于 *GB*，因此 *KM* 也相似于 *GB*【命题 6.21】。因此，

设边 *KL* 对应 *GE*，边 *LM* 对应 *GF*。因为 *GB* 等于 *C* 与 *KM* 的和，所以 *GB* 大于 *KM*。所以，*GE* 大于 *KL*，*GF* 大于 *LM*。设 *GO* 等于 *KL*，*GP* 等于 *LM*【命题 1.3】。设平行四边形 *OGPQ* 为补形。所以，*GQ* 相似于 *KM*。因此，*GQ* 相似于 *GB*【命题 6.21】；所以，*GQ*、*GB* 的对角线共线【命题 6.26】。

设 *GQB* 是二者的公共对角线，设图已作好。

因为 *BG* 等于 *C* 与 *KM* 的和，*GQ* 等于 *KM*，所以余下的折尺形 *UWV* 等于 *C*。因为 *PR* 等于 *OS*【命题 1.43】，两边均加上平行四边形 *QB*，所以平行四边形 *PB* 等于平行四边形 *OB*。因为边 *AE* 等于边 *EB*，所以 *OB* 等于 *TE*【命题 6.1】。因此，*TE* 等于 *PB*。两边均加上平行四边形 *OS*；因此，平行四边形 *TS* 等于折尺形 *VWU*。因为已经证明了折尺形 *VWU* 等于 *C*；所以，*TS* 等于 *C*。

综上，在给定线段 *AB* 上作一个平行四边形 *ST* 等于一个给定的直线形 *C*，在所作图形中取掉一个平行四边形 *QB*，该所取图形与另一给定平行四边形 *D* 相似。以上推导过程已对此作出证明。

命题 29①

在给定线段上作一个平行四边形，该图形等于给定的直线形，且在这条线段的延长部分上有一个平行四边形相似于一个给定的平行四边形。

设 *AB* 为给定线段，*C* 为给定直线形，*AB* 上所作的图形与其相等，而在 *AB* 的延长部分上的平行四边形与平行四边形 *D* 相似。所以，在给定线

① 本命题为二次方程式 $x^2+\alpha x-\beta=0$ 的几何解法。在此情景下，x 为超出图形的一边与其在图形 *D* 中的对应边的比，α 为 *AB* 的长与图形 *D* 的边长的比，该边为超出图形并作于 *AB* 上的边的对应边，β 为 *C* 与 *D* 的面积的比。该等式只可求得正根。

段 AB 上作一个平行四边形，该图形等于给定的直线形 C，并在延长部分上作与 D 相似的平行四边形。

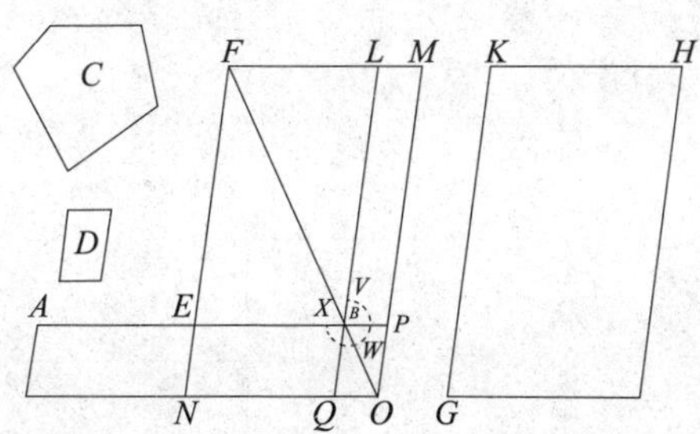

取点 E 为 AB 的二等分点【命题 1.10】，在 EB 上作平行四边形 BF 与 D 相似，且位置也相似【命题 6.18】。作平行四边形 GH 与 D 相似，且位置也相似，而且 GH 等于 BF 与 C 的和【命题 6.25】。设 KH 的对应边为 FL，KG 的对应边为 FE。因为平行四边形 GH 大于平行四边形 FB，所以 KH 大于 FL，KG 大于 FE。延长 FL、FE，令 FLM 等于 KH，FEN 等于 KG【命题 1.3】。设 MN 是补形；所以，MN 等于且相似于 GH。而 GH 相似于 EL，所以 MN 也相似于 EL【命题 6.21】。所以，EL 与 MN 的对角线是共线的【命题 6.26】。连接二者的公共对角线 FO，设图形已作出。

因为 GH 等于 EL 与 C 的和，而 GH 等于 MN，所以 MN 也等于 EL 与 C 的和。两边均减去 EL，那么余下的折尺形 XWV 等于 C。因为 AE 等于 EB，AN 等于 NB【命题 6.1】，即等于 LP【命题 1.43】。两边均加上 EO，可得 AO 等于折尺形 VWX。因为折尺形 VWX 等于 C；所以，平行四边形 AO 等于 C。

综上，在给定线段 AB 上作一个平行四边形 AO，该图形等于给定的直线形 C，因为 PQ 也与 EL 相似，所以延长线上的平行四边形 QP 相似于 D【命题 6.24】。以上推导过程已对此作出证明。

命题 30①

在给定线段上取其中外比。

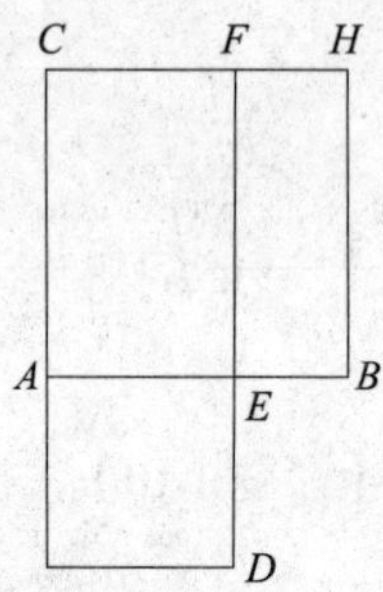

设 AB 为给定线段。将线段 AB 按其中外比进行分割。

在 AB 上作正方形 BC【命题 1.46】，在 AC 上作平行四边形 CD 等于 BC，延长线上的图形 AD 与 BC 相似【命题 6.29】。

因为 BC 为正方形，所以 AD 也为正方形。因为 BC 等于 CD，二者均减去矩形 CE，则可得在余下的部分中， BF 等于 AD，且二者是等角的。因此，在 BF、AD 中夹等角的边互成反比【命题 6.14】。所以，FE 比 ED 等于 AE 比 EB。因为 FE 等于 AB，ED 等于 AE，所以 BA 比 AE 等于 AE 比 EB。因为 AB 大于 AE，所以 AE 大于 EB【命题 5.14】。

综上，线段 AB 于 E 点处按其中外比进行分割，AE 为其中较大的一段。以上推导过程已对此作出证明。

① 本命题中对线段的分割方法有时被称作“黄金分割”——见命题 2.11。

命题 31

在直角三角形中，在直角的对边上作一个图形，在夹直角的边上作该图形的相似图形，使其位置也相似，则有直角所对应的边上的图形等于另两边上的图形之和。

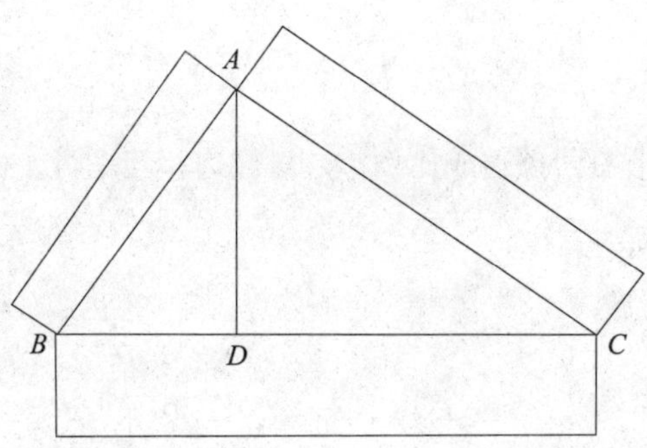

设 *ABC* 为直角三角形，角 *BAC* 为直角。可证 *BC* 上的图形等于与其相似且位置也相似的作于 *BA*、*AC* 上的图形的和。

作垂线 *AD*【命题 1.12】。

因为在直角三角形 *ABC* 中，*AD* 过直角的顶点 *A* 垂直于底边 *BC*，垂线两边的三角形 *ABD*、*ADC* 相似于三角形 *ABC*，且彼此之间也相似【命题 6.8】；因为 *ABC* 相似于 *ABD*，所以 *CB* 比 *BA* 等于 *AB* 比 *BD*【定义 6.1】；因为三条线段成比例，第一条边比第三条边等于第一条边上的图形比第二条边上与其相似且位置也相似的图形【命题 6.19 推论】；所以，*CB* 比 *BD* 等于 *CB* 上的图形与在 *BA* 上与其位置相似的相似图形的比。同理，*BC* 比 *CD* 等于 *BC* 上的图形比 *CA* 上的图形。因此，*BC* 与 *BD*、*DC* 的和的比，等于 *BC* 上的图形与其在 *BA*、*AC* 上的位置相似的相似图形的比【命题 5.24】。因为 *BC* 等于 *BD*、*DC* 的和，所以 *BC* 上的图形等于在 *BA*、*AC* 上与其相似且位置也相似的图形的和【命题 5.9】。

综上，在直角三角形中，在直角的对边上作一个图形，在夹直角的边上作该图形的相似图形，使其位置也相似，则有直角所对应的边上的图形等于另两边上的图形之和。以上推导过程已对此作出证明。

命题 32

若两个三角形有两条边成比例，且对应边相互平行，那么这两个三角形余下的边处于同一直线。

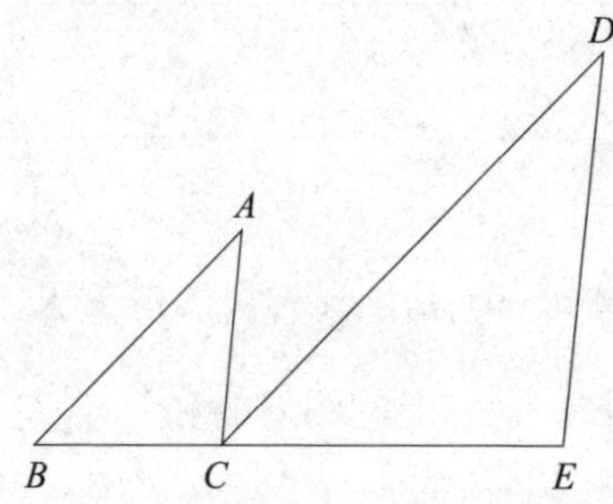

在三角形 *ABC*、*DCE* 中，边 *BA*、*AC* 与边 *DC*、*DE* 成比例，即 *AB* 比 *AC* 等于 *DC* 比 *DE*。令 *AB* 平行于 *DC*、*AC* 平行于 *DE*。可证 *BC*、*CE* 处于同一直线。

因为 *AB* 平行于 *DC*，线段 *AC* 与其相交，则有内错角角 *BAC* 等于角 *ACD*【命题 1.29】。同理可得，角 *CDE* 等于角 *ACD*。因此，角 *BAC* 等于角 *CDE*。因为在三角形 *ABC*、*DCE* 中，*A* 点处的角等于 *D* 点处的角，夹等角的边是成比例的，有 *BA* 比 *AC* 等于 *CD* 比 *DE*，所以三角形 *ABC* 与三角形 *DCE* 的各角相等【命题 6.6】。所以，角 *ABC* 等于角 *DCE*。因为已经证明了角 *ACD* 等于角 *BAC*，所以角 *ACE* 等于角 *ABC* 与角 *BAC* 的和。两边均加上 ACB，则 ACE 与 ACB 的和等于 BAC、ACB 与 CBA 的和。因为角 BAC、ABC 与 ACB 的和等于两直角【命题 1.32】，所以角 ACE 与 ACB 的和等于两直角。因此，线段 BC、CE 并不在 AC 的同一侧，而是与线段 AC 于点 C 处形成了邻角 ACE 和 ACB，而这两个角的和等于两直角。所以，BC 与 CE 处于同一直线【命题 1.14】。

综上，若两个三角形有两条边成比例，且对应边相互平行，那么这两个三角形余下的边处于同一直线。以上推导过程已对此作出证明。

命题 33

等圆中的角，无论是圆心角还是圆周角，角的比等于其所对的弧的比。

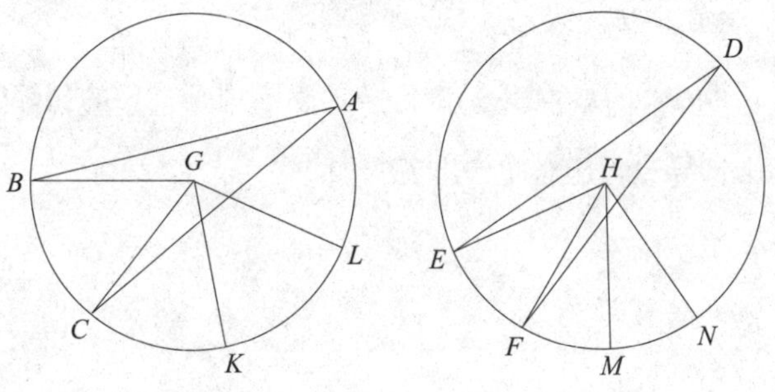

设 ABC、DEF 是等圆，圆心分别是 G、H，BGC、EHF 是圆心角，BAC、EDF 是圆周角。可证弧 BC 比弧 EF 等于角 BGC 比角 EHF，又等于角 BAC 比角 EDF。

取任意相邻的弧 CK、KL，使其等于弧 BC，再取弧 FM、MN 等于弧 EF。连接 GK、GL、HM、HN。

因为弧 BC、CK、KL 互相相等，角 BGC、CGK、KGL 也互相相等【命题 3.27】，所以弧 BL 是 BC 的几倍，则角 BGL 也是角 BGC 的几倍。同理，

弧 *NE* 是 *EF* 的几倍，角 *NHE* 也是角 *EHF* 的几倍。因此，若弧 *BL* 等于弧 *EN*，那么角 *BGL* 等于角 *EHN*【命题 3.27】；若弧 *BL* 大于弧 *EN*，那么角 *BGL* 大于角 *EHN*[①]；若弧 *BL* 小于弧 *EN*，那么角 *BGL* 小于角 *EHN*。所以，现在有四个量，两条弧 *BC*、*EF*，以及两个角 *BGC*、*EHF*；取弧 *BC*、角 *BGC* 的同倍量，即弧 *BL*、角 *BGL*。取弧 *EF*、角 *EHF* 的同倍量，即弧 *EN*、角 *EHN*。已证明若弧 *BL* 大于弧 *EN*，则角 *BGL* 大于角 *EHN*；若弧 *BL* 等于弧 *EN*，则角 *BGL* 等于角 *EHN*；若弧 *BL* 小于弧 *EN*，则角 *BGL* 小于角 *EHN*。因此，弧 *BC* 比弧 *EF* 等于角 *BGC* 比角 *EHF*【定义 5.5】。而角 *BGC* 比 *EHF* 等于角 *BAC* 比 *EDF*【命题 5.15】。这是因为前后分别是二倍的关系【命题 3.20】。所以，弧 *BC* 比弧 *EF* 等于角 *BGC* 比角 *EHF*，又等于角 *BAC* 比角 *EDF*。

综上，等圆中的角，无论是圆心角还是圆周角，角的比等于其所对的弧的比。以上推导过程已对此作出证明。

---

① 这是对命题 3.27 的直接归纳。

第 7 卷　初等数论[1]

定 义

1. 每个事物都是因为它是一个单位而存在的，这个单位叫作一。

2. 一个数是由许多单位组成的[2]。

3. 若一个较小数能量尽较大数，则该较小数是这个较大数的一部分。[3]

4. 若一个较小数无法量尽较大数，则该较小数是这个较大数的几部分。[4]

5. 若一个较大数能为一个较小数所量尽，则该较大数为较小数的倍数。

6. 偶数可以平分为两部分。

7. 奇数不可以平分为两部分，或者与一个偶数相差一个单位。

8. 偶数倍偶数是指一个数可为偶数量尽，且所得数也为偶数。[5]

9. 偶数倍奇数是指一个数可为偶数量尽，所得数为奇数。[6]

---

① 第 7~9 卷的命题，一般被认为属于毕达哥拉斯学派。

② “数”即为大于一个单位的正整数。

③ 若存在任意数 n，使 $na=b$ 成立，那么数 a 为另一个数 b 的一部分。

④ 若存在不同的 m、n，使 $na=mb$ 成立，那么数 a 为另一个数 b 的几部分（$a<b$）。

⑤ 偶数倍偶数即为两个偶数的乘积。

⑥ 偶数倍奇数即为一个偶数与一个奇数的乘积。

10. 奇数倍奇数是指一个数可为奇数量尽，且所得数也为奇数。[①]

11. 素数[②]是指一个数只可为一个单位所量尽。

12. 互为素数的数是指各数之间只有一个单位可作为公度来量尽各数。

13. 合数是指一个数能被某数量尽。

14. 互为合数的数是指各数均可以为某数所量尽。

15. 二数相乘是指被乘数叠加自身数次可得某数，所叠加的次数即为另一数中单位的个数。

16. 两个数相乘得的数称为面积数，其两边即为相乘的两数。

17. 三个数相乘得的数称为体积数，其三边即为相乘的三数。

18. 平方数是指两个相等的数相乘，或者说是一个由两个相等的数所构成的。

19. 立方数是指三个相等的数相乘，或者说是一个由三个相等的数所构成的。

20. 四个数是成比例的是指第一个数是第二个数的某倍、某一部分或某几部分，第三个数与第四个数的关系与这两数之间的关系相同。

21. 相似的面积数和相似的体积数是它们的边成比例。

22. 完全数等于其自身所有部分的和。[③]

---

① 奇数倍奇数即为两个奇数的乘积。

② 字面意思为“首先”。

③ 完全数即为其所有真因数之和。

命　题

命题 1

设有两个不相等的数，依次从较大数中减去较小数，若所得余数总是无法量尽它前面一个数，直至最后的余数为一个单位，那么这两个数互为素数。

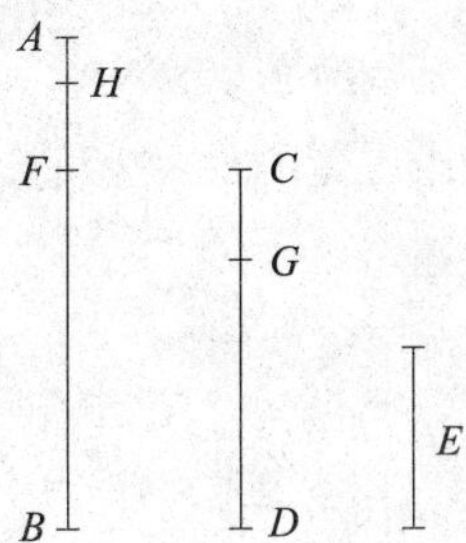

设有不相等的两个数 *AB*、*CD*，依次从较大数中减去较小数，设所得余数总是无法量尽它前面一个数，直至最后的余数为一个单位。可证 *AB*、*CD* 互为素数，即只有一个单位量尽 *AB*、*CD*。

若 *AB*、*CD* 并非互为素数，那么就存在某数可将二者量尽。设这个数为 *E*。用 *CD* 量出 *BF* 的余数 *FA*，*FA* 小于 *CD*；用 *AF* 量出 *DG* 的余数 *GC*，*GC* 小于 *AF*；用 *GC* 量出 *FH*，余数为一个单位 *HA*。

因为 *E* 可以量尽 *CD*，*CD* 可以量尽 *BF*，所以 *E* 也可以量尽 *BF*。[①] 又因为 *E* 可以量尽 *BA*，所以 *E* 也可以量尽余数 *AF*。[②] 因为 *AF* 可以量尽

① 这里使用的是未作证明的一般概念，即若 *a* 可以量尽 *b*，且 *b* 可以量尽 *c*，那么 *a* 也可以量尽 *c*，所有的符号都代表数。

② 这里使用的是未作证明的一般概念，即若 *a* 可以量尽 *b*，且 *a* 可以量尽 *b* 的一部分，那么 *a* 也可以量尽 *b* 余下的那部分，所有的符号都代表数。

DG，所以 *E* 也可以量尽 *DG*。又因为 *E* 可以量尽 *DC*，所以 *E* 可以量尽余数 *CG*。因为 *CG* 可以量尽 *FH*，所以 *E* 也可以量尽 *FH*。又因为 *E* 可以量尽 *FA*，所以尽管 *E* 为一个数，但 *E* 可以量尽余数，即单位 *AH*，这是不可能成立的。所以，不存在可以量尽 *AB*、*CD* 的数。因此，*AB*、*CD* 互为素数。以上推导过程已对此作出证明。

命题 2

已知两个不互素的数，求二者的最大公度数。

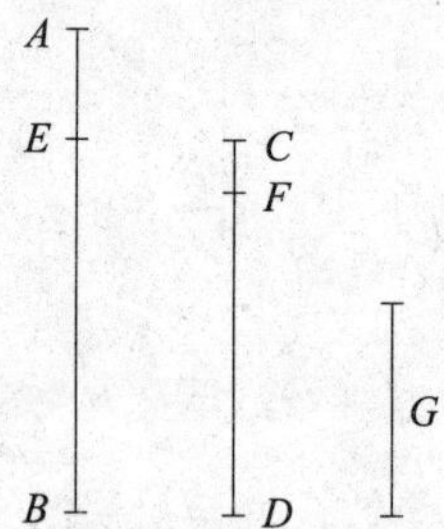

设 *AB*、*CD* 为已知的不互素的两个数。求 *AB*、*CD* 的最大公度数。

若 *CD* 可以量尽 *AB*，因为 *CD* 也可以量尽自身，所以 *CD* 是 *CD*、*AB* 的公度数。因为不存在可以量尽 *CD* 且大于 *CD* 的数，所以 *CD* 是 *CD*、*AB* 的最大公度数。

若 *CD* 无法量尽 *AB*，那么 *AB*、*CD* 中的较大数不断地减去较小数，这样就有一个余数能量尽它前面一个数。这最后的余数不是一个单位，否则 *AB*、*CD* 是互素的两个数【命题 7.1】。这与假设矛盾。因此，某数将是量尽其前面的一个余数。设以 *CD* 量 *BE*，余数为 *EA*，*EA* 小于 *CD*；以 *EA* 量 *DF*，余数为小于 *EA* 的 *FC*，设 *CF* 可以量尽 *AE*。因为 *CF* 可以量尽 *AE*，

AE 可以量尽 *DF*，所以 *CF* 也可以量尽 *DF*。又因为 *CF* 可以量尽其本身，所以 *CF* 可以量尽 *CD*。因为 *CD* 可以量尽 *BE*，所以 *CF* 可以量尽 *BE*。又因为 *CF* 可以量尽 *EA*，所以 *CF* 也可以量尽 *BA*。因为 *CF* 可以量尽 *CD*，所以 *CF* 可以量尽 *AB*、*CD*。所以，*CF* 是 *AB*、*CD* 的一个公度数。可证 *CF* 是二者的最大公度数。若 *CF* 不是 *AB*、*CD* 的最大公度数，那么某个大于 *CF* 的数将可以量尽 *AB* 与 *CD*。设这个数为 *G*。因为 *G* 可以量尽 *CD*，*CD* 可以量尽 *BE*，所以 *G* 可以量尽 *BE*。且 *G* 也可以量尽 *BA*。因而，*G* 也可以量尽余数 *AE*。因为 *AE* 可以量尽 *DF*，所以 *G* 也可以量尽 *DF*。因为 *G* 可以量尽 *DC*，所以 *G* 可以量尽 *CF*，即较大数可以量尽较小数，这是不可能成立的。因此，大于 *CF* 的某数是无法量尽 *AB*、*CD* 的。综上，*CF* 是 *AB*、*CD* 的最大公度数。以上推导过程已对此作出证明。

推 论

所以,若某数可以量尽两个数,那么该数也可以量尽二者的最大公度数。以上推导过程已对此作出证明。

命题 3

求不互素的三个数的最大公度数。

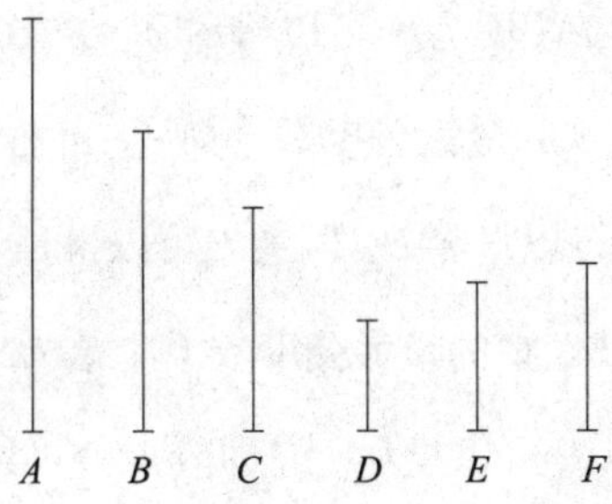

设 A、B、C 为三个已知的不互素的数。求 A、B、C 的最大公度数。

设 A、B 两数的最大公度数为 D【命题 7.2】。那么，D 可以或不可以量尽 C。首先假设 D 可以量尽 C。因为 D 可以量尽 A、B，所以 D 可以量尽 A、B、C，因此，D 是 A、B、C 的公度数。可证 D 也是 A、B、C 的最大公度数。若 D 不是 A、B、C 的最大公度数，那么某个大于 D 的数将可以量尽 A、B、C。设这个数为 E。因为 E 可以量尽 A、B、C，所以 E 可以量尽 A、B，因此，E 也可以量尽 A、B 的最大公度数【命题 7.2 推论】。因为 D 是 A、B 的最大公度数，所以 E 可以量尽 D，即较大数可以量尽较小数，这是不可能成立的。所以，大于 D 的某数是无法量尽 A、B、C 的。因此，D 是 A、B、C 的最大公度数。

设 D 无法量尽 C。首先，证明 C、D 不互素。因为 A、B、C 为不互素的三个数，存在某数可以量尽这三个数；所以，可以量尽 A、B、C 的数也可以量尽 A、B，且该数也可以量尽 A、B 的最大公度数 D【命题 7.2 推论】。因为该数也可以量尽 C，所以该数可以量尽 D、C，因此 D、C 为不互素的两个数。所以，设它们的最大公度数为 E【命题 7.2】。因为 E 可以量尽 D，D 可以量尽 A、B，所以 E 可以量尽 A、B。又因为 E 可以量尽 C，所以 E 可以量尽 A、B、C。因此，E 是 A、B、C 的一个公度数。求证 E 也是最大公度数。设 E 不是 A、B、C 的最大公度数，那么某个大于 E 的数可以量尽 A、B、C。设这个数为 F。因为 F 可以量尽 A、B、C，即可以量尽 A、B，所以 F 也可以量尽 A、B 的最大公度数【命题 7.2 推论】。因为 D 是 A、B 的最大公度数，所以 F 可以量尽 D。因为 F 可以量尽 C，所以 F 可以量尽 C、D。所以，F 可以量尽 D、C 的最大公度数【命题 7.2 推论】。因为 E 是 D、C 的最大公度数，所以 F 可以量尽 E，即较大数可以量尽较小数。这是不可能成立的。因此，大于 E 的某数无法量尽 A、B、C。因此，E 是 A、B、C 的最大公度数。以上推导过程已对此作出证明。

命题 4

较小数为较大数的一部分或几部分。

有两个数 A、BC，设 BC 为较小的数。可证 BC 是 A 的一部分或几部分。

A 与 BC 可能互素，也可能不互素。首先，设 A、BC 互素。所以，将 BC 分为一些单位，BC 的每个单位都是 A 的一部分。因此，BC 是 A 的几部分。

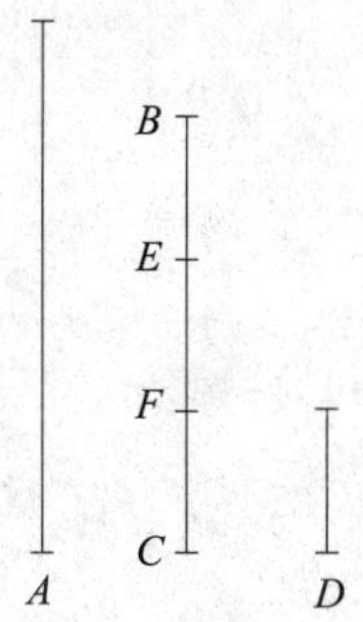

设 A 与 BC 为不互素的两个数。因此，BC 可以或不可以量尽 A。若 BC 可以量尽 A，那么 BC 是 A 的一部分。如果不可以，设 D 为 A、BC 的最大公度数【命题 7.2】，将 BC 分为与 D 相等的 BE、EF、FC。因为 D 可以量尽 A，所以 D 是 A 的一部分。D 与 BE、EF、FC 均相等。所以，BE、EF、FC 也均为 A 的一部分。因此，BC 是 A 的几部分。

综上，较小数为较大数的一部分或几部分。以上推导过程已对此作出证明。

命题 5[①]

若一个小数是一个大数的一部分，而另一个小数是另一个大数的同样的一部分，那么两个小数的和也是两个大数的和的一部分，并与小数是大数的部分相同。

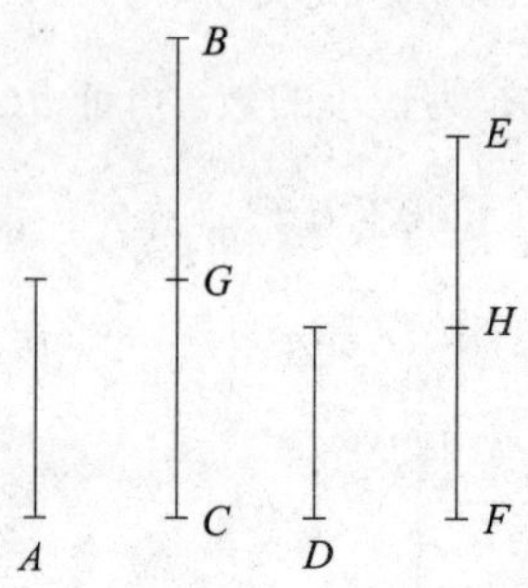

设数 A 是 BC 的一部分，D 是 EF 的一部分且与 A 在 BC 中的部分相同。可证 A、D 之和是 BC、EF 之和的一部分，且与 A 在 BC 中的部分相同。

因为无论 A 是 BC 怎样的一部分，D 都为 EF 上同样的一部分，因此，BC 中有多少个 A，EF 中就有多少个 D。将 BC 分为 BG、GC，且与 A 相等，将 EF 分为 EH、HF，且与 D 相等。所以，分解所得 BG、GC 的个数等于分解所得 EH、HF 的个数。因为 BG 等于 A，EH 等于 D，所以 BG、EH 之和等于 A、D 之和。同理可得，GC、HF 之和等于 A、D 之和。因此，BC 中有多少个 A，BC、EF 之和中就有多少个 A、D 之和。所以，BC 为 A 的几倍，BC、EF 之和即为 A、D 之和的几倍。所以，无论 A 是 BC 怎样的一部分，A、D 之和都为 BC、EF 之和的同样的一部分。以上推导过程已对此作出证明。

① 在现代标记法中，本命题如下表示：若 $a=(1/n)b$，且 $c=(1/n)d$，则有 $a+c=(1/n)(b+d)$，所有的符号都代表数。

命题 6[①]

若一个数是一个数的几部分，而另一个数是另一个数的同样的几部分，那么一个数与另一个数之和为另外两个数之和的同样的几部分。

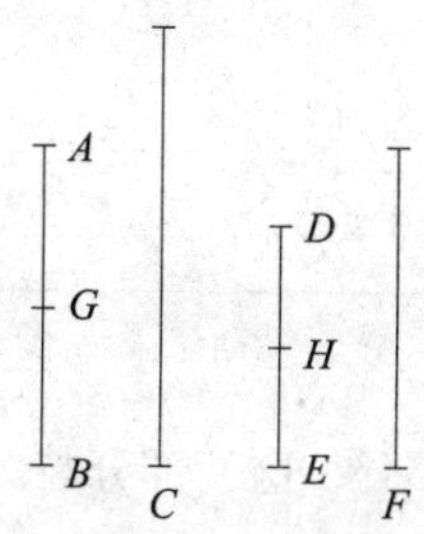

设数 AB 是 C 的几部分，另一个数 DE 是 F 的几部分与 AB 是 C 的几部分相同。可证 AB、DE 之和是 C、F 之和的同样的几部分，且与 AB 是 C 的几部分相同。

因为无论 AB 是 C 的怎样的几部分，DE 都是 F 的同样的几部分，所以 AB 中有多少个 C 的一部分，DE 中就有多少 F 的一部分。将 AB 分为 C 的几个一部分，即 AG、GB；将 DE 分为 F 的几个一部分，即 DH、HE，这样分解所得的 AG、GB 的个数等于 DH、HE 的个数。因为无论 AG 是 C 的怎样的一部分，DH 是 F 的同样的一部分，所以无论 AG 是 C 的怎样的一部分，AG、DH 之和都是 C、F 之和的相同的一部分【命题 7.5】。同理可证，无论 GB 是 C 的怎样的一部分，GB、HE 之和都是 C、F 之和的相同的一部分。因此，无论 AB 是 C 的怎样的几部分，AB、DE 之和都是 C、F 之和的相同的几部分。以上推导过程已对此作出证明。

---

① 在现代标记法中，本命题如下表示：若 $a=(m/n)b$，且 $c=(m/n)d$，则有 $a+c=(m/n)(b+d)$，所有的符号都代表数。

命题 7[①]

若一个数是另一个数的一部分与一个减数是另一个减数的一部分相同，那么余数也是另一个余数的一部分且与整个数是另一个整个数的一部分相同。

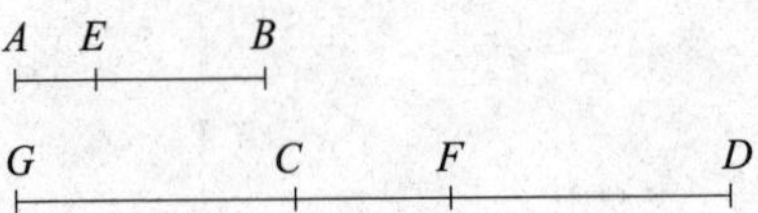

设数 AB 是数 CD 的一部分，这一部分与 AE 是 CF 的一部分相同。可证与 AB 是 CD 的一部分一样，余数 EB 也是 FD 中同样的一部分。

因为 AE 是 CF 的一部分，设 EB 也是 CG 同样的一部分。因为 AE 是 CF 中的一部分，EB 也是 CG 中同样的一部分，所以无论 AE 是 CF 的怎样的一部分，AB 也是 GF 的同样的一部分【命题 7.5】。因为 AE 是 CF 的一部分，AB 是 CD 中相同的一部分。所以，无论 AB 是 GF 的怎样的一部分，AB 在 CD 中都为同样的一部分；所以，GF 等于 CD。二者均减去 CF，则有 GC 等于 FD。因为 AE 为 CF 的一部分，EB 为 GC 的同样的一部分，又 GC 等于 FD，所以无论 AE 是 CF 的怎样的一部分，EB 也是 FD 的同样的一部分。因为 AE 是 CF 中的一部分，AB 是 CD 中同样的一部分。所以，余数 EB 在 FD 中所占部分与 AB 在 CD 中所占部分相同。以上推导过程已对此作出证明。

① 在现代标记法中，本命题如下表示：若 $a = (1/n)b$，且 $c = (1/n)d$，则有 $a-c = (1/n)(b-d)$，所有的符号都代表数。

命题 8[①]

若一个数是另一个数的几部分与一个减数是另一个减数的几部分相同，那么余数是另一个余数的几部分与整个数是另一个整个数的几部分相同。

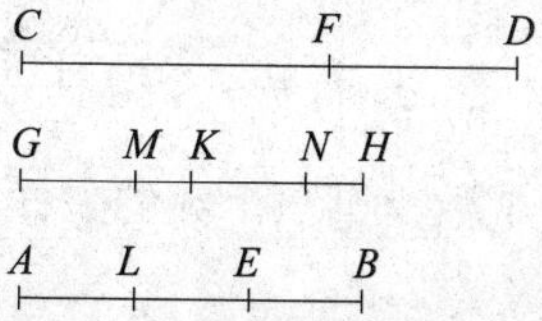

设数 *AB* 是数 *CD* 的几部分与减数 *AE* 是减数 *CF* 的几部分相同。可证 *AB* 是 *CD* 的几部分，余数 *EB* 在余数 *FD* 中也为相同的几部分。

作 *GH* 等于 *AB*。所以，无论 *GH* 是 *CD* 的怎样的几部分，*AE* 也是 *CF* 的同样的几部分。将 *GH* 分割为 *CD* 的几个部分：*GK*、*KH*；将 *AE* 分割为 *CF* 的几个部分：*AL*、*LE*。所以，*GK*、*KH* 的个数等于 *AL*、*LE* 的个数。因为 *GK* 是 *CD* 的一部分，*AL* 是 *CF* 中同样的一部分，*CD* 大于 *CF*，所以 *GK* 大于 *AL*。作 *GM* 等于 *AL*。因此，无论 *GK* 是 *CD* 的怎样的一部分，*GM* 都是 *CF* 中同样的一部分。所以，*GK* 是 *CD* 中的一部分，余数 *MK* 也是余数 *FD* 中的一部分【命题 7.7】。又因为无论 *KH* 是 *CD* 的怎样的一部分，*EL* 也是 *CF* 中同样的一部分，*CD* 大于 *CF*，所以 *HK* 也大于 *EL*。令 *KN* 等于 *EL*。所以，无论 *KH* 是 *CD* 的怎样的一部分，*KN* 也是 *CF* 中同样的一部分。所以，*KH* 是 *CD* 中的一部分，余数 *NH* 也是余数 *FD* 中相同的一部分【命题 7.7】。因为已经证明余数 *MK* 是余数 *FD* 中的一部分，与 *GK* 在 *CD* 中的一部分相同。所以，*HG* 是 *CD* 中的几部分，*MK*、*NH* 之和也是 *DF* 中的几

① 在现代标记法中，本命题如下表示：若 $a = (m/n)b$，且 $c = (m/n)d$，则有 $a-c = (m/n)(b-d)$，所有的符号都代表数。

部分。因为 MK、NH 之和等于 EB，HG 等于 BA。所以，AB 是 CD 的几部分，余数 EB 在余数 FD 中也为相同的几部分。以上推导过程已对此作出证明。

命题 9[①]

若一个数是一个数的一部分，而另一个数是另一个数的同样的一部分，可得其更比例，无论第一个数是第三个数的怎样的一部分或几部分，第二个数都是第四个数的同样的一部分或几部分。

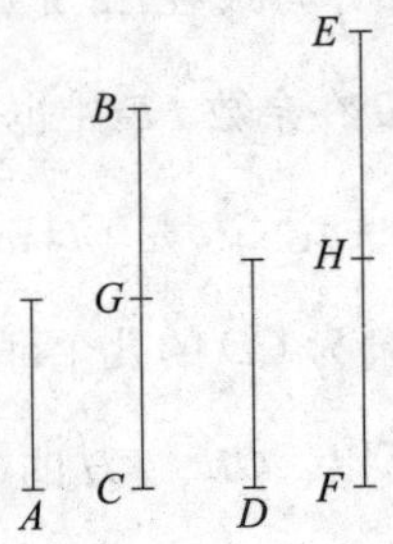

设数 A 是数 BC 的一部分，另一个数 D 是 EF 中的同样的一部分。可得其更比例，无论 A 是 D 中的怎样的一部分或几部分，BC 都是 EF 中的同样的一部分或几部分。

因为 A 是 BC 的一部分，D 是 EF 中相同的一部分，所以，BC 中 A 的数量等于 EF 中 D 的数量。将 BC 分为与 A 相等的 BG、GC，将 EF 分为与 D 相等的 EH、HF；因此，BG、GC 的个数等于 EH、HF 的个数。

因为数 BG 等于数 GC，数 EH 等于数 HF，BG、GC 的个数等于 EH、HF 的量，所以 BG 是 EH 的怎样的一部分或几部分，GC 也是 HF 的相同

① 在现代标记法中，本命题如下表示：若 $a=(1/n)b$，且 $c=(1/n)d$，则若 $a=(k/l)c$，则 $b=(k/l)d$，所有的符号都代表数。

的一部分或几部分。因此，BG 是 EH 中的几部分，BC 也是 EF 中的几部分【命题 7.5、7.6】。因为 BG 等于 A，EH 等于 D，所以无论 A 是 D 的怎样的一部分或几部分，BC 都是 EF 的同样的一部分或几部分。以上推导过程已对此作出证明。

命题 10[①]

若一个数是一个数的几部分，而另一个数是另一个数的同样的几部分，可得其更比例，无论第一个数是第三个数怎样的几部分或一部分，第二个数也是第四个数的同样的几部分或一部分。

设数 AB 是数 C 的几部分，DE 是 F 的同样的几部分，可得其更比例：无论 AB 是 DE 的怎样的几部分或一部分，C 都是 F 的同样的几部分或一部分。

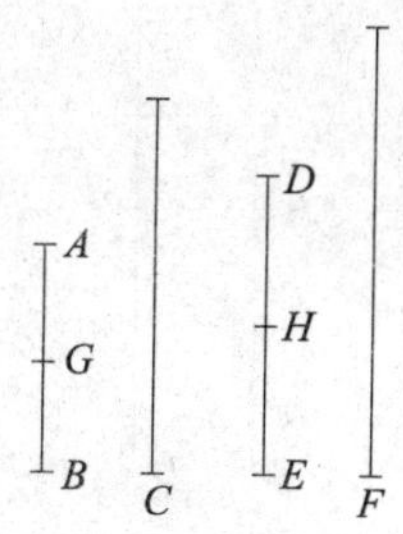

因为 AB 是 C 的几部分，DE 也是 F 的相同的几部分，所以 AB 中有 C 的几部分，DE 中就有 F 的几部分。将 AB 分为 C 的几个部分 AG、GB，将 DE 分为 F 的几个部分 DH、HE；因此，AG、GB 的个数等于 DH、HE 的个数。

① 在现代标记法中，本命题如下表示：若 $a = (m/n)b$，且 $c = (m/n)d$，则若 $a = (k/l)c$，则 $b = (k/l)d$，所有的符号都代表数。

因为无论 AG 是 C 的怎样的一部分，DH 也是 F 的相同的一部分，可得其更比例，无论 AG 是 DH 的怎样的一部分或几部分，C 都是 F 的相同的一部分或几部分【命题 7.9】。同理，无论 GB 是 HE 的怎样的一部分或几部分，C 都是 F 的相同的一部分或几部分【命题 7.9】；所以，无论 AB 是 DE 的怎样的几部分或一部分，C 都是 F 的同样的几部分或一部分。以上推导过程已对此作出证明。

命题 11[①]

两数之比等于其减数之比，则二者的余数之比等于原数之比。

设 AB、CD 之比等于减数 AE、CF 之比。可证余数 EB 比余数 FD 等于 AB 比 CD。

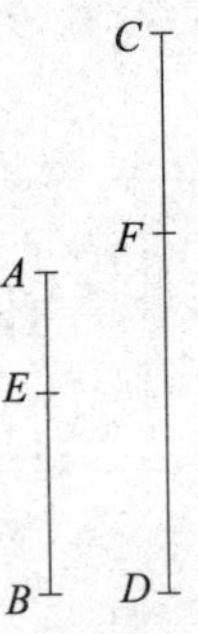

因为 AB 比 CD 等于 AE 比 CF，所以 AB 是 CD 的一部分或几部分，AE 是 CF 的相同的一部分或几部分【定义 7.20】。因此，如同 AB 是 CD 的一部分或几部分，余数 EB 是余数 FD 的同样的一部分或几部分【命题 7.7、

① 在现代记法中，本命题如下表示：若 $a : b :: c : d$，则 $a : b :: (a-c) : (b-d)$，所有的符号都代表数。

7.8】。综上，EB 比 FD 等于 AB 比 CD【定义 7.20】。以上推导过程已对此作出证明。

命题 12[①]

若任意几个数成比例，那么前项之一与后项之一的比等于所有前项的和与所有后项的和的比。

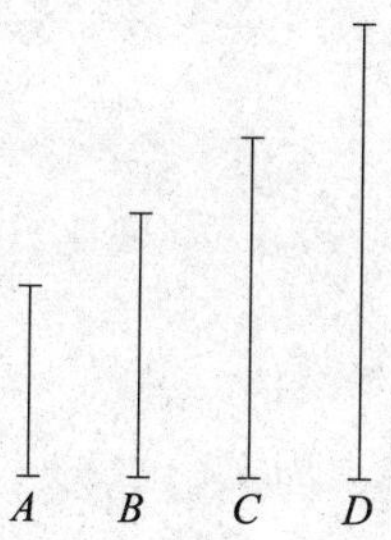

设有成比例的几个数 A、B、C、D，A 比 B 等于 C 比 D。可证 A 比 B 等于 A、C 的和比 B、D 的和。

因为 A 比 B 等于 C 比 D，所以 A 是 B 的一部分或几部分，C 是 D 相同的一部分或几部分【定义 7.20】。因此，如同 A 是 B 的一部分或几部分，A、C 的和是 B、D 的和同样的一部分或几部分【命题 7.5、7.6】。因此，A 比 B 等于 A、C 的和比 B、D 的和【定义 7.20】。以上推导过程已对此作出证明。

① 在现代标记法中，本命题如下表示：若 $a : b :: c : d$，则有 $a : b :: (a + c) : (b + d)$，所有的符号都代表数。

命题 13[①]

若有四个数互成比例，那么其更比例也成比例。

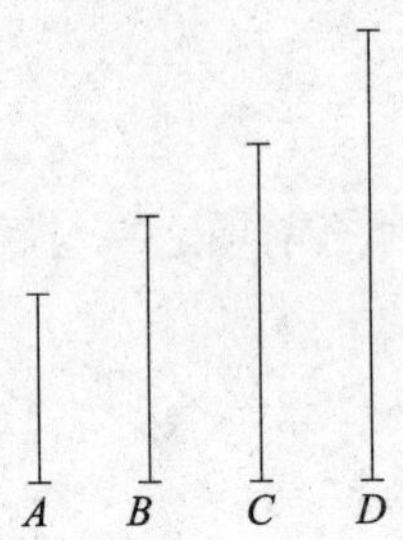

设成比例的四个数 A、B、C、D，A 比 B 等于 C 比 D。可证其更比例 A 比 C 等于 B 比 D 也成立。

因为 A 比 B 等于 C 比 D，所以无论 A 是 B 怎样的一部分或几部分，C 都是 D 的同样的一部分或几部分【定义 7.20】。因此，可得更比例：无论 A 是 C 怎样的一部分或几部分，B 都是 D 的同样的一部分或几部分【命题 7.9、7.10】。综上，A 比 C 等于 B 比 D【定义 7.20】。以上推导过程已对此作出证明。

命题 14[②]

有任意一组数，另一组数与其有相同的个数，若前一组数中的两数之比等于后一组数中的两数之比，则其首末比例也相同。

---

① 在现代标记法中，本命题如下表示：若 $a:b::c:d$，则 $a:c::b:d$，所有的符号都代表数。

② 在现代标记法中，本命题如下表示：若 $a:b::d:e$，$b:c::e:f$，则 $a:c::d:f$，所有的符号都代表数。

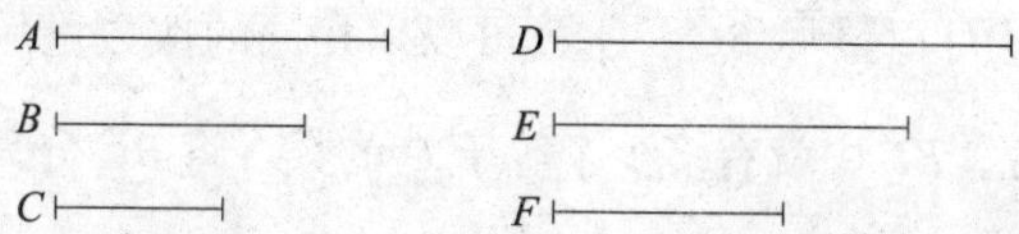

设一组数为 A、B、C，另一组数 D、E、F 与其有相同的个数，这两组数各取两数，两两相比，比例相同，即 A 比 B 等于 D 比 E，B 比 C 等于 E 比 F。可得其首末比 A 比 C 等于 D 比 F。

因为 A 比 B 等于 D 比 E，所以可得其更比例，A 比 D 等于 B 比 E【命题 7.13】。又因为 B 比 C 等于 E 比 F，所以可得其更比例，B 比 E 等于 C 比 F【命题 7.13】。因为 B 比 E 等于 A 比 D，所以 A 比 D 等于 C 比 F。综上，可得更比例，A 比 C 等于 D 比 F【命题 7.13】。以上推导过程已对此作出证明。

命题 15[①]

若一个单位可以量尽一个数，而另一个数以相同的次数可以量尽另一个数，那么可得其更比例，该单位量尽第三个数与第二个数量尽第四个数有相同的次数。

设单位 A 可以量尽某数 BC，另一个数 D 可以以相同的次数量尽数 EF。可证其更比例成立，即单位 A 可以量尽 D，BC 可以以相同的次数量尽 EF。

① 本命题为命题 7.9 的特例。

因为单位 A 可以量尽 BC，且 D 可以以相同的次数量尽 EF，所以 BC 中有多少个单位，EF 中就有多少个等于 D 的数。将 BC 分为与其单位相等的 BG、GH、HC 三份，将 EF 分为与 D 相等的 EK、KL、LF 三份。由此，BG、GH、HC 的个数与 EK、KL、LF 的个数相等。因为单位 BG、GH、HC 彼此相等，数 EK、KL、LF 彼此相等，BG、GH、HC 的个数与 EK、KL、LF 的个数相等，所以单位 BG 比数 EK 等于单位 GH 比数 KL，又等于单位 HC 比 LF。可得，前项之一与后项之一的比，等于所有前项的和与所有后项的和的比【命题 7.12】。因此，单位 BG 比数 EK 等于 BC 比 EF。因为单位 BG 等于单位 A，数 EK 等于数 D，所以单位 A 比数 D 等于 BC 比 EF。综上，单位 A 可以量尽数 D，BC 可以以相同的次数量尽 EF【定义 7.20】。以上推导过程已对此作出证明。

命题 16[①]

若二数相乘得二数，所得二数相等。

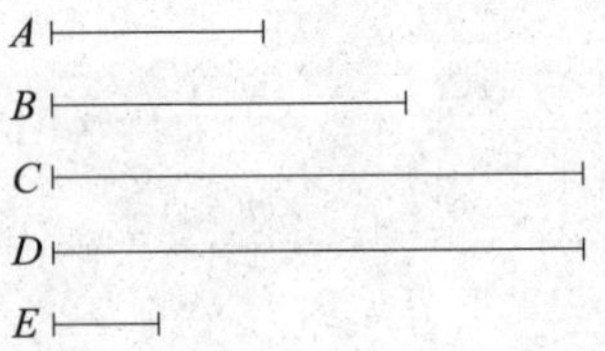

设有 A、B 两数。设 A 乘以 B 得 C，B 乘以 A 得 D。可证 C 等于 D。

因为 A 乘以 B 得 C，所以 B 可以以 A 中的单位个数来量尽 C【定义

① 在现代记法中，本命题如下表示：$ab=ba$，所有的符号都代表数。

7.15】。因为单位 E 可以以 A 中的单位数来量尽 A，所以以单位 E 量尽 A，其次数与以数 B 量尽 C 相同。因此，可得其更比例，即以单位 E 量尽 B，其次数与以 A 量尽 C 相同【命题 7.15】。又因为 B 乘以 A 得 D，A 可以以 B 中的单位数来量尽 D【定义 7.15】；又因为单位 E 可以以 B 中的单位数来量尽 B；所以，以单位 E 量尽数 B，其次数与以 A 量尽 D 相同。因为单位 E 可以量尽数 B，其次数与以 A 量尽 C 相同，所以 A 可以以相同的次数量尽 C、D，即 C 等于 D。以上推导过程已对此作出证明。

命题 17[①]

若一个数与另两个数相乘得某两数，那么所得两数之比与所乘两数之比相同。

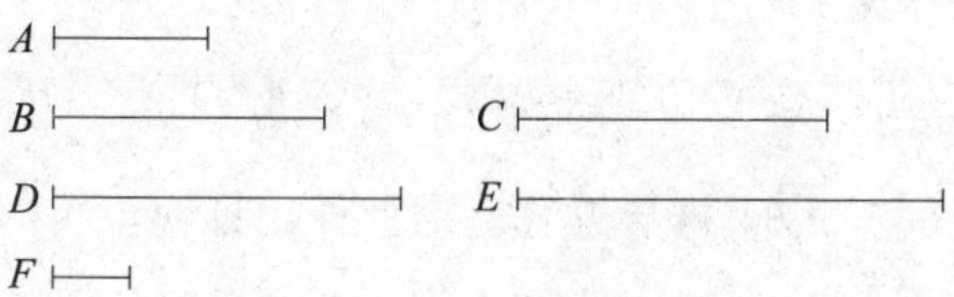

设数 A 与数 B、C 相乘，所得数为 D、E。可证 B 比 C 等于 D 比 E。

因为 A 乘以 B 等于 D，所以 B 可以以 A 中的单位的个数来量尽 D【定义 7.15】。因为单位 F 也可以以 A 中的单位数来量尽 A，所以单位 F 可以量尽数 A，其次数与以 B 量尽 D 相同。因此，单位 F 比数 A 等于 B 比 D【定义 7.20】。同理，单位 F 比数 A 等于 C 比 E。所以，B 比 D 等于 C 比 E。综上，可得其更比例，B 比 C 等于 D 比 E【命题 7.13】。以上推导过程已

① 在现代标记法中，本命题如下表示：若 $d=ab$，$e=ac$，则有 $d:e::b:c$，所有的符号都代表数。

对此作出证明。

命题 18[①]

若有两个数分别乘以一个数得某两数，那么所得两数之比等于原两数之比。

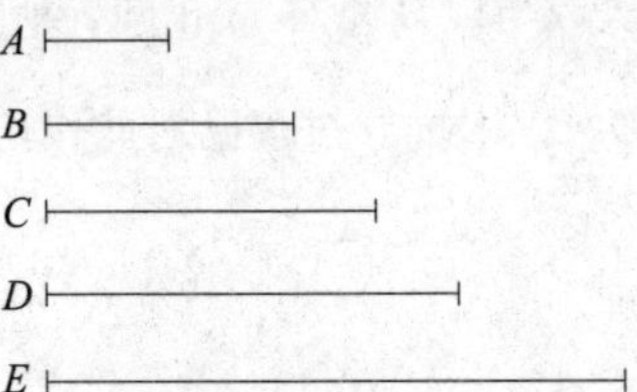

设有两个数 A、B，分别乘以某数 C 等于 D、E。可证 A 比 B 等于 D 比 E。

因为 A 乘以 C 等于 D，所以 C 乘以 A 也等于 D【命题 7.16】。同理，C 乘以 B 等于 E。所以数 C 分别乘以数 A、B 得 D、E。因此，A 比 B 等于 D 比 E【命题 7.17】。以上推导过程已对此作出证明。

命题 19[②]

设有成比例的四个数，那么第一个数与第四个数的乘积等于第二个数与第三个数的乘积。若第一个数与第四个数的乘积等于第二个数与第三个数的乘积，那么这四个数是成比例的。

---

① 在现代标记法中，本命题如下表示：若 $ac = d$，而 $bc=e$，则有 $a : b :: d : e$，所有的符号都代表数。

② 在现代标记法中，本命题如下表示：若 $a : b :: c : d$，则有 $ad = bc$，反之亦然，所有的符号都代表数。

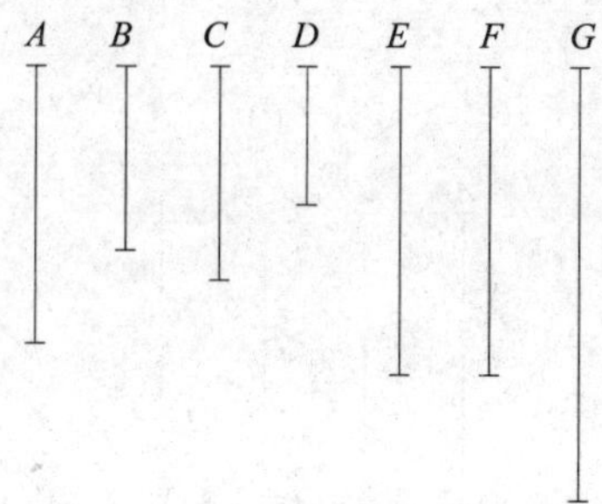

设四个成比例的数为 A、B、C、D，有 A 比 B 等于 C 比 D。A 乘以 D 等于 E，B 乘以 C 等于 F。可证 E 等于 F。

设 A 乘以 C 等于 G。因为 A 乘以 C 等于 G，A 乘以 D 等于 E，A 分别乘以 C、D 等于 G、E，所以 C 比 D 等于 G 比 E【命题 7.17】。而 C 比 D 等于 A 比 B，所以 A 比 B 等于 G 比 E。又因为 A 乘以 C 等于 G，B 乘以 C 等于 F，A、B 两数分别乘以同一个数 C 得 G、F，所以 A 比 B 等于 G 比 F【命题 7.18】。因为 A 比 B 等于 G 比 E，所以 G 比 E 等于 G 比 F。所以，G 与 E、F 均有相同的比。所以，E 等于 F【命题 5.9】。

另设 E 等于 F。可证 A 比 B 等于 C 比 D。

在作图不变的情况下，因为 E 等于 F，所以 G 比 E 等于 G 比 F【命题 5.7】。而 G 比 E 等于 C 比 D【命题 7.17】。因为 G 比 F 等于 A 比 B【命题 7.18】，所以 A 比 B 等于 C 比 D。以上推导过程已对此作出证明。

命题 20

用有相同比的数组中的最小的一对量尽其他数对，较大数量尽较大数，较小数量尽较小数，其次数是相同的。

CD、EF 是与 A、B 同比的最小数对。可证以 CD 量尽 A，其次数与以

EF 量尽 *B* 相同。

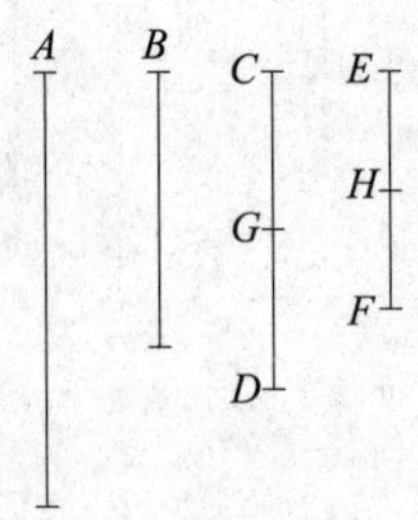

CD 并不是 *A* 的几部分，但假设此条件是成立的。可得，如同 *CD* 是 *A* 的几部分，*EF* 是 *B* 的同样的几部分【定义 7.20、命题 7.13】。因此，*CD* 中有 *A* 的几部分，*EF* 中就有 *B* 的几部分。将 *CD* 分为 *A* 的一部分，即 *CG*、*GD*；将 *EF* 分为 *B* 的一部分，即 *EH*、*HF*；所以，*CG*、*GD* 的个数等于 *EH*、*HF* 的个数。因为数 *CG*、*GD* 的个数与数 *EH*、*HF* 的个数相等，*CG* 与 *GD* 彼此相等，*EH* 与 *HF* 彼此相等，*CG*、*GD* 的个数等于 *EH*、*HF* 的个数，所以 *CG* 比 *EH* 等于 *GD* 比 *HF*。因此，前项之一与后项之一的比等于前项之和与后项之和的比【命题 7.12】。所以，*CG* 比 *EH* 等于 *CD* 比 *EF*。因此，*CG* 比 *EH* 与 *CD* 比 *EF* 有相同的比，但 *CD*、*EF* 小于 *CG*、*EH*，这是不可能成立的。因为已假设 *CD*、*EF* 为同比数对中最小的一对，所以 *CD* 并非为 *A* 的几部分。因此，*CD* 是 *A* 的一部分【命题 7.4】。*EF* 是 *B* 的一部分与 *CD* 是 *A* 的一部分相同【定义 7.20、命题 7.13】。综上，以 *CD* 量尽 *A*，其次数与以 *EF* 量尽 *B* 相同。以上推导过程已对此作出证明。

命题 21

在比相同的数对中，互素的两个数是最小的一对数。

设 A、B 彼此互素。可证在与 A、B 有相同比的数对中，A、B 是最小的一对数。

若二者并非最小的一对，则存在与 A、B 比相同且小于 A、B 的一对数，设其为 C、D。

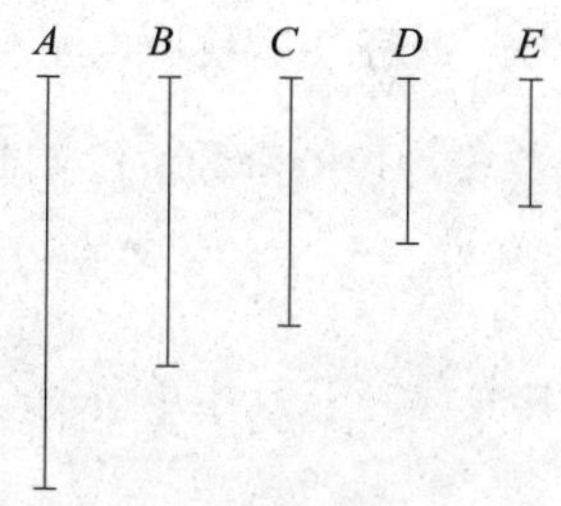

在同比的数组中，以最小的一对数量尽与它们有相同比的数对次数相同，即前项量尽前项与后项量尽后项的次数是相同的，因此，以 C 量尽 A，其次数等于以 D 量尽 B 的次数【命题 7.20】。因此，以 C 量尽 A，其次数等于 E 中的单位的个数。因此，以 D 量尽 B，其次数等于 E 中单位数。因为以 C 量尽 A，其次数等于 E 中单位数，所以以 E 量尽 A，其次数等于 C 中的单位数【命题 7.16】。同理，以 E 量尽 B，其次数等于 D 中的单位数【命题 7.16】。所以，E 可以量尽 A、B，但 A、B 为互素的两个数，所以所得结论是不可能成立的。因此，不存在某对数与 A、B 的比相同且小于 A、B。综上，在与 A、B 有相同比的数对中，A、B 是最小的一对数。以上推导过程已对此作出证明。

命题 22

在有相同比的数对中，最小的那对数彼此互素。

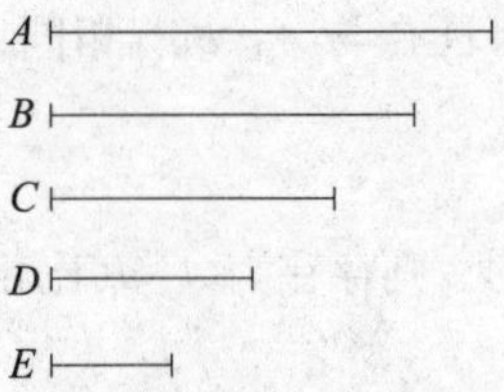

在比相同的数对中，设 A、B 是最小的一对。可证 A、B 彼此互素。

若 A、B 彼此并不互素，则有某个数可以量尽二者。设这个数为 C。以 C 量尽 A，其次数等于 D 中单位的个数。以 C 量尽 B，其次数等于 E 中单位的个数。

因为 C 可以量尽 A，其次数等于 D 中单位的个数，所以 C 乘以 D 等于 A【定义 7.15】。同理，C 乘以 E 等于 B。所以，数 C 分别乘以数 D、E 可得 A、B。因此，D 比 E 等于 A 比 B【命题 7.17】。所以，D、E 之比等于 A、B 之比，且 D、E 比 A、B 小，该结论是不可能成立的。所以不存在某数可以量尽数 A、B。综上，A、B 彼此互素。以上推导过程已对此作出证明。

命题 23

有两个数互素，若一个数可以量尽这两个数中的一个，则它与另一个数互素。

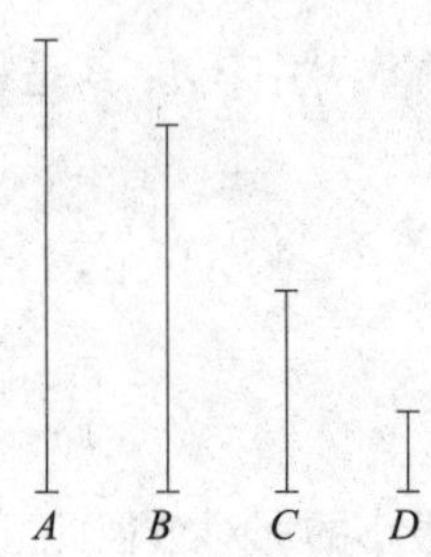

设 A、B 是互素的两个数，某数 C 可以量尽 A。可证 C、B 彼此互素。

若 C、B 彼此并不互素，那么存在某数可以量尽 C、B。设这个数为 D。因为 D 可以量尽 C，C 可以量尽 A，所以 D 可以量尽 A。因为 D 可以量尽 B，所以 D 可以量尽互素的两个数 A、B，这个结论是不可能成立的。所以，可以量尽 C、B 的某数是不存在的。综上，C、B 互素。以上推导过程已对此作出证明。

命题 24

若有两个数与某数互素，那么这两个数的乘积也与这个数互素。

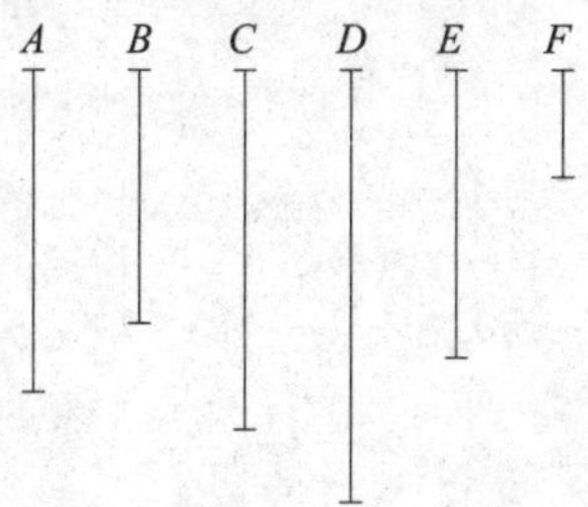

设有两个数 A、B，二者均与数 C 互素。设 A 与 B 的乘积为 D。可证 C、D 互素。

若 C、D 并不互素，那么就存在某数可以量尽 C、D。设这个数为 E。因为 C、A 互素，而某数 E 可以量尽 C，所以 A、E 互素【命题7.23】。因此，E 量尽 D 的次数，与 F 中单位的个数相同。因而，以 F 量尽 D，其次数等于 E 中单位的个数【命题7.16】。因此，E 乘以 F 等于 D【定义7.15】。因为 A 乘以 B 等于 D，所以 E、F 的乘积等于 A、B 的乘积。若两外项的积等于内项的积，则这四个数成比例【命题7.19】。所以，E 比 A 等于 B

比 F。因为 A、E 互素，互素的一对数也是与它们有相同比的数对中最小的一对数【命题 7.21】。在有相同比的数组中，以最小的一对数的大数和小数分别量尽有相同比的大数和小数，即前项量尽前项与后项量尽后项，其次数是相同的【命题 7.20】。因此，E 可以量尽 B。又因为 E 可以量尽 C，所以 E 可以量尽互素的 B、C，这个结论是不可能成立的。所以可以量尽数 C、D 的某数是不存在的。综上，C、D 互素。以上推导过程已对此作出证明。

命题 25

若两个数互素，则其中一个数的平方与另一个数也互素。

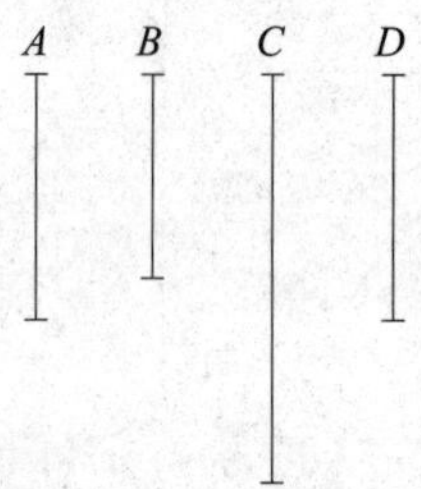

设 A、B 两数互素。A 与其自身的乘积为 C。可证 B、C 互素。

设 D 等于 A。因为 A、B 互素，A 等于 D，所以 D、B 互素。因为 D、A 均与 B 互素。因此，D、A 的乘积也与 B 互素【命题 7.24】。因为 C 为 D、A 的乘积。综上，C、B 互素。以上推导过程已对此作出证明。

命题 26

若有两个数分别与另两个数彼此互素，那么前两个数的乘积与后两个数的乘积也互素。

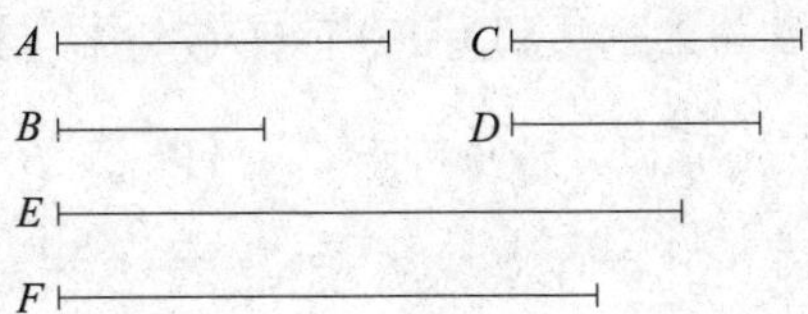

设有两个数 A、B，分别与另两个数 C、D 互素。A 乘以 B 等于 E，C 乘以 D 等于 F。可证 E、F 互素。

因为 A、B 均与 C 互素，所以 A、B 的乘积也与 C 互素【命题 7.24】。E 为 A、B 乘积，所以，E、C 互素。同理，E、D 互素。于是 C、D 均与 E 互素。可得，C、D 的乘积也与 E 互素【命题 7.24】。因为 F 是 C、D 的乘积。综上，E、F 互素。以上推导过程已对此作出证明。

命题 27①

若两个数互素，二者与其自身的乘积也互素；若用原数乘以先前所得的乘积，所得的数也互素（依次类推）。

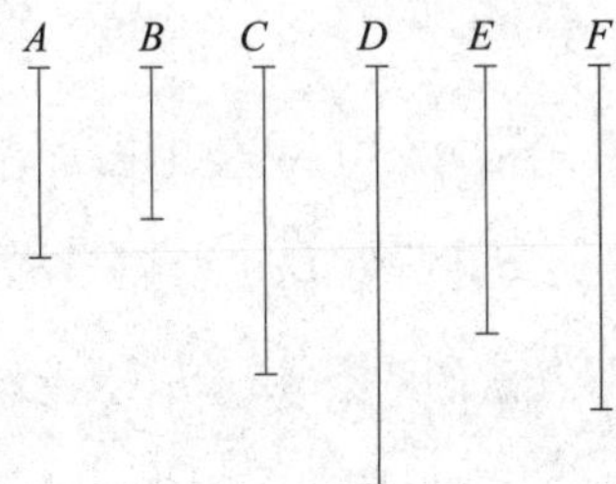

设 A、B 两数互素，A 与其自身的乘积为 C，A 与 C 的乘积为 D。B 与

① 在现代标记法中，本命题如下表示：若 a 与 b 互素，则有 a^2 与 b^2 互素，a^3 与 b^3 互素，等等，所有的符号都代表数。

其自身的乘积为 E，B 与 E 的乘积为 F。可证 C 与 E 互素，D 与 F 互素。

因为 A、B 互素，A 乘以其自身等于 C，所以 C、B 互素【命题 7.25】。因为 C、B 互素，B 乘以其自身等于 E，所以 C、E 互素【命题 7.25】。又因为 A、B 互素，B 乘以其自身等于 E，所以 A、E 互素【命题 7.25】。因为 A、C 两数均与 B、E 两数互素，所以 A、C 的乘积与 B、E 的乘积互素【命题 7.26】。因为 D 为 A、C 的乘积，F 为 B、E 的乘积。综上，D、F 互素。以上推导过程已对此作出证明。

命题 28

若两个数互素，那么二者之和也与原二数互素。若两数之和与二者中的任意一个数互素，那么这两个数是互素的。

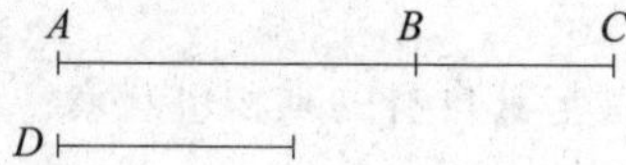

设两数 AB、BC 互素，将这两个数加在一起。可证这两个数的和 AC 与 AB、BC 均是互素的。

若 AC、AB 并不互素，那么存在某数可以量尽 AC、AB。设这个数是 D。因为 D 可以量尽 AC、AB，所以 D 也可以量尽 BC。因为 D 也可以量尽 AB，所以，D 可以量尽互素的两数 AB、BC，此结论是不成立的。所以，不存在某数可以量尽数 AC、AB。所以，AC、AB 是互素的。同理，AC、BC 是互素的。所以，AC 与 AB、BC 均是互素的。

另设 AC、AB 互素。可证 AB、BC 互素。

若 AB、BC 并不互素，那么存在某数可以量尽 AB、BC。设这个数为 D。

因为 D 可以量尽 AB、BC，所以 D 可以量尽 AC。因为 D 可以量尽 AB，所以 D 可以量尽互素的 AC、AB，此结论是不可能成立的。所以，可以量尽数 AB、BC 的某数是不存在的。综上，AB、BC 是互素的。以上推导过程已对此作出证明。

命题 29

每一个素数都与用它不能量尽的数互素。

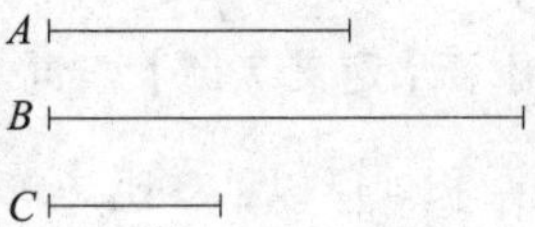

设 A 为素数，A 无法量尽 B。可证 B 与 A 是互素的。若 B 与 A 并不互素，那么存在某数可以量尽这两个数。设该数为 C。因为 C 可以量尽 B，A 不能量尽 B，所以 C 不等于 A。因为 C 可以量尽 B、A，所以 C 可以量尽 A，但 A 为素数，且 A 与 C 并不相等，所以此结论是不可能成立的。因此，可以量尽 B、A 的数是不存在的。综上，A、B 互素。以上推导过程已对此作出证明。

命题 30

若两个数相乘得一个数，有某一素数可以量尽这个乘积，那么这个素数可以量尽原两数中的一个数。

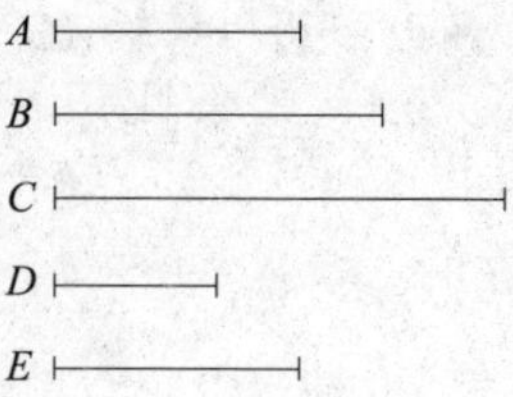

设有两个数 A、B 相乘得 C，素数 D 可以量尽 C。可证 D 可以量尽 A、B 中的一个数。

若 D 不能量尽 A。因为 D 是素数，所以 A、D 互素【命题 7.29】。D 量尽 C 的次数，等于 E 中单位的个数。因为 D 可以以 E 中的单位的个数来量尽 C，所以 D 乘以 E 等于 C【定义 7.15】。而 A 乘以 B 也等于 C。所以，D、E 的乘积等于 A、B 的乘积。所以，D 比 A 等于 B 比 E【命题 7.19】。因为 D、A 互素，在有相同比的数对中，互素的一对数即为最小的那对数【命题 7.21】，以最小的一对数中的大数和小数分别量尽有相同比的大数和小数，即前项量尽前项与后项量尽后项，其次数是相同的【命题 7.20】。因此，D 可以量尽 B。同样可证，若 D 不能量尽 B，那么 D 可以量尽 A。综上，D 可以量尽 A、B 中的一个。以上推导过程已对此作出证明。

命题 31

每一个合数都能够为某个素数所量尽。

设 A 为合数。可证 A 可以被某个素数量尽。

因为 A 为合数，所以存在某数可以量尽 A。设这个数为 B。若 B 是素数，则假设成立。若 B 是合数，那么就存在某个数可以量尽 B。设这个数为 C。因为 C 可以量尽 B，B 可以量尽 A，所以 C 也可以量尽 A。若 C 为素数，则假设成立。若 C 为合数，那么就存在某个数可以量尽 C。以此类推，终会有一个素数既可以量尽前一个数，又可以量尽 A。若不存在这样的数，那么有无穷尽个数可以量尽 A，且这些数中的每一个都小于其前面一个数，这是不可能成立的。所以，存在某个数既可以量尽其前面一个数，又可以量尽 A。

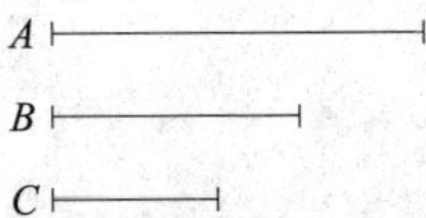

综上，每一个合数都能够为某个素数所量尽。以上推导过程已对此作出证明。

命题 32

对于一个数来说，要么它本身即为素数，要么该数可以为某个素数所量尽。

设有一个数为 A。可证要么 A 为素数，要么 A 可以为某个素数所量尽。

若 A 为素数，则假设成立。若 A 为合数，则存在某个素数可以量尽 A【命题 7.31】。

综上，对于一个数来说，要么它本身即为素数，要么该数可以为某个素数所量尽。以上推导过程已对此作出证明。

命题 33

有给定的任意一组数，求在与这组数有相同的比的数组中最小的那组数。

A、B、C 为给定的一组数。求与 A、B、C 有相同比的最小的那组数。

A、B、C 可能彼此互素，也有可能并不互素。若 A、B、C 彼此互素，那么它们本身就是与它们同比的数组中最小的那组数【命题 7.22】。

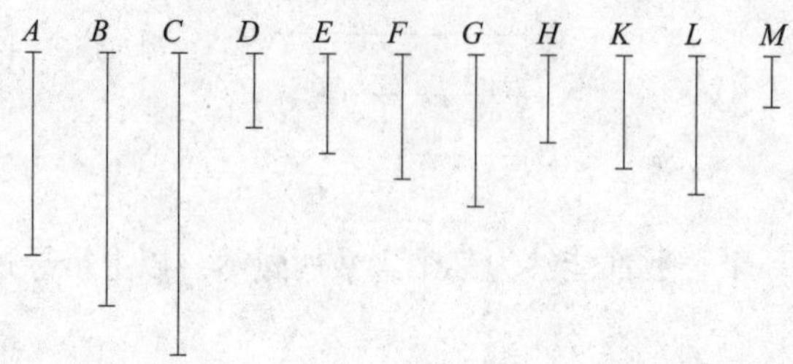

若三者并不互素，那么设 D 为 A、B、C 的最大公度数【命题 7.3】。以 D 量尽 A、B、C 的次数，分别等于 E、F、G 中单位的个数；所以，E、F、G 可以分别量尽 A、B、C，其次数等于 D 中单位的个数【命题 7.15】。因此，E、F、G 分别可以以相同的次数量尽 A、B、C。因此，E、F、G 分别与 A、B、C 有相同的比【定义 7.20】。可证这三个数即为与 A、B、C 有相同比的数组中最小的那组数。若 E、F、G 并不是与 A、B、C 有相同比的数组中的最小的那组数，那么就存在某组数小于 E、F、G，且与 A、B、C 有相同的比。设这组数为 H、K、L。那么，以 H 量尽 A 的次数，等于以 K、L 分别量尽 B、C 的次数。因为以 H 量尽 A 的次数，等于 M 中单位的个数；所以，K、L 可以分别量尽 B、C，其次数等于 M 中单位的个数。因为 H 可以量尽 A，其次数等于 M 中单位的个数，所以 M 也可以量尽 A，其次数等于 H 中单位的个数【命题 7.15】。同理，M 可以量尽 B、C，其次数分别等于 K、L 中单位的个数。因此，M 可以量尽 A、B、C。因为 H 可以量尽 A，其次数等于 M 中单位的个数，所以 H 乘以 M 等于 A。同理，E 乘以 D 等于 A。

因此，E 与 D 的乘积等于 H 与 M 的乘积。因此，E 比 H 等于 M 比 D【命题 7.19】。因为 E 大于 H，所以 M 大于 D【命题 5.13】。即 M 可以量尽 A、B、C，但已假设 D 为 A、B、C 的最大公度数，所以该结论是不可能成立的。所以，不存在某组数既小于 E、F、G，又与 A、B、C 有相同的比。综上，E、F、G 是与 A、B、C 有相同的比的数组中最小的那组数。以上推导过程已对此作出证明。

命题 34

已知两个给定数，求这两个数可以量尽的数中的最小数。

设 A、B 为两个给定数。求这两个数可以量尽的数中最小的那个数。

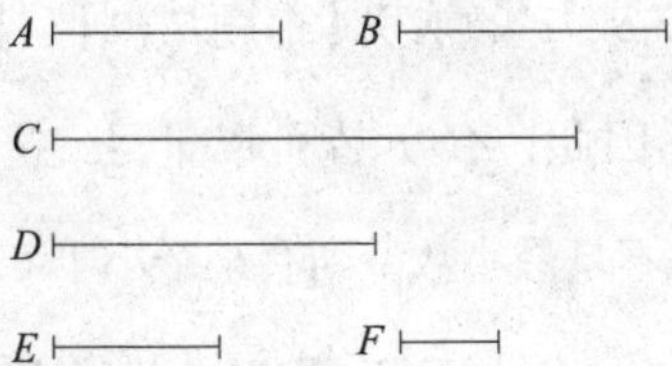

A、B 可能互素，也可能并不互素。首先，设二者互素。设 A 乘以 B 等于 C。所以，B 乘以 A 等于 C【命题 7.16】。所以，A、B 均可以量尽 C。可证 C 为可以由 A、B 量尽的数中的最小数。若 C 不是最小的，则 A、B 可以量尽小于 C 的某个数。设这个数为 D，D 小于 C。所以，以 A 量尽 D 的次数等于 E 中单位的个数。因为以 B 量尽 D 的次数等于 F 中单位的个数，所以 A 乘以 E 等于 D，B 乘以 F 等于 D。所以，A 与 E 的乘积等于 B 与 F 的乘积。所以 A 比 B 等于 F 比 E【命题 7.19】。因为 A、B 互素，互素的两个数为与之有相同比的数对中最小的那一对【命题 7.21】，以最小的一对数中的大数和小数分别量尽有相同比的大数和小数，其次数是相同的【命题 7.20】。

所以，以后项 B 量尽后项 E。因为 A 乘以 B、E 分别得 C、D，所以 B 比 E 等于 C 比 D【命题 7.17】。因为 B 可以量尽 E，所以 C 可以量尽 D，即较大数可以量尽较小数。这个结论是不可能成立的。所以，A、B 无法量尽小于 C 的某个数。所以，C 为可以为 A、B 所量尽的最小数。

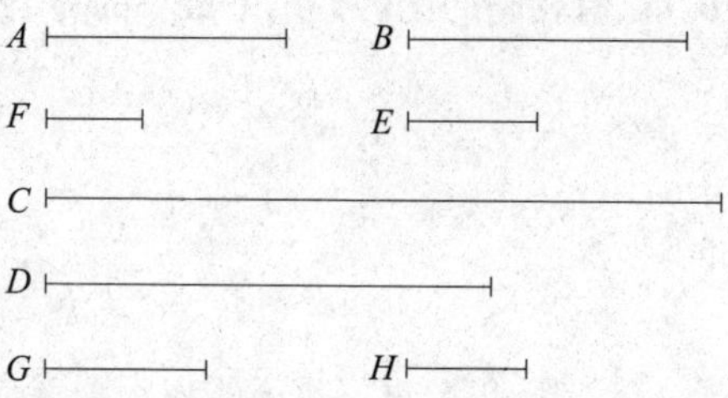

另设 A、B 并不互素。则有与 A、B 有相同比的最小数对 E、F【命题 7.33】。所以，A、E 的乘积等于 B、F 的乘积【命题 7.19】。因为 A 乘以 E 等于 C，所以 B 乘以 F 等于 C。因此，A、B 皆可以量尽 C。可证 C 为可以由 A、B 量尽的最小数。若 C 并不是最小数，则有某个小于 C 且可以为 A、B 所量尽的数存在。设这个数为 D，D 小于 C。则以 A 量尽 D，其次数等于 G 中单位的个数。以 B 量尽 D，其次数等于 H 中单位的个数。所以，A 乘以 G 等于 D，B 乘以 H 等于 D。所以，A 与 G 的乘积等于 B 与 H 的乘积。所以，A 比 B 等于 H 比 G【命题 7.19】。而 A 比 B 等于 F 比 E。所以，F 比 E 等于 H 比 G。F、E 为与 A、B 有相同比的最小的一对数，最小数对中的大数和小数量尽有相同比的数对中的大数和小数，其次数是相同的【命题 7.20】，所以，E 可以量尽 G。因为 A 乘以 E、G 等于 C、D，所以 E 比 G 等于 C 比 D【命题 7.17】。因为 E 可以量尽 G，所以 C 可以量尽 D，即较大数可以量尽较小数，此结论是不可能成立的。所以，A、B 并不能量尽比 C 小的数。综上，C 为 A、B 可以量尽的最小的数。以上推导过程已对此作出证明。

命题 35

若两个数可以量尽某数，那么这两个数可以量尽的最小数也可以量尽这个数。

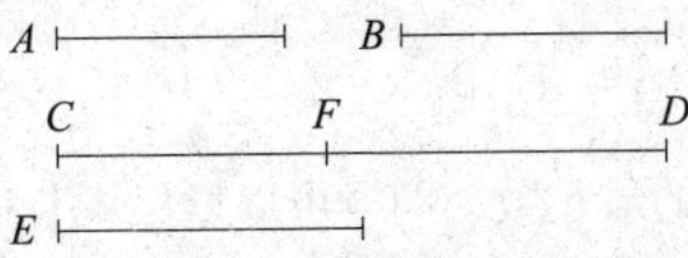

设有两个数 A、B 可以量尽数 CD，E 为 A、B 可以量尽的最小的数。可证 E 可以量尽 CD。

若 E 不可以量尽 CD，那么在 CD 上取 DF 等于 E，设余下的 CF 小于 E。因为 A、B 可以量尽 E，E 可以量尽 DF，所以 A、B 可以量尽 DF。因为 A、B 可以量尽 CD，所以 A、B 可以量尽小于 E 的 CF。这个结论是不可能成立的。所以，E 并非无法量尽 CD。综上，E 可以量尽 CD。以上推导过程已对此作出证明。

命题 36

求可以为三个已知数所量尽的最小数。

A、B、C 为给定的三个数。求这三个数可以量尽的最小数。

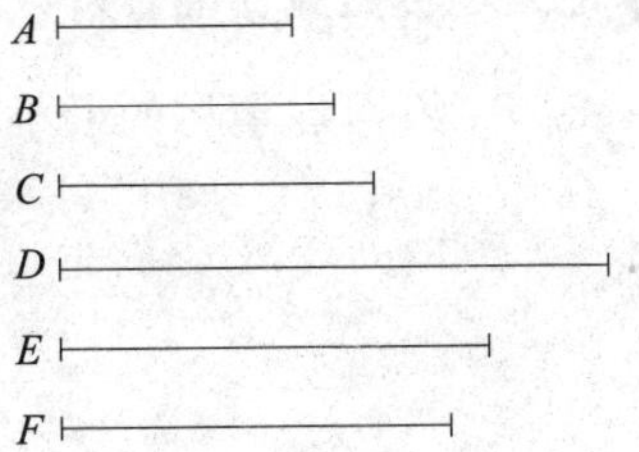

设 D 为 A、B 可以量尽的最小数【命题 7.34】。那么，C 可能可以量尽 D，也可能无法量尽 D。首先，假设 C 可以量尽 D。因为 A、B 也可以量尽 D，所以 A、B、C 都可以量尽 D。可证 D 为 A、B、C 可以量尽的最小数。若 D 并非最小数，则存在某个数可以为 A、B、C 所量尽，且该数小于 D。设这个数为 E。因为 A、B、C 可以量尽 E，因此 A、B 可以量尽 E。所以，A、B 可以量尽的最小数，同样可以量尽 E【命题 7.35】。因为 D 为 A、B 可以量尽的最小数；所以，D 可以量尽 E，较大数可以量尽较小数，这个结论是不可能成立的。所以，A、B、C 无法量尽小于 D 的数。所以，D 为 A、B、C 可以量尽的最小数。

另设 C 无法量尽 D。设 E 为 C、D 可以量尽的最小数【命题 7.34】。因为 A、B 可以量尽 D，D 可以量尽 E，所以 A、B 也可以量尽 E。因为 C 也可以量尽 E，所以 A、B、C 可以量尽 E。可证 E 为 A、B、C 可以量尽的最小数。若 E 并非最小数，则存在某个数可以为 A、B、C 所量尽且小于 E，设这个数为 F。因为 A、B、C 可以量尽 F，所以 A、B 可以量尽 F。所以，A、B 可以量尽的最小数也可以量尽 F【命题 7.35】。因为 D 为 A、B 可以量尽的最小数，所以 D 可以量尽 F。因为 C 也可以量尽 F，所以 D、C 可以量尽 F。因此，D、C 可以量尽的最小数可以量尽 F【命题 7.35】。因为 E 为 C、D 可以量尽的最小数，所以，E 可以量尽 F，即较大的数可以量尽较小的数，此结论是不可能成立的。所以，A、B、C 无法量尽小于 E 的数。综上，E 为 A、B、C 可以量尽的最小数。以上推导过程已对此作出证明。

命题 37

若一个数可以为某数所量尽，那么这个数的一部分与量尽它的数相等。

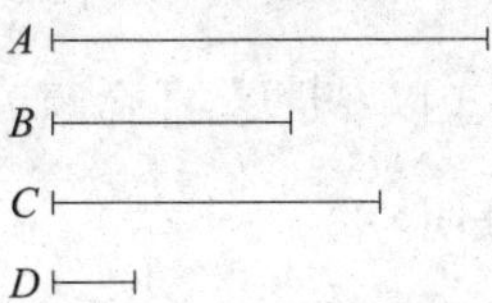

设数 B 量尽数 A。可证 A 的一部分等于 B。

设 B 量尽 A 的次数等于 C 中单位的个数。因为以 B 量尽 A，其次数等于 C 中单位的个数，单位 D 也可以量尽 C，其次数也等于 C 中单位的个数，所以单位 D 量尽数 C 的次数等于 B 量尽 A 的次数。所以，可得其更比例，单位 D 量尽数 B 的次数等于 C 量尽 A 的次数【命题 7.15】。所以无论单位 D 是数 B 的怎样的一部分，C 都为 A 的同样的一部分。因为单位 D 是数 B 的一部分，所以 C 也为 A 的与 B 相同的一部分。所以，A 有一个与 B 相同的部分 C。以上推导过程已对此作出证明。

命题 38

无论一个数有怎样的一部分，这个数都可以为与这部分相同的数所量尽。

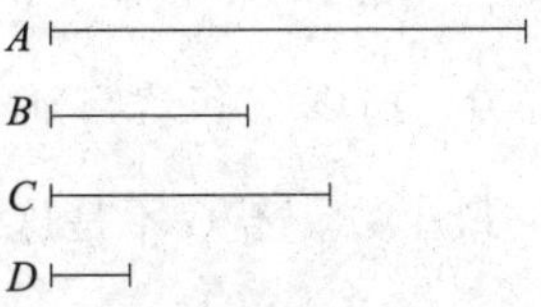

设 B 为数 A 的一部分。设数 C 与 B 相同。可证 C 可以量尽 A。

因为 B 为 A 的一部分，且这部分与 C 相同，单位 D 为 C 的一部分，所以无论单位 D 为数 C 的怎样的一部分，B 也为 A 的同样的一部分。所以，以单位 D 量尽数 C，其次数与以 B 量尽 A 相等。因此，可得其更比例，以单位 D 量尽数 B，其次数等于以 C 量尽 A【命题 7.15】。综上，C 可以量尽 A。以上推导过程已对此作出证明。

命题 39

求包含已知的几个部分的最小数。

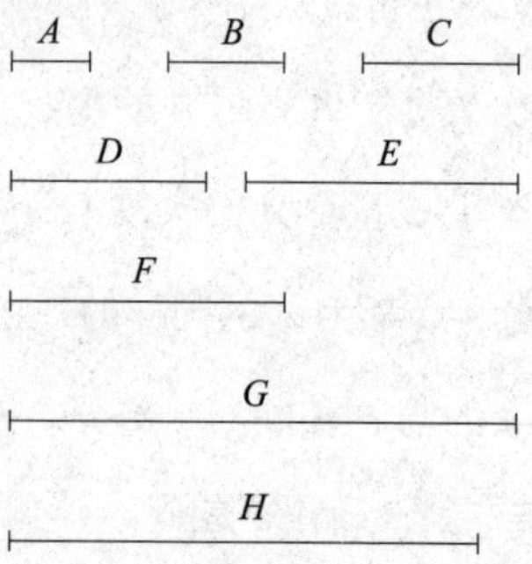

A、B、C 为已知的部分。求包含 A、B、C 的最小数。

设 D、E、F 分别包含与 A、B、C 相同的部分。G 为 D、E、F 可以量尽的最小数【命题 7.36】。

所以，G 包含与 D、E、F 相同的几个部分【命题 7.37】。因为 A、B、C 分别为 D、E、F 的一部分，所以 G 包含与 A、B、C 相同的几个部分。可证 G 为包含 A、B、C 的最小数。若 G 不是这个最小数，则存在某个数小于 G，且包含与 A、B、C 相等的几个部分。设这个数为 H。因为 H 包含与 A、B、C 相等的几个部分，所以 H 可以为与 A、B、C 相等的部分所量尽【命题7.38】。因为D、E、F分别包含与A、B、C相同的部分，所以H可以为D、E、F所量尽。因为H小于G，所以这个结论是不可能成立的。所以，既小于G，又包含A、B、C的数是不存在的。以上推导过程已对此作出证明。

第8卷　连比例①

命　题

命题1

如果有几个数成连比例，其两外项互素，则在有相同比例的数组中，这组数是最小的。

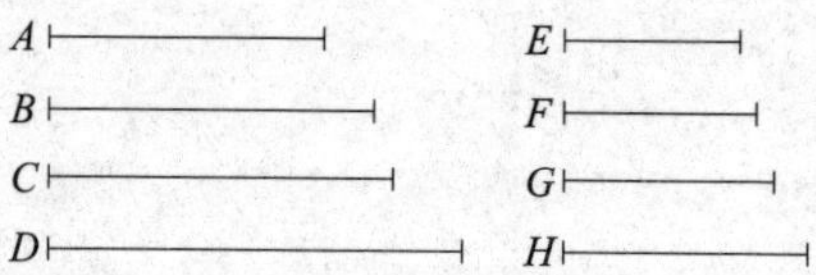

设A、B、C、D成连比例。其两外项A、D互素。可证在有相同比例的数组中，A、B、C、D为最小的一组。

若这组数并非最小数，假设E、F、G、H分别小于A、B、C、D，且比也相同。因为A、B、C、D之比等于E、F、G、H之比，这两组数在个数上相同，因此，可得其首末比例，A比D等于E比H【命题7.14】。因

① 第7~9卷的命题，一般被认为属于毕达哥拉斯学派。

为 A、D 互素，而在比相同的数对中，互素的两个数为最小的一对数【命题 7.21】，以最小的一对数分别量尽其他的数对，较大数量尽较大数，较小数量尽较小数，即前项量尽前项，后项量尽后项，其次数是相同的【命题 7.20】。由此，A 可以量尽 E，较大数可以量尽较小数，这个结论是不可能成立的。所以，E、F、G、H 虽然比 A、B、C、D 小，但二者的比并不相同。所以 A、B、C、D 为比相同的数组中最小的一组。以上推导过程已对此作出证明。

命题 2

求既拥有指定个数又成已知连比例且有已知比的最小数组。

设 A、B 为成已知比的数对中最小的一对。求与 A、B 同比的最小连比例数组。

设这组数含 4 个数。令 A 与其自身相乘等于 C，A 乘以 B 等于 D；B 与其自身相乘等于 E；A 乘以 C、D、E 分别等于 F、G、H；B 乘以 E 等于 K。

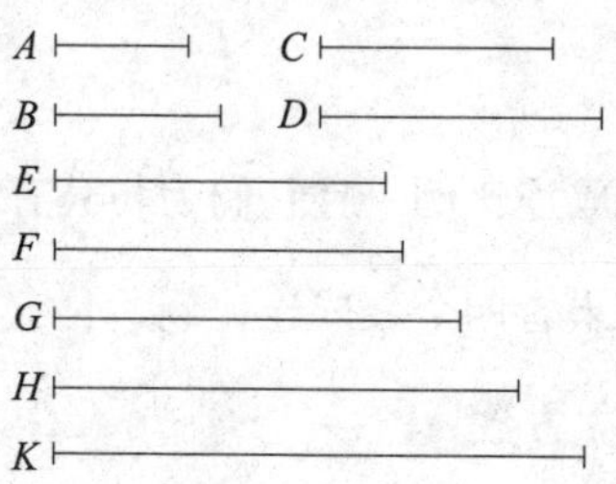

因为 A 乘以其自身得 C，乘以 B 得 D，所以 A 比 B 等于 C 比 D【命题 7.17】。又因为 A 乘以 B 得 D，B 乘以其自身得 E，所以 A、B 分别乘以 B 得 D、E。所以，A 比 B 等于 D 比 E【命题 7.18】。因为 A 比 B 等于 C 比

D，所以 C 比 D 等于 D 比 E。因为 A 乘以 C、D 得 F、G，所以 C 比 D 等于 F 比 G【命题 7.17】。因为 C 比 D 等于 A 比 B，所以 A 比 B 等于 F 比 G。又因为 A 乘以 D、E 得 G、H，所以 D 比 E 等于 G 比 H【命题 7.17】。因为 D 比 E 等于 A 比 B，所以 A 比 B 等于 G 比 H。因为 A、B 乘以 E 得 H、K，所以 A 比 B 等于 H 比 K。因为 A 比 B 等于 F 比 G，又等于 G 比 H；所以 F 比 G 等于 G 比 H，又等于 H 比 K。所以 C、D、E 与 F、G、H、K 均成连比例，且与 A、B 之比相同。可证这两组数也为同比数组中的最小的数组。因为 A、B 为拥有相同比的数对中最小的一对，在相同比的数对中，最小的数对彼此互素【命题 7.22】，所以 A、B 互素。因为 A、B 分别与自身相乘得 C、E，分别与 C、E 相乘得 F、K；所以，C、E 与 F、K 是互素的【命题 7.27】。若存在任意一组数成连比例，其两外项是互素的，那么这组数为比例相同的数组中最小的一组【命题 8.1】。所以，C、D、E 和 F、G、H、K 为与 A、B 同比的连比例数组中最小的两组数。以上推导过程已对此作出证明。

推 论

所以，若有三个数成连比例，且它们为与其有相同比的最小数，那么其两外项为平方数；如果有四个数成连比例，且它们为与其有相同比的最小数，那么其两外项为立方数。

命题 3

若有任意连比例数组，且这组数为有相同比例的数组中最小的一组，那么这组数的两外项是互素的。

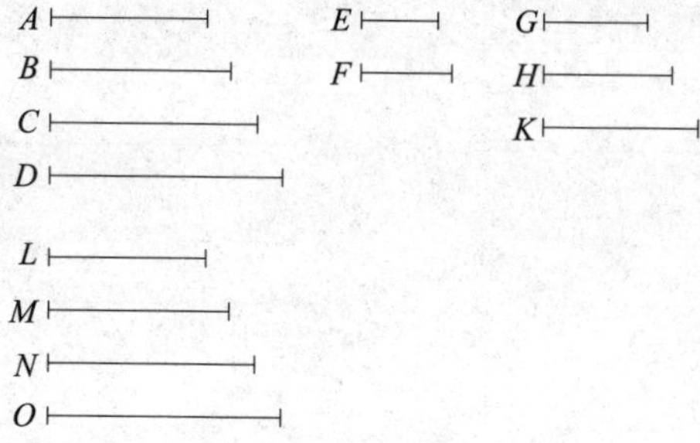

设 A、B、C、D 为任意一组成连比例的数，且这组数为有相同比例的数组中最小的一组数。可证该数组的两外项 A、D 是互素的。

设 E、F 为与 A、B、C、D 有相同比的最小的两个数【命题 7.33】；G、H、K 为与 A、B、C、D 有相同比的最小的三个数【命题 8.2】。相继增加一个数，直到个数等于 A、B、C、D 的个数。设这组数为 L、M、N、O。

因为 E、F 为与其有相同比例的数组中最小的那一组，所以 E、F 是互素的【命题 7.22】。因为 E、F 分别乘以它们自身等于 G、K【命题 8.2 推论】，E、F 分别乘以 G、K 等于 L、O，所以 G 与 K，L 与 O 互素【命题 7.27】。因为 A、B、C、D 为同比数组中最小的一组，L、M、N、O 也为该同比数组中最小的一组，因为其与 A、B、C、D 有相同的比，而 A、B、C、D 的个数与 L、M、N、O 的个数相同，所以 A、B、C、D 分别等于 L、M、N、O。因此，A 等于 L，D 等于 O。因为 L、O 互素，所以 A、D 互素。以上推导过程已对此作出证明。

命题 4

已知由最小数形成的几个比例，求其比等于这几个已知比例的最小连比例数组。

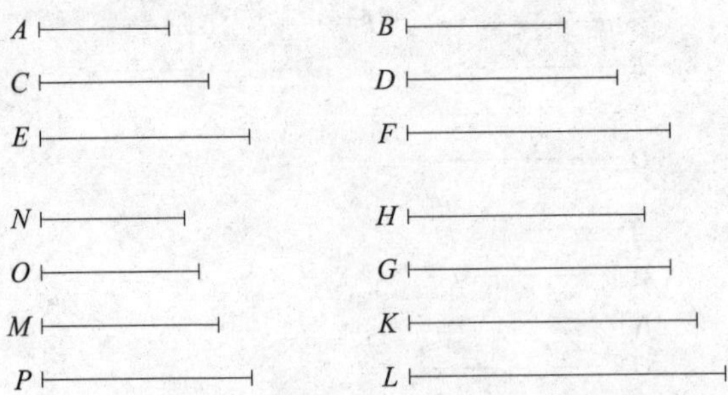

设有比例 A 比 B、C 比 D、E 比 F，均为最小数对。求其比等于这几个比例的最小连比例数组。

设 G 是可以为 B、C 所量尽的最小数【命题 7.34】。所以以 B 量尽 G，其次数等于以 A 量尽 H。因为以 C 量尽 G，其次数等于以 D 量尽 K。E 可以量尽 K，也可能无法量尽 K。首先，假设 E 可以量尽 K。那么 E 量尽 K 的次数就等于 F 量尽 L 的次数。因为 A 可以量尽 H，且其次数等于 B 量尽 G 的次数，所以 A 比 B 等于 H 比 G【定义 7.20、命题 7.13】。同理可得，C 比 D 等于 G 比 K，E 比 F 等于 K 比 L。因此，H、G、K、L 成连比例，且其比等于 A 比 B、C 比 D、E 比 F。可证这组数为有相同比例的数组中最小的一组。若 H、G、K、L 并非与 A 比 B、C 比 D、E 比 F 同比的最小连比例数组，那么设 N、O、M、P 为最小数组。因为 A 比 B 等于 N 比 O，A 比 B 为同比数组中最小的一组，有相同比的一对最小数分别量尽其他数对，较大数量尽较大数，较小数量尽较小数，即前项量尽前项，后项量尽后项，其次数是相同的【命题 7.20】，因此 B 可以量尽 O。同理，C 可以量尽 O。由此，B、C 均可量尽 O。所以，B、C 可以量尽的最小的数是可以量尽 O 的【命题 7.35】。G 是可以为 B、C 所量尽的最小数。所以，G 可以量尽 O，即较大数可以量尽较小数，这个结论是不可能成立的。所以，不存在小于 H、

G、K、L 且所成连比例与 A 比 B、C 比 D、E 比 F 相等的数组。

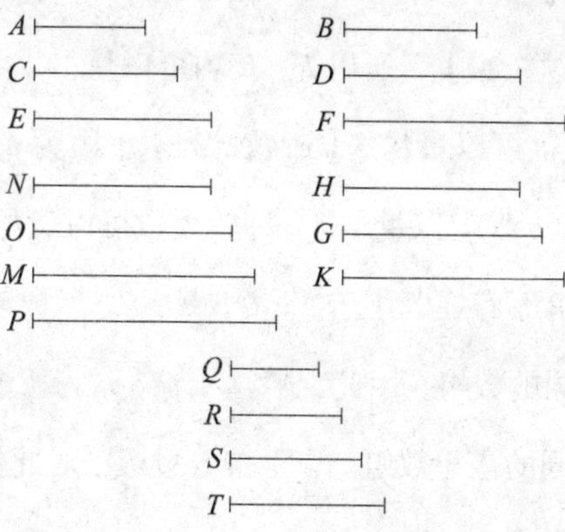

假设 E 不能量尽 K。设可以为 E、K 所量尽的最小数为 M【命题 7.34】。因为 K 量尽 M 的次数等于 H、G 分别量尽 N、O 的次数。E 量尽 M 的次数等于 F 量尽 P 的次数。因为 H 量尽 N 的次数等于 G 量尽 O 的次数，所以 H 比 G 等于 N 比 O【定义 7.20、命题 7.13】。因为 H 比 G 等于 A 比 B，所以 A 比 B 等于 N 比 O。同理，C 比 D 等于 O 比 M。又因为 E 量尽 M 的次数等于 F 量尽 P 的次数，所以 E 比 F 等于 M 比 P【定义 7.20、命题 7.13】。所以，N、O、M、P 成连比例，且与 A 比 B、C 比 D、E 比 F 同比例。可证这组数也为与 A 比 B、C 比 D、E 比 F 同比例的最小数组。若该组数并不是最小的，那么设 Q、R、S、T 为小于 N、O、M、P 且与 A 比 B、C 比 D、E 比 F 之比相同的最小数组。因为 Q 比 R 等于 A 比 B，A、B 为同比数组中最小的一组，有相同比的最小的一对数分别量尽其他数对，较大数量尽较大数，较小数量尽较小数，即前项量尽前项，后项量尽后项，其次数是相同的【命题 7.20】，所以 B 可以量尽 R。同理，C 可以量尽 R。由此，B、C 可以量尽 R。所以，可以为 B、C 所量尽的最小数也是可以量尽 R 的

【命题 7.35】。因为 G 是可以为 B、C 所量尽的最小数，所以 G 可以量尽 R。因为 G 比 R 等于 K 比 S，所以 K 也可以量尽 S【定义 7.20】。因为 E 也可以量尽 S【命题 7.20】，所以 E、K 均可以量尽 S。因此，可以为 E、K 所量尽的最小数也可以量尽 S【命题 7.35】。因为 M 是可以为 E、K 所量尽的最小数，所以 M 可以量尽 S，即较大数可以量尽较小数，这是不可能成立的。所以，并不存在既小于 N、O、M、P，所成连比例又与 A 比 B、C 比 D、E 比 F 相同的数组。因此，N、O、M、P 为所成连比例与 A 比 B、C 比 D、E 比 F 相同的最小数组。以上推导过程已对此作出证明。

命题 5

面积数之比等于其边比的复比。

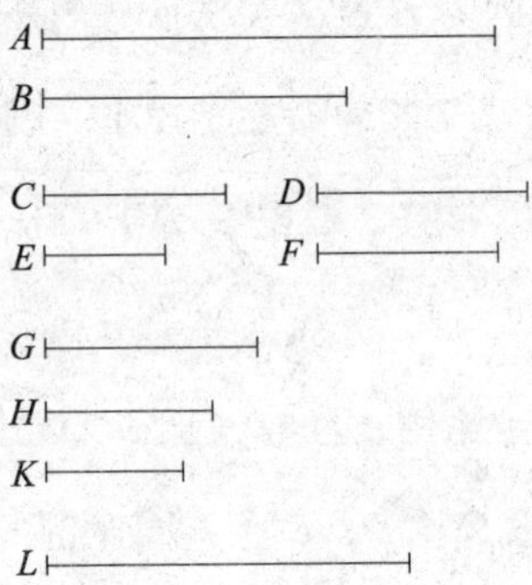

设 A、B 为两个面积数，C、D 为 A 的边，E、F 为 B 的边。可证 A 与 B 的比等于其边比的复比。

已知 C 与 E 的比和 D 与 F 的比，设 G、H、K 是与 C 比 E、D 比 F 成相同连比例的最小数【命题 8.4】。所以，C 比 E 等于 G 比 H，D 比 F 等于 H 比 K。设 D 乘以 E 等于 L。

因为 D 乘以 C 等于 A，D 乘以 E 等于 L，所以 C 比 E 等于 A 比 L【命题 7.17】。因为 C 比 E 等于 G 比 H，所以 G 比 H 等于 A 比 L。又因为 E 乘以 D 等于 L【命题 7.16】，而 E 乘以 F 等于 B，所以 D 比 F 等于 L 比 B【命题 7.17】。因为 D 比 F 等于 H 比 K，所以 H 比 K 等于 L 比 B。因为已经证明 G 比 H 等于 A 比 L，所以根据首末比可得，G 比 K 等于 A 比 B【命题 7.14】。因为 G、K 之比等于 A、B 的边比的复比，所以 A、B 之比也等于 A、B 的边比的复比。以上推导过程已对此作出证明。

命题 6

在任意成连比例的数组中，若该数组的第一个数无法量尽第二个数，那么在这组数中，其他数之间也无法彼此量尽。

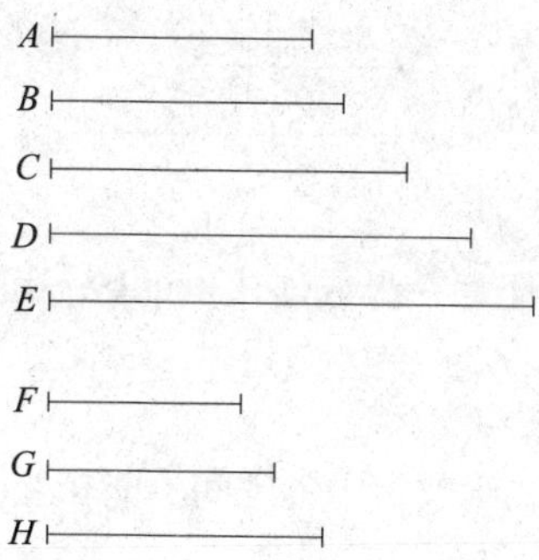

设 A、B、C、D、E 为成连比例的一组数，A 无法量尽 B。可证其他数之间也无法彼此量尽。

因为 A 无法量尽 B，所以 A、B、C、D、E 是无法依次量尽的。可证各数之间无法彼此量尽。假设 A 可以量尽 C。设 F、G、H 为与 A、B、C 同比的最小的一组数，且前者的个数与后者的个数相同【命题 7.33】。因

为 F、G、H 与 A、B、C 的比相同，个数也相同，所以由首末比可得，A 比 C 等于 F 比 H【命题 7.14】。因为 A 比 B 等于 F 比 G，A 无法量尽 B，所以 F 无法量尽 G【定义 7.20】。因为一个单位是可以量尽所有的数的，所以 F 不是一个单位。F、H 互素【命题 8.3】。因为 F 比 H 等于 A 比 C，所以 A 无法量尽 C【定义 7.20】。同理可证，该组数中各数间无法相互量尽。以上推导过程已对此作出证明。

命题 7

若在任意成连比例的数组中，第一个数可以量尽最后一个数，那么第一个数也可以量尽第二个数。

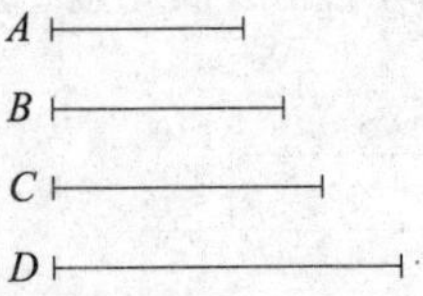

设 A、B、C、D 为任意一组成连比例的数。设 A 可以量尽 D。可证 A 也可以量尽 B。

若 A 不能够量尽 B，则数组中各数间不能相互量尽【命题 8.6】。但是 A 可以量尽 D，所以 A 可以量尽 B。以上推导过程已对此作出证明。

命题 8

若在两数之间插入多个数与它们成连比例，那么无论在它们之间插入多少个成连比例的数，在与原两个数有相同比的两数之间也可以插入同样多个成连比例的数。

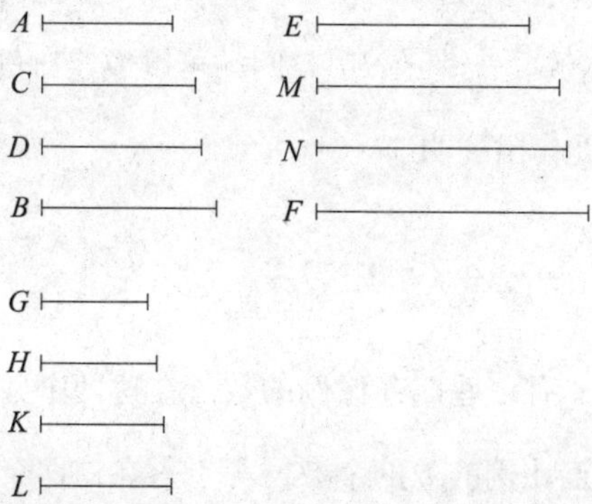

设数 C、D 落在 A、B 之间，与它们成连比例，设 A 比 B 等于 E 比 F。可证落在 A、B 间的可以成连比例的数的个数等于落在 E、F 间的可以成连比例的数的个数。

设数 G、H、K、L 的个数与 A、B、C、D 相同，且为与 A、B、C、D 有相同比例的数组中的最小数组【命题 7.33】，所以其两端 G、L 互素【命题 8.3】。因为 A、B、C、D 与 G、H、K、L 的比相同，且个数也相同，所以可得其首末比，A 比 B 等于 G 比 L【命题 7.14】。因为 A 比 B 等于 E 比 F，所以 G 比 L 等于 E 比 F。因为 G、L 互素。互素的数在与其比相同的数对中是最小的一对【命题 7.21】。在有相同比的数组中，以最小的一对数分别量尽其他各数对，较大数量尽较大数，较小数量尽较小数，即前项量尽前项，后项量尽后项，其次数是相同的【命题 7.20】。所以以 G 量尽 E，其次数与 L 量尽 F 相同。G 量尽 E，其次数与 H、K 分别量尽 M、N 相同，所以 G、H、K、L 分别量尽 E、M、N、F，次数相同。因此，G、H、K、L 与 E、M、N、F 的比相同【定义 7.20】。因为 G、H、K、L 与 A、C、D、B 的比相同，所以 A、C、D、B 与 E、M、N、F 的比也相同。因为 A、C、

D、B 成连比例，所以 E、M、N、F 也成连比例。因此，落在 A、B 间的可以成连比例的数的个数，与落在 E、F 间的可以成连比例的数的个数相同。以上推导过程已对此作出证明。

命题 9

若两个数互素，有一些成连比例的数落在这两个数之间，那么落在这两个数间的可以成连比例的数的个数，等于落在这两个数各自与一个单位所形成的区间内的可成连比例的数的个数。

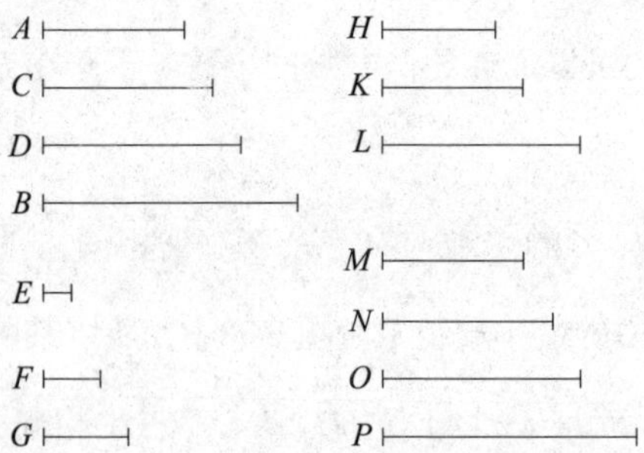

设 A、B 互素，C、D 落在 A、B 之间形成连比例。设存在单位 E。可证落在 A、B 间的可以成连比例的数的个数，与落在 A、B 各自与单位形成的区间内的可以成连比例的数的个数相同。

设 F、G 是与 A、C、D、B 有相同比的最小的两个数【命题 7.33】。最小的三个数为 H、K、L。依次累加一个数，直到个数与 A、C、D、B 的个数相同【命题 8.2】。设这组数为 M、N、O、P。因为 F 与自身相乘等于 H，与 H 相乘等于 M。G 与其自身相乘等于 L，与 L 相乘等于 P【命题 8.2 推论】。因为 M、N、O、P 是与 F、G 有相同比的数组中的最小一组，A、C、D、

B 也是与 F、G 有相同比的数组中的最小一组【命题 8.2】，而 M、N、O、P 的个数与 A、C、D、B 的个数也相同，所以 M、N、O、P 分别等于 A、C、D、B。因为 M 等于 A，P 等于 B，F 与自身相乘等于 H，所以 F 可以以 F 中的单位的个数来量尽 H【定义 7.15】。因为单位 E 也可以以 F 中的单位数来量尽 F。所以，单位 E 可以量尽数 F，其次数等于以 F 量尽 H 的次数。所以，单位 E 比数 F 等于 F 比 H【定义 7.20】。又因为 F 乘以 H 等于 M，所以 H 可以以 F 中的单位数来量尽 M【定义 7.15】。因为单位 E 也可以以 F 中的单位数来量尽数 F，所以单位 E 可以量尽数 F，其次数等于 H 量尽 M 的次数。所以，单位 E 比数 F 等于 H 比 M【命题 7.20】。因为已经证明单位 E 比数 F 等于 F 比 H，所以单位 E 比数 F 等于 F 比 H，又等于 H 比 M。因为 M 等于 A，所以单位 E 比数 F 等于 F 比 H，又等于 H 比 A。同理可证，单位 E 比数 G 等于 G 比 L，又等于 L 比 B。综上，落在 A、B 两个数间的可以成连比例的数的个数，等于落在 A、B 各自与单位 E 所形成的区间内的可以成连比例的数的个数。以上推导过程已对此作出证明。

命题 10

若几个数落在两个数各自与一个单位所形成的区间内，那么落在这个区间内的可以形成连比例的数的个数，等于落在这两个数之间的可以形成连比例的数的个数。

设数 D 与 E、F 与 G 落在数 A、B 分别与单位 C 形成的区间内，且成连比例。可证落在 A、B 各自与单位 C 形成的区间内且成连比例的数的个数，等于落在 A、B 之间的可以成连比例的数的个数。

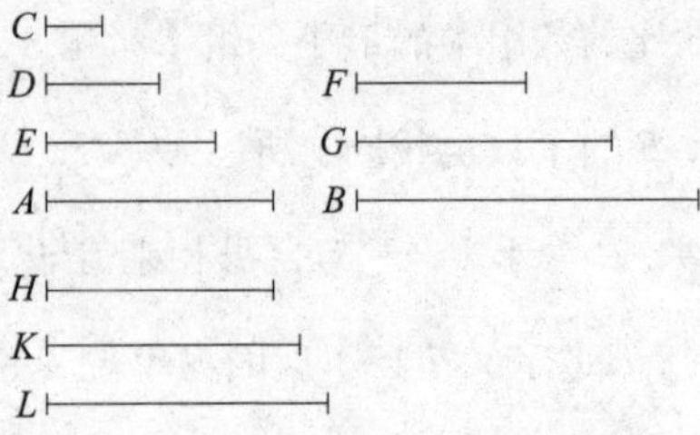

设 D 乘以 F 等于 H。设 D、F 分别乘以 H 等于 K、L。

因为单位 C 比数 D 等于 D 比 E，所以以单位 C 量尽数 D，其次数等于以 D 量尽 E【定义 7.20】。因为单位 C 可以以 D 中的单位数来量尽数 D，所以数 D 也可以以 D 中的单位数来量尽 E。因此，D 乘以其自身等于 E。又因为单位 C 比数 D 等于 E 比 A，所以以单位 C 量尽数 D，其次数等于 E 量尽 A【定义 7.20】。因为单位 C 可以以 D 中的单位数来量尽数 D，所以 E 也可以以 D 中的单位数来量尽 A。所以，D 乘以 E 等于 A。同理，F 与其自身相乘等于 G，与 G 相乘等于 B。因为 D 与其自身相乘等于 E，与 F 相乘等于 H，所以 D 比 F 等于 E 比 H【命题 7.17】。同理，D 比 F 等于 H 比 G【命题 7.18】。所以，E 比 H 等于 H 比 G。又因为 D 分别乘以 E、H 等于 A、K，所以 E 比 H 等于 A 比 K【命题 7.17】。而 E 比 H 等于 D 比 F，所以 D 比 F 等于 A 比 K。又因为 D、F 分别乘以 H 等于 K、L，所以 D 比 F 等于 K 比 L【命题 7.18】。而 D 比 F 等于 A 比 K，所以，A 比 K 等于 K 比 L。因为 F 分别乘以 H、G 等于 L、B，所以 H 比 G 等于 L 比 B【命题 7.17】。因为 H 比 G 等于 D 比 F，所以 D 比 F 等于 L 比 B。因为已经证明了 D 比 F 等于 A 比 K，又等于 K 比 L，所以 A 比 K 等于 K 比 L，又等于 L 比 B。所以，A、K、L、B 成连比例。所以，落在 A、B 各自与单位 C 形成的区间内的可以形成连比例的数的个数，与落在 A、B 之间的可以形成连比例的数的个数相同。以上推导过程已对此作出证明。

命题 11

在两个平方数之间有一个比例中项[①]，两平方数之比等于它们的边与边的二次比[②]。

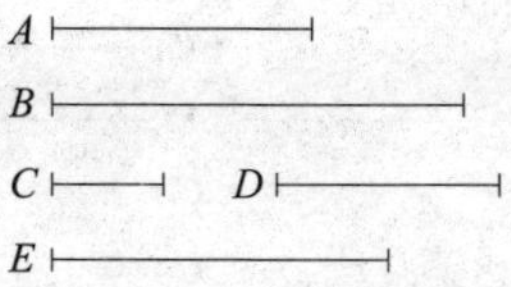

设 A、B 为平方数，C 为 A 的边，D 为 B 的边。可证 A、B 之间存在一个比例中项，且 A、B 之比等于 C、D 之比的二次比。

设 C 乘以 D 等于 E。因为 A 为平方数，C 为其边，所以 C 与其自身相乘等于 A。同理，D 与其自身相乘等于 B。因为 C 分别乘以 C、D 等于 A、E，所以 C 比 D 等于 A 比 E【命题 7.17】。同理，C 比 D 等于 E 比 B【命题 7.18】，因此 A 比 E 等于 E 比 B。所以，A、B 之间存在一个比例中项，即 E。

可证 A 与 B 的比等于 C 与 D 的二次比。因为 A、E、B 是三个成连比例的数，所以 A 与 B 的比等于 A 与 E 的二次比【定义 5.9】。因为 A 比 E 等于 C 比 D，所以 A 与 B 的比等于 C 与 D 的二次比。以上推导过程已对此作出证明。

① 换句话说，在两个已知平方数之间存在一个数与它们成连比例。

② 字面意思为“双倍”。

命题 12

在两个立方数之间存在两个比例中项[①]，且两个立方数之比为它们的边与边的三次比[②]。

设 *A*、*B* 为立方数，*C* 为 *A* 的边，*D* 为 *B* 的边。可证 *A*、*B* 之间存在两个比例中项，且 *A* 与 *B* 的比等于 *C* 与 *D* 的三次比。

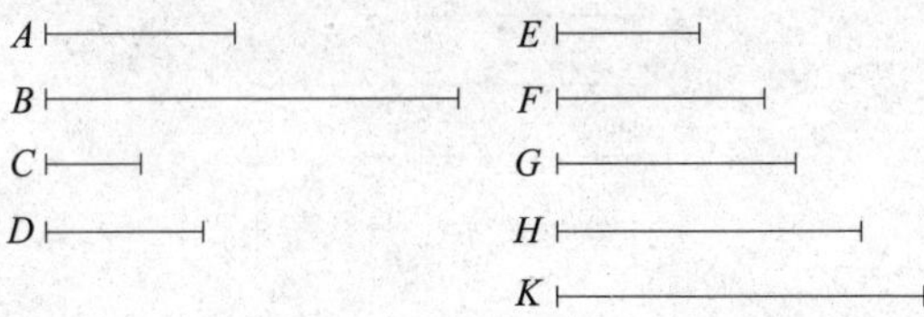

设 *C* 与其自身相乘等于 *E*，与 *D* 相乘等于 *F*。设 *D* 与其自身相乘等于 *G*，*C*、*D* 分别与 *F* 相乘等于 *H*、*K*。

因为 *A* 为立方数，*C* 为其边，*C* 与其自身相乘等于 *E*，所以 *C* 与其自身相乘等于 *E*，与 *E* 相乘等于 *A*。同理，*D* 与其自身相乘等于 *G*，与 *G* 相乘等于 *B*。因为 *C* 分别乘以 *C*、*D* 等于 *E*、*F*，所以 *C* 比 *D* 等于 *E* 比 *F*【命题 7.17】。同理，*C* 比 *D* 等于 *F* 比 *G*【命题 7.18】。又因为 *C* 分别与 *E*、*F* 相乘等于 *A*、*H*，所以 *E* 比 *F* 等于 *A* 比 *H*【命题 7.17】。因为 *E* 比 *F* 等于 *C* 比 *D*，所以 *C* 比 *D* 等于 *A* 比 *H*。因为 *C*、*D* 分别与 *F* 相乘等于 *H*、*K*，所以 *C* 比 *D* 等于 *H* 比 *K*【命题 7.18】。又因为 *D* 分别乘以 *F*、*G* 等于 *K*、*B*，所以 *F* 比 *G* 等于 *K* 比 *B*【命题 7.17】。因为 *F* 比 *G* 等于 *C* 比 *D*，所以 *C* 比 *D* 等于 *A* 比 *H*，又等于 *H* 比 *K*，又等于 *K* 比 *B*。所以，*H*、*K* 为 *A*、*B* 之间的两个比例中项。

① 换句话说，在两个已知立方数之间存在两个数与它们成连比例。
② 字面意思为“三倍”。

可证 A 与 B 的比为 C 与 D 的三次比。因为 A、H、K、B 为成连比例的四个数，所以 A 与 B 的比等于 A 与 H 的三次比【定义 5.10】。因为 A 比 H 等于 C 比 D，所以 A 与 B 的比等于 C 与 D 的三次比。以上推导过程已对此作出证明。

命题 13

有成连比例的任意数组，若该数组中的数与其自身相乘，所得乘积也将成连比例，若原数组中的数与这些乘积相乘，其乘积亦成连比例。

设 A、B、C 为成连比例的任意数组，A 比 B 等于 B 比 C。设 A、B、C 与其自身相乘等于 D、E、F，与 D、E、F 相乘等于 G、H、K。可证 D、E、F 和 G、H、K 均成连比例。

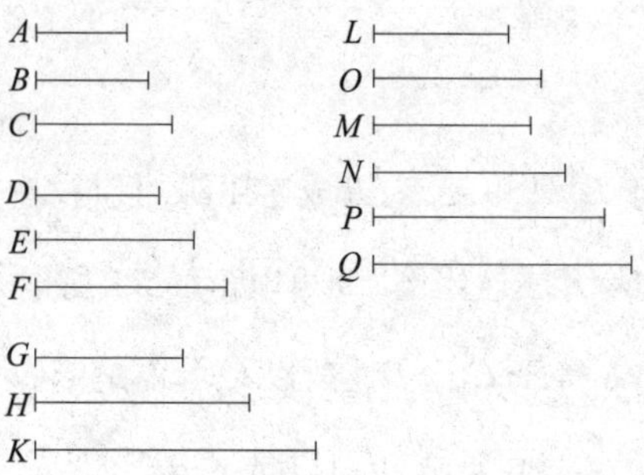

设 A 乘以 B 等于 L。A、B 分别乘以 L 等于 M、N。另设 B 乘以 C 等于 O，B、C 乘以 O 等于 P、Q。

同理可证，D、L、E 和 G、M、N、H 均成连比例，且与 A、B 之比成连比例，又有 E、O、F 和 H、P、Q、K 均成连比例，其比与 B、C 之比成连比例。因为 A 比 B 等于 B 比 C，所以 D、L、E 与 E、O、F 有相同的比，G、M、N、H 与 H、P、Q、K 有相同的比。因为 D、L、E 的个数与 E、O、

F 的个数相同，G、M、N、H 的个数与 H、P、Q、K 的个数相同。所以，由首末比可得，D 比 E 等于 E 比 F，G 比 H 等于 H 比 K【命题 7.14】。以上推导过程已对此作出证明。

命题 14

若一个平方数可以量尽另一个平方数，那么前者的边也可以量尽后者的边。若两平方数的一个的边可以量尽另一个平方数的边，那么前者的平方数也可以量尽后者的平方数。

设 A、B 为平方数，C、D 分别为二者的边，A 可以量尽 B。可证 C 也可以量尽 D。

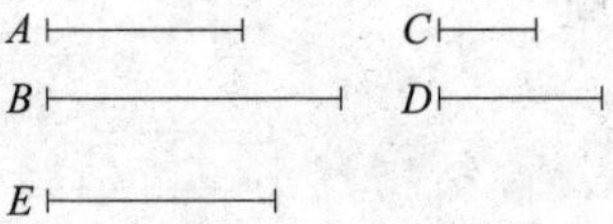

设 C 乘以 D 等于 E，所以 A、E、B 成连比例，且与 C、D 之比成连比例【命题 8.11】。因为 A、E、B 成连比例，A 可以量尽 B，所以 A 也可以量尽 E【命题 8.7】。因为 A 比 E 等于 C 比 D，所以 C 可以量尽 D【定义 7.20】。

另设 C 可以量尽 D。可证 A 也可以量尽 B。

同理可证，在作图不变的情况下，A、E、B 成连比例，且与 C、D 之比成连比例。因为 C 比 D 等于 A 比 E，C 可以量尽 D，所以 A 也可以量尽 E【定义 7.20】。因为 A、E、B 成连比例，所以 A 也可以量尽 B。

所以，若一个平方数可以量尽另一个平方数，那么前者的边也可以量尽后者的边。若两平方数的一个的边可以量尽另一个平方数的边，那么前者的平方数也可以量尽后者的平方数。以上推导过程已对此作出证明。

命题 15

若一个立方数可以量尽另一个立方数，那么前者的边也可以量尽后者的边。若两立方数的一个的边可以量尽另一个立方数的边，那么前者的立方数也可以量尽后者的立方数。

设立方数 A 可以量尽立方数 B，C 为 A 的边，D 为 B 的边。可证 C 可以量尽 D。

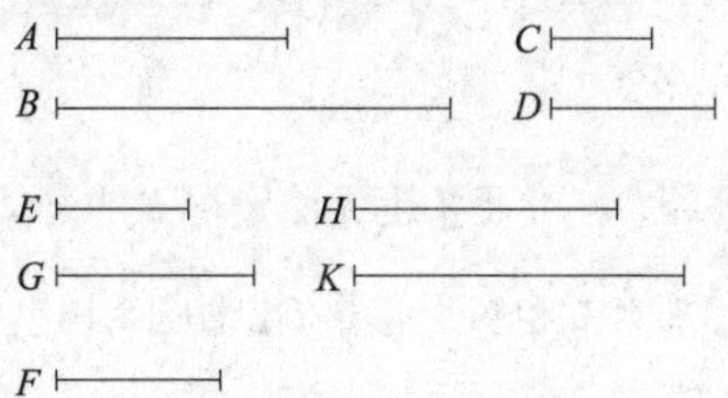

设 C 与其自身相乘等于 E。D 与其自身相乘等于 G。C 与 D 相乘等于 F，C、D 分别与 F 相乘等于 H、K。所以，E、F、G，A、H、K、B 均成连比例，且均与 C、D 之比相同【命题 8.12】。因为 A、H、K、B 成连比例，A 可以量尽 B，所以 A 也可以量尽 H【命题 8.7】。因为 A 比 H 等于 C 比 D，所以 C 也可以量尽 D【定义 7.20】。

设 C 可以量尽 D。求证，A 也将可以量尽 B。

同理可证，在作图不变的情况下，A、H、K、B 成连比例，其比与 C、D 之比相同。因为 C 可以量尽 D，C 比 D 等于 A 比 H，所以 A 也可以量尽 H【定义 7.20】。因此，A 也可以量尽 B。以上推导过程已对此作出证明。

命题 16

若一个平方数无法量尽另一个平方数，那么前者的边也无法量尽后者的边。若两平方数的一个的边无法量尽另一个平方数的边，那么前者的平方数也无法量尽后者的平方数。

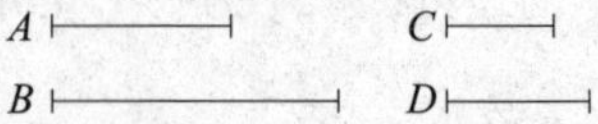

设 A、B 为平方数，C、D 分别为二者的边。设 A 无法量尽 B。可证 C 也无法量尽 D。

若 C 可以量尽 D，那么 A 也可以量尽 B【命题 8.14】。因为 A 无法量尽 B，所以 C 也无法量尽 D。

另假设 C 无法量尽 D。可证 A 也无法量尽 B。

若 A 可以量尽 B，那么 C 也可以量尽 D【命题 8.14】。因为 C 无法量尽 D，所以 A 也无法量尽 B。以上推导过程已对此作出证明。

命题 17

若一个立方数无法量尽另一个立方数，那么前者的边也无法量尽后者的边。若两立方数的一个的边无法量尽另一个立方数的边，那么前者的立方数也无法量尽后者的立方数。

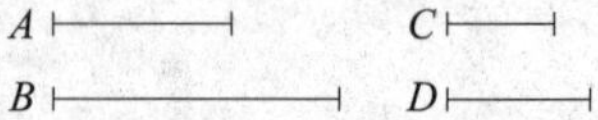

设立方数 A 无法量尽立方数 B。C 为 A 的边，D 为 B 的边。可证 C 无法量尽 D。

若 C 可以量尽 D，那么 A 也可以量尽 B【命题 8.15】。因为 A 无法量尽 B，所以 C 也无法量尽 D。

设 C 无法量尽 D。可证 A 也无法量尽 B。

若 A 可以量尽 B，那么 C 也可以量尽 D【命题 8.15】。因为 C 无法量尽 D，所以 A 也无法量尽 B。以上推导过程已对此作出证明。

命题 18

在两个相似的面积数之间，存在一个比例中项，且这两个面积数之比等于两对应边的二次比[①]。

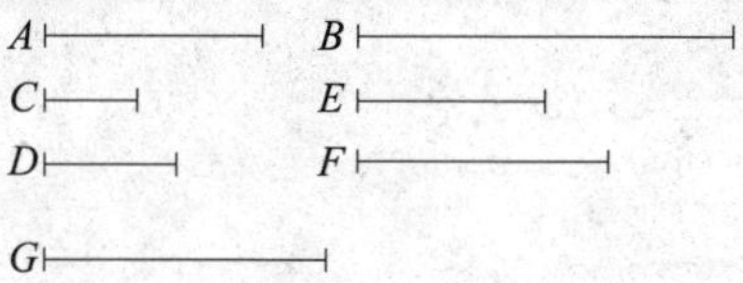

设 A、B 为两个相似的面积数，数 C、D 为 A 的边，E、F 为 B 的边。因为相似面积数的边成比例【定义 7.21】，所以 C 比 D 等于 E 比 F。可证在 A、B 之间存在一个比例中项，且 A 与 B 之比等于 C 与 E 的二次比或 D 与 F 的二次比，即两对应边的二次比。

因为 C 比 D 等于 E 比 F，所以可得其更比例，C 比 E 等于 D 比 F【命题 7.13】。因为 A 为面积数，C、D 为其两边，所以 D 乘以 C 等于 A。同理，E 乘以 F 等于 B。设 D 乘以 E 等于 G。因为 D 乘以 C 等于 A，乘以 E 等于 G，所以 C 比 E 等于 A 比 G【命题 7.17】。而 C 比 E 等于 D 比 F，所以 D 比 F 等于 A 比 G。又因为 E 乘以 D 等于 G，乘以 F 等于 B，所以 D 比 F 等于 G 比 B【命题 7.17】。已经证明了 D 比 F 等于 A 比 G，所以 A 比 G 等于 G 比 B。所以，A、G、B 成连比例。所以，存在某个数 G 为 A、B 的比例中项。

① 字面意思为“双倍”。

可证 A 与 B 的比等于其对应边的二次比，即等于 C 与 E 的二次比或 D 与 F 的二次比。因为 A、G、B 成连比例，A 与 B 的比等于 A 与 G 的二次比【命题 5.9】。因为 A 比 G 等于 C 比 E，又等于 D 比 F，所以 A 与 B 的比等于 C 比 E 或 D 比 F 的二次比。以上推导过程已对此作出证明。

命题 19

在两个相似体积数之间有两个比例中项，这两个体积数的比等于它们对应边的三次比[①]。

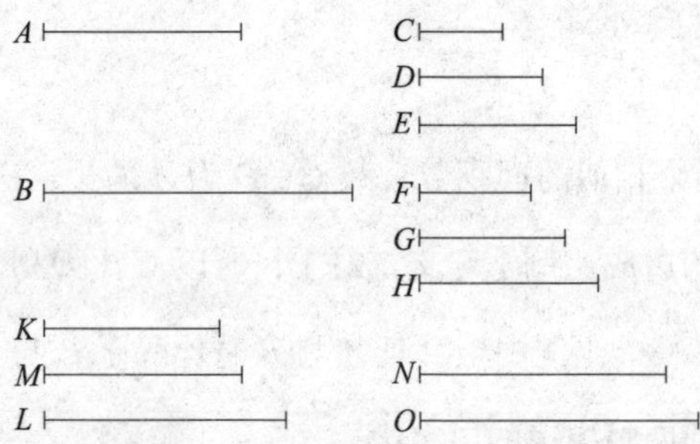

设 A、B 为两个相似的体积数，C、D、E 为 A 的边，F、G、H 为 B 的边。因为相似的体积数，其对应边成比例【定义 7.21】，所以 C 比 D 等于 F 比 G，D 比 E 等于 G 比 H。可证 A、B 之间存在两个比例中项，且 A 与 B 的比等于 C 与 F 或 D 与 G 或 E 与 H 的三次比。

设 C 乘以 D 等于 K，F 乘以 G 等于 L。因为 C 与 D 的比等于 F 与 G 的比，K 为 C 与 D 的乘积，L 为 F、G 的乘积，所以 K、L 为相似的面积数【定义 7.21】。因此，K、L 之间存在一个比例中项【命题 8.18】。设这个数为 M。所以，

① 字面意思为“三倍”。

M为D与F的乘积，这已在之前的命题中证明过了。因为D乘以C等于K，乘以F等于M，所以C比F等于K比M【命题7.17】。而K比M等于M比L，所以K、M、L成连比例，且该比例与C、F之比成连比例。因为C比D等于F比G，所以可得其更比例，C比F等于D比G【命题7.13】。同理，D比G等于E比H。所以，K、M、L成连比例，且该比例与C、F之比，D、G之比，E、H之比成连比例。设E、H分别乘以M得N、O。因为A为体积数，C、D、E为其边，所以E乘以C、D等于A。因为K为C、D的乘积，所以E乘以K等于A。同理，H乘以L等于B。因为E乘以K等于A，乘以M等于N，所以K比M等于A比N【命题7.17】。因为K比M等于C比F，D比G等于E比H，所以C比F、D比G、E比H等于A比N。又因为E、H分别乘以M等于N、O，所以E比H等于N比O【命题7.18】。而E比H等于C比F，又等于D比G，所以C比F、D比G、E比H等于A比N、N比O。又因为H乘以M等于O，乘以L等于B，所以M比L等于O比B【命题7.17】。因为M比L等于C比F，又等于D比G，又等于E比H，所以C比F、D比G、E比H不仅等于O比B，也等于A比N、N比O。所以，A、N、O、B与上述提及的边的比成连比例。

可证A与B的比等于它们对应边的三次比，即为数C与F、D与G、E与H的三次比。因为A、N、O、B为成连比例的四个数，所以A与B的比为A与N的比的三次比【定义5.10】。已经证明了A比N等于C比F、D比G、E比H。所以，A与B的比为它们对应边的三次比，即为数C比F、D比G、E比H的三次比。以上推导过程已对此作出证明。

命题 20

若两数之间有一个比例中项，那么这两个数为相似的面积数。

设数 C 为 A、B 之间的比例中项。可证 A、B 为相似的面积数。

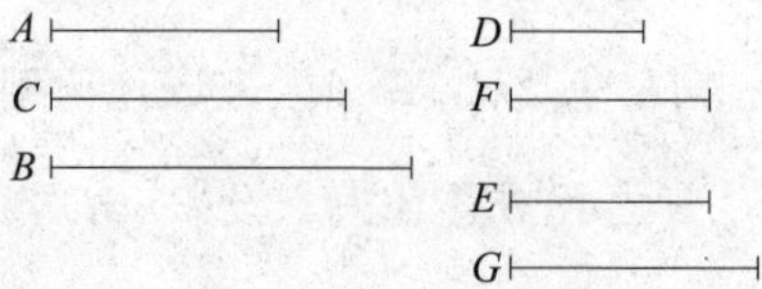

设 D、E 为与 A、C 同比的最小数对【命题 7.33】。所以，D 量尽 A，其次数等于 E 量尽 C【命题 7.20】。所以，D 量尽 A，其次数等于 F 中单位的个数。所以，F 乘以 D 等于 A【定义 7.15】。因此，A 为面积数，D、F 为其边。又因为 D、E 为与 C、B 之比相同的最小数对，所以 D 量尽 C，其次数等于 E 量尽 B【命题 7.20】。所以，E 量尽 B，其次数等于 G 中的单位数。所以，E 可以以 G 中的单位数来量尽 B。所以，G 乘以 E 等于 B【定义 7.15】。所以，B 为面积数，E、G 为其边。所以，A、B 也均为面积数。可证这二者是相似的。因为 F 乘以 D 等于 A，乘以 E 等于 C，所以 D 比 E 等于 A 比 C，即等于 C 比 B【命题 7.17】。[①] 又因为 E 分别乘以 F、G 等于 C、B，所以 F 比 G 等于 C 比 B【命题 7.17】。因为 C 比 B 等于 D 比 E，所以 D 比 E 等于 F 比 G。可得其更比例，D 比 F 等于 E 比 G【命题 7.13】。因为边成比例，所以 A、B 为相似的面积数【定义 7.21】。以上推导过程已对此作出证明。

① 此处证明是有缺陷的，因为未证明 $F \times E = C$。此外，也没有验证 $D : E :: A : C$ 的必要，因为这已经假设为真。

命题 21

若两个数之间有两个比例中项，那么这两个数为相似的体积数。

设数 C、D 为数 A、B 之间的两个比例中项。可证 A、B 为相似的体积数。

设三个数 E、F、G 为与 A、C、D 同比的最小的一组数【命题 8.2】。所以，它们的两端 E、G 互素【命题 8.3】。因为 F 为 E、G 间的比例中项，所以 E、G 为相似的面积数【命题 8.20】。设 H、K 为 E 的边，L、M 为 G 的边。因此，E、F、G 成连比例，且该比例与 H 比 L、K 比 M 成连比例。因为 E、F、G 为与 A、C、D 同比的最小的一组数，E、F、G 的个数与 A、C、D 相同，所以由首末比可得，E 比 G 等于 A 比 D【命题 7.14】。因为 E、G 互素，互素的数为与其比例相同的数对中的最小的一对【命题 7.21】，有相同比的数对中的最小的一对数量尽其他数对，较大数量尽较大数，较小数量尽较小数，即前项量尽前项，后项量尽后项，其次数是相同的【命题 7.20】。所以，以 E 量尽 A，其次数等于以 G 量尽 D。所以，以 E 量尽 A，其次数等于 N 中单位的个数。所以，N 乘以 E 等于 A【定义 7.15】。因为 E 为 H、K 的乘积，所以 N 乘以 H、K 等于 A。所以，A 为体积数，其边为 H、K、N。又因为 E、F、G 为与 C、D、B 同比的数组中最小的一组，所以以 E 量尽 C，其次数等于以 G 量尽 B【命题 7.20】。所以，以 E 量尽 C，其次数等于 O 中的单位数。所以，G 可以以 O 中的单位数来量尽 B。所以，O 乘以 G 等于 B。因为 G 为 L、M 的乘积，所以 O 乘以 L、M 等于 B。所以，B 为体积数，其边为 L、M、O。所以，A、B 均为体积数。

可证这两个数是相似的。因为 N、O 乘以 E 等于 A、C，所以 N 比 O 等于 A 比 C，即等于 E 比 F【命题 7.18】。而 E 比 F 等于 H 比 L，又等于 K 比 M；所以，H 比 L 等于 K 比 M，又等于 N 比 O。因为 H、K、N 为 A

的边，*L*、*M*、*O* 为 *B* 的边，所以 *A*、*B* 为相似的体积数【定义 7.21】。以上推导过程已对此作出证明。

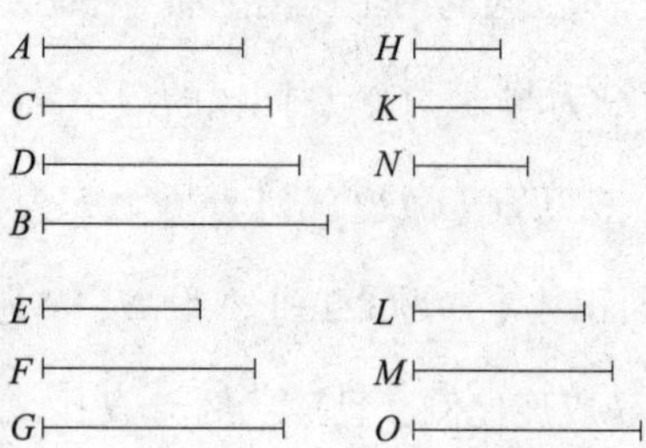

命题 22

三个数成连比例，若第一个数为平方数，那么第三个数也为平方数。

设 *A*、*B*、*C* 为成连比例的三个数，第一个数 *A* 为平方数。可证第三个数 *C* 也为平方数。

因为数 *B* 为 *A*、*C* 之间的比例中项，所以 *A*、*C* 为相似的面积数【命题 8.20】。因为 *A* 为平方数，所以 *C* 也为平方数【定义 7.21】。以上推导过程已对此作出证明。

命题 23

四个数成连比例，若第一个数为立方数，那么第四个数也为立方数。

设 *A*、*B*、*C*、*D* 为四个成连比例的数，*A* 为立方数。可证 *D* 也为立方数。

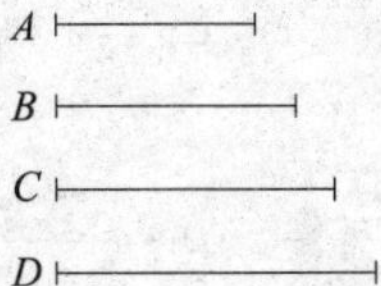

因为 B、C 为 A、D 之间的两个比例中项，所以 A、D 为相似的体积数【命题 8.21】。因为 A 为立方数，所以 D 也为立方数【定义 7.21】。以上推导过程已对此作出证明。

命题 24

若两个数之比等于另两个平方数之比，则这两个数中，若第一个为平方数，第二个也为平方数。

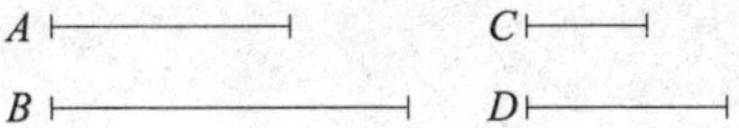

设 A、B 两个数的比等于平方数 C 与平方数 D 的比。设 A 为平方数。可证 B 也为平方数。

因为 C、D 为平方数，所以 C、D 为相似的面积数。因此，C、D 之间有一个数为二者的比例中项【命题 8.18】。因为 C 比 D 等于 A 比 B，所以 A、B 间也存在一个数为二者的比例中项【命题 8.8】。因为 A 为平方数，所以 B 也为平方数【命题 8.22】。以上推导过程已对此作出证明。

命题 25

若两个数之比等于两个立方数之比，这两个数中，第一个数为立方数，那么第二个数也为立方数。

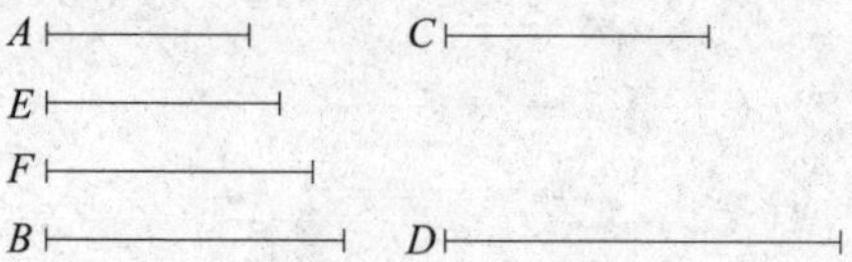

设 A、B 两数之比等于立方数 C 与立方数 D 之比。设 A 为立方数。可证 B 也为立方数。

因为 C、D 为立方数，所以 C、D 为相似的体积数。因此，C、D 间存在两个比例中项【命题 8.19】。C、D 间有可成连比例的数，其个数与成同比例的连比例的数的个数相同【命题 8.8】。因此，A、B 间有两个比例中项。设这两个数为 E、F。因为 A、E、F、B 为成连比例的四个数，A 为立方数，所以 B 也为立方数【命题 8.23】。以上推导过程已对此作出证明。

命题 26

相似的面积数之比等于平方数之比。

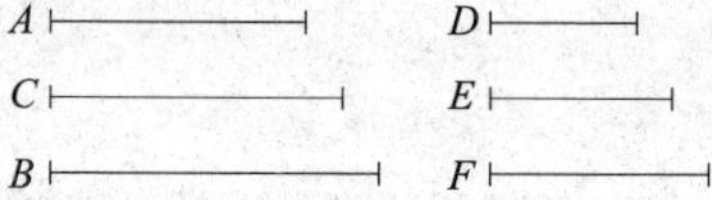

设 A、B 为相似的面积数。可证 A、B 之比等于平方数之比。

因为 A、B 为相似的面积数，所以 A、B 间存在一个数为二者的比例中项【命题 8.18】。设这个数为 C。设 D、E、F 为与 A、C、B 同比的数组中最小的一组【命题 8.2】。所以，它们的两端 D、F 为平方数【命题 8.2 推论】。因为 D 比 F 等于 A 比 B，D、F 为平方数，所以 A、B 之比等于两个平方数之比。以上推导过程已对此作出证明。

命题 27

相似的体积数之比等于立方数之比。

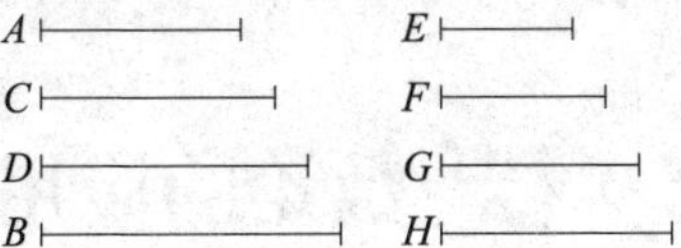

设 A、B 为相似的体积数。可证 A、B 之比等于立方数之比。

因为 A、B 为相似的体积数，所以 A、B 间有两个比例中项【命题 8.19】。设这两个数为 C、D。设 E、F、G、H 为与 A、C、D、B 同比的数组中最小的一组，且二者的个数相等【命题 8.2】。所以，它们的两端 E、H 为立方数【命题 8.2 推论】。因为 E 比 H 等于 A 比 B，所以 A、B 之比等于两个立方数之比。以上推导过程已对此作出证明。

第9卷　数论的应用①

命　题

命题1

若两个相似的面积数相乘得某数，那么所得乘积为一个平方数。

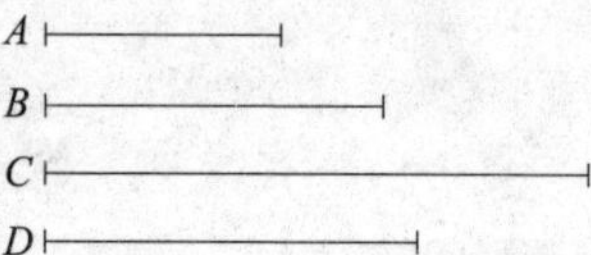

设A、B为两个相似的面积数，设A乘以B等于C。可证C为平方数。

设A与其自身相乘等于D。所以，D为平方数。因为A与其自身相乘等于D，与B相乘等于C，所以A比B等于D比C【命题7.17】。因为A、B为相似的面积数，所以A、B间有一个比例中项【命题8.18】。若两数之间有数可以成连比例，那么在与之比例相同的两数中间可成连比例的数与

① 第7~9卷的命题，一般被认为属于毕达哥拉斯学派。

前者的个数相同【命题 8.8】。所以，D、C 间有一个比例中项。D 为平方数。因此，C 也为平方数【命题 8.22】。以上推导过程已对此作出证明。

命题 2

若两数相乘得一个平方数，则它们为相似的面积数。

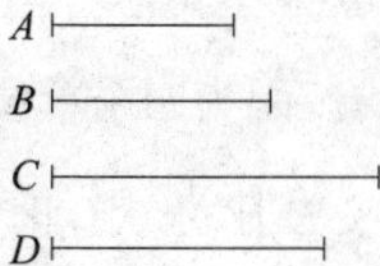

设两数 A、B 相乘等于平方数 C。可证 A、B 为相似的面积数。

设 A 与其自身相乘等于 D。所以，D 为平方数。因为 A 与其自身相乘等于 D，与 B 相乘等于 C，所以 A 比 B 等于 D 比 C【命题 7.17】。因为 D 为平方数，C 也为平方数，所以 D、C 为相似的面积数。因此，D、C 间存在一个比例中项【命题 8.18】。因为 D 比 C 等于 A 比 B，所以 A、B 间存在一个比例中项【命题 8.8】。若两个数之间存在一个比例中项，那么这两个数为相似的面积数【命题 8.20】。所以，A、B 为相似的面积数。以上推导过程已对此作出证明。

命题 3

若一个立方数与其自身相乘得某个数，那么这个乘积为立方数。

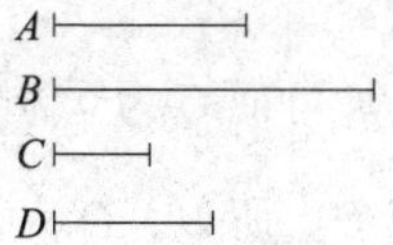

设立方数 A 乘以其自身等于 B。可证 B 为立方数。

设 C 为 A 的边。设 C 与其自身相乘等于 D。所以，C 乘以 D 等于 A。因为 C 乘以其自身等于 D，所以 C 可以以其自身的单位的个数来量尽 D【定义 7.15】。因为一个单位也可以以 C 中的单位数来量尽 C【定义 7.20】，所以一个单位比 C 等于 C 比 D。又因为 C 乘以 D 等于 A，所以 D 可以以 C 中的单位数来量尽 A。因为一个单位也可以以 C 中的单位数来量尽 C，所以一个单位比 C 等于 D 比 A。因为一个单位比 C 等于 C 比 D，所以一个单位比 C 等于 C 比 D，又等于 D 比 A。因此，C、D 为一个单位与 A 之间成连比例的两个比例中项。又因为 A 与其自身相乘等于 B，所以 A 可以以其自身中的单位数来量尽 B。因为一个单位也可以以 A 中的单位数来量尽 A，所以一个单位比 A 等于 A 比 B。因为一个单位与 A 之间有两个比例中项，所以 A、B 间存在两个比例中项【命题 8.8】。两个数间存在两个比例中项，若第一个数为立方数，那么第二个数也为立方数【命题 8.23】。因为 A 为立方数，所以 B 也为立方数。以上推导过程已对此作出证明。

命题 4

若两个立方数相乘，那么所得乘积也为立方数。

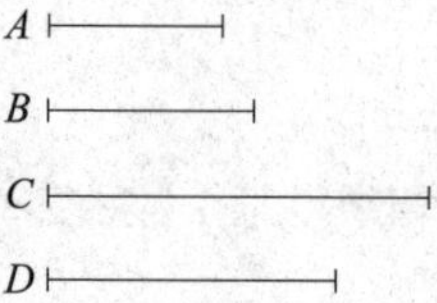

设立方数 A、B 相乘得 C。可证 C 为立方数。

设 A 与其自身相乘等于 D。所以，D 为立方数【命题 9.3】。因为 A

与其自身相乘等于 D，与 B 相乘等于 C，所以 A 比 B 等于 D 比 C【命题 7.17】。因为 A、B 为立方数，A、B 为相似的体积数，所以 A、B 间有两个比例中项【命题 8.19】。因此，D、C 间存在两个比例中项【命题 8.8】。因为 D 为立方数，所以 C 也为立方数【命题 8.23】。以上推导过程已对此作出证明。

命题 5

若一个立方数与某个数相乘等于另一个立方数，那么这个被乘数也为立方数。

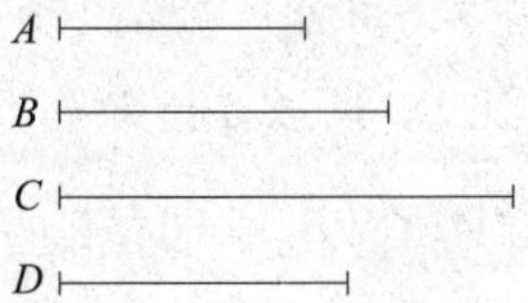

设立方数 A 乘以某数 B 等于立方数 C。可证 B 为立方数。

设 A 与其自身相乘等于 D。所以 D 为立方数【命题 9.3】。因为 A 与其自身相乘等于 D，与 B 相乘等于 C，所以 A 比 B 等于 D 比 C【命题 7.17】。因为 D、C 均为立方数，二者为相似的体积数，所以 D、C 之间有两个比例中项【命题 8.19】。因为 D 比 C 等于 A 比 B，所以 A、B 之间有两个比例中项【命题 8.8】。因为 A 为立方数，所以 B 也为立方数【命题 8.23】。以上推导过程已对此作出证明。

命题 6

如果一个数与其自身相乘得一个立方数，那么这个数本身也为立方数。

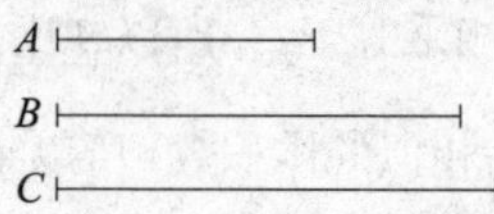

设数 A 与其自身相乘等于立方数 B。可证 A 也为立方数。

设 A 乘以 B 等于 C。因为 A 乘以其自身等于 B，乘以 B 等于 C，所以 C 为立方数。因为 A 乘以其自身等于 B，所以 A 可以以 A 中的单位数量尽 B。因为一个单位也可以以 A 中的单位数来量尽 A，所以一个单位比 A 等于 A 比 B。因为 A 乘以 B 等于 C，所以 B 可以以 A 中的单位数来量尽 C。因为一个单位也可以以 A 中的单位数来量尽 A，所以一个单位比 A 等于 B 比 C。因为一个单位比 A 等于 A 比 B，所以 A 比 B 等于 B 比 C。因为 B、C 为立方数，二者为相似的体积数，所以 B、C 间存在两个比例中项【命题 8.19】。因为 B 比 C 等于 A 比 B，所以 A、B 间也存在两个比例中项【命题 8.8】。因为 B 为立方数，所以 A 也为立方数【命题 8.23】。以上推导过程已对此作出证明。

命题 7

若一个合数与某个数相乘，那么所得乘积为体积数。

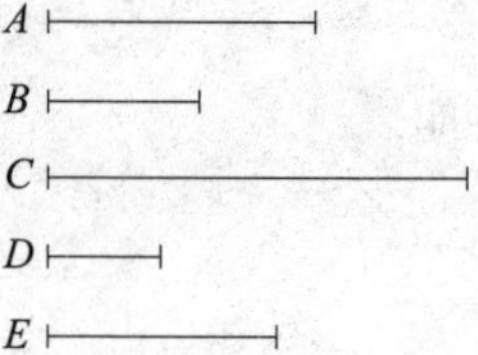

设合数 A 与数 B 的乘积为 C。可证 C 为体积数。

因为 A 为合数，所以它可以为某数所量尽。设这个数为 D。以 D 量尽 A，

其次数等于 E 中的单位数。因为 D 可以以 E 中的单位数量尽 A，所以 E 乘以 D 等于 A【定义 7.15】。因为 A 乘以 B 等于 C，A 为 D、E 的乘积，所以 D、E 的乘积与 B 相乘等于 C。所以，C 为体积数，其边为 D、E、B。以上推导过程已对此作出证明。

命题 8

有成连比例的任意一组数，起始数为一个单位，从单位起的第三个数为平方数，且其后每隔一个都是平方数；第四个是立方数，且其后每隔两个都是立方数；第七个既是立方数也是平方数，且其后每隔五个也都既是立方数也是平方数。

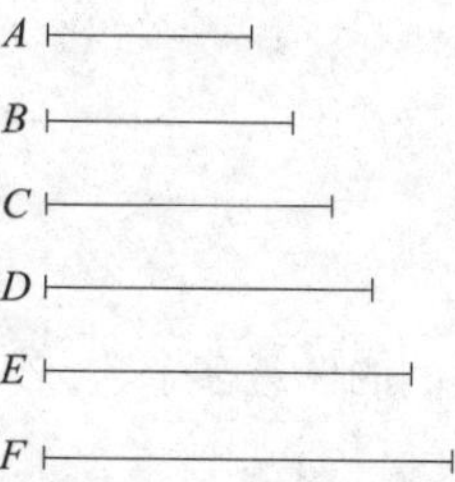

设任意一组数 A、B、C、D、E、F 是成连比例的，起始数为一个单位。可证由单位起的第三个数 B 为平方数，且其后每隔一个都是平方数；由单位起的第四个数 C 是立方数，且其后每隔两个都是立方数；由单位起的第七个数 F 既是立方数也是平方数，且其后每隔五个也都既是立方数也是平方数。

因为单位比 A 等于 A 比 B，所以单位可以量尽数 A，其次数等于以 A 量尽 B 的次数【定义 7.20】。因为这个单位可以以 A 中的单位数来量尽数 A，所以 A 也可以以 A 中的单位数来量尽 B。所以，A 与其自身的乘积等于

B【定义 7.15】。所以，B 为平方数。因为 B、C、D 成连比例，B 为平方数，所以 D 也为平方数【命题 8.22】。同理，F 也为平方数。同理可证，其后每隔一个都是平方数。可证由单位起的第四个数 C 是立方数，且其后每隔两个都是立方数。因为单位比 A 等于 B 比 C，所以这个单位可以量尽数 A，其次数等于以 B 量尽 C 的次数。因为这个单位可以以 A 中的单位数来量尽数 A，所以 B 可以以 A 中的单位数来量尽 C。所以，A 乘以 B 等于 C。因为 A 与其自身的乘积等于 B，乘以 B 等于 C，所以 C 为立方数。因为 C、D、E、F 成连比例，C 为立方数，所以 F 也为立方数【命题 8.23】。因为已经证明了 F 也为平方数，所以由单位起的第七个数既为立方数也为平方数。同理可证，其后每隔五个也都既是立方数也是平方数。以上推导过程已对此作出证明。

命题 9

由单位开始给定成连比例的任意多个数，若单位后的一个数为平方数，那么其余所有的数均为平方数。若单位后的一个数为立方数，那么其余所有的数为立方数。

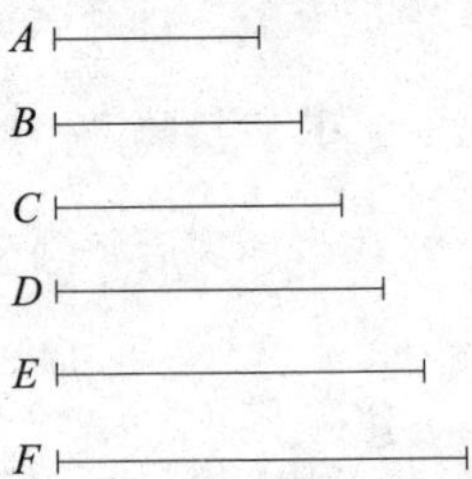

设有任意一组成连比例的数 A、B、C、D、E、F，起始数为一个单位。设单位后的一个数 A 为平方数。可证其余所有数也为平方数。

已经证明了，由单位起的第三个数 B 为平方数，其后每隔一个都是平方数【命题 9.8】。可证其余所有数也为平方数。因为 A、B、C 成连比例，A 为平方数，所以 C 也为平方数【命题 8.22】。又因为 B、C、D 成连比例，B 为平方数，所以 D 也为平方数。【命题 8.22】。同理可证，其余所有数均为平方数。

设 A 为立方数。可证其余所有数均为立方数。

已经证明了，由单位起的第四个数 C 为立方数，其后每隔两个都是立方数【命题 9.8】。可证其余所有数均为立方数。因为单位比 A 等于 A 比 B，所以以单位量尽 A，其次数等于以 A 量尽 B 的次数。因为单位可以以 A 中的单位数来量尽 A，所以 A 也可以以 A 中的单位数来量尽 B。所以，A 与其自身相乘等于 B。因为 A 为立方数。若一个立方数与其自身相乘，则所得数也为立方数【命题 9.3】，所以 B 也为立方数。因为 A、B、C、D 四个数成连比例，A 为立方数，所以 D 也为立方数【命题 8.23】。同理，E 也为立方数，其余各数均为立方数。以上推导过程已对此作出证明。

命题 10

有任意多个数成连比例，起始数为一个单位，若单位后的一个数不是平方数，那么其他数也不是平方数，但由单位起的第三个数以及其后每隔一个的数除外。若由单位起的其后一个数不是立方数，那么其他数也不是立方数，但由单位起的第四个数以及其后每隔两个的数除外。

设任意一组数 A、B、C、D、E、F 成连比例，起始数为一个单位。设单位后的一个数为 A，A 不是平方数。可证其他数也不是平方数，但由单位起的第三个数以及其后每隔一个的数除外。

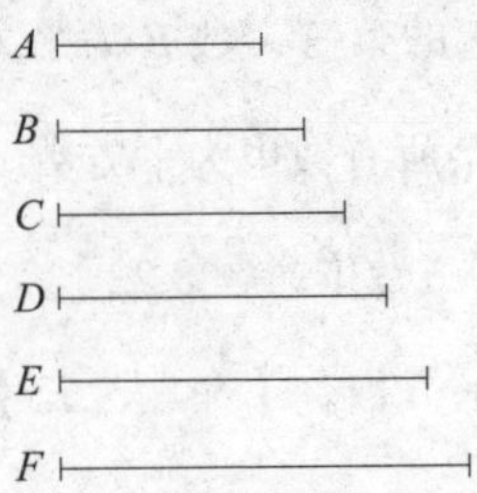

假设 C 为平方数是成立的。因为 B 也为平方数【命题 9.8】，所以 B、C 之比等于平方数之比。因为 B 比 C 等于 A 比 B，所以 A、B 之比等于另一组平方数之比。所以，A、B 为相似的面积数【命题 8.26】。因为 B 为平方数，所以 A 也为平方数。这与假设不符。所以 C 并不是平方数。同理可证，其他数也不是平方数，但由单位起的第三个数以及其后每隔一个的数除外。

设 A 不是立方数。可证其他数也不是立方数，但由单位起的第四个数以及其后每隔两个的数除外。

设 D 为立方数是成立的。C 也为立方数【命题 9.8】，因为该数为由单位起的第四个数。C 比 D 等于 B 比 C，所以 B、C 之比等于立方数之比。因为 C 为立方数，所以 B 也为立方数【命题 7.13、8.25】。因为单位比 A 等于 A 比 B，单位可以以 A 中的单位数来量尽 A，所以 A 也可以以 A 中的单位数来量尽 B。因此，A 与其自身相乘等于立方数 B。若一个数乘以其自身等于一个立方数，则其本身就为立方数【命题 9.6】。所以，A 也为立方数，这与假设相矛盾。所以，D 不是立方数。同理可证，其他数也不是立方数，但由单位起的第四个数以及其后每隔两个的数除外。以上推导过程已对此作出证明。

命题11

有任意多个数成连比例，起始数为一个单位，那么依照成连比例的数中的一个数，较小数可以量尽较大数。

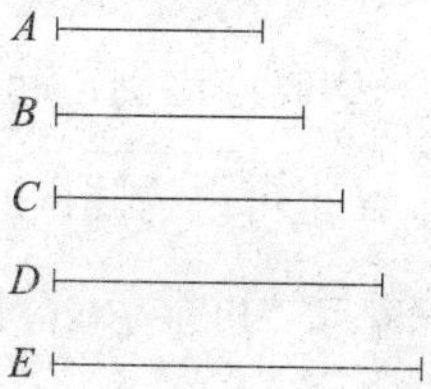

设任意数组 B、C、D、E 成连比例，起始数为单位 A。可证对 B、C、D、E 而言，最小数 B 可以量尽 E，所依照的数是 C 或 D。

因为单位 A 比 B 等于 D 比 E，所以单位 A 可以量尽数 B，其次数等于以 D 量尽 E 的次数。所以，可得其更比例，以单位 A 量尽 D，其次数等于以 B 量尽 E 的次数【命题7.15】。因为单位 A 可以以 D 中的单位数来量尽 D，所以 B 也可以以 D 中的单位数来量尽 E。所以，较小数 B 可以量尽较大数 E，所依照的是成连比例的数中的数 D。

推论

在由单位起的成连比例的数中，某个数量尽其后的一个数，所得的数为被量数之前的某个数。以上推导过程已对此作出证明。

命题12

有任意多个数成连比例，起始数为一个单位，那么无论最后一个数可以为多少个素数所量尽，单位后的一个数也可以为同样的素数所量尽。

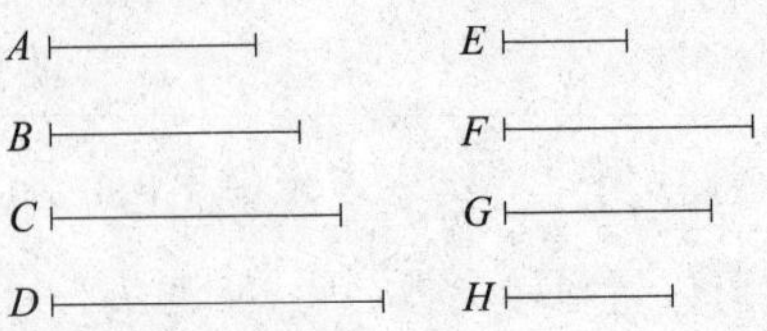

设任意一组数 A、B、C、D 成连比例，起始数为一个单位。可证无论 D 可以为多少个素数所量尽，A 也可以为同样的素数所量尽。

设 D 可以为某素数 E 所量尽。可证 E 可以量尽 A。假设这个命题不成立。E 为素数，每一个素数都与任意一个不可为该素数所量尽的数互素【命题 7.29】。所以，E、A 互素。因为 E 可以量尽 D，设其次数等于 F，所以 E 乘以 F 等于 D。又因为 A 可以以 C 中的单位数来量尽 D【命题 9.11 推论】，所以 A 乘以 C 等于 D。而 E 乘以 F 也等于 D。所以，A、C 的乘积等于 E、F 的乘积。所以，A 比 E 等于 F 比 C【命题 7.19】。因为 A、E 互素，互素的两个数为与其同比的数组中最小的一组【命题 7.21】，有相同比的数中的最小的量尽其他数，即前项量尽前项，后项量尽后项，其次数是相同的【命题 7.20】。所以，E 可以量尽 C。设其次数等于 G。所以，E 乘以 G 等于 C。而由之前的比例可知，A 乘以 B 也等于 C【命题 9.11 推论】。所以，A、B 的乘积等于 E、G 的乘积。所以，A 比 E 等于 G 比 B【命题 7.19】。因为 A、E 互素，互素的两个数为与其同比的数组中最小的一组【命题 7.21】，有相同比的数中的最小的量尽其他数，即前项量尽前项，后项量尽后项，其次数是相同的【命题 7.20】。所以，E 可以量尽 B。设其次数等于 H。所以，E 乘以 H 等于 B。而 A 与其自身相乘也等于 B【命题 9.8】。所以，E、H 的乘积等于 A 的平方数。所以，E 比 A 等于 A 比 H【命题 7.19】。因为 A、E 互素，互素的两个数为与其同比的数组中最小的一组【命题 7.21】，有相同比的数中的最小的量尽其他数，即前项量尽前项，后项量尽后项，其次数是相同的【命题 7.20】。所以，E 可以量尽 A，即前项可以量尽前项。而 E 是无法量尽 A 的。该结论是不可能成立的。所以，E、A 并不互素。所以，二者互为合数。互为合数的数，各数均可以为某数所量尽【定义 7.14】。因为已假设 E 为素数，素数除其自身外，不可为任何数所量尽【定义 7.11】，所以，E 可以量尽 A、E。因此，E 可以量尽 A。因为该数也可以量尽 D，所以 E 可以量尽 A、D。同理可证，无论 D 可以为多少个素数所量尽，A 也可以为同样的素数所量尽。以上推导过程已对此作出证明。

命题 13

有任意多个数成连比例，起始数为一个单位，若单位后的一个数为素数，那么除了成比例的数以外，最大数不为任何数所量尽。

设任意数组 A、B、C、D 成连比例，起始数为一个单位。设该单位后的一个数 A 为素数。可证数组中的最大数 D，除了 A、B、C 以外，不能为任何数所量尽。

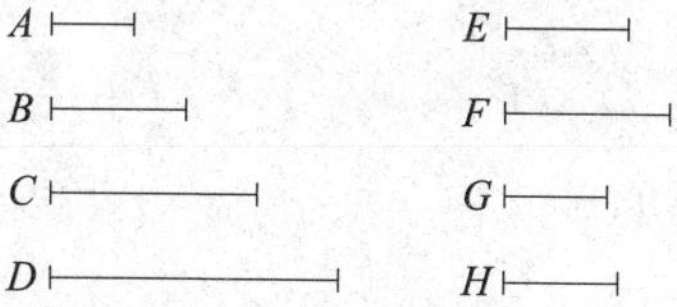

假设 D 可以为 E 所量尽，设 E 不与 A、B、C 中的任何一个相等。所以，E 不是素数。假设 E 是素数，且可以量尽 D，那么该数也可以量尽 A。但是这个数不等于 A【命题 9.12】。这是不可能成立的。因此，E 不是素数。所以，E 为合数。每一个合数都可以为某个素数所量尽【命题 7.31】。

所以，E 可以为某个素数所量尽。可证除了 A 以外，E 不为任何数所量尽。假设 E 可以为其他素数所量尽，E 可以量尽 D，那么这个素数也可以量尽 D。因此，这个数也可以量尽 A。但这个数不等于 A【命题 9.12】。这个结论是不可能成立的。所以，A 可以量尽 E。因为 E 可以量尽 D，设其所依照的数是 F。可证 F 不等于 A、B、C 中的任何一个数。假设 F 等于 A、B、C 中的某一个，且可以依照 E 量尽 D，那么 A、B、C 中的一个也可以依照 E 量尽 D。但 A、B、C 中的一个是依照 A、B、C 中的一个来量尽 D 的【命题 9.11】。所以，E 与 A、B、C 之一相等。这是不成立的。所以，F 并不与 A、B、C 之一相同。同理可证，F 可以为 A 所量尽，可证 F 不是素数。假设 F 为素数，且可以量尽 D，那么该数也可以量尽 A，但它不等于 A【命题 9.12】，这是不可能成立的。所以 F 不是素数，因此 F 为合数。每一个合数都可以为某个素数所量尽【命题 7.31】，所以 F 可以为某个素数所量尽。可证除了 A 以外，F 不能为任何数所量尽。假设某个素数可以量尽 F，且 F 可以量尽 D，那么该素数也可以量尽 D，因此该素数也可以量尽 A，但它不等于 A【命题 9.12】，这是不可能成立的。所以，A 可以量尽 F。因为 E 可以依照 F 量尽 D，所以 E 乘以 F 等于 D。而 A 乘以 C 也等于 D【命题 9.11 推论】。所以，A、C 的乘积等于 E、F 的乘积。因此，可得比例，A 比 E 等于 F 比 C【命题 7.19】。因为 A 可以量尽 E，所以 F 也可以量尽 C。设该次数等于 G。同理可证，G 并不与 A、B 相等，可以为 A 所量尽。因为 F 可以量尽 C，设它所依照的数是 G，所以 F 乘以 G 等于 C。而 A 乘以 B 等于 C【命题 9.11 推论】，所以 A、B 的乘积等于 F、G 的乘积。由此，可得比例，A 比 F 等于 G 比 B【命题 7.19】。因为 A 可以量尽 F，所以 G 也可以量尽 B。设该次数为 H。同理可证，H 不等于 A。因为 G 可以量尽 B，

其次数等于 H，所以 G 乘以 H 等于 B。而 A 与其自身相乘等于 B【命题 9.8】，所以 H、G 的乘积等于 A 的平方。所以，H 比 A 等于 A 比 G【命题 7.19】。因为 A 可以量尽 G，所以 H 也可以量尽 A，尽管 H 不等于 A，这是不成立的。所以最大的数 D 无法为 A、B、C 以外的数所量尽。以上推导过程已对此作出证明。

命题 14

若某个数是能为某些素数所量尽的最小数，那么这个数无法为上述素数以外的其他素数所量尽。

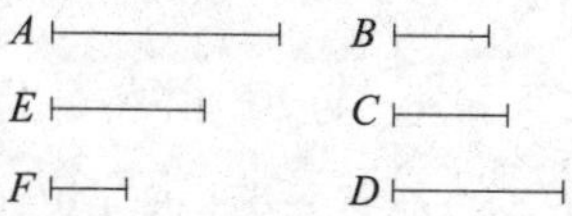

设 A 是可以为素数 B、C、D 所量尽的最小数。可证 A 无法为 B、C、D 以外的素数所量尽。

假设这几个数可以为其他素数所量尽，设该数为 E。令 E 不与 B、C、D 中任意一个数相等。因为 E 可以量尽 A，设它所依照的数是 F。所以，E 乘以 F 等于 A。A 可以为 B、C、D 所量尽。两个数相乘得一个数，若有某个素数可以量尽这个乘积，那么这个素数可以量尽原相乘两数中的一个数【命题 7.30】，所以 B、C、D 可以量尽 E、F 中的一个数。而实际上，它们无法量尽 E，因为 E 为素数，且与 B、C、D 都不相等。所以，B、C、D 可以量尽小于 A 的 F，这是不可能成立的。因为已经假设 A 为 B、C、D 可以量尽的最小数。所以，除了 B、C、D 以外，不存在可以量尽 A 的素数。以上推导过程已对此作出证明。

命题 15

有三个数成连比例，若这三个数在与它们有相同比的数中为最小的一组，那么这三个数两两相加所得的和与剩下的一个数互素。

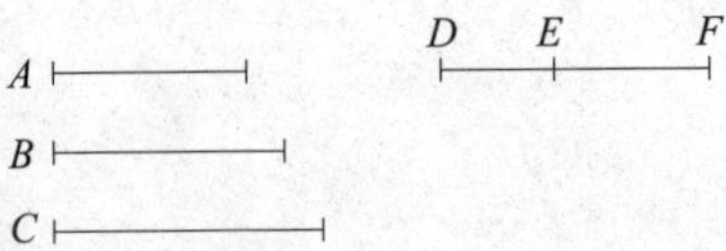

设 *A*、*B*、*C* 为成连比例的三个数，且是与它们有相同比的数中最小的一组。可证 *A*、*B*、*C* 中的任何两个相加所得的和与剩下的一个数互素，即 *A*、*B* 之和与 *C* 互素，*B*、*C* 之和与 *A* 互素，*A*、*C* 之和与 *B* 互素。

设两个数 *DE*、*EF* 是与 *A*、*B*、*C* 有相同比的数中最小的【命题 8.2】。所以，*DE* 与其自身相乘等于 *A*，与 *EF* 相乘等于 *B*，*EF* 与其自身的乘积为 *C*【命题 8.2】。因为 *DE*、*EF* 是与它们有相同比的数中最小的，二者互素【命题 7.22】。若两个数互素，其和与原来的两个数均是互素的【命题 7.28】，所以 *DF* 与 *DE*、*EF* 均互素。而 *DE*、*EF* 互素，所以 *DF*、*DE* 均与 *EF* 互素。若有两个数与某个数互素，那么这两个数的乘积也与后者互素【命题 7.24】。因此，*DF*、*DE* 的乘积与 *EF* 互素。所以，*FD*、*DE* 的乘积与 *EF* 的平方也是互素的【命题 7.25】。*FD*、*DE* 的乘积等于 *DE* 的平方与 *DE*、*EF* 乘积的和【命题 2.3】。所以，*DE* 的平方与 *DE*、*EF* 的乘积的和与 *EF* 的平方是互素的。因为 *DE* 的平方为 *A*，*DE*、*EF* 的乘积为 *B*，*EF* 的平方为 *C*，所以 *A*、*B* 的和与 *C* 互素。同理可证，*B* 与 *C* 的和与 *A* 互素。可证 *A* 与 *C* 的和也与 *B* 互素。因为 *DF* 与 *DE*、*EF* 均是互素的，所以 *DF* 的平方与 *DE*、*EF* 的乘积互素【命题 7.25】。而 *DE*、*EF* 的平方和与 *DE*、*EF* 乘积的二倍的和等于 *DF* 的平方【命题 2.4】。所以，*DE*、*EF* 的

平方与 DE、EF 乘积的二倍的和与 DE、EF 的乘积互素。由分比例可得，DE、EF 的平方与 DE、EF 的乘积的和与 DE、EF 的乘积互素。[①] 再一次由分比例可得，DE、EF 的平方和与 DE、EF 的乘积互素。因为 DE 的平方等于 A，DE、EF 的乘积为 B，EF 的平方等于 C，所以 A 与 C 的和与 B 互素。以上推导过程已对此作出证明。

命题 16

若两个数互素，那么第一数与第二个数的比与第二个数与其他数的比都不相等。

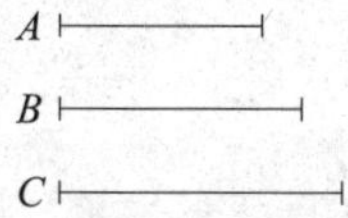

设数 A、B 互素。可证 A 比 B 不等于 B 与任何其他数的比。

假设二者有相同的比，设 A 比 B 等于 B 比 C。因为 A、B 互素。在有相同比的数组中，互素的数最小【命题 7.21】。在有相同比的数组中，以最小的数量尽其他数，即前项量尽前项，后项量尽后项，其次数是相同的【命题 7.20】，所以 A 可以量尽 B，即前项可以量尽前项，A 也可以量尽其自身。所以，A 可以量尽互素的 A、B，这是不成立的。因此，A 比 B 不等于 B 比 C。以上推导过程已对此作出证明。

命题 17

任意多个成连比例的数，若它们的两端互素，那么其第一个数与第二

① 如果 α，β 可以量尽 $\alpha^2+\beta^2+2\alpha\beta$，那么它也可以量尽 $\alpha^2+\beta^2+\alpha\beta$，反之亦然。

个数的比不等于最后一个数与其他数的比。

设 A、B、C、D 为成连比例的数组。其两端 A、D 互素。可证 A 与 B 的比不等于 D 与其他数的比。

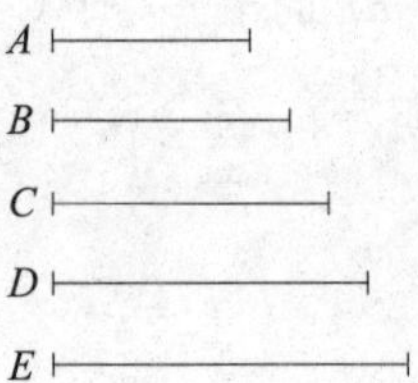

假设这是可能成立的，设 A 比 B 等于 D 比 E。所以，可得其更比例，A 比 D 等于 B 比 E【命题 7.13】。因为 A、D 互素。互素的两个数为与其有相同比的数中最小的【命题 7.21】。在有相同比的数中，以最小的数量尽其他数，即前项量尽前项，后项量尽后项，其次数是相同的【命题 7.20】。因此，A 可以量尽 B。因为 A 比 B 等于 B 比 C，所以 B 也可以量尽 C，这样 A 也可以量尽 C【定义 7.20】。因为 B 比 C 等于 C 比 D，B 可以量尽 C，所以 C 也可以量尽 D【定义 7.20】。而 A 可以量尽 C，所以 A 也可以量尽 D。因为 A 也可以量尽其自身，所以 A 可以量尽互素的 A、D，这是不可能成立的。因此，A 与 B 的比不等于 D 与其他数的比。以上推导过程已对此作出证明。

命题 18

有已知的两个数，试求与二者成比例的第三个数。

设 A、B 为已知数。试求对于这两个数来说，是否存在与它们成比例的第三个数。

A、B 可能互素，也可能不互素。若二者互素，那么不存在与二者成比例的第三个数【命题 9.16】。

设 A、B 不互素，且 B 与其自身的乘积为 C。A 可以量尽 C，也可能无法量尽 C。首先，设 A 可以依照 D 量尽 C。所以，A 乘以 D 等于 C。而 B 与其自身相乘等于 C。所以，A、D 的乘积等于 B 的平方。所以，A 比 B 等于 B 比 D【命题 7.19】。所以，可以与 A、B 成比例的第三个数为 D。

设 A 无法量尽 C。可证不可能存在可以与 A、B 成比例的第三个数。假设这个数是存在的，设这个数为 D。所以，A 与 D 的乘积等于 B 的平方【命题 7.19】。因为 B 的平方等于 C，所以 A 与 D 的乘积等于 C。因此，A 乘以 D 等于 C。所以，A 可以依照 D 量尽 C。然而已经假设了 A 是无法量尽 C 的。所以这个结论是不成立的。因此，在 A 无法量尽 C 的情况下，不可能存在可以与 A、B 成比例的第三个数。以上推导过程已对此作出证明。

命题 19①

存在三个已知数，试求与三者成比例的第四个数。

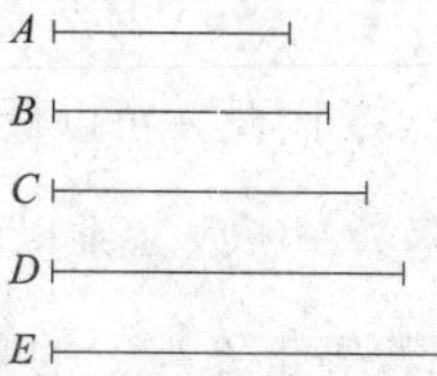

① 本命题的证明是不正确的。实际上只有两种情况：A、B、C 成连比例，且 A、C 互素，又或者不互素。在第一种情况下，不可能存在第四个与它们成比例的数。在第二种情况下，可能存在与它们成比例的第四个数，使 A 依照 C 量尽 B。欧几里得假设的四种情况，第二种证明是不正确的，因为它只证明了若 $A:B::C:D$，则不存在数 E 令 $B:C::D:E$ 成立。其他三种情况的证明是正确的。

设 A、B、C 为三个已知数。试求是否存在第四个数可以与这三个数成比例。

有以下几种可能：A、B、C 不是连比例，且它们的两端互素；A、B、C 成连比例，且它们的两端不互素；A、B、C 不成连比例，且它们的两端也不互素；A、B、C 成连比例，且它们的两端互素。

假设 A、B、C 成连比例，且它们的两端 A、C 互素，则不存在第四个数与它们成比例【命题 9.17】。设 A、B、C 不成连比例，且它们的两端互素。可证在本命题假设的情形下，也不可能存在第四个数与它们成比例。假设存在这个数，设这个数为 D。因此，A 比 B 等于 C 比 D。假设 B 比 C 等于 D 比 E。因为 A 比 B 等于 C 比 D，B 比 C 等于 D 比 E，所以由首末比可得，A 比 C 等于 C 比 E【命题 7.14】。A、C 互素。互素的数为与其有相同比的数中最小的【命题 7.21】。在有相同比的数中，以最小的数量尽其他数，即前项量尽前项，后项量尽后项，其次数是相同的【命题 7.20】。所以，A 可以量尽 C，即前项可以量尽前项。因为 A 也可以量尽其自身，所以 A 可以量尽互素的 A、C，这是不可能成立的。所以，不存在第四个数与 A、B、C 成比例。

设 A、B、C 成连比例，且 A、C 不互素。可证可能存在第四个数与之成比例。设 B 乘以 C 等于 D，因此 A 可以量尽 D，也可能无法量尽 D。首先，设 A 可以依照 E 量尽 D，所以 A 乘以 E 等于 D。而 B 乘以 C 也等于 D。所以，A 与 E 的乘积等于 B 与 C 的乘积。因此，可得比例，A 比 B 等于 C 比 E【命题 7.19】。因此，与 A、B、C 成比例的第四个数即为 E。

假设 A 无法量尽 D。可证不可能存在第四个数与 A、B、C 成比例。若存在这个数，设其为 E，因此 A 与 E 的乘积等于 B 与 C 的乘积。而 B 与 C 的乘积为 D，所以 A 与 E 的乘积等于 D。因此，A 乘以 E 等于 D，于是 A 可以依照 E 量尽 D。因此，A 可以量尽 D。但 A 是无法量尽 D 的，该结论不成立。所以，在 A 无法量尽 D 时，不存在第四个数与 A、B、C 成比例。假设 A、B、C 并不成连比例，且两端不互素。假设 B 乘以 C 等于 D。同理可证，若 A 可以量尽 D，那么存在与 A、B、C 成比例的第四个数；若 A 无法量尽 D，则这个数不存在。以上推导过程已对此作出证明。

命题 20

素数的个数比给定的素数个数多。

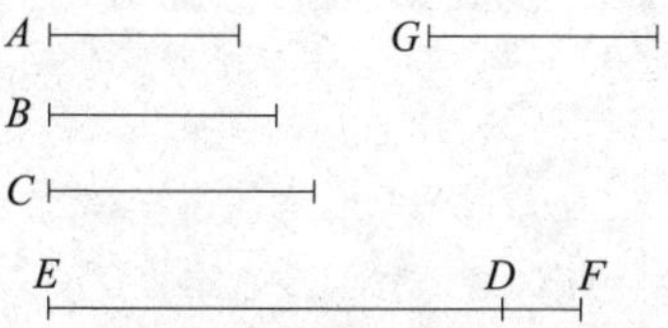

设 A、B、C 为给定的素数。可证素数的个数多于 A、B、C 的个数。

设可以为 A、B、C 所量尽的最小数为 DE【命题 7.36】。将单位 DF 加在 DE 上。所以，EF 可能是素数，也可能不是素数。首先，设其为素数。那么，A、B、C、EF 的个数多于 A、B、C。

若 EF 不是素数，那么它可以为某个数所量尽【命题 7.31】。设素数 G 可以量尽该数。可证 G 与 A、B、C 不相等。假设其相等。A、B、C 均可以量尽 DE。所以，G 也可以量尽 DE。因为 G 也量尽 EF，所以 G 作为一个数也可以量尽剩余的单位 DF【命题 7.28】，这是不成立的。因此，G 与 A、B、C 中的任何一个数都不相等。因为已经假设 G 为素数，所以数组

A、*B*、*C*、*G* 中素数的个数多于给定素数组 *A*、*B*、*C* 中素数的个数。以上推导过程已对此作出证明。

命题 21

任意多个偶数相加，其和为偶数。

设有任意多个偶数 *AB*、*BC*、*CD*、*DE*，可证其和 *AE* 为偶数。

因为 *AB*、*BC*、*CD*、*DE* 为偶数，所以它们可以平分为两部分【定义 7.6】。因此 *AE* 有平分的两部分。因为偶数为可以平均分为两部分的数【定义 7.6】，所以 *AE* 为偶数。以上推导过程已对此作出证明。

命题 22

偶数个奇数相加，其和为偶数。

设奇数 *AB*、*BC*、*CD*、*DE* 的个数为偶数，可证其和 *AE* 为偶数。

因为 *AB*、*BC*、*CD*、*DE* 为奇数，所以在各数上减去一个单位，余下的部分均为偶数【定义 7.7】，所以余下的部分的和为偶数【命题 9.21】。因为减去的单位的个数为偶数，所以 *AE* 为偶数【命题 9.21】。以上推导过程已对此作出证明。

命题 23

奇数个奇数相加，其和也为奇数。

A B C E D

设有奇数 AB、BC、CD，个数为奇数，可证 AD 也为奇数。

设从 CD 中减去单位 DE，余下的 CE 则为偶数【定义 7.7】。因为 CA 也为偶数【命题 9.22】，所以 AE 也为偶数【命题 9.21】。因为 DE 为一个单位，所以 AD 为奇数【定义 7.7】。以上推导过程已对此作出证明。

命题 24

从一个偶数中减去另一个偶数，余下的部分也为偶数。

A C B

设从偶数 AB 中减去偶数 BC，可证余下的 CA 为偶数。

因为 AB 为偶数，可以平分【定义 7.6】。同理，BC 也可以平分。因此，余下的 CA 可以平分，所以 AC 为偶数。以上推导过程已对此作出证明。

命题 25

从一个偶数中减去一个奇数，余下的部分为奇数。

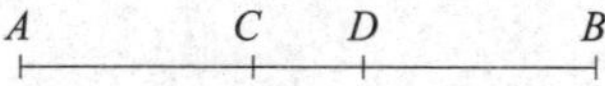

设从偶数 AB 中减去奇数 BC，可证余下的 CA 为奇数。

设从 BC 中减去单位 CD，所以 DB 为偶数【定义 7.7】。因为 AB 为偶数，

所以余下的 AD 为偶数【命题 9.24】。因为 CD 为一个单位，所以 CA 为奇数【定义 7.7】。以上推导过程已对此作出证明。

命题 26

从一个奇数中减去另一个奇数，余下的数为偶数。

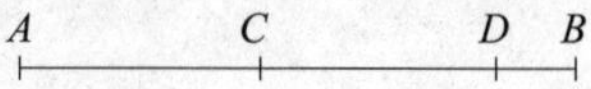

A C D B

设从奇数 AB 中减去奇数 BC，可证余下的 CA 为偶数。

因为 AB 为奇数，从中减去单位 BD，则余下的 AD 为偶数【定义 7.7】。同理，CD 也为偶数，因此余下的 CA 为偶数【命题 9.24】。以上推导过程已对此作出证明。

命题 27

从一个奇数中减去一个偶数，那么余下的数为奇数。

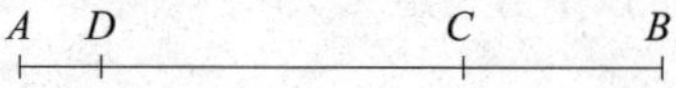

A D C B

从奇数 AB 中减去偶数 BC，可证余数 CA 为奇数。

设从 AB 中减去单位 AD，那么 DB 为偶数【定义 7.7】。因为 BC 也为偶数，所以余下的 CD 也为偶数【命题 9.24】。所以，CA 为奇数【定义 7.7】。以上推导过程已对此作出证明。

命题 28

一个奇数与一个偶数相乘，其乘积为偶数。

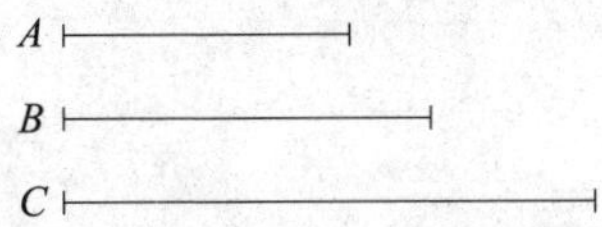

设奇数 A 乘以偶数 B 等于 C。可证 C 为偶数。

因为 A 乘以 B 等于 C，所以 C 是由多个 B 组成的，其个数等于 A 中的单位数【定义 7.15】。因为 B 为偶数，所以 C 是由偶数组成的。任意多个偶数相加，其和为偶数【命题 9.21】。所以 C 为偶数。以上推导过程已对此作出证明。

命题 29

一个奇数与另一个奇数相乘，其乘积为奇数。

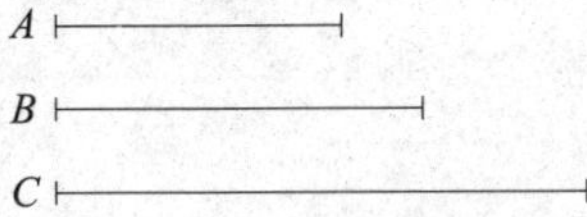

设奇数 A 乘以奇数 B 等于 C。可证 C 为奇数。

因为 A 乘以 B 等于 C，所以 C 由其个数等于 A 中的单位数的多个 B 组成。【定义 7.15】。因为 A、B 均为奇数，所以 C 是由奇数个奇数相加而成的。因此，C 为奇数【命题 9.23】。以上推导过程已对此作出证明。

命题 30

若一个奇数可以量尽一个偶数，那么该奇数也可以量尽这个偶数的一半。

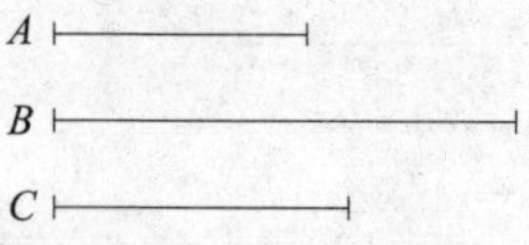

设奇数 A 可以量尽偶数 B，可证 A 也可以量尽 B 的一半。

因为 A 可以依照 C 量尽 B，可证 C 不是奇数。假设该数是奇数。因为 A 可以量尽 B 等于 C，所以 A 乘以 C 等于 B。因为 B 是奇数个奇数组成的，所以 B 为奇数【命题 9.23】，这是不成立的。这是因为已经假设了 B 为偶数。所以，C 不是奇数，而是偶数。因此，A 可以以偶数次来量尽 B。所以，A 也可以量尽 B 的一半。以上推导过程已对此作出证明。

命题 31

若一个奇数与某个数互素，那这个奇数也与该数的二倍互素。

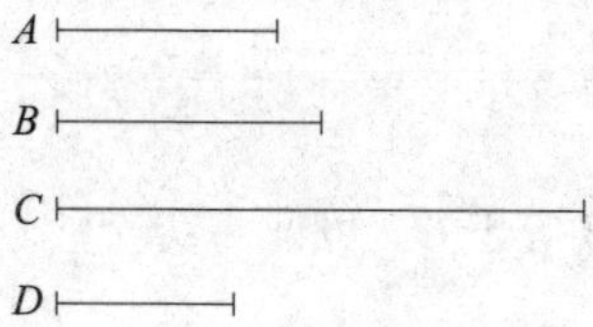

设奇数 A 与某个数 B 互素，C 为 B 的二倍，可证 A 与 C 互素。

假设 A、C 并不互素，那么存在某个数可以将二者量尽。设这个数为 D。因为 A 为奇数，所以 D 也为奇数。因为奇数 D 可以量尽 C，C 为偶数，所以 D 也可以量尽 C 的一半【命题 9.30】。因为 B 为 C 的一半，所以 D 可以量尽 B。因为 D 可以量尽 A，所以 D 可以量尽互素的 A、B，这是不可能成立的。所以，A、C 并非不互素。所以，A、C 互素。以上推导过程已对此作出证明。

命题 32

由二开始连续成二倍的数中，每一个数都只能是偶数倍的偶数。

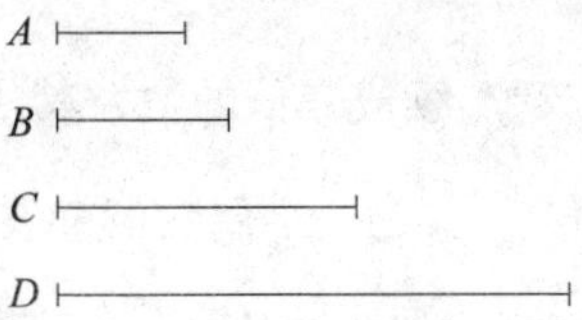

设从 A（A 是二）起始的连续成二倍的数为 B、C、D。可证 B、C、D 只能是偶数倍的偶数。

事实上，B、C、D 均为偶数倍的偶数。这是因为它是由二开始成二倍的【定义 7.8】。可证这几个数只能是偶数倍的偶数。设有一个单位。在起始于一个单位的任何成连比例的数组中，单位后的一个数 A 为素数，A、B、C、D 中最大的数 D 无法为除 A、B、C 以外的任何数所量尽【命题 9.13】。因为 A、B、C 均为偶数，所以 D 只能是偶数倍的偶数【定义 7.8】。同理可证，B、C 均只能是偶数倍的偶数。以上推导过程已对此作出证明。

命题 33

若一个数的一半为奇数，那么这个数只能是偶数倍奇数。

设数 A 的一半为奇数。可证 A 只能是偶数倍奇数。

A 很明显是偶数倍奇数。因为该数的一半为奇数，且可以以偶数倍来量尽该数【定义 7.9】。可证该数只能是偶数倍奇数。若 A 也为偶数倍偶数，那么该数应该可以为一个偶数以偶数次所量尽【定义 7.8】。所以，该数的一半也可以为一个偶数所量尽，尽管它的一半为奇数，这是不成立的。所以，

A 只能是一个偶数倍奇数。以上推导过程已对此作出证明。

命题 34

若一个数既不是从二起连续成二倍的数，其一半也并不为奇数，那么这个数既为一个偶数倍偶数，又为一个偶数倍奇数。

设数 A 既不是从二起连续成二倍的数，其一半也不是奇数。可证 A 既为偶数倍偶数，又为偶数倍奇数。

因为 A 的一半不为奇数，所以 A 很明显为偶数倍偶数【定义 7.8】。可证该数也为偶数倍奇数。如果将 A 平分，再将其一半平分，重复这个步骤，可得某个奇数，该奇数可以以偶数倍量尽 A。如果不是这样的话，可以得到一个二，那么 A 就是由二起连续成二倍的数中的某个数，这是与假设相违背的。所以，A 为一个偶数倍奇数【定义 7.9】。前文已经证明 A 也为一个偶数倍偶数。所以，A 既是一个偶数倍偶数，又是一个偶数倍奇数。以上推导过程已对此作出证明。

命题 35[①]

有任意多个数成连比例，从第二个数和最后一个数中减去与第一个数相等的数，则第二个数减后所得的差与第一个数的比等于最后一个数减后所得的差与最后一个数之前各数之和的比。

---

① 本命题允许对几何数列 a，ar，ar^2，ar^3，…，ar^{n-1} 求和。根据欧几里得的观点，这些数的和 S_n 符合（$ar-a$）/a =（ar^n-a）/ S_n。因此，$S_n=a$（r^n-1）/（$r-1$）。

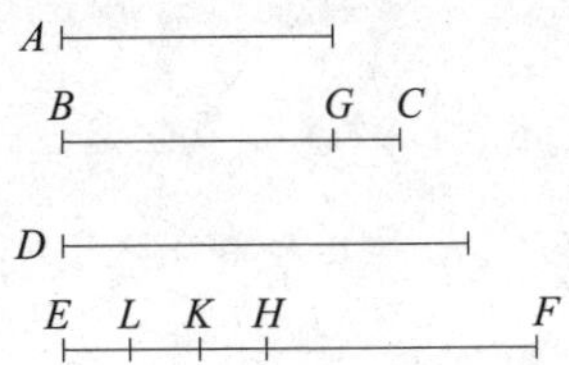

设 A、BC、D、EF 为成连比例的数组，起始数 A 为最小数。设 BG、FH 均等于 A，分别从 BC、EF 中减去 BG、FH。可证 GC 与 A 的比等于 EH 与 A、BC、D 之和的比。

设 FK 等于 BC，FL 等于 D。因为 FK 等于 BC，FH 等于 BG，所以余下的 HK 等于 GC。因为 EF 比 D 等于 D 比 BC，又等于 BC 比 A【命题 7.13】，又 D 等于 FL，又 BC 等于 FK，又 A 等于 FH，所以 EF 比 FL 等于 LF 比 FK，又等于 FK 比 FH。由分比例可得，EL 比 LF 等于 LK 比 FK，又等于 KH 比 FH【命题 7.11、7.13】，所以前项之一比后项之一等于所有前项的和比所有后项的和【命题 7.12】。所以，KH 比 FH 等于 EL、LK、KH 之和比 LF、FK、HF 之和。因为 KH 等于 CG，FH 等于 A，LF、FK、HF 之和等于 D、BC、A 之和，所以 CG 与 A 的比等于 EH 与 D、BC、A 之和的比。所以，第二个数减后所得的差与第一个数的比等于最后一个数减后所得的差与最后一个数之前各数之和的比。以上推导过程已对此作出证明。

命题 36①

有任意多个连续成二倍的连比例数，起始数为一个单位，若所有数的

① 本命题给出了一个数是偶完全数的一个充分条件。如果等比数列的和 2^n-1 是一个素数，则依据公式 $2^{n-1}(2^n-1)$ 就会得到一个完全数。古希腊人已经知道 4 个完全数：6、28、496、8128，分别和 n 为 2、3、5、7 相对应。

和为素数，将这个和与最后一个数相乘，所得乘积是一个完全数。

设从单位起数 A、B、C、D 时连续成二倍的连比例数，所有的数相加所得的和为素数，设和为 E。E 乘以 D 等于 FG。可证 FG 为完全数。

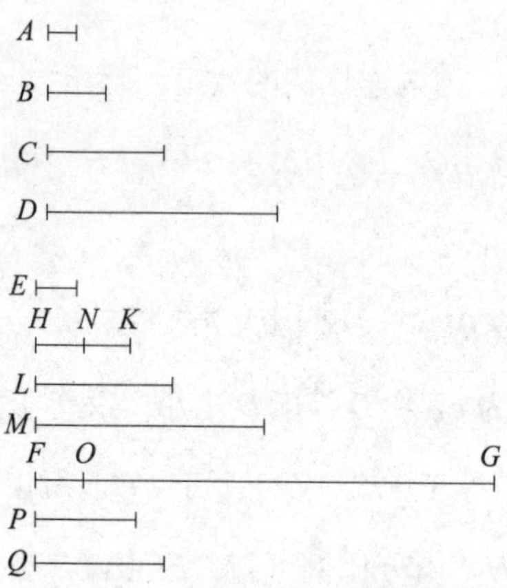

设有多少个 A、B、C、D，就有多少个 E、HK、L、M 为以 E 为起始数连续成二倍的连比例数。所以，根据首末比可得，A 比 D 等于 E 比 M【命题 7.14】。所以，E 与 D 的乘积等于 A 与 M 的乘积。因为 FG 为 E 与 D 的乘积，所以 FG 也为 A 与 M 的乘积【命题 7.19】。所以，A 乘以 M 等于 FG。所以，M 可以依照 A 中的单位数量尽 FG。因为 A 是二，所以 FG 是 M 的二倍。因为 M、L、HK、E 是连续成二倍的数，所以 E、HK、L、M、FG 是连续成二倍的连比例数。设分别从第二个数 HK 和最后一个数 FG 中减去等于第一个数 E 的 HN、FO。所以，第二个数减后所得的差与第一个数的比等于最后一个数减后所得的差与最后一个数之前各数之和的比【命题 9.35】。所以，NK 与 E 的比等于 OG 与 M、L、KH、E 之和的比。因为 NK 等于 E，所以 OG 等于 M、L、HK、E 的和。因为 FO 也等于 E，E 等于 A、B、C、D 与一个单位的和，所以 FG 等于 E、HK、L、M 与 A、B、C、

D 及一个单位的和，且为这些数所量尽。可证除 A、B、C、D、E、HK、L、M 及一个单位以外，FG 无法为其他数所量尽。假设某个数 P 可以量尽 FG，令 P 不等于 A、B、C、D、E、HK、L、M 中的任何一个。因为 P 可以量尽 FG，其次数等于 Q 中的单位数，所以 Q 乘以 P 等于 FG。而 E 乘以 D 等于 FG。所以，E 比 Q 等于 P 比 D【命题 7.19】。因为 A、B、C、D 成连比例，起始数为一个单位，所以除了 A、B、C 以外，D 无法为其他任何数所量尽【命题 9.13】。因为已经假设 P 不等于 A、B、C 中的任何一个，所以 P 无法量尽 D。而 P 比 D 等于 E 比 Q，所以 E 也无法量尽 Q【定义 7.20】。因为 E 为素数，且每个素数都与其无法量尽的数互素【命题 7.29】。所以，E、Q 互素。在有相同比的数中，互素的数最小【命题 7.21】，这个最小数以相同的次数量尽其他数，即前项量尽前项，后项量尽后项，其次数是相同的【命题 7.20】。因为 E 比 Q 等于 P 比 D，所以 E 可以量尽 P，其次数等于以 Q 量尽 D 的次数。因为除了 A、B、C 以外，D 无法为其他任何数所量尽，所以 Q 等于 A、B、C 中的一个数。假设 Q 与 B 相等。有多少个 B、C、D，就设有多少个以 E 为起始的 E、HK、L。因为 E、HK、L 之比与 B、C、D 之比相等，所以根据首末比可得，B 比 D 等于 E 比 L【命题 7.14】。所以，B、L 的乘积等于 D、E 的乘积【命题 7.19】。而 D、E 的乘积等于 Q、P 的乘积。所以，Q、P 的乘积等于 B、L 的乘积。所以，Q 比 B 等于 L 比 P【命题 7.19】。因为 Q 等于 B，所以 L 等于 P，这是不可能成立的，因为已经假设 P 不等于数组中任何一个数。所以，除了 A、B、C、D、E、HK、L、M 和一个单位外，FG 无法为其他任何一个数所量尽。因为已经证明了 FG 等于 A、B、C、D、E、HK、L、M 与一个单位的和。而完全数等于其自身所有部分之和【定义 7.22】。所以，FG 为完全数。以上推导过程已对此作出证明。

第10卷 无理量[①]

定 义 I

1. 能被同一个量量尽的量是可以被公度的量，而不能被同一个量量尽的量是不可以被公度的量。[②]

2. 当线段上的正方形可以被同一面积量尽时，那么该线段是正方[③]可公度的；而当线段上的正方形不能以同一面积量尽时，那么该线段是正方不可公度的。[④]

3. 由这些定义，我们可以证明，在给定线段上存在无数多个可公度的线段和不可公度的线段，其中一些仅是长度不可公度，而另外一些是正方不可公度（或可公度），[⑤]该给定线段叫作有理线段。与此线段是长度，也

---

① 本卷中的无理量理论主要是雅典的特埃特图斯（Theaetetus of Athens）的贡献。在本卷的脚注中，k、k' 等，表示正整数的不同比例。

② 换句话说，α 和 β 是可公度的两个量，如果 $\alpha:\beta::1:k$，那么它们是可公度的量，否则不可公度。

③ 字面意思是“正方”。

④ 换句话说，设两条线段的长度是 α 和 β，如果 $\alpha:\beta::1:k^{1/2}$，那么 α 和 β 是正方可公度的，否则不是；如果 $\alpha:\beta::1:k$，那么它们是长度可公度的，否则是长度不可公度的。

⑤ 更准确地说，线段与给定线段或者只能是正方可公度，或只能是长度不可公度，或者是长度和正方都可公度或不可公度。

是正方可公度或仅是正方可公度的线段叫作有理线段。但与此线段在长度和正方形都不可公度的线段叫作无理线段。①

4. 设给定一线段上的正方形叫作有理的。与该面可公度的叫作有理的；与该面不可公度的叫作无理的，并且这些面的平方根②叫作无理的——如果这些面是正方形，即指其边；如果这些面是其他直线形，则指与其面相等的正方形的边。③

命　题

命题 1④

如果在两个不相等的量中，较大的一个量中减去一个大于该量一半的量，再在余下的量中减去大于余量一半的量，继续下去，最终会得到一个比最初较小的量还小的量。

已知 AB 和 C 是两个不相等的量，其中 AB 较大。可证如果从 AB 中减去一个大于它的一半的量，再从余量中减去大于这个余量的一半的量，继续下去，那么最终会剩下某个量小于量 C。

因为 C 扩大若干倍后会大于 AB【定义 5.4】。设 DE 是 C 的若干倍且

① 设给定的线段长度是单位。根据长度是长度可公度还是只是正方可公度，有理线段的长度可以表达为 k 或 $k^{1/2}$。而其他的线段则是无理的。

② 面的二次方根就是与其相等的正方形的边的长度。

③ 给定线段上的正方形的面积是单位。有理面积表示为 k。其他所有面积是无理的。所以，正方形的边的长度是有理的，其面积是有理的，反之亦然。

④ 该命题依据了所谓的穷举法，这是尼多斯的欧多克索斯（Eudoxus of Cnidus）的主要贡献。

大于 *AB*。将 *DE* 平分为均等于 *C* 的 *DF*、*FG*、*GE*。从 *AB* 中减去大于 *AB* 的一半的 *BH*，并从 *AH* 中减去大于 *AH* 的一半的 *HK*。继续下去，直到 *AB* 被分的个数等于 *DE* 被分的个数。

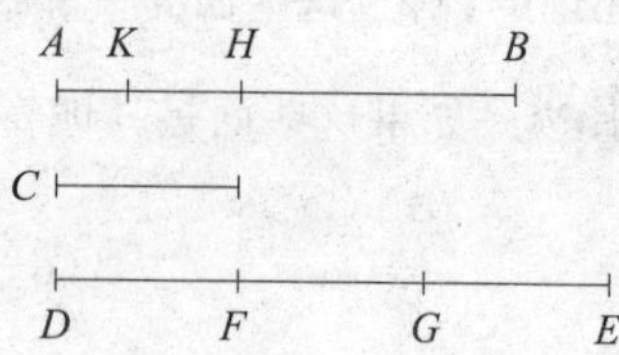

设 *AB* 被分为 *AK*、*KH*、*HB*，且个数与 *DF*、*FG*、*GE* 的个数相等。因为 *DE* 大于 *AB*，从 *DE* 中减去小于 *DE* 的一半的 *EG*，再从 *AB* 中减去大于 *AB* 的一半的 *BH*，所以余下的 *GD* 大于 *HA*。因为 *GD* 大于 *HA*，从 *GD* 中减去它的一半 *GF*，从 *HA* 中减去大于 *HA* 的一半的 *HK*，所以余下的 *DF* 大于 *AK*。*DF* 等于 *C*，所以 *C* 也大于 *AK*，于是 *AK* 小于 *C*。

综上，*AB* 的余量 *AK* 小于较小的量 *C*。这就是该命题的结论。类似地，一直减去余量的一半，该命题结论也成立。

命题 2

有两个不相等的量，从较大的量中连续减去较小的量，直到余量小于较小的量，再用较小的量减去余量直到小于余量，当最终的余量不能量尽它前面的量时，就称两个量不可公度。

已知 *AB* 和 *CD* 是两个不相等的量，*AB* 较小，从较大的量中连续减去较小的量，直到余量小于较小的量，再用较小的量减去余量，直到小于余量，最终的余量不能量尽它前面的量。可证量 *AB* 和 *CD* 不可公度。

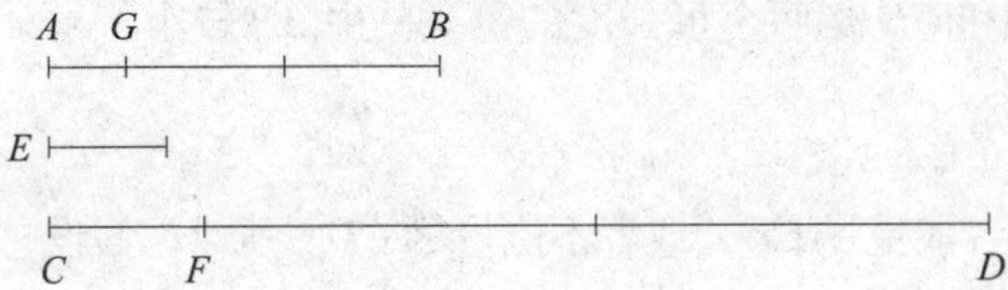

假设它们是可公度的，那么就会有某个量可以同时量尽它们。如果可能，设有这样一个量 E。用 AB 量 FD 留 CF，且 CF 小于 FD；用 CF 量 BG 留 AG，且 AG 小于 CF。像这样继续下去，直到留的量小于 E。假设已经完成该过程，[①]AG 就是被留下的小于 E 的量。因为 E 可以量尽 AB，而 AB 可以量尽 DF，所以 E 也可以量尽 FD。且它也可以量尽整个 CD，所以它可以量尽余量 CF。但 CF 可以量尽 BG，所以 E 也可以量尽 BG。且它又可以量尽整个 AB，所以它可以量尽余量 AG，即较大的量量尽较小的量，这是不可能的。所以，没有一个量可以同时量尽 AB 和 CD。所以，量 AB 和 CD 是不可公度的【定义 10.1】。

综上，如果……两个不等的量……

命题 3

求两个已知的可公度的量的最大公度量。

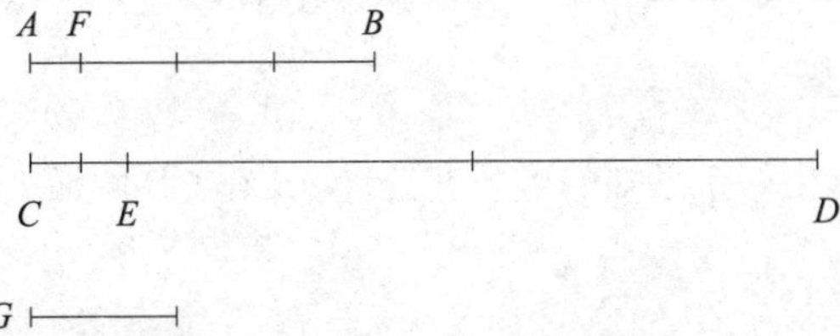

① 最终的事实就是命题 10.1 的结论。

已知 *AB* 和 *CD* 是两个可公度的量，其中 *AB* 较小。求 *AB* 和 *CD* 的最大公度量。

量 *AB* 或者能量尽 *CD*，或者不能量尽 *CD*。所以，假设它能量尽 *CD*，又因为它也能量尽它自己，所以 *AB* 是 *AB* 和 *CD* 的公度量。且很明显，它也是最大的，因为一个比 *AB* 大的量是不能量尽 *AB* 的。

所以设 *AB* 不能量尽 *CD*。持续用较大的量减去较小的量，直到余量小于较小的量，再用较小的量减去余量直到最终的余量可以量尽它前面的一个量，因为 *AB* 和 *CD* 不是不可公度的量【命题 10.2】。设 *AB* 量 *ED* 留 *EC*，且 *EC* 小于 *AB*；*EC* 量 *FB* 留 *AF*，且 *AF* 小于 *EC*，再让 *AF* 量 *CE*。

因为 *AF* 可以量尽 *CE*，而 *CE* 量尽 *FB*，所以 *AF* 可以量尽 *FB*。它也能量尽它自己，所以 *AF* 可以量尽整个 *AB*。但 *AB* 可以量尽 *DE*，所以 *AF* 也可以量尽 *ED*。又，它也能量尽 *CE*，所以它能量尽整个 *CD*。所以，*AF* 是量 *AB* 和 *CD* 的公度量。所以，它也是最大的公度量。假设它不是最大的，那么会有一个大于 *AF* 的量可以同时量尽 *AB* 和 *CD*。设该量为 *G*。因为 *G* 能量尽 *AB*，但 *AB* 能量尽 *ED*，所以 *G* 能量尽 *ED*。它也能量尽整个 *CD*，所以 *G* 能量尽余量 *CE*。但 *CE* 能量尽 *FB*，所以 *G* 也能量尽 *FB*。它也能量尽整个 *AB*，所以它也能量尽余量 *AF*，即较大的量能量尽较小的量，这是不可能的。所以，没有大于 *AF* 的量可以同时量尽 *AB* 和 *CD*。所以，*AF* 是 *AB* 和 *CD* 的最大公度量。

综上，已求出两个已知的可公度的量 *AB* 和 *CD* 的最大公度量。这就是该命题的结论。

推 论

由此可以得出，如果一个量可以同时量尽两个量，那么它也可以量尽它们的最大公度量。

命题 4

求三个已知的可公度的量的最大公度量。

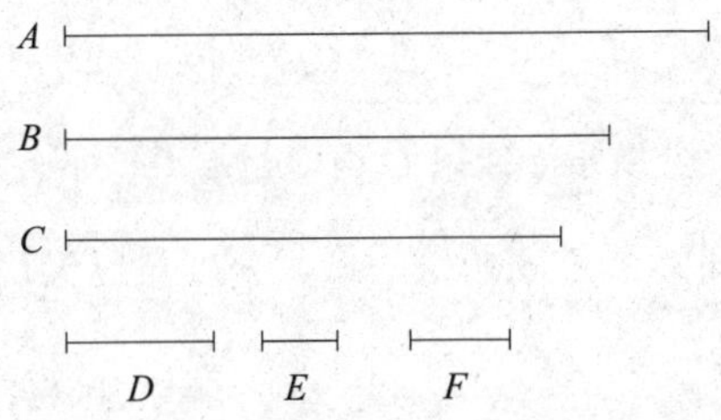

已知 A、B、C 是三个可公度的量。求 A、B、C 的最大公度量。

设已确定 A 和 B 两个量的最大公度量为 D【命题 10.3】。所以，D 可能量尽 C，也可能不能量尽 C。首先设可以量尽 C。因为 D 能量尽 C，且能量尽 A 和 B，所以 D 能量尽 A、B、C。所以，D 是 A、B、C 的公度量。很明显，D 也是最大公度量。这是因为 A 和 B 的公度量中没有比 D 更大的量了。

再设 D 不能量尽 C。首先证明 C 和 D 是可公度的。因为如果 A、B、C 是可公度的，那么存在某个量可以量尽它们，很明显，它能够量尽 A 和 B。所以，它也能够量尽 A 和 B 的最大公度量 D【命题 10.3 推论】，并且它也能量尽 C。所以，上述的量可以同时量尽 C 和 D。所以，C 和 D 是可公度的【定义 10.1】。设它们的最大公度量为 E【命题 10.3】。因为 E 能量尽

D，D 能量尽 A 和 B，所以 E 能量尽 A 和 B，且它也能量尽 C；所以，E 能量尽 A、B、C；所以，E 是 A、B、C 的公度量。可以证明它是最大的。因为，如果可能，设 F 为某个大于 E 的量，且它能量尽 A、B、C。又因为 F 能量尽 A 和 B，所以它也能量尽 A 和 B 的最大公度量【命题 10.3 推论】。又 D 是 A 和 B 的最大公度量，所以 F 能量尽 D。且它能量尽 C，所以 F 能同时量尽 C 和 D；所以，F 也能量尽 C 和 D 的最大公度量 E【命题 10.3 推论】。所以，F 能量尽 E，即较大量能量尽较小量，这是不可能的。所以，没有某个大于 E 的量能够量尽 A、B、C。所以，如果 D 不能量尽 C，那么 E 是 A、B、C 的最大公度量。如果 D 可以量尽 C，那么 D 就是最大公度量。

综上，三个已知的可公度的量的最大公度量已经确定。这就是该命题的结论。

推论

由此命题，可以很明显地得出，如果一个量可以量尽三个量，那么它也可以量尽它们的最大公度量。

相似地，更多可公度的量的最大公度量也可以被确定。这就是该推论的结论。

命题 5

两个可公度的量的比等于某个数与某个数的比。

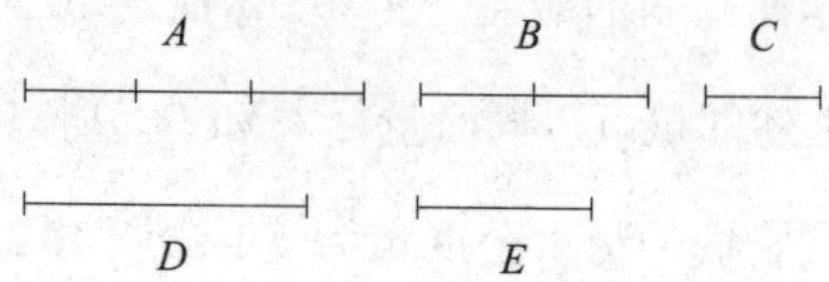

已知 A 和 B 是可公度的量。可证 A 比 B 等于某个数比某个数。

如果 A 和 B 是可公度的量，那么存在某个量可以同时量尽它们。设该量为 C。且 C 量尽 A 需要多少次，就使 D 有多少个单位。C 量尽 B 需要多少次，就使 E 有多少个单位。

因为 C 能依照 D 中单位的个数量尽 A，一个单位也能依照 D 里的单位量尽 D，所以一个单位量尽 D 的次数等于 C 量尽 A 的次数；所以，C 比 A 等于单位比 D【定义 7.20】。[1] 所以，其反比例为，A 比 C 等于 D 比单位【命题 5.7 推论】。又因为 C 能依照 E 中单位的个数量尽 B，一个单位又能依照 E 里的单位个数量尽 E，所以一个单位量尽 E 的次数等于 C 量尽 B 的次数；所以，C 比 B 等于一个单位比 E【定义 7.20】。且已经证明 A 比 C 等于 D 比一个单位，所以其首末比例为 A 比 B 等于数 D 比数 E【命题 5.22】。

综上，可公度的量 A 和量 B 的比等于数 D 比数 E。这就是该命题的结论。

命题 6

如果两个量的比等于两个数的比，那么这两个量是可公度的。

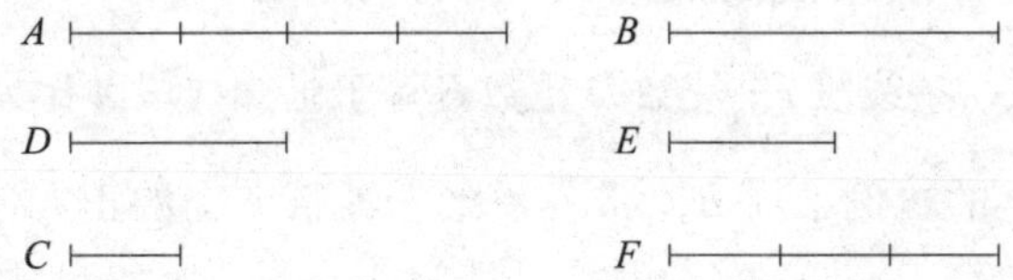

已知两个量 A 和 B 的比等于数 D 和数 E 的比。可证量 A 和 B 是可公度的。

设 D 中有多少个单位，A 就可以被分为多少等份。设 C 是其中的一个

① 这里有一个很小的逻辑缺口，因为定义 7.20 适用于四个数，而不是两个数和两个量。

等份。且 E 中有多少个单位，就设 F 中有多少个量等于 C。

因为 D 中有多少个单位，A 中就有多少个等于 C 的量，所以 D 中的单位不管是怎样的一部分，C 都是 A 中相同的一部分；所以，C 比 A 等于一个单位比数 D【定义 7.20】。且一个单位能量尽数 D，所以 C 也能量尽 A。又因为 C 比 A 等于一个单位比数 D，所以其反比例为 A 比 C 等于数 D 比一个单位【命题 5.7 推论】。又因为 E 中有多少个单位，F 中就有多少个等于 C 的量，所以 C 比 F 等于一个单位比数 E【定义 7.20】。已经证明 A 比 C 等于 D 比一个单位，所以其首末比例为 A 比 F 等于 D 比 E【命题 5.22】。但 D 比 E 等于 A 比 B，所以 A 比 B 等于 A 比 F【命题 5.11】。于是 A 与 B 的比等于 A 与 F 的比，所以 B 等于 F【命题 5.9】。又，C 能量尽 F，所以它也能量尽 B。实际上，它也能量尽 A，所以 C 能同时量尽 A 和 B。因此，A 和 B 是可公度的【定义 10.1】。

所以，如果两个量……比另一个……

推 论

由此命题可以很明显地得出，如果有两个数 D、E 和一条线段 A，那么可以作出另一条线段 F，使数 D 比数 E 等于已知线段 A 比另一条线段 F。如果取 A 和 F 的比例中项 B，那么 A 比 F 等于 A 上的正方形比 B 上的正方形，即第一条线段比第三条线段等于第一条线段上的图形比第二条上与其相似的图形【命题 6.19 推论】。但 A 比 F 等于数 D 比数 E，所以就作出了数 D 比数 E 等于线段 A 上的图形比线段 B 上的相似图形。这就是该推论的结论。

命题 7

不可公度的两个量的比不等于两个数的比。

已知 A 和 B 是不可公度的量。可证 A 比 B 不等于某个数比某个数。

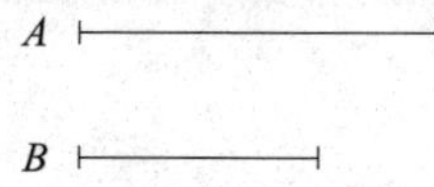

如果 A 比 B 等于某个数比某个数，那么 A 和 B 是可公度的【命题 10.6】。但已知并不是这样的，所以 A 比 B 不等于某个数比某个数。

综上，不可公度的两个量的比不等于……

命题 8

如果两个量的比不等于某个数比某个数，那么这两个量不可公度。

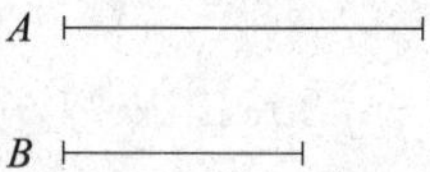

已知两个量 A 和 B 的比不等于某个数和某个数的比。可证量 A 和 B 不可公度。

假设它们是可公度的，那么 A 与 B 的比等于某个数与某个数的比【命题 10.5】。所以，量 A 和 B 是不可公度的。

所以，如果两个量……的比……

命题 9

长度可公度的线段上的正方形的比等于某个数的平方比某个数的平方;

若两个正方形的比等于某个数的平方比某个数的平方，则这两个正方形的边是长度可公度的。但长度不可公度的线段上的正方形的比不等于某个数的平方比某个数的平方；若两个正方形的比不等于某个数的平方比某个数的平方，则这两个正方形的边是长度不可公度的。

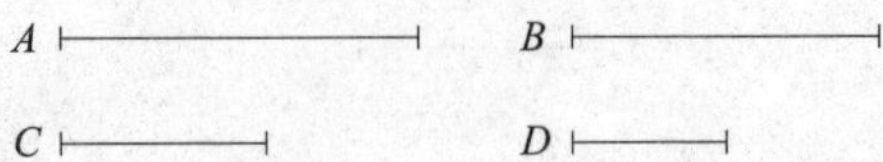

已知 A 和 B 是长度可公度的线段。可证 A 上的正方形比 B 上的正方形等于某个数的平方比某个数的平方。

因为 A 和 B 是长度可公度的，所以 A 比 B 等于某个数比某个数【命题 10.5】。设这两个数的比为 C 比 D。因为 A 比 B 等于 C 比 D，但 A 上的正方形比 B 上的正方形等于 A 与 B 的二次比。相似图形的比等于对应边的二次比【命题 6.20 推论】；C 的平方与 D 的平方的比等于数 C 与数 D 的二次比。因为在两个平方数之间存在一个比例中项数，并且两平方数的比等于前者对应的边比后者对应的边的二次比【命题 8.11】。所以，A 上的正方形比 B 上的正方形等于 C 的平方数与 D 的平方数的比。①

再设 A 上的正方形比 B 上的正方形等于数 C 的平方比数 D 的平方。可证 A 和 B 是可公度的。

A 上的正方形比 B 上的正方形等于数 C 的平方比数 D 的平方，但 A 上的正方形比 B 上的正方形等于 A 与 B 的二次比【命题 6.20 推论】，且数 C 的平方比数 D 的平方等于数 C 与 D 的二次比【命题 8.11】，所以 A 比 B

① 这里有一个未明确说明的前提：如果 $\alpha:\beta::\gamma:\delta$，那么 $\alpha^2:\beta^2::\gamma^2:\delta^2$。

等于 C 比 D。所以，A 比 B 等于数 C 比数 D。因此，A 和 B 是长度可公度的【命题 10.6】。①

再设 A 和 B 是长度不可公度的。可证 A 上的正方形比 B 上的正方形不等于某个数的平方比某个数的平方。

因为如果 A 上的正方形比 B 上的正方形等于某个数的平方比某个数的平方，那么 A 和 B 是长度可公度的。但已知它们不是，所以 A 上的正方形比 B 上的正方形不等于某个数的平方比某个数的平方。

再设 A 上的正方形比 B 上的正方形不等于某个数的平方比某个数的平方。那么 A 和 B 是长度不可公度的。

因为如果 A 和 B 是长度可公度的，那么 A 上的正方形比 B 上的正方形等于某个数的平方比某个数的平方。但已知不等，所以 A 和 B 是长度不可公度的。

综上，长度可公度的线段上的正方形……

推 论

由此命题可以很明显地得出，长度可公度的线段上的正方形总是可公度的，但正方形可公度的线段并不总是长度可公度的。

命题 10②

求作与已知线段不可公度的两条线段，且一条只有长度不可公度，另一条在正方形上也与其不可公度。

---

① 这里有一个未明确说明的前提：如果 $\alpha^2:\beta^2::\gamma^2:\delta^2$，那么 $\alpha:\beta::\gamma:\delta$。

② 海伯格认为这个命题是对原文的一个补充。

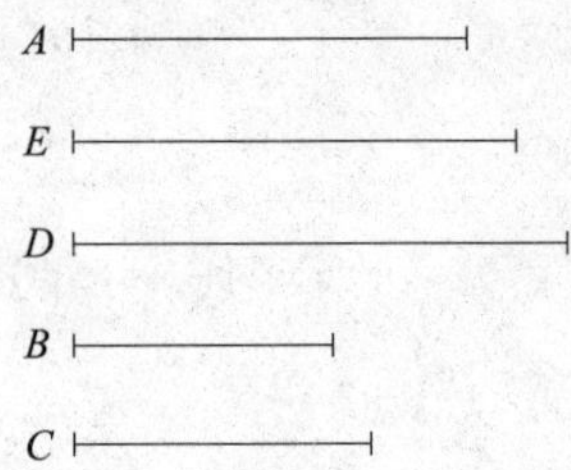

已知线段 A。作与 A 不可公度的两条线段，且一条只有长度不可公度，另一条在正方形上也与其不可公度。

设两个数 B 和 C，它们的比不等于某个数的平方比某个数的平方，即它们不是相似面积数。作 B 比 C 等于 A 上的正方形比 D 上的正方形。因为我们已经学过怎样作【命题 10.6 推论】，所以 A 上的正方形与 D 上的正方形是可公度的【命题 10.6】。因为 B 比 C 不等于某个数的平方比某个数的平方，所以 A 上的正方形比 D 上的正方形也不等于某个数的平方比某个数的平方。所以，A 与 D 是长度不可公度的【命题 10.9】。再作 A 与 D 的比例中项 E【命题 6.13】。所以，A 比 D 等于 A 上的正方形比 E 上的正方形【定义 5.9】。又，A 与 D 是长度不可公度的，所以 A 上的正方形与 E 上的正方形也不可公度【命题 10.11】，所以 A 与 E 是在正方形上与其不可公度的。

综上，D 和 E 是与已知线段 A 不可公度的线段，且 D 只有长度不可公度，E 在正方形上也与之不可公度。这就是该命题的结论。

命题 11

如果有四个量成比例，且第一个量与第二个量是可公度的，那么第三个量与第四个量也是可公度的。如果第一个量与第二个量是不可公度的，那么第三个量与第四个量也是不可公度的。

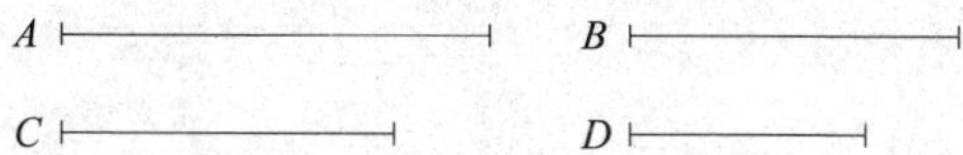

已知量 A、B、C、D 成比例，即 A 比 B 等于 C 比 D。设 A 与 B 是可公度的。可证 C 与 D 也是可公度的。

因为 A 与 B 是可公度的，所以 A 比 B 等于某个数比某个数【命题 10.5】，且 A 比 B 等于 C 比 D，所以 C 比 D 等于某个数比某个数，所以 C 与 D 是可公度的【命题 10.6】。

再设 A 与 B 不可公度。可以证明 C 与 D 也是不可公度的。因为 A 与 B 不可公度，所以 A 与 B 的比不等于某个数比某个数【命题 10.7】，且 A 比 B 等于 C 比 D，所以 C 与 D 的比也不等于某个数比某个数，所以 C 与 D 不可公度【命题 10.8】。

综上，如果有四个量……

命题 12

与同一个量可公度的量彼此也可公度。

已知 A 和 B 分别与 C 可公度。可证 A 与 B 也可公度。

因为 A 与 C 可公度，所以 A 与 C 的比等于某个数比某个数【命题 10.5】。设这两个数的比为 D 比 E。又因为 C 与 B 可公度，所以 C 与 B 的比等于某个数比某个数【命题 10.5】。设这两个数的比为 F 比 G，且对任意多个比，即 D 比 E、F 比 G，使 H、K、L 在已知比中继续成连比例【命题 8.4】，所以 D 比 E 等于 H 比 K，且 F 比 G 等于 K 比 L。

因为 A 比 C 等于 D 比 E，D 比 E 等于 H 比 K，所以 A 比 C 等于 H 比 K【命题 5.11】。又因为 C 比 B 等于 F 比 G，F 比 G 等于 K 比 L，所以 C

比 B 等于 K 比 L【命题 5.11】。且 A 比 C 等于 H 比 K，所以其首末比例为 A 比 B 等于 H 比 L【命题 5.22】。所以 A 与 B 的比等于数 H 比数 L，所以 A 与 B 是可公度的【命题 10.6】。

综上，与同一个量可公度的量彼此也可公度。这就是该命题的结论。

命题 13

如果有两个可公度的量，且其中一个量与某个量不可公度，那么另一个量与该量也不可公度。

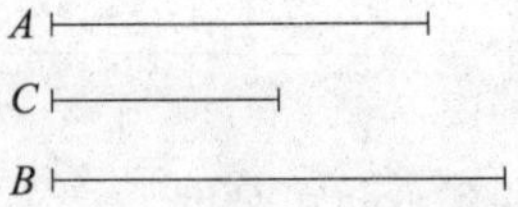

已知量 A 和量 B 是可公度的，且其中一个量 A 与另一个量 C 不可公度。可证余下的量 B 与 C 也不可公度。

假设 B 与 C 可公度，且 A 与 B 也可公度，所以 A 与 C 可公度【命题 10.12】。但已知它与 C 不可公度，这是不可能的。所以，B 与 C 是不可能公度的，所以它们不可公度。

综上，如果有两个量可公度……

引 理

已知两条不等线段，作一条线段，使该线段上的正方形等于较大线段上的正方形与较小线段上的正方形的差。[①]

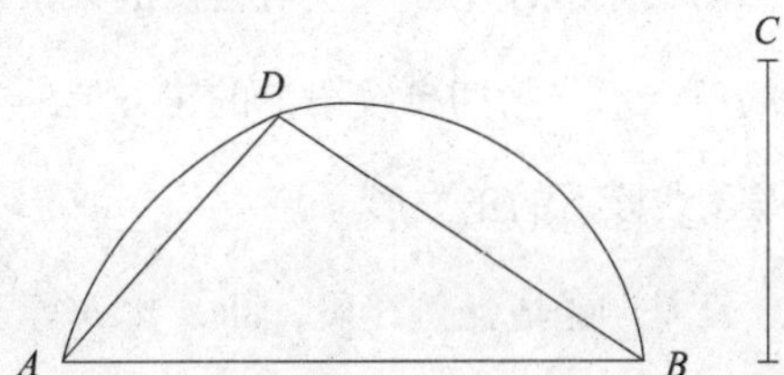

已知 *AB* 和 *C* 是两条不等线段，且设 *AB* 较大。作一条线段，使该线段上的正方形等于较大线段 *AB* 上的正方形与较小线段 *C* 上的正方形的差。

作 *AB* 上的半圆 *ADB*。在半圆上作弦 *AD* 等于 *C*【命题 4.1】。连接 *DB*。很明显，角 *ADB* 是直角【命题 3.31】。又，*AB* 上的正方形与 *AD* 上的正方形（即 *C* 上的正方形）的差是 *DB* 上的正方形【命题 1.47】。

相似地，两条已知线段上的正方形的和的平方根也可以用类似的方法求得。

设 *AD* 和 *DB* 是两条已知线段。求这两条线段上的正方形的和的平方根。设用 *AD*、*DB* 组成一个直角，连接 *AB*。很明显，*AB* 就是 *AD* 和 *DB* 上的正方形的和的平方根【命题 1.47】。这就是该引理的结论。

命题 14

如果有四条成比例线段，且第一条线段上的正方形与第二条线段上的

① 即如果 α 和 β 是两条已知线段的长度，且 α 大于 β，可以求出一个长度为 γ 的线段，满足 $\alpha^2=\beta^2+\gamma^2$。相似地，我们也可以求出一个长度为 γ 的线段，满足 $\gamma^2=\alpha^2+\beta^2$。

正方形的差是与第一条线段长度可公度的某条线段上的正方形，那么第三条线段上的正方形与第四条线段上的正方形的差是与第三条线段长度可公度的某条线段上的正方形。并且如果第一条线段上的正方形与第二条线段上的正方形的差是与第一条线段不是长度可公度的某条线段上的正方形，那么第三条线段上的正方形与第四条线段上的正方形的差是与第三条线段不是长度可公度的某条线段上的正方形。

已知 A、B、C、D 是四条成比例线段，即 A 比 B 等于 C 比 D。设 A 上的正方形与 B 上的正方形的差等于 E 上的正方形，且 C 上的正方形与 D 上的正方形的差等于 F 上的正方形。可证如果 A 与 E 是长度可公度的，那么 C 与 F 也可公度；如果 A 与 E 是长度不可公度的，那么 C 与 F 也不可公度。

因为 A 比 B 等于 C 比 D，所以 A 上的正方形比 B 上的正方形等于 C 上的正方形比 D 上的正方形【命题 6.22】。但 E 与 B 上的正方形的和等于 A 上的正方形，D 与 F 上的正方形的和等于 C 上的正方形。所以，E 与 B 上的正方形的和比 B 上的正方形等于 D 与 F 上的正方形的和比 D 上的正方形。所以，其分比例为，E 上的正方形比 B 上的正方形等于 F 上的正方形比 D 上的正方形【命题 5.17】。所以，也有 E 比 B 等于 F 比 D【命题 6.22】。

所以，其反比例为 B 比 E 等于 D 比 F【命题 5.7 推论】。但 A 比 B 等于 C 比 D。所以，其首末比例为 A 比 E 等于 C 比 F【命题 5.22】。所以，如果 A 与 E 是长度可公度的，那么 C 与 F 也可公度；若 A 与 E 是长度不可公度的，那么 C 与 F 也不可公度【命题 10.11】。

所以，如果……

命题 15

如果两个量可公度，那么它们的和与其中的任何一个量都可公度；如果它们的和只与其中一个量可公度，那么原来的两个量仍是可公度的。

已知 AB 和 BC 是两个可公度的量，将它们相加。可证其和 AC 与 AB、BC 中的任意一个都可公度。

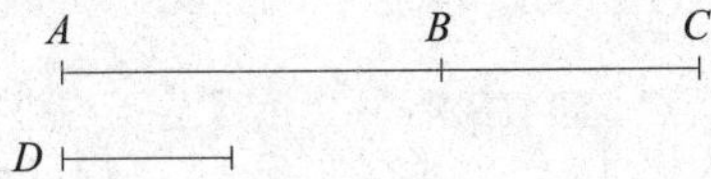

因为 AB 和 BC 可公度，所以有某个量可以量尽它们。设 D 能量尽它们。因为 D 能量尽 AB 和 BC，所以它也能量尽它们的和 AC。且 D 能量尽 AB 和 BC，所以 D 能量尽 AB、BC 和 AC。所以，AC 与 AB、BC 中的任意一个都可公度【定义 10.1】。

再设 AC 与 AB 可公度。可证 AB 和 BC 可公度。

因为 AC 和 AB 可公度，则有某个量可以量尽它们。设 D 能量尽它们。因为 D 能量尽 CA 和 AB，所以它也能量尽余下的 BC。且它又能量尽 AB，所以，D 能量尽 AB 和 BC。所以，AB 与 BC 是可公度的【定义 10.1】

综上，如果两个量……

命题 16

如果两个量不可公度，那么它们的和与这两个量都不可公度。如果它们的和只与其中一个量不可公度，那么原来的两个量仍不可公度。

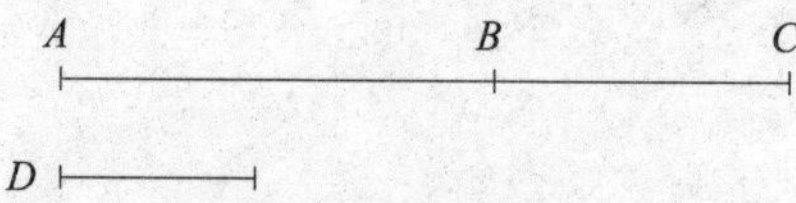

已知 *AB* 和 *BC* 是两个可公度的量，将它们相加。可证它们的和 *AC* 与 *AB*、*BC* 都不可公度。

假设 *CA* 和 *AB* 不是不可公度的，那么有某个量可以量尽它们。设 *D* 能量尽它们。因为 *D* 能量尽 *CA* 和 *AB*，所以它也能量尽余下的 *BC*。且它能量尽 *AB*，所以 *D* 能量尽 *AB* 和 *BC*。所以，*AB* 和 *BC* 可公度【定义 10.1】。但已知它们不可公度，这是不可能的。所以，不存在某个量同时量尽 *CA* 和 *AB*。所以，*CA* 和 *AB* 不可公度【定义 10.1】。相似地，我们可以证明 *AC* 和 *CB* 也不可公度。所以，*AC* 与 *AB*、*BC* 都不可公度。

再设 *AC* 与 *AB*、*BC* 其中之一不可公度。首先，设 *AC* 与 *AB* 不可公度。可以证明 *AB* 和 *BC* 不可公度。假设它们可公度，那么有某个量能量尽它们。设 *D* 能量尽它们。因为 *D* 能量尽 *AB* 和 *BC*，所以 *D* 也量尽它们的和 *AC*。且它能量尽 *AB*，所以 *D* 能量尽 *CA* 和 *AB*。所以，*CA* 和 *AB* 可公度【定义 10.1】。但已知它们不可公度，这是不可能的。所以，不存在某个量同时量尽 *AB* 和 *BC*。所以，*AB* 和 *BC* 不可公度【定义 10.1】。

综上，如果两个……量……

引 理

如果一个缺少一个正方形的矩形[①]落在某条线段上，那么该矩形的面积等于以正方形所在的原线段被分开的两条线段为边的矩形的面积。

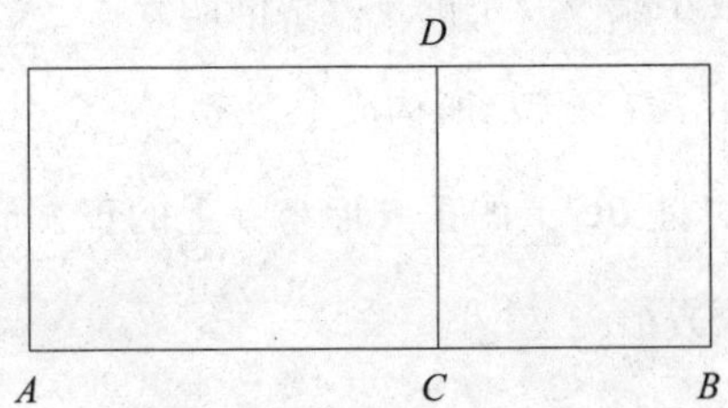

已知缺少了一个正方形 *DB* 的矩形 *AD* 落在线段 *AB* 上，可证 *AD* 等于以 *AC* 和 *CB* 为边的矩形。

很明显，因为 *DB* 是一个正方形，所以 *DC* 等于 *CB*，*AD* 是矩形 *AC*、*CD*，即矩形 *AC*、*CB*。

所以，如果……到某条线段……

命题 17[②]

如果有两条不等线段，落在较大线段上缺少一个正方形的矩形，等于较小线段上的正方形的四分之一，且较大线段被分成两条长度可公度的线段，那么较大线段上的正方形与较小线段上的正方形的差是与较大线段长度可公度的某条线段上的正方形。并且，如果较大线段上的正方形与较小线段上的正方形的差是与较大线段长度可公度的线段上的正方形，且较大

① 注意这个引理只适用于矩形。

② 该命题规定：如果 $\alpha x - x^2 = \beta^2/4$（这里 $\alpha = BC$，$x = DC$ 且 $\beta = A$），那么当 $\alpha - x$ 和 x 是可公度的时，α 和 $\sqrt{\alpha^2 - \beta^2}$ 可公度，反之亦然。

线段上的缺少一个正方形的矩形等于较小线段上的正方形的四分之一，那么较大线段被分成了两个长度可公度的部分。

已知 *A* 和 *BC* 是两条不等线段，其中 *BC* 较大。落在 *BC* 上且缺少一个正方形的矩形等于较小线段 *A* 上的正方形的四分之一，即等于一半 *A* 上的正方形。设该矩形由 *BD* 和 *CD* 所构成【参考上一个引理】。设 *BD* 和 *DC* 是长度可公度的。可证 *BC* 上的正方形与 *A* 上的正方形的差是与 *BC* 可公度的某条线段上的正方形。

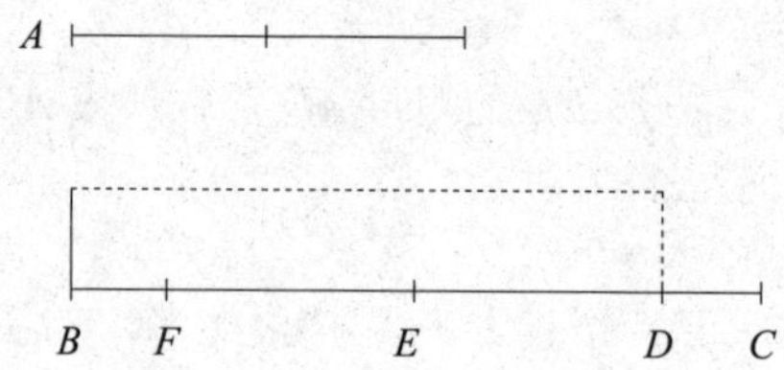

设 *BC* 的二等分点为 *E*【命题 1.10】，取 *EF* 等于 *DE*【命题 1.3】，所以，余下的 *DC* 等于 *BF*。因为线段 *BC* 被 *E* 平分，被 *D* 分为不相等的两部分，所以以 *BD*、*DC* 为边的矩形与 *ED* 上的正方形的和等于 *EC* 上的正方形【命题 2.5】。使其四倍之后，等式仍成立，所以以 *BD*、*DC* 为边的矩形的四倍与 *DE* 上的正方形的四倍的和等于 *EC* 上的正方形的四倍。但 *A* 上的正方形等于以 *BD*、*DC* 为边的矩形的四倍，且 *DF* 上的正方形等于 *DE* 上的正方形的四倍。因为 *DF* 是 *DE* 的二倍。*BC* 上的正方形等于 *EC* 上的正方形的四倍，因为 *BC* 是 *CE* 的二倍。所以 *A* 和 *DF* 上的正方形的和等于 *BC* 上的正方形。所以，*BC* 上的正方形与 *A* 上的正方形的差是 *DF* 上的正方形。所以，*BC* 上的正方形比 *A* 上的正方形大一个 *DF* 上的正方形。可以证明 *BC* 与 *DF* 是长度可公度的。因为 *BD* 与 *DC* 是长度可公度的，所以 *BC* 与

CD 是长度可公度的【命题 10.15】。但 *CD* 与 *CD* 和 *BF* 的和是长度可公度的，这是因为 *CD* 等于 *BF*【命题 10.6】。所以，*BC* 与 *BF* 和 *CD* 的和也是长度可公度的【命题 10.12】。所以，*BC* 与余下的 *FD* 是长度可公度的【命题 10.15】。所以，*BC* 上的正方形与 *A* 上的正方形的差是与 *BC* 长度可公度的某条线段上的正方形。

设 *BC* 上的正方形与 *A* 上的正方形的差是与 *BC* 长度可公度的某条线段上的正方形，且 *BC* 上的缺少一个正方形的矩形等于 *A* 上的正方形的四分之一。设该矩形是以 *BD* 和 *DC* 为边的。可以证明 *BD* 与 *DC* 是长度可公度的。

相似地，用同样的作图，可以证明 *BC* 上的正方形与 *A* 上的正方形的差等于 *FD* 上的正方形，且 *BC* 上的正方形与 *A* 上的正方形的差是与 *BC* 长度可公度的某条线段上的正方形。所以，*BC* 与 *FD* 是长度可公度的。所以，*BC* 与余下的 *BF* 和 *DC* 的和也是长度可公度的【命题 10.15】。但 *BF* 和 *DC* 的和与 *DC* 是长度可公度的【命题 10.6】，所以 *BC* 与 *CD* 也是长度可公度的【命题 10.12】，所以其分比例，*BD* 与 *DC* 也是长度可公度的【命题 10.15】。

综上，如果有两个不等的线段……

命题 18[①]

如果有两条不等线段，落在较大线段上缺少一个正方形的矩形等于较小线段上的正方形的四分之一，且较大线段被分为两个长度不可公度的部

① 该命题规定：如果 $\alpha x - x^2 = \beta^2 / 4$（这里 $\alpha = BC$，$x = DC$，且 $\beta = A$），那么当 $\alpha - x$ 和 x 是不可公度的时，α 和 $\sqrt{\alpha^2 - \beta^2}$ 不可公度，反之亦然。

分，那么较大线段上的正方形与较小线段上的正方形的差是与较大线段长度不可公度的某条线段上的正方形。并且，如果较大线段上的正方形与较小线段上的正方形的差是与较大线段长度不可公度的某条线段上的正方形，且在较大线段上缺少一个正方形的矩形等于较小线段上的正方形的四分之一，那么较大线段被分成的两部分是长度不可公度的。

已知 *A* 和 *BC* 是两条不相等线段，其中 *BC* 较大。落在 *BC* 上且缺少一个正方形的矩形等于较小线段 *A* 上的正方形的四分之一。设该矩形由 *BD*、*DC* 所构成。设 *BD* 和 *DC* 是长度不可公度的。可证 *BC* 上的正方形与 *A* 上的正方形的差是与 *BC* 长度不可公度的某条线段上的正方形。

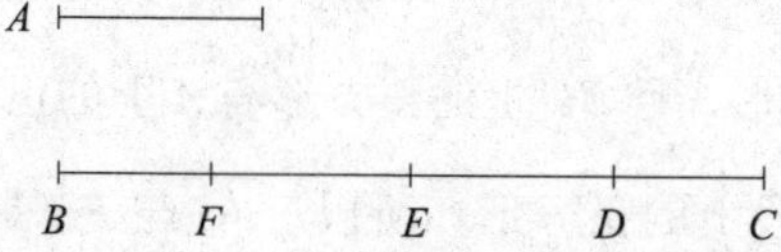

相似地，用与之前同样的作图，可以证明 *BC* 上的正方形与 *A* 上的正方形的差是 *FD* 上的正方形。所以，可以证明 *BC* 与 *DF* 是长度不可公度的。因为 *BD* 与 *DC* 是长度不可公度的，所以 *BC* 与 *CD* 是长度不可公度的【命题 10.16】。但 *CD* 与 *BF* 和 *DC* 的和是长度可公度的【命题 10.6】。所以，*BC* 与 *BF* 和 *DC* 的和是长度不可公度的【命题 10.13】。所以，*BC* 与余下的 *FD* 是长度不可公度的【命题 10.16】。又，*BC* 上的正方形与 *A* 上的正方形的差是 *FD* 上的正方形，所以 *BC* 上的正方形与 *A* 上的正方形的差是与 *BC* 长度不可公度的某条线段上的正方形。

再设 *BC* 上的正方形与 *A* 上的正方形的差是与 *BC* 长度不可公度的线段上的正方形，落在 *BC* 上且缺少一个正方形的矩形等于较小线段 *A* 上的正方形的四分之一。矩形是由 *BD* 和 *DC* 所构成的。证明 *BD* 与 *DC* 是长度不可公度的。

相似地，用同样的作图，可以证明 *BC* 上的正方形与 *A* 上的正方形的差是 *FD* 上的正方形。但 *BC* 上的正方形与 *A* 上的正方形的差是与 *BC* 长度不可公度的某条线段上的正方形，所以 *BC* 与 *FD* 是长度不可公度的，于是 *BC* 与余下的 *BF* 和 *DC* 的和也是长度不可公度的【命题 10.16】。但 *BF* 和 *DC* 的和与 *DC* 是长度可公度的【命题 10.6】，所以 *BC* 与 *DC* 是长度不可公度的【命题 10.13】。所以，其分比例是，*BD* 与 *DC* 是长度不可公度的【命题 10.16】。

综上，如果有两个……线段……

命题 19

由长度可公度的有理线段所构成的矩形是有理的。

已知矩形 *AC* 是以有理线段 *AB* 和 *BC* 为边的，且它们是长度可公度的。可证 *AC* 是有理的。

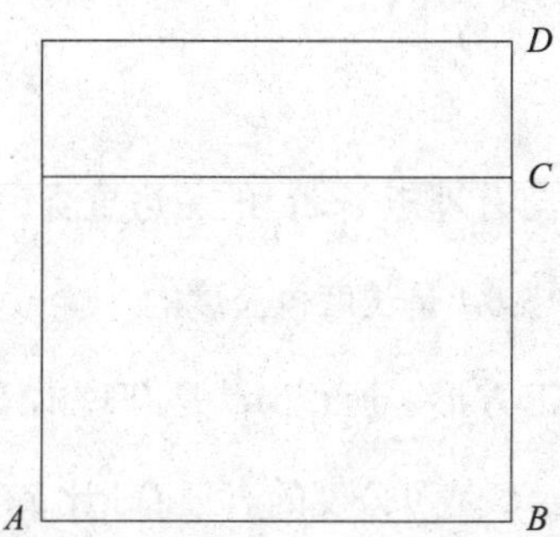

设 *AD* 是 *AB* 上的正方形，所以 *AD* 是有理的【定义 10.4】。因为 *AB*

与 BC 是长度可公度的，且 AB 等于 BD，所以 BD 与 BC 是长度可公度的。又 BD 比 BC 等于 DA 比 AC【命题 6.1】，所以 DA 与 AC 是可公度的【命题 10.11】。又 DA 是有理的，所以 AC 也是有理的【定义 10.4】。所以……被两条有理线段……可公度的……

命题 20

如果一条有理线段与一个有理面的边重合，那么另一条作为宽的线段也是有理的，并且与原线段是长度可公度的。

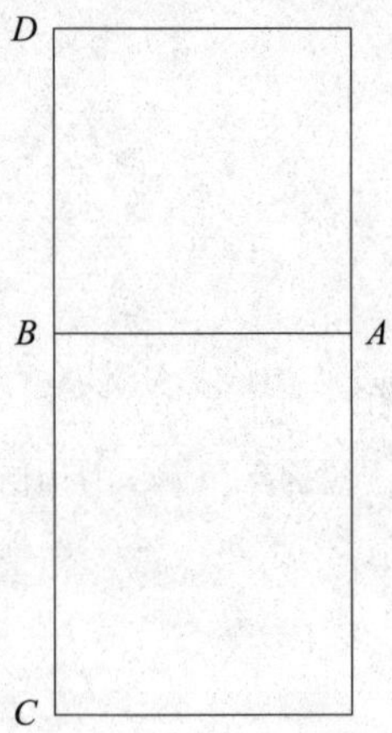

已知有理线段 AB 与有理矩形 AC 的一边重合，作为宽的线段是 BC。可证 BC 是有理的，且与 BA 是长度可公度的。

设 AD 是 AB 上的正方形，所以 AD 是有理的【定义 10.4】。又，AC 是有理的，所以 DA 和 AC 是可公度的。且 DA 比 AC 等于 DB 比 BC【命题 6.1】。所以，DB 与 BC 是长度可公度的【命题 10.11】，而 DB 等于 BA，所以 AB 与 BC 是长度可公度的。又，AB 是有理的，所以 BC 是有理的，且与 AB 是长度可公度的【定义 10.3】。

综上，如果有一条有理线段与一个有理面的边重合……

命题 21

以两条只是正方可公度的有理线段为边的矩形是无理的，且该矩形的平方根也是无理的，它被称为中项线段。①

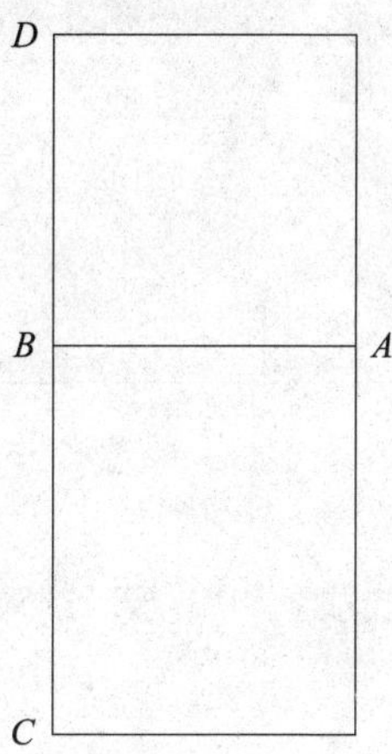

已知矩形 AC 以有理线段 AB 和 BC 为边，且两条线段仅是正方可公度的。可证 AC 是无理的，且它的平方根是无理的，被称作中项线段。

在 AB 上作正方形 AD，所以 AD 是有理的【定义 10.4】。AB 和 BC 是长度不可公度的，这是因为已经假设它们仅是正方可公度的，且 AB 等于 BD，所以 DB 与 BC 是长度不可公度的。又，DB 比 BC 等于 AD 比 AC【命题 6.1】，所以 DA 与 AC 不可公度【命题 10.11】。又，DA 是有理的，所

① 所以，一条中项线段的长度可以表示为 $k^{1/4}$。

以 AC 是无理的【定义 10.4】，所以 AC 的平方根，即与它相等的正方形的边是无理的【定义 10.4】，它被称作中项线段。这就是该命题的结论。

引 理

如果有两条线段，那么第一条线段比第二条线段等于第一条线段上的正方形比以这两条线段为边的矩形。

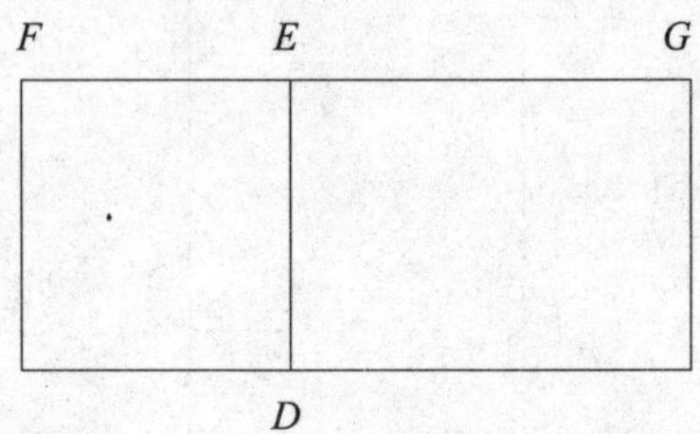

已知 FE 和 EG 是两条线段。可证 FE 比 EG 等于 FE 上的正方形比以 FE 和 EG 为边的矩形。

作 FE 上的正方形 DF，并作矩形 GD。因为 FE 比 EG 等于 FD 比 DG【命题 6.1】，且 FD 是 FE 上的正方形，DG 是以 DE 和 EG 为边的矩形，即 FE 和 EG 所构成的矩形，所以 FE 比 EG 等于 FE 上的正方形比 FE 和 EG 所构成的矩形。并且，相似地，GE 和 EF 所构成的矩形比 EF 上的正方形，即为 GD 比 FD 等于 GE 比 EF。这就是该命题的结论。

命题 22

将与一条中项线段上的正方形相等的矩形的一边落在一条有理线段上，由此产生作为宽的线段是有理的，且与原线段是长度不可公度的。

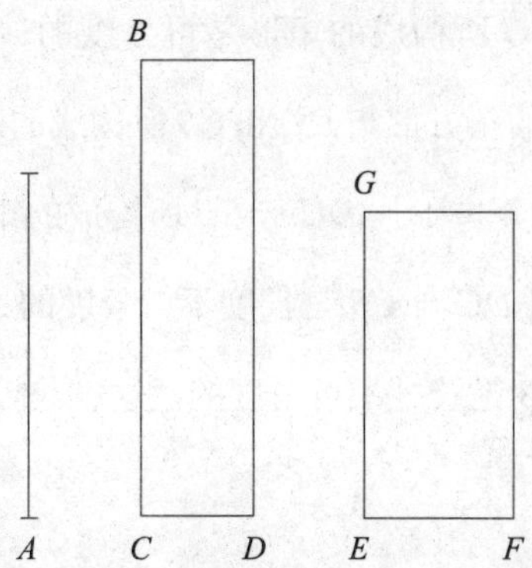

已知 A 是中项线段，CB 是有理线段，矩形 BD 等于 A 上的正方形，并且矩形落在 BC 上，设 CD 为宽。可证 CD 是有理的，且与 CB 是长度不可公度的。

因为 A 是中项线段，所以它上面的正方形等于两条仅是正方可公度的线段所构成的矩形【命题 10.21】。设 A 上的正方形等于 GF。A 上的正方形等于 BD，所以 BD 等于 GF。BD 与 GF 是等角的，且对于相等且等角的矩形，夹等角的两边成反比【命题 6.14】，所以比例为 BC 比 EG 等于 EF 比 CD。BC 上的正方形比 EG 上的正方形等于 EF 上的正方形比 CD 上的正方形【命题 6.22】。又，CB 上的正方形与 EG 上的正方形是可公度的，因为它们都是有理的，所以 EF 上的正方形与 CD 上的正方形是可公度的【命题 10.11】。又因为 EF 上的正方形是有理的，所以 CD 上的正方形也是有理的【定义 10.4】；所以，CD 是有理的。又，EF 与 EG 是长度不可公度的，这是因为它们仅是正方可公度的。且 EF 比 EG 等于 EF 上的正方形比 FE 与 EG 所构成的矩形【参考上一个引理】，所以 EF 上的正方形与 FE 和 EG 所构成的矩形是不可公度的【命题 10.11】。但 CD 上的正方形与 EF 上的正方形是可公度的，因为这两条线段上的正方形是有理的。DC 与 CB 所

构成的矩形与 *FE* 和 *EG* 所构成的矩形是可公度的，因为它们都等于 *A* 上的正方形，所以 *CD* 上的正方形与 *DC* 和 *CB* 所构成的矩形是不可公度的【命题 10.13】。且 *CD* 上的正方形比 *DC* 与 *CB* 所构成的矩形等于 *DC* 比 *CB*【参考上一个引理】，所以 *DC* 与 *CB* 是长度不可公度的【命题 10.11】。所以，*CD* 是有理的，且与 *CB* 是长度不可公度的。这就是该命题的结论。

命题 23

与中项线段可公度的线段是中项线段。

已知 *A* 是中项线段，*B* 与 *A* 可公度。可证 *B* 也是中项线段。

作有理线段 *CD*。作矩形 *CE*，使它的一边落在 *CD* 上，与 *CD* 重合，且 *CE* 等于 *A* 上的正方形，由此 *ED* 为其宽；所以，*ED* 是有理的，并且与 *CD* 是长度不可公度的【命题 10.22】。作矩形 *CF*，使它的一边落在 *CD* 上，与 *CD* 重合，且 *CF* 等于 *B* 上的正方形，由此 *DF* 为其宽。因为 *A* 与 *B* 可公度，所以 *A* 上的正方形与 *B* 上的正方形可公度。但 *EC* 等于 *A* 上的正方形，*CF* 等于 *B* 上的正方形，所以 *EC* 与 *CF* 可公度。且 *EC* 比 *CF* 等于 *ED* 比 *DF*【命题 6.1】，所以 *ED* 与 *DF* 是长度可公度的【命题 10.11】。又，*ED* 是有理的，且与 *CD* 是长度不可公度的，所以 *DF* 也是有理的【定义 10.3】，且与 *DC* 是长度不可公度的【命题 10.13】。所以，*CD* 和 *DF* 是有理的，并且仅是正方可公度的。一条线段上的正方形等于仅以正方可公度的两条有理线段构成的矩形，则这条线段是中项线段【命题 10.21】；所以，*CD* 和 *DF* 所构成的矩形的平方根是中项线段。*B* 上的正方形等于 *CD* 与 *DF* 所构成的矩形，所以 *B* 是中项线段。

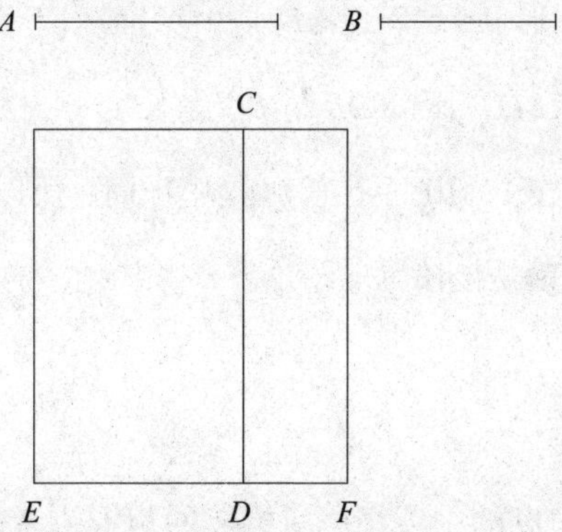

推 论

由此，可以很清楚地得到，与中项面[①]可公度的面是中项面。

命题 24

由长度可公度的中项线段所构成的矩形是中项面。

已知矩形 AC 由中项线段 AB 和 BC 所构成，且 AB 与 BC 是长度可公度的。可证 AC 是中项面。

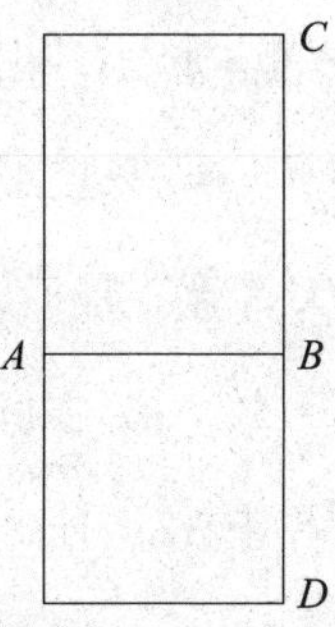

① 中项面等于某条中项线段上的正方形，所以中项面可以表示为 $k^{1/2}$。

在 AB 上作正方形 AD，所以 AD 是中项面。因为 AB 与 BC 是长度可公度的，且 AB 等于 BD，所以 DB 与 BC 是长度可公度的，所以 DA 与 AC 也是可公度的【命题 6.1、10.11】。DA 是中项面，所以 AC 也是中项面【命题 10.23 推论】。这就是该命题的结论。

命题 25

由仅是正方可公度的中项线段所构成的矩形或者是有理的，或者是中项面。

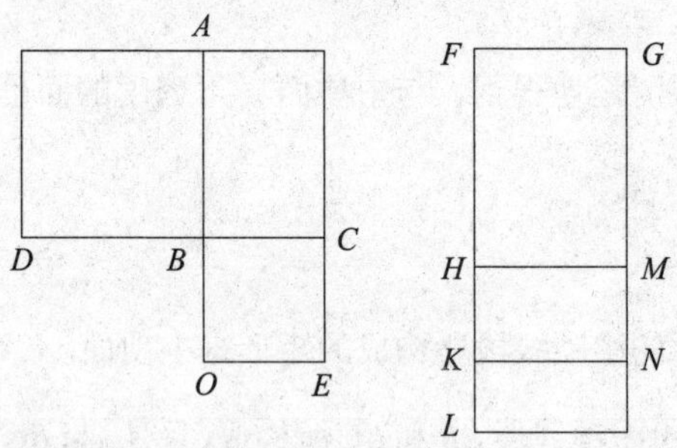

已知矩形 AC 由中项线段 AB 和 BC 所构成，且 AB 与 BC 仅是正方可公度的。可证 AC 或者是有理的，或者是中项面。

分别在线段 AB 和 BC 上作正方形 AD 和 BE，所以 AD 和 BE 是中项面。作有理线段 FG，在 FG 上作矩形 GH 等于 AD，由此产生作为宽的 FH。在 HM 上作矩形 MK 等于 AC，HK 为宽。最后，让矩形 NL 等于 BE，一边与 KN 重合，KL 为宽，所以 FH、HK、KL 在同一直线上。因为 AD 和 BE 是中项面，且 AD 等于 GH，BE 等于 NL，所以 GH 和 NL 是中项面。并且它们的一边与有理线段 FG 重合，所以 FH 和 KL 是有理的，并且与 FG 是长度不可公度的【命题 10.22】。因为 AD 与 BE 是可公度的，所以 GH 与 NL

是可公度的。且 *GH* 比 *NL* 等于 *FH* 比 *KL*【命题 6.1】，所以 *FH* 与 *KL* 是长度可公度的【命题 10.11】。所以，*FH* 和 *KL* 是有理线段且是长度可公度的。所以，*FH* 和 *KL* 所构成的矩形是有理的【命题 10.19】。又因为 *DB* 等于 *BA*，*OB* 等于 *BC*，所以 *DB* 比 *BC* 等于 *AB* 比 *BO*。但 *DB* 比 *BC* 等于 *DA* 比 *AC*【命题 6.1】，*AB* 比 *BO* 等于 *AC* 比 *CO*【命题 6.1】，所以 *DA* 比 *AC* 等于 *AC* 比 *CO*。又，*AD* 等于 *GH*，*AC* 等于 *MK*，且 *CO* 等于 *NL*，所以 *GH* 比 *MK* 等于 *MK* 比 *NL*。所以，*FH* 比 *HK* 等于 *HK* 比 *KL*【命题 6.1、5.11】。所以，*FH* 和 *KL* 所构成的矩形等于 *HK* 上的正方形【命题 6.17】。且 *FH* 和 *KL* 所构成的矩形是有理的，所以 *HK* 上的正方形是有理的，所以 *HK* 也是有理的。如果 *HK* 与 *FG* 是长度可公度的，那么 *HN* 是有理的【命题 10.19】。如果 *HK* 与 *FG* 是长度不可公度的，那么 *KH* 和 *HM* 是有理线段，且仅是正方可公度的，所以 *HN* 是中项面【命题 10.21】。所以，*HN* 或者是有理的，或者是中项面。又，*HN* 等于 *AC*，所以 *AC* 或者是有理的，或者是中项面。

综上……由仅是正方可公度的中项线段……

命题 26

两个中项面的差不可能是一个有理面。[①]

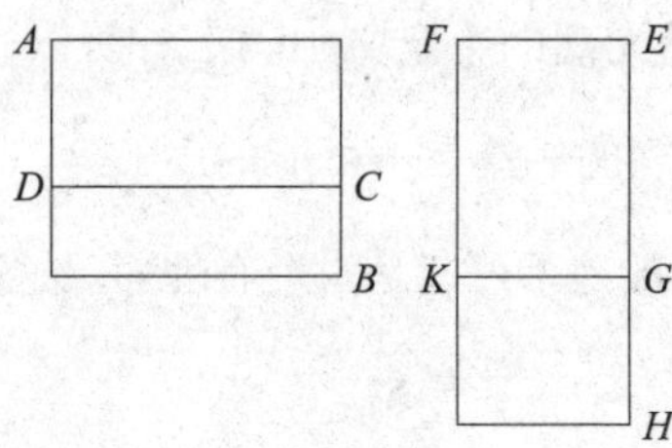

① 换句话说，$\sqrt{k}-\sqrt{k'}\neq k''$。

设中项面 *AB* 与中项面 *AC* 的差是有理面 *DB*。作有理线段 *EF*。在 *EF* 上作矩形 *FH* 等于 *AB*，由此 *EH* 作为宽。从 *FH* 中截取矩形 *FG* 等于 *AC*，所以余下的 *BD* 等于 *KH*。因为 *DB* 是有理的，所以 *KH* 也是有理的。因为 *AB* 与 *AC* 是中项面，且 *AB* 等于 *FH*，*AC* 等于 *FG*，所以 *FH* 和 *FG* 是中项面。又因为它们都落在有理线段 *EF* 上，所以 *HE* 和 *EG* 是有理的，并且与 *EF* 是长度不可公度的【命题 10.22】。因为 *DB* 是有理的，并且等于 *KH*，所以 *KH* 是有理的，且 *KH* 落在有理线段 *EF* 上，所以 *GH* 是有理的，并且与 *EF* 是长度可公度的【命题 10.20】。但 *EG* 是有理的，且与 *EF* 是长度不可公度的，所以 *EG* 与 *GH* 是长度不可公度的【命题 10.13】。*EG* 比 *GH* 等于 *EG* 上的正方形比 *EG* 与 *GH* 所构成的矩形【命题 10.21 引理】，所以 *EG* 上的正方形与 *EG* 和 *GH* 所构成的矩形不可公度【命题 10.11】。但 *EG* 和 *GH* 上的正方形的和与 *EG* 上的正方形是可公度的，所以 *EG* 和 *GH* 都是有理的。又，*EG* 与 *GH* 所构成的矩形的二倍与 *EG* 和 *GH* 所构成的矩形可公度【命题 10.6】，这是因为前者是后者的二倍。*EG*、*GH* 上的两个正方形与矩形 *EG*、*GH* 的二倍是不可公度的【命题 10.13】，所以 *EG* 和 *GH* 上的两个正方形的和加上 *EG* 与 *GH* 所构成的矩形的二倍，是 *EH* 上的正方形【命题 2.4】，并且与 *EG* 和 *GH* 上的正方形的和不可公度【命题 10.16】。*EG* 和 *GH* 上的正方形的和是有理的，所以 *EH* 上的正方形是无理的【定义 10.4】。所以，*EH* 是无理的【定义 10.4】。但 *EH* 又是有理的，这是不可能的。

综上，两个中项面的差不可能是一个有理面。这就是该命题的结论。

命题 27

求两条仅是正方可公度的中项线段，使它们所构成的矩形是有理面。

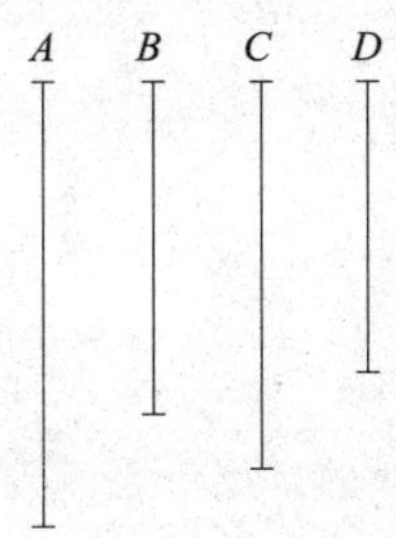

设有两条仅是正方可公度的有理线段 A 和 B。设取定 C 是 A 和 B 的比例中项线段【命题 6.13】。作 A 比 B 等于 C 比 D【命题 6.12】。

因为 A 和 B 仅是正方可公度，所以 A 和 B 所构成的矩形，即 C 上的正方形【命题 6.17】，是中项面【命题 10.21】。所以，C 是中项线段【命题 10.21】。因为 A 比 B 等于 C 比 D，且 A 和 B 仅是正方可公度的，所以 C 和 D 也仅是正方可公度的【命题 10.11】。又，C 是中项线段，所以 D 也是中项线段【命题 10.23】。所以，C 和 D 是仅正方可公度的中项线段。可以证明它们所构成的矩形是有理的。因为 A 比 B 等于 C 比 D，所以其更比例为 A 比 C 等于 B 比 D【命题 5.16】。但 A 比 C 等于 C 比 B，所以 C 比 B 等于 B 比 D【命题 5.11】，所以 C 和 D 所构成的矩形等于 B 上的正方形【命题 6.17】。B 上的正方形是有理的，所以 C 和 D 所构成的矩形是有理的。

综上，C 和 D 就是所要求作的两条仅正方可公度的中项线段，且它们所构成的矩形是有理的。① 这就是该命题的结论。

命题 28

求两条仅是正方可公度的中项线段，使它们所构成的矩形是中项面。

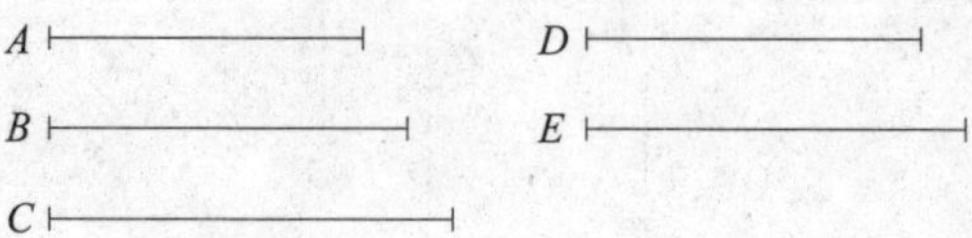

设有三条仅是正方可公度的有理线段 A、B、C，取定 D 是 A 和 B 的比例中项线段【命题 6.13】。作 B 比 C 等于 D 比 E【命题 6.12】。

因为 A 和 B 是仅正方可公度的有理线段，所以 A 和 B 所构成的矩形，即 D 上的正方形【命题 6.17】，是中项面【命题 10.21】，所以 D 是中项线段【命题 10.21】。又因为 B 和 C 是仅正方可公度的，B 比 C 等于 D 比 E，所以 D 和 E 是仅正方可公度的【命题 10.11】。又，D 是中项线段，所以 E 是中项线段【命题 10.23】。所以，D 和 E 是仅正方可公度的中项线段。可以证明它们所构成的矩形是中项面。因为 B 比 C 等于 D 比 E，所以其更比例为 B 比 D 等于 C 比 E【命题 5.16】。又，B 比 D 等于 D 比 A，所以 D 比 A 等于 C 比 E，所以 A 和 C 所构成的矩形等于 D 和 E 所构成的矩形【命题 6.16】。又，A 和 C 所构成的矩形是中项面【命题 10.21】，所以 D 和 E 所构成的矩形是中项面。

综上，D 和 E 就是所要求作的仅正方可公度的中项线段，且它们所构成的矩形是中项面。② 这就是该命题的结论。

---

① C 和 D 的长度分别是 A 的 $k^{1/4}$ 和 $k^{3/4}$ 倍，其中 B 的长度是 A 的 $k^{1/2}$。

② D 和 E 的长度分别是 A 的 $k^{1/4}$ 和 $k'^{1/2}/k^{1/4}$ 倍，其中 B 和 C 的长度分别是 A 的 $k^{1/2}$ 和 $k'^{1/2}$ 倍。

引理 I

求两个平方数，使它们的和也是平方数。

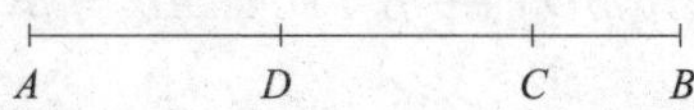

设有两数 AB 和 BC，且它们或者都是偶数，或者都是奇数。因为偶数减偶数，奇数减奇数，最后结果都是偶数【命题 9.24、9.26】，所以余下的 AC 是偶数。作 AC 的二等分点 D。设 AB 和 BC 或者是相似面积数，或者都是平方数，平方数本身也是相似面积数，所以 AB 与 BC 的乘积加上 CD 的平方等于 BD 的平方【命题 2.6】。又，AB 与 BC 的乘积是一个平方数，这是因为已经证明了两个相似面积数相乘的乘积是一个平方数【命题 9.1】。所以，得到两个平方数，即 AB 和 BC 的乘积和 CD 的平方，且它们的和是 BD 的平方。

很明显又得到两个平方数，即 BD 的平方和 CD 的平方。它们的差，即 AB 和 BC 的乘积是平方数，不管 AB 和 BC 是怎样的相似面积数。但当它们不是相似面积数时，已经得到的两个平方数，即 BD 的平方和 DC 的平方，它们的差为 AB 和 BC 的乘积并不是平方数。这就是该命题的结论。

引理 II

求两个平方数，使它们的和不是平方数。

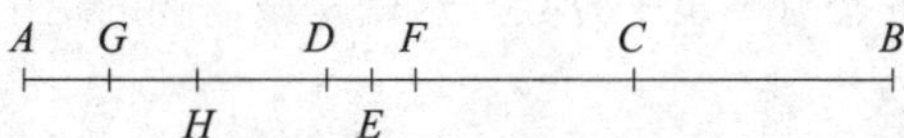

设 AB 与 BC 的乘积，如我们说过的，是一个平方数。设 CA 是偶数，

CA 的二等分点为 D。所以，很明显，AB 与 BC 的乘积加上 CD 的平方等于 BD 的平方【参考上一个引理】。从 BD 中减去单位 DE，所以 AB 与 BC 的乘积加上 CE 的平方小于 BD 的平方。可证 AB 与 BC 的乘积加上 CE 的平方不是一个平方数。

假设它是一个平方数，它或者等于 BE 的平方，或者小于 BE 的平方，但绝不可能大于 BE 的平方，除非单位可以再分。首先，如果可能，设 AB 与 BC 的乘积加 CE 的平方等于 BE 的平方。设 GA 是单位 DE 的二倍。因为整个 AC 是整个 CD 的二倍，其中 AG 是 DE 的二倍，所以剩下的 GC 是 EC 的二倍。所以，GC 被 E 平分。所以，GB 与 BC 的乘积加 CE 上的正方形等于 BE 的平方【命题 2.6】。但已经假设 AB 与 BC 的乘积加 CE 的平方等于 BE 的平方，所以 GB 与 BC 的乘积加 CE 的平方等于 AB 与 BC 的乘积加 CE 的平方。同时减去 CE 的平方，得到 AB 等于 GB，这是不可能的。所以，AB 与 BC 的乘积加 CE 的平方不等于 BE 的平方。可以证明它也不小于 BE 的平方。因为，如果可能，设它等于 BF 的平方。设 HA 等于 DF 的二倍。可以得到 HC 是 CF 的二倍，即 CH 被 F 平分。由此，HB 与 BC 的乘积加 FC 的平方等于 BF 的平方【命题 2.6】。又因为已经假设 AB 和 BC 的乘积加 CE 的平方等于 BF 的平方，所以 HB 与 BC 的乘积加 CF 的平方等于 AB 与 BC 的乘积加 CE 的平方，这是不可能的。所以，AB 和 BC 的乘积加 CE 的平方不小于 BE 的平方，且已经证明它也不等于 BE 的平方，所以 AB 和 BC 的乘积加 CE 的平方不是平方数。这就是该命题的结论。

命题 29

求两条仅是正方可公度的有理线段，使较大线段上的正方形与较小线段上的正方形的差是与较大线段长度可公度的某条线段上的正方形。

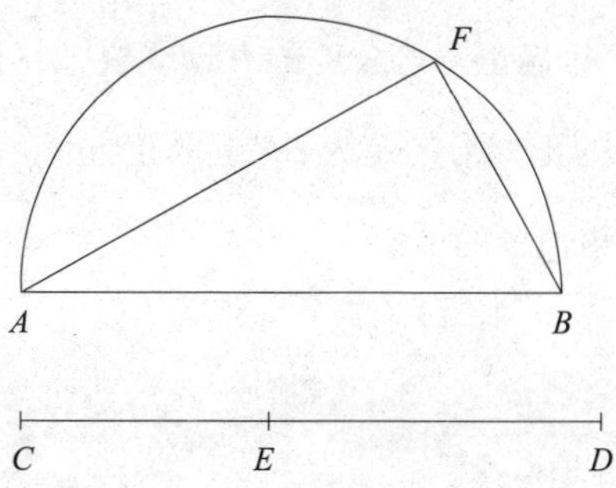

作任意有理线段 *AB*。设两个平方数 *CD* 和 *DE*，使它们的差 *CE* 不是一个平方数【命题 10.28 引理 I】。在 *AB* 上作半圆 *AFB*，使 *DC* 比 *CE* 等于 *BA* 上的正方形比 *AF* 上的正方形【命题 10.6 推论】。连接 *FB*。

因为 *BA* 上的正方形比 *AF* 上的正方形等于 *DC* 比 *CE*，所以 *BA* 上的正方形比 *AF* 上的正方形等于数 *DC* 比数 *CE*。所以，*BA* 上的正方形与 *AF* 上的正方形可公度【命题 10.6】。又，*AB* 上的正方形是有理的【定义 10.4】，所以 *AF* 上的正方形也是有理的，所以 *AF* 是有理的。因为 *DC* 比 *CE* 不等于某个平方数比某个平方数，所以 *BA* 上的正方形比 *AF* 上的正方形不等于某个平方数比某个平方数，所以 *AB* 和 *AF* 是长度不可公度的【命题 10.9】。所以，有理线段 *BA* 和 *AF* 仅是正方可公度的。因为 *DC* 比 *CE* 等于 *BA* 上的正方形比 *AF* 上的正方形，所以其换比例为 *CD* 比 *DE* 等于 *AB* 上的正方形比 *BF* 上的正方形【命题 5.19 推论、3.31、1.47】。且 *CD* 比 *DE* 等于某个平方数比某个平方数，所以 *AB* 上的正方形比 *BF* 上的正方形等于某个平方数比某个平方数。所以，*AB* 与 *BF* 是长度可公度的【命题 10.9】。又，*AB* 上的正方形等于 *AF* 与 *FB* 上的正方形的和【命题 1.47】。

所以，AB 上的正方形与 AF 上的正方形的差为 BF 上的正方形，BF 与 AB 是长度可公度的。

综上，BA 和 AF 是仅正方可公度的有理线段，并且较大的 AB 上的正方形与较小的 AF 上的正方形的差为 BF 上的正方形，且 BF 与 AB 是长度可公度的。[1] 这就是该命题的结论。

命题 30

求两条仅是正方可公度的有理线段，使较大线段上的正方形与较小线段上的正方形的差是与较大线段长度不可公度的某条线段上的正方形。

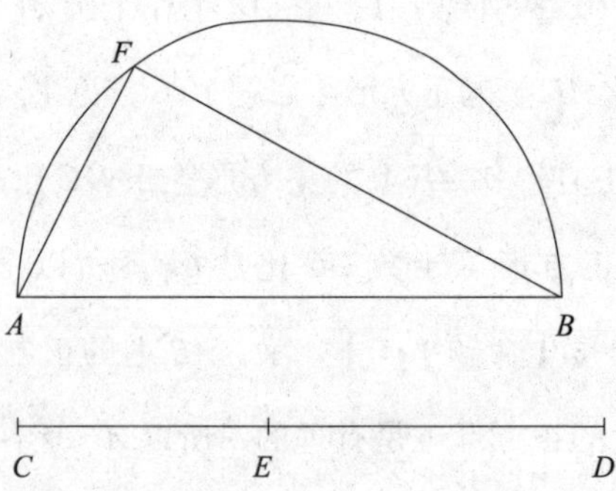

作有理线段 AB。设有两个平方数 CE 和 ED，使它们的和 CD 不是平方数【命题 10.28 引理Ⅱ】。在 AB 上作半圆 AFB，使 DC 比 CE 等于 BA 上的正方形比 AF 上的正方形【命题 10.6 推论】。连接 FB。

所以，与上一命题相似，可以证明 BA 和 AF 是仅正方可公度的有理线段。因为 DC 比 CE 等于 BA 上的正方形比 AF 上的正方形，所以其换比例

① BA 和 AF 的长度分别是 AB 的 1 倍和 $\sqrt{1-k^2}$ 倍，其中 $k=\sqrt{DE/CD}$。

为 CD 比 DE 等于 AB 上的正方形比 BF 上的正方形【命题 5.19 推论、3.31、1.47】。又，CD 比 DE 不等于某个平方数比某个平方数，所以 AB 上的正方形比 BF 上的正方形不等于某个平方数比某个平方数。所以，AB 与 BF 是长度不可公度的【命题 10.9】。AB 上的正方形与 AF 上的正方形的差是 FB 上的正方形【命题 1.47】，且 FB 与 AB 是长度不可公度的。

综上，AB 和 AF 是仅正方可公度的有理线段，且 AB 上的正方形与 AF 上的正方形的差是 FB 上的正方形，FB 与 AB 是长度不可公度的。[①] 这就是该命题的结论。

命题 31

求两条仅是正方可公度的中项线段，使它们所构成的矩形是有理面，并且较大线段上的正方形与较小线段上的正方形的差是与较大线段长度可公度的某条线段上的正方形。

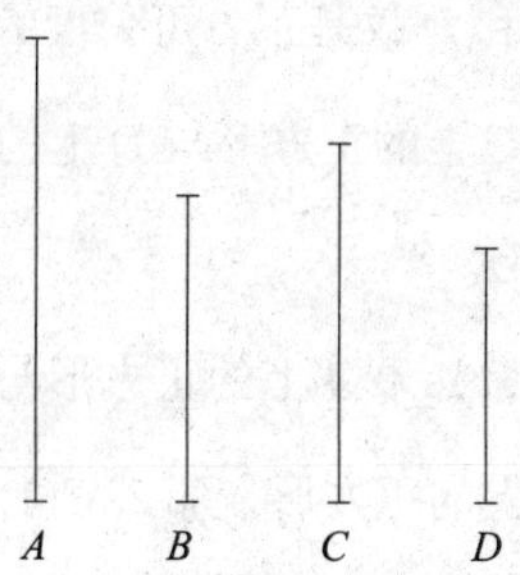

作两条仅是正方可公度的有理线段 A 和 B，较大的 A 上的正方形与较小的 B 上的正方形的差是某条与 A 长度可公度的线段上的正方形【命题

① AB 和 AF 的长度分别是 AB 的 1 倍和 $1/\sqrt{1+k^2}$ 倍，其中 $k=\sqrt{DE/CE}$。

10.29】。设 C 上的正方形等于 A 和 B 所构成的矩形。又 A 和 B 所构成的矩形是中项面【命题 10.21】，所以 C 上的正方形也是中项面，所以 C 是中项线段【命题 10.21】。又，C 与 D 所构成的矩形等于 B 上的正方形，且 B 上的正方形是有理的；所以，C 与 D 所构成的矩形也是有理的。因为 A 比 B 等于 A 与 B 所构成的矩形比 B 上的正方形【命题 10.21 引理】，但 C 上的正方形等于 A 与 B 所构成的矩形，且 C 与 D 所构成的矩形等于 B 上的正方形，所以 A 比 B 等于 C 上的正方形比 C 与 D 所构成的矩形。又，C 上的正方形比 C 与 D 所构成的矩形等于 C 比 D【命题 10.21 引理】，所以 A 比 B 等于 C 比 D。A 与 B 仅是正方可公度的，所以 C 与 D 也仅是正方可公度的【命题 10.11】。且 C 是中项线段，所以 D 也是中项线段【命题 10.23】。因为 A 比 B 等于 C 比 D，A 上的正方形与 B 上的正方形的差是与 A 长度可公度的某条线段上的正方形，所以 C 上的正方形与 D 上的正方形的差是与 C 长度可公度的某条线段上的正方形【命题 10.14】。

所以，已经确定了 C 和 D 仅是正方可公度的两条中项线段，且它们所构成的矩形是有理面，且 C 上的正方形与 D 上的正方形的差是与 C 长度可公度的某条线段上的正方形。①

相似地，也可以证明，如果 A 上的正方形与 B 上的正方形的差是与 A 长度不可公度的某条线段上的正方形，那么 C 上的正方形与 D 上的正方形的差是与 C 长度不可公度的某条线段上的正方形【命题 10.30】。②

---

① C 和 D 的长度分别是 A 的 $(1-k^2)^{1/4}$ 倍和 $(1-k^2)^{3/4}$ 倍，其中 k 的定义见命题 10.29 的脚注。

② C 和 D 的长度可能分别是 A 的 $1/(1+k^2)^{1/4}$ 倍和 $1/(1+k^2)^{3/4}$ 倍，其中 k 的定义见命题 10.30 的脚注。

命题 32

求两条仅是正方可公度的中项线段，使它们所构成的矩形是中项面，并且较大线段上的正方形与较小线段上的正方形的差是与较长线段长度可公度的某条线段上的正方形。

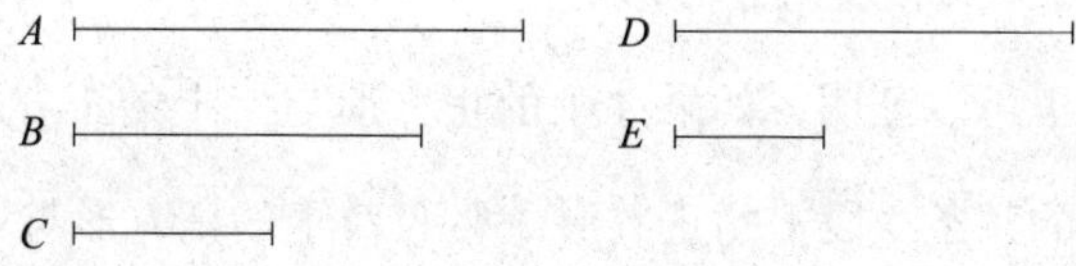

设有三条仅是正方可公度的有理线段 *A*、*B*、*C*，*A* 上的正方形与 *C* 上的正方形的差是与 *A* 长度可公度的某条线段上的正方形【命题 10.29】。设 *D* 上的正方形等于 *A* 与 *B* 所构成的矩形。那么 *D* 上的正方形是中项面，所以 *D* 是中项线段【命题 10.21】。设 *D* 与 *E* 所构成的矩形等于 *B* 与 *C* 所构成的矩形。因为 *A* 与 *B* 所构成的矩形比 *B* 与 *C* 所构成的矩形等于 *A* 比 *C*【命题 10.21 引理】，*D* 上的正方形等于 *A* 与 *B* 所构成的矩形，*D* 与 *E* 所构成的矩形等于 *B* 与 *C* 所构成的矩形，所以 *A* 比 *C* 等于 *D* 上的正方形比 *D* 与 *E* 所构成的矩形。*D* 上的正方形比 *D* 与 *E* 所构成的矩形等于 *D* 比 *E*【命题 10.21 引理】，所以 *A* 比 *C* 等于 *D* 比 *E*。*A* 与 *C* 仅是正方可公度的，所以 *D* 与 *E* 也仅是正方可公度的【命题 10.11】。又，*D* 是中项线段，所以 *E* 也是中项线段【命题 10.23】。因为 *A* 比 *C* 等于 *D* 比 *E*，且 *A* 上的正方形与 *C* 上的正方形的差是与 *A* 长度可公度的某条线段上的正方形，所以 *D* 上的正方形与 *E* 上的正方形的差是与 *D* 长度可公度的某条线段上的正方形【命题 10.14】。可以证明 *D* 与 *E* 所构成的矩形是中项面。*B* 与 *C* 所构成的矩形等于 *D* 与 *E* 所构成的矩形，所以 *B* 与 *C* 所构成的矩形是中项面。因为 *B*

和 C 是仅正方可公度的有理线段【命题 10.21】，所以 D 与 E 所构成的矩形也是中项面。

综上，D 和 E 是仅正方可公度的两条中项线段，它们所构成的矩形是中项面，且较大线段上的正方形与较小线段上的正方形的差是与较大线段长度可公度的某条线段上的正方形。[①]

相似地，也可以证明，如果 A 上的正方形与 C 上的正方形的差是与 A 长度不可公度的某条线段上的正方形，那么 D 上的正方形与 E 上的正方形的差是与 D 长度不可公度的某条线段上的正方形【命题 10.30】。[②]

引 理

设 ABC 是直角三角形，角 A 是直角。作 BC 的垂线 AD。可证 CB、BD 所构成的矩形等于 BA 上的正方形，BC、CD 所构成的矩形等于 CA 上的正方形，且 BD 与 DC 所构成的矩形等于 AD 上的正方形，更有 BC 与 AD 所构成的矩形等于 BA 与 AC 所构成的矩形。

首先证明 CB、BD 所构成的矩形等于 BA 上的正方形。

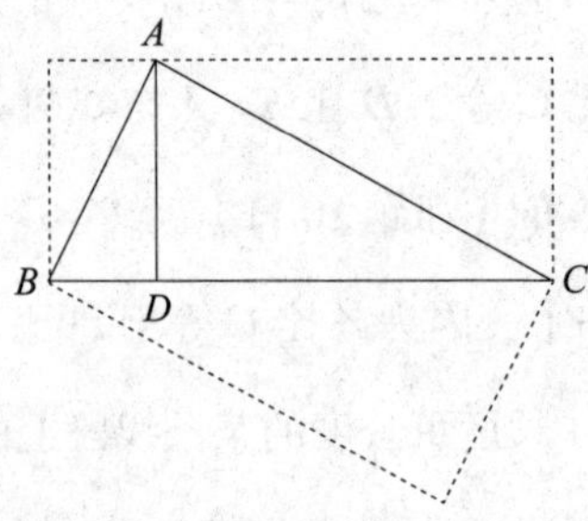

① D 和 E 的长度分别是 A 的 $k'^{1/4}$ 倍和 $k'^{1/4}\sqrt{1-k^2}$ 倍，其中 B 的长度是 A 的 $k'^{1/2}$ 倍，k 的定义见命题 10.29 的脚注。

② D 和 E 的长度分别是 A 的 $k'^{1/4}$ 倍和 $k'^{1/4}/\sqrt{1+k^2}$ 倍，其中 B 的长度是 A 的 $k'^{1/2}$ 倍，k 的定义见命题 10.30 的脚注。

因为 AD 是从直角三角形的直角顶向底边引出的垂线，所以三角形 ABD 和 ADC 与原三角形 ABC 相似，且它们也彼此相似【命题 6.8】。因为三角形 ABC 与三角形 ABD 相似，所以 CB 比 BA 等于 BA 比 BD【命题 6.4】。所以，CB、BD 所构成的矩形等于 AB 上的正方形【命题 6.17】。

同理，BC、CD 所构成的矩形等于 AC 上的正方形。

因为如果在一个直角三角形中，从直角顶作底边的垂线，那么垂线是被分底边的两段的比例中项【命题 6.8 推论】，所以 BD 比 DA 等于 AD 比 DC。所以，BD 与 DC 所构成的矩形等于 DA 上的正方形【命题 6.17】。

最后证明 BC 与 AD 所构成的矩形等于 BA 与 AC 所构成的矩形。因为，像我们说过的，ABC 与 ABD 相似，所以 BC 比 CA 等于 BA 比 AD【命题 6.4】。所以，BC 与 AD 所构成的矩形等于 BA 与 AC 所构成的矩形【命题 6.16】。这就是该命题的结论。

命题 33

求两条正方不可公度线段，使两线段上的正方形的和是有理的，且它们所构成的矩形是中项面。

设有两条仅是正方可公度的有理线段 AB 和 BC，较大的 AB 上的正方形与较小的 BC 上的正方形的差是与 AB 长度不可公度的某条线段上的正方形【命题 10.30】。设 D 平分 BC。在 AB 上作一个等于 BD 或者 DC 上的正方形的矩形，且缺少一个正方形【命题 6.28】，设该矩形为 AE、EB 所构成。在 AB 上作半圆 AFB。过直角顶作 AB 的垂线 EF。连接 AF 和 FB。

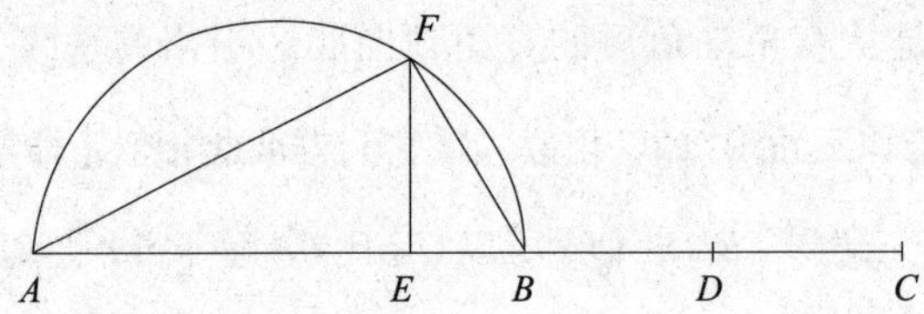

因为 *AB* 和 *BC* 是两条不相等线段，且 *AB* 上的正方形与 *BC* 上的正方形的差是与 *AB* 长度不可公度的某条线段上的正方形，一个落在 *AB* 上且缺少一个正方形的矩形等于 *BC* 上的正方形的四分之一，即 *BC* 一半上的正方形，该矩形由 *AE*、*EB* 所构成，所以 *AE* 与 *EB* 是长度不可公度的【命题 10.18】。*AE* 比 *EB* 等于 *BA* 与 *AE* 所构成的矩形比 *AB* 与 *BE* 所构成的矩形，又，*BA* 与 *AE* 所构成的矩形等于 *AF* 上的正方形，*AB* 与 *BE* 所构成的矩形等于 *BF* 上的正方形【命题 10.32 引理】，所以 *AF* 上的正方形与 *FB* 上的正方形是不可公度的【命题 10.11】。所以，*AF* 与 *FB* 是正方不可公度的。因为 *AB* 是有理的，所以 *AB* 上的正方形是有理的，所以 *AF* 与 *FB* 上的正方形的和也是有理的【命题 1.47】。又因为 *AE* 与 *EB* 所构成的矩形等于 *EF* 上的正方形，由假设 *AE* 与 *EB* 所构成的矩形等于 *BD* 上的正方形，所以 *FE* 等于 *BD*，所以 *BC* 是 *FE* 的二倍。所以，*AB* 和 *BC* 所构成的矩形与 *AB* 和 *EF* 所构成的矩形是可公度的【命题 10.6】。又，*AB* 与 *BC* 所构成的矩形是中项面【命题 10.21】，所以 *AB* 与 *EF* 所构成的矩形也是中项面【命题 10.23 推论】。*AB* 与 *EF* 所构成的矩形等于 *AF* 与 *FB* 所构成的矩形【命题 10.32 引理】，所以 *AF* 与 *FB* 所构成的矩形是中项面。且已经证明它们上的正方形的和是有理的。

综上，*AF* 和 *FB* 是仅正方可公度的两条线段，且它们上的正方形的和是有理的，它们所构成的矩形是中项面。[①] 这就是该命题的结论。

命题 34

求两条正方可公度的线段，使它们上的正方形的和是中项面，它们所构成的矩形是有理的。

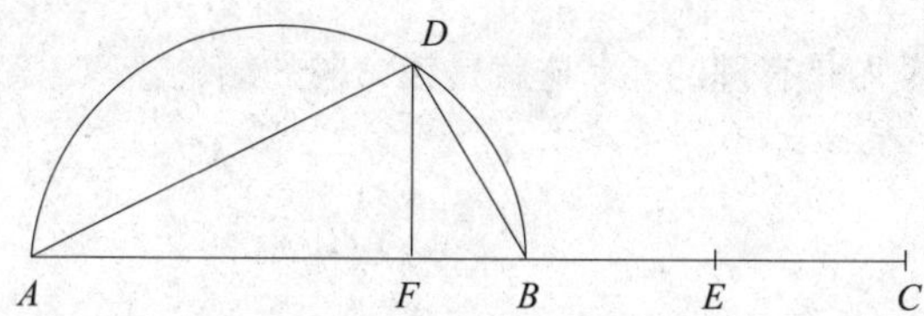

设线段 *AB* 和 *BC* 是两条仅正方可公度的中项线段，且它们所构成的矩形是有理的，*AB* 上的正方形与 *BC* 上的正方形的差是与 *AB* 长度不可公度的某条线段上的正方形【命题 10.31】。在 *AB* 上作半圆 *ADB*。设 *E* 平分 *BC*。并在 *AB* 上作一个等于 *BE* 上的正方形的矩形，且缺少一个正方形，设该矩形为 *AF*、*FB* 所构成的矩形【命题 6.28】。所以，*AF* 与 *FB* 是长度不可公度的【命题 10.18】。过 *F* 作 *FD* 与 *AB* 成直角。连接 *AD* 和 *DB*。

因为 *AF* 与 *FB* 是长度不可公度的，所以 *BA*、*AF* 所构成的矩形与 *AB*、*BF* 所构成的矩形是不可公度的【命题 10.11】。*BA* 与 *AF* 所构成的矩形等于 *AD* 上的正方形，*AB* 与 *BF* 所构成的矩形等于 *DB* 上的正方形【命题 10.32 引理】，所以 *AD* 上的正方形与 *DB* 上的正方形是不可公度的。因为 *AB* 上的正方形是中项面，所以 *AD* 和 *DB* 上的正方形的和也是中项面【命

① *AF* 和 *FB* 的长度分别是 *AB* 的 $\sqrt{\left[1+k/\left(1+k^2\right)^{1/2}\right]/2}$ 倍和 $\sqrt{\left[1-k/\left(1+k^2\right)^{1/2}\right]/2}$ 倍，其中 *k* 的定义见命题 10.30 的脚注。

题 3.31、1.47】。因为 BC 是 DF 的二倍【参考前一个命题】，所以 AB 与 BC 所构成的矩形是 AB 与 FD 所构成的矩形的二倍。因为 AB 与 BC 所构成的矩形是有理的，所以 AB 与 FD 所构成的矩形是有理的【命题 10.6、定义 10.4】。又，AB 与 FD 所构成的矩形等于 AD 与 DB 所构成的矩形【命题 10.32 引理】，所以 AD 与 DB 所构成的矩形是有理的。

综上，AD 和 DB 是正方可公度的，它们上的正方形的和是中项面，且它们所构成的矩形是有理的。① 这就是该命题的结论。

命题 35

求两条正方不可公度的线段，使它们上的正方形的和是中项面，它们所构成的矩形是中项面，并与它们上的正方形的和是不可公度的。

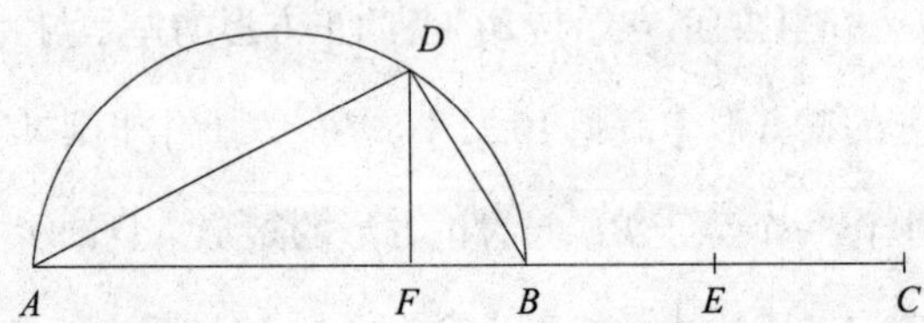

设 AB 和 BC 是两条仅正方可公度的中项线段，它们所构成的矩形是中项面，AB 上的正方形与 BC 上的正方形的差是与 AB 长度不可公度的某条线段上的正方形【命题 10.32】。在 AB 上作半圆 ADB。剩下的作图与上一命题相似。

AF 与 FB 是长度不可公度的【命题 10.18】，AD 与 DB 是正方不可公度的【命题 10.11】。因为 AB 上的正方形是中项面，所以 AD 与 DB 上的

① AD 和 DB 的长度分别是 AB 的 $\sqrt{\left[\left(1+k^2\right)^{1/2}+k\right]/\left[2\left(1+k^2\right)\right]}$ 倍和 $\sqrt{\left[\left(1+k^2\right)^{1/2}-k\right]/\left[2\left(1+k^2\right)\right]}$ 倍，其中 k 的定义见命题 10.29 的脚注。

正方形的和也是中项面【命题 3.31、1.47】。因为 *AF* 和 *FB* 所构成的矩形等于 *BE* 或者 *DF* 上的正方形，所以 *BE* 等于 *DF*。所以，*BC* 是 *FD* 的二倍。所以，*AB* 和 *BC* 所构成的矩形是 *AB* 和 *FD* 所构成的矩形的二倍。又，*AB* 和 *BC* 所构成的矩形是中项面，所以 *AB* 与 *FD* 所构成的矩形是中项面，并且它等于 *AD* 与 *DB* 所构成的矩形【命题 10.32 引理】，所以 *AD* 与 *DB* 所构成的矩形也是中项面。又因为 *AB* 与 *BC* 是长度不可公度的，*CB* 和 *BE* 是长度可公度的，所以 *AB* 与 *BE* 是长度不可公度的【命题 10.13】。所以，*AB* 上的正方形与 *AB*、*BE* 所构成的矩形是不可公度的【命题 10.11】。但 *AD* 与 *DB* 上的正方形的和等于 *AB* 上的正方形【命题 1.47】，且 *AB* 与 *FD* 所构成的矩形，即 *AD* 与 *DB* 所构成的矩形，等于 *AB* 与 *BE* 所构成的矩形，所以 *AD* 与 *DB* 上的正方形的和与 *AD*、*DB* 所构成的矩形是不可公度的。

综上，*AD* 和 *DB* 是两条正方不可公度的线段，它们上的正方形的和是中项面，并且它们所构成的矩形与它们上的正方形的和是不可公度的。[①] 这就是该命题的结论。

命题 36

两条仅正方可公度的有理线段的和是无理的，整个线段称作二项线段[②]。

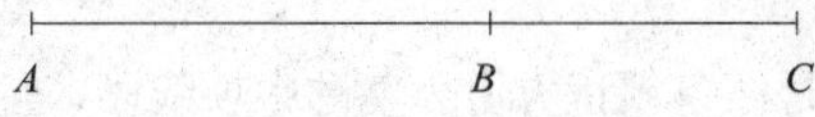

已知 *AB* 和 *BC* 是两条仅正方可公度的有理线段。可证整个线段 *AC* 是

① *AD* 和 *DB* 的长度分别是 *AB* 的 $k'^{1/4}\sqrt{\left[1+k/\left(1+k^2\right)^{1/2}\right]/2}$ 倍和 $k'^{1/4}\sqrt{\left[1-k/\left(1+k^2\right)^{1/2}\right]/2}$ 倍，其中 k 和 k' 的定义见命题 10.32 的脚注。

② 字面意思为“来自两种名称”。

无理的。

AB 与 BC 是长度不可公度的，这是因为它们仅是正方可公度的。AB 比 BC 等于 AB、BC 所构成的矩形比 BC 上的正方形，所以 AB、BC 所构成的矩形与 BC 上的正方形是不可公度的【命题 10.11】。但 AB 与 BC 所构成的矩形的二倍与 AB、BC 所构成的矩形是可公度的【命题 10.6】，且 AB、BC 上的正方形的和与 BC 上的正方形是可公度的，这是因为有理线段 AB 和 BC 是仅正方可公度的【命题 10.15】。所以，AB 与 BC 所构成的矩形的二倍与 AB 和 BC 上的正方形的和是不可公度的【命题 10.13】。所以，其合比例为，AB 与 BC 所构成矩形的二倍加上 AB 和 BC 上的正方形的和，即 AC 上的正方形【命题 2.4】与 AB 和 BC 上的正方形的和是不可公度的【命题 10.16】。AB 和 BC 上的正方形的和是有理的，所以 AC 上的正方形是无理的【定义 10.4】，所以 AC 是无理的【定义 10.4】，称作二项线段①。这就是该命题的结论。

命题 37

如果两条仅正方可公度的中项线段所构成的矩形是有理的，那么它们加起来的整条线段是无理的，这整条线段称作第一双中项线段②。

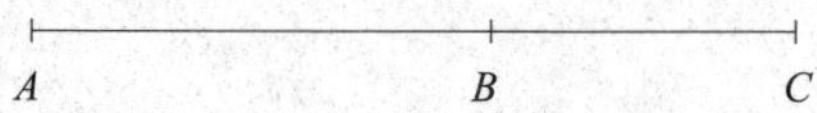

已知 AB 和 BC 是两条仅正方可公度的中项线段，且它们所构成的矩形

① 所以，一条二项线段的长度可以表示为 $1+k^{1/2}$ [或者，通常是 $\rho(1+k^{1/2})$，其中 ρ 是有理的，相同的附带条件同样适用于之后的命题的定义]。二项线段和与其对应的余线，其长度表示为 $1-k^{1/2}$（见命题 10.73），是四次方等式 $x^4-2(1+k)x^2+(1-k)^2=0$ 的正根。

② 字面意思为“来自两条中项线段的第一条线段”。

是有理面，将两条线段加起来。可证整条线段 AC 是无理的。

因为 AB 与 BC 是长度不可公度的，所以 AB 和 BC 上的正方形的和与 AB、BC 所构成的矩形的二倍是不可公度的【见上一个命题】。其和比例为 AB、BC 上的正方形的和加 AB 与 BC 所构成的矩形的二倍，即 AC 上的正方形【命题2.4】与 AB、BC 所构成的矩形是不可公度的【命题10.16】。又，AB、BC 所构成的矩形是有理的，因为已知 AB 与 BC 所构成的矩形是有理的，所以 AC 上的正方形是无理的，因而 AC 是无理的【定义10.4】，称作第一双中项线段①。这就是该命题的结论。

命题38

如果两条仅正方可公度的中项线段所构成的矩形是中项面，那么它们加起来的整条线段是无理的，这整条线段称作第二双中项线段②。

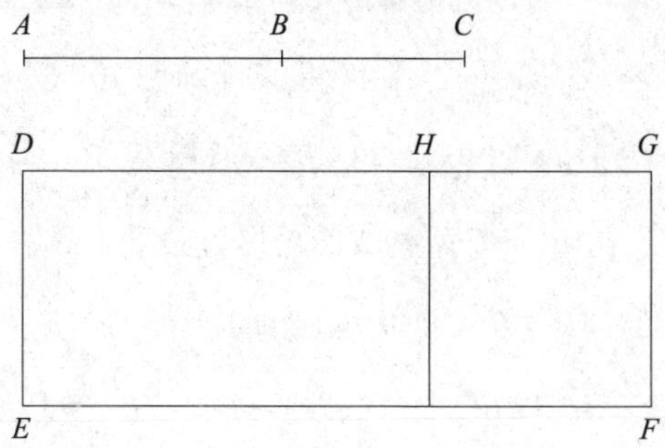

已知 AB 和 BC 是两条仅正方可公度的中项线段，且它们所构成的

① 所以，第一双中项线段的长度表示为 $k^{1/4}+k^{3/4}$。第一双中项线段和对应的中项线段的第一余线，其中对应的中项线段的第一余线的长度是 $k^{1/4}-k^{3/4}$（见命题10.74），是四次等式 $x^4-2\sqrt{k}\left(1+k\right)x^2+k\left(1-k\right)^2=0$ 的两个正根。

② 字面意思为“来自两条中项线段的第二条线段”。

矩形是中项面，将两条线段加起来【命题 10.28】。可证整条线段 *AC* 是无理的。

作有理线段 *DE*，作矩形 *DF* 等于 *AC* 上的正方形，其一边落在 *DE* 上并与 *DE* 重合，由此 *DG* 作为宽【命题 1.44】。因为 *AC* 上的正方形等于 *AB* 和 *BC* 上的正方形的和加 *AB* 与 *BC* 所构成的矩形的二倍【命题 2.4】，所以在与 *DE* 重合的线段上作矩形 *EH* 等于 *AB* 和 *BC* 上的正方形的和。所以，余下的 *HF* 等于 *AB* 与 *BC* 所构成的矩形的二倍。因为 *AB* 和 *BC* 都是中项线段，所以 *AB* 和 *BC* 上的正方形的和是中项面。[①] 已知 *AB* 与 *BC* 所构成的矩形的二倍是中项面，且 *EH* 等于 *AB* 和 *BC* 上的正方形的和，*FH* 等于 *AB* 与 *BC* 所构成的矩形的二倍，所以 *EH* 和 *HF* 都是中项面。它们都与有理线段 *DE* 重合，所以 *DH* 和 *HG* 都是有理的，并且与 *DE* 是长度不可公度的【命题 10.22】。因为 *AB* 与 *BC* 是长度不可公度的，*AB* 比 *BC* 等于 *AB* 上的正方形比 *AB* 与 *BC* 所构成的矩形【命题 10.21 引理】，所以 *AB* 上的正方形与 *AB*、*BC* 所构成的矩形是不可公度的【命题 10.11】。但 *AB* 和 *BC* 上的正方形的和与 *AB* 上的正方形是可公度的【命题 10.15】，且 *AB*、*BC* 所构成的矩形的二倍与 *AB*、*BC* 所构成的矩形可公度【命题 10.6】，所以 *AB* 和 *BC* 上的正方形的和与 *AB*、*BC* 所构成的矩形的二倍是不可公度的【命题 10.13】。但 *EH* 等于 *AB* 和 *BC* 上的正方形的和，*HF* 等于 *AB*、*BC* 所构成的矩形的二倍，所以 *EH* 与 *HF* 是不可公度的【命题 6.1、10.11】，所以 *DH* 和 *HG* 是仅正方可公度的有理线段，所以 *DG* 是无理的【命题 10.36】。*DE* 是有理的。无理线段与有理线段所构成的矩形是无理的【命题 10.20】，所以面 *DF* 是无理的，所以它的平方根也是无理的【定义 10.4】。又，*AC* 是 *DF*

① 因为，通过假设，*AB* 和 *BC* 上的正方形是可公度的，见命题 10.15、10.23。

的平方根，所以 AC 是无理的，称作第二双中项线段①。这就是该命题的结论。

命题 39

如果两条线段是正方不可公度的，它们上的正方形的和是有理的，且它们所构成的矩形是中项面，那么将它们加起来后的整条线段是无理的，这整条线段称作主要线段。

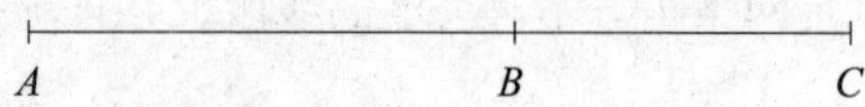

已知 AB 和 BC 是两条正方不可公度的线段，满足命题所规定的条件，将它们加起来【命题 10.33】。可证 AC 是无理的。

因为 AB 与 BC 所构成的矩形是中项面，所以 AB 与 BC 所构成的矩形的二倍也是中项面【命题 10.6、10.23 推论】。又，AB 和 BC 上的正方形的和是有理的，所以 AB 与 BC 所构成的矩形的二倍与 AB 和 BC 上的正方形的和是不可公度的【定义 10.4】，所以 AB 和 BC 上的正方形的和加 AB 与 BC 所构成的矩形的二倍，即 AC 上的正方形【命题 2.4】与 AB 和 BC 上的正方形的和也是不可公度的【命题 10.16】，且 AB 和 BC 上的正方形的和是有理的，所以 AC 上的正方形是无理的。所以，AC 是无理的【定义 10.4】，称作主要线段②。这就是该命题的结论。

---

① 所以，第二双中项线段的长度表示为 $k^{1/4} + k'^{1/2} / k^{1/4}$。第二双中项线段和对应的中项的第二余线，其中对应的中项的第二余线的长度是 $k^{1/4} - k'^{1/2} / k^{1/4}$（见命题 10.75），是四次等式 $x^4 - 2\left[(k+k')/\sqrt{k}\right]x^2 + \left[(k-k')^2/k\right] = 0$ 的两个正根。

② 所以，主要线段的长度表示为 $\sqrt{\left[1+k/(1+k^2)^{1/2}\right]/2} + \sqrt{\left[1-k/(1+k^2)^{1/2}\right]/2}$。主要线段和对应的次要线段，是四次等式 $x^4 - 2x^2 + k^2/(1+k^2) = 0$ 的两个正根，其中对应的次要线段的长度是 $\sqrt{\left[1+k/(1+k^2)^{1/2}\right]/2} - \sqrt{\left[1-k/(1+k^2)^{1/2}\right]/2}$（见命题 10.76）。

命题 40

如果两条线段是正方不可公度的，它们上的正方形的和是中项面，且它们所构成的矩形是有理的，那么将它们加起来后的整条线段是无理的，称整条线段为有理面与中项面之和的边。

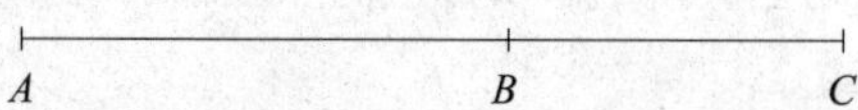

已知 AB 和 BC 是两条正方不可公度的线段，并且满足命题所规定的条件，将它们加起来【命题 10.34】。可证 AC 是无理的。

因为 AB 和 BC 上的正方形的和是中项面，AB 与 BC 所构成的矩形的二倍是有理的，所以 AB 和 BC 上的正方形的和与 AB、BC 所构成的矩形的二倍是不可公度的，所以 AC 上的正方形与 AB、BC 所构成的矩形的二倍也是不可公度的【命题 10.16】。又，AB 与 BC 所构成的矩形的二倍是有理的，所以 AC 上的正方形是无理的。所以，AC 是无理的【定义 10.4】，称作有理面中项面的边[①]。这就是该命题的结论。

命题 41

如果两条正方不可公度的线段上的正方形的和是中项面，它们所构成的矩形也是中项面，并且所构成的矩形与它们上的正方形的和是不可公度的，那么将它们加起来后的整条线段是无理的，称作两中项面和的边。

---

① 所以，有理面与中项面之和的边的长度表示为 $\sqrt{\left[\left(1+k^2\right)^{1/2}+k\right]/\left[2\left(1+k^2\right)\right]}+\sqrt{\left[\left(1+k^2\right)^{1/2}-k\right]/\left[2\left(1+k^2\right)\right]}$。该线段和对应的带减号的无理线段，是四次等式 $x^4-\left(2/\sqrt{1+k^2}\right)x^2+k^2/\left(1+k^2\right)^2=0$ 的两个正根，其中该无理线段的长度是 $\sqrt{\left[\left(1+k^2\right)^{1/2}+k\right]/\left[2\left(1+k^2\right)\right]}-\sqrt{\left[\left(1+k^2\right)^{1/2}-k\right]/\left[2\left(1+k^2\right)\right]}$（见命题 10.77）。

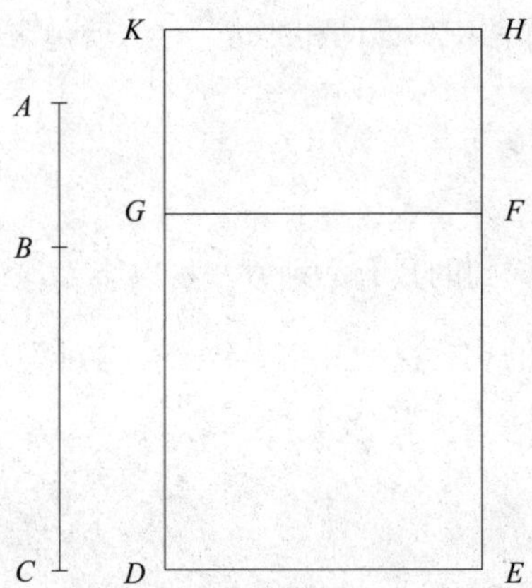

已知 AB 和 BC 是两条正方不可公度的线段，满足命题所规定的条件，将它们加起来【命题 10.35】。可证 AC 是无理的。

作有理线段 DE，在与 DE 重合的线段上分别作矩形 DF 等于 AB 和 BC 上的正方形的和，矩形 GH 等于 AB 与 BC 所构成的矩形的二倍，所以整个 DH 等于 AC 上的正方形【命题 2.4】。因为 AB 和 BC 上的正方形的和是中项面，并且等于 DF，所以 DF 是中项面。又，它与有理线段 DE 重合，所以 DG 是有理的，且与 DE 是长度不可公度的【命题 10.22】。同理，GK 也是有理的，且与 GF，即 DE，是长度不可公度的。因为 AB 和 BC 上的正方形的和与 AB、BC 所构成的矩形的二倍是不可公度的，DF 与 GH 是不可公度的，所以 DG 与 GK 是长度不可公度的【命题 6.1、10.11】。又，它们是有理的，所以 DG 和 GK 是仅正方可公度的有理线段。所以，DK 是无理的，该线段被称作二项线段【命题 10.36】。又，DE 是有理的，所以 DH 是无理的，且它的平方根是无理的【定义 10.4】。又，AC 是 HD 的平方根，所

以 AC 是无理的，称作两中项面的和的边[①]。这就是该命题的结论。

引 理

我们将证明之前提到的只有一种方法可以将无理线段分成不相等的两条线段，且它是它们的和，这种分法导致产生各种类型的问题，请看下面的引理证明过程。

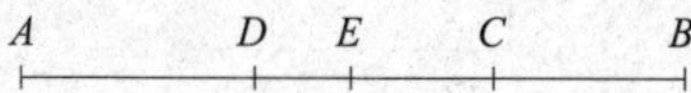

已知线段 AB，将整条线段由点 C 和点 D 分成不等的部分。设 AC 大于 DB。可证 AC 和 CB 上的正方形的和大于 AD 和 DB 上的正方形的和。

设 AB 被 E 平分。因为 AC 大于 DB，同时减去 DC，余下的 AD 大于 CB。又，AE 等于 EB，所以 DE 小于 EC，即点 C 和 D 到中点的距离不相等。又因为 AC 与 CB 所构成的矩形加上 EC 上的正方形等于 EB 上的正方形【命题 2.5】，且还有 AD 与 DB 所构成的矩形加上 DE 上的正方形等于 EB 上的正方形【命题 2.5】，所以 AC 与 CB 所构成的矩形加上 EC 上的正方形，等于 AD 与 DB 所构成的矩形加上 DE 上的正方形。DE 上的正方形小于 EC 上的正方形，所以余下的 AC 与 CB 所构成的矩形小于 AD 与 DB 所构成的矩形，因此 AC 与 CB 所构成的矩形的二倍小于 AD 与 DB 所构成的矩形的二倍。所以，余下的 AC 和 CB 上的正方形的和大于 AD 和 DB 上的正方形和[②]。这就是该命题的结论。

---

① 所以，两中项面的和的边的长度表示为 $k'^{1/4}\left(\sqrt{\left[1+k/\left(1+k^2\right)^{1/2}\right]/2}+\sqrt{\left[1-k/\left(1+k^2\right)^{1/2}\right]/2}\right)$。该线段和对应的带减号的无理线段，是四次等式 $x^4-2k'^{1/2}x^2+k'k^2/\left(1+k^2\right)=0$ 的两个正根，其中该无理线段的长度是 $k'^{1/4}\left(\sqrt{\left[1+k/\left(1+k^2\right)^{1/2}\right]/2}-\sqrt{\left[1-k/\left(1+k^2\right)^{1/2}\right]/2}\right)$（见命题 10.78）。

② 所以，$AC^2+CB^2+2AC\cdot CB=AD^2+DB^2+2AD\cdot DB=AB^2$。

命题 42

一条二项线段仅能在一点被分为它的两段。[①]

已知 AB 是一条二项线段，它被 C 分成两段，所以 AC 和 CB 是仅正方可公度的有理线段【命题 10.36】。可证 AB 不能再被另一点分成两段仅正方可公度的有理线段。

如果可能，假设 D 也能将 AB 分为两段，AD 和 DB 也是仅正方可公度的有理线段。所以，很明显，AC 与 DB 不相同，否则 AD 与 CB 也相同，且 AC 比 CB 等于 BD 比 DA。所以，AB 被 D 和 C 分成段的情况是相同的，这与假设相反。所以，AC 与 DB 不相同。所以，点 C 和点 D 距离中心点不相等。所以，AC 和 CB 上的正方形的和与 AD 和 DB 上的正方形的和的差，等于 AD、DB 所构成的矩形的二倍与 AC、CB 所构成的矩形的二倍的差，这是因为 AC 和 CB 上的正方形的和加上 AC 与 CB 所构成的矩形的二倍，与 AD 和 DB 上的正方形的和加上 AD 与 DB 所构成的矩形的二倍都等于 AB 上的正方形【命题 2.4】。但 AC 与 CB 上的正方形的和与 AD 和 DB 上的正方形的和的差是有理面，因为前面的两个和的结果都是有理的，所以 AD、DB 所构成的矩形的二倍与 AC、CB 所构成的矩形的二倍的差是有理的，尽管它们是中项面【命题 10.21】。这是不合理的，因为两中项面的差不可能是有理面【命题 10.26】。

综上，一条二项线段不能被其他点分成它的两段。所以，它只能被一

① 换句话说，$k+k'^{1/2}=k''+k'''^{1/2}$ 只有一个答案，即 $k''=k$ 且 $k'''=k'$。同样地，$k^{1/2}+k'^{1/2}=k''^{1/2}+k'''^{1/2}$ 只有一个答案，即 $k''=k$ 且 $k'''=k'$（或者，类似地，$k''=k'$ 且 $k'''=k$）。

点分成它的两段。这就是该命题的结论。

命题 43

一条第一双中项线段仅能被一点分为它的两段。[①]

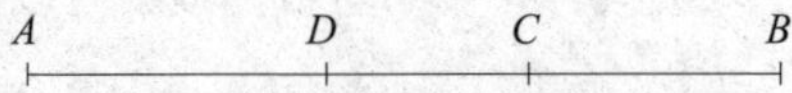

已知 AB 是第一双中项线段，它被 C 分成两段，AC 和 CB 是仅正方可公度的中项线段，且它们所构成的矩形是有理面【命题 10.37】。可证 AB 不能再被另一点分成这样的两段。

如果可能，假设 D 也能将 AB 分成两段，AD 和 DB 是仅正方可公度的中项线段，且它们所构成的矩形是有理面。AD、DB 所构成的矩形的二倍与 AC、CB 所构成的矩形的二倍的差，等于 AC 和 CB 上的正方形的和与 AD 和 DB 上的正方形的和的差【命题 10.41 引理】，而 AD、DB 所构成的矩形的二倍与 AC、CB 所构成的矩形的二倍的差是有理面，因为它们都是有理面。所以，AC 和 CB 上的正方形的和与 AD 和 DB 上的正方形的和的差是有理面，尽管它们是中项面，这是不合理的【命题 10.26】。

综上，一条第一双中项线段不能被其他点分成它的两段，所以它只能被一点分成它的两段。这就是该命题的结论。

命题 44

一条第二双中项线段仅能被一点分为它的两段。[②]

---

① 换句话说，$k^{1/4}+k^{3/4}=k'^{1/4}+k'^{3/4}$ 只有一个答案，即 $k'=k$。

② 换句话说，$k^{1/4}+k'^{1/2}/k^{1/4}=k''^{1/4}+k'''^{1/2}/k''^{1/4}$ 只有一个答案，即 $k''=k$ 且 $k'''=k'$。

已知 AB 是第二双中项线段，它被 C 分成两段，AC 和 BC 是仅正方可公度的中项线段，且它们所构成的矩形是中项面【命题 10.38】，所以很明显，C 不在中心位置，因为 AC 和 BC 是长度不可公度的。可证 AB 不能被另一点分成这样的两段。

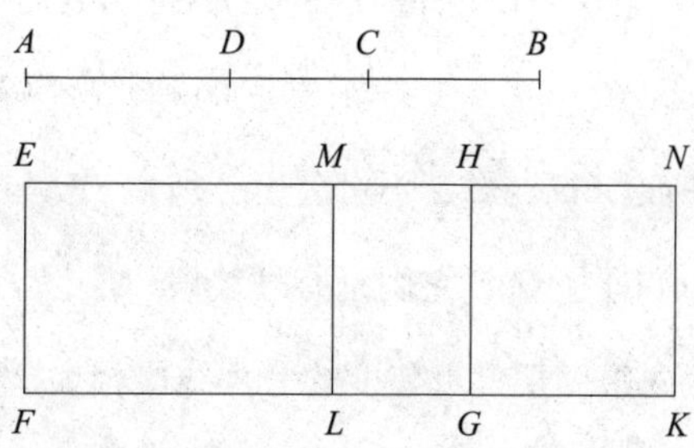

如果可能，假设 D 也能将 AB 分成两段，AC 与 DB 不相同，假设 AC 较大，所以很明显，正如上面我们已经证明过的，AD 和 DB 上的正方形的和小于 AC 和 CB 上的正方形的和【命题 10.41 引理】。AD 和 DB 是仅正方可公度的中项线段，所构成的矩形是中项面。作有理线段 EF，在与 EF 重合的线段上作矩形 EK 等于 AB 上的正方形。从 EK 中截取 EG，使 EG 等于 AC 和 CB 上的正方形的和，所以余下的 HK 等于 AC 与 CB 所构成的矩形的二倍【命题 2.4】。再从 EK 中截取 EL，使 EL 等于 AD 和 DB 上的正方形的和，已经证明它们的和小于 AC 和 CB 上的正方形的和，所以余下的 MK 等于 AD 与 DB 所构成的矩形的二倍。因为 AC 和 CB 上的正方形的和是中项面，所以 EG 是中项面。它的一边与有理线段 EF 重合，所以 EH 是与 EF 长度不可公度的有理线段【命题 10.22】。同理，HN 也是与 EF 长度不可公度的有理线段。因为 AC 和 CB 是仅正方可公度的中项线段，所以 AC 与 CB 是长度不可公度的。AC 比 CB 等于 AC 上的正方形比 AC 与 CB 所构成的矩形【命题 10.21 引理】，所以 AC 上的正方形与 AC、CB 所构成的矩形不可公度【命题 10.11】。但 AC 和 CB 上的正方形的和与 AC 上的正方形是可公度的，所以 AC 和 CB 是正方可公度的【命题 10.15】。又，AC、CB 所构成的矩形的二倍与 AC、CB 所构成的矩形是可公度的【命题 10.6】，所以 AC 和 CB 上的正方形的和与 AC、CB 所构成的矩形的二倍是不可公度的【命题 10.13】。但 EG 等于 AC 和 CB 上的正方形的和，HK 等于 AC 与 CB 所构成的矩形的二倍，所以 EG 与 HK 不可公度；所以 EH 与 HN 是长度不可公度的【命题 6.1、10.11】。又，它们是有理线段，所以 EH 和 HN 是仅正方可公度的有理线段。两条仅正方可公度的有理线段相加，整个线段是无理的，称作二项线段【命题 10.36】，所以 EN 是二项线段，且被 H 分成它的两段。同理可证，EM 和 MN 是仅正方可公度的有理线段，所以 EN 是二项线段，被两个不同的点 H 和 M 分为两段，这是不可能的【命题 10.42】。又，EH 与 MN 不相同，因为 AC 和 CB 上的正方形的和大于 AD 和 DB 上的正方形的和。但 AD 和 DB 上的正方形的和大于 AD 与 DB 所构成的矩形的二倍，所以 AC 和 CB 上的正方形的和，即 EG，大于 AD 与 DB 所构成的矩形的二倍，即 MK。所以，EH 大于 MN【命题 6.1】。所以，EH 与 MN 不相同。这就是该命题的结论。

命题 45

一条主要线段仅能被一点分为它的两段。①

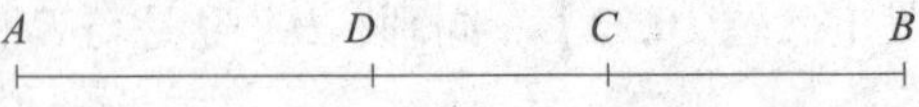

① 换句话说，$\sqrt{\left[1+k/\left(1+k^{2}\right)^{1/2}\right]/2}+\sqrt{\left[1-k/\left(1+k^{2}\right)^{1/2}\right]/2}=\sqrt{\left[1+k'/\left(1+k'^{2}\right)^{1/2}\right]/2}+\sqrt{\left[1-k'/\left(1+k'^{2}\right)^{1/2}\right]/2}$ 只有一个答案，即 $k'=k$。

已知 AB 是主要线段，被 C 分为两段，所以 AC 和 CB 是正方不可公度的，且 AC 和 CB 上的正方形是有理的，AC、CB 所构成的矩形是中项面【命题 10.39】。可证 AB 不能被另一点分成这样的两段。

如果可能，假设 D 也能将 AB 分成两段，AD 与 DB 是正方不可公度的，AD 和 DB 上的正方形的和是有理的，且它们所构成的矩形是中项面。AC 和 CB 上的正方形的和与 AD 和 DB 上的正方形的和的差等于 AD 和 DB 所构成的矩形的二倍与 AC 和 CB 所构成的矩形的二倍的差。AC 和 CB 上的正方形的和与 AD 和 DB 上的正方形的和的差是有理面。因为它们两个都是有理面，所以 AD、DB 所构成的矩形的二倍与 AC、CB 所构成的矩形的二倍的差是有理面，尽管它们是中项面。这是不可能的【命题 10.26】。所以，主要线段不能被不同的点分成两段。所以，它仅能被一点分成两段。这就是该命题的结论。

命题 46

一个有理面与中项面之和的边仅能被一点分成它的两段。①

已知 AB 是有理面与中项面之和的边，被 C 分成两段，所以 AC 与 CB 是正方不可公度的，且 AC 和 CB 上的正方形的和是中项面，AC 和 CB 所构成的矩形的二倍是有理的【命题 10.40】。可证 AB 不能被另一个点分成这样的两段。

① 换句话说，$\sqrt{\left[(1+k^2)^{1/2}+k\right]/\left[2(1+k^2)\right]}+\sqrt{\left[(1+k^2)^{1/2}-k\right]/\left[2(1+k^2)\right]}=\sqrt{\left[(1+k'^2)^{1/2}+k'\right]/\left[2(1+k'^2)\right]}+\sqrt{\left[(1+k'^2)^{1/2}-k'\right]/\left[2(1+k'^2)\right]}$ 只有一个答案，即 $k'=k$。

如果可能，假设 D 也能将 AB 分成两段，AD 与 DB 是正方不可公度的，AD 和 DB 上的正方形的和是中项面，AD 与 DB 所构成的矩形的二倍是有理面。因为 AC、CB 所构成的矩形的二倍与 AD、DB 所构成的矩形的二倍的差，等于 AD 和 DB 上的正方形的和与 AC 和 CB 上的正方形和的差，AC、CB 所构成的矩形的二倍与 AD、DB 所构成的矩形的二倍的差是有理面。所以 AD 和 DB 上的正方形和与 AC 和 CB 上的正方形和的差是有理面，尽管也是中项面。这是不可能的【命题 10.26】。所以，有理面与中项面之和的边不能被另一点分成它的两段。所以，它仅能被一点分成它的两段。这就是该命题的结论。

命题 47

两中项面和的边仅能被一点分成它的两段。①

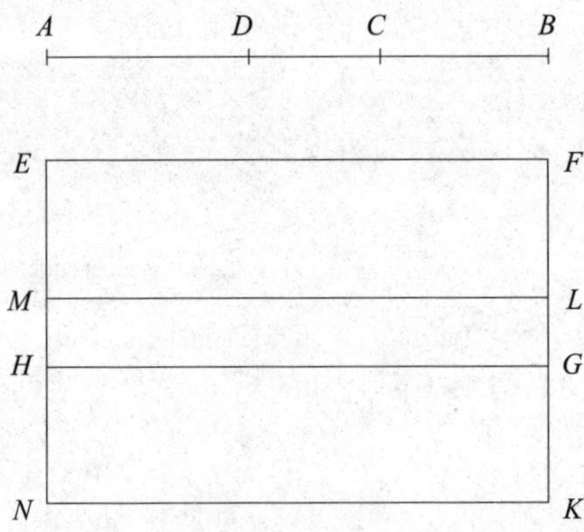

已知 AB 是两中项面和的边，被 C 分为两段，这样 AC 和 CB 是正方

① 换句话说，$k'^{1/4}\sqrt{\left[1+k/\left(1+k^2\right)^{1/2}\right]/2}+k'^{1/4}\sqrt{\left[1-k/\left(1+k^2\right)^{1/2}\right]/2}=k'''^{1/4}\sqrt{\left[1+k''/\left(1+k''^2\right)^{1/2}\right]/2}+k'''^{1/4}\sqrt{\left[1-k''/\left(1+k''^2\right)^{1/2}\right]/2}$ 只有一个答案，即 $k''=k$ 且 $k'''=k'$。

不可公度的，*AC* 与 *CB* 上的正方形的和是中项面，*AC* 与 *CB* 所构成的矩形也是中项面，而且 *AC* 与 *CB* 所构成的矩形与 *AC* 和 *CB* 上的正方形的和是不可公度的【命题 10.41】。可证 *AB* 不能被另一个点分成满足规定条件的两段。

如果可能，假设 *D* 也能将 *AB* 分成两段，很明显，*AC* 与 *DB* 不同，假设 *AC* 较大。作有理线段 *EF*。在与 *EF* 重合的线段上作 *EG* 等于 *AC* 和 *CB* 上的正方形的和，*HK* 等于 *AC* 与 *CB* 所构成的矩形的二倍，所以整个 *EK* 等于 *AB* 上的正方形【命题 2.4】。再在与 *EF* 重合的线段上作 *EL* 等于 *AD* 和 *DB* 上的正方形的和，所以余下的 *AD* 和 *DB* 所构成的矩形的二倍等于余下的 *MK*。因为已知 *AC* 和 *CB* 上的正方形是中项面，所以 *EG* 是中项面。且它与有理线段 *EF* 重合。所以，*HE* 是有理线段，并且与 *EF* 是长度不可公度的【命题 10.22】。同理，*HN* 是有理的，且与 *EF* 是长度不可公度的。因为 *AC* 和 *CB* 上的正方形的和与 *AC*、*CB* 所构成的矩形的二倍是不可公度的，所以 *EG* 与 *GN* 是无理的。所以，*EH* 与 *HN* 是不可公度的【命题 6.1、10.11】。又，它们都是有理线段。所以，*EH* 和 *HN* 是仅正方可公度的有理线段。所以，*EN* 是二项线段，被 *H* 分为两段【命题 10.36】。相似地，可以证明它也被 *M* 分为两段。又，*EH* 和 *MN* 不同，所以一条二项线段有两个不同的分点。这是不可能的【命题 10.42】。所以，两中项面和的边不能被不同的点分为两段。所以，它仅能被一点分为两段。

定义 Ⅱ

5. 给定一条有理线段和一条被分为它的两段的二项线段，且被分开的两段中较长线段上的正方形与较短线段上的正方形的差等于与较长线段长度可公度的某条线段上的正方形，如果较长线段与前面提到的有理线段是长度可公度的，那么原来的整条线段，即原二项线段，称为第一二项线段。

6. 如果较短的线段与前面的有理线段是长度可公度的，那么原来的整条线段，即原二项线段，称为第二二项线段。

7. 如果两段都不与前面的有理线段可公度，那么原来的整条线段，即原二项线段，称为第三二项线段。

8. 如果较长线段上的正方形与较短线段上的正方形的差是与较长线段长度不可公度的某条线段上的正方形，如果较长线段与前面的有理线段是长度可公度的，那么原来的整条线段，即原二项线段，称为第四二项线段。

9. 如果较短线段与前面的有理线段是长度可公度的，那么原来的整条线段，即原二项线段，称为第五二项线段。

10. 如果两段都不与前面的有理线段可公度，那么原来的整条线段，即原二项线段，称为第六二项线段。

命题 48

求第一二项线段。

已知数 *AC* 和 *CB*，且它们的和 *AB* 比 *BC* 等于一个平方数比某一个平方数，但 *AB* 比 *CA* 不等于一个平方数比一个平方数【命题 10.28 引理 I】。作一条有理线段 *D*，使 *EF* 与 *D* 是长度可公度的，所以 *EF* 也是有理的【定义 10.3】。使数 *BA* 比 *AC* 等于 *EF* 上的正方形比 *FG* 上的正方形【命题 10.6 推论】。*AB* 比 *AC* 等于一个数比一个数。所以，*EF* 上的正方形比 *FG*

上的正方形等于一个数比一个数。所以，EF 上的正方形与 FG 上的正方形是可公度的【命题 10.6】。又，EF 是有理的，所以 FG 也是有理的。因为 BA 比 AC 不等于一个平方数比一个平方数，所以 EF 上的正方形比 FG 上的正方形也不等于一个平方数比一个平方数。所以，EF 与 FG 是长度不可公度的【命题 10.9】。所以，EF 和 FG 是仅正方可公度的有理线段。所以，EG 是二项线段【命题 10.36】。可证它也是第一二项线段。

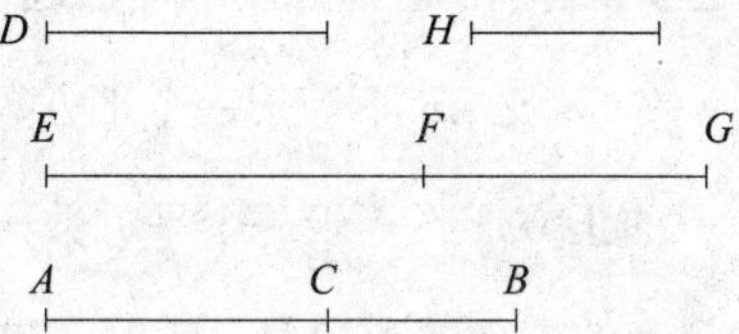

因为数 BA 比 AC 等于 EF 上的正方形比 FG 上的正方形，且 BA 大于 AC，所以 EF 上的正方形大于 FG 上的正方形【命题 5.14】。使 FG 和 H 上的正方形的和等于 EF 上的正方形。因为 BA 比 AC 等于 EF 上的正方形比 FG 上的正方形，所以其换比例为，AB 比 BC 等于 EF 上的正方形比 H 上的正方形【命题 5.19 推论】。又，AB 比 BC 等于一个平方数比一个平方数，所以 EF 上的正方形比 H 上的正方形等于一个平方数比一个平方数。所以，EF 与 H 是长度可公度的【命题 10.9】。所以，EF 上的正方形与 FG 上的正方形的差是与 EF 长度可公度的某线段上的正方形。又，EF 和 FG 是有理线段，且 EF 与 D 是长度可公度的，所以 EG 是第一二项线段【定义 10.5】。[①] 这就是该命题的结论。

① 如果有理线段有单位长度，那么第一二项线段的长度是 $k+k\sqrt{1-k'^2}$ 。该线段和第一余线（其长度为 $k-k\sqrt{1-k'^2}$ 【命题 10.85】），是 $x^2-2kx+k^2k'^2=0$ 的两个根。

命题 49

求第二二项线段。

已知数 AC 和 CB，且它们的和 AB 比 BC 等于一个平方数比一个平方数，但 AB 比 AC 不等于一个平方数比一个平方数【命题 10.28 引理 I】。作有理线段 D。设 EF 和 D 是长度可公度的，所以 EF 是有理线段。使数 CA 比 AB 等于 EF 上的正方形比 FG 上的正方形【命题 10.6 推论】。所以，EF 上的正方形与 FG 上的正方形是可公度的【命题 10.6】。所以，FG 也是有理线段。又，因为数 CA 比 AB 不等于一个平方数比一个平方数，所以 EF 上的正方形比 FG 上的正方形不等于一个平方数比一个平方数。所以，EF 和 FG 是长度不可公度的【命题 10.9】。所以，EF 和 FG 是仅正方可公度的有理线段。所以，EG 是二项线段【命题 10.36】。可以证明它也是第二二项线段。

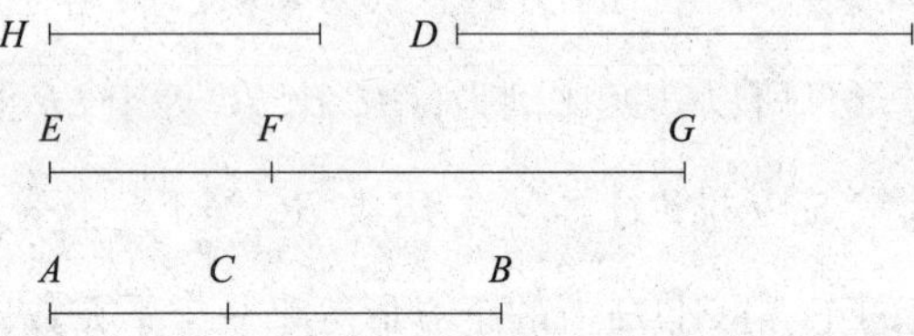

因为由反比例可得，数 BA 比 AC 等于 GF 上的正方形比 FE 上的正方形【命题 5.7 推论】，且 BA 大于 AC，所以 GF 上的正方形大于 FE 上的正方形【命题 5.14】。设 EF 和 H 上的正方形的和等于 GF 上的正方形。所以，由其换比例得，AB 比 BC 等于 FG 上的正方形比 H 上的正方形【命题 5.19 推论】。但 AB 比 BC 等于一个平方数比一个平方数。所以，FG 上的正方形比 H 上的正方形等于一个平方数比一个平方数。所以，FG 与 H 是长度可公度的【命题 10.9】。所以，FG 上的正方形与 FE 上的正方形的差是与

FG 长度可公度的某条线段上的正方形。又，*FG* 和 *FE* 是仅正方可公度的有理线段，且较短段 *EF* 与有理线段 *D* 是长度可公度的。

所以，*EG* 是第二二项线段【定义 10.6】。[①] 这就是该命题的结论。

命题 50

求第三二项线段。

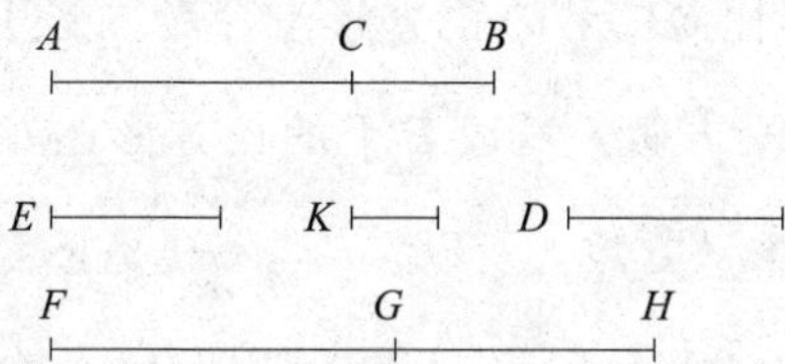

已知数 *AC* 和 *CB*，且它们的和 *AB* 比 *BC* 等于一个平方数比一个平方数，但 *AB* 比 *AC* 不等于一个平方数比一个平方数。设 *D* 是另一个不是平方数的数，且它与 *BA* 和 *AC* 的比都不等于一个平方数与一个平方数的比。作一条有理线段 *E*，使 *D* 比 *AB* 等于 *E* 上的正方形比 *FG* 上的正方形【命题 10.6 推论】，所以 *E* 上的正方形与 *FG* 上的正方形是可公度的【命题 10.6】。*E* 是有理线段，所以 *FG* 是有理线段。又因为 *D* 与 *AB* 的比不等于一个平方数与一个平方数的比，所以 *E* 上的正方形与 *FG* 上的正方形的比也不等于一个平方数与一个平方数的比。所以，*E* 与 *FG* 是长度不可公度的【命题 10.9】。使数 *BA* 比 *AC* 等于 *FG* 上的正方形比 *GH* 上的正方形【命题 10.6 推论】，所以 *FG* 上的正方形与 *GH* 上的正方形是可公度的【命题 10.6】。*FG* 是有理线段，所以 *GH* 也是有理线段。又因为 *BA* 比

① 如果有理线段有单位长度，那么第二二项线段的长度是 $k/\sqrt{1-k'^2}+k$。该线段和第二余线（其长度为 $k/\sqrt{1-k'^2}-k$【命题 10.86】），是 $x^2-\left(2k/\sqrt{1-k'^2}\right)x+k^2\left[k'^2/\left(1-k'^2\right)\right]=0$ 的两个根。

AC 不等于一个平方数比一个平方数，*FG* 上的正方形比 *HG* 上的正方形也不等于一个平方数比一个平方数，所以 *FG* 与 *GH* 是长度不可公度的【命题 10.9】。所以，*FG* 和 *GH* 是仅正方可公度的有理线段。所以，*FH* 是二项线段【命题 10.36】。可证它也是第三二项线段。

因为 *D* 比 *AB* 等于 *E* 上的正方形比 *FG* 上的正方形，且 *BA* 比 *AC* 等于 *FG* 上的正方形比 *GH* 上的正方形，所以其首末项比例为，*D* 比 *AC* 等于 *E* 上的正方形比 *GH* 上的正方形【命题 5.22】。*D* 比 *AC* 不等于一个平方数比一个平方数，所以 *E* 上的正方形比 *GH* 上的正方形不等于一个平方数比一个平方数。所以，*E* 与 *GH* 是长度不可公度的【命题 10.9】。因为 *BA* 比 *AC* 等于 *FG* 上的正方形比 *GH* 上的正方形，所以 *FG* 上的正方形大于 *GH* 上的正方形【命题 5.14】。使 *GH* 和 *K* 上的正方形的和等于 *FG* 上的正方形，所以其换比例为，*AB* 比 *BC* 等于 *FG* 上的正方形比 *K* 上的正方形【命题 5.19 推论】。又，*AB* 比 *BC* 等于一个平方数比一个平方数。所以，*FG* 上的正方形比 *K* 上的正方形等于一个平方数比一个平方数。所以，*FG* 与 *K* 是长度可公度的【命题 10.9】。所以，*FG* 上的正方形与 *GH* 上的正方形的差为与 *FG* 长度可公度的某线段上的正方形。又，*FG* 和 *GH* 是仅正方可公度的有理线段，且它们都与 *E* 是长度不可公度的，所以 *FH* 是第三二项线段【定义 10.7】。[①] 这就是该命题的结论。

---

① 如果有理线段有单位长度，那么第三二项线段的长度是 $k^{1/2}\left(1+\sqrt{1-k'^2}\right)$。该线段和第三余线（其长度为 $k^{1/2}\left(1-\sqrt{1-k'^2}\right)$【命题 10.87】），是 $x^2-2k^{1/2}x+kk'^2=0$ 的两个根。

命题 51

求第四二项线段。

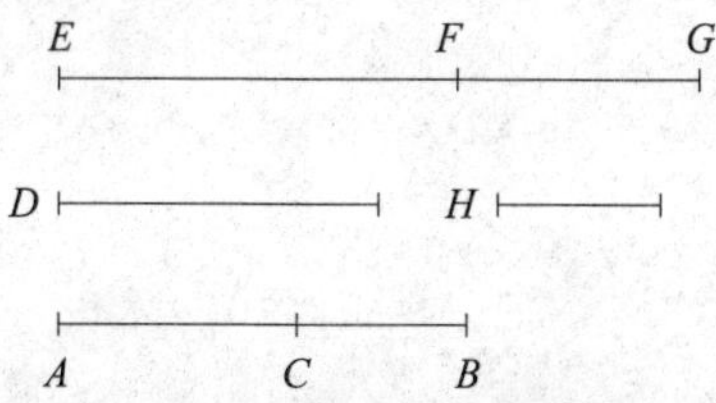

已知数 *AC* 和 *CB*，且它们的和 *AB* 与 *BC* 或 *AC* 的比不等于一个平方数与一个平方数的比【命题 10.28 引理 I】。作有理线段 *D*。使 *EF* 与 *D* 是长度可公度的，所以 *EF* 也是有理线段。使数 *BA* 比 *AC* 等于 *EF* 上的正方形比 *FG* 上的正方形【命题 10.6 推论】，所以 *EF* 上的正方形与 *FG* 上的正方形是可公度的【命题 10.6】。所以，*FG* 也是有理线段。因为 *BA* 与 *AC* 的比不等于一个平方数与一个平方数的比，*EF* 上的正方形与 *FG* 上的正方形的比也不等于一个平方数与一个平方数的比，所以 *EF* 与 *FG* 是长度不可公度的【命题 10.9】。所以，*EF* 和 *FG* 是仅正方可公度的有理线段。所以，*EG* 是二项线段【命题 10.36】。所以，可证它也是一条第四二项线段。

因为 *BA* 比 *AC* 等于 *EF* 上的正方形比 *FG* 上的正方形，且 *BA* 大于 *AC*，所以 *EF* 上的正方形大于 *FG* 上的正方形【命题 5.14】。使 *FG* 和 *H* 上的正方形的和等于 *EF* 上的正方形，所以其换比例为，数 *AB* 比 *BC* 等于 *EF* 上的正方形比 *H* 上的正方形【命题 5.19 推论】。又，*AB* 与 *BC* 的比不等于一个平方数比一个平方数，所以 *EF* 上的正方形与 *H* 上的正方形的比不等于一个平方数与一个平方数的比。所以，*EF* 与 *H* 是长度不可公度的【命题 10.9】。所以，*EF* 上的正方形与 *GF* 上的正方形的差是与 *EF* 长度不可公度的某条线段上的正方形。又，EF 与 FG 是仅正方可公度的有理线段，且 EF 与 D 是长度可公度的，所以 EG 是第四二项线段【定义 10.8】。[①] 这就是该命题的结论。

命题 52

求第五二项线段。

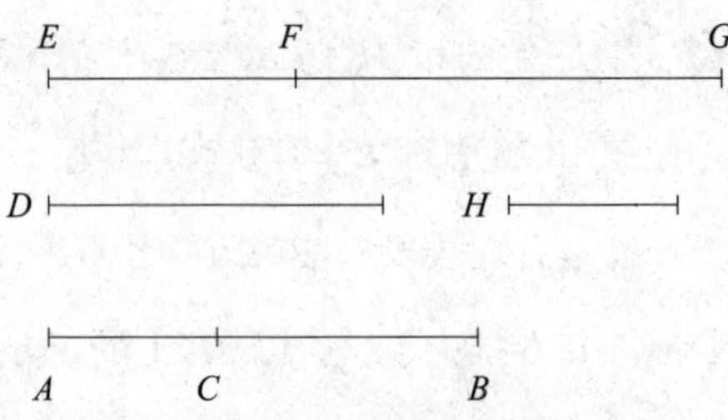

已知数 AC 和 CB，且它们的和 AB 与这两个数的比都不等于一个平方数与一个平方数的比【命题 10.28 引理Ⅰ】。作有理线段 D。使 EF 与 D 是长度可公度的，所以 EF 是有理线段。使 CA 比 AB 等于 EF 上的正方形比 FG 上的正方形【命题 10.6 推论】。又，CA 与 AB 的比不等于一个平方数与一个平方数的比，所以 EF 上的正方形与 FG 上的正方形的比不等于一个平方数比一个平方数。所以，EF 和 FG 是仅正方可公度的有理线段【命题 10.9】。所以，EG 是二项线段【命题 10.36】。所以，可证它也是第五二项线段。

因为 CA 比 AB 等于 EF 上的正方形比 FG 上的正方形，其反比例为，

① 如果有理线段有单位长度，那么第四二项线段的长度是 $k\left(1+1/\sqrt{1+k'}\right)$。该线段和第四余线（其长度为 $k\left(1-1/\sqrt{1+k'}\right)$【命题 10.88】），是 $x^2-2kx+k^2k'/\left(1+k'\right)=0$ 的两个根。

BA 比 *AC* 等于 *FG* 上的正方形比 *FE* 上的正方形【命题 5.7 推论】，所以 *GF* 上的正方形大于 *FE* 上的正方形【命题 5.14】。所以，使 *EF* 和 *H* 上的正方形的和等于 *GF* 上的正方形。所以，其换比例为，数 *AB* 比 *BC* 等于 *GF* 上的正方形比 *H* 上的正方形【命题 5.19 推论】。又，*AB* 与 *BC* 的比不等于一个平方数比一个平方数，所以 *FG* 上的正方形比 *H* 上的正方形不等于一个平方数比一个平方数。所以，*FG* 与 *H* 是长度不可公度的【命题 10.9】。所以，*FG* 上的正方形与 *FE* 上的正方形的差是与 *FG* 长度不可公度的某线段上的正方形。*GF* 和 *FE* 是仅正方可公度的有理线段，较短段 *EF* 与有理线段 *D* 是长度可公度的。

所以，*EG* 是第五二项线段。① 这就是该命题的结论。

命题 53

求第六二项线段。

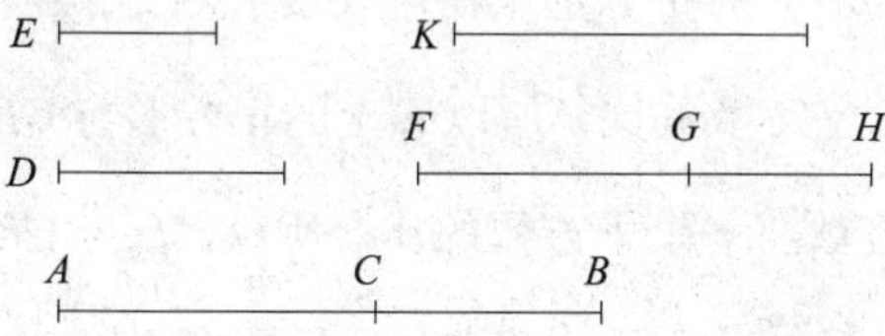

已知数 *AC* 和 *CB*，且它们的和 *AB* 与这两个数的比都不等于一个平方数与一个平方数的比。设 *D* 是另一个数，但不是平方数，它与 *BA* 或 *AC* 的比也不等于一个平方数与一个平方数的比【命题 10.28 引理 I 】。作有理线段 *E*。使 *D* 比 *AB* 等于 *E* 上的正方形比 *FG* 上的正方形【命题 10.6 推

① 如果有理线段有单位长度，那么第五二项线段的长度是 $k\left(\sqrt{1+k'}+1\right)$。该线段和第五余线（其长度为 $k\left(\sqrt{1+k'}-1\right)$【命题 10.89】），是 $x^2-2k\sqrt{1+k'}x+k^2k'=0$ 的两个根。

论】，所以 E 上的正方形与 FG 上的正方形是可公度的【命题 10.6】。E 是有理的，所以 FG 是有理的。因为 D 与 AB 的比不等于一个平方数与一个平方数的比，所以 E 上的正方形与 FG 上的正方形的比不等于一个平方数比一个平方数。所以，E 与 FG 是长度不可公度的【命题 10.9】。所以，使 BA 比 AC 等于 FG 上的正方形比 GH 上的正方形【命题 10.6 推论】。所以，FG 上的正方形与 HG 上的正方形是可公度的【命题 10.6】。所以，HG 上的正方形是有理的。所以，HG 是有理的。因为 BA 与 AC 的比不等于一个平方数与一个平方数的比，所以 FG 上的正方形与 GH 上的正方形的比也不等于一个平方数与一个平方数的比。所以，FG 与 GH 是长度不可公度的【命题 10.9】。所以，FG 和 GH 是仅正方可公度的有理线段。所以，FH 是二项线段【命题 10.36】。可证它也是第六二项线段。

因为 D 比 AB 等于 E 上的正方形比 FG 上的正方形，且 BA 比 AC 等于 FG 上的正方形比 GH 上的正方形，所以其首末项比例为，D 比 AC 等于 E 上的正方形比 GH 上的正方形【命题 5.22】。又，D 与 AC 的比不等于一个平方数与一个平方数的比，所以 E 上的正方形与 GH 上的正方形的比也不等于一个平方数与一个平方数的比。所以，E 与 GH 是长度不可公度的【命题 10.9】。又，已经证明 E 与 FG 是长度不可公度的，所以 FG 和 GH 都与 E 是长度不可公度的。又，因为 BA 比 AC 等于 FG 上的正方形比 GH 上的正方形，所以 FG 上的正方形大于 GH 上的正方形【命题 5.14】。使 GH 和 K 上的正方形的和等于 FG 上的正方形，所以其换比例为，AB 比 BC 等于 FG 上的正方形比 K 上的正方形【命题 5.19 推论】。又，AB 比 BC 不等于一个平方数比一个平方数，所以 FG 上的正方形比 K 上的正方形不等于一个平方数比一个平方数。所以，FG 与 K 是长度不可公度的

【命题 10.9】。所以，*FG* 上的正方形与 *GH* 上的正方形的差等于与 *FG* 长度不可公度的某线段上的正方形。又，*FG* 和 *GH* 是仅正方可公度的有理线段，且它们都不与有理线段 *E* 可公度，所以 *FH* 是第六二项线段【定义 10.10】。[①] 这就是该命题的结论。

引 理

设 *AB* 和 *BC* 是两个正方形，且 *DB* 在 *BE* 的延长线上。所以，*FB* 在 *BG* 的延长线上。作平行四边形 *AC*。可证 *AC* 是正方形，*DG* 是 *AB* 和 *BC* 的比例中项，*DC* 是 *AC* 和 *CB* 的比例中项。

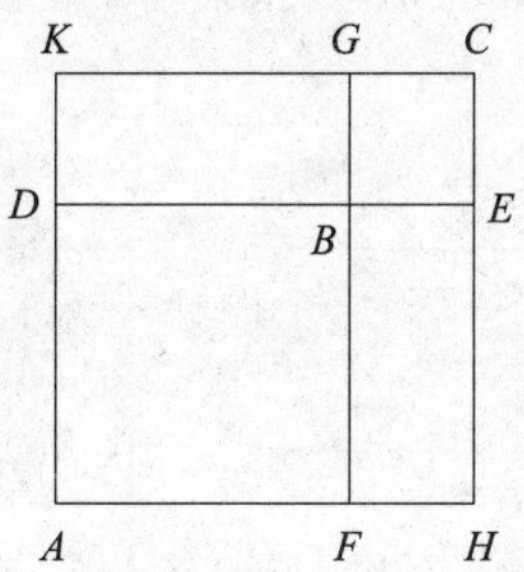

因为 *DB* 等于 *BF*，*BE* 等于 *BG*，所以整个 *DE* 等于整个 *FG*。但 *DE* 与 *AH* 和 *KC* 都相等，且 *FG* 与 *AK* 和 *HC* 都相等【命题 1.34】，所以 *AH* 和 *KC* 与 *AK* 和 *HC* 都相等。所以，*AC* 是等边的平行四边形，且它又是直角的，所以 *AC* 是正方形。

因为 *FB* 比 *BG* 等于 *DB* 比 *BE*，*FB* 比 *BG* 等于 *AB* 比 *DG*，*DB* 比 *BE* 等于 *DG* 比 *BC*【命题 6.1】，所以 *AB* 比 *DG* 等于 *DG* 比 *BC*【命题 5.11】。

---

① 如果有理线段有单位长度，那么第六二项线段的长度是 $\sqrt{k}+\sqrt{k'}$ 。该线段和第六余线（其长度为 $\sqrt{k}-\sqrt{k'}$ 【命题 10.90】），是 $x^2-2\sqrt{k}x+(k-k')=0$ 的两个根。

所以，DG 是 AB 和 BC 的比例中项。

可以证明 DC 是 AC 和 CB 的比例中项。

因为 AD 比 DK 等于 KG 比 GC。因为它们分别相等，所以其合比例为，AK 比 KD 等于 KC 比 CG【命题 5.18】。但 AK 比 KD 等于 AC 比 CD，且 KC 比 CG 等于 DC 比 CB【命题 6.1】。所以，AC 比 DC 等于 DC 比 BC【命题 5.11】。所以，DC 是 AC 和 CB 的比例中项。这就是该命题的结论。

命题 54

如果一个矩形由一条有理线段和一条第一二项线段所构成，那么该矩形的平方根是称为二项线段的无理线段。①

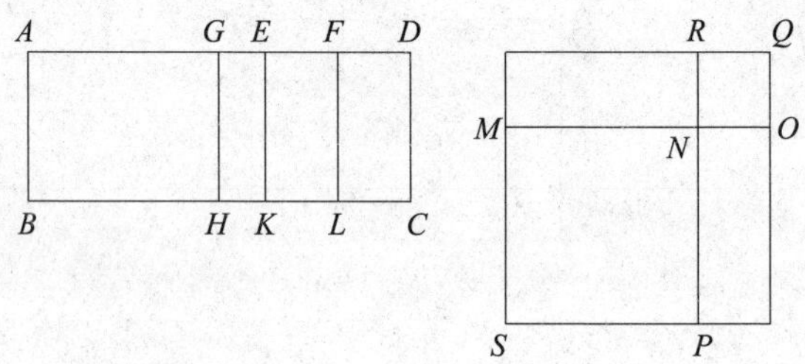

已知有理线段 AB 和第一二项线段 AD 所构成的面为 AC。可证面 AC 的边是无理线段，称为二项线段。

因为 AD 是第一二项线段，设它被 E 分为它的两段，且 AE 是长线段。所以，很明显，AE 和 ED 是仅正方可公度的有理线段，且 AE 上的正方形

① 如果有理线段有单位长度，那么该命题可陈述为：第一二项线段的平方根是一条二项线段，即第一二项线段的长度为 $k+k\sqrt{1-k'^2}$，它的平方根是 $\rho\left(1+\sqrt{k''}\right)$，其中 $\rho=\sqrt{k\left(1+k'\right)/2}$，$k''=\left(1-k'\right)/\left(1+k'\right)$。这是一条二项线段的长度（见命题 10.36），因为 ρ 是有理的。

与 ED 上的正方形的差是与 AE 长度可公度的某条线段上的正方形，且 AE 与有理线段 AB 是长度可公度的【定义 10.5】。设点 F 二等分 ED。因为 AE 上的正方形与 ED 上的正方形的差是与 AE 长度可公度的某条线段上的正方形，所以如果与较长段 AE 重合的线段上的一个矩形，该矩形缺少一个正方形，等于较短段上的正方形的四分之一，即 EF 上的正方形，那么被分成的两段是长度可公度的【命题 10.17】。在与 AE 重合的线段上，使 AG 和 GE 所构成的矩形等于 EF 上的正方形，所以 AG 与 EG 是长度可公度的。过点 G、E 和 F 分别作 GH、EK 和 FL 平行于 AB 或者 CD。作正方形 SN 等于矩形 AH，正方形 NQ 等于矩形 GK【命题 2.14】。设 MN 在线段 NO 的延长线上，所以 RN 也在线段 NP 的延长线上。完成平行四边形 SQ，所以 SQ 是正方形【命题 10.53 引理】。因为 AG 与 GE 所构成的矩形等于 EF 上的正方形，所以 AG 比 EF 等于 FE 比 EG【命题 6.17】。所以，AH 比 EL 等于 EL 比 KG【命题 6.1】。所以，EL 是 AH 和 GK 的比例中项。但 AH 等于 SN，GK 等于 NQ，所以 EL 是 SN 和 NQ 的比例中项。MR 也是 SN 和 NQ 的比例中项【命题 10.53 引理】。所以，EL 等于 MR，它也等于 PO【命题 1.43】。又，AH 加 GK 等于 SN 加 NQ。所以，整个 AC 等于整个 SQ，即等于 MO 上的正方形。所以，MO 是 AC 的边。可以证明 MO 是二项线段。

因为 AG 与 GE 是长度可公度的，AE 与 AG 和 GE 也是长度可公度的【命题 10.15】。已知 AE 与 AB 是长度可公度的，所以 AG 和 GE 都与 AB 长度可公度【命题 10.12】。AB 是有理的，所以 AG 和 GE 都是有理的。所以，AH 和 GK 都是有理面，且 AH 和 GK 是可公度的【命题 10.19】。但 AH 等于 SN，GK 等于 NQ，所以 SN 和 NQ，即 MN 和 NO 上的正方形是有理的，且可公度。因为 AE 与 ED 是长度不可公度的，但 AE 与 AG 是长度可公度的，且 DE 与 EF 是可公度的，所以 AG 与 EF 是不可公度的【命题 10.13】。所以，AH 与 EL 也是不可公度的【命题 6.1、10.11】。但 AH 等于 SN，EL 等于 MR，所以 SN 与 MR 是不可公度的。SN 比 MR 等于 PN 比 NR【命题 6.1】，所以 PN 与 NR 是长度不可公度的【命题 10.11】。PN 等于 MN，NR 等于 NO，所以 MN 与 NO 是长度不可公度的。又，MN 上的正方形与 NO 上的正方形是可公度的，且它们都是有理的，所以 MN 和 NO 是仅正方可公度的有理线段。

所以，MO 是二项线段【命题 10.36】，且是 AC 的边。这就是该命题的结论。

命题 55

如果一个矩形由一条有理线段和一条第二二项线段所构成，那么该矩形的边是称为第一双中项线段的无理线段。①

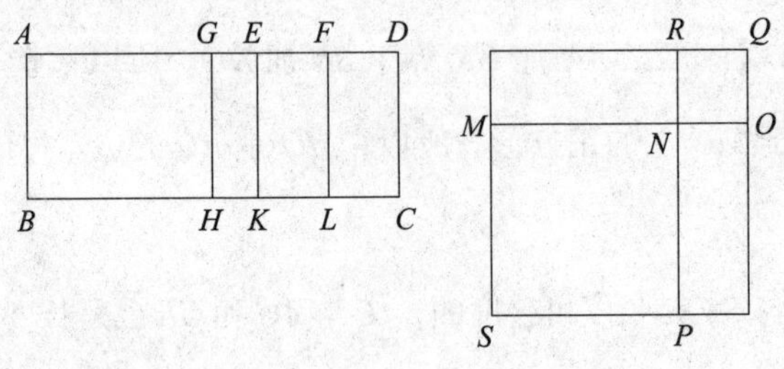

① 如果有理线段有单位长度，那么该命题可陈述为：第二二项线段的平方根是第一双中项线段，即第二二项线段的长度是 $k/\sqrt{1-k'^2}+k$，它的平方根是 $\rho\left(k''^{1/4}+k''^{3/4}\right)$，其中 $\rho=\sqrt{(k/2)(1+k')/(1-k')}$，且 $k''=(1-k')/(1+k')$。这就是第一双中项线段的长度（见命题 10.37），因为 ρ 是有理的。

已知有理线段 AB 和第二二项线段 AD 所构成的矩形为 ABCD。可证 AC 的边是第一双中项线段。

因为 AD 是第二二项线段，设 E 将它分为它的两段，且 AE 较长，所以 AE 和 ED 是仅正方可公度的有理线段，且 AE 上的正方形与 ED 上的正方形的差是与 AE 长度可公度的某条线段上的正方形，且较短线段 ED 与 AB 是长度可公度的【定义 10.6】。设 F 是 ED 的二等分点。设在与 AE 重合的线段上，AG、GE 所构成的缺少一个正方形的矩形，等于 EF 上的正方形，所以 AG 与 GE 是长度可公度的【命题 10.17】。分别过点 G、E 和 F 作 GH、EK 和 FL 平行于 AB 和 CD。作正方形 SN 等于平行四边形 AH，正方形 NQ 等于 GK，并设 MN 在 NO 的延长线上，所以 RN 在 NP 的延长线上。完成正方形 SQ。所以，从之前的证明，可以很明显地得到【命题 10.53 引理】，MR 是 SN 和 NQ 的比例中项，并且与 EL 相等，且 MO 是面 AC 的边。可以证明 MO 是第一双中项线段。

因为 AE 与 ED 是长度不可公度的，ED 与 AB 是长度可公度的，所以 AE 与 AB 是长度不可公度的【命题 10.13】。又因为 AG 与 EG 是长度可公度的，AE 与 AG 和 GE 是长度可公度的【命题 10.15】，但 AE 与 AB 是长度不可公度的，所以 AG 和 GE 与 AB 是长度不可公度的【命题 10.13】。所以，BA、AG 和 BA、GE 是两对仅正方可公度的有理线段。所以，AH 和 GK 是中项面【命题 10.21】。所以，SN 和 NQ 也都是中项面。所以，MN 和 NO 是中项线段。因为 AG 与 GE 是长度可公度的，AH 与 GK 是可公度的，即 SN 与 NQ 是可公度的，即 MN 上的正方形和 NO 上的正方形可公度【命题 6.1、10.11】。因为 AE 和 ED 是长度不可公度的，但 AE 与 AG 是长度可公度的，且 ED 与 EF 是长度可公度的，所以 AG 与 EF 是长度不可公度的【命题 10.13】。所以，AH 与 EL 是不可公度的，即 SN 与 MR 不可公度，即 PN 与 NR 不可公度，即 MN 与 NO 是长度不可公度的【命题 6.1、10.11】。但已经证明 MN 和 NO 是中项线段，且仅正方可公度，所以 MN 和 NO 是仅正方可公度的中项线段。可以证明它们所构成的矩形是有理面。因为已知 DE 与 AB 和 EF 是长度可公度的，所以 EF 与 EK 是可公度的【命题 10.12】，且它们都是有理的，所以 EL，即 MR，是有理的【命题 10.19】。MR 是 MN、NO 所构成的矩形。如果两个仅正方可公度的中项线段所构成的矩形是有理的，那么两中项线段的和是无理的，被称为第一双中项线段【命题 10.37】。

所以，MO 是第一双中项线段。这就是该命题的结论。

命题 56

如果一个矩形由一条有理线段和一条第三二项线段所构成，那么该矩形的边是称为第二双中项线段的无理线段。①

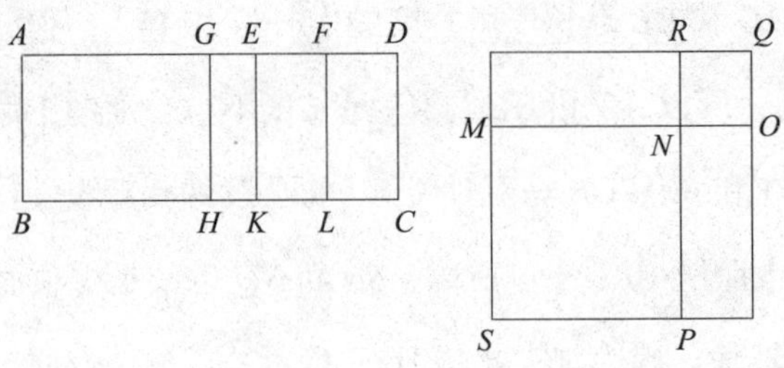

① 如果有理线段有单位长度，那么该命题可陈述为：第三二项线段的平方根是第二双中项线段，即第三二项线段的长度是 $k^{1/2}\left(1+\sqrt{1-k'^2}\right)$，其平方根为 $\rho\left(k^{1/4}+k''^{1/2}/k^{1/4}\right)$，其中 $\rho=\sqrt{(1+k')/2}$，$k''=k(1-k')/(1+k')$。这就是第二双中项线段的长度（见命题 10.38），因为 ρ 是有理的。

已知有理线段 AB 和第三二项线段 AD 所构成的矩形为 $ABCD$，且 E 将 AD 分为它的两段，其中 AE 较长。可证 AC 的边是称为第二双中项线段的无理线段。

作如之前命题的图。因为 AD 是第三二项线段，所以 AE 和 ED 是仅正方可公度的有理线段，且 AE 上的正方形与 ED 上的正方形的差是与 AE 长度可公度的某线段上的正方形，且 AE 和 ED 都与 AB 是长度不可公度的【定义 10.7】。所以，与之前的证明类似，可以得到 MO 是面 AC 的边，且 MN 和 NO 是仅正方可公度的中项线段。所以，MO 是双中项线段。可以证明它是第二双中项线段。

因为 DE 与 AB 是长度不可公度的，即 DE 与 EK 是长度不可公度的，且 DE 与 EF 是长度可公度的，所以 EF 与 EK 是长度不可公度的【命题 10.13】。它们都是有理线段，所以 FE 和 EK 是仅正方可公度的有理线段。所以，EL，即 MR，是中项面【命题 10.21】，且它是由 MN、NO 所构成的。所以，由 MN、NO 所构成的矩形是中项面。

所以，MO 是第二双中项线段【命题 10.38】。这就是该命题的结论。

命题 57

如果一个矩形由一条有理线段和一条第四二项线段所构成，那么该矩形的边是称为主要线段的无理线段。①

---

① 如果有理线段有单位长度，那么该命题可陈述为：第四二项线段的平方根是主要线段，即第四二项线段的长度是 $k\left(1+1/\sqrt{1+k'}\right)$，其平方根为 $\rho\sqrt{\left[1+k''/\left(1+k''^2\right)^{1/2}\right]/2}+\rho\sqrt{\left[1-k''/\left(1+k''^2\right)^{1/2}\right]/2}$，其中 $\rho=\sqrt{k}$，$k''^2=k'$。这就是主要线段的长度（见命题 10.39），因为 ρ 是有理的。

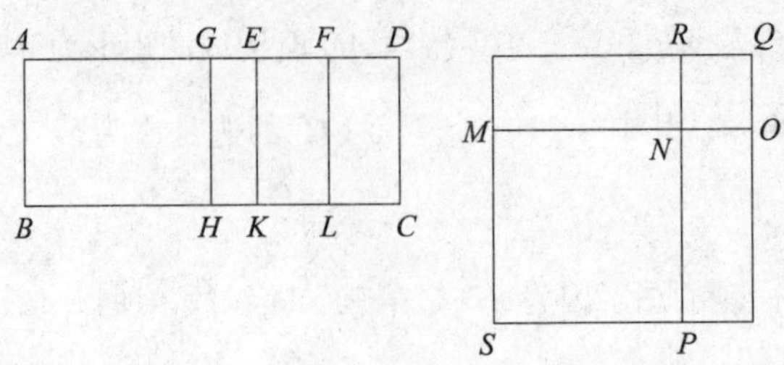

已知有理线段 AB 和第四二项线段 AD 所构成的矩形为 $ABCD$，且 E 将 AD 分为它的两段，其中 AE 较长。可证 AC 的边是称为主要线段的无理线段。

因为 AD 是第四二项线段，所以 AE 和 ED 是仅正方可公度的有理线段，且 AE 上的正方形与 ED 上的正方形的差是与 AE 长度不可公度的某线段上的正方形，且 AE 与 AB 是长度可公度的【定义 10.8】。设 F 二等分 DE，且在与 AE 重合的线段上的 AG 和 GE 所构成的缺少一个正方形的矩形，等于 EF 上的正方形。所以，AG 与 GE 是长度不可公度的【命题 10.18】。设 GH、EK 和 FL 都与 AB 平行，其他作图都与之前命题的作图一样。很明显，MO 是面 AC 的边。可以证明 MO 是称为主要线段的无理线段。

因为 AG 与 EG 是长度不可公度的，AH 与 GK 也是不可公度的，即 SN 与 NQ 不可公度【命题 6.1、10.11】，所以 MN 和 NO 是正方不可公度的。因为 AE 和 AB 是长度可公度的，AK 是有理面【命题 10.19】，且它等于 MN 和 NO 上的正方形的和，所以 MN 和 NO 上的正方形的和是有理的。又因为 DE 和 AB，即 DE 与 EK，是长度不可公度的【命题 10.13】，但 DE 与 EF 是长度可公度的，所以 EF 与 EK 是长度不可公度的【命题 10.13】。所以，EK 和 EF 是仅正方可公度的有理线段。所以 LE，即 MR，是中项面【命题 10.21】。又，它是 MN 和 NO 所构成的，所以 MN 和 NO 所构成的矩形是中项面。MN 和 NO 上的正方形的和是有理面，MN 和 NO 是正方不可公度的。如果两条正方不可公度的线段上的正方形的和是有理的，且它们所构成的矩形是中项面，那么这两线段相加后的整条线段是无理的，称为主要线段【命题 10.39】。

所以，MO 是称为主要线段的无理线段，且它是面 AC 的边。这就是该命题的结论。

命题 58

如果一个矩形由一条有理线段和一条第五二项线段构成，那么该矩形的边是一条称为有理面与中项面之和的边的无理线段。[①]

已知有理线段 AB 和第五二项线段 AD 所构成的矩形为 AC，且 E 将 AD 分为它的两段，其中 AE 较大。可证 AC 的边是称为有理面与中项面之和的边的无理线段。

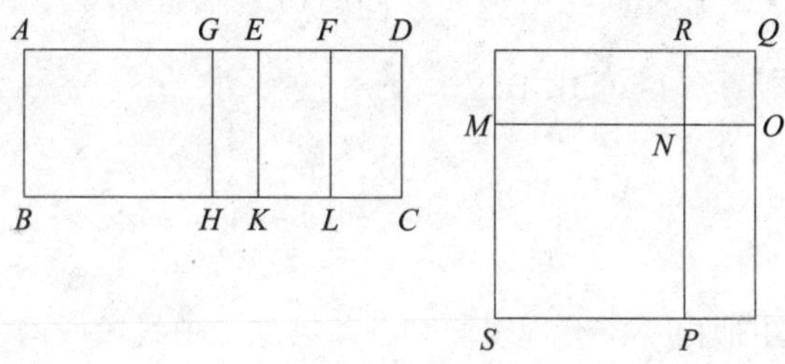

作与之前的命题相同的图。很明显，MO 是面 AC 的边。可以证明 MO

① 如果有理线段有单位长度，那么该命题可陈述为：第五二项线段的边是有理面与中项面之和的边，即第五二项线段的长度是 $k\left(\sqrt{1+k'}+1\right)$，其平方根为 $\rho\sqrt{\left[\left(1+k''^2\right)^{1/2}+k''\right]/\left[2\left(1+k''^2\right)\right]}+\rho\sqrt{\left[\left(1+k''^2\right)^{1/2}-k''\right]/\left[2\left(1+k''^2\right)\right]}$，其中 $\rho=\sqrt{k\left(1+k''^2\right)}$，$k''^2=k'$。这就是有理面与中项面之和的边的长度（见命题 10.40），因为 ρ 是有理的。

是有理面与中项面之和的边。

因为 AG 与 GE 是长度不可公度的【命题 10.18】，所以 AH 与 HE 是不可公度的，即 MN 上的正方形与 NO 上的正方形是不可公度的【命题 6.1、10.11】，所以 MN 和 NO 是正方不可公度的。因为 AD 是第五二项线段，ED 是它的较短段，所以 ED 与 AB 是长度可公度的【定义 10.9】。但 AE 与 ED 是长度不可公度的，所以 AB 与 AE 也是长度不可公度的。BA 和 AE 是仅正方可公度的有理线段【命题 10.13】，所以 AK，即 MN 和 NO 上的正方形的和是中项面【命题 10.21】。又因为 DE 与 AB，即与 EK，是长度可公度的，但 DE 与 EF 是长度可公度的，所以 EF 与 EK 是长度可公度的【命题 10.12】。又，EK 是有理的，所以 EL，即 MR，即由 MN、NO 所构成的矩形也是有理的【命题 10.19】。所以 MN 和 NO 是正方不可公度的线段，它们上的正方形的和是中项面，且它们所构成的矩形是有理面。

所以，MO 是有理面与中项面之和的边【命题 10.40】，且它又是面 AC 的边。这就是该命题的结论。

命题 59

如果一个矩形由一条有理线段和一条第六二项线段所构成，那么该矩形的边是称为两中项面和的边的无理线段。[①]

① 如果有理线段有单位长度，那么该命题可陈述为：第六二项线段的边是两中项面和的边，即第六二项线段的长度是 $\sqrt{k}+\sqrt{k'}$，其平方根为 $k^{1/4}\left(\sqrt{\left[1+k''/\left(1+k''^{2}\right)^{1/2}\right]/2}+\sqrt{\left[1-k''\left(1+k''^{2}\right)^{1/2}\right]/2}\right)$，其中 $k''^{2}=\left(k-k'\right)/k'$。这就是两中项面和的边的长度（见命题 10.41）。

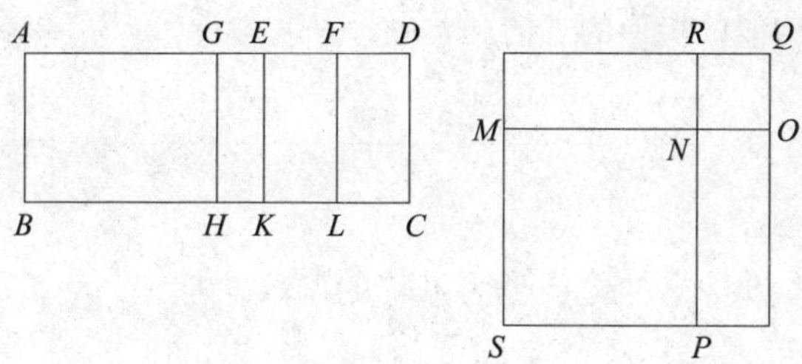

已知有理线段 AB 和第六二项线段 AD 所构成的矩形为 ABCD，且 E 将 AD 分为它的两段，其中 AE 较长。可证 AC 的边是两中项面和的边。

作与之前的命题相同的图。很明显，MO 是面 AC 的边，且 MN 和 NO 是正方不可公度的。因为 EA 和 AB 是长度不可公度的【定义 10.10】，所以 EA 和 AB 是仅正方可公度的有理线段。所以，AK，即 MN 和 NO 上的正方形的和，是中项面【命题 10.21】。又因为 ED 与 AB 是长度不可公度的【定义 10.10】，所以 FE 与 EK 是长度不可公度的【命题 10.13】。所以，FE 和 EK 是仅正方可公度的有理线段。所以，EL，即 MR，即由 MN、NO 所构成的矩形是中项面【命题 10.21】。又因为 AE 与 EF 是长度不可公度的，AK 与 EL 是不可公度的【命题 6.1、10.11】，但 AK 是 MN 和 NO 上的正方形的和，EL 是 MN、NO 所构成的矩形，所以 MN、NO 上的正方形的和与 MN、NO 所构成的矩形是不可公度的，且它们都是中项面。MN 和 NO 是正方不可公度的。

所以，MO 是两中项面和的边【命题 10.41】，且它也是 AC 的边。这就是该命题的结论。

引理

如果一条线段被分为不相等的两段，那么不相等的两段上的正方形的和大于它们所构成的矩形的二倍。

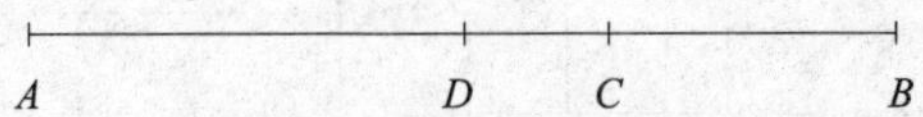

已知线段 AB，设它被 C 分为不等的两段，且 AC 大于 CB。可证 AC 和 CB 上的正方形的和大于 AC 与 CB 所构成的矩形的二倍。

作 AB 的二等分点 D。因为一条线段被 D 二等分，C 将它分为不相等的两段，所以 AC 与 CB 所构成的矩形加 CD 上的正方形等于 AD 上的正方形【命题 2.5】。所以，AC 与 CB 所构成的矩形小于 AD 上的正方形。所以，AC 与 CB 所构成的矩形的二倍小于 AD 上的正方形的二倍。但 AC 和 CB 上的正方形的和是 AD 和 DC 上的正方形的和的二倍【命题 2.9】，所以 AC 和 CB 上的正方形的和大于 AC 与 CB 所构成的矩形的二倍。这就是该引理的结论。

命题 60

与一条有理线段重合的线段上的矩形等于二项线段上的正方形，由此产生的矩形的宽是第一二项线段。[1]

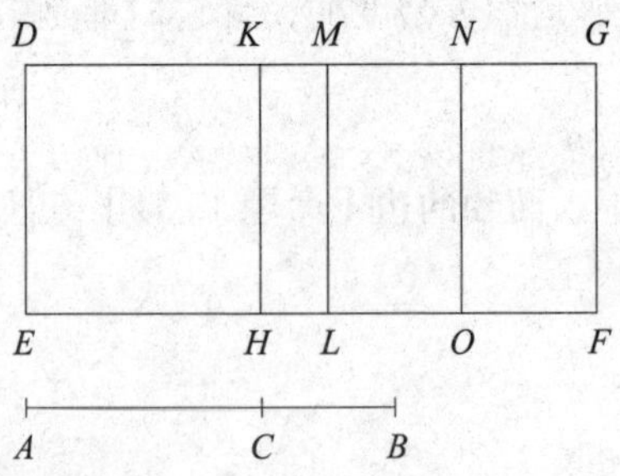

① 换句话说，二项线段的平方是第一二项线段。见命题 10.54。

已知 *AB* 是二项线段，被 *C* 分为它的两段，且 *AC* 为较长段。作有理线段 *DE*。设在与 *DE* 重合的线段上，有矩形 *DEFG* 等于 *AB* 上的正方形，*DG* 是矩形的宽。可证 *DG* 是第一二项线段。

在与 *DE* 重合的线段上，作矩形 *DH* 等于 *AC* 上的正方形，矩形 *KL* 等于 *BC* 上的正方形，所以 *AC* 与 *CB* 所构成的矩形的二倍等于余下的 *MF*【命题 2.4】。设 *MG* 的二等分点为 *N*，作 *NO* 平行于 *ML* 或 *GF*，所以 *MO* 和 *NF* 都与 *AC*、*CB* 所构成的矩形相等。因为 *AB* 是二项线段，被 *C* 分为它的两段，所以 *AC* 和 *CB* 是仅正方可公度的有理线段【命题 10.36】。所以，*AC* 和 *CB* 上的正方形是有理的，且彼此是可公度的。所以，*AC* 和 *CB* 上的正方形的和是有理的【命题 10.15】，且等于 *DL*。所以，*DL* 是有理的，且它在与有理线段 *DE* 重合的线段上。所以，*DM* 是有理的，且与 *DE* 是长度可公度的【命题 10.20】。又因为 *AC* 和 *CB* 是仅正方可公度的有理线段，所以 *AC* 与 *CB* 所构成的矩形的二倍，即 *MF*，是中项面【命题 10.21】。又因为它在与有理线段 *ML* 重合的线段上，所以 *MG* 是有理的，且与 *ML*，即 *DE*，是长度不可公度的【命题 10.22】。又，*MD* 是有理的，且与 *DE* 是长度可公度的，所以 *DM* 与 *MG* 是长度不可公度的【命题 10.13】，且它们都是有理的。所以，*DM* 和 *MG* 是仅正方可公度的有理线段。所以，*DG* 是二项线段【命题 10.36】。可以证明它也是第一二项线段。

因为 *AC*、*CB* 所构成的矩形是 *AC* 和 *CB* 上的正方形的比例中项【命题 10.53 引理】，所以 *MO* 也是 *DH* 和 *KL* 的比例中项。所以，*DH* 比 *MO* 等于 *MO* 比 *KL*，即 *DK* 比 *MN* 等于 *MN* 比 *MK*【命题 6.1】。所以，*DK* 与 *KM* 所构成的矩形等于 *MN* 上的正方形【命题 6.17】。因为 *AC* 上的正方形与 *CB* 上的正方形是可公度的，*DH* 与 *KL* 也是可公度的，所以 *DK* 与 *KM*

是可公度的【命题 6.1、10.11】。又因为 AC 和 CB 上的正方形的和大于 AC 与 CB 所构成的矩形的二倍【命题 10.59 引理】，所以 DL 大于 MF，所以 DM 也大于 MG【命题 6.1、5.14】。DK 和 KM 所构成的矩形等于 MN 上的正方形，即 MG 上的正方形的四分之一，DK 与 KM 是长度可公度的。如果有两条不相等的线段，与大线段重合的线段上的一个缺少正方形且等于小线段上的正方形的四分之一的矩形，如果将大线段分为它的长度可公度的两段，那么大线段上的正方形与小线段上的正方形的差是与大线段长度可公度的线段上的正方形【命题 10.17】。所以，DM 上的正方形与 MG 上的正方形的差是与 DM 长度可公度的某条线段上的正方形。又，DM 和 MG 是有理的，且大线段 DM 与已知的有理线段 DE 是长度可公度的，所以 DG 是第一二项线段【定义 10.5】。这就是该命题的结论。

命题 61

在与一条有理线段重合的线段上的矩形等于第一双中项线段上的正方形，由此产生的矩形的宽是第二二项线段。[①]

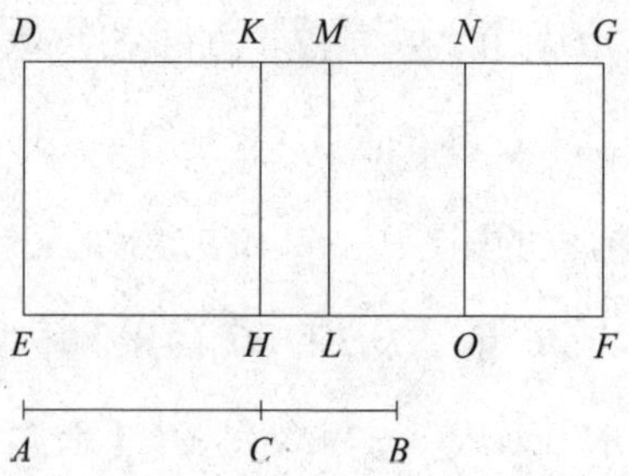

① 换句话说，第一双中项线段的平方是第二二项线段。见命题 10.55。

已知 *AB* 是第一双中项线段，被 *C* 分为它的两段，且 *AC* 为较长段。作有理线段 *DE*。在与 *DE* 重合的线段上作矩形 *DF* 等于 *AB* 上的正方形，*DG* 是矩形的宽。可证 *DG* 是一条第二二项线段。

作与之前的命题相同的图。因为 *AB* 是第一双中项线段，被 *C* 分为它的两段，所以 *AC* 和 *CB* 是仅正方可公度的中项线段，且它们所构成的矩形是有理面【命题 10.37】。所以，*AC* 和 *CB* 上的正方形是中项面【命题 10.21】。所以，*DL* 是中项面【命题 10.15、10.23 推论】，且它与有理线段 *DE* 重合。所以，*MD* 是有理的，且与 *DE* 是长度不可公度的【命题 10.22】。因为 *AC* 与 *CB* 所构成的矩形的二倍是有理的，所以 *MF* 是有理的。它与有理线段 *ML* 重合。所以，*MG* 是有理的，且与 *ML*，即 *DE*，是长度可公度的【命题 10.20】。所以，*DM* 与 *MG* 是长度不可公度的【命题 10.13】。所以，*DM* 和 *MG* 是有理的，且彼此是仅正方可公度的。所以，*DG* 是二项线段【命题 10.36】。可以证明它是一条第二二项线段。

因为 *AC* 和 *CB* 上的正方形的和大于 *AC* 与 *CB* 所构成的矩形的二倍【命题 10.59】，所以 *DL* 大于 *MF*，所以 *DM* 大于 *MG*【命题 6.1】。又因为 *AC* 上的正方形与 *CB* 上的正方形是可公度的，*DH* 与 *KL* 是可公度的，所以 *DK* 与 *KM* 是长度可公度的【命题 6.1、10.11】。*DK* 与 *KM* 所构成的矩形等于 *MN* 上的正方形，所以 *DM* 上的正方形与 *MG* 上的正方形的差是与 *DM* 长度可公度的某条线段上的正方形【命题 10.17】。*MG* 与 *DE* 是长度可公度的。所以，*DG* 是一条第二二项线段【定义 10.6】。

命题 62

与一条有理线段重合的线段上的矩形等于第二双中项线段上的正方形，

由此产生的矩形的宽是第三二项线段。[①]

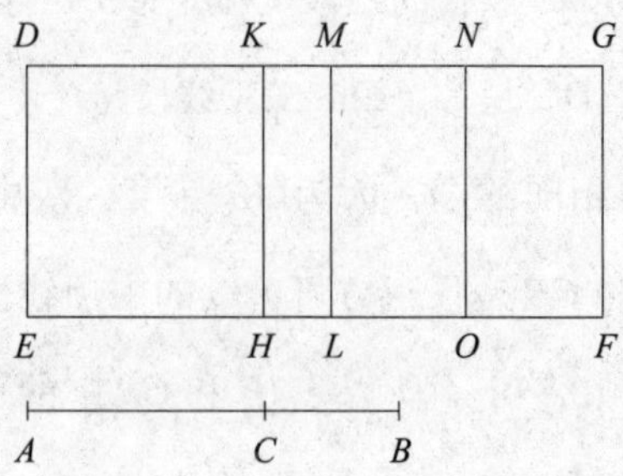

已知 *AB* 是一条第二双中项线段，被 *C* 分为它的两段，且 *AC* 为较长段。设 *DE* 是有理线段。在与 *DE* 重合的线段上作矩形 *DF* 等于 *AB* 上的正方形，*DG* 是矩形的宽。可证 *DG* 是一条第三二项线段。

作与之前的命题相同的图。因为 *AB* 是一条第二双中项线段，被 *C* 分为它的两段，所以 *AC* 和 *CB* 是仅正方可公度的中项线段，且它们所构成的矩形是中项面【命题 10.38】，所以 *AC* 和 *CB* 上的正方形的和是中项面【命题 10.15、10.23 推论】。又因为它等于 *DL*，所以 *DL* 也是中项面。因为它与有理线段 *DE* 重合，所以 *MD* 是有理的，且与 *DE* 是长度不可公度的【命题 10.22】。同理，*MG* 是有理的，且与 *ML*，即与 *DE*，是长度不可公度的，所以 *DM* 和 *MG* 都是有理的，并且与 *DE* 是长度不可公度的。因为 *AC* 与 *CB* 是长度不可公度的，且 *AC* 比 *CB* 等于 *AC* 上的正方形比 *AC*、*CB* 所构成的矩形【命题 10.21 引理】，*AC* 上的正方形与 *AC*、*CB* 所构成的矩形是不可公度的【命题 10.11】，所以 *AC* 和 *CB* 上的正方形的和与 *AC*、*CB* 所构成的矩形的二倍是不可公度的，即 *DL* 和 *MF* 是不可公度的【命题

① 换句话说，第二双中项线段的平方是第三二项线段。见命题 10.56。

10.12、10.13】，所以 DM 与 MG 是长度不可公度的【命题 6.1、10.11】，且它们是有理的。所以，DG 是二项线段【命题 10.36】。可以证明它是第三二项线段。

与前面的命题类似，我们可以得到 DM 大于 MG，且 DK 与 KM 是长度可公度的。DK、KM 所构成的矩形等于 MN 上的正方形，所以 DM 上的正方形与 MG 上的正方形的差是与 DM 长度可公度的某条线段上的正方形【命题 10.17】，且 DM 和 MG 与 DE 都是长度不可公度的。所以，DG 是一条第三二项线段【定义 10.7】。这就是该命题的结论。

命题 63

与一条有理线段重合的线段上的矩形等于主要线段上的正方形，由此产生的矩形的宽是第四二项线段。[①]

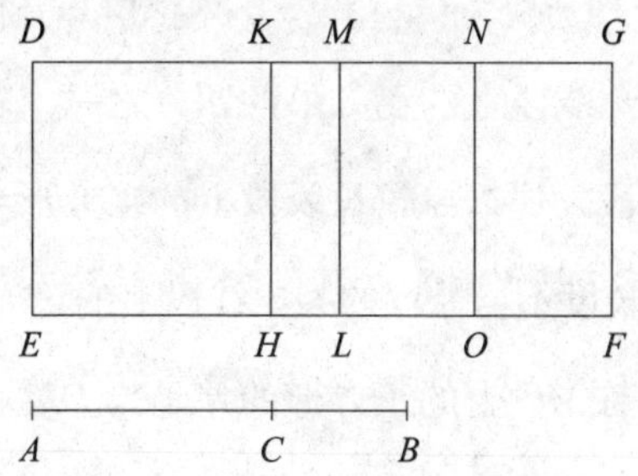

已知 AB 是主要线段，被 C 分为它的两段，且 AC 大于 CB，DE 是有理线段。在与 DE 重合的线段上作矩形 DF 等于 AB 上的正方形，DG 是矩形的宽。可证 DG 是第四二项线段。

① 换句话说，主要线段的平方是第四二项线段。见命题 10.57。

作与之前的命题相同的图。因为 *AB* 是主要线段，被 *C* 分为它的两段，所以 *AC* 和 *CB* 是正方不可公度的，它们上的正方形的和是有理的，且它们所构成的矩形是中项面【命题 10.39】。因为 *AC* 和 *CB* 上的正方形的和是有理的，所以 *DL* 是有理的。所以，*DM* 是有理的，且与 *DE* 是长度可公度的【命题 10.20】。又因为 *AC* 与 *CB* 所构成的矩形的二倍，即 *MF*，是中项面，并且与有理线段 *ML* 重合，所以 *MG* 是有理的，并且与 *DE* 是长度不可公度的【命题 10.22】。所以，*DM* 与 *MG* 是长度不可公度的【命题 10.13】。所以，*DM* 和 *MG* 是仅正方可公度的有理线段。所以，*DG* 是一条二项线段【命题 10.36】。可以证明它是一条第四二项线段。

与前面的命题类似，可以证明 *DM* 大于 *MG*，且 *DK*、*KM* 所构成的矩形等于 *MN* 上的正方形。因为 *AC* 上的正方形与 *CB* 上的正方形是不可公度的，*DH* 与 *KL* 也是不可公度的，所以 *DK* 与 *KM* 也是不可公度的【命题 6.1、10.11】。如果有两条不等线段，与较长线段重合的线段上缺少一个正方形的矩形，等于较短线段上的正方形的四分之一，较长线段可被分为彼此长度不可公度的两段，那么原较长线段上的正方形与较短线段上的正方形的差是与较长线段长度不可公度的某条线段上的正方形【命题 10.18】，所以 *DM* 上的正方形与 *MG* 上的正方形的差是与 *DM* 长度不可公度的某条线段上的正方形。又，*DM* 和 *MG* 是仅正方可公度的有理线段，且 *DM* 与已知的有理线段 *DE* 是长度可公度的。所以，*DG* 是一条第四二项线段【定义 10.8】。这就是该命题的结论。

命题 64

与一条有理线段重合的线段上的矩形等于有理面与中项面之和的边上

的正方形，由此产生的矩形的宽是第五二项线段。[①]

已知 AB 是有理面与中项面之和的边，被 C 分为它的两段，且 AC 较长。设 DE 是一条有理线段。在与 DE 重合的线段上作矩形 DF 等于 AB 上的正方形，DG 是矩形的宽。可证 DG 是第五二项线段。

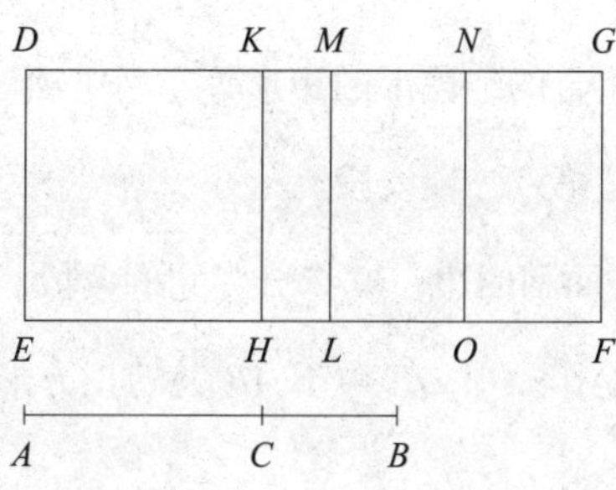

作与之前的命题相同的图。因为 AB 是有理面与中项面之和的边，被 C 分为它的两段，所以 AC 和 CB 是正方不可公度的，它们上的正方形的和是中项面，且它们所构成的矩形是有理的【命题 10.40】。因为 AC 和 CB 上的正方形的和是中项面，所以 DL 是中项面。所以，DM 是有理的，且与 DE 是长度不可公度的【命题 10.22】。又因为 AC、CB 所构成的矩形的二倍，即 MF，是有理的，所以 MG 是有理的，且与 DE 是长度可公度的【命题 10.20】，所以 DM 与 MG 是长度不可公度的【命题 10.13】，所以 DM 和 MG 是仅正方可公度的有理线段。所以，DG 是二项线段【命题 10.36】。可以证明它是第五二项线段。

与前面的命题类似，可以证明 DK、KM 所构成的矩形等于 MN 上的正方形，DK 与 KM 是长度不可公度的，所以 DM 上的正方形与 MG 上的正

① 换句话说，有理面与中项面之和的边的平方是第五二项线段。见命题 10.58。

方形的差是与 *DM* 长度不可公度的某线段上的正方形【命题 10.18】。又，*DM* 和 *MG* 是仅正方可公度的有理线段，且较短线段 *MG* 与 *DE* 是长度可公度的。所以，*DG* 是一条第五二项线段【定义 10.9】。这就是该命题的结论。

命题 65

与一条有理线段重合的线段上的矩形等于两中项面和的边上的正方形，由此产生的矩形的宽是第六二项线段。[①]

已知 *AB* 是两中项面和的边，被 *C* 分为它的两段。设 *DE* 是有理线段。在与 *DE* 重合的线段上作矩形 *DF* 等于 *AB* 上的正方形，*DG* 是矩形的宽。可证 *DG* 是第六二项线段。

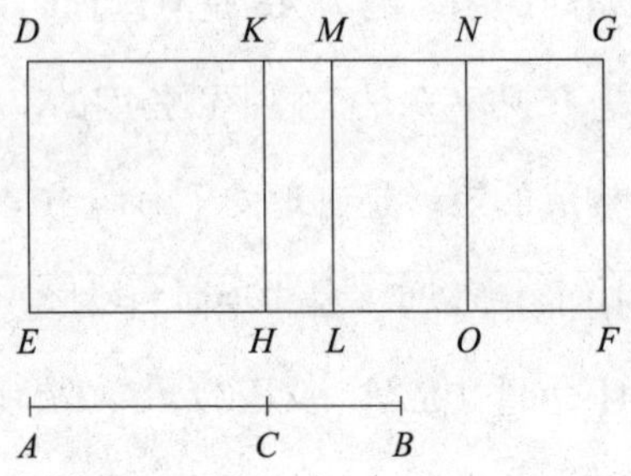

作与之前的命题相同的图。因为 *AB* 是两中项面和的边，被 *C* 分为它的两段，所以 *AC* 和 *CB* 是正方不可公度的，它们上的正方形的和是中项面，且它们所构成的矩形是中项面，更有它们上的正方形的和与它们所构成的矩形是不可公度的【命题 10.41】。所以，根据之前的证明，*DL* 和 *MF* 都是中项面，且它们与有理线段 *DE* 重合。所以，*DM* 和 *MG* 都是有理

① 换句话说，两中项面和的边的平方是第六二项线段。见命题 10.59。

的，且与 *DE* 是长度不可公度的【命题 10.22】。因为 *AC* 和 *CB* 上的正方形的和与 *AC*、*CB* 所构成的矩形的二倍是不可公度的，所以 *DL* 与 *MF* 是不可公度的。所以，*DM* 和 *MG* 是长度不可公度的【命题 6.1、10.11】。所以，*DM* 和 *MG* 是仅正方可公度的有理线段。所以，*DG* 是二项线段【命题 10.36】。可以证明它是一条第六二项线段。

与前面的命题类似，可以证明 *DK*、*KM* 所构成的矩形等于 *MN* 上的正方形，*DK* 与 *KM* 是长度不可公度的。同理，*DM* 上的正方形与 *MG* 上的正方形的差是与 *DM* 长度不可公度的某条线段上的正方形【命题 10.18】。*DM* 和 *MG* 都与已知的有理线段 *DE* 是长度不可公度的。所以，*DG* 是一条第六二项线段【定义 10.10】。这就是该命题的结论。

命题 66

与二项线段是长度可公度的线段本身也是二项线段，并且与原二项线段同级。

已知 *AB* 是一条二项线段，设 *CD* 和 *AB* 是长度可公度的。可证 *CD* 是二项线段，并且与 *AB* 是同级的。

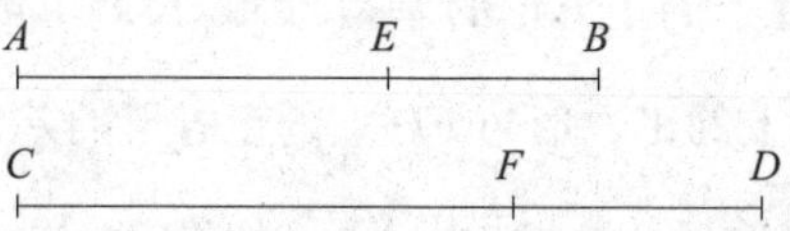

因为 *AB* 是二项线段，被 *E* 分为它的两段，且 *AE* 较长，所以 *AE* 和 *EB* 是仅正方可公度的有理线段【命题 10.36】。使 *AB* 比 *CD* 等于 *AE* 比 *CF*【命题 6.12】，所以余下的 *EB* 比 *FD* 等于 *AB* 比 *CD*【命题 6.16、5.19 推论】。又，*AB* 与 *CD* 是长度可公度的，所以 *AE* 与 *CF* 是长度可公度的，

EB 与 *FD* 是长度可公度的【命题 10.11】。又，*AE* 和 *EB* 是有理的，所以 *CF* 和 *FD* 是有理的。*AE* 比 *CF* 等于 *EB* 比 *FD*【命题 5.11】，所以其更比例为，*AE* 比 *EB* 等于 *CF* 比 *FD*【命题 5.16】。*AE* 与 *EB* 是仅正方可公度的，所以 *CF* 和 *FD* 是仅正方可公度的【命题 10.11】。又，它们是有理的。所以，*CD* 是二项线段【命题 10.36】。可以证明它与 *AB* 是同级的。

因为 *AE* 上的正方形与 *EB* 上的正方形的差是与 *AE* 长度可公度或者不可公度的某条线段上的正方形，所以如果 *AE* 上的正方形与 *EB* 上的正方形的差是与 *AE* 长度可公度的某条线段上的正方形，那么 *CF* 上的正方形与 *FD* 上的正方形的差是与 *CF* 长度可公度的某条线段上的正方形【命题 10.14】。如果 *AE* 与已知的有理线段是长度可公度的，那么 *CF* 也与该有理线段是长度可公度的【命题 10.12】，所以 *AB* 与 *CD* 都是第一二项线段【定义 10.5】，即它们是同级的。如果 *EB* 与已知的有理线段是长度可公度的，那么 *FD* 与该有理线段也是长度可公度的【命题 10.12】，所以 *CD* 与 *AB* 是同级的，它们都是第二二项线段【定义 10.6】。如果 *AE* 和 *EB* 都与已知的有理线段是长度不可公度的，那么 *CF* 和 *FD* 都与该有理线段是长度不可公度的【命题 10.13】，且 *AB* 和 *CD* 是第三二项线段【定义 10.7】。如果 *AE* 上的正方形与 *EB* 上的正方形的差是与 *AE* 长度不可公度的某条线段上的正方形，那么 *CF* 上的正方形与 *FD* 上的正方形的差是与 *CF* 长度不可公度的某条线段上的正方形【命题 10.14】。如果 *AE* 与已知的有理线段是长度可公度的，那么 *CF* 与该有理线段也是长度可公度的【命题 10.12】，且 *AB* 和 *CD* 都是第四二项线段【定义 10.8】。如果 *EB* 和已知有理线段是长度可公度的，那么 *FD* 与该有理线段也是长度可公度的，*AB* 与 *CD* 都是第五二项线段【定义 10.9】。如果 *AE* 和 *EB* 都与已知有理线段是长度不可公度的，那么 *CF* 和 *FD* 都与该有理线段是长度不可公度的，那么 *AB* 和 *CD* 是第六二项线段【定义 10.10】。

综上，与二项线段是长度可公度的线段本身也是二项线段，并且与原二项线段同级。这就是该命题的结论。

命题 67

与一条双中项线段是长度可公度的线段本身也是双中项线段，并且与原双中项线段同级。

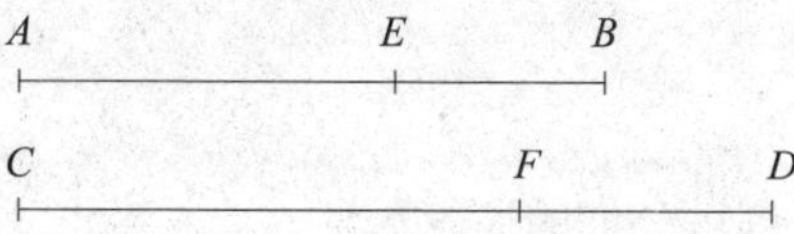

已知 *AB* 是双中项线段，设 *CD* 与 *AB* 是长度可公度的。可证 *CD* 是双中项线段，且与 *AB* 同级。

因为 *AB* 是双中项线段，被 *E* 分为它的两段，所以 *AE* 和 *EB* 是仅正方可公度的中项线段【命题 10.37、10.38】。使 *AB* 比 *CD* 等于 *AE* 比 *CF*【命题 6.12】，所以余下的 *EB* 比 *FD* 等于 *AB* 比 *CD*【命题 5.19 推论、6.16】。又，*AB* 与 *CD* 是长度可公度的，所以 *AE* 和 *EB* 分别与 *CF* 和 *FD* 是长度可公度的【命题 10.11】。*AE* 和 *EB* 是中项线段，所以 *CF* 和 *FD* 也是中项线段【命题 10.23】。因为 *AE* 比 *EB* 等于 *CF* 比 *FD*，且 *AE* 和 *EB* 是仅正方可公度的，所以 *CF* 和 *FD* 也是仅正方可公度的【命题 10.11】。已经证明它们是中项线段，所以 *CD* 是双中项线段，可以证明它与 *AB* 是同级的。

因为 *AE* 比 *EB* 等于 *CF* 比 *FD*，所以 *AE* 上的正方形比 *AE*、*EB* 所构成的矩形等于 *CF* 上的正方形比 *CF*、*FD* 所构成的矩形【命题 10.21 引理】。

其更比例为，AE 上的正方形比 CF 上的正方形等于 AE、EB 所构成的矩形比 CF、FD 所构成的矩形【命题 5.16】。AE 上的正方形与 CF 上的正方形是可公度的，所以 AE、EB 所构成的矩形与 CF、FD 所构成的矩形是可公度的【命题 10.11】。如果 AE、EB 所构成的矩形是有理的，则 CF、FD 所构成的矩形是有理的，AE 和 CD 都是第一双中项线段；如果 AE、EB 所构成的矩形是中项面，则 CF、FD 所构成的矩形是中项面，AB 和 CD 都是第二双中项线段【命题 10.23、10.37、10.38】。

所以，CD 与 AB 同级。这就是该命题的结论。

命题 68

与主要线段是长度可公度的线段本身也是主要线段。

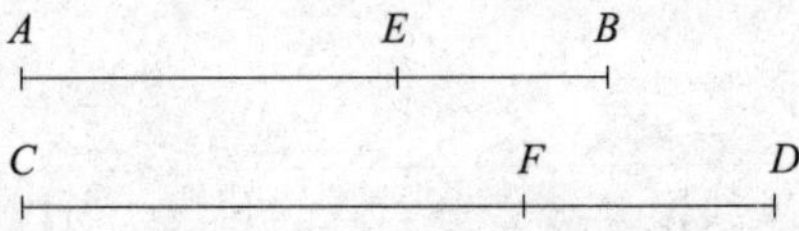

已知 AB 是主要线段，设 CD 与 AB 是长度可公度的。可证 CD 是主要线段。

设 AB 被 E 分为它的两段，所以 AE 和 EB 是正方不可公度的，且它们上的正方形的和是有理的，它们所构成的矩形是中项面【命题 10.39】。

作如之前的命题一样的图。因为 AB 比 CD 等于 AE 比 CF，且等于 EB 比 FD，所以 AE 比 CF 等于 EB 比 FD【命题 5.11】。又，AB 与 CD 是长度可公度的，所以 AE 和 EB 分别与 CF 和 FD 是长度可公度的【命题 10.11】。又因为 AE 比 CF 等于 EB 比 FD，其更比例为，AE 比 EB 等于 CF 比 FD【命题 5.16】，所以其合比例为，AB 比 BE 等于 CD 比 DF【命题 5.18】。所以，*AB* 上的正方形比 *BE* 上的正方形等于 *CD* 上的正方形比 *DF* 上的正方形【命题 6.20】。相似地，可以证明 *AB* 上的正方形比 *AE* 上的正方形等于 *CD* 上的正方形比 *CF* 上的正方形。所以，*AB* 上的正方形比 *AE* 和 *EB* 上的正方形的和等于 *CD* 上的正方形比 *CF* 和 *FD* 上的正方形的和。所以，其更比例为，*AB* 上的正方形比 *CD* 上的正方形等于 *AE* 和 *EB* 上的正方形的和比 *CF* 和 *FD* 上的正方形的和【命题 5.16】。又，*AB* 上的正方形与 *CD* 上的正方形是可公度的。所以，*AE* 和 *EB* 上的正方形的和与 *CF* 和 *FD* 上的正方形的和是可公度的【命题 10.11】。*AE* 和 *EB* 上的正方形的和是有理的，所以 *CF* 和 *FD* 上的正方形的和是有理的。相似地，*AE* 与 *EB* 所构成的矩形的二倍与 *CF* 和 *FD* 所构成的矩形的二倍是可公度的。又，*AE* 和 *EB* 所构成的矩形的二倍是中项面，所以 *CF* 和 *FD* 所构成的矩形的二倍是中项面【命题 10.23 推论】。所以，*CF* 和 *FD* 是正方不可公度的线段【命题 10.13】，同时它们上的正方形的和是有理的，且它们所构成的矩形的二倍是中项面。所以，整个 *CD* 是称为主要线段的无理线段【命题 10.39】。

综上，与主要线段是长度可公度的线段本身也是主要线段。这就是该命题的结论。

命题 69

与有理面与中项面之和的边是长度可公度的线段本身是有理面与中项面之和的边。

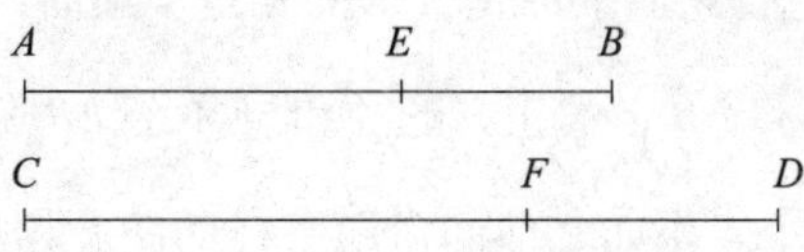

已知 AB 是有理面与中项面之和的边，设 CD 和 AB 是长度可公度的。可证 CD 也是有理面与中项面之和的边。

设 AB 被 E 分为它的两段，所以 AE 和 EB 是正方不可公度的，且它们上的正方形的和是中项面，它们所构成的矩形是有理面【命题10.40】。

作如之前的命题一样的图。相似地，可以证明 CF 和 FD 是正方不可公度的，且 AE 和 EB 上的正方形的和与 CF 和 FD 上的正方形的和是可公度的，AE 和 EB 所构成的矩形与 CF 和 FD 所构成的矩形是可公度的，所以 CF 和 FD 上的正方形的和是中项面，CF 与 FD 所构成的矩形是有理面。

所以，CD 是有理面与中项面之和的边【命题 10.40】。这就是该命题的结论。

命题 70

与两中项面和的边是长度可公度的线段本身是两中项面和的边。

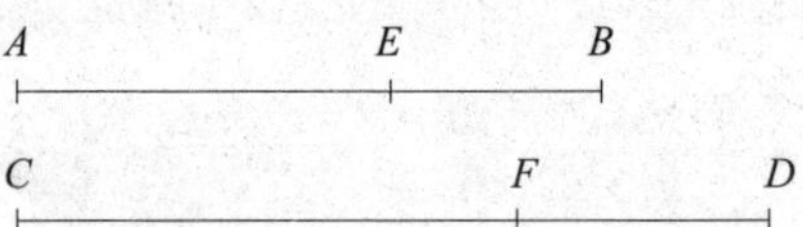

已知 AB 是两中项面和的边，设 CD 和 AB 是长度可公度的。可证 CD 也是两中项面和的边。

因为 AB 是两中项面和的边，使它被 E 分为它的两段，所以 AE 和 EB 是正方不可公度的，且它们上的正方形的和是中项面，它们所构成的矩形是中项面，更有 AE 和 EB 上的正方形的和与 AE、EB 所构成的矩形是不可公度的【命题 10.41】。作如之前的命题一样的图。相似地，可以证明 CF

和 *FD* 是正方不可公度的，且 *AE* 和 *EB* 上的正方形的和与 *CF* 和 *FD* 上的正方形的和是可公度的，*AE*、*EB* 所构成的矩形与 *CF*、*FD* 所构成的矩形是可公度的，所以 *CF* 和 *FD* 上的正方形的和是中项面，*CF* 与 *FD* 所构成的矩形是中项面，且 *CF* 和 *FD* 上的正方形的和与 *CF*、*FD* 所构成的矩形是不可公度的。

所以，*CD* 是两中项面和的边【命题 10.41】。这就是该命题的结论。

命题 71

一个有理面与一个中项面相加，可以产生四条无理线段，即一条二项线段或者一条第一双中项线段或者一条主要线段或者一条有理面与中项面之和的边。

已知 *AB* 是有理面，*CD* 是中项面。可证面 *AD* 的边或者是一条二项线段，或者是一条第一双中项线段，或者是一条主要线段，或者是一条有理面与中项面之和的边。

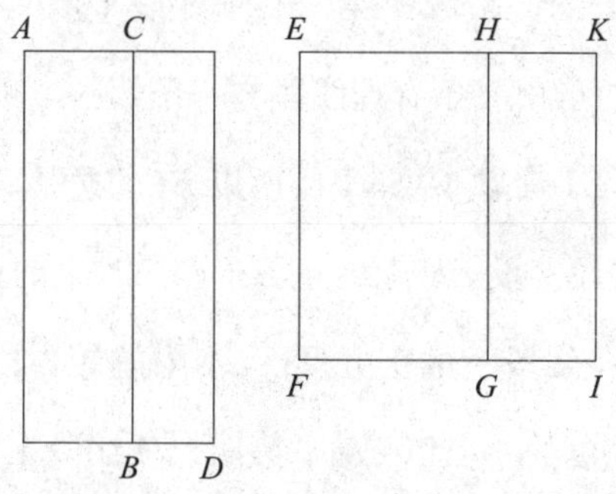

因为 *AB* 或者大于或者小于 *CD*。首先，设 *AB* 较大。作有理线段 *EF*。在与 *EF* 重合的线段上作矩形 *EG* 等于 *AB*，*EH* 为矩形的宽。在与

EF 重合的线段上作矩形 HI 等于 DC，HK 是矩形的宽。因为 AB 是有理的，且等于 EG，所以 EG 是有理的。它与有理线段 EF 重合，EH 是宽，所以 EH 是有理的，并且与 EF 是长度可公度的【命题 10.20】。又因为 CD 是中项面，且等于 HI，所以 HI 也是中项面。它与有理线段 EF 重合，HK 是宽，所以 HK 是有理的，并且与 EF 是长度不可公度的【命题 10.22】。因为 CD 是中项面，AB 是有理面，所以 AB 与 CD 是不可公度的，所以 EG 与 HI 是不可公度的。EG 比 HI 等于 EH 比 HK【命题 6.1】，所以 EH 与 HK 是长度不可公度的【命题 10.11】。它们是有理面，所以 EH 和 HK 是仅正方可公度的有理线段。所以，EK 是二项线段，被 H 分为它的两段【命题 10.36】。因为 AB 大于 CD，且 AB 等于 EG，CD 等于 HI，所以 EG 大于 HI，所以 EH 大于 HK【命题 5.14】。所以，EH 上的正方形与 HK 上的正方形的差或者是与 EH 长度可公度的某线段上的正方形，或者是与 EH 长度不可公度的某条线段上的正方形。首先，设其差是与 EH 长度可公度的某条线段上的正方形，且 EK 中的较大段 HE 与已知的有理线段 EF 是长度可公度的，所以 EK 是第一二项线段【定义 10.5】。又，EF 是有理的。如果一个矩形由一条有理线段与一条第一二项线段所构成，那么该面的边是二项线段【命题 10.54】，所以 EI 的边是一条二项线段，所以 AD 的边也是二项线段。设 EH 上的正方形与 HK 上的正方形的差是与 EH 长度不可公度的某条线段上的正方形。EK 中的较大段 EH 与已知的有理线段 EF 是长度可公度的，所以 EK 是第四二项线段【定义 10.8】。EF 是有理的。如果一个矩形由一条有理线段与一条第四二项线段所构成，那么该面的边是称为主要线段的无理线段【命题 10.57】，所以面 EI 的边是一条主要线段，所以 AD 的边也是一条主要线段。

再设 *AB* 小于 *CD*，所以 *EG* 也小于 *HI*，所以 *EH* 也小于 *HK*【命题 6.1、5.14】。*HK* 上的正方形与 *EH* 上的正方形的差或者是与 *HK* 长度可公度的某条线段上的正方形，或者是与 *HK* 长度不可公度的某条线段上的正方形。首先，设其差是与 *HK* 长度可公度的某条线段上的正方形。较小段 *EH* 与已知的有理线段 *EF* 是长度可公度的。所以，*EK* 是一条第二二项线段【定义 10.6】。*EF* 是有理的。如果一个矩形由一条有理线段与一条第二二项线段所构成，那么该面的边是第一双中项线段【命题 10.55】，所以面 *EI* 的边是第一双中项线段，所以 *AD* 的边是第一双中项线段。再设 *HK* 上的正方形与 *HE* 上的正方形的差是与 *HK* 长度不可公度的某条线段上的正方形。较小段 *EH* 与已知的有理线段 *EF* 是长度可公度的。所以，*EK* 是第五二项线段【定义 10.9】。*EF* 是有理的。如果一个矩形由一条有理线段与一条第五二项线段所构成，那么该面的边是有理面与中项面之和的边【命题 10.58】，所以面 *EI* 的边是有理面与中项面之和的边，所以面 *AD* 的边也是有理面与中项面之和的边。

综上，一个有理面与一个中项面相加，可以产生四条无理线段，即一条二项线段或者一条第一双中项线段或者一条主要线段或者一条有理面与中项面之和的边。

命题 72

两个不可公度的中项面相加，则可以产生两条无理线段，即或者是一条第二双中项线段，或者是两中项面和的边。

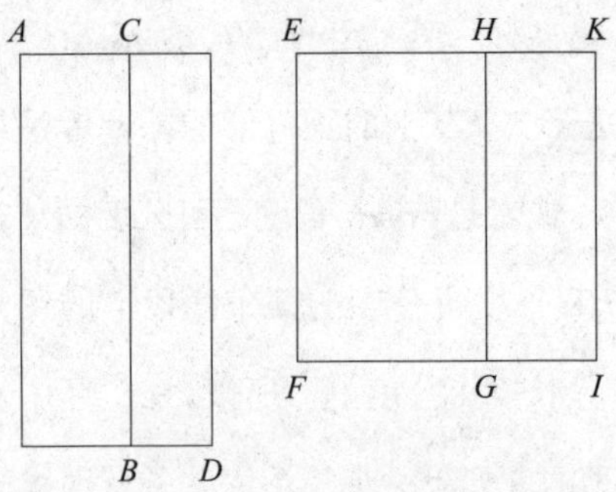

已知 *AB* 和 *CD* 是两个不可公度的中项面，将它们相加。可证 *AD* 的边或者是第二双中项线段，或者是两中项面和的边。

因为 *AB* 或者大于或者小于 *CD*。首先，设 *AB* 大于 *CD*。设 *EF* 是有理线段。在与 *EF* 重合的线段上作矩形 *EG* 等于 *AB*，*EH* 是宽；作矩形 *HI* 等于 *CD*，*HK* 是宽。因为 *AB* 和 *CD* 都是中项面，所以 *EG* 和 *HI* 都是中项面。它们都与有理线段 *FE* 重合，*EH* 和 *HK* 分别是它们的宽，所以 *EH* 和 *HK* 都是与 *EF* 长度不可公度的有理线段【命题 10.22】。因为 *AB* 与 *CD* 不可公度，*AB* 等于 *EG*，*CD* 等于 *HI*，所以 *EG* 与 *HI* 是不可公度的。*EG* 比 *HI* 等于 *EH* 比 *HK*【命题 6.1】，所以 *EH* 与 *HK* 是长度不可公度的【命题 10.11】，所以 *EH* 和 *HK* 是仅正方可公度的有理线段，所以 *EK* 是二项线段【命题 10.36】。设 *EH* 上的正方形与 *HK* 上的正方形的差或者是与 *EH* 长度可公度的某条线段上正方形，或者是与 *EH* 长度不可公度的某条线段上的正方形。首先，设该差是与 *EH* 长度可公度的某条线段上的正方形。*EH* 和 *HK* 都与已知的有理线段 *EF* 是长度不可公度的，所以 *EK* 是第三二项线段【定义 10.7】。又，*EF* 是有理的。如果一个矩形由一条有理线段与一条第三二项线段所构成，那么该面的边是第二双中项线段【命题 10.56】，所以，*EI* 的边，即 *AD* 的边，是第二双中项线段。再设 *EH* 上的正方形与 *HK* 上的

正方形的差是与 EH 长度不可公度的某条线段上的正方形。EH 和 HK 都与 EF 长度不可公度。所以，EK 是第六二项线段【定义 10.10】。如果一个矩形由一条有理线段与一条第六二项线段所构成，那么该面的边是两中项面和的边【命题 10.59】，所以面 AD 的边也是两中项面和的边。

相似地，可以证明即使 AB 小于 CD，面 AD 的边或者是第二双中项线段，或者是两中项面和的边。

综上，两个不可公度的中项面相加，则可以产生两条无理线段，即或者是一条第二双中项线段，或者是两中项面和的边。

二项线段和它之后的一条无理线段，都不是中项线段，也彼此不相等。因为如果在一条与有理线段重合的线段上有一个与一条中项线段上的正方形相等的矩形，则由此产生的宽是一条有理线段，并且与原线段是长度不可公度的【命题 10.22】。在与有理线段重合的线段上，有一个等于二项线段上的正方形的矩形，由此产生的宽是第一二项线段【命题 10.60】。在与有理线段重合的线段上，有一个等于第一双中项线段上的正方形的矩形，由此产生的宽是第二二项线段【命题 10.61】。在与有理线段重合的线段上，有一个等于第二双中项线段上的正方形的矩形，由此产生的宽是第三二项线段【命题 10.62】。在与有理线段重合的线段上，有一个等于主要线段上的正方形的矩形，由此产生的宽是第四二项线段【命题 10.63】。在与有理线段重合的线段上，有一个等于有理面与中项面之和的边上的正方形的矩形，由此产生的宽是第五二项线段【命题 10.64】。在与有理线段重合的线段上，有一个等于两中项面和的边上的正方形的矩形，由此产生的宽是第六二项线段【命题 10.65】。且前面提到的宽都与第一个宽不同，且彼此都不相同：与第一个宽不同，是因为它是有理的；与其他不同，是因为它们不同级。所以，上述提到的这些无理线段是彼此不同的。

命题 73

如果从一条有理线段中截取一条有理线段，且该有理线段与原线段是仅正方可公度的，那么余下的线段是无理的，称作余线。

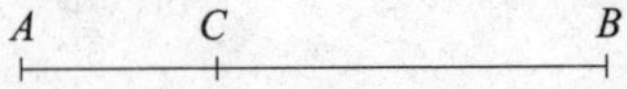

从有理线段 AB 中减去与 AB 仅正方可公度的有理线段 BC。可证余下的 AC 是无理线段，称作余线。

因为AB和BC是长度不可公度的，AB比BC等于AB上的正方形比AB与BC所构成的矩形【命题10.21 引理】，所以AB上的正方形与AB、BC所构成的矩形是不可公度的【命题10.11】。但AB和BC上的正方形的和与AB上的正方形是可公度的【命题10.15】，且AB、BC所构成的矩形的二倍与AB、BC所构成的矩形是可公度的【命题10.6】。因为AB和BC上的正方形的和等于AB、BC所构成的矩形二倍加CA上的正方形【命题2.7】，所以AB和BC上正方形的和与余下的AC上的正方形是不可公度的【命题10.13、10.16】，且AB和BC上的正方形的和是有理的。所以，AC是无理线段【定义10.4】。它被称作余线。[①]这就是该命题的结论。

① 见命题 10.36 脚注。

命题 74

如果从一条中项线段中截取一条中项线段，该中项线段与原线段是仅正方可公度的，且它们所构成的矩形是有理的，那么余下的线段是无理的，称作中项线段的第一余线。

从中项线段 *AB* 中减去与 *AB* 仅正方可公度的中项线段 *BC*，*AB* 和 *BC* 所构成的矩形是有理的【命题 10.27】。可证余下的线段 *AC* 是无理的，称作中项线段的第一余线。

因为 *AB* 和 *BC* 是中项线段，所以 *AB* 和 *BC* 上的正方形的和是中项面。*AB* 与 *BC* 所构成的矩形的二倍是有理的，所以 *AB* 和 *BC* 上的正方形的和与 *AB*、*BC* 所构成的矩形的二倍是不可公度的。所以，*AB*、*BC* 所构成的矩形的二倍与余量 *AC* 上的正方形是不可公度的【命题 2.7】，因为如果两个量的和与两个量中的任何一个量都是不可公度的，那么这两个量彼此也不可公度【命题 10.16】。又，*AB* 与 *BC* 所构成的矩形的二倍是有理的，所以 *AC* 上的正方形是无理的，所以 *AC* 是无理线段【定义 10.4】，称作中项线段的第一余线。[①]

命题 75

如果从一条中项线段中截取一条中项线段，该中项线段与原线段是仅正方可公度的，且它们所构成的矩形是中项面，那么余下的线段是无理的，称作中项线段的第二余线。

---

① 见命题 10.37 脚注。

从中项线段 AB 中减去与 AB 仅正方可公度的中项线段 CB，AB 和 BC 所构成的矩形是中项面【命题 10.28】。可证余下的线段 AC 是无理的，称作中项线段的第二余线。

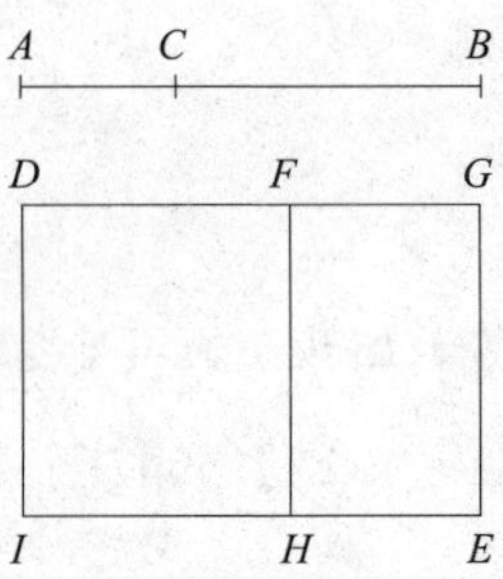

作有理线段 DI。在与 DI 重合的线段上作 DE 等于 AB 和 BC 上的正方形的和，DG 是宽。在与 DI 重合的线段上作 DH 等于 AB 与 BC 所构成的矩形的二倍，DF 是宽，所以余下的 FE 等于 AC 上的正方形【命题 2.7】。因为 AB 和 BC 上的正方形都是中项面且彼此是可公度的，所以 DE 是中项面【命题 10.15、10.23 推论】。它与有理线段 DI 重合，DG 是宽，所以 DG 是有理的，且与 DI 是长度不可公度的【命题 10.22】。又因为 AB 与 BC 所构成的矩形是中项面，所以 AB 与 BC 所构成的矩形的二倍也是中项面【命题 10.23 推论】，且它等于 DH。所以，DH 是中项面。它与有理线段 DI 重合，DF 是宽。所以，DF 是有理的，且与 DI 是长度不可公度的【命题 10.22】。因为 AB 和 BC 是仅正方可公度的，所以 AB 与 BC 是长度不可公度的。所以，AB 上的正方形与 AB、BC 所构成的矩形是不可公度的【命题 10.21 引理、10.11】。但 AB 和 BC 上的正方形的和与 AB 上的正方形是可公度的【命题 10.15】，且 AB、BC 所构成的矩形的二倍与 AB、BC 所构成的矩形是可公度的【命题 10.6】，所以 AB 与 BC 所构成的矩形的二倍与 AB 和 BC 上的正方形的和是不可公度的【命题 10.13】。*DE* 等于 *AB* 和 *BC* 上的正方形的和，*DH* 等于 *AB* 与 *BC* 所构成的矩形的二倍，所以 *DE* 与 *DH* 是不可公度的。*DE* 比 *DH* 等于 *GD* 比 *DF*【命题 6.1】，所以 *GD* 与 *DF* 是不可公度的【命题 10.11】。它们都是有理线段，所以 *GD* 与 *DF* 是仅正方可公度的有理线段。所以，*FG* 是余线【命题 10.73】。又，*DI* 是有理的。有理线段与无理线段所构成的矩形是无理的【命题 10.20】，且它的边是无理的。*AC* 是 *FE* 的边。所以，*AC* 是无理线段【定义 10.4】，称作中项线段的第二余线。[①] 这就是该命题的结论。

命题 76

如果从一条线段中截取一条线段，该线段与原线段是正方不可公度的，且它们上的正方形的和是有理的，它们所构成的矩形是中项面，那么余下的线段是无理的，称作次要线段。

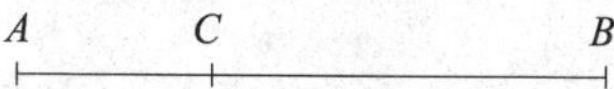

从线段 *AB* 减去与 *AB* 是正方不可公度的线段 *BC*，并且满足其他条件【命题 10.33】。可证余下的线段 *AC* 是称作次要线段的无理线段。

因为 *AB* 和 *BC* 上的正方形的和是有理的，*AB* 与 *BC* 所构成的矩形的二倍是中项面，所以 *AB* 和 *BC* 上的正方形的和与 *AB*、*BC* 所构成的矩形的二倍是不可公度的，所以通过变更，*AB* 和 *BC* 上的正方形的和与余下的 *AC* 上的正方形是不可公度的【命题 2.7、10.16】。又，*AB* 和 *BC* 上的正方

① 见命题 10.38 脚注。

形的和是有理的，所以 AC 上的正方形是无理的。所以，AC 是无理线段【定义 10.4】，称作次要线段。[①] 这就是该命题的结论。

命题 77

如果从一条线段中截取一条线段，该线段与原线段是正方不可公度的，且它们上的正方形的和是中项面，它们所构成的矩形的二倍是有理面，那么余下的线段是无理的，称作有理面中项面差的边。

从线段 AB 减去与 AB 是正方不可公度的线段 BC，并且满足其他条件【命题 10.34】。可证余下的线段 AC 是无理的。

因为 AB 和 BC 上的正方形的和是中项面，AB 与 BC 所构成的矩形的二倍是有理面，所以 AB 和 BC 上的正方形的和与 AB、BC 所构成的矩形的二倍是不可公度的。所以，余下的 AC 上的正方形与 AB、BC 所构成的矩形的二倍是不可公度的【命题 2.7、10.16】。AB 与 BC 所构成的矩形的二倍是有理的。所以，AC 上的正方形是无理的。所以，AC 是无理线段【定义 10.4】，称作有理面中项面差的边。[②] 这就是该命题的结论。

命题 78

如果从一条线段中截取一条线段，该线段与原线段是正方不可公度的，它们上的正方形的和是中项面，它们所构成的矩形的二倍是中项面，并且

① 见命题 10.39 脚注。

② 见命题 10.40 脚注。

它们上的正方形的和与它们所构成的矩形的二倍是不可公度的，那么余下的线段是无理的，称作两中项面差的边。

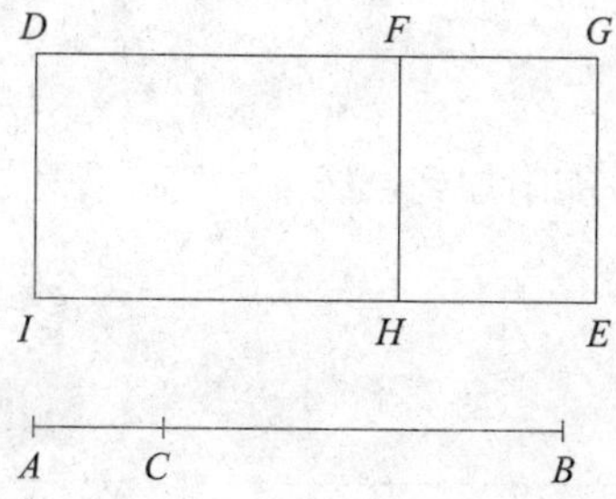

从线段 AB 减去与 AB 是正方不可公度的线段 BC，并且满足其他条件【命题 10.35】。可证余下的线段 AC 是无理的，称作两中项面差的边。

作有理线段 DI。在与 DI 重合的线段上，作 DE 等于 AB 和 BC 上的正方形的和，DG 是宽。作矩形 DH 等于 AB 与 BC 所构成的矩形的二倍，DF 是宽。所以，余下的 FE 等于 AC 上的正方形【命题 2.7】。所以，AC 是正方形 FE 的边。又因为 AB 和 BC 上的正方形的和是中项面，且等于 DE，所以 DE 是中项面。它与有理线段 DI 重合，DG 是宽，所以 DG 是有理的，且与 DI 是长度不可公度的【命题 10.22】。又因为 AB 与 BC 所构成的矩形的二倍是中项面，且等于 DH，所以 DH 是中项面。它与有理线段 DI 重合，DF 是宽，所以 DF 是有理的，且与 DI 是长度不可公度的【命题 10.22】。又因为 AB 和 BC 上的正方形的和与 AB、BC 所构成的矩形的二倍是不可公度的，所以 DE 与 DH 是不可公度的。又，DE 比 DH 等于 DG 比 DF【命题 6.1】，所以 DG 与 DF 是长度不可公度的【命题 10.11】。它们都是有理的，所以 GD 和 DF 是仅正方可公度的有理线段。所以，FG 是余线【命题 10.73】。又，FH 是有理的。有理线段与余线所构成的矩形是无理的【命题 10.20】，且它的边是无理的。又，AC 是 FE 的边。所以，AC 是无理的，称作两中项面差的边。[①] 这就是该命题的结论。

命题 79

只有一条有理线段能附加到余线上，使该有理线段与整条线段是仅正方可公度的。[②]

已知 AB 是余线，BC 是附加在 AB 上的线段，所以 AC 和 CB 是仅正方可公度的有理线段【命题 10.73】。可证没有其他有理线段可以附加到 AB 上，使该有理线段与附加后的线段是仅正方可公度的。

如果可能，设 BD 能附加在 AB 上，所以 AD 和 DB 是仅正方可公度的有理线段【命题 10.73】。又因为 AD 和 DB 上的正方形的和大于 AD 与 DB 所构成的矩形的二倍，AC 和 CB 上的正方形的和大于 AC 与 CB 所构成的矩形的二倍，且大出的量相等，即 AB 上的正方形【命题 2.7】，所以变更后，AD 和 DB 上的正方形的和与 AC 和 CB 上的正方形的和的差等于 AD、BD 所构成的矩形的二倍与 AC、CB 所构成的矩形的二倍的差。AD 和 DB 上的正方形的和与 AC 和 CB 上的正方形的和的差是有理面，因为它们两个就是有理面，所以，AD、DB 所构成的矩形的二倍与 AC、CB 所构成的矩形的二倍的差是有理面。这是不可能的，因为它们都是中项面【命题 10.21】，且两中项面的差不可能是有理面【命题 10.26】，所以没有其他的有理线段

---

① 见命题 10.41 脚注。

② 该命题与命题 10.42 是一致的，减号代替了加号。

可以附加到 AB 上，使该有理线段与附加后的线段是仅正方可公度的。

综上，只有一条有理线段能附加到余线上，使该有理线段与整条线段是仅正方可公度的。这就是该命题的结论。

命题80

只有一条中项线段能附加到一条中项线段的第一余线上，使该中项线段与加上余线后的整条线段是仅正方可公度的，且它们所构成的矩形是有理的。[①]

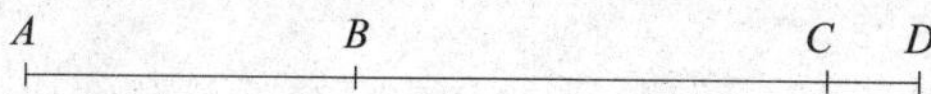

已知 AB 是一条中项线段的第一余线，BC 附加在 AB 上，所以 AC 和 CB 是仅正方可公度的中项线段，AC 与 CB 所构成的矩形是有理面【命题10.74】。可证没有其他中项线段可以附加到 AB 上，使该中项线段与附加余线后的整条线段是仅正方可公度的，且它们所构成的矩形是有理面。

如果可能，设 DB 能附加在 AB 上。所以，AD 和 DB 是仅正方可公度的中项线段，且 AD 与 DB 所构成的矩形是有理面【命题10.74】。AD 和 DB 上的正方形的和大于 AD 与 DB 所构成的矩形的二倍，AC 和 CB 上的正方形的和大于 AC 与 CB 所构成的矩形的二倍，且大出的量相等，因为它们大出的面积是相等的，即 AB 上的正方形【命题2.7】，所以变更后，AD 和 DB 上的正方形的和与 AC 和 CB 上的正方形的和的差等于 AD、BD 所构成的矩形的二倍与 AC、CB 所构成的矩形的二倍的差。AD 和 DB 所构成的

① 该命题与命题10.43是一致的，减号代替了加号。

矩形的二倍与 AC 和 CB 所构成的矩形的二倍的差是有理面，因为它们两个就是有理面，所以 AD、DB 上的正方形的和与 AC、CB 上的正方形的和的差是有理面。这是不可能的。因为它们都是中项面【命题 10.15、10.23 推论】，且中项面与中项面的差不可能是有理面【命题 10.26】。

综上，只有一条中项线段能附加到一条中项线段的第一余线上，使该中项线段与加上余线后的整条线段是仅正方可公度的，且它们所构成的矩形是有理的。这就是该命题的结论。

命题 81

只有一条中项线段能附加到中项线段的第二余线上，使该中项线段与加上余线后的整条线段是仅正方可公度的，且它们所构成的矩形是中项面。[①]

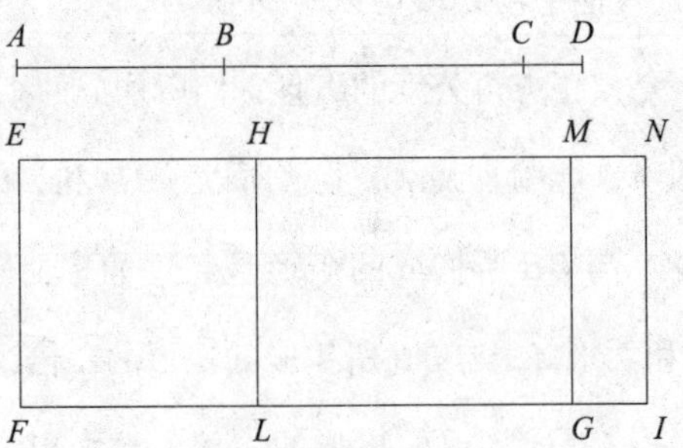

已知 AB 是一条中项线段的第二余线，BC 附加在 AB 上，所以 AC 和 CB 是仅正方可公度的中项线段，且 AC 与 CB 所构成的矩形是中项面【命题 10.75】。可证没有其他中项线段可以附加到 AB 上，使该中项线

① 该命题与命题 10.44 是一致的，减号代替了加号。

段与附加余线后的整条线段是仅正方可公度的，且它们所构成的矩形是中项面。

如果可能，设 *DB* 能附加在 *AB* 上，所以 *AD* 和 *DB* 是仅正方可公度的中项线段，且 *AD* 与 *DB* 所构成的矩形是中项面【命题 10.75】。作有理线段 *EF*。在与 *EF* 重合的线段上，作 *EG* 等于 *AC* 和 *CB* 上的正方形的和，*EM* 是宽。在 *EG* 上截取 *HG* 等于 *AC* 与 *CB* 所构成的矩形的二倍，*HM* 是宽，所以余下的 *EL* 等于 *AB* 上的正方形【命题 2.7】，所以 *AB* 是 *EL* 的边。在与 *EF* 重合的线段上，作 *EI* 等于 *AD* 和 *DB* 上的正方形的和，*EN* 是宽。*EL* 等于 *AB* 上的正方形，所以余下的 *HI* 等于 *AD* 与 *DB* 所构成的矩形的二倍【命题 2.7】。又因为 *AC* 和 *CB* 是中项线段，所以 *AC* 和 *CB* 上的正方形都是中项面，且它们的和等于 *EG*，所以 *EG* 是中项面【命题 10.15、10.23 推论】。又，它与有理线段 *EF* 重合，*EM* 是宽，所以 *EM* 是有理的，且与 *EF* 是长度不可公度的【命题 10.22】。又因为 *AC* 与 *CB* 所构成的矩形是中项面，所以 *AC* 与 *CB* 所构成的矩形的二倍也是中项面【命题 10.23 推论】。它等于 *HG*。所以，*HG* 是中项面。又，它与有理线段 *EF* 重合，*HM* 是宽，所以 *HM* 是有理线段，并且与 *EF* 是长度不可公度的【命题 10.22】。又因为 *AC* 和 *CB* 是仅正方可公度的，所以 *AC* 与 *CB* 是长度不可公度的。*AC* 比 *CB* 等于 *AC* 上的正方形比 *AC* 与 *CB* 所构成的矩形【命题 10.21 推论】，所以 *AC* 上的正方形与 *AC*、*CB* 所构成的矩形是不可公度的【命题 10.11】。但 *AC* 和 *CB* 上的正方形的和与 *AC* 上的正方形是可公度的，且 *AC*、*CB* 所构成的矩形的二倍与 *AC*、*CB* 所构成的矩形是可公度的【命题 10.6】，所以 *AC* 和 *CB* 上的正方形的和与 *AC*、*CB* 所构成的矩形的二倍是不可公度的【命题 10.13】。又，*EG* 等于 *AC* 和 *CB* 上的正方形的和。*GH* 等于 *AC*

与 *CB* 所构成的矩形的二倍，所以 *EG* 与 *HG* 是不可公度的。又，*EG* 比 *HG* 等于 *EM* 比 *HM*【命题 6.1】，所以 *EM* 与 *MH* 是长度不可公度的【命题 10.11】。它们都是有理线段，所以 *EM* 和 *MH* 是仅正方可公度的有理线段。所以，*EH* 是余线【命题 10.73】，且 *HM* 附加于它。相似地，可以证明 *HN* 与 *EN* 是仅正方可公度的，且附加于 *EH*。所以，存在另外的线段附加到余线上，该线段与附加余线后的整条线段是仅正方可公度的。这是不可能的【命题 10.79】。

综上，只有一条中项线段能附加到中项线段的第二余线上，使该中项线段与加上余线后的整条线段是仅正方可公度的，且它们所构成的矩形是中项面。这就是该命题的结论。

命题 82

只有一条线段能附加到一条次要线段上，使该线段与加上次要线段后的整条线段是正方不可公度的，且它们上的正方形的和是有理的，它们所构成的矩形的二倍是中项面。[①]

A B C D

已知 *AB* 是次要线段，将 *BC* 附加到 *AB* 上，所以线段 *AC* 和 *CB* 是正方不可公度的，它们上的正方形的和是有理的，它们所构成的矩形的二倍是中项面【命题 10.76】。可证没有其他的中项线段可以附加到 *AB* 上，并满足相同的条件。

① 该命题与命题 10.45 是一致的，减号代替了加号。

如果可能，设 *BD* 是附加到 *AB* 的线段，所以 *AD* 和 *DB* 是正方不可公度的，并满足上述条件【命题 10.76】。因为 *AD* 和 *DB* 上的正方形的和与 *AC* 和 *CB* 上的正方形的和的差等于 *AD*、*DB* 所构成的矩形的二倍与 *AC*、*CB* 所构成的矩形的二倍的差【命题 2.7】。又，*AD* 和 *DB* 上的正方形的和与 *AC* 和 *CB* 上的正方形的和的差是有理面，因为它们两个都是有理面，所以 *AD*、*DB* 所构成的矩形的二倍与 *AC*、*CB* 所构成的矩形的二倍的差也是有理面。这是不可能的，因为它们都是中项面【命题 10.26】。

综上，只有一条线段能附加到一条次要线段上，使该线段与加上次要线段后的整条线段是正方不可公度的，且它们上的正方形的和是有理的，它们所构成的矩形的二倍是中项面。这就是该命题的结论。

命题 83

只有一条线段能附加到一条有理面中项面差的边上，使该线段与整条线段是正方不可公度的，且它们上的正方形的和是中项面，它们所构成的矩形的二倍是有理面。①

已知 *AB* 是有理面中项面差的边，将 *BC* 附加到 *AB* 上。所以，*AC* 和 *CB* 是正方不可公度的，并满足上述条件【命题 10.77】。可证没有其他线段可以附加到 *AB* 上，并满足相同条件。

① 该命题与命题 10.46 是一致的，减号代替了加号。

如果可能，设 *BD* 是附加到 *AB* 的线段，所以 *AD* 和 *DB* 是正方不可公度的，并满足上述条件【命题 10.77】。所以，与前面的命题类似，因为 *AD* 和 *DB* 上的正方形的和与 *AC* 和 *CB* 上的正方形的和的差等于 *AD*、*DB* 所构成的矩形的二倍与 *AC*、*CB* 所构成的矩形的二倍的差【命题 2.7】。又，*AD*、*DB* 所构成的矩形的二倍与 *AC*、*CB* 所构成的矩形的二倍的差是有理面，因为它们两个都是有理面。所以，*AD* 和 *DB* 上的正方形的和与 *AC* 和 *CB* 上的正方形的和也是有理面。这是不可能的，因为它们都是中项面【命题 10.26】。

综上，只有一条线段能附加到一条有理面中项面差的边上，使该线段与整条线段是正方不可公度的，且它们上的正方形的和是中项面，它们所构成的矩形的二倍是有理面。这就是该命题的结论。

命题 84

只有一条线段能附加到一条两中项面差的边上，使该线段与整条线段是正方不可公度的，且它们上的正方形的和是中项面，它们所构成的矩形的二倍也是中项面，并且与它们上的正方形的和是不可公度的。[①]

已知 *AB* 是两中项面差的边，将 *BC* 附加到 *AB* 上，所以 *AC* 和 *CB* 是正方不可公度的，并满足上述条件【命题 10.78】。可证没有其他线段可以附加到 *AB* 上，并满足相同条件。

① 该命题与命题 10.47 是一致的，减号代替了加号。

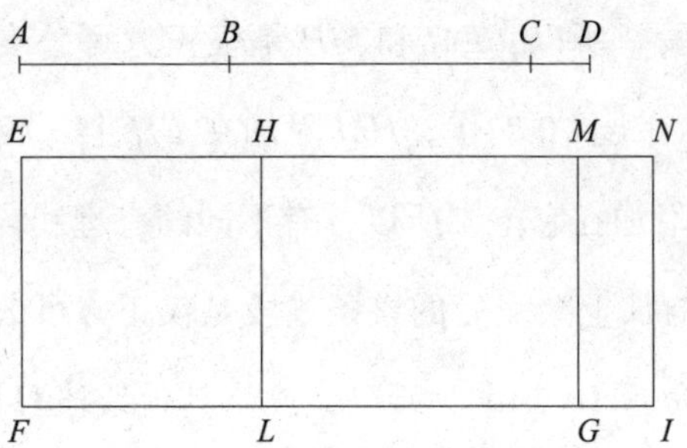

如果可能，设 BD 是可以满足上述条件的附加到 AB 的线段，所以 AD 和 DB 是正方不可公度的，且 AD 和 DB 上的正方形的和是中项面，AD、DB 所构成的矩形的二倍是中项面，且与 AD 和 DB 上的正方形的和是不可公度的【命题 10.78】。作有理线段 EF。在与 EF 重合的线段上，作 EG 等于 AC 和 CB 上的正方形的和，EM 是宽。在与 EF 重合的线段上，作 HG 等于 AC 与 CB 所构成的矩形的二倍，HM 是宽，所以余下的 AB 上的正方形等于 EL【命题 2.7】，所以 AB 是与 EL 相等的正方形的边。在与 EF 重合的线段上，作 EI 等于 AD 和 DB 上的正方形的和，EN 是宽。又，AB 上的正方形等于 EL，所以余下的 AD 与 DB 所构成的矩形的二倍等于 HI【命题 2.7】。因为 AC 和 CB 上的正方形的和是中项面，且等于 EG，所以 EG 是中项面。它与有理线段 EF 重合，EM 是宽，所以 EM 是有理线段，且与 EF 是长度不可公度的【命题 10.22】。又因为 AC 与 CB 所构成的矩形的二倍是中项面，且等于 HG，所以 HG 是中项面。又因为它与有理线段 EF 重合，HM 是宽，所以 HM 是有理线段，且与 EF 是长度不可公度的【命题 10.22】。又因为 AC 和 CB 上的正方形的和与 AC、CB 所构成的矩形的二倍是不可公度的，所以 EG 与 HG 是不可公度的。所以，EM 与 MH 是长度不可公度的【命题 6.1、10.11】。

它们都是有理线段。所以，EM 和 MH 是仅正方可公度的有理线段。所以，EH 是余线【命题 10.73】，HM 附加在 EH 上。相似地，可以证明 EH 是余线，HN 附加在它上。所以，有不同的有理线段可以附加到余线上，使它们各自与加上余线后的整条线段是仅正方可公度的。这已经证明是不可能的【命题 10.79】。所以，没有其他线段可以附加到 AB，并满足那些条件。

综上，只有一条线段能附加到线段 AB 上，使该线段与加上 AB 后的整条线段是正方不可公度的，且它们上的正方形的和是中项面，它们所构成的矩形的二倍也是中项面，并且与它们上的正方形的和是不可公度的。这就是该命题的结论。

定义 Ⅲ

11. 给定一条有理线段和一条余线，如果将两条线段作为整体，整条线段上的正方形与附加到余线上的一条线段上的正方形的差，是与作为整体的线段长度可公度的某条线段上的正方形，并且整条线段与给定的有理线段是长度可公度的，那么该余线就被称作第一余线。

12. 如果附加的线段与之前给定的有理线段是长度可公度的，且整条线段上的正方形与附加线段上的正方形的差是与整条线段长度可公度的某条线段上的正方形，那么该余线就被称为第二余线。

13. 如果整条线段和附加的线段都不与给定的有理线段是长度可公度的，且整条线段上的正方形与附加线段上的正方形的差是与整体线段长度可公度的某线段上的正方形，那么该余线被称为第三余线。

14. 如果整条线段上的正方形与附加线段上的正方形的差是与整条线段

长度不可公度的某条线段上的正方形，且整条线段与给定的有理线段是长度可公度的，那么该余线被称为第四余线。

15. 如果附加的线段与给定有理线段是长度可公度的，那么该余线被称作第五余线。

16. 如果整条线段和附加线段都与有理线段是长度不可公度的，那么该余线被称作第六余线。

命题 85

求第一余线。

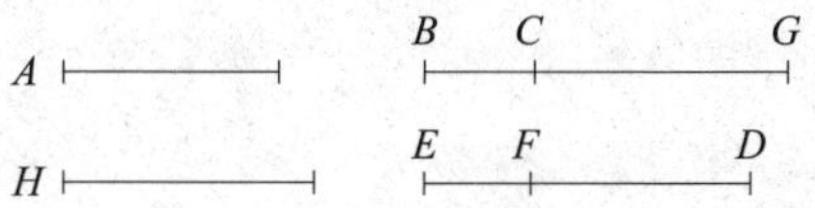

A H B C G E F D

作有理线段 A。设 BG 与 A 是长度可公度的，所以 BG 也是有理线段。设有两个平方数 DE 和 EF，且它们的差 FD 不是平方数【命题 10.28 引理 Ⅰ】，所以 ED 比 DF 不等于一个平方数比一个平方数。使 ED 比 DF 等于 BG 上的正方形比 GC 上的正方形【命题 10.6 推论】，所以 BG 上的正方形与 GC 上的正方形是可公度的【命题 10.6】。又，BG 上的正方形是有理面，所以 GC 上的正方形也是有理的，所以 GC 是有理的。又因为 ED 比 DF 不等于一个平方数比一个平方数，所以 BG 上的正方形比 GC 上的正方形不等于一个平方数比一个平方数。所以，BG 与 GC 是长度不可公度的【命题 10.9】，因为它们都是有理线段。所以，BG 和 GC 是仅正方可公度的有理线段。所以，BC 是余线【命题 10.73】。可以证明它是一条第一余线。

设 *H* 上的正方形是 *BG* 上的正方形与 *GC* 上的正方形的差【命题 10.13 引理】。因为 *ED* 比 *FD* 等于 *BG* 上的正方形比 *GC* 上的正方形，所以其换比例为，*DE* 比 *EF* 等于 *GB* 上的正方形比 *H* 上的正方形【命题 5.19 推论】。又，*DE* 比 *EF* 等于一个平方数比一个平方数，因为它们都是平方数，所以 *GB* 上的正方形比 *H* 上的正方形等于一个平方数比一个平方数。所以，*BG* 与 *H* 是长度可公度的【命题 10.9】。又，*BG* 上的正方形与 *GC* 上的正方形的差是 *H* 上的正方形，所以 *BG* 上的正方形与 *GC* 上的正方形的差是与 *BG* 长度可公度的一条线段上的正方形。整个 *BG* 与已知的有理线段 *A* 是长度可公度的。所以，*BC* 是一条第一余线【定义 10.11】。

所以，已作出第一余线 *BC*。这就是该命题的结论。

命题 86

求第二余线。

设 *A* 是有理线段，作 *GC* 与 *A* 是长度可公度的，所以 *GC* 是有理线段。设 *DE* 和 *EF* 是两个平方数，且它们的差 *DF* 不是平方数【命题 10.28 引理 Ⅰ】。使 *FD* 比 *DE* 等于 *CG* 上的正方形比 *GB* 上的正方形【命题 10.6 推论】。所以，*CG* 上的正方形与 *GB* 上的正方形是可公度的【命题 10.6】。所以，*CG* 上的正方形是有理的。所以，*GB* 上的正方形也是有理的。所以，*BG* 是有理线段。又因为 *GC* 上的正方形比 *GB* 上的正方形不等于一个平方数比一个平方数，所以 *CG* 与 *GB* 是长度不可公度的【命题 10.9】。它们都是有理线段，所以 *CG* 和 *GB* 是仅正方可公度的有理线段。所以，*BC* 是余线【命题 10.73】。可以证明它是一条第二余线。

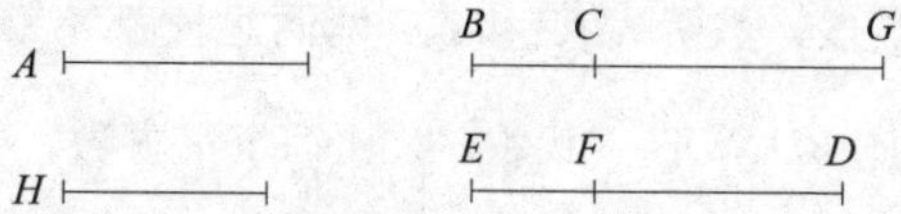

设 H 上的正方形是 BG 上的正方形与 GC 上的正方形的差【命题 10.13 引理】。因为 BG 上的正方形比 GC 上的正方形等于数 ED 比 DF，所以其换比例为，BG 上的正方形比 H 上的正方形等于 DE 比 EF【命题 5.19 推论】。DE 和 EF 是都是平方数，所以 BG 上的正方形比 H 上的正方形是一个平方数比一个平方数。所以，BG 与 H 是长度可公度的【命题 10.9】。又，BG 上的正方形与 GC 上的正方形的差是 H 上的正方形，所以 BG 上的正方形与 GC 上的正方形的差是与 BG 长度可公度的某条线段上的正方形。附加的 CG 与之前的有理线段 A 是长度可公度的。所以，BC 是一条第二余线【定义 10.12】。[①]

所以，已作出第二余线 BC。这就是该命题的结论。

命题 87

求第三余线。

① 见命题 10.49 脚注。

设 A 是有理线段，数 E、BC 和 CD 两两之比都不等于一个平方数比一个平方数，CB 比 BD 等于一个平方数比一个平方数。使 E 比 BC 等于 A 上的正方形比 FG 上的正方形，且 BC 比 CD 等于 FG 上的正方形比 GH 上的正方形【命题 10.6 推论】。因为 E 比 BC 等于 A 上的正方形比 FG 上的正方形，所以 A 上的正方形与 FG 上的正方形是可公度的【命题 10.6】。又，A 上的正方形是有理的，所以 FG 上的正方形也是有理的，所以 FG 是有理线段。因为 E 比 BC 不等于一个平方数比一个平方数，所以 A 上的正方形比 FG 上的正方形不等于一个平方数比一个平方数。所以，A 与 FG 是长度不可公度的【命题 10.9】。又因为 BC 比 CD 等于 FG 上的正方形比 GH 上的正方形，所以 FG 上的正方形与 GH 上的正方形是可公度的【命题 10.6】。FG 上的正方形是有理的，所以 GH 上的正方形也是有理的，所以 GH 是有理线段。又因为 BC 比 CD 不等于一个平方数比一个平方数，所以 FG 上的正方形比 GH 上的正方形不等于一个平方数比一个平方数。所以，FG 与 GH 是长度不可公度的【命题 10.9】。又因为 FG 和 GH 都是有理线段，所以 FG 和 GH 是仅正方可公度的有理线段。所以，FH 是余线【命题 10.73】。可以证明它是一条第三余线。

因为 E 比 BC 等于 A 上的正方形比 FG 上的正方形，且 BC 比 CD 等于 FG 上的正方形比 HG 上的正方形，所以其首末比例为，E 比 CD 等于 A 上的正方形比 HG 上的正方形【命题 5.22】。E 比 CD 不等于一个平方数比一个平方数，所以 A 上的正方形比 GH 上的正方形不等于一个平方数比一个平方数。所以，A 与 GH 是长度不可公度的。【命题 10.9】。所以，FG 和 GH 都与之前的有理线段 A 是长度不可公度的。设 K 上的正方形是 FG 上的正方形与 GH 上的正方形的差【命题 10.13 引理】。因为 BC 比 CD 等于 FG 上的正方形比 GH 上的正方形，所以其换比例为，BC 比 BD 等于 FG 上的正方形比 K 上的正方形【命题 5.19 推论】。BC 比 BD 等于一个平方数比一个平方数，所以 FG 上的正方形比 K 上的正方形等于一个平方数比一个平方数。所以，FG 与 K 是长度可公度的【命题 10.9】，且 FG 上的正方形与 GH 上的正方形的差是与 FG 长度可公度的某条线段上的正方形。FG 和 GH 都与已知的有理线段 A 是长度不可公度的。所以，FH 是一条第三余线【定义 10.13】。

所以，已作出第三余线 FH。这就是该命题的结论。

命题 88

求第四余线。

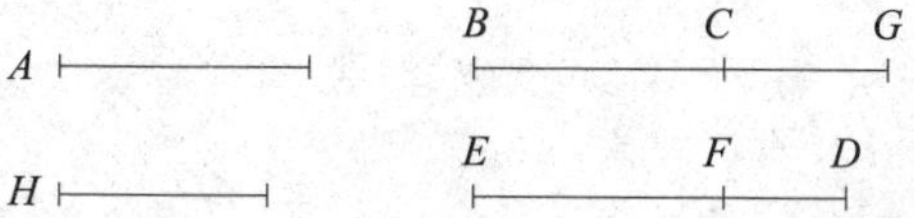

设 A 是有理线段，BG 与 A 是长度可公度的，所以 BG 也是有理线段。设数 DF 和 FE 的和是 DE，且 DE 与 DF 或与 EF 的比都不等于一个平方数与一个平方数的比。使 DE 比 EF 等于 BG 上的正方形比 GC 上的正方形【命题 10.6 推论】，所以 BG 上的正方形与 GC 上的正方形是可公度的【命题 10.6】。BG 上的正方形是有理的，所以 GC 上的正方形是有理的，所以 GC 是有理线段。因为 DE 比 EF 不等于一个平方数比一个平方数，所以 BG 上的正方形比 GC 上的正方形不等于一个平方数比一个平方数。所以，BG 与 GC 是长度不可公度的【命题 10.9】。BG 和 GC 都是有理线段，所以 BG 和 GC 是仅正方可公度的有理线段。所以，BC 是余线【命题

10.73】。可以证明它是一条第四余线。

设 H 上的正方形是 BG 上的正方形与 GC 上的正方形的差【命题 10.13 引理】。因为 DE 比 EF 等于 BG 上的正方形比 GC 上的正方形，所以其换比例为，ED 比 DF 等于 GB 上的正方形比 H 上的正方形【命题 5.19 推论】。ED 比 DF 不等于一个平方数比一个平方数，所以 GB 上的正方形比 H 上的正方形不等于一个平方数比一个平方数。所以，BG 与 H 是长度不可公度的【命题 10.9】。BG 上的正方形与 GC 上的正方形的差是 H 上的正方形，所以 BG 上的正方形与 GC 上的正方形的差是与 BG 长度不可公度的某条线段上的正方形。整个 BG 与已知的有理线段 A 是长度可公度的。所以，BC 是一条第四余线【定义 10.14】。①

所以，已作出第四余线。这就该命题的结论。

命题 89

求第五余线。

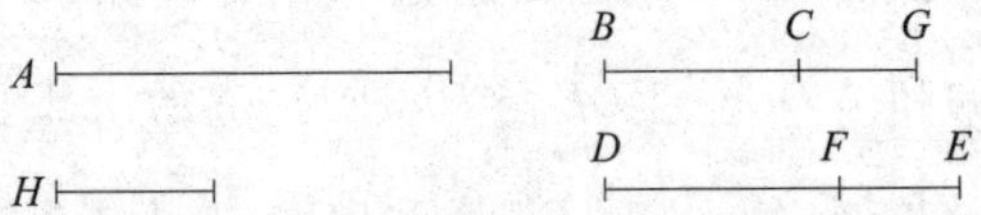

A　　B　C　G

H　　D　F　E

设 A 是有理线段，CG 与 A 是长度可公度的，所以 CG 是有理线段。设数 DF 和 FE 的和是 DE，且 DE 与 DF 或与 FE 的比都不等于一个平方数与一个平方数的比。使 FE 比 ED 等于 CG 上的正方形比 GB 上的正方形。所以，GB 上的正方形是有理的【命题 10.6】。所以，BG 是有理线段。又

① 见命题 10.51 脚注。

因为 DE 比 EF 等于 BG 上的正方形比 GC 上的正方形，DE 比 EF 不等于一个平方数比一个平方数，所以 BG 上的正方形比 GC 上的正方形也不等于一个平方数比一个平方数。所以，BG 与 GC 是长度不可公度的【命题 10.9】。又，它们都是有理线段，所以 BG 和 GC 是仅正方可公度的有理线段。所以，BC 是余线【命题 10.73】。可以证明它是第五余线。

设 H 上的正方形是 BG 上的正方形与 GC 上的正方形的差【命题 10.13 引理】。因为 BG 上的正方形比 GC 上的正方形等于 DE 比 EF，所以其换比例为，ED 比 DF 等于 BG 上的正方形比 H 上的正方形【命题 5.19 推论】。又，ED 比 DF 不等于一个平方数比一个平方数，所以 BG 上的正方形比 H 上的正方形不等于一个平方数比一个平方数。所以，BG 与 H 是长度不可公度的【命题 10.9】。又，BG 上的正方形与 GC 上的正方形的差是 H 上的正方形，所以 GB 上的正方形与 GC 上的正方形的差是与 GB 长度不可公度的某条线段上的正方形。附加的 CG 与已知的有理线段 A 是长度可公度的。所以，BC 是一条第五余线【定义 10.15】。①

所以，已作出第五余线 BC。这就是该命题的结论。

命题 90

求第六余线。

设 A 是有理线段，数 E、BC 和 CD 两两之比都不等于一个平方数与一个平方数的比，并且 CB 与 BD 的比也不等于一个平方数与一个平方数的比。使 E 比 BC 等于 A 上的正方形比 FG 上的正方形，且 BC 比 CD 等于 FG 上

① 见命题 10.52 脚注。

的正方形比 GH 上的正方形【命题 10.6 推论】。

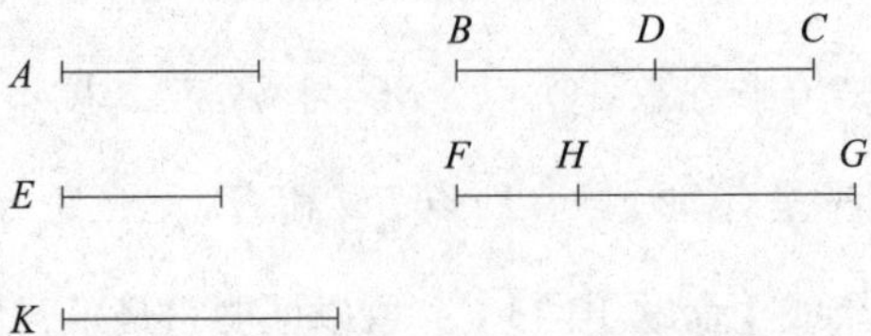

因为 E 比 BC 等于 A 上的正方形比 FG 上的正方形，所以 A 上的正方形与 FG 上的正方形是可公度的【命题 10.6】。A 上的正方形是有理的，所以 FG 上的正方形也是有理的，所以 FG 也是有理线段。又因为 E 比 BC 不等于一个平方数比一个平方数，所以 A 上的正方形比 FG 上的正方形也不等于一个平方数比一个平方数。所以，A 与 FG 是长度不可公度的【命题 10.9】。又因为 BC 比 CD 等于 FG 上的正方形比 GH 上的正方形，所以 FG 上的正方形与 GH 上的正方形是可公度的【命题 10.6】。又，FG 上的正方形是有理的，所以 GH 上的正方形也是有理的，所以 GH 是有理线段。又因为 BC 比 CD 不等于一个平方数比一个平方数，所以 FG 上的正方形比 GH 上的正方形不等于一个平方数比一个平方数。所以，FG 与 GH 是长度不可公度的【命题 10.9】。它们都是有理线段，所以 FG 和 GH 是仅正方可公度的有理线段。所以，FH 是一条余线【命题 10.73】。可以证明它是第六余线。

因为 E 比 BC 等于 A 上的正方形比 FG 上的正方形，且 BC 比 CD 等于 FG 上的正方形比 GH 上的正方形，所以其首末比例为，E 比 CD 等于 A 上的正方形比 GH 上的正方形【命题 5.22】。E 与 CD 的比不等于一个平方数与一个平方数的比，所以 A 上的正方形与 GH 上的正方形的比也不等于一个平方数与一个平方数的比。所以，A 与 GH 是长度不可公度的【命题 10.9】。所以，*FG* 和 *GH* 都与有理线段 *A* 是长度不可公度的。设 *K* 上的正方形是 *FG* 上的正方形与 *GH* 上的正方形的差【命题 10.13 引理】。因为 *BC* 比 *CD* 等于 *FG* 上的正方形比 *GH* 上的正方形，所以其换比例为，*CB* 比 *BD* 等于 *FG* 上的正方形比 *K* 上的正方形【命题 5.19 推论】。*CB* 与 *BD* 的比不等于一个平方数与一个平方数的比，所以 *FG* 上的正方形与 *K* 上的正方形的比也不等于一个平方数与一个平方数的比。所以，*FG* 与 *K* 是长度不可公度的【命题 10.9】。*FG* 上的正方形与 *GH* 上的正方形的差是 *K* 上的正方形，所以 *FG* 上的正方形与 *GH* 上的正方形的差是与 *FG* 长度不可公度的某条线段上的正方形。*FG* 和 *GH* 都与已知的有理线段 *A* 是长度不可公度的。所以，*FH* 是一条第六余线【定义 10.16】。

所以，已作出第六余线 *FH*。这就是该命题的结论。

命题 91

如果一个矩形由一条有理线段和一条第一余线所构成，那么该矩形的边是一条余线。

已知有理线段 *AC* 和一条第一余线 *AD* 所构成的矩形是 *AB*。可证矩形 *AB* 的边是余线。

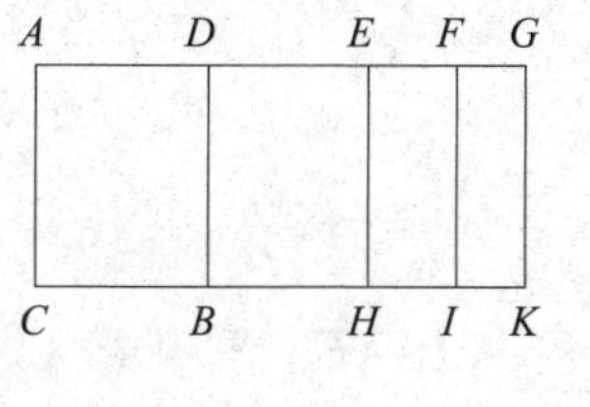

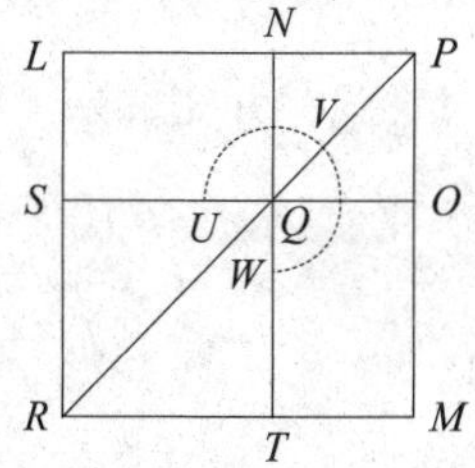

因为 AD 是一条第一余线，设 DG 是它的附加的线段。所以，AG 和 DG 是仅正方可公度的有理线段【命题 10.73】。又，整个 AG 与已知的有理线段 AC 是长度可公度的，且 AG 上的正方形与 GD 上的正方形的差是与 AG 长度可公度的某条线段上的正方形【定义 10.11】，所以与 AG 重合的线段上的矩形等于 DG 上的正方形的四分之一，且该矩形缺少一个正方形，则 AG 被分为长度可公度的两部分【命题 10.17】。设 E 将 DG 平分。在与 AG 重合的线段上作一个缺少一个正方形且等于 EG 上的正方形的矩形。这个矩形是 AF 和 FG 所构成的矩形。所以，AF 与 FG 是长度可公度的。分别过点 E、F、G 作 EH、FI、GK 平行于 AC。

因为 AF 与 FG 是长度可公度的，所以 AG 与 AF 和 FG 都是长度可公度的【命题 10.15】。但 AG 与 AC 是长度可公度的，所以，AF 和 FG 都与 AC 是长度可公度的【命题 10.12】。又，AC 是有理线段，所以 AF 和 FG 是有理线段。所以，AI 和 FK 是有理的【命题 10.19】。又因为 DE 与 EG 是长度可公度的，所以 DG 与 DE 和 EG 都是长度可公度的【命题 10.15】。又 DG 是有理的，且与 AC 是长度不可公度的，所以 DE 和 EG 是有理的，且与 AC 是长度不可公度的【命题 10.13】。所以，DH 和 EK 是中项面【命题 10.21】。

作 LM 等于 AI。从 LM 中截取与其有公共角 LPM 的正方形 NO 等于 FK，所以正方形 LM 和 NO 的对角线在同一直线上。【命题 6.26】。设 PR 是它们的对角线，并完成余下的图形。因为 AF 和 FG 所构成的矩形等于 EG 上的正方形，所以 AF 比 EG 等于 EG 比 FG【命题 6.17】。但 AF 比 EG 等于 AI 比 EK，且 EG 比 FG 等于 EK 比 KF【命题 6.1】，所以 EK 是 AI 和 KF 的比例中项【命题 5.11】。如前面所证明的，MN 是 LM 和 NO 的比例中项【命题 10.53 引理】。又，*AI* 等于正方形 *LM*，*KF* 等于 *NO*，所以 *MN* 也等于 *EK*。但 *EK* 等于 *DH*，*MN* 等于 *LO*【命题 1.43】，所以 *DK* 等于折尺形 *UVW* 加上 *NO*。因为 *AK* 也等于正方形 *LM*、*NO* 的和，所以余下的 *AB* 等于 *ST*。*ST* 是 *LN* 上的正方形。所以，*LN* 上的正方形等于 *AB*。所以，*LN* 是 *AB* 的边。可以证明 *LN* 是余线。

因为 *AI* 和 *FK* 是有理面，且分别等于 *LM* 和 *NO*，所以 *LM* 和 *NO*，即 *LP* 和 *PN* 上的正方形，是有理面。所以，*LP* 和 *PN* 是有理线段。又因为 *DH* 是中项面，并等于 *LO*，所以 *LO* 是中项面。因为 *LO* 是中项面，*NO* 是有理面，所以 *LO* 与 *NO* 是不可公度的。且 *LO* 比 *NO* 等于 *LP* 比 *PN*【命题 6.1】。所以，*LP* 与 *PN* 是长度不可公度的【命题 10.11】，且它们是有理线段。所以，*LP* 和 *PN* 是仅正方可公度的有理线段。所以，*LN* 是余线【命题 10.73】。又，它是 *AB* 的边。所以，*AB* 的边是一条余线。

所以，如果一个矩形由一条有理线段和一条第一余线所构成……

命题 92

如果一个矩形由一条有理线段和一条第二余线所构成，那么该矩形的边是中项线段的第一余线。

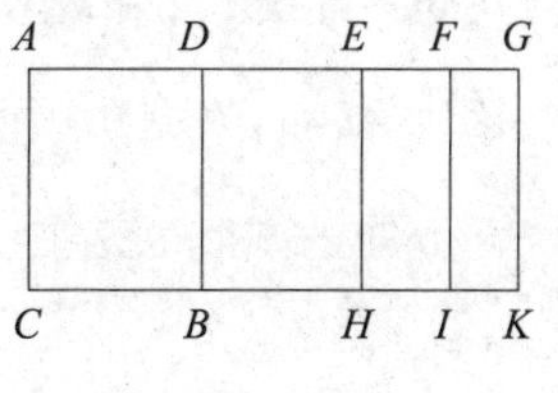

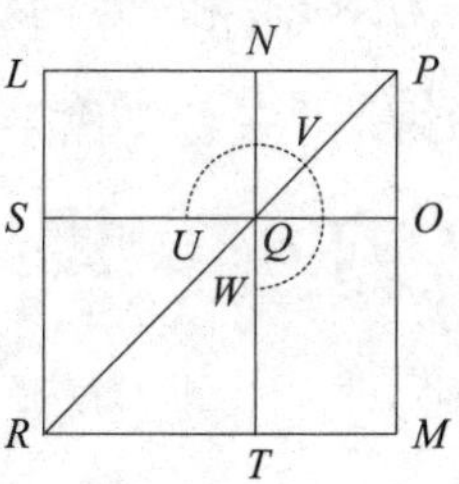

已知矩形 AB 是由有理线段 AC 和第二余线 AD 所构成的。可证矩形 AB 的边是中项线段的第一余线。

设 DG 是 AD 的附加线段，所以 AG 和 GD 是仅正方可公度的有理线段【命题 10.73】，且附加线段 DG 与已知的有理线段 AC 是长度可公度的，且整个 AG 上的正方形与附加线段 GD 上的正方形的差是与 AG 长度可公度的某条线段上的正方形【定义 10.12】。因为 AG 上的正方形与 GD 上的正方形的差是与 AG 长度可公度的某条线段上的正方形，所以在与 AG 重合的线段上，缺少一个正方形的矩形等于 GD 上的正方形的四分之一，那么 AG 被分为长度可公度的两段【命题 10.17】。设 E 平分 DG。在与 AG 重合的线段上，作 AF 和 FG 所构成的缺少一个正方形并等于 EG 上的正方形的矩形。所以，AF 与 FG 是长度可公度的。所以，AG 与 AF 和 FG 都是长度可公度的【命题 10.15】。又，AG 是有理线段，且与 AC 是长度不可公度的，所以 AF 和 FG 都与 AC 是长度不可公度的有理线段【命题 10.13】。所以，AI 和 FK 都是中项面【命题 10.21】。又因为 DE 和 EG 是长度可公度的，所以 DG 与 DE 和 EG 都是长度可公度的【命题 10.15】。但 DG 与 AC 是长度可公度的，所以 DE 和 EG 都是有理线段，且与 AC 是长度可公度的。所以，DH 和 EK 是有理的【命题 10.19】。

作正方形 LM 等于 AI。从 LM 中截取与其有公共角 LPM 的 NO 等于 FK。所以，正方形 LM 和 NO 的对角线在同一直线上【命题 6.26】。设 PR 是它们的对角线，并完成余下的图形。因为 AI 和 FK 是中项面，且分别等于 LP 和 PN 上的正方形，所以 LP 和 PN 上的正方形也是中项面。所以，

LP 和 *PN* 是仅正方可公度的中项线段。[1] 因为 *AF* 和 *FG* 所构成的矩形等于 *EG* 上的正方形，所以 *AF* 比 *EG* 等于 *EG* 比 *FG*【命题 10.17】。*AF* 比 *EG* 等于 *AI* 比 *EK*，且 *EG* 比 *FG* 等于 *EK* 比 *FK*【命题 6.1】，所以 *EK* 是 *AI* 和 *FK* 的比例中项【命题 5.11】。又，*MN* 是正方形 *LM* 和 *NO* 的比例中项【命题 10.53 引理】，且 *AI* 等于 *LM*，*FK* 等于 *NO*，所以 *MN* 等于 *EK*。但 *DH* 等于 *EK*，*LO* 等于 *MN*【命题 1.43】，所以整个 *DK* 等于折尺形 *UVW* 加上 *NO*。因为整个 *AK* 等于 *LM* 加 *NO*，所以余下的 *AB* 等于 *TS*。又，*TS* 是 *LN* 上的正方形，所以 *LN* 上的正方形等于 *AB*。所以，*LN* 是 *AB* 的边。可以证明 *LN* 是中项线段的第一余线。

因为 *EK* 是有理面，且等于 *LO*，所以 *LO*，即 *LP* 和 *PN* 所构成的矩形，是有理面。又，已经证明 *NO* 是中项面，所以 *LO* 与 *NO* 是不可公度的。又，*LO* 比 *NO* 等于 *LP* 比 *PN*【命题 6.1】，所以 *LP* 和 *PN* 是长度不可公度的【命题 10.11】。所以，*LP* 和 *PN* 是仅正方可公度的中项线段，且它们所构成的矩形是有理的。所以，*LN* 是一条中项线段的第一余线【命题 10.74】，且它是 *AB* 的边。

所以，矩形 *AB* 的边是一条中项线段的第一余线。这就是该命题的结论。

命题 93

如果一个矩形由一条有理线段和一条第三余线所构成，那么该矩形的边是一条中项线段的第二余线。

① 这个证明过程有一个错误。这里应该说 *LP* 和 *PN* 是正方可公度的，而不是仅正方可公度的，因为 *LP* 和 *PN* 在后面只被证明是长度不可公度的。

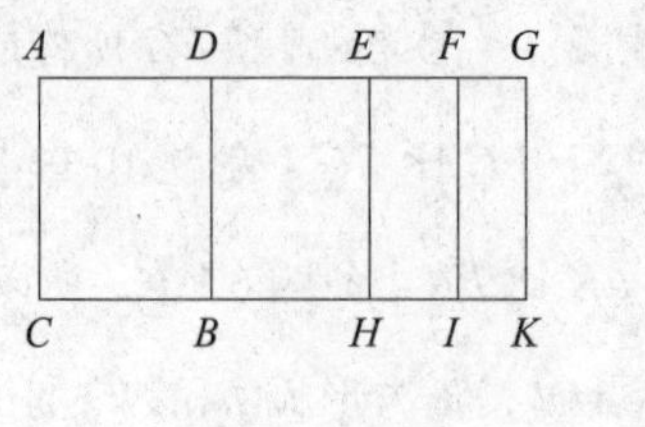

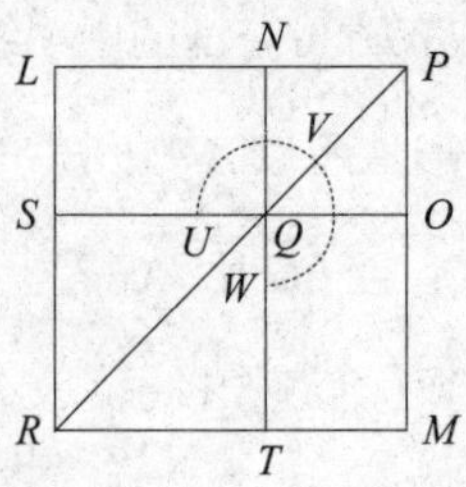

已知有理线段 AC 和第三余线 AD 所构成的矩形是 AB。可证矩形 AB 的边是一条中项线段的第二余线。

设 DG 是 AD 的附加线段，所以 AG 和 GD 是仅正方可公度的有理线段【命题 10.73】，且 AG 和 GD 都与已知的有理线段 AC 是长度不可公度的，整个 AG 上的正方形与附加线段 DG 上的正方形的差是与 AG 长度可公度的某条线段上的正方形【定义 10.13】。因为 AG 上的正方形与 GD 上的正方形的差是与 AG 长度可公度的某条线段上的正方形，所以如果与 AG 重合的线段上的缺一个正方形的矩形等于 DG 上的正方形的四分之一，那么 AG 被分为长度可公度的两部分【命题 10.17】。所以，设 E 平分 DG。设在与 AG 重合的线段上有一个等于 EG 上的正方形且缺少一个正方形的矩形，设这个矩形是由 AF 和 FG 构成的。分别过 E、F 和 G 点作 EH、FI 和 GK 与 AC 平行，所以 AF、FG 是长度可公度的，AI 与 FK 也是可公度的【命题 6.1，10.11】。因为 AF 和 FG 是长度可公度的，所以 AG 与 AF 和 FG 都是长度可公度的【命题 10.15】。又，AG 是有理线段，且与 AC 是长度不可公度的，所以 AF 和 FG 也是与 AC 长度不可公度的有理线段【命题 10.13】。所以，AI 和 FK 都是中项面【命题 10.21】。又因为 DE 与 EG 是长度可公度的，DG 与 DE、EG 都是长度可公度的【命题 10.15】，GD 是有理的，且与 AC 是长度不可公度的，所以 DE 和 EG 也是有理的，且与 AC 是长度不可公度的【命题 10.13】。所以，*DH* 和 *EK* 都是中项面【命题 10.21】。又因为 *AG* 和 *GD* 是仅正方可公度的，所以 *AG* 与 *GD* 是长度不可公度的。*AG* 与 *AF* 是长度可公度的，*DG* 和 *EG* 是长度可公度的，所以 *AF* 与 *EG* 是长度不可公度的【命题 10.13】。又，*AF* 比 *EG* 等于 *AI* 比 *EK*【命题 6.1】，所以 *AI* 与 *EK* 是不可公度的【命题 10.11】。

作 *LM* 等于 *AI*，从 *LM* 中截取 *NO* 等于 *FK*，且它们有相同的角 *LPM*，所以 *LM* 和 *NO* 的对角线在同一直线上【命题 6.26】。设 *PR* 是它们的对角线，完成余下的图。因为 *AF* 和 *FG* 所构成的矩形等于 *EG* 上的正方形，所以 *AF* 比 *EG* 等于 *EG* 比 *FG*【命题 6.17】。但 *AF* 比 *EG* 等于 *AI* 比 *EK*【命题 6.1】，且 *EG* 比 *FG* 等于 *EK* 比 *FK*【命题 6.1】，所以 *AI* 比 *EK* 等于 *EK* 比 *FK*【命题 5.11】。所以，*EK* 是 *AI* 和 *FK* 的比例中项。*MN* 是正方形 *LM* 和 *NO* 的比例中项【命题 10.53 引理】，且 *AI* 等于 *LM*，*FK* 等于 *NO*，所以 *EK* 等于 *MN*。但 *MN* 等于 *LO*，*EK* 等于 *DH*【命题 1.43】，所以整个 *DK* 等于折尺形 *UVW* 加 *NO*。又，*AK* 等于 *LM* 加 *NO*，所以余下的 *AB* 等于 *ST*，即等于 *LN* 上的正方形。所以，*LN* 是 *AB* 的边。可以证明 *LN* 是一条中项线段的第二余线。

因为已经证明 *AI* 和 *FK* 是中项面，且分别等于 *LP* 和 *PN* 上的正方形，所以 *LP* 和 *PN* 上的正方形都是中项面。所以，*LP* 和 *PN* 是中项线段。又因为 *AI* 与 *FK* 是可公度的【命题 6.1、10.11】，所以 *LP* 上的正方形与 *PN* 上的正方形是可公度的。又因为已经证明 *AI* 与 *EK* 是不可公度的，所以 *LM* 与 *MN* 不可公度，即 *LP* 上的正方形与 *LP*、*PN* 所构成的矩形不可公度。所以，*LP* 与 *PN* 是长度不可公度的【命题 6.1、10.11】。所以，*LP* 与 *PN* 是仅正方可公度的中项线段。可以证明它们所构成的面是中项面。

因为已经证明 EK 是中项面，且等于 LP、PN 所构成的矩形，所以 LP、PN 所构成的矩形是中项面。所以，LP 和 PN 是仅正方可公度的中项线段，且它们所构成的矩形是中项面。所以，LN 是一条中项线段的第二余线【命题 10.75】，且它是矩形 AB 的边。

所以，AB 的边是一条中项线段的第二余线。这就是该命题的结论。

命题 94

如果一个矩形由一条有理线段和一条第四余线所构成，那么该矩形的边是次要线段。

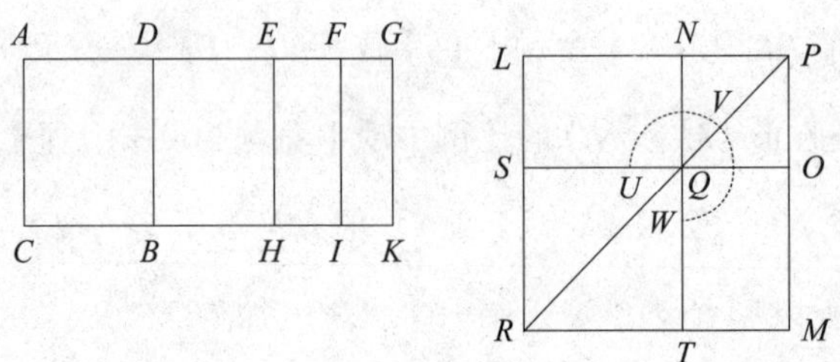

已知有理线段 AC 和第四余线 AD 所构成的矩形是 AB。可证 AB 的边是次要线段。

设 DG 是 AD 的附加线段。所以，AG 和 DG 是仅正方可公度的有理线段【命题 10.73】。AG 与已知的有理线段 AC 是长度可公度的，且整个 AG 上的正方形与附加线段 DG 上的正方形的差是与 AG 长度不可公度的某条线段上的正方形【定义 10.14】。因为 AG 上的正方形与 GD 上的正方形的差是与 AG 长度不可公度的某条线段上的正方形，所以如果在与 AG 重合的线段上，有一个缺少一个正方形的矩形等于 DG 上的正方形的四分之一，

那么 *AG* 被分为长度不可公度的两部分【命题 10.18】。设 *E* 平分 *DG*。在与 *AG* 重合的线段上作一个缺少正方形并等于 *EG* 上的正方形的矩形，设该矩形为 *AF* 和 *FG* 所构成的矩形，所以 *AF* 与 *FG* 是长度不可公度的。分别过点 *E*、*F* 和 *G* 作 *EH*、*FI* 和 *GK* 与 *AC* 和 *BD* 平行。因为 *AG* 是有理线段，且与 *AC* 是长度可公度的，所以整个 *AK* 是有理的【命题 10.19】。又因为 *DG* 与 *AC* 是长度不可公度的，且它们都是有理线段，所以 *DK* 是中项面【命题 10.21】。又因为 *AF* 与 *FG* 是长度不可公度的，所以 *AI* 与 *FK* 是不可公度的【命题 6.1、10.11】。

作 *LM* 等于 *AI*，从 *LM* 中截取与其有公共角 *LPM* 的 *NO* 等于 *FK*，所以正方形 *LM* 和 *NO* 的对角线在同一直线上【命题 6.26】。设 *PR* 是它们的对角线，并完成余下的作图。因为 *AF* 和 *FG* 所构成的矩形等于 *EG* 上的正方形，所以由比例得，*AF* 比 *EG* 等于 *EG* 比 *FG*【命题 6.17】。但 *AF* 比 *EG* 等于 *AI* 比 *EK*，且 *EG* 比 *FG* 等于 *EK* 比 *FK*【命题 6.1】，所以 *EK* 是 *AI* 和 *FK* 的比例中项【命题 5.11】。*MN* 是正方形 *LM* 和 *NO* 的比例中项【命题 10.13 引理】，且 *AI* 等于 *LM*，*FK* 等于 *NO*，所以 *EK* 等于 *MN*。但 *DH* 等于 *EK*，*LO* 等于 *MN*【命题 1.43】，所以整个 *DK* 等于折尺形 *UVW* 加 *NO*。因为整个 *AK* 等于正方形 *LM* 与 *NO* 的和，其中 *DK* 等于折尺形 *UVW* 与正方形 *NO* 的和，所以余下的 *AB* 等于 *ST*，即等于 *LN* 上的正方形。所以，*LN* 是 *AB* 的边。可以证明 *LN* 是称为次要线段的无理线段。

因为 *AK* 是有理的，且等于正方形 *LP* 和 *PN* 的和，所以 *LP* 上的正方形与 *PN* 上的正方形的和是有理的。又因为 *DK* 是中项面，且 *DK* 等于 *LP* 和 *PN* 所构成的矩形的二倍，所以 *LP* 和 *PN* 所构成矩形的二倍是中项面。又因为已经证明 *AI* 与 *FK* 是不可公度的，所以 *LP* 上的正方形与 *PN* 上的正方形是不可公度的。所以，*LP* 和 *PN* 是正方不可公度的线段，且它们上的正方形的和是有理的，它们所构成的矩形的二倍是中项面。所以，*LN* 是称为次要线段的无理线段【命题 10.76】，且它是 *AB* 的边。

所以，*AB* 的边是次要线段，这就是该命题的结论。

命题 95

如果一个矩形由一条有理线段和一条第五余线所构成，那么该矩形的边是一个有理面中项面差的边。

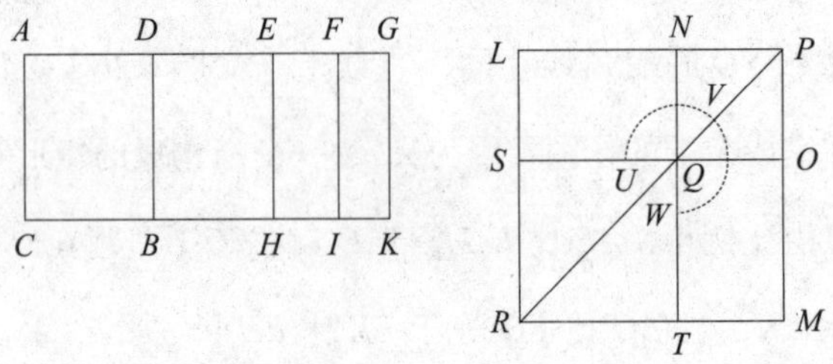

已知有理线段 *AC* 与第五余线 *AD* 所构成的矩形是 *AB*。可证矩形 *AB* 的边是有理面中项面差的边。

设 *DG* 是 *AD* 的附加线段。所以，*AG* 和 *DG* 是仅正方可公度的有理线段【命题 10.73】，附加线段 *GD* 与已知的有理线段 *AC* 是长度可公度的，且整个 *AG* 上的正方形与附加线段 *DG* 上的正方形的差是与 *AG* 长度不可公度的某条线段上的正方形【定义 10.15】。所以，如果在与 *AG* 重合的线段上，有一个缺少一个正方形的矩形等于 *DG* 上的正方形的四分之一，那么 *AG* 被分为长度不可公度的两部分【命题 10.18】。设点 *E* 平分 *DG*，且在与 *AG* 重合的线段上有一个缺少一个正方形的矩形等于 *EG* 上的正方形，

设该矩形是 *AF* 与 *FG* 构成的矩形。所以，*AF* 和 *FG* 是长度不可公度的。因为 *AG* 与 *CA* 是长度不可公度的，且它们都是有理线段，所以 *AK* 是中项面【命题 10.21】。又因为 *DG* 是有理线段，且与 *AC* 是长度可公度的，所以 *DK* 是有理的【命题 10.19】。

作正方形 *LM* 等于 *AI*，从 *LM* 中截取 *NO* 等于 *FK*，角 *LPM* 是公共角，所以正方形 *LM* 和 *NO* 的对角线在同一条直线上【命题 6.26】。设 *PR* 是它们的对角线，并完成其余的作图。与前面命题相似，可以证明 *LN* 是矩形 *AB* 的边。可以证明 *LN* 是有理面中项面差的边。

因为已经证明 *AK* 是中项面，并且等于 *LP* 和 *PN* 上的正方形和，所以 *LP* 与 *PN* 上的正方形的和是中项面。又因为 *DK* 是有理面，且等于 *LP* 与 *PN* 所构成矩形的二倍，所以后者也是有理的。又因为 *AI* 与 *FK* 是不可公度的，所以 *LP* 上的正方形与 *PN* 上的正方形是不可公度的。所以，*LP* 与 *PN* 是正方不可公度的，且它们上的正方形和是中项面，且它们所构成的矩形的二倍是有理的。所以，余下的 *LN* 是称为有理面中项面差的边的无理线段【命题 10.77】，且它是矩形 *AB* 的边。

所以，矩形 *AB* 的边是一个有理面中项面差的边。这就是该命题的结论。

命题 96

如果一个矩形由一条有理线段和一条第六余线所构成，那么该矩形的边是两中项面差的边。

已知有理线段 *AC* 与第六余线 *AD* 所构成的矩形是 *AB*。可证矩形 *AB* 的边是两中项面差的边。

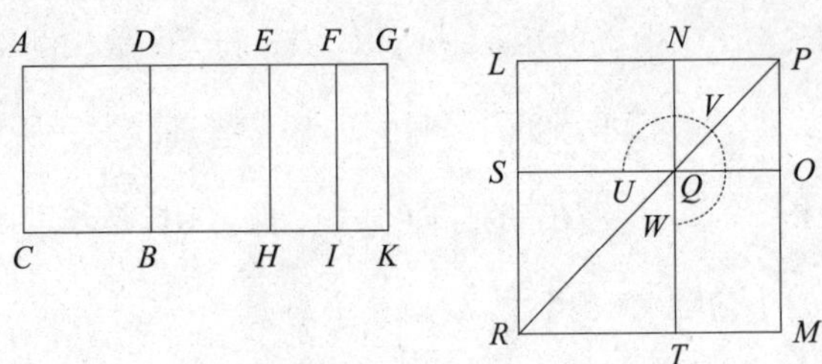

设 DG 是 AD 的附加线段。所以，AG 和 GD 是仅正方可公度的有理线段【命题 10.73】，且它们都与已知的有理线段 AC 是长度不可公度的，整个线段 AG 上的正方形与附加线段 DG 上的正方形的差是与 AG 长度不可公度的某线段上的正方形【定义 10.16】。因为 AG 上的正方形与 GD 上的正方形的差是与 AG 长度不可公度的某条线段上的正方形，所以如果在与 AG 重合的线段上，有一个缺少正方形的矩形等于 DG 上的正方形的四分之一，那么 AG 被分为长度不可公度的两部分【命题 10.18】。设点 E 平分 DG。设在与 AG 重合的线段上，有一个缺少正方形的矩形等于 EG 上的正方形。设该矩形为 AF 与 FG 所构成的矩形，所以 AF 与 FG 是长度不可公度的。AF 比 FG 等于 AI 比 FK【命题 6.1】，所以 AI 与 FK 是不可公度的【命题 10.11】。又因为 AG 和 AC 是仅正方可公度的有理线段，AK 是中项面【命题 10.21】。AC 和 DG 是长度不可公度的有理线段，DK 也是中项面【命题 10.21】。AG 和 GD 是仅正方可公度的，所以 AG 与 GD 是长度不可公度的。AG 比 GD 等于 AK 比 KD【命题 6.1】。所以，AK 与 KD 是不可公度的【命题 10.11】。

设正方形 LM 等于 AI，从 LM 中截取 NO 等于 FK，所以正方形 LM 和 NO 的对角线在同一条直线上【命题 6.26】。设 PR 是它们的对角线，完成余下的作图，所以与上面类似，可以证明 LN 是矩形 AB 的边，可以证明

LN 是两中项面差的边。

因为已经证明 AK 是中项面，且等于 LP 和 PN 上的正方形的和，所以 LP 和 PN 上的正方形和是中项面。又因为已经证明 DK 是中项面，且等于 LP 与 PN 所构成的矩形的二倍，LP 与 PN 所构成的矩形的二倍也是中项面。因为已经证明 AK 与 DK 是不可公度的，所以 LP 与 PN 上的正方形的和与 LP、PN 所构成的矩形的二倍是不可公度的。又因为 AI 与 FK 是不可公度的，所以 LP 上的正方形与 PN 上的正方形是不可公度的。所以，LP 和 PN 是正方不可公度的，且它们上的正方形的和是中项面，它们所构成的矩形的二倍是中项面，并且它们上的正方形的和与它们所构成的矩形的二倍是不可公度的。所以，LN 是称为两中项面差的边的无理线段【命题 10.78】，且它是矩形 AB 的边。

所以，矩形 AB 的边是两中项面差的边。这就是该命题的结论。

命题 97

在一条与有理线段重合的线段上作一个矩形，使其等于一条余线上的正方形，那么由此产生的宽是第一余线。

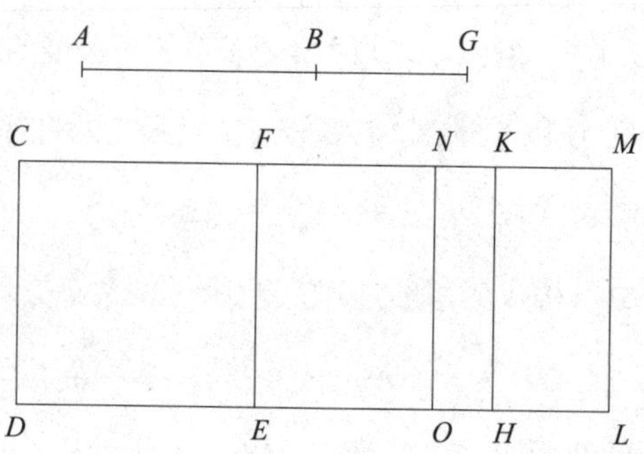

已知 *AB* 是余线，*CD* 是有理线段。设在与 *CD* 重合的线段上，有等于 *AB* 上的正方形的矩形 *CE*，由此产生的宽是 *CF*。可证 *CF* 是一条第一余线。

BG 是 *AB* 的附加线段，所以 *AG* 和 *GB* 是仅正方可公度的有理线段【命题 10.73】。设在与 *CD* 重合的线段上，有矩形 *CH* 等于 *AG* 上的正方形，作 *KL* 等于 *BG* 上的正方形，所以整个 *CL* 等于 *AG* 和 *GB* 上的正方形的和，其中 *CE* 等于 *AB* 上的正方形，所以余下的 *FL* 等于 *AG* 与 *GB* 所构成的矩形的二倍【命题 2.7】。设点 *N* 平分 *FM*，过 *N* 作 *NO* 平行于 *CD*，所以 *FO* 和 *LN* 都等于 *AG* 与 *GB* 所构成的矩形。又因为 *AG* 与 *GB* 上的正方形的和是有理的，且 *DM* 等于 *AG* 和 *GB* 上的正方形的和，所以 *DM* 是有理的。它与有理线段 *CD* 重合，*CM* 是宽，所以 *CM* 是有理的，且与 *CD* 是长度可公度的【命题 10.20】。又因为 *AG* 与 *GB* 所构成的矩形的二倍是中项面，且 *FL* 等于 *AG* 与 *GB* 所构成的矩形的二倍，所以 *FL* 是中项面。它与有理线段 *CD* 重合，*FM* 是宽，所以 *FM* 是有理的，且与 *CD* 是长度不可公度的【命题 10.22】。因为 *AG* 和 *GB* 上的正方形的和是有理的，且 *AG* 与 *GB* 所构成的矩形的二倍是中项面，所以 *AG* 和 *GB* 上的正方形的和与 *AG*、*GB* 所构成的矩形的二倍是不可公度的。*CL* 等于 *AG* 和 *GB* 上的正方形的和，且 *FL* 等于 *AG* 与 *GB* 所构成的矩形的二倍。所以，*DM* 与 *FL* 是不可公度的。又，*DM* 比 *FL* 等于 *CM* 比 *FM*【命题 6.1】，所以 *CM* 与 *FM* 是长度不可公度的【命题 10.11】。它们都是有理线段，所以 *CM* 和 *MF* 是仅正方可公度的有理线段。所以，*CF* 是一条余线【命题 10.73】。可以证明它是一条第一余线。

因为 *AG* 与 *GB* 所构成的矩形是 *AG* 和 *GB* 上的两正方形的比例中项【命题 10.21 引理】，且 *CH* 等于 *AG* 上的正方形，*KL* 等于 *BG* 上的正方形，*NL* 等于 *AG* 与 *GB* 所构成的矩形，所以，*NL* 是 *CH* 和 *KL* 的比例中项。所以，

CH 比 *NL* 等于 *NL* 比 *KL*。但 *CH* 比 *NL* 等于 *CK* 比 *NM*，且 *NL* 比 *KL* 等于 *NM* 比 *KM*【命题 6.1】，所以 *CK* 与 *KM* 所构成的矩形等于 *NM* 上的正方形，即 *FM* 上的正方形的四分之一【命题 6.17】。又因为 *AG* 上的正方形与 *GB* 上的正方形是可公度的，*CH* 与 *KL* 也是可公度的，*CH* 比 *KL* 等于 *CK* 比 *KM*【命题 6.1】，所以 *CK* 与 *KM* 是长度可公度的【命题 10.11】。因为 *CM* 和 *MF* 是两条不相等的线段，且在与 *CM* 重合的线段上，*CK* 和 *KM* 构成的缺少一个正方形的矩形等于 *FM* 上的正方形的四分之一，且 *CK* 与 *KM* 是长度可公度的，所以 *CM* 上的正方形与 *MF* 上的正方形的差是与 *CM* 长度可公度的某条线段上的正方形【命题 10.17】。*CM* 与已知的有理线段 *CD* 是长度可公度的。所以，*CF* 是一条第一余线【定义 10.11】。

综上，在一条与有理线段重合的线段上作一个矩形，使其等于一条余线上的正方形，那么由此产生的宽是第一余线。这就是该命题的结论。

命题 98

在一条与有理线段重合的线段上作一个矩形，使其等于中项线段的第一余线上的正方形，那么由此产生的宽是第二余线。

已知 *AB* 是一条中项线段的第一余线，且 *CD* 是一条有理线段。设在与 *CD* 重合的线段上，有矩形 *CE* 等于 *AB* 上的正方形，*CF* 是宽。可证 *CF* 是一条第二余线。

设 *BG* 是 *AB* 的附加线段。所以，*AG* 和 *GB* 是仅正方可公度的中项线段，它们所构成的矩形是有理的【命题 10.74】。设在与 *CD* 重合的线段上，有矩形 *CH* 等于 *AG* 上的正方形，*CK* 是宽，且 *KL* 等于 *GB* 上的正方形，*KM* 是宽，所以整个 *CL* 等于 *AG* 和 *GB* 上的正方形的和，所以 *CL* 也是中项面

【命题 10.15、10.23 推论】。它与有理线段 CD 重合，CM 是宽，所以 CM 是有理的，且与 CD 是长度不可公度的【命题 10.22】。因为 CL 等于 AG 和 GB 上的正方形的和，其中 AB 上的正方形等于 CE，所以余下的 AG 与 GB 所构成的矩形的二倍等于 FL【命题 2.7】。AG 与 GB 所构成的矩形的二倍是有理的，所以 FL 是有理的。它与有理线段 FE 重合，FM 是宽，所以 FM 也是有理的，且与 CD 是长度可公度的【命题 10.20】。因为 AG 和 GB 上的正方形和，即 CL，是中项面，且 AG 与 GB 所构成的矩形的二倍，即 FL，是有理的，所以 CL 与 FL 是不可公度的。CL 比 FL 等于 CM 比 FM【命题 6.1】，所以 CM 与 FM 是长度不可公度的【命题 10.11】。它们都是有理线段，所以 CM 和 MF 是仅正方可公度的有理线段。所以，CF 是一条余线【命题 10.73】。可以证明它是一条第二余线。

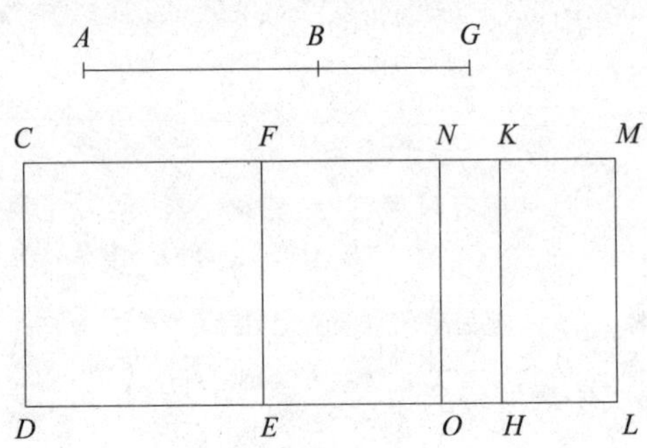

设 N 平分 FM，过 N 作 NO 平行于 CD，所以 FO 和 NL 都等于 AG 与 GB 所构成的矩形。因为 AG 与 GB 所构成的矩形是 AG 和 GB 上的两正方形的比例中项【命题 10.21 引理】，且 AG 上的正方形等于 CH，AG 与 GB 所构成的矩形等于 NL，BG 上的正方形等于 KL，所以 NL 是 CH 和 KL 的比例中项，所以 CH 比 NL 等于 NL 比 KL【命题 5.11】。但 CH 比 NL 等

于 CK 比 NM，且 NL 比 KL 等于 NM 比 MK【命题6.1】，所以 CK 比 NM 等于 NM 比 KM【命题5.11】。所以，CK 与 KM 所构成的矩形等于 NM 上的正方形【命题6.17】，即等于 FM 上的正方形的四分之一。因为 AG 上的正方形与 BG 上的正方形是可公度的，CH 与 KL 是可公度的，即 CK 与 KM 是可公度的。因为 CM 和 MF 是两条不相等的线段，且在较大的与 CM 重合的线段上，有 CK 与 KM 所构成的缺少一个正方形的矩形等于 MF 上的正方形的四分之一，且 CM 被分为可公度的两段，所以 CM 上的正方形与 MF 上的正方形的差是与 CM 长度可公度的某条线段上的正方形【命题10.17】。附加线段 FM 与已知有理线段 CD 是长度可公度的。所以，CF 是一条第二余线【定义10.12】。

综上，在一条与有理线段重合的线段上作一个矩形，使其等于中项线段的第一余线上的正方形，那么由此产生的宽是第二余线。这就是该命题的结论。

命题99

在一条与有理线段重合的线段上作一个矩形，使其等于中项线段的第二余线上的正方形，那么由此产生的宽是一条第三余线。

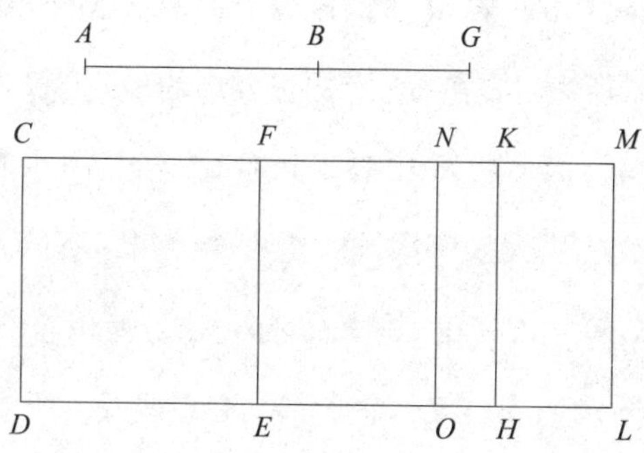

已知 AB 是一条中项线段的第二余线，CD 是有理线段。设在与 CD 重合的线段上，有矩形 CE 等于 AB 上的正方形，CF 是宽。可证 CF 是一条第三余线。

设 BG 是 AB 的附加线段，所以 AG 和 GB 是仅正方可公度的中项线段，且它们所构成的矩形是中项面【命题 10.75】。设在与 CD 重合的线段上，有矩形 CH 等于 AG 上的正方形，CK 是宽。设在与 KH 重合的线段上，有矩形 KL 等于 BG 上的正方形，KM 是宽，所以整个 CL 等于 AG 和 GB 上的正方形的和。所以，CL 是中项面【命题 10.15、10.23 推论】。它与有理线段 CD 重合，CM 是宽，所以 CM 是有理线段，且与 CD 是长度不可公度的【命题 10.22】。又因为整个 CL 等于 AG 和 GB 上的正方形的和，其中 CE 等于 AB 上的正方形，所以余下的 LF 等于 AG 和 GB 所构成的矩形的二倍【命题 2.7】。设点 N 平分 FM，作 NO 平行于 CD，所以 FO 和 NL 都等于 AG 和 GB 所构成的矩形。AG 和 GB 所构成的矩形是中项面，所以 FL 是中项面。它与有理线段 EF 重合，FM 是宽，所以 FM 是有理的，且与 CD 是长度不可公度的【命题 10.22】。因为 AG 和 GB 是仅正方可公度的，所以 AG 与 GB 是长度不可公度的，所以 AG 上的正方形与 AG、GB 所构成的矩形是不可公度的【命题 6.1、10.11】。但 AG 和 GB 上的正方形的和与 AG 上的正方形是可公度的，且 AG 与 GB 所构成的矩形的二倍与 AG、GB 所构成的矩形是可公度的，所以 AG 和 GB 上的正方形的和与 AG、GB 所构成的矩形的二倍是不可公度的【命题 10.13】。但 CL 等于 AG 和 GB 上的正方形的和，且 FL 等于 AG 与 GB 所构成的矩形的二倍，所以 CL 与 FL 是不可公度的。CL 比 FL 等于 CM 比 FM【命题 6.1】。所以，CM 与 FM 是长度不可公度的【命题 10.11】。又，它们都是有理线段，所以，CM 和 MF 是仅正方可公度的有理线段。所以 *CF* 是一条余线【命题 10.73】。可以证明它是一条第三余线。

因为 *AG* 上的正方形与 *GB* 上的正方形是可公度的，所以 *CH* 与 *KL* 是可公度的，所以 *CK* 与 *KM* 是长度可公度的【命题 6.1、10.11】。因为 *AG* 与 *GB* 所构成的矩形是 *AG* 和 *GB* 上的两正方形的比例中项【命题 10.21 引理】，且 *CH* 等于 *AG* 上的正方形，*KL* 等于 *GB* 上的正方形，*NL* 等于 *AG* 与 *GB* 所构成的矩形，所以 *NL* 也是 *CH* 和 *KL* 的比例中项。所以，*CH* 比 *NL* 等于 *NL* 比 *KL*。但 *CH* 比 *NL* 等于 *CK* 比 *NM*，且 *NL* 比 *KL* 等于 *NM* 比 *KM*【命题 6.1】，所以 *CK* 比 *MN* 等于 *MN* 比 *KM*【命题 5.11】。所以，*CK* 与 *KM* 所构成的矩形等于 *MN* 上的正方形，即等于 *FM* 上的正方形的四分之一【命题 6.17】。因为 *CM* 和 *MF* 是两条不相等的线段，且在与 *CM* 重合的线段上，有某个缺少一个正方形的矩形等于 *FM* 上的正方形的四分之一，且 *CM* 被分为可公度的两段，所以 *CM* 上的正方形与 *MF* 上的正方形的差是与 *CM* 长度可公度的某条线段上的正方形【命题 10.17】。*CM* 和 *MF* 都与已知的有理线段 *CD* 是长度不可公度的。所以，*CF* 是一条第三余线【定义 10.13】。

综上，在一条与有理线段重合的线段上作一个矩形，使其等于中项线段的第二余线上的正方形，那么由此产生的宽是一条第三余线。这就是该命题的结论。

命题 100

在一条与有理线段重合的线段上作一个矩形，使其等于一条次要线段上的正方形，那么由此产生的宽是一条第四余线。

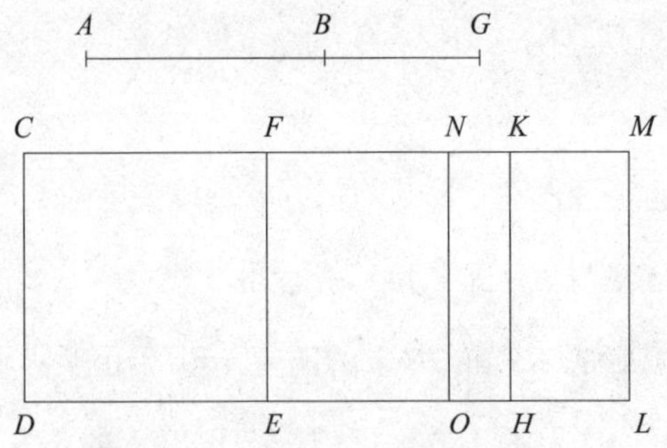

已知*AB*是次要线段，*CD*是有理线段。在与有理线段*CD*重合的线段上，有矩形*CE*等于*AB*上的正方形，由此产生的宽是*CF*。可证*CF*是一条第四余线。

设*BG*是*AB*的附加线段，所以*AG*和*GB*是正方不可公度的，且*AG*和*GB*上的正方形的和是有理的，*AG*与*GB*所构成的矩形的二倍是中项面【命题10.76】。在与*CD*重合的线段上，作*CH*等于*AG*上的正方形，*CK*是宽；*KL*等于*BG*上的正方形，*KM*是宽；所以整个*CL*等于*AG*和*GB*上的正方形和。*AG*和*GB*上的正方形的和是有理的，所以*CL*是有理的。它与有理线段*CD*重合，*CM*是宽，所以*CM*是有理的，且与*CD*是长度可公度的【命题10.20】。因为整个*CL*等于*AG*与*GB*上的正方形的和，其中*CE*等于*AB*上的止方形，所以余下的*FL*等于*AG*与*GB*所构成的矩形的二倍【命题2.7】。设点*N*平分*FM*，过*N*作*NO*平行于*CD*、*ML*，所以矩形*FO*和*NL*都等于*AG*与*GB*所构成的矩形。因为*AG*与*GB*所构成的矩形的二倍是中项面，且等于*FL*，所以*FL*是中项面。它与有理线段*FE*重合，*FM*是宽，所以*FM*是与*CD*长度不可公度的有理线段【命题10.22】。因为*AG*和*GB*上的正方形的和是有理的，且*AG*与*GB*所构成的矩形的二倍是中项面，所以*AG*和*GB*上的正方形的和与*AG*、*GB*所构成的矩形的二倍是不可公度的。*CL* 等于 *AG* 和 *GB* 上的正方形的和，*FL* 等于 *AG* 与 *GB* 所构成的矩形的二倍，所以 *CL* 与 *FL* 是不可公度的。*CL* 比 *FL* 等于 *CM* 比 *MF*【命题 6.1】，所以 *CM* 与 *MF* 是长度不可公度的【命题 10.11】。它们都是有理线段，所以 *CM* 和 *MF* 是仅正方可公度的有理线段。所以，*CF* 是一条余线【命题 10.73】。可以证明它是一条第四余线。

因为 *AG* 和 *GB* 是正方不可公度的，所以 *AG* 上的正方形与 *GB* 上的正方形是不可公度的。*CH* 等于 *AG* 上的正方形，*KL* 等于 *GB* 上的正方形，所以，*CH* 与 *KL* 是不可公度的。*CH* 比 *KL* 等于 *CK* 比 *KM*【命题 6.1】，所以，*CK* 与 *KM* 是长度不可公度的【命题 10.11】。又因为 *AG* 与 *GB* 所构成的矩形是 *AG* 和 *GB* 上的两正方形的比例中项【命题 10.21 引理】，且 *AG* 上的正方形等于 *CH*，*GB* 上的正方形等于 *KL*，*AG* 与 *GB* 所构成的矩形等于 *NL*，所以 *NL* 是 *CH* 和 *KL* 的比例中项。所以，*CH* 比 *NL* 等于 *NL* 比 *KL*。*CH* 比 *NL* 等于 *CK* 比 *NM*，*NL* 比 *KL* 等于 *NM* 比 *KM*【命题 6.1】，所以，*CK* 比 *MN* 等于 *MN* 比 *KM*【命题 5.11】。所以，*CK* 与 *KM* 所构成的矩形等于 *MN* 上的正方形，即等于 *FM* 上的正方形的四分之一【命题 6.17】。因为 *CM* 和 *MF* 是两条不相等的线段，且在与 *CM* 重合的线段上，有 *CK* 与 *KM* 所构成的缺少一个正方形的矩形等于 *MF* 上的正方形的四分之一，且 *CM* 被分为不可公度的两段，所以 *CM* 上的正方形与 *MF* 上的正方形的差是与 *CM* 长度不可公度的某条线段上的正方形【命题 10.18】。整个 *CM* 与已知的有理线段 *CD* 是长度可公度的。所以，*CF* 是一条第四余线【定义 10.14】。

综上，一个次要线段上的正方形……

命题 101

在一条与有理线段重合的线段上作一个矩形，使其等于有理面中项面差的边上的正方形，那么由此产生的宽是一条第五余线。

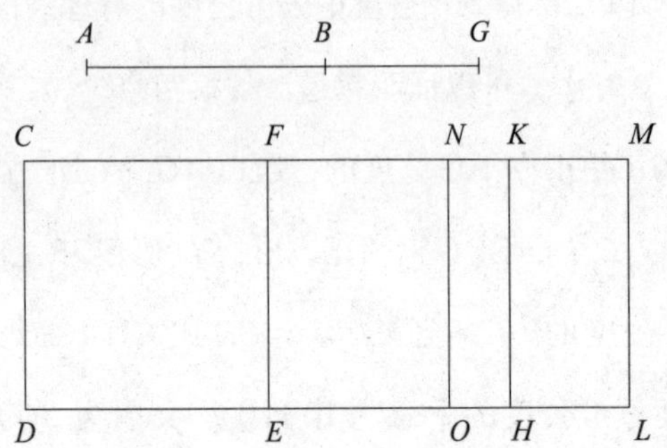

已知 *AB* 是有理面中项面差的边，*CD* 是有理线段。设在与 *CD* 重合的线段上，有矩形 *CE* 等于 *AB* 上的正方形，由此产生的宽是 *CF*。可证 *CF* 是一条第五余线。

设 *BG* 是 *AB* 的附加线段，所以线段 *AG* 和 *GB* 是正方不可公度的，且它们上的正方形的和是中项面，它们所构成的矩形的二倍是有理面【命题 10.77】。设在与 *CD* 重合的线段上，有矩形 *CH* 等于 *AG* 上的正方形，且 *KL* 等于 *GB* 上的正方形，所以整个 *CL* 等于 *AG* 和 *GB* 上的正方形的和。*AG* 和 *GB* 上的正方形的和是中项面，所以 *CL* 是中项面。它与有理线段 *CD* 重合，*CM* 是宽，所以 *CM* 是与 *CD* 长度不可公度的有理线段【命题 10.22】。因为整个 *CL* 等于 *AG* 和 *GB* 上的正方形的和，其中 *CE* 等于 *AB* 上的正方形，所以余下的 *FL* 等于 *AG* 与 *GB* 所构成的矩形的二倍【命题 2.7】。设点 *N* 平分 *FM*。过 *N* 作 *NO* 平行于 *CD*、*ML*，所以 *FO* 和 *NL* 都等于 *AG* 与 *GB* 所构成的矩形。因为 *AG* 与 *GB* 所构成的矩形的二倍是有理的，且等于 *FL*，所以 *FL* 是有理的。它与有理线段 *EF* 重合，*FM* 是宽，所以 *FM* 是与 *CD* 长度可公度的有理线段【命题 10.20】。因为 *CL* 是中项面，*FL* 是有理面，所以 *CL* 与 *FL* 是不可公度的。*CL* 比 *FL* 等于 *CM* 比 *MF*【命题 6.1】，所以 *CM* 与 *MF* 是长度不可公度的【命题 10.11】。它们都是有理的，所以 *CM* 和 *MF* 是仅正方可公度的有理线段。所以，*CF* 是一条余线【命题 10.73】。可以证明它是一条第五余线。

与前面的命题相似，可以证明 *CK*、*KM* 所构成的矩形等于 *NM* 上的正方形，即等于 *FM* 上的正方形的四分之一。又因为 *AG* 上的正方形与 *GB* 上的正方形是不可公度的，且 *AG* 上的正方形等于 *CH*，*GB* 上的正方形等于 *KL*，所以 *CH* 与 *KL* 是不可公度的。*CH* 比 *KL* 等于 *CK* 比 *KM*【命题 6.1】，所以，*CK* 与 *KM* 是长度不可公度的【命题 10.11】。因为 *CM* 和 *MF* 是两条不相等的线段，且在与 *CM* 重合的线段上，有缺少一个正方形的矩形等于 *FM* 上的正方形的四分之一，且 *CM* 被分为不可公度的两段，所以 *CM* 上的正方形与 *MF* 上的正方形的差是与 *CM* 长度不可公度的某条线段上的正方形【命题 10.18】。附加线段 *FM* 与已知的有理线段 *CD* 是可公度的。所以，*CF* 是一条第五余线【定义 10.15】。这就是该命题的结论。

命题 102

在一条与有理线段重合的线段上作一个矩形，使其等于两中项面差的边上的正方形，那么由此产生的宽是一条第六余线。

已知 *AB* 是两中项面差的边，*CD* 是有理线段。设在与 *CD* 重合的线段上，有矩形 *CE* 等于 *AB* 上的正方形，由此产生的宽是 *CF*。可证 *CF* 是一条第六余线。

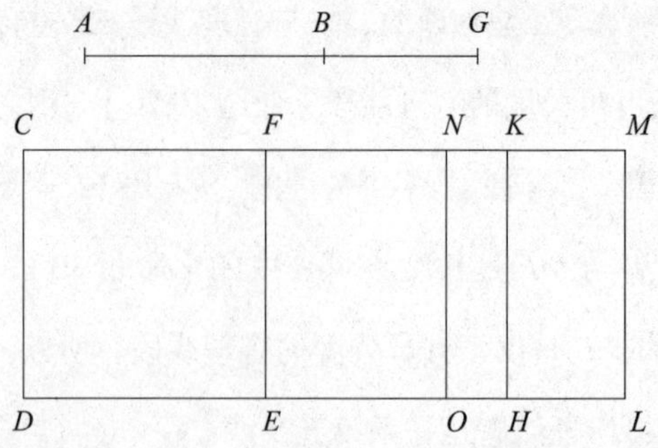

BG 是 *AB* 的附加线段，所以 *AG* 和 *GB* 是正方不可公度的，且它们上的正方形的和是中项面，*AG* 与 *GB* 所构成的矩形的二倍是中项面，且 *AG* 和 *GB* 上的正方形的和与 *AG*、*GB* 所构成的矩形的二倍是不可公度的【命题 10.78】。设在与 *CD* 重合的线段上，有矩形 *CH* 等于 *AG* 上的正方形，*CK* 是宽，且 *KL* 等于 *BG* 上的正方形，所以整个 *CL* 等于 *AG* 和 *GB* 上的正方形的和。所以，*CL* 是中项面。它与有理线段 *CD* 重合，*CM* 是宽，所以 *CM* 是有理的，且与 *CD* 是长度不可公度的【命题 10.22】。因为 *CL* 等于 *AG* 和 *GB* 上的正方形的和，其中 *CE* 等于 *AB* 上的正方形，所以余下的 *FL* 等于 *AG* 与 *GB* 所构成的矩形的二倍【命题 2.7】。*AG* 与 *GB* 所构成的矩形的二倍是中项面，所以 *FL* 是中项面，且它与有理线段 *FE* 重合，*FM* 是宽，所以 *FM* 是与 *CD* 长度不可公度的有理线段【命题 10.22】。又因为 *AG* 和 *GB* 上的正方形的和与 *AG*、*GB* 所构成的矩形的二倍是不可公度的，且 *CL* 等于 *AG* 和 *GB* 上的正方形的和，*FL* 等于 *AG* 与 *GB* 所构成的矩形的二倍，所以 *CL* 与 *FL* 是不可公度的。*CL* 比 *FL* 等于 *CM* 比 *MF*【命题 6.1】，所以 *CM* 与 *MF* 是长度不可公度的【命题 10.11】。它们都是有理线段，所以 *CM* 和 *MF* 是仅正方可公度的有理线段。所以，*CF* 是一条余线【命题 10.73】。可以证明它是一条第六余线。

因为 *FL* 等于 *AG* 与 *GB* 所构成的矩形的二倍，设 *N* 平分 *FM*，过 *N* 作 *NO* 平行于 *CD*，所以 *FO* 和 *NL* 都等于 *AG* 与 *GB* 所构成的矩形。又因为 *AG* 和 *GB* 是正方不可公度的，所以 *AG* 上的正方形与 *GB* 上的正方形是不可公度的。但 *CH* 等于 *AG* 上的正方形，*KL* 等于 *GB* 上的正方形，所以 *CH* 与 *KL* 是不可公度的。且 *CH* 比 *KL* 等于 *CK* 比 *KM*【命题 6.1】，所以 *CK* 与 *KM* 是长度不可公度的【命题 10.11】。又因为 *AG* 与 *GB* 所构成的矩形是 *AG* 和 *GB* 上的两正方形的比例中项【命题 10.21 引理】，且 *CH* 等于 *AG* 上的正方形，*KL* 等于 *GB* 上的正方形，*NL* 等于 *AG* 与 *GB* 所构成的矩形，所以 *NL* 是 *CH* 和 *KL* 的比例中项。所以，*CH* 比 *NL* 等于 *NL* 比 *KL*。与前面的命题同理，*CM* 上的正方形与 *MF* 上的正方形的差是与 *CM* 长度不可公度的某条线段上的正方形【命题 10.18】。且它们都与已知的有理线段 *CD* 是不可公度的。所以，*CF* 是一条第六余线【定义 10.16】。这就是该命题的结论。

命题 103

与一条余线是长度可公度的线段是余线，且同级。

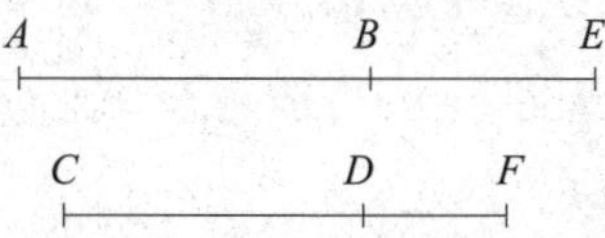

已知 *AB* 是一条余线，*CD* 与 *AB* 是长度可公度的。可证 *CD* 也是一条余线，且与 *AB* 是同级的。

因为 *AB* 是一条余线，设 *BE* 是它的附加线段，所以 *AE* 和 *EB* 是仅正方可公度的有理线段【命题 10.73】。使 *BE* 与 *DF* 的比等于 *AB* 与 *CD* 的比【命题 6.12】，所以一个比一个等于所有前项的和比所有后项的和【命题 5.12】。所以，整个 AE 比 CF 等于 AB 比 CD。AB 与 CD 是长度可公度的，所以 AE 与 CF 是长度可公度的，且 BE 与 DF 是长度可公度的【命题 10.11】。AE 和 BE 是仅正方可公度的有理线段，所以 CF 和 FD 是仅正方可公度的有理线段【命题 10.13】。所以，CD 是余线。可以证明它与 AB 是同级的。

因为 AE 比 CF 等于 BE 比 DF，所以由其更比例得，AE 比 EB 等于 CF 比 FD【命题 5.16】。所以，AE 上的正方形与 EB 上的正方形的差是与 AE 或者长度可公度或者长度不可公度的某条线段上的正方形。所以，如果 AE 上的正方形与 EB 上的正方形的差是与 AE 长度可公度的某条线段上的正方形，那么 CF 上的正方形与 FD 上的正方形的差是与 CF 长度可公度的某条线段上的正方形【命题 10.14】。如果 AE 与已知的有理线段长度可公度，那么 CF 也与该有理线段是长度可公度的【命题 10.12】；如果 BE 与已知的有理线段可公度，那么 DF 也与该有理线段可公度；且如果 AE 和 EB 都与已知的有理线段不可公度，那么 CF 和 FD 也都与该有理线段不可公度【命题 10.13】。如果 AE 上的正方形与 EB 上的正方形的差是与 AE 长度不可公度的某条线段上的正方形，那么 CF 上的正方形与 FD 上的正方形的差是与 CF 长度不可公度的某条线段上的正方形【命题 10.14】。如果 AE 与已知的有理线段是长度可公度的，那么 CF 也与该有理线段是可公度的【命题 10.12】；如果 BE 与已知的有理线段是可公度的，那么 DF 也与该有理线段是可公度的；如果 AE 和 EB 与已知的有理线段是不可公度的，那么 CF 和 FD 也与该有理线段是不可公度的【命题 10.13】。

所以，CD 是一条余线，并与 AB 同级【定义 10.11—10.16】。这就是该命题的结论。

命题104

与一条中项线段的余线是长度可公度的线段，也是一条中项线段的余线，且它们同级。

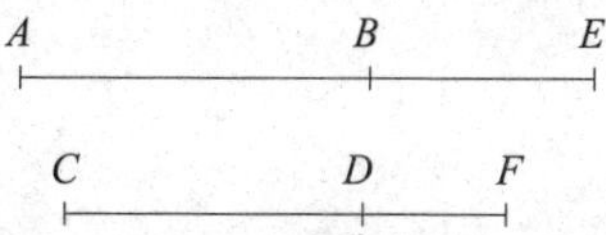

已知 *AB* 是一条中项线段的余线，且 *CD* 与 *AB* 是长度可公度的。可证 *CD* 也是一条中项线段的余线，且它与 *AB* 同级。

因为 *AB* 是一条中项线段的余线，设 *EB* 是它的附加线段，所以 *AE* 和 *EB* 是仅正方可公度的中项线段【命题10.74、10.75】。使 *AB* 比 *CD* 等于 *BE* 比 *DF*【命题6.12】，所以 *AE* 与 *CF* 是长度可公度的，且 *BE* 与 *DF* 是长度可公度的【命题5.12、10.11】。又，*AE* 和 *EB* 是仅正方可公度的中项线段，所以 *CF* 和 *FD* 也是仅正方可公度的中项线段【命题10.23、10.13】。所以，*CD* 是一条中项线段的余线【命题10.74、10.75】。可以证明它与 *AB* 同级。

因为 *AE* 比 *EB* 等于 *CF* 比 *FD*【命题5.12、5.16】，但 *AE* 比 *EB* 等于 *AE* 上的正方形比 *AE* 与 *EB* 所构成的矩形，所以 *CF* 比 *FD* 等于 *CF* 上的正方形比 *CF* 与 *FD* 所构成的矩形，所以 *AE* 上的正方形比 *AE* 与 *EB* 所构成的矩形等于 *CF* 上的正方形比 *CF* 与 *FD* 所构成的矩形【命题10.21引理】，其更比例为，*AE* 上的正方形比 *CF* 上的正方形等于 *AE* 与 *EB* 所构成的矩形比 *CF* 与 *FD* 所构成的矩形。*AE* 上的正方形与 *CF* 上的正方形是可公度的。*AE*、*EB* 所构成的矩形与 *CF*、*FD* 所构成的矩形也是可公度的【命题5.16、10.11】。如果 *AE* 与 *EB* 所构成的矩形是有理的，则 *CF* 和 *FD* 所构成的矩形也是有理的【定义 10.4】；如果 AE 与 EB 所构成的矩形是中项面，则 CF 与 FD 所构成的矩形是中项面【命题 10.23 推论】。

所以，CD 是一条中项线段的余线，且与 AB 是同级【命题 10.74、10.75】。这就是该命题的结论。

命题 105

与一条次要线段是长度可公度的线段也是一条次要线段。

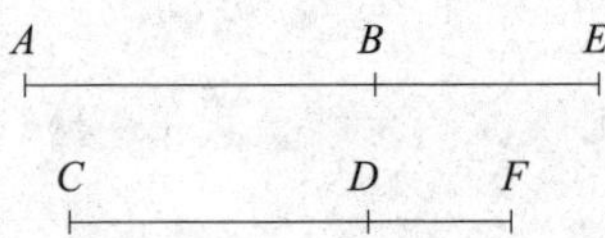

已知 AB 是一条次要线段，CD 与 AB 是长度可公度的。可证 CD 也是一条次要线段。

作与前面的命题一样的图。因为 AE 和 EB 是正方不可公度的【命题 10.76】，所以 CF 和 FD 也是正方不可公度的【命题 10.13】。因为 AE 比 EB 等于 CF 比 FD【命题 5.12、5.16】，所以 AE 上的正方形比 EB 上的正方形等于 CF 上的正方形比 FD 上的正方形【命题 6.22】。所以，其合比例为，AE 和 EB 上的正方形的和比 EB 上的正方形等于 CF 和 FD 上的正方形的和比 FD 上的正方形【命题 5.18】。BE 上的正方形与 DF 上的正方形是可公度的【命题 10.104】，所以 AE 和 EB 上的正方形的和与 CF 和 FD 上的正方形的和是可公度的【命题 5.16、10.11】。又，AE 和 EB 上的正方形的和是有理的【命题 10.76】，所以 CF 和 FD 上的正方形的和也是有理的【定义 10.4】。又因为 AE 上的正方形比 AE 与 EB 所构成的矩形等于 CF 上的正方形比 CF 与 FD 所构成的矩形【命题 10.21 引理】，且 AE 上的正

方形与 CF 上的正方形是可公度的，所以 AE、EB 所构成的矩形与 CF、FD 所构成的矩形是可公度的。又，AE 与 EB 所构成的矩形是中项面【命题 10.76】，所以 CF 与 FD 所构成的矩形是中项面【命题 10.23 推论】。所以，CF 和 FD 是正方不可公度的，且它们上的正方形的和是有理的，它们所构成的矩形是中项面。

所以，CD 是次要线段【命题 10.76】。这就是该命题的结论。

命题 106

与一条有理面中项面差的边长度可公度的线段是有理面中项面差的边。

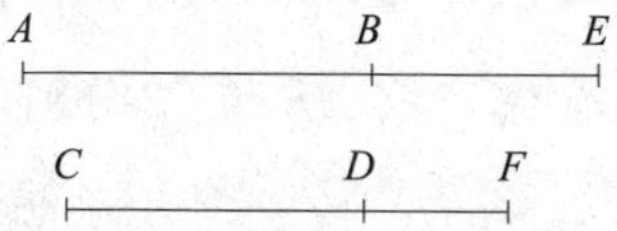

已知 AB 是有理面中项面差的边，CD 与 AB 是长度可公度的。可证 CD 也是有理面中项面差的边。

设 BE 是 AB 的附加线段，所以 AE 和 EB 是正方不可公度的线段，且 AE 与 EB 上的正方形的和是中项面，它们所构成的矩形是有理的【命题 10.77】。作与前面的命题一样的图，所以与前面的命题相似，可以证明 CF 和 FD 的比等于 AE 与 EB 的比，且 AE 与 EB 上的正方形的和与 CF 和 FD 上的正方形的和是可公度的，且 AE、EB 所构成的矩形与 CF、FD 所构成的矩形也是可公度的；所以，CF 和 FD 是正方不可公度的线段，CF 和 FD 上的正方形的和是中项面，它们所构成的矩形是有理的。

所以，CD 是有理面中项面差的边【命题 10.77】。这就是该命题的结论。

命题 107

与两中项面差的边长度可公度的线段是两中项面差的边。

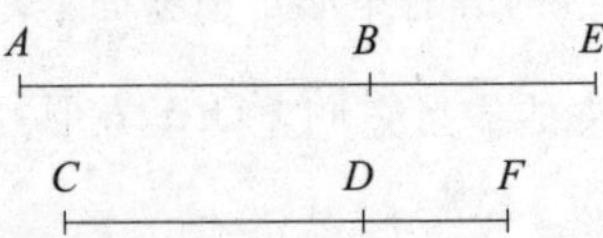

已知 AB 是两中项面差的边，CD 与 AB 是长度可公度的。可证 CD 也是两中项面差的边。

设 BE 是 AB 的附加线段，作与前面的命题一样的图，所以 AE 和 EB 是正方不可公度的线段，它们上的正方形的和是中项面，且它们所构成的矩形也是中项面，更有它们上的正方形的和与它们所构成的矩形是不可公度的【命题 10.78】。如前面所证，AE 和 EB 分别与 CF 和 FD 是长度可公度的，且 AE 和 EB 上的正方形的和与 CF 和 FD 上的正方形的和是可公度的，AE、EB 所构成的矩形与 CF、FD 所构成的矩形是可公度的；所以，CF 和 FD 是正方不可公度的线段，它们上的正方形的和是中项面，它们所构成的矩形是中项面，且它们上的正方形的和与它们所构成的矩形是不可公度的。

所以，CD 是两中项面差的边【命题 10.78】。这就是该命题的结论。

命题 108

从一个有理面减去一个中项面，剩下的面的边是两条无理线段之一，或者是一条余线，或者是一条次要线段。

从有理面 BC 中减去中项面 BD。可证余下的面 EC 的两条无理线段中的一条，或者是一条余线，或者是一条次要线段。

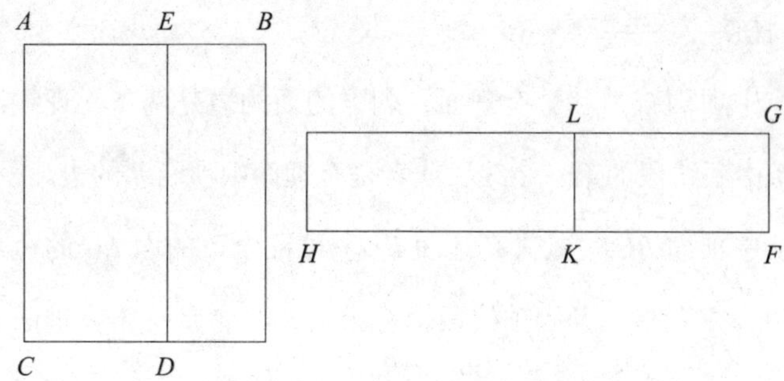

作有理线段 FG，并在与 FG 重合的线段上，作矩形 GH 等于 BC，从 GH 中截取 GK 等于 DB，所以余下的 EC 等于 LH。因为 BC 是有理面，BD 是中项面，且 BC 等于 GH，BD 等于 GK，所以 GH 是有理面，GK 是中项面。它们都与有理线段 FG 重合，所以 FH 是有理线段，且与 FG 是长度可公度的【命题 10.20】。FK 是有理线段，且与 FG 是长度不可公度的【命题 10.22】，所以 FH 与 FK 是长度不可公度的【命题 10.13】。所以，FH 和 FK 是仅正方可公度的有理线段。所以，KH 是一条余线【命题 10.73】，且 KF 是它的附加线段。所以，HF 上的正方形与 FK 上的正方形的差是与 HF 长度可公度或不可公度的某条线段上的正方形。

首先，设两线段上的正方形的差是与 HF 长度可公度的某条线段上的正方形。整个 HF 与已知的有理线段 FG 是长度可公度的。所以，KH 是一条第一余线【定义 10.11】。由一条有理线段和一条第一余线所构成的矩形的边是一条余线【命题 10.91】，所以 LH 的边，即 EC 的边是一条余线。

如果 HF 上的正方形与 FK 上的正方形的差是与 HF 长度不可公度的某条线段上的正方形，因为整个 FH 与已知的有理线段 FG 是长度可公度的，所以 KH 是一条第四余线【定义 10.14】。由一条有理线段和一条第四余线所构成的矩形的边是一条次要线段【命题 10.94】。这就是该命题的结论。

命题 109

从一个中项面减去一个有理面，剩下的面的边是两条无理线段之一，或者是一条中项线段的第一余线，或者是有理面中项面差的边。

已知从中项面 BC 中减去有理面 BD。可证余下的面 EC 的边是两条无理线段之一，或者是一条中项线段第一余线，或者是一条有理面中项面差的边。

作有理线段 FG，设在与它重合的线段上，有类似的面，所以 FH 是有理的，且与 FG 是长度不可公度的，且 KF 也是有理的，与 FG 是长度可公度的。所以，FH 和 FK 是仅正方可公度的有理线段【命题 10.13】。所以，KH 是一条余线【命题 10.73】，FK 是它的附加线段。所以，HF 上的正方形与 FK 上的正方形的差或者是与 HF 长度可公度的某条线段上的正方形，或者是与 HF 长度不可公度的某条线段上的正方形。

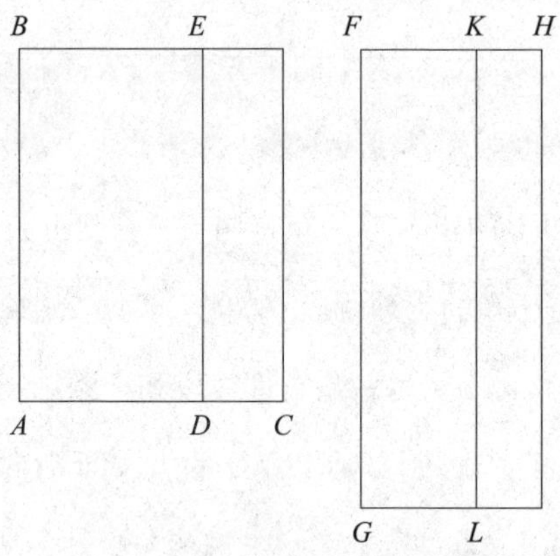

如果 HF 上的正方形与 FK 上的正方形的差是与 HF 长度可公度的某线段上的正方形，附加线段 FK 与已知的有理线段 FG 是长度可公度的，则 KH 是一条第二余线【定义 10.12】。又，FG 是有理的，所以 LH 的边，即

EC 的边，是一条中项线段的第一余线【命题 10.92】。

如果 *HF* 上的正方形与 *FK* 上的正方形的差是与 *HF* 长度不可公度的某条线段上的正方形，附加线段 *FK* 与已知有理线段 *FG* 是长度可公度的，*KH* 是一条第五余线【定义 10.15】。所以，*EC* 的边是有理面中项面差的边【命题 10.95】。这就是该命题的结论。

命题 110

从中项面减去一个与原中项面不可公度的中项面，余下的面的边是两条无理线段之一，或者是一条中项线段的第二余线，或者是一条两中项面差的边。

已知在之前的作图中，*BD* 是与原中项面不可公度的中项面，且 *BD* 是从原中项面 *BC* 中截取的。可证 *EC* 的边是两条无理线段之一，或者是一条中项线段的第二余线，或者是两中项面差的边。

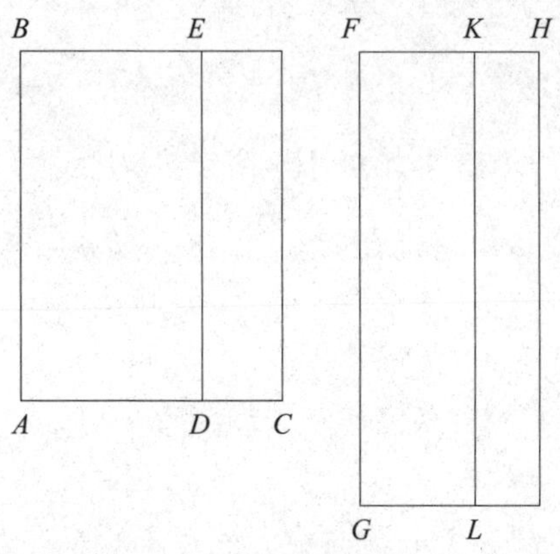

因为 *BC* 和 *BD* 是中项面，且 *BC* 和 *BD* 是不可公度的，所以 *FH* 和 *FK* 是有理线段，且都与 *FG* 是长度不可公度的【命题 10.22】。因为

BC 和 *BD* 是不可公度的，即 *GH* 和 *GK* 是不可公度的，*HF* 与 *FK* 也是长度不可公度的【命题 6.1、10.11】，所以 *FH* 和 *FK* 是仅正方可公度的有理线段。所以，*KH* 是一条余线【命题 10.73】，且 *FK* 是它的附加线段。所以，*FH* 上的正方形与 *FK* 上的正方形的差或者是与 *FH* 长度可公度的某条线段上的正方形，或者是与 *FH* 长度不可公度的某条线段上的正方形。

所以，如果 *FH* 上的正方形与 *FK* 上的正方形的差是与 *FH* 长度可公度的某条线段上的正方形，且 *FH* 和 *FK* 与已知的有理线段 *FG* 都是长度不可公度的，则 *KH* 是一条第三余线【定义 10.13】。*KL* 是一条有理线段。一条有理线段与一条第三余线所构成的矩形是无理的，且它的边是无理线段，称作中项线段的第二余线【命题 10.93】。所以，*LH* 的边，即 *EC* 的边，是一条中项线段的第二余线。

如果 *FH* 上的正方形与 *FK* 上的正方形的差是与 *FH* 长度不可公度的某条线段上的正方形，*HF* 和 *FK* 都与 *FG* 是长度不可公度的，则 *KH* 是一条第六余线【定义 10.16】。由一条有理线段和一条第六余线所构成的矩形的边是两中项面差的边【命题 10.96】。所以，*LH* 的边，即 *EC* 的边是两中项面差的边。这就是该命题的结论。

命题 111

余线不同于二项线段。

已知 *AB* 是一条余线。可证 *AB* 与一条二项线段是不同的。

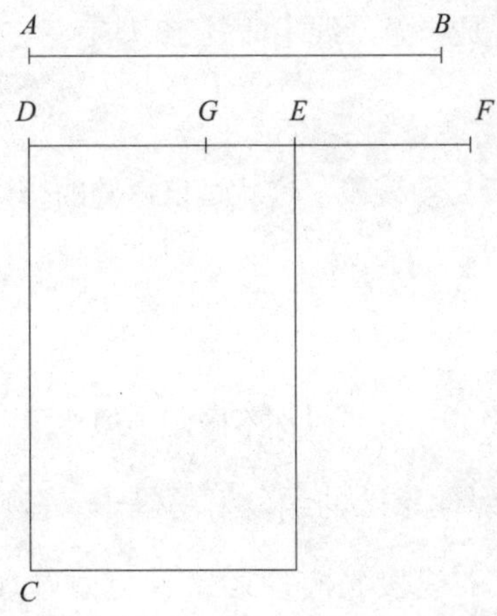

如果可能，设它们相同。作有理线段 DC。在与 CD 重合的线段上，作矩形 CE 等于 AB 上的正方形，DE 是宽。因为 AB 是一条余线，所以 DE 是一条第一余线【命题 10.97】。设 EF 是它的附加线段，所以 DF 和 FE 是仅正方可公度的有理线段，DF 上的正方形与 FE 上的正方形的差是与 DF 长度可公度的某条线段上的正方形，且 DF 与已知的有理线段 DC 是长度可公度的【定义 10.10】。又因为 AB 是二项线段，所以 DE 是一条第一二项线段【命题 10.60】。设 DE 被 G 分为它的两段，DG 较大，所以 DG 和 GE 是仅正方可公度的有理线段，且 DG 上的正方形与 GE 上的正方形的差是与 DG 长度可公度的某条线段上的正方形，且较大段 DG 与已知的有理线段 DC 是长度可公度的【定义 10.5】。所以，DF 与 DG 是长度可公度的【命题 10.12】。所以，余下的 GF 与 DF 也是长度可公度的【命题 10.15】。因为 DF 与 GF 是可公度的，且 DF 是有理的，所以 GF 也是有理的。因为 DF 与 GF 是长度可公度的，DF 与 EF 是长度不可公度的，所以 FG 与 EF 也是长度不可公度的【命题 10.13】。所以，GF 和 FE 是仅正方可公度的有理线段。所以，EG 是一条余线【命题 10.73】。它也是有理的。这是不可能的。

综上，余线不同于二项线段。这就是该命题的结论。

推论

余线和所有它后面的无理线段都不同于中项线段，且彼此不相同。

因为一条与有理线段重合的线段上的等于一条中项线段上的正方形的矩形，它的作为宽的线段是有理的，且与原有理线段是长度不可公度的【命题 10.22】。与一条有理线段重合的线段上的等于一条余线上的正方形的矩形，它的宽是第一余线【命题 10.97】。与一条有理线段重合的线段上的等于一条中项线段的第一余线上的正方形的矩形，它的宽是第二余线【命题 10.98】。与一条有理线段重合的线段上的等于一条中项线段的第二余线上的正方形的矩形，它的宽是第三余线【命题 10.99】。与一条有理线段重合的线段上的等于一条次要线段上的正方形的矩形，它的宽是第四余线【命题 10.100】。与一条有理线段重合的线段上的等于一条有理面中项面差的边上的正方形的矩形，它的宽是第五余线【命题 10.101】。与一条有理线段重合的线段上的等于一条两中项面差的边上的正方形的矩形，它的宽是第六余线【命题 10.102】。因为前面提到的宽都与第一个宽是不同的，且它们彼此也不相同，与第一个宽不同是因为第一个宽是有理的，彼此不同是因为它们不同级，显然无理线段彼此是不相同的。已经证明了余线不同于二项线段【命题 10.111】，且这些余线之后的无理线段上的矩形与有理线段重合，由此产生的宽是相应的余线；二项线段后的作为宽的无理线段是相应级的二项线段，所以余线后的无理线段是不同的，二项线段后的无理线段也是不同的。所以，共有 13 种无理线段：

中项线段，

二项线段，

第一双中项线段，

第二双中项线段，

主要线段，

有理面与中项面之和的边，

两中项面和的边，

余线，

中项线段的第一余线，

中项线段的第二余线，

次要线段，

有理面中项面差的边，

两中项面差的边。

命题 112①

在一条与二项线段重合的线段上，有一个等于一条有理线段上的正方形的矩形，由此产生的宽是余线，它的两段与二项线段的两段是长度可公度的，且它们两段的比值相同。而且，余线与二项线段是同级的。

① 海伯格认为，本命题和随后的命题是早期对原文的补充部分。

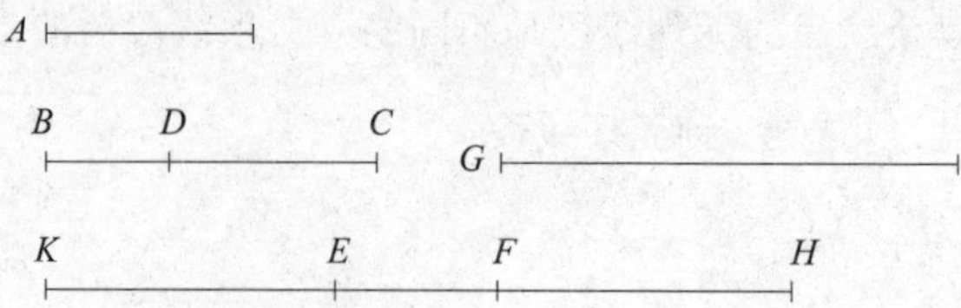

已知 A 是一条有理线段，BC 是一条二项线段，其中 DC 是它的两段中的较大段。BC 与 EF 所构成的矩形等于 A 上的正方形。可证 EF 是余线，且它的两段与 CD 和 DB 是长度可公度的，且比值相等，并且 EF 与 BC 是同级的。

设 BD 与 G 所构成的矩形等于 A 上的正方形。因为 BC 与 EF 所构成的矩形等于 BD 与 G 所构成的矩形，所以 CB 比 BD 等于 G 比 EF【命题6.16】。又，CB 大于 BD，所以 G 大于 EF【命题5.16、5.14】。设 EH 等于 G，所以 CB 比 BD 等于 HE 比 EF。所以，由其分比例得，CD 比 BD 等于 HF 比 FE【命题5.17】。使 HF 比 FE 等于 FK 比 KE，所以整个 HK 比整个 KF 等于 FK 比 KE。比例中的前项之一比后项之一等于所有前项的和比所有后项的和【命题5.12】。FK 比 KE 等于 CD 比 DB【命题5.11】，所以 HK 比 KF 等于 CD 比 DB【命题5.11】。又，CD 上的正方形与 DB 上的正方形是可公度的【命题10.36】，所以 HK 上的正方形与 KF 上的正方形是可公度的【命题6.22、10.11】。HK 上的正方形比 KF 上的正方形等于 HK 比 KE，因为 HK、KF 和 KE 这三条线段是成比例的【定义5.9】，所以 HK 与 KE 是长度可公度的【命题10.11】。所以，HE 与 EK 也是长度可公度的【命题10.15】。又因为 A 上的正方形等于 EH 与 BD 所构成的矩形，且 A 上的正方形是有理的，所以 EH 和 BD 所构成的矩形也是有理的。它与有理线段 BD 重合，所以 EH 是有理线段，且与 BD 是长度可公度的【命题10.20】。所以，与 EH 是长

度可公度的线段 EK 也是有理的【定义 10.3】，且与 BD 是长度可公度的【命题 10.12】。因为 CD 比 DB 等于 FK 比 KE，且 CD 和 DB 是仅正方可公度的线段，所以 FK 和 KE 也是仅正方可公度的【命题 10.11】。又，KE 是有理线段，所以 FK 也是有理线段。所以，FK 和 KE 是仅正方可公度的有理线段。所以，EF 是一条余线【命题 10.73】。

又，CD 上的正方形与 BD 上的正方形的差或者是与 CD 长度可公度的某条线段上的正方形，或者是与 CD 长度不可公度的某条线段上的正方形。

如果 CD 上的正方形与 DB 上的正方形的差是与 CD 长度可公度的某条线段上的正方形，那么 FK 上的正方形与 KE 上的正方形的差是与 FK 长度可公度的某条线段上的正方形【命题 10.14】。如果 CD 与已知的有理线段是长度可公度的，那么 FK 也与已知的有理线段是长度可公度的【命题 10.11、10.12】。如果 BD 与已知的有理线段是可公度的，那么 KE 也与已知的有理线段是可公度的【命题 10.12】。如果 CD 或者 DB 与已知的有理线段是长度不可公度的，那么 FK 和 KE 也一样。

如果 CD 上的正方形与 DB 上的正方形的差是与 CD 长度不可公度的某条线段上的正方形，那么 FK 上的正方形与 KE 上的正方形的差是与 FK 长度不可公度的某条线段上的正方形【命题 10.14】。如果 CD 与已知的有理线段是长度可公度的，那么 FK 也是这样【命题 10.11、10.12】。如果 BD 与已知的有理线段是长度可公度的，那么 KE 也是这样【命题 10.12】。如果 CD、DB 与已知的有理线段是长度不可公度的，那么 FK、KE 也是一样的。所以，FE 是一条余线，且它的两段 FK 和 KE 与二项线段的两段 CD 和 DB 是长度可公度的，它们的比值相同，FE 与 BC 是同级的【定义 10.5—10.10】。这就是该命题的结论。

命题 113

在一条与余线重合的线段上，有一个等于一条有理线段上的正方形的矩形，由此产生的宽是二项线段，且它的两段与余线的两段是长度可公度的，它们两段的比值相同，而且二项线段与余线是同级的。

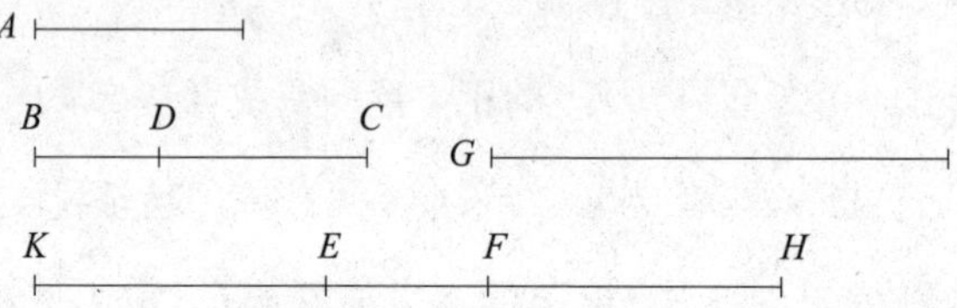

已知 *A* 是有理线段，*BD* 是余线。*BD* 与 *KH* 所构成的矩形等于 *A* 上的正方形，这样在与余线 *BD* 重合的线段上，有等于有理线段 *A* 上的正方形的矩形，由此产生的宽是 *KH*。可证 *KH* 是一条二项线段，它的两段与 *BD* 的两段是长度可公度的，且它们的比值相等，*KH* 与 *BD* 是同级的。

设 *DC* 是 *BD* 的附加线段，所以 *BC* 与 *CD* 是仅正方可公度的有理线段【命题 10.73】。设 *BC* 与 *G* 所构成的矩形等于 *A* 上的正方形。又，*A* 上的正方形是有理的，所以 *BC* 与 *G* 所构成的矩形是有理的，且它与有理线段 *BC* 重合。所以，*G* 是有理的，且与 *BC* 是长度可公度的【命题 10.20】。因为 *BC* 与 *G* 所构成的矩形等于 *BD* 与 *KH* 所构成的矩形，所以，由比例可得，*CB* 比 *BD* 等于 *KH* 比 *G*【命题 6.16】。*BC* 大于 *BD*，所以 *KH* 大于 *G*【命题 5.16、5.14】。作 *KE* 等于 *G*，所以 *KE* 与 *BC* 是长度可公度的。因为 *CB* 比 *BD* 等于 *HK* 比 *KE*，所以，由换比例得，*BC* 比 *CD* 等于 *KH* 比 *HE*【命题 5.19 推论】。设 *KH* 比 *HE* 等于 *HF* 比 *FE*，所以余下的 *KF* 比 *FH* 等于 *KH* 比 *HE*，即等于 *BC* 比 *CD*【命题 5.19】。又，*BC* 与 *CD* 是仅正方可公度的，所以 *KF* 和 *FH* 是仅正方可公度的【命题 10.11】。因为 KH 比 HE 等于 KF 比 FH，KH 比 HE 等于 HF 比 FE，所以 KF 比 FH 等于 HF 比 FE【命题 5.11】。第一个比第三个等于第一个上的正方形比第二个上的正方形【定义 5.9】。KF 比 FE 等于 KF 上的正方形比 FH 上的正方形。KF 上的正方形与 FH 上的正方形是可公度的。这是因为 KF 和 FH 是正方可公度的，所以 KF 与 FE 是长度可公度的【命题 10.11】。所以，KF 与 KE 是长度可公度的【命题 10.15】。又，KE 是有理的，且与 BC 是长度可公度的，所以 KF 是有理的，且与 BC 是长度可公度的【命题 10.12】。又，因为 BC 比 CD 等于 KF 比 FH，由更比例可得，BC 比 KF 等于 DC 比 FH【命题 5.16】。又，BC 与 KF 是长度可公度的，所以 FH 与 CD 是长度可公度的【命题 10.11】。又，BC 和 CD 是仅正方可公度的有理线段，所以 KF 和 FH 是仅正方可公度的有理线段【定义 10.3、命题 10.13】。所以，KH 是二项线段【命题 10.36】。

如果 BC 上的正方形与 CD 上的正方形的差是与 BC 长度可公度的某条线段上的正方形，那么 KF 上的正方形与 FH 上的正方形的差是与 KF 长度可公度的某条线段上的正方形【命题 10.14】。如果 BC 与已知的有理线段是长度可公度的，那么 KF 也与已知的有理线段是长度可公度的【命题 10.12】。如果 CD 与已知的有理线段是长度可公度的，那么 FH 也是一样的【命题 10.12】。如果 BC、CD 与已知的有理线段是长度不可公度的，那么 KF、FH 也是一样的【命题 10.13】。

如果 BC 上的正方形与 CD 上的正方形的差是与 BC 长度不可公度的某条线段上的正方形，那么 KF 上的正方形与 FH 上的正方形的差是与 KF 长度不可公度的某条线段上的正方形【命题 10.14】。如果 BC 与已知的有理线段是长度可公度的，则 KF 与已知的有理线段是长度可公度的【命题 10.12】。如果 CD 与已知的有理线段是可公度的，那么 FH 也是一样的【命题 10.12】。如果 BC、CD 与已知的有理线段是长度不可公度的，那么 KF、FH 也是一样的【命题 10.13】。

所以，KH 是一条二项线段，它的两段 KF 和 FH 与余线的两段 BC 和 CD 是长度可公度的，且它们各自的比值相等。而且，KH 与 BC 是同级的【定义 10.5—10.10】。这就是该命题的结论。

命题 114

如果一个矩形由一条余线和一条二项线段所构成，且二项线段的两段与余线的两段是可公度的，且它们的比值相等，那么该矩形的边是有理的。

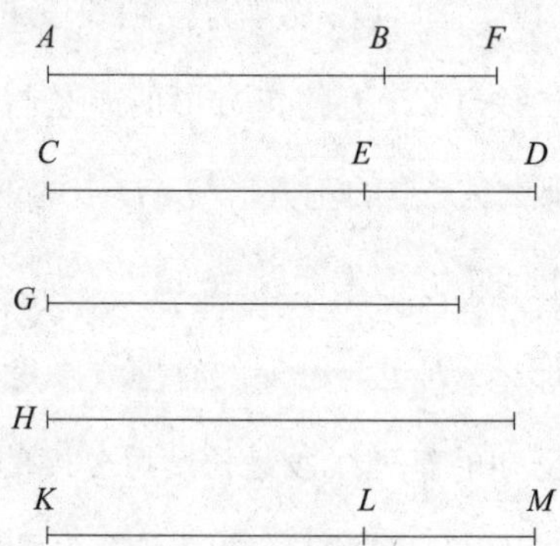

已知余线 AB 和二项线段 CD 所构成的矩形是 AB、CD，其中 CE 是 CD 的两段中的较大段，二项线段的两段 CE 和 ED 与余线的两段 AF 和 FB 是可公度的，且它们的比值相等。设 AB 与 CD 所构成的矩形的边是 G。可证 G 是有理线段。

作有理线段 H。在与 CD 重合的线段上，作一个矩形等于 H 上的正方形，*KL* 为宽。所以，*KL* 是一条余线，且它的两段 *KM* 和 *ML* 分别与二项线段的两段 *CE* 和 *ED* 是可公度的，且它们的比值相同【命题 10.112】。但 *CE* 和 *ED* 分别与 *AF* 和 *FB* 也是可公度的，且比值相同，所以 *AF* 比 *FB* 等于 *KM* 比 *ML*。所以，由其更比例可得，*AF* 比 *KM* 等于 *BF* 比 *LM*【命题 5.16】。所以，余下的 *AB* 比余下的 *KL* 等于 *AF* 比 *KM*【命题 5.19】。*AF* 与 *KM* 是可公度的【命题 10.12】，所以 *AB* 与 *KL* 是可公度的【命题 10.11】。*AB* 比 *KL* 等于 *CD* 与 *AB* 所构成的矩形比 *CD* 与 *KL* 所构成的矩形【命题 6.1】，所以 *CD* 与 *AB* 所构成的矩形与 *CD* 与 *KL* 所构成的矩形是可公度的【命题 10.11】。*CD* 与 *KL* 所构成的矩形等于 *H* 上的正方形，所以 *CD* 和 *AB* 所构成的矩形与 *H* 上的正方形是可公度的。*G* 上的正方形等于 *CD* 与 *AB* 所构成的矩形，所以 *G* 上的正方形与 *H* 上的正方形是可公度的。*H* 上的正方形是有理的，所以 *G* 上的正方形是有理的。所以，*G* 是有理线段，且它是 *CD* 与 *AB* 所构成的矩形的边。

综上，如果一个矩形由一条余线和一条二项线段所构成，且二项线段的两段与余线的两段是可公度的，且它们的比值相等，那么该矩形的边是有理的。

推论

从这里，也可以很明显地得到，无理线段所构成的矩形也可能是有理面。这就是该命题的结论。

命题 115

中项线段可以产生无穷多条无理线段，且没有一条无理线段与之前的线段是相同的。

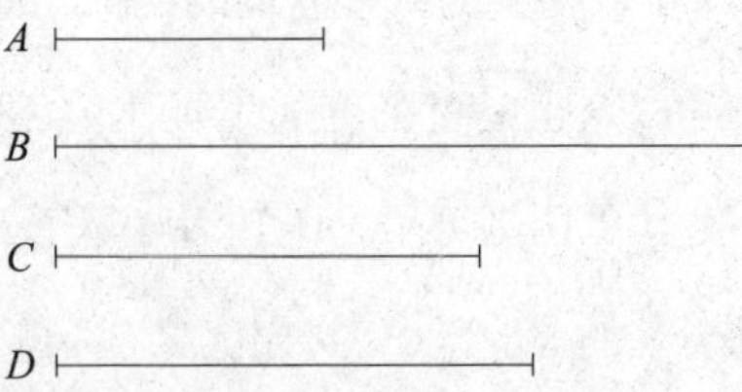

设 A 是一条中项线段。可证 A 能产生无穷多条无理线段，且任何一条都与之前的线段是不同的。

作有理线段 B。设 C 上的正方形等于 B 与 A 所构成的矩形，所以 C 是无理的【定义 10.4】。无理线段和有理线段所构成的矩形是无理的【命题 10.20】，且 C 与之前的线段都不同。这是因为在一条与有理线段重合的线段上，没有一个等于之前任意线段上的正方形的矩形，产生的作为宽的线段是一条中项线段。设 D 上的正方形等于 B 与 C 所构成的矩形，所以 D 上的正方形是无理的【命题 10.20】。所以，D 是无理线段【定义 10.4】。D 与之前的线段都不同。这是因为在一条与有理线段重合的线段上，没有一个等于之前任意线段上的正方形的矩形，所产生的宽是 C。相似地，将这样的排列无尽地继续下去，很明显，一条中项线段会产生无穷多条无理线段，且任意一条都与之前的线段不同。这就是该命题的结论。

第 11 卷　简单立体几何

定 义

1. 立体是有长、宽、高的图形。

2. 立体的边界是面。

3. 当一条直线与同一平面的所有与它相交的直线成直角时，这条直线就与这个面成直角。

4. 两个相交平面中的一个平面上的直线与它们的交线成直角，并且这些直线也与另一个平面成直角时，这两个平面相交成直角。

5. 从一条与平面相交的直线上的任意一点向平面作垂线，则这条直线与连接交点和垂足的连线所成的角是直线与平面的倾角。

6. 从两个相交平面的交线上的同一点分别在两平面内作交线的垂线，这两条垂线所夹的锐角是两平面的倾角。

7. 一对平面的倾角等于另一对平面的倾角，称它们有相似的倾角。

8. 彼此不相交的平面是平行平面。

9. 由相等数量的相似平面构成的立体图形称作相似立体图形。

10. 由相等数量的相似且相等的平面构成的立体图形称作相似且相等的

立体图形。

11. 不在同一平面内多于两条并交于一点的所有直线构成的图形称为立体角。换句话说，不在同一个平面内并多于两个又交于一点的平面角构成的图形称为一个立体角。

12. 几个交于一点的面与另外一个面构成的图形，这个面与交点之间的部分称为棱锥。

13. 棱柱体由几个平面组成，其中有两个平面是相对、相等、相似且平行的，其他平面均是平行四边形。

14. 固定一个半圆的直径，使半圆绕直径旋转到开始的位置，所围成的图形就是球体。

15. 球的轴是半圆绕成球时的固定不动的直径。

16. 球心与半圆的圆心是同一点。

17. 球的直径是任何过球心的端点在球面上的线段。

18. 固定一个直角三角形的一条直角边，使三角形绕该直角边旋转到开始的位置，所围成的图形就是圆锥体。如果该直角三角形中固定的直角边等于另一条直角边，则旋转所围成的圆锥体是直角圆锥；如果固定的直角边小于另一直角边，则该圆锥体是钝角圆锥；如果固定的直角边大于另一直角边，则该圆锥体是锐角圆锥。

19. 圆锥的轴是绕成圆锥的直角三角形的固定不动的直角边。

20. 圆锥的底是直角三角形的另一条直角边绕轴所形成的圆面。

21. 固定一个矩形的一边，使矩形绕该边旋转到开始的位置，所围成的图形就是圆柱体。

22. 圆柱的轴是绕成圆柱的矩形的固定不动的边。

23. 圆柱的底是矩形绕成圆柱时，相对的两边旋转成的两个圆面。

24. 当圆锥或圆柱的轴和底面的直径成比例时，称这些圆锥或圆柱是相似圆锥或相似圆柱。

25. 立方体是由六个相等的正方形围成的立体图形。

26. 正八面体是由八个全等的等边三角形围成的立体图形。

27. 正二十面体是由二十个全等的等边三角形围成的立体图形。

28. 正十二面体是由十二个相等的等边且等角的五边形围成的立体图形。

命　题

命题 1[①]

一条直线不可能一部分在平面内，另一部分在平面外。

因为，如果可能，设直线 *ABC* 的一部分 *AB* 在平面内，另一部分 *BC* 在平面外。

在平面内，延长直线 *AB*，[②] 设延长的部分为 *BD*，所以 *AB* 是两条直线 *ABC* 和 *ABD* 的共同部分。这是不可能的。因为如果以 *B* 为圆心，*AB* 为半径作圆，那么直径 *ABD* 和 *ABC* 所截的圆弧是不相等的。

综上，一条直线不可能一部分在平面内，另一部分在平面外。这就是该命题的结论。

---

① 本卷的前三个命题的证明并不严谨。这些命题应该被看作公理。

② 此命题实际上假定了正在讨论的命题的有效性。

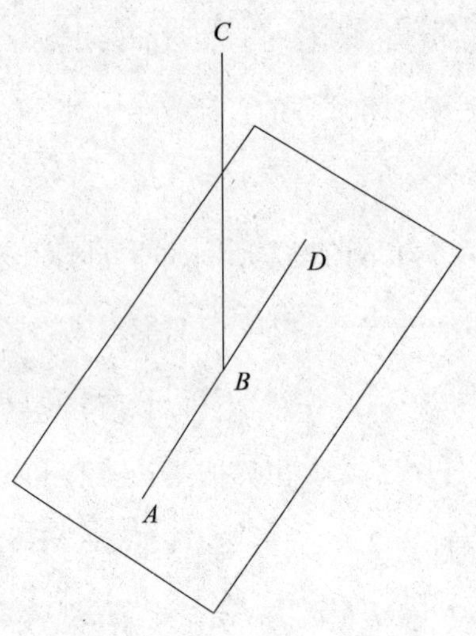

命题 2

如果两条直线彼此相交，那么这两条直线在同一个平面内，且每个由相交线构成的三角形也在同一个平面内。

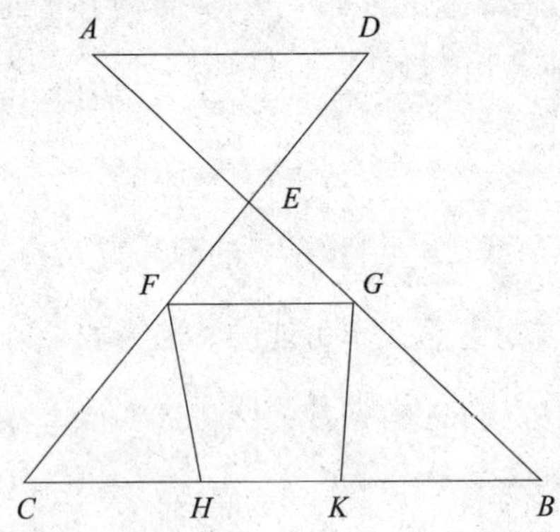

已知两条直线 AB 和 CD 相交于点 E。可证 AB 和 CD 在同一个平面内，且每个由两条直线的相交线构成的三角形也在同一个平面内。

分别在 *EC* 和 *EB* 上任取点 *F* 和 *G*。连接 *CB*、*FG*。作 *FH* 和 *GK* 与 *BC* 相交。首先证明三角形 *ECB* 在同一个平面内。如果三角形 *ECB* 的一部分 *FHC* 或 *GBK* 在一个平面内，其他部分在另一个平面内，那么直线 *EC*、*EB* 之一的一部分在原平面内，另一部分在另一个平面内。如果三角形 *ECB* 的一部分 *FCBG* 在原平面内，剩下的部分在另一个平面内，则直线 *EC*、*EB* 的一部分在原平面内，另一部分在另一个平面内。已经证明这是不可能的【命题 11.1】。所以，三角形 *ECB* 在同一个平面内。不管三角形 *ECB* 在哪个平面，*EC* 和 *EB* 都与其在同一个平面内，而 *EC* 和 *EB* 所在的平面也是 *AB* 和 *CD* 所在的平面【命题 11.1】，所以直线 *AB* 和 *CD* 在同一个平面内，且由相交线构成的每个三角形也都在同一个平面内。这就是该命题的结论。

命题 3

如果两个平面相交，那么它们公共的部分是一条直线。

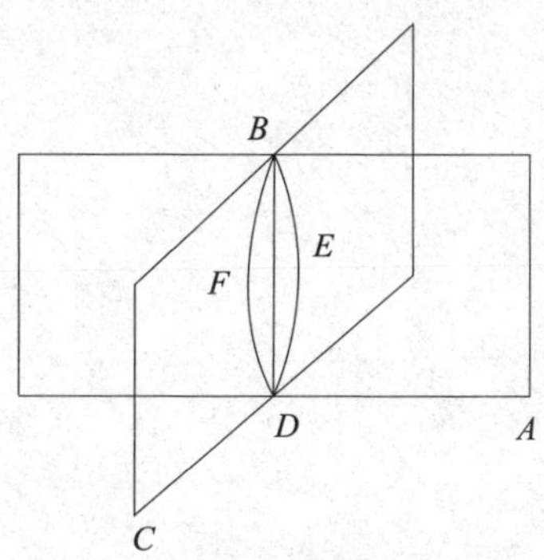

已知两平面 *AB* 和 *BC* 相交，设它们公共部分为线 *DB*。可证 *DB* 是一条直线。

如果不是，设在平面 *AB* 内从 *D* 到 *B* 连接的直线是 *DEB*，且 *DFB* 是平面 *BC* 内的直线，所以两条直线 *DEB* 和 *DFB* 有相同的端点，很明显，它们围成一个面。这是不可能的。所以，*DEB* 和 *DFB* 不是直线。相似地，可以证明除 *DB* 外没有连接 *D* 和 *B* 的直线，而 *DB* 正是平面 *AB* 和 *BC* 的公共部分。

综上，如果两个平面相交，那么它们公共的部分是一条直线。这就是该命题的结论。

命题 4

如果一条直线过两相交直线的交点，并与两直线成直角，那么该直线与两相交直线所在的平面成直角。

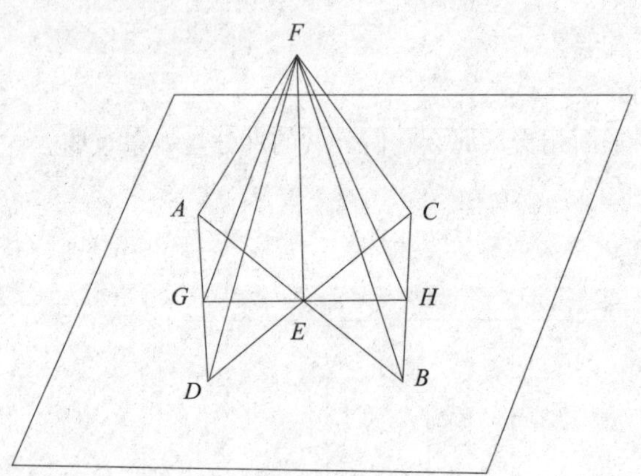

已知直线 *EF* 在两相交直线 *AB* 和 *CD* 的交点 *E* 处与两直线成直角。可证 *EF* 与 *AB* 和 *CD* 所在的平面也成直角。

取 *AE*、*EB*、*CE* 和 *ED* 彼此相等，在 *AB* 和 *CD* 所在的平面内，过 *E* 作任意直线 *GEH*。连接 *AD*、*CB*。设点 *F* 是 *EF* 上任意一点，连接 *FA*、

FG、*FD*、*FC*、*FH* 和 *FB*。

因为直线 *AE* 和 *ED* 分别等于直线 *CE* 和 *EB*，且它们的夹角也相等【命题 1.15】，所以底边 *AD* 等于 *CB*，三角形 *AED* 等于三角形 *CEB*【命题 1.4】。因此，角 *DAE* 等于角 *EBC*。又，角 *AEG* 等于角 *BEH*【命题 1.15】，所以三角形 *AEG* 和 *BEH* 有两对角对应相等，并有一条边对应相等，即两等角之间的边 *AE* 等于 *EB*。所以，余下的边对应相等【命题 1.26】。所以，*GE* 等于 *EH*，*AG* 等于 *BH*。因为 *AE* 等于 *EB*，*FE* 是两直角处的公共边，所以底边 *FA* 等于 *FB*【命题 1.4】。同理，*FC* 等于 *FD*。因为 *AD* 等于 *CB*，*FA* 等于 *FB*，两边 *FA* 和 *AD* 分别等于两边 *FB* 和 *BC*，且已经证明底边 *FD* 等于 *FC*，所以角 *FAD* 等于角 *FBC*【命题 1.8】。又因为已经证明 *AG* 等于 *BH*，*FA* 等于 *FB*，两边 *FA* 和 *AG* 分别等于两边 *FB* 和 *BH*，且已经证明角 *FAG* 等于 *FBH*，所以底边 *FG* 等于 *FH*【命题 1.4】。又，*GE* 等于 *EH*，*EF* 是公共边，两边 *GE* 和 *EF* 分别等于两边 *HE* 和 *EF*。底边 *FG* 等于 *FH*。所以，角 *GEF* 等于角 *HEF*【命题 1.8】。所以，角 *GEF* 和 *HEF* 是直角【定义 1.10】。所以，*FE* 与 *GH* 成直角，其中 *GH* 是 *AB* 和 *AC* 所在平面上的任意一条过 *E* 的直线。相似地，可以证明 *FE* 与所有在同一平面内与其相交的直线成直角【定义 11.3】，所以 *FE* 与平面成直角。又，该平面经过直线 *AB* 和 *CD*，所以 *FE* 与 *AB* 和 *CD* 所在的平面成直角。

综上，如果一条直线过两相交直线的交点，并与两直线成直角，那么该直线与两相交直线所在的平面成直角。这就是该命题的结论。

命题 5

如果一条直线过三条相交直线的交点，并与三条直线成直角，那么这三条直线在同一个平面内。

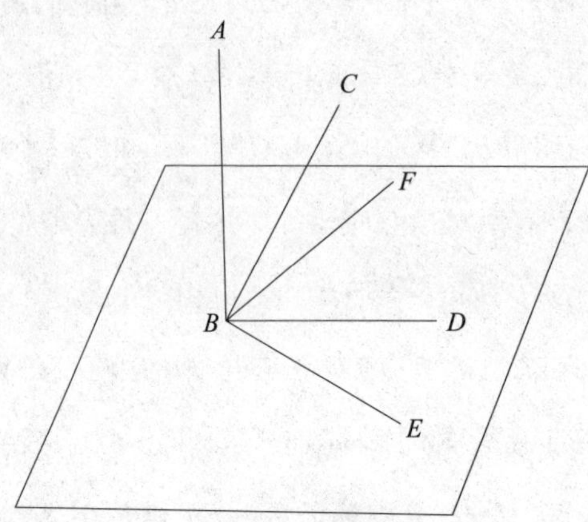

已知直线 AB 过三条直线 BC、BD 和 BE 的交点 B，且与这三条直线都成直角。可证 BC、BD 和 BE 在同一个平面内。

假设它们不在同一个平面内，如果可能，设 BD 和 BE 在同一个平面内，BC 在另一个平面内。过 AB 和 BC 作一个平面，这个平面与原平面有一条交线【定义 11.3】。设该交线为 BF。所以，三条直线 AB、BC 和 BF 在同一个平面内，即经过 AB 和 BC 的平面。又因为 AB 与 BD 和 BE 均成直角，所以 AB 与经过 BD 和 BE 的平面成直角【命题 11.4】。经过 BD 和 BE 的平面是原平面，所以 AB 与原平面成直角，所以 AB 也与原平面内所有与其相交的直线成直角【定义 11.3】。又，BF 在原平面内，且与 AB 相交，所以，角 ABF 是直角。角 ABC 也是直角，所以角 ABF 等于角 ABC，且它们在同一个平面内。这是不可能的。所以，BC 不在平面外。所以，三条直线 BC、BD 和 BE 在同一个平面内。

综上，如果一条直线过三条相交直线的交点，并与三条直线成直角，那么这三条直线在同一个平面内。这就是该命题的结论。

命题 6

如果两条直线与同一平面成直角，那么这两条直线互相平行。[①]

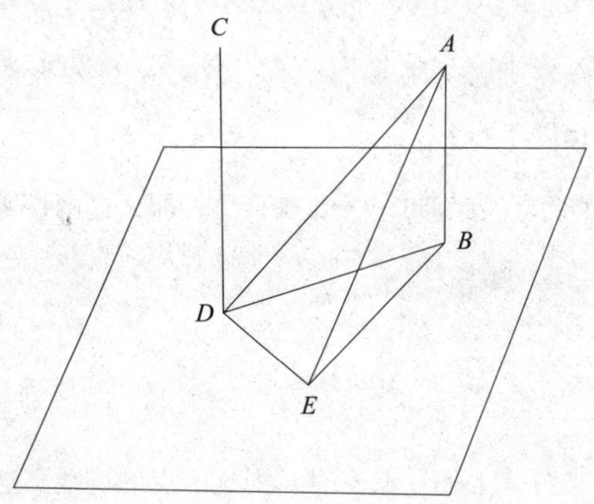

已知两直线 *AB* 和 *CD* 都与已知平面成直角。可证 *AB* 平行于 *CD*。

设两直线与已知平面的交点分别为点 *B* 和 *D*。连接 *BD*。在已知平面内，作 *DE* 与 *BD* 成直角，并使 *DE* 等于 *AB*。连接 *BE*、*AE* 和 *AD*。

因为 *AB* 与已知平面成直角，所以所有与 *AB* 相交的平面内的直线都与 *AB* 成直角【定义 11.3】。又，*BD* 和 *BE* 在已知平面内，且都与 *AB* 相交，所以角 *ABD* 和 *ABE* 都是直角。同理，角 *CDB* 和 *CDE* 也都是直角。又因为 *AB* 等于 *DE*，*BD* 是公共边，即两边 *AB* 和 *BD* 分别等于两边 *ED* 和 *DB*，且它们的夹角都是直角，所以底边 *AD* 等于 *BE*【命题 1.4】。因为 *AB* 等于 *DE*，*AD* 等于 *BE*，即两边 *AB*、*BE* 分别等于两边 *ED*、*DA*，且底边 *AE* 是公共边，所以角 *ABE* 等于角 *EDA*【命题 1.8】。角 *ABE* 是直角。所以，角 *EDA* 也是直角。所以，*ED* 与 *DA* 成直角。它也与 *BD* 和 *DC* 都成直

① 换句话说，在同一平面内的这两条直线，向两端无限延长，永远都不会相交。

角。所以，*ED* 与直线 *BD*、*DA* 和 *DC* 在它们的公共交点处成直角。所以，直线 *BD*、*DA* 和 *DC* 在同一个平面内【命题 11.5】。*DB* 和 *DA* 在哪个平面，*AB* 就在哪个平面。因为任何三角形在同一个平面内【命题 11.2】，所以直线 *AB*、*BD*、*DC* 在同一个平面内。又，角 *ABD* 和 *BDC* 都是直角，所以 *AB* 平行于 *CD*【命题 1.28】。

综上，如果两条直线与同一平面成直角，那么这两条直线互相平行。这就是该命题的结论。

命题 7

如果在两条平行线上各任取一点，则这两点的连线与这两条平行线在同一平面内。

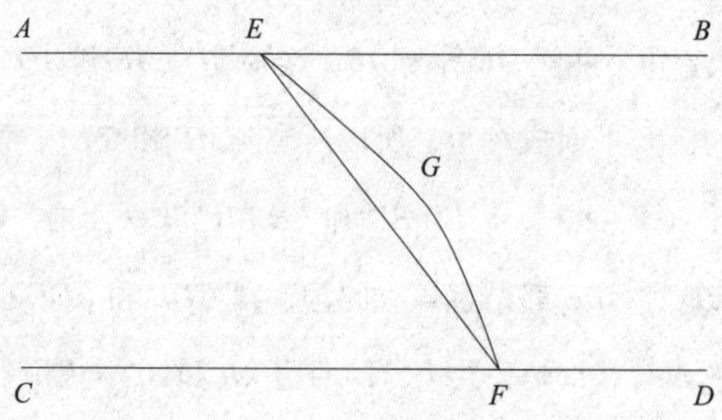

已知 *AB* 和 *CD* 是平行线，在这两条直线上分别取任意点 *E* 和 *F*。可证点 *E* 和 *F* 的连线与这两条平行线在同一平面内。

假设不是这样，如果可能，设连接点 *E* 和 *F* 的直线 *EGF* 在平面外，过 *EGF* 作一平面，所以该平面与两条平行直线所在的平面相交于一条直线【命题 11.3】。设交线为 *EF*，所以两直线 *EGF* 和 *EF* 围成一个面。这是不可能的。所以，连接点 E 和 F 的直线不在平面外。所以，点 E 和 F 的连线在经过平行线 AB 和 CD 的平面内。

综上，如果在两条平行线上各任取一点，则这两点的连线与这两条平行线在同一平面内。这就是该命题的结论。

命题 8

如果两条直线平行，其中一条直线与一个平面成直角，那么另一条直线也与该平面成直角。

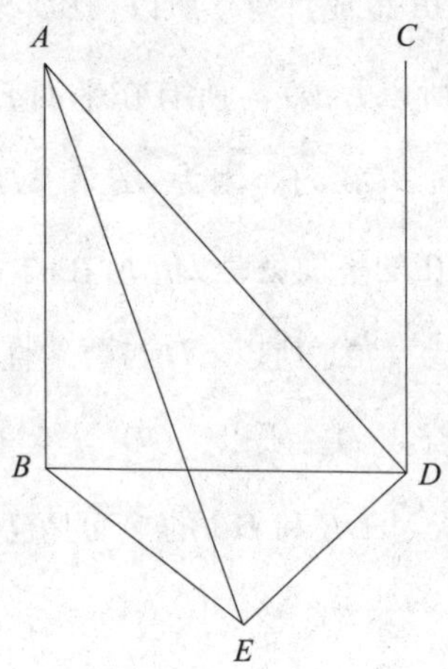

已知 AB 和 CD 是两条平行线，设其中的 AB 与已知平面成直角。可证另一条直线 CD 也与该平面成直角。

设 AB 和 CD 与已知平面的交点分别是 B 和 D。连接 BD。则 AB、CD 和 BD 在同一平面内【命题 11.7】。在已知平面内，作 DE 与 BD 成直角，使 DE 等于 AB，并连接 BE、AE 和 AD。

因为 AB 与已知平面成直角，所以，AB 与平面上所有与其相交的直线都成直角【定义 11.3】，所以角 ABD 和 ABE 是直角。因为直线 BD 与平行线 AB 和 CD 相交，所以角 ABD 与 CDB 的和等于两直角的和【命题 1.29】。又，角 ABD 是直角，所以角 CDB 也是直角，所以 CD 与 BD 成直角。又因为 AB 等于 DE，BD 是公共边，所以两边 AB 和 BD 分别等于两边 ED 和 DB。角 ABD 等于角 EDB，因为它们都是直角，所以底边 AD 等于 BE【命题 1.4】。又因为 AB 等于 DE，BE 等于 AD，所以两边 AB、BE 分别等于两边 ED、DA。底边 AE 是公共边。所以，角 ABE 等于角 EDA【命题 1.8】。又，角 ABE 是直角，所以角 EDA 也是直角，所以 ED 与 AD 成直角，且它与 DB 也成直角。所以，ED 与经过 BD 和 DA 的平面成直角【命题 11.4】。所以，ED 与所有在平面 BDA 内并与其相交的直线都成直角。DC 在平面 BDA 内。因为 AB 和 BD 都在平面 BDA 内【命题 11.2】，AB 和 BD 所在的平面就是 DC 所在的平面，所以 CD 也与 DE 成直角。又，CD 与 BD 成直角，所以 CD 与两条直线 DE 和 DB 都成直角，且垂足为三条直线的相交点 D。所以，CD 与经过 DE 和 DB 的平面成直角【命题 11.4】。又，经过 DE 和 DB 的平面是已知平面，所以 CD 与已知平面成直角。

综上，如果两条直线平行，其中一条直线与一个平面成直角，那么另一条直线也与该平面成直角。这就是该命题的结论。

命题 9

两条直线平行于同一条与它们不共面的直线，这两条直线彼此平行。

已知 AB 和 CD 都与和它们不共面的 EF 平行，可证 AB 与 CD 平行。

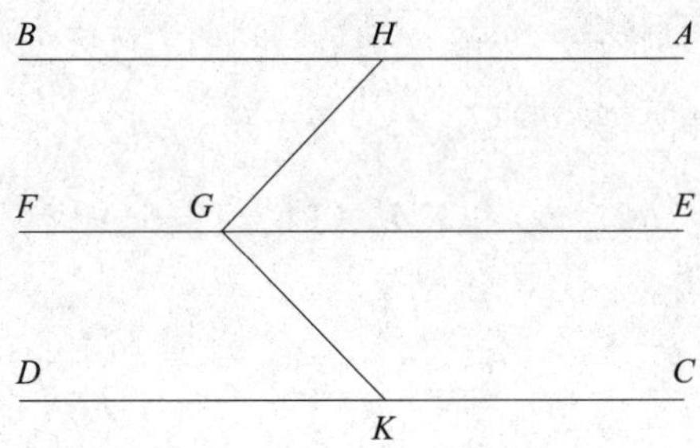

在 EF 上任取一点 G。在经过 EF 和 AB 的平面内，作 GH 与 EF 成直角。再在经过 FE 和 CD 的平面内，作 GK 与 EF 成直角。

因为 EF 与 GH 和 GK 都成直角，所以 EF 与经过 GH 和 GK 的平面成直角【命题 11.4】。EF 平行于 AB，所以 AB 也与经过 HGK 的平面成直角【命题 11.8】。同理，CD 也与经过 HGK 的平面成直角，所以 AB 和 CD 都与经过 HGK 的平面成直角。如果两条直线与同一平面成直角，那么这两条直线互相平行【命题 11.6】。所以，AB 与 CD 平行。这就是该命题的结论。

命题 10

如果两条相交直线平行于另两条相交直线，且它们不在同一平面内，那么它们的夹角相等。

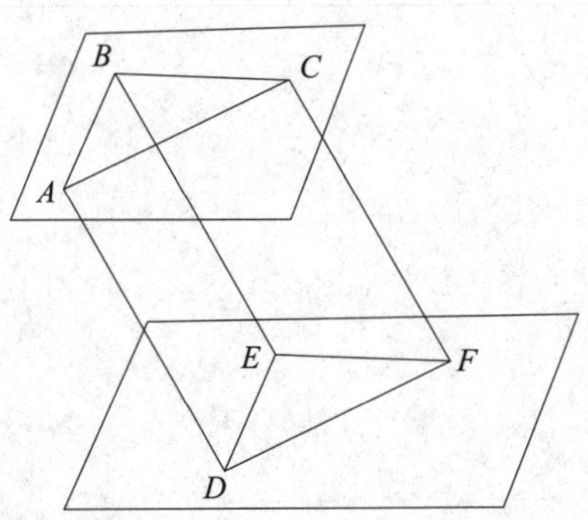

已知两条相交直线 AB 和 BC，且它们分别平行于不在同一平面的另两条相交的直线 DE 和 EF。可证角 ABC 等于角 DEF。

分别截取 BA、BC、ED 和 EF，使它们彼此相等。连接 AD、CF、BE、AC 和 DF。

因为 BA 平行且等于 ED，所以 AD 平行且等于 BE【命题 1.33】。同理，CF 也平行且等于 BE，所以 AD 和 CF 都平行且等于 BE。平行于同一直线的不在同一平面的直线相互平行【命题 11.9】，所以 AD 平行且等于 CF。又，AC 和 DF 与它们相交，所以 AC 也平行且等于 DF【命题 1.33】。又因为两边 AB 和 BC 分别等于两边 DE 和 EF，且底边 AC 等于 DF，所以角 ABC 等于角 DEF【命题 1.8】。

综上，如果两条相交直线平行于另两条相交直线，且它们不在同一平面内，那么它们的夹角相等。这就是该命题的结论。

命题 11

过平面外的一个给定点作已知平面的垂线。

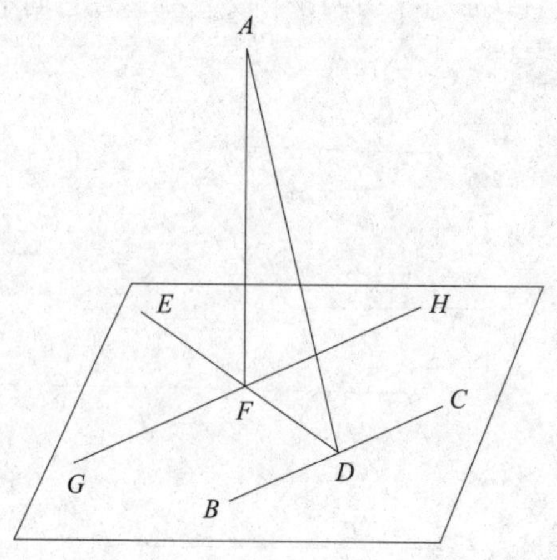

已知 *A* 是平面外一点，并给定已知平面。作过点 *A* 并垂直于已知平面的直线。

在已知平面内作任意直线 *BC*，过点 *A* 作 *BC* 的垂线 *AD*【命题 1.12】。如果 *AD* 也垂直于已知平面，那么 *AD* 就是要作的直线。如果不是这样，那么过点 *D* 在已知平面内作 *DE* 垂直于 *BC*【命题 1.11】，再过 *A* 作 *DE* 的垂线 *AF*【命题 1.12】，过点 *F* 作 *GH* 平行于 *BC*【命题 1.31】。

因为 *BC* 与 *DA* 和 *DE* 都成直角，所以 *BC* 与经过 *EDA* 的平面成直角【命题 11.4】。又，*GH* 平行于 *BC*。如果两条平行线中的一条与一个平面成直角，那么另一条直线也与同一平面成直角【命题 11.8】。所以，*GH* 也与经过 *ED* 和 *DA* 的平面成直角。所以，*GH* 与经过 *ED* 和 *DA* 的平面内的所有与 *GH* 相交的直线都成直角【定义 11.3】。*AF* 在经过 *ED* 和 *DA* 的平面内，并与 *GH* 相交，所以 *GH* 与 *FA* 成直角，即 *FA* 也与 *HG* 成直角。*AF* 与 *DE* 成直角，所以 *AF* 与 *GH* 和 *DE* 都成直角。如果一条直线过两相交直线的交点，并与这两条直线成直角，那么该直线与经过两条直线的平面成直角【命题 11.4】，所以 *FA* 与经过 *ED* 和 *GH* 的平面成直角。又，经过 *ED* 和 *GH* 的平面就是已知平面，所以 *AF* 与已知平面成直角。

综上，直线 *AF* 是过平面外一点 *A*，垂直于已知平面的直线。这就是该命题的结论。

命题 12

过平面内一点，作与平面成直角的直线。

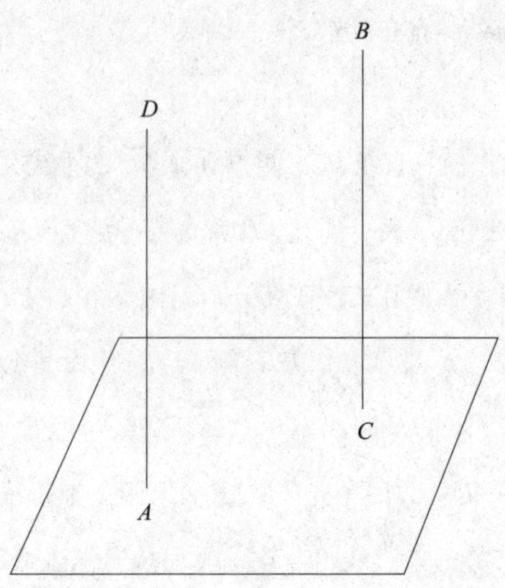

已知给定平面，A 是平面上一点。作过点 A 与已知平面垂直的直线。

在平面外任取一点 B，过 B 作已知平面的垂线 BC【命题 11.11】。过点 A 作 BC 的平行线 AD【命题 1.31】。

因为 AD 和 CB 是两条平行线，且 BC 与已知平面成直角，所以 AD 也与已知平面成直角【命题 11.8】。

综上，AD 就是过已知平面内一点 A 且与该平面成直角的直线。这就是该命题的结论。

命题 13

过该平面内一点在平面的同一侧，不能作两条不同的直线都与这个平面成直角。

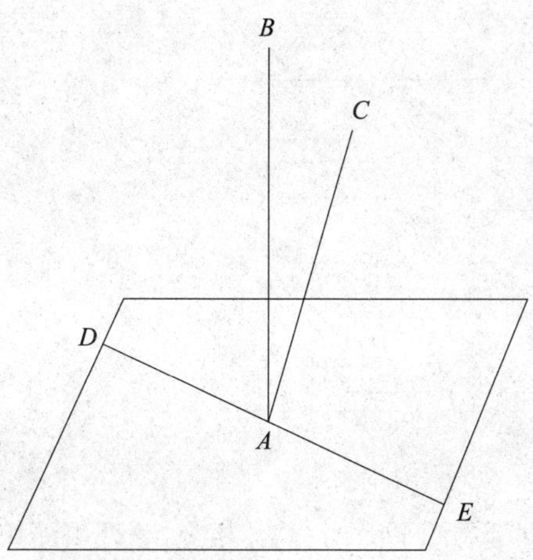

如果可能，设在已知平面的同一侧有两条直线 *AB* 和 *AC* 都过已知平面内的点 *A* 与平面成直角。作经过 *BA* 和 *AC* 的平面，它经过点 *A* 与已知平面交于一条直线【命题 11.3】。设交线为 *DAE*。所以，*AB*、*AC* 和 *DAE* 在同一平面内。因为 *CA* 与已知面成直角，所以它与已知平面内且与其相交的直线成直角【定义 11.3】。又，*DAE* 在已知平面内，并且与 *CA* 相交，所以角 *CAE* 是直角。同理，角 *BAE* 也是直角，所以角 *CAE* 等于角 *BAE*。它们在同一平面内。这是不可能的。

综上，过该平面内一点在平面的同一侧，不能作两条不同的直线都与这个平面成直角。这就是该命题的结论。

命题 14

与同一直线成直角的平面互相平行。

已知任意直线 *AB* 与平面 *CD* 和 *EF* 都成直角。可证两平面互相平行。

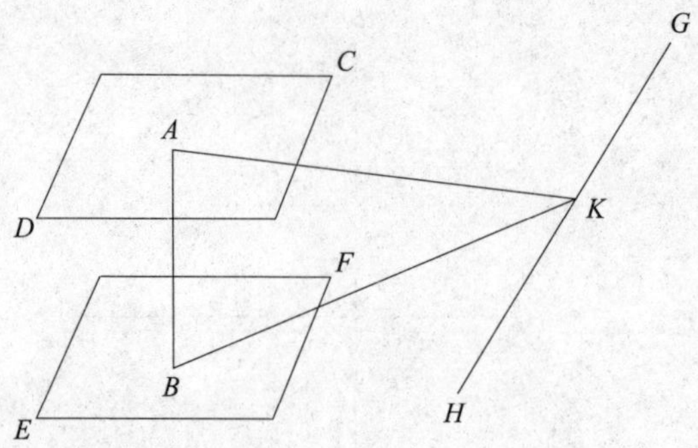

如果不平行，则延展两平面，它们会相交。设两平面相交于一条直线【命题 11.3】。设交线为 GH。在 GH 上任取一点 K。连接 AK 和 BK。

因为 AB 与平面 EF 成直角，所以 AB 与 BK 也成直角，BK 是平面 EF 延伸后平面内的直线【定义 11.3】。所以，角 ABK 是直角。同理，角 BAK 也是直角，所以在三角形 ABK 中，角 ABK 和 BAK 都是直角。这是不可能的【命题 1.17】。所以，平面 CD 和 EF 在延展后不会相交。所以，平面 CD 和 EF 互相平行【定义 11.8】。

综上，与同一直线成直角的平面互相平行。这就是该命题的结论。

命题 15

如果两条相交线分别平行于另外两条相交线，且它们不在同一平面内，那么过相交线的平面互相平行。

已知两条相交线 AB 和 BC 分别平行于不在同一平面内的另外两条相交线 DE 和 EF。可证延展经过 AB、BC 的平面和经过 DE、EF 的平面，它们不会相交。

过点 B 作经过 DE 和 EF 的平面的垂线 BG【命题 11.11】，设它与平

面的交点为 G。过 G 作 GH 平行于 ED，作 GK 平行于 EF【命题 1.31】。

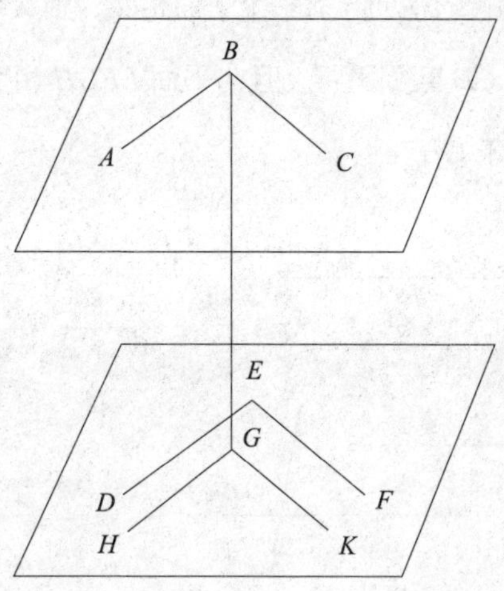

因为 BG 与经过 DE 和 EF 的平面成直角，所以它与所有经过 DE 和 EF 的平面内的与其相交的直线都成直角【定义 11.3】。又，GH 和 GK 在经过 DE 和 EF 的平面内，且与 BG 相交，所以角 BGH 和 BGK 都是直角。又因为 BA 平行于 GH【命题 11.9】，所以角 GBA 和 BGH 的和等于两直角和【命题 1.29】。又，角 BGH 是直角，所以角 GBA 也是直角。所以，GB 与 BA 成直角。同理，GB 也与 BC 成直角。因为直线 GB 与两相交线 BA 和 BC 成直角，所以 GB 与经过 BA 和 BC 的平面成直角【命题 11.4】。同理，BG 与经过 GH 和 GK 的平面也成直角。又，经过 GH 和 GK 的平面经过 DE 和 EF，且已经证明 GB 与经过 AB 和 BC 的平面成直角。与同一直线成直角的平面互相平行【命题 11.14】。所以，经过 AB 和 BC 的平面平行于经过 DE 和 EF 的平面。

综上，如果两条相交线分别平行于另外两条相交线，且它们不在同一平面内，那么过相交线的平面互相平行。这就是该命题的结论。

命题 16

如果两个互相平行的平面与另一个平面相交，则交线互相平行。

已知平面 *AB* 和 *CD* 互相平行，且与平面 *EFGH* 相交。设 *EF* 和 *GH* 是交线。可证 *EF* 平行于 *GH*。

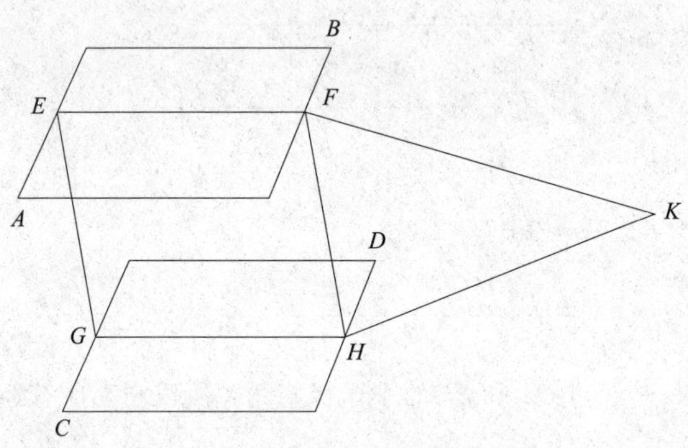

如果不平行，则延长 *EF* 和 *GH* 会在 *F*、*H* 端或 *E*、*G* 端相交。首先，设两条直线相交于 *K*。因为 *EFK* 在平面 *AB* 内，所以 *EFK* 上所有的点都在平面 *AB* 内【命题 11.1】。又，*K* 是 *EFK* 上的一点，所以 *K* 在平面 *AB* 内。同理，*K* 也在平面 *CD* 内，所以平面 *AB* 和 *CD* 在延展后会相交。但是它们不会相交，因为已知它们互相平行，所以直线 *EF* 和 *GH* 在 *F*、*H* 的方向延长不会相交。相似地，可以证明直线 *EF* 和 *GH* 在 *E*、*G* 方向延长也不会相交。在两方都不相交的直线互相平行【定义 1.23】，所以 *EF* 平行于 *GH*。

综上，如果两个互相平行的平面与另一个平面相交，则交线互相平行。这就是该命题的结论。

命题 17

如果两条直线被平行平面所截，则所截的线段有相等的比。

已知两条直线 *AB* 和 *CD* 被互相平行的平面 *GH*、*KL* 和 *MN* 所截，截点分别为 *A*、*E*、*B* 和 *C*、*F*、*D*。可证线段 *AE* 比 *EB* 等于 *CF* 比 *FD*。

连接 *AC*、*BD* 和 *AD*，设 *AD* 与平面 *KL* 相交于点 *O*，连接 *EO* 和 *OF*。

因为两个平行平面 *KL* 和 *MN* 与平面 *EBDO* 相交，它们的相交线 *EO* 和 *BD* 互相平行【命题 11.16】。同理，平面 *GH* 和 *KL* 相互平行，并与平面 *AOFC* 相交，所以它们的交线 *AC* 和 *OF* 互相平行【命题 11.16】。因为线段 *EO* 平行于三角形 *ABD* 的一边 *BD*，所以，有比例，*AE* 比 *EB* 等于 *AO* 比 *OD*【命题 6.2】。又因为线段 *OF* 平行于三角形 *ADC* 的一边 *AC*，所以，有比例，*AO* 比 *OD* 等于 *CF* 比 *FD*【命题 6.2】。已经证明 *AO* 比 *OD* 等于 *AE* 比 *EB*，所以 *AE* 比 *EB* 等于 *CF* 比 *FD*【命题 5.11】。

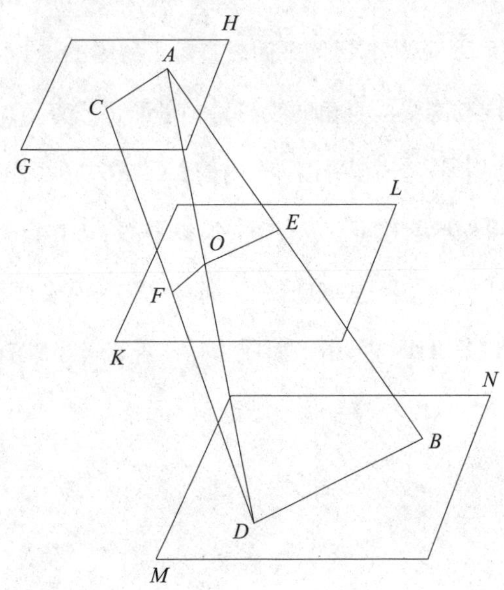

总之，如果两条直线被平行平面所截，则所截的线段有相等的比。这就是该命题的结论。

命题 18

如果一条直线与一个平面成直角，那么经过该直线的所有平面都与该平面成直角。

设直线 *AB* 与已知平面成直角。可证所有经过 *AB* 的平面都与已知平面成直角。

作经过 *AB* 的平面 *DE*。设 *CE* 是平面 *DE* 和已知平面的交线。在 *CE* 上任取一点 *F*。在平面 *DE* 内，过 *F* 作 *FG* 与 *CE* 成直角【命题 1.11】。

因为 *AB* 与已知平面成直角，所以 *AB* 与已知平面内所有与其相交的直线都成直角【定义 11.3】。所以，*AB* 与 *CE* 成直角。所以，角 *ABF* 是直角。又，角 *GFB* 也是直角，所以，*AB* 平行于 *FG*【命题 1.28】。又，*AB* 与已知平面成直角，所以 *FG* 也与已知平面成直角【命题 11.8】。两平面相交，当其中一个平面内与交线成直角的线与另一平面也成直角，那么两个平面成直角【定义 11.4】。又，在平面 *DE* 内的直线 *FG* 与两平面的交线 *CE* 成直角，且已经证明它与参考面也成直角，所以平面 *DE* 与已知平面成直角。相似地，也可以证明所有经过 *AB* 的平面都与已知平面成直角。

综上，如果一条直线与一个平面成直角，那么经过该直线的所有平面都与该平面成直角。这就是该命题的结论。

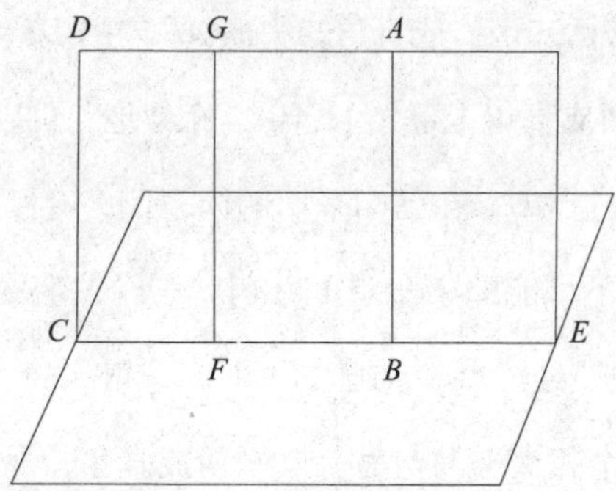

命题 19

如果两个相交平面与另一个平面成直角，那么前两个平面的交线也与这个平面成直角。

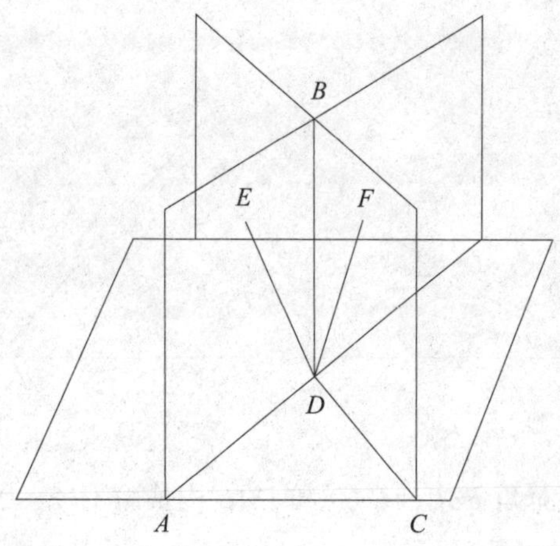

已知两平面 *AB* 和 *BC* 都与已知平面成直角，且它们的相交线是 *BD*。可证 *BD* 与已知平面成直角。

如果不是，过点 *D* 在平面 *AB* 内作 *DE* 与直线 *AD* 成直角，在平面 *BC* 内作 *DF* 与 *CD* 成直角。

因为平面 AB 与已知平面成直角，平面 AB 内的 DE 与交线 AD 成直角，所以 DE 与已知平面成直角【定义 11.4】。相似地，可以证明 DF 也与已知平面成直角，所以过点 D，在已知平面的同一侧，有两条不同的直线与该平面成直角。这是不可能的【命题 11.13】。所以，除了平面 AB 和 BC 的交线 DB，没有其他线经过点 D 与已知平面成直角。

综上，如果两个相交平面与另一个平面成直角，那么前两个平面的交线也与这个平面成直角。这就是该命题的结论。

命题 20

如果一个立体角由三个平面构成，那么任意两个平面角的和大于第三个平面角。

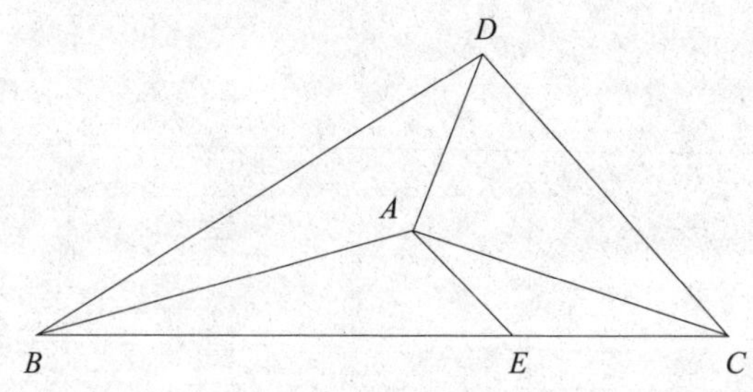

已知三个平面角 BAC、CAD 和 DAB 构成立体角 A。可证角 BAC、CAD 和 DAB 中的任意两个角的和大于第三个角。

如果 BAC、CAD 和 DAB 三个角相等，那么很明显，任意两个角的和都大于第三个角。如果这三个角不相等，设角 BAC 大于角 CAD 和 DAB。在经过 BAC 的平面内，AB 为一边，点 A 为顶点，作角 BAE 等于角 DAB。使 AE 等于 AD。过点 E 作 BEC，使其与直线 AB 和 AC 分别交于点 B 和 C。

连接 *DB* 和 *DC*。

因为 *DA* 等于 *AE*，*AB* 是公共边，两边 *AD* 和 *AB* 分别等于两边 *EA* 和 *AB*。又，角 *DAB* 等于角 *BAE*，所以底边 *DB* 等于 *BE*【命题 1.4】。因为两边 *BD* 和 *DC* 的和大于第三边 *BC*【命题 1.20】，已知 *DB* 等于 *BE*，所以余下的 *DC* 大于 *EC*。又因为 *DA* 等于 *AE*，*AC* 是公共边，且底边 *DC* 大于 *EC*，所以角 *DAC* 大于角 *EAC*【命题 1.25】。已经证明角 *DAB* 等于角 *BAE*，所以角 *DAB* 和 *DAC* 的和大于角 *BAC*。相似地，可以证明其余的角也是，任意两个平面角的和大于第三个角。

综上，如果一个立体角由三个平面构成，那么任意两个平面角的和大于第三个平面角。这就是该命题的结论。

命题 21[①]

构成一个立体角的所有平面角的和小于四个直角和。

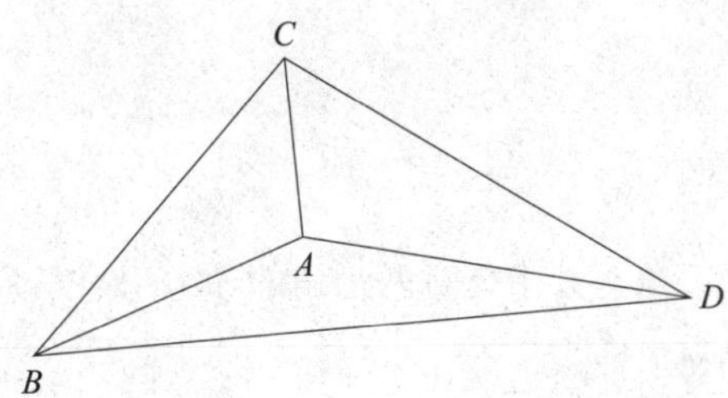

已知立体角 *A* 由平面角 *BAC*、*CAD* 和 *DAB* 构成。可证角 *BAC*、*CAD* 和 *DAB* 的和小于四个直角和。

① 该命题只证明了由三个平面构成立体角的情况。但对于由三个以上平面构成的立体角，该命题结论都是如此。

分别在直线 *AB*、*AC* 和 *AD* 上任取点 *B*、*C* 和 *D*，连接 *BC*、*CD* 和 *DB*。因为立体角 *B* 由三个平面角 *CBA*、*ABD* 和 *CBD* 构成，所以任意两个角的和大于第三个角【命题 11.20】。所以，角 *CBA* 与 *ABD* 的和大于角 *CBD*。同理，角 *BCA* 与 *ACD* 的和大于角 *BCD*，且角 *CDA* 与 *ADB* 的和大于角 *CDB*，所以六个角 *CBA*、*ABD*、*BCA*、*ACD*、*CDA* 和 *ADB* 的和大于角 *CBD*、*BCD* 和 *CDB* 的和。但角 *CBD*、*BDC* 和 *BCD* 的和等于两直角和【命题 1.32】，所以角 *CBA*、*ABD*、*BCA*、*ACD*、*CDA* 和 *ADB* 的和大于两直角和。又因为三角形 *ABC*、*ACD* 和 *ADB* 的每一个的三个角的和都等于两直角和，所以角 *CBA*、*ACB*、*BAC*、*ACD*、*CDA*、*CAD*、*ADB*、*DBA* 和 *BAD* 等于六个直角和，其中有六个角 *ABC*、*BCA*、*ACD*、*CDA*、*ADB* 和 *DBA* 的和大于两直角和。所以，剩下的角 *BAC*、*CAD* 和 *DAB* 构成的立体角的平面角的和小于四个直角和。

综上，构成一个立体角的所有平面角的和小于四个直角和。这就是该命题的结论。

命题 22

如果有三个平面角，其中任意两个角的和大于第三个角，如果夹这些角的两边都彼此相等，那么连接相等线段的端点的三条线段可以构成一个三角形。

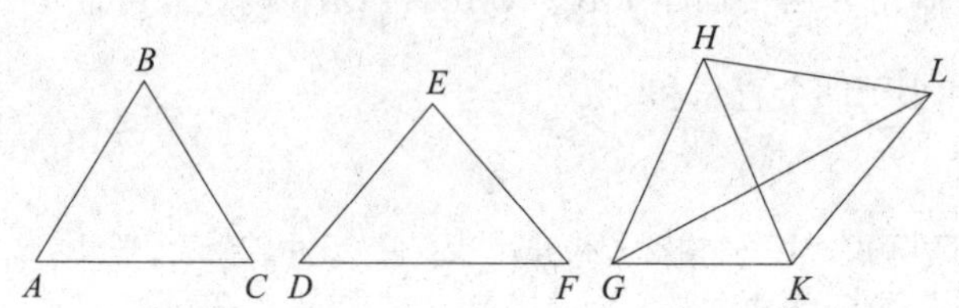

已知角 ABC、DEF 和 GHK 是三个平面角，其中任意两个角的和大于第三个角，即角 ABC 与 DEF 的和大于角 GHK，角 DEF 与 GHK 的和大于角 ABC，且角 GHK 与 ABC 的和大于角 DEF。设 AB、BC、DE、EF、GH 和 HK 都彼此相等。连接 AC、DF 和 GK。可证能作一个三边等于 AC、DF、GK 的三角形，即 AC、DF 和 GK 中的任意两条的和都大于第三条。

如果角 ABC、DEF 和 GHK 彼此相等，那么很明显，AC、DF 和 GK 也彼此相等，那么 AC、DF 和 GK 就可以构成一个三角形。如果三个角不相等，以 HK 为边，点 H 为顶点，作角 KHL 等于角 ABC。使 HL 等于 AB、BC、DE、EF、GH 或者 HK。连接 KL 和 GL。因为两边 AB 和 BC 分别等于 KH 和 HL，角 B 等于角 KHL，所以底边 AC 等于 KL【命题 1.4】。又因为角 ABC 与 GHK 的和大于角 DEF，且角 ABC 等于角 KHL，所以角 GHL 大于角 DEF。又因为两边 GH 和 HL 分别等于两边 DE 和 EF，角 GHL 大于角 DEF，所以底边 GL 大于 DF【命题 1.24】。但 GK 与 KL 的和大于 GL【命题 1.20】。所以，GK 与 KL 的和大于 DF。KL 等于 AC。所以，AC 与 GK 的和大于 DF。相似地，可以证明 AC 与 DF 的和大于 GK，且 DF 与 GK 的和大于 AC。所以，以 AC、DF 和 GK 为边一定能构成一个三角形。这就是该命题的结论。

命题 23

用三个平面角作一个立体角，其中任意两个角的和大于第三个角，且三个角的和小于四个直角和【命题 11.21】。

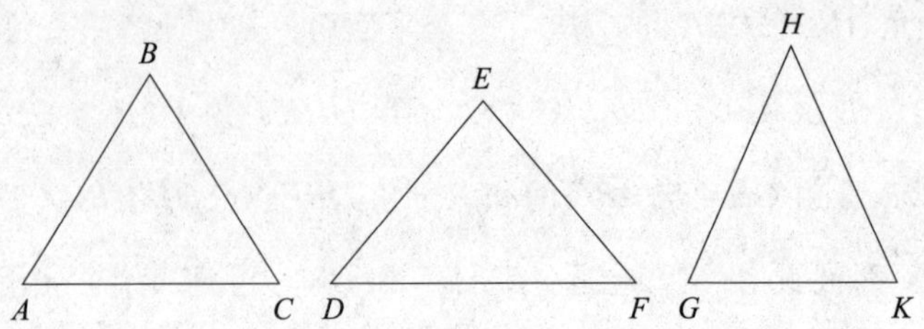

已知有三个平面角 *ABC*、*DEF* 和 *GHK*，其中任意两个角的和大于第三个角，且三个角的和小于四个直角和。用平面角 *ABC*、*DEF* 和 *GHK* 作一个立体角。

截取 *AB*、*BC*、*DE*、*EF*、*GH* 和 *HK*，使其彼此相等。连接 *AC*、*DF* 和 *GK*。则以 *AC*、*DF* 和 *GK* 为边，可以作一个三角形【命题 11.22】。作这样一个三角形 *LMN*，其中 *AC* 等于 *LM*，*DF* 等于 *MN*，且 *GK* 等于 *NL*。作三角形 *LMN* 的外接圆【命题 4.5】。设其圆心为 *O*。连接 *LO*、*MO* 和 *NO*。

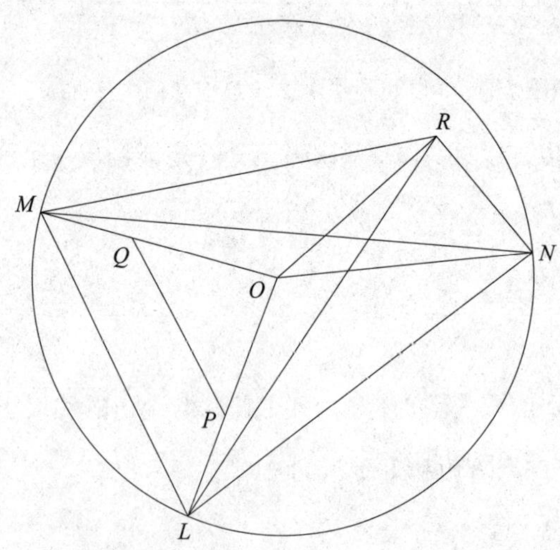

可证 *AB* 大于 *LO*。如果不是这样，则 *AB* 或者等于或者小于 *LO*。首

先，设它们相等。因为 *AB* 等于 *LO*，*AB* 等于 *BC*，且 *OL* 等于 *OM*，所以两线段 *AB* 和 *BC* 分别等于 *LO* 和 *OM*。已知底边 *AC* 等于 *LM*，所以角 *ABC* 等于角 *LOM*【命题 1.8】。同理，角 *DEF* 等于角 *MON*，且角 *GHK* 等于角 *NOL*，所以三个角 *ABC*、*DEF* 和 *GHK* 的和等于角 *LOM*、*MON* 和 *NOL* 的和。但三个角 *LOM*、*MON* 和 *NOL* 的和等于四个直角和，所以角 *ABC*、*DEF* 和 *GHK* 的和也等于四个直角和。而已知它们的和小于四个直角和。这是不可能的。所以，*AB* 不等于 *LO*。可以证明 *AB* 也不小于 *LO*。如果可能，设 *OP* 等于 *AB*，*OQ* 等于 *BC*，连接 *PQ*。因为 *AB* 等于 *BC*，所以 *OP* 等于 *OQ*。所以，剩下的 *LP* 也等于 *QM*。所以，*LM* 平行于 *PQ*【命题 6.2】。且三角形 *LMO* 与 *PQO* 是等角的【命题 1.29】，所以 *OL* 比 *LM* 等于 *OP* 比 *PQ*【命题 6.4】，由更比例，所以，*LO* 比 *OP* 等于 *LM* 比 *PQ*【命题 5.16】。又，*LO* 大于 *OP*，所以 *LM* 也大于 *PQ*【命题 5.14】。*LM* 等于 *AC*，所以 *AC* 也大于 *PQ*。因为两边 *AB* 和 *BC* 分别等于两边 *PO* 和 *OQ*，且底边 *AC* 大于 *PQ*，所以角 *ABC* 大于角 *POQ*【命题 1.25】。相似地，可以证明角 *DEF* 也大于角 *MON*，且角 *GHK* 大于角 *NOL*，所以三个角 *ABC*、*DEF* 和 *GHK* 的和大于三个角 *LOM*、*MON* 和 *NOL* 的和。已知角 *ABC*、*DEF* 和 *GHK* 的和小于四个直角和。所以，角 *LOM*、*MON* 和 *NOL* 的和更小于四个直角和。而它们的和等于四个直角和。这是不可能的。所以，*AB* 不小于 *LO*。已经证明它们也不相等。所以，*AB* 只能大于 *LO*。

过点 *O* 作与经过圆 *LMN* 的平面成直角的直线 *OR*【命题 11.12】。使 *OR* 上的正方形等于 *AB* 上的正方形比 *LO* 上的正方形大的部分的面积【命题 11.23 引理】。连接 *RL*、*RM* 和 *RN*。

因为 *RO* 与经过圆 *LMN* 的平面成直角，所以 *RO* 与 *LO*、*MO* 和 *NO* 都

成直角。又因为 LO 等于 OM，OR 是公共边，且与 LO 和 OM 都成直角，所以底边 RL 等于 RM【命题 1.4】。同理，RN 也等于 RL 和 RM，所以三条线段 RL、RM 和 RN 彼此相等。已知 OR 上的正方形等于 AB 上的正方形比 LO 上的正方形大的部分，所以 AB 上的正方形等于 LO 和 OR 上的正方形的和。LR 上的正方形等于 LO 和 OR 上的正方形的和。这是因为角 LOR 是直角【命题 1.47】。所以，AB 上的正方形等于 RL 上的正方形。所以，AB 等于 RL。但 BC、DE、EF、GH 和 HK 都等于 AB，且 RM 和 RN 也都等于 RL。所以，AB、BC、DE、EF、GH 和 HK 都等于 RL、RM 和 RN。又因为两边 LR 和 RM 分别等于两边 AB 和 BC，且已知 LM 等于 AC，所以角 LRM 等于角 ABC【命题 1.8】。同理，角 MRN 等于角 DEF，角 LRN 等于角 GHK。

综上，立体角 R 由角 LRM、MRN 和 LRN 构成，其中角 LRM、MRN 和 LRN 分别等于已知角 ABC、DEF 和 GHK。这就是该命题的结论。

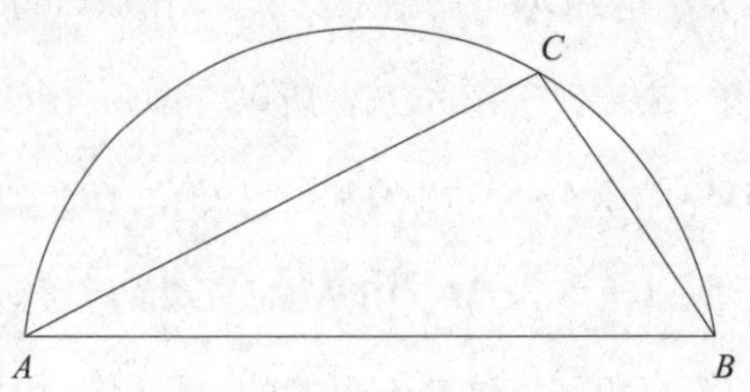

引理

作 OR 上的正方形等于 AB 上的正方形与 LO 上的正方形差的面积。作线段 AB 和 LO，设 AB 较大，在 AB 上作半圆 ABC。作半圆 ABC 的拟合线段 AC 等于 LO，它不大于直径 AB【命题 4.1】。连接 CB。因为角 ACB 在半圆 ACB 上，所以角 ACB 是直角【命题 3.31】。所以，AB 上的正方形等于 AC 和 CB 上的正方形的和【命题 1.47】。所以，AB 上的正方形比 AC 上的正方形大的部分是 CB 上的正方形。AC 等于 LO。所以，AB 上的正方形比 LO 上的正方形大的部分是 CB 上的正方形。如果取 OR 等于 BC，那么 AB 上的正方形比 LO 大的部分就是 OR 上的正方形。

命题 24

如果一个立体由六个互相平行的平面构成，那么该立体相对的平面相等且为平行四边形。

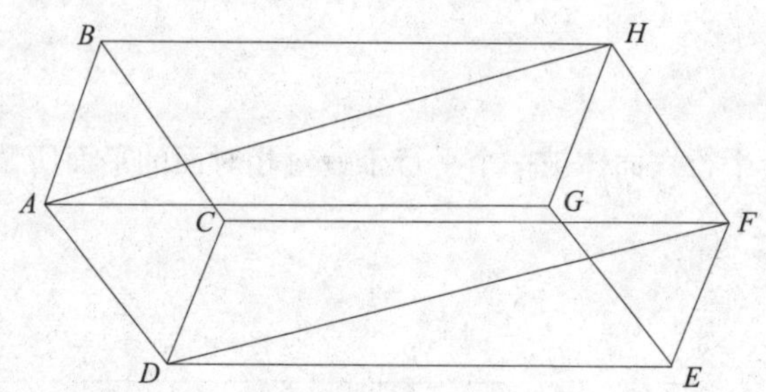

已知立体 CDHG 由相互平行的平面 AC、GF、AH、DF、BF、AE 构成。可证该立体的相对的平面相等且为平行四边形。

因为两平行面 BG 和 CE 被平面 AC 所截，则它们的交线互相平行【命题 11.16】。所以，AB 平行于 DC。又因为两平行面 BF 和 AE 被平面 AC 所截，它们的交线互相平行【命题 11.16】，所以 BC 平行于 AD。又已经证明 AB 平行于 DC，所以 AC 是平行四边形。相似地，可以证明 DF、FG、GB、BF 和 AE 都是平行四边形。

连接 AH 和 DF。因为 AB 平行于 DC，BH 平行于 CF，所以两相交线

AB 和 *BH* 分别平行于另两条与它们不在同一平面上的相交线 *DC* 和 *CF*。所以，它们的夹角相等【命题 11.10】。所以，角 *ABH* 等于角 *DCF*。又因为两边 *AB* 和 *BH* 分别等于两边 *DC* 和 *CF*【命题 1.34】，且角 *ABH* 等于角 *DCF*，所以底边 *AH* 等于 *DF*，三角形 *ABH* 等于三角形 *DCF*【命题 1.4】。平行四边形 *BG* 是三角形 *ABH* 的二倍，平行四边形 *CE* 是三角形 *DCF* 的二倍【命题 1.34】，所以平行四边形 *BG* 等于平行四边形 *CE*。相似地，可以证明 *AC* 等于 *GF*，*AE* 等于 *BF*。

综上，如果一个立体由六个互相平行的平面构成，那么该立体相对的平面相等且为平行四边形。这就是该命题的结论。

命题 25

如果一个平行六面体被一个平行于一对相对面的平面所截，那么底比底等于立体比立体。

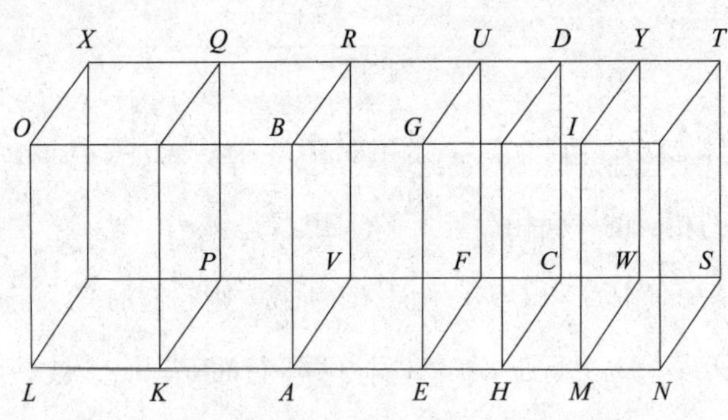

已知平行六面体 *ABCD* 被平面 *FG* 所截，且 *FG* 平行于两个相对的面 *RA* 和 *DH*。可证底 *AEFV* 比 *EHCF* 等于立体 *ABFU* 比 *EGCD*。

向两边延长 *AH*。取线段 *AK* 和 *KL* 等于 *AE*，线段 *HM* 和 *MN* 等于

EH。补充完成平行四边形 LP、KV、HW 和 MS，以及补形立体 LQ、KR、DM 和 MT。

因为线段 LK、KA 和 AE 彼此相等，所以平行四边形 LP、KV 和 AF 也彼此相等，平行四边形 KO、KB 和 AG 彼此相等，且 LX、KQ 和 AR 也彼此相等。因为它们是相对的面【命题 11.24】。同理，平行四边形 EC、HW 和 MS 彼此相等，HG、HI 和 IN 彼此相等，DH、MY 和 NT 彼此相等，所以在立体 LQ、KR 和 AU 中，有三个面对应相等。但每个立体中的三个面与其相对的面也彼此相等【命题 11.24】，所以三个立体 LQ、KR 和 AU 彼此相等【定义 11.10】。同理，三个立体 ED、DM 和 MT 彼此相等，所以底 LF 是底 AF 的多少倍，立体 LU 就是立体 AU 的多少倍。同理，底 NF 是 FH 的多少倍，立体 NU 就是 HU 的多少倍。如果底 LF 等于 NF，那么立体 LU 也等于 NU。[①] 如果底 LF 大于 NF，那么立体 LU 大于 NU。如果 LF 小于 NF，那么 LU 小于 NU。所以，有四个量，两个底 AF、FH 和两个立体 AU、UH，且已经得到底 AF 和立体 AU 的同倍量，即底 LF 和立体 LU，以及底 HF 和立体 HU 的同倍量，即底 NF 和立体 NU。已经证明如果底 LF 大于底 FN，那么立体 LU 大于立体 NU；如果 LF 等于 FN，那么 LU 等于 NU；如果 LF 小于 FN，那么 LU 小于 NU。所以，底 AF 比 FH 等于立体 AU 比 UH【定义 5.5】。这就是该命题的结论。

命题 26

在给定直线上，以给定点为顶点，作一个立体角，使其等于已知的立体角。

① 这里，欧几里德认为，如果 $LF \gtreqless NF$，那么 $LU \gtreqless NU$。这是很容易证明的。

已知 A 是给定线段 AB 上的一点，在 D 点处由角 EDC、EDF 和 FDC 构成一个已知的立体角。在线段 AB 上，以 A 为顶点，作一个立体角等于 D 点的立体角。

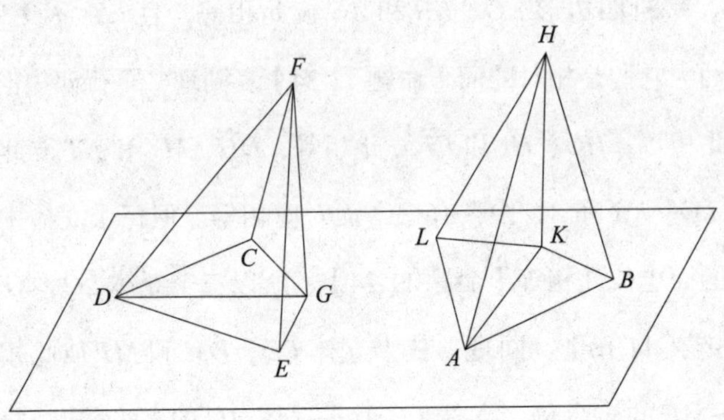

在 DF 上任取一点 F，过 F 作经过 ED 和 DC 的平面的垂线【命题 11.11】，设在平面上的交点为 G，连接 DG。以 AB 为边，A 为顶点，作角 BAL 等于角 EDC，角 BAK 等于角 EDG【命题 1.23】。使 AK 等于 DG。过点 K 作 KH 与经过 BAL 的平面成直角【命题 11.12】。设 KH 等于 GF。连接 HA。可以证明 A 处由平面角 BAL、BAH 和 HAL 构成的立体角等于 D 处由平面角 EDC、EDF 和 FDC 构成的立体角。

截取 DE，使其与 AB 相等，连接 HB、KB、FE 和 GE。因为 FG 与已知平面成直角，所以它与所有在平面内与它相交的直线都成直角【定义 11.3】。所以，角 FGD 和 FGE 都是直角。同理，角 HKA 和 HKB 也是直角。又因为两边 KA 和 AB 分别等于两边 GD 和 DE，且它们的夹角相等，所以底边 KB 等于 GE【命题 1.4】。又，KH 等于 GF，且它们成直角，所以 HB 等于 FE【命题 1.4】。又因为两边 AK 和 KH 分别等于两边 DG 和 GF，且它们成直角，所以底边 AH 等于 FD【命题 1.4】。又，AB 等于

DE。所以，两边 HA 和 AB 分别等于两边 DF 和 DE。底边 HB 等于 FE。所以，角 BAH 等于角 EDF【命题 1.8】。同理，角 HAL 等于角 FDC，角 BAL 等于角 EDC。

综上，在给定线段 AB 上以 A 为顶点的立体角等于 D 处的立体角。这就是所要求的作法。

命题 27

在已知线段上作已知平行六面体的相似且有相似位置的平行六面体。

已知 AB 是给定线段，CD 是给定平行六面体。在给定线段 AB 上作与给定平行六面体 CD 的相似且有相似位置的平行六面体。

在线段 AB 上，以点 A 为顶点作由角 BAH、HAK 和 KAB 构成的立体角等于 C 处的立体角【命题 11.26】，即角 BAH 等于角 ECF，角 BAK 等于角 ECG，角 KAH 等于角 GCF。使 EC 比 CG 等于 BA 比 AK，GC 比 CF 等于 KA 比 AH【命题 6.12】。所以，就有首末项比，EC 比 CF 等于 BA 比 AH【命题 5.22】。完成平行四边形 HB 和补形立体 AL。

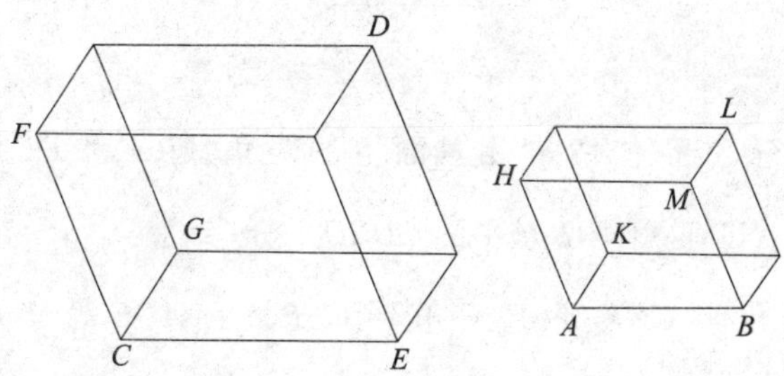

因为 EC 比 CG 等于 BA 比 AK，且夹等角 ECG 与 BAK 的边成比例，所以平行四边形 GE 与平行四边形 KB 相似。同理，平行四边形 KH 与平行

四边形 *GF* 相似，且 *FE* 与 *HB* 相似，所以立体 *CD* 中有三个平行四边形与立体 *AL* 中的三个平行四边形相似。但前面三个与它们对面的平行四边形是相等且相似的，后面三个和它们对面的平行四边形是相等且相似的，所以立体 *CD* 与立体 *AL* 相似【定义 11.9】。

综上，在已知线段 *AB* 上作出了与已知平行六面体 *CD* 相似且有相似位置的立体 *AL*。这就是该命题的结论。

命题 28

如果一个平行六面体被相对面上对角线所在的平面所截，那么这个平行六面体被平面二等分。

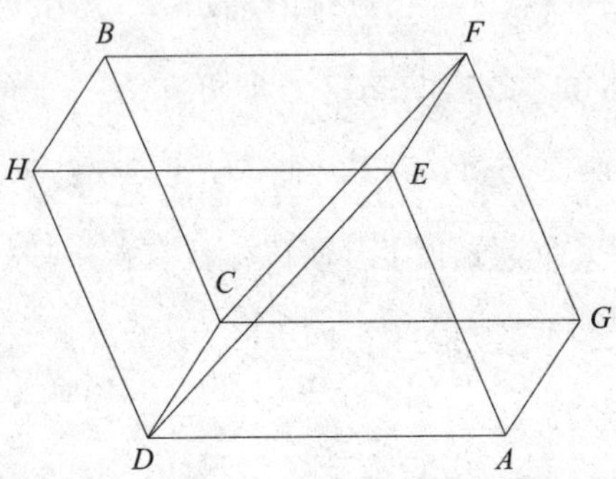

已知平行六面体 *AB* 被相对面上的对角线 *CF* 和 *DE* 所在的平面 *CDEF*[①] 所截，可证立体 *AB* 被平面 *CDEF* 平分。

因为三角形 *CGF* 等于三角形 *CFB*，且 *ADE* 等于 *DEH*【命题 1.34】，平行四边形 *CA* 等于平行四边形 *EB*，因为它们是相对的面【命

① 这里，已经假设两条对角线在同一平面上。这是很容易证明的。

题 11.24】，*GE* 等于 *CH*，所以两个三角形 *CGF*、*ADE* 和三个平行四边形 *GE*、*AC* 和 *CE* 构成的棱柱等于由两个三角形 *CFB*、*DEH* 和三个平行四边形 *CH*、*BE* 和 *CE* 构成的棱柱。因为这两个棱柱是由同样多个两两相等的面组成的【定义 11.10】，[①] 所以整个立体 *AB* 被平面 *CDEF* 平分。这就是该命题的结论。

命题 29

同底等高的两个平行六面体，且立在底面同一侧的棱的端点在同一直线上，则这两个平行六面体彼此相等。

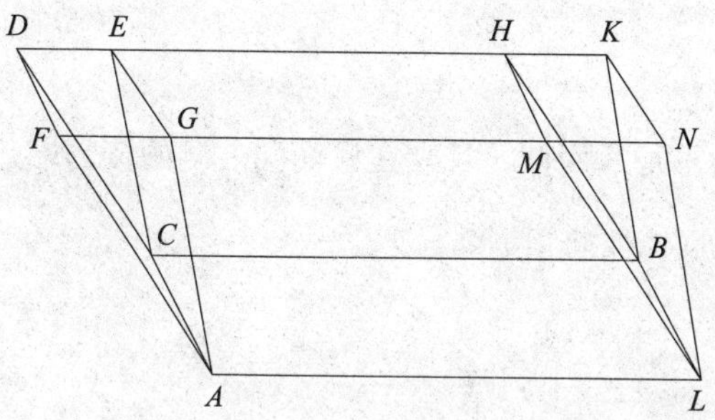

已知平行六面体 *CM* 和 *CN* 在同一个底面 *AB* 上，且它们的高相等，设立在底边的侧棱 *AG*、*AF*、*LM*、*LN*、*CD*、*CE*、*BH* 和 *BK* 的端点分别在两条直线 *FN* 和 *DK* 上。可证立体 *CM* 等于立体 *CN*。

因为 *CH* 和 *CK* 是平行四边形，*CB* 等于 *DH* 和 *EK*【命题 1.34】。所以，*DH* 也等于 *EK*。同时减去 *EH*。所以，余下的 *DE* 等于 *HK*。所以，三角形 *DCE* 等于三角形 *HBK*【命题 1.4、1.8】，且平行四边形 *DG* 等于

① 但是，严格来说，相似的排列方式并不足以说明两个棱柱是相似的，而是一个是另一个的镜像。

平行四边形 *HN*【命题 1.36】。同理，三角形 *AFG* 等于三角形 *MLN*。平行四边形 *CF* 等于平行四边形 *BM*，*CG* 等于 *BN*【命题 11.24】。因为它们是相对的面，所以由两个三角形 *AFG*、*DCE* 和三个平行四边形 *AD*、*DG* 和 *CG* 组成的棱柱体与由两个三角形 *MLN*、*HBK* 和三个平行四边形 *BM*、*HN* 和 *BN* 构成的棱柱体相等。两个棱柱体同时加上以平行四边形 *AB* 为底，相对面是 *GEHM* 的立体，所以整个平行六面体 *CM* 等于整个平行六面体 *CN*。

综上，同底等高的两个平行六面体，且立在底面同一侧的棱的端点在同一直线上，则这两个平行六面体彼此相等。这就是该命题的结论。

命题 30

同底等高的平行六面体，且立在底面同一侧的棱的端点不在同一条直线上，则平行六面体彼此相等。

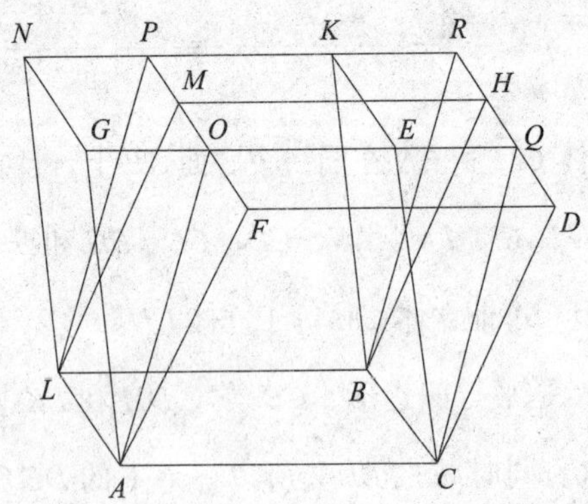

已知平行六面体 *CM* 和 *CN* 在同一个底面 *AB* 上，且它们的高相等，设立在底边的侧棱 *AF*、*AG*、*LM*、*LN*、*CD*、*CE*、*BH* 和 *BK* 的端点不在同一

直线上。可证立体 *CM* 等于立体 *CN*。

延长 *NK* 和 *DH* 相交于 *R*。延长 *FM* 和 *GE* 至 *P* 和 *Q*。连接 *AO*、*LP*、*CQ* 和 *BR*。所以，以平行四边形 *ACBL* 为底，相对面为 *FDHM* 的立体 *CM* 与以平行四边形 *ACBL* 为底，相对面为 *OQRP* 的立体 *CP* 彼此相等。因为它们在同一底面 *ACBL* 上且等高，侧棱 *AF*、*AO*、*LM*、*LP*、*CD*、*CQ*、*BH* 和 *BR* 的端点分别在两条直线 *FP* 和 *DR* 上【命题 11.29】。以平行四边形 *ACBL* 为底面，相对面为 *OQRP* 的立体 *CP*，与以平行四边形 *ACBL* 为底，相对面为 *GEKN* 的立体 *CN* 彼此相等。因为，它们在同一底面 *ACBL* 上且等高，侧棱 *AG*、*AO*、*CE*、*CQ*、*LN*、*LP*、*BK* 和 *BR* 的端点分别在两条直线 *GQ* 和 *NR* 上【命题 11.29】，所以立体 *CM* 等于立体 *CN*。

综上，同底等高的平行六面体，且立在底面同一侧的棱的端点不在同一条直线上，则平行六面体彼此相等。这就是该命题的结论。

命题 31

等底同高的平行六面体彼此相等。

已知平行六面体 *AE* 和 *CF* 有相等的底面 *AB* 和 *CD*，且有相同的高。可证立体 *AE* 等于立体 *CF*。

首先设侧棱 *HK*、*BE*、*AG*、*LM*、*PQ*、*DF*、*CO* 和 *RS* 与底面 *AB* 和 *CD* 成直角。延长 *CR* 至点 *T*，延长线为 *RT*。以 *RT* 为一边，点 *R* 为顶点，作角 *TRU* 等于角 *ALB*【命题 1.23】。使 *RT* 等于 *AL*，*RU* 等于 *LB*。完成底面 *RW* 和立体 *XU*。

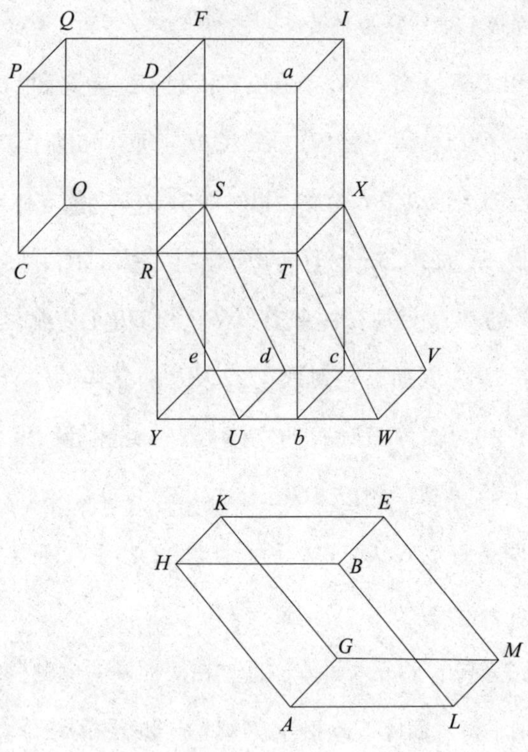

因为两边 TR 和 RU 分别等于两边 AL 和 LB，且它们的夹角相等，所以平行四边形 RW 与平行四边形 HL 相等且相似【命题 6.14】。又因为 AL 等于 RT，LM 等于 RS，且它们的夹角是直角，所以平行四边形 RX 与平行四边形 AM 相等且相似【命题 6.14】。同理，LE 与 SU 相等且相似，所以立体 AE 的三个平行四边形与立体 XU 的三个平行四边形相等且相似。但前面的三个相当且相似于三个对面的平行四边形，后面的三个相等且相似于它们对面的平行四边形【命题 11.24】，所以整个平行六面体 AE 与整个平行六面体 XU 彼此相等【定义 11.10】。延长 DR 和 WU 交于点 Y。过 T 作 aTb 平行于 DY。延长 PD 至 a。完成立体 YX 和 RI。所以，以平行四边

形 RX 为底面，其相对面为 Yc 的立体 XY，与以平行四边形 RX 为底，其相对面为 UV 的立体 XU 彼此相等。因为它们有相同的底 RX 且等高，侧棱 RY、RU、Tb、TW、Se、Sd、Xc 和 XV 的端点分别在两条直线 YW 和 eV 上【命题 11.29】。立体 XU 等于 AE，所以立体 XY 等于立体 AE。又因为平行四边形 $RUWT$ 等于平行四边形 YT。因为它们在同底 RT 上，且在相同的平行线 RT 和 YW 之间【命题 1.35】。平行四边形 $RUWT$ 等于平行四边形 CD，因为它等于 AB，所以平行四边形 YT 等于 CD。又，DT 是另一个平行四边形，所以底 CD 比 DT 等于 YT 比 DT【命题 5.7】。又因为平行六面体 CI 被平行于 CI 相对面的 RF 所截，所以底 CD 比 DT 等于立体 CF 比 RI【命题 11.25】。同理，因为平行六面体 YI 被 RX 所截，且 RX 平行于 YI 的相对面，所以底 YT 比 TD 等于立体 YX 比 RI【命题 11.25】。但底 CD 比 DT 等于 YT 比 DT，所以立体 CF 比 RI 等于立体 YX 比 RI。所以，立体 CF 和 YX 与 RI 的比相等【命题 5.11】。所以，立体 CF 等于立体 YX【命题 5.9】。但已经证明 YX 等于 AE，所以 AE 等于 CF。

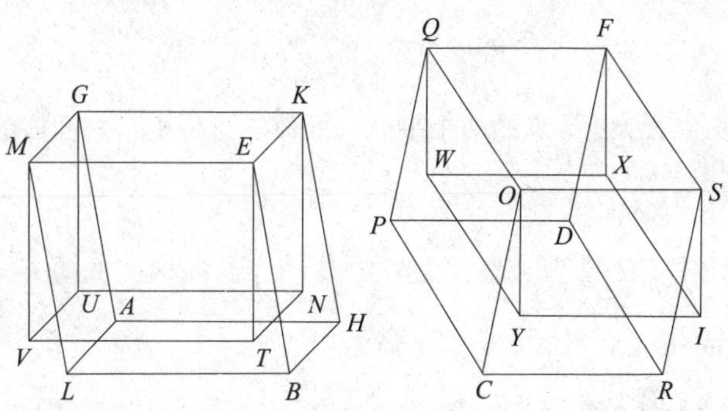

其次，设侧棱 AG、HK、BE、LM、CO、PQ、DF 和 RS 与底面 AB 和 CD 不成直角。可以证明立体 AE 等于立体 CF。分别过点 K、E、G、M、Q、

F、O 和 S 作已知平面的垂线 KN、ET、GU、MV、QW、FX、OY 和 SI，设它们与已知平面的交点为 N、T、U、V、W、X、Y 和 I。连接 NT、NU、UV、TV、WX、WY、YI 和 IX。所以，立体 KV 等于立体 QI。因为它们在相等的底面 KM 和 QS 上且同高，立在底面的侧棱与底面成直角（前面已证明）。但立体 KV 等于立体 AE，QI 等于 CF，因为它们在相同的底面上且同高，立在底面的侧棱的端点不在同一直线上【命题 11.30】，所以立体 AE 等于立体 CF。

综上，等底同高的平行六面体彼此相等。这就是该命题的结论。

命题 32

等高的平行六面体的比等于其底的比。

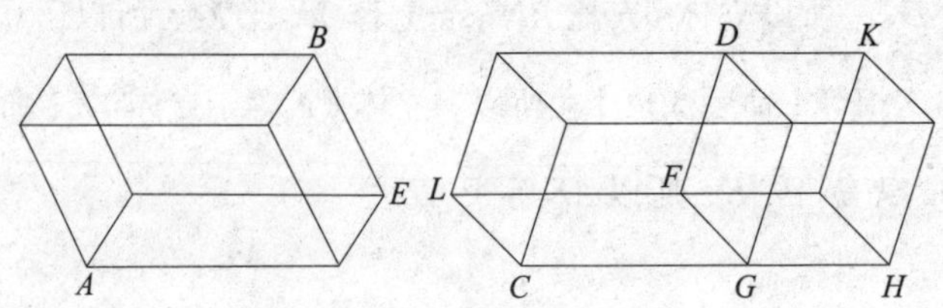

已知 AB 和 CD 是等高的两个平行六面体。可证平行六面体的比等于其底的比，即底 AE 比 CF 等于立体 AB 比 CD。

在 FG 处作 FH 等于 AE【命题 1.45】。在已完成的底面 FH 上作一个补形平行六面体 GK，使其与 CD 等高。所以，立体 AB 等于立体 GK。因为它们是在相等的底面 AE 和 FH 上，且高相等【命题 11.31】。因为平行六面体 CK 被平行于一对相对面的平面 DG 所截，所以底 CF 比 FH 等于立体 CD 比 DH【命题 11.25】。又，底 FH 等于 AE，立体 GK 等于 AB，所以底 AE 比 CF 等于立体 AB 比 CD。

综上，等高的平行六面体的比等于其底的比。这就是该命题的结论。

命题 33

相似六面体的比等于其对应边的三次方比。

已知 AB 和 CD 互为相似平行六面体，且 AE 与 CF 相对应。可证立体 AB 比 CD 等于 AE 与 CF 的三次方比。

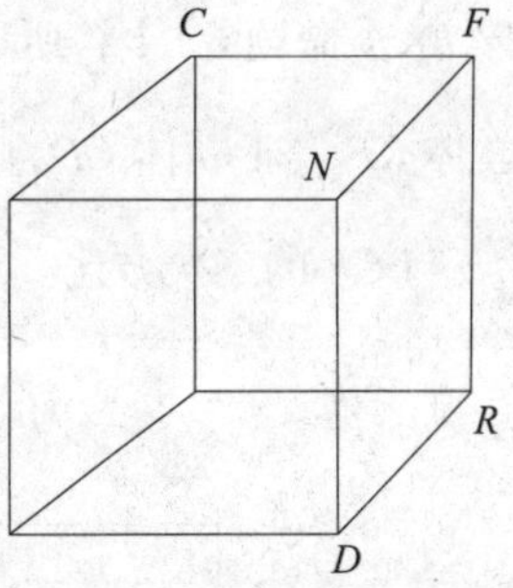

在直线 AE、GE 和 HE 的延长线上分别作 EK、EL 和 EM，使 EK 等于 CF，EL 等于 FN，EM 等于 FR。完成平行四边形 KL 和补形平行六面体 KP。

C F N R D

两边 KE 和 EL 分别等于两边 CF 和 FN，角 KEL 等于角 CFN，角 AEG 等于角 CFN，这是因为立体 AB 与 CD 互为相似平行六面体，所以平行四边形 KL 等于且相似于平行四边形 CN。同理，平行四边形 KM 等于且相似于平行四边形 CR，EP 等于且相似于 DF，所以立体 KP 的三个平行四边形与立体 CD 的三个平行四边形相等且相似。前三个平行四边形与它们的相对面相等且相似，后三个平行四边形也与其相对面相等且相似【命题 11.24】，所以整个立体 KP 与整个立体 CD 相等且相似【定义 11.10】。完成平行四边形 GK。分别以平行四边形 GK 和 KL 为底，以 AB 的高为高，完成立体 EO 和 LQ。因为立体 AB 和 CD 相似，所以 AE 比 CF 等于 EG 比 FN，又等于 EH 比 FR【定义 6.1、11.9】。又，CF 等于 EK，FN 等于 EL，且 FR 等于 EM，所以 AE 比 EK 等于 GE 比 EL，又等于 HE 比 EM。但 AE 比 EK 等于平行四边形 AG

比 *GK*，且 *GE* 比 *EL* 等于 *GK* 比 *KL*，*HE* 比 *EM* 等于 *QE* 比 *KM*【命题 6.1】，所以平行四边形 *AG* 比 *GK* 等于 *GK* 比 *KL*，又等于 *QE* 比 *KM*。但 *AG* 比 *GK* 等于立体 *AB* 比 *EO*，*GK* 比 *KL* 等于立体 *OE* 比 *QL*，且 *QE* 比 *KM* 等于立体 *QL* 比 *KP*【命题 11.32】，所以立体 *AB* 比 *EO* 等于 *EO* 比 *QL*，又等于 *QL* 比 *KP*。如果四个量成比例，那么第一个量与第四个量的比是第一个量与第二个量的三次方比【定义 5.10】，所以立体 *AB* 比 *KP* 等于 *AB* 与 *EO* 的三次方比。但 *AB* 比 *EO* 等于平行四边形 *AG* 比 *GK*，又等于线段 *AE* 比 *EK*【命题 6.1】，所以立体 *AB* 比 *KP* 等于 *AE* 与 *EK* 的三次方比。又，立体 *KP* 等于立体 *CD*，线段 *EK* 等于 *CF*，所以立体 *AB* 比 *CD* 等于对应边 *AE* 与 *CF* 的三次方比。

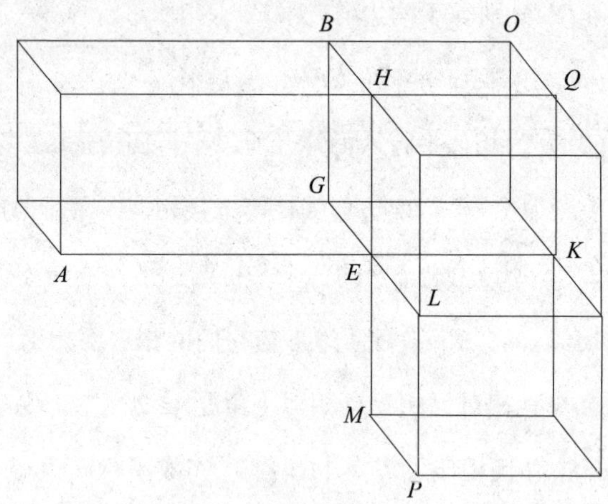

综上，相似六面体的比等于其对应边的三次方比。这就是该命题的结论。

推 论

所以，由此命题可以得到，如果四条线段成连比例，那么第一条线段比第四条线段等于第一条线段上的平行六面体比第二条线段上的与之相似且有相似位置的平行六面体，因为第一条线段比第四条线段等于第一条线段与第二条线段的三次方比。

命题 34[①]

相等的平行六面体的底与高互成反比，且底和高互成反比的平行六面体彼此相等。

已知 *AB* 和 *CD* 是彼此相等的平行六面体。可证平行六面体 *AB* 和 *CD* 的底与高互成反比，即底 *EH* 比 *NQ* 等于立体 *CD* 的高比立体 *AB* 的高。

首先，设侧棱 *AG*、*EF*、*LB*、*HK*、*CM*、*NO*、*PD* 和 *QR* 都与其底面成直角。可以证明底 *EH* 比 *NQ* 等于 *CM* 比 *AG*。

如果底面 *EH* 等于底 *NQ*，且立体 *AB* 等于 *CD*，则 *CM* 等于 *AG*。等高的平行六面体的比等于其底的比【命题 11.32】。那么底 *EH* 比 *NQ* 等于 *CM* 比 *AG*。很明显，平行六面体 *AB* 和 *CD* 的底与高互成反比。

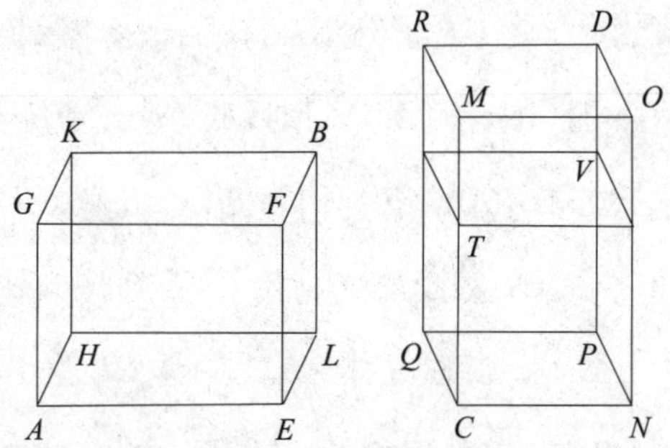

① 该命题认为（a）如果两个平行六面体相等，等底则等高，且（b）如果两个相等的平行六面体的底不相等，那么底越小的立体的高越大。

设底 *EH* 不等于 *NQ*，且设 *EH* 较大。又，立体 *AB* 等于立体 *CD*，所以，*CM* 大于 *AG*。使 *CT* 等于 *AG*。在底 *NQ* 上，以 *CT* 为高，完成平行六面体 *VC*。因为立体 *AB* 等于 *CD*，*CV* 是另一个立体，且等量与同一量的比相等【命题 5.7】，所以立体 *AB* 比 *CV* 等于立体 *CD* 比 *CV*。但立体 *AB* 比 *CV* 等于底 *EH* 比 *NQ*。因为立体 *AB* 和 *CV* 的高相等【命题 11.32】。立体 *CD* 比立体 *CV* 等于底面 *MQ* 比 *TQ*【命题 11.25】，又等于 *CM* 比 *CT*【命题 6.1】，所以底面 *EH* 比 *NQ* 等于 *MC* 比 *CT*。因为 *CT* 等于 *AG*，所以底面 *EH* 比 *NQ* 等于 *MC* 比 *AG*。所以，平行六面体 *AB* 和 *CD* 的底和高互成反比。

其次，设平行六面体 *AB* 和 *CD* 的底与高互成反比，即底 *EH* 比 *NQ* 等于立体 *CD* 的高比立体 *AB* 的高。可以证明立体 *AB* 等于立体 *CD*。设所有立在底面的侧棱与底面成直角。如果底面 *EH* 等于 *NQ*，且底 *EH* 比 *NQ* 等于立体 *CD* 的高比立体 *AB* 的高，所以立体 *CD* 的高等于立体 *AB* 的高。等底同高的平行六面体彼此相等【命题 11.31】。所以，立体 *AB* 等于立体 *CD*。

设底 *EH* 不等于 *NQ*，且设 *EH* 较大，所以立体 *CD* 的高比立体 *AB* 的高大，即 *CM* 大于 *AG*。使 *CT* 等于 *AG*，作相似立体 *CV*。因为底 *EH* 比 *NQ* 等于 *MC* 比 *AG*，且 *AG* 等于 *CT*，所以底 *EH* 比 *NQ* 等于 *CM* 比 *CT*。但底 *EH* 比 *NQ* 等于立体 *AB* 比 *CV*。因为立体 *AB* 和 *CV* 有相同的高【命题 11.32】，又，*CM* 比 *CT* 等于底 *MQ* 比 *QT*【命题 6.1】，又等于立体 *CD* 比 *CV*【命题 11.25】，所以立体 *AB* 比立体 *CV* 等于立体 *CD* 比立体 *CV*。所以，*AB* 和 *CD* 与 *CV* 的比相等。所以，立体 *AB* 等于立体 *CD*【命题 5.9】。

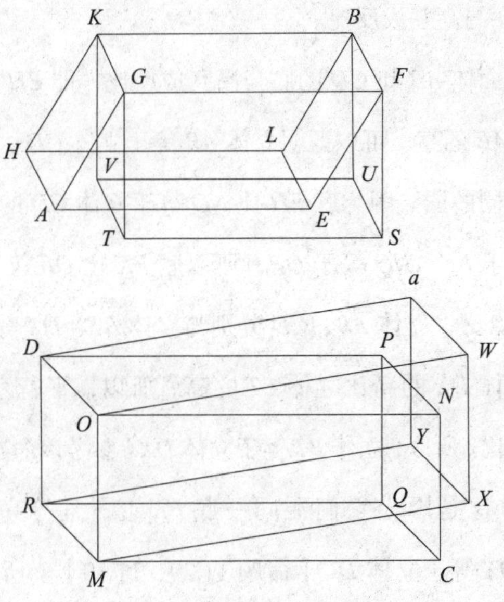

设立在底面上的侧棱 *FE*、*BL*、*GA*、*KH*、*ON*、*DP*、*MC* 和 *RQ* 与底面不成直角。过点 *F*、*G*、*B*、*K*、*O*、*M*、*R* 和 *D* 分别作经过 *EH* 和 *NQ* 的平面的垂线，垂线与平面的交点为 *S*、*T*、*U*、*V*、*W*、*X*、*Y* 和 *a*。完成立体 *FV* 和 *OY*。在这种情况下，可以证明若立体 *AB* 等于 *CD*，则它们的底与高互成反比，即底 *EH* 比 *NQ* 等于立体 *CD* 的高比立体 *AB* 的高。

立体 *AB* 等于立体 *CD*，*AB* 等于 *BT*。因为它们在同一底面 *FK* 上，且等高【命题 11.29、11.30】。又，立体 *CD* 等于 *DX*。这是因为它们在相同的底面 *RO* 上，且等高【命题 11.29、11.30】，所以立体 *BT* 等于立体 *DX*。所以，底 *FK* 比 *OR* 等于立体 *DX* 的高比立体 *BT* 的高（参考该命题的第一部分）。又，底 *FK* 等于 *EH*，底 *OR* 等于 *NQ*，所以底 *EH* 比 *NQ* 等于立体 *DX* 的高比立体 *BT* 的高。又，立体 *DX*、*BT* 分别与立体 *DC*、*BA* 等高，所以底 *EH* 比 *NQ* 等于立体 *DC* 的高比立体 *AB* 的高。所以，平行六面

体 *AB* 和 *CD* 的底与高互成反比。

再设平行六面体 *AB* 和 *CD* 的底与高互成反比，即 *EH* 比 *NQ* 等于立体 *CD* 的高比立体 *AB* 的高。可以证明立体 *AB* 等于立体 *CD*。

作与之前相同的图。因为底 *EH* 比 *NQ* 等于立体 *CD* 的高比立体 *AB* 的高，且底 *EH* 等于 *FK*，*NQ* 等于 *OR*，所以底 *FK* 比 *OR* 等于立体 *CD* 的高比立体 *AB* 的高。又，立体 *AB*、*CD* 分别与立体 *BT*、*DX* 等高，所以底 *FK* 比底 *OR* 等于立体 *DX* 的高比立体 *BT* 的高。所以，平行六面体 *BT* 和 *DX* 的底与高互成反比。所以，立体 *BT* 等于立体 *DX*（参考该命题的第一部分）。但 *BT* 等于 *BA*。这是因为它们在同一底 *FK* 上，且等高【命题 11.29、11.30】。立体 *DX* 等于立体 *DC*【命题 11.29、11.30】。所以，立体 *AB* 等于立体 *CD*。这就是该命题的结论。

命题 35

如果有两个相等的平面角，过它们的顶点分别在平面外作直线，且该直线与组成平面角的两条直线所夹的角分别相等，如果在所作平面外的两条直线上各任取一点，过该点作向原角所在平面的垂线，则垂线与平面的交点和角顶点的连线与面外直线的夹角相等。

已知 *BAC* 和 *EDF* 是两个相等的直线角。过点 *A* 和 *D* 作 *AG* 和 *DM*，使其分别与原直线的夹角相等，即角 *MDE* 等于角 *GAB*，角 *MDF* 等于角 *GAC*。分别在 *AG* 和 *DM* 上任取一点 *G* 和 *M*。过点 *G* 和 *M* 分别作经过 *BAC* 和 *EDF* 的平面的垂线。设它们与平面的交点分别为 *L* 和 *N*。连接 *LA* 和 *ND*。可证角 *GAL* 等于角 *MDN*。

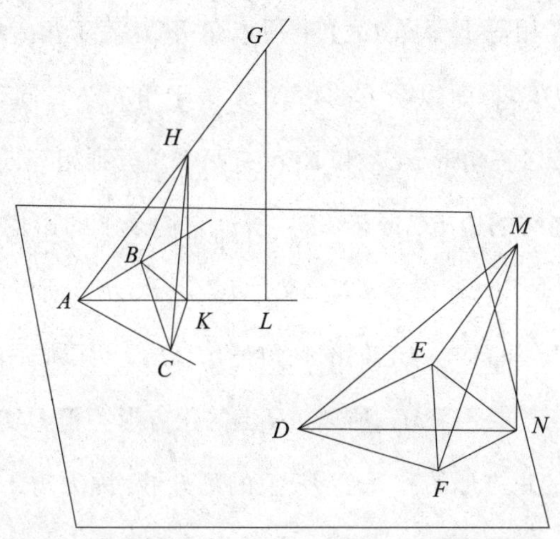

作 AH 等于 DM。过点 H 作 HK 平行于 GL。GL 是经过 BAC 的平面的垂线，所以 HK 也是经过 BAC 的平面的垂线【命题 11.8】。过点 K 和点 N，作直线 AC、DF、AB 和 DE 的垂线 KC、NF、KB 和 NE。连接 HC、CB、MF 和 FE。因为 HA 上的正方形等于 HK 和 KA 上的正方形的和【命题 1.47】，且 KC 和 CA 上的正方形的和等于 KA 上的正方形【命题 1.47】，所以 HA 上的正方形等于 HK、KC 和 CA 上的正方形的和。又，HC 上的正方形等于 HK 和 KC 上的正方形的和【命题 1.47】，所以 HA 上的正方形等于 HC 和 CA 上的正方形的和。所以，角 HCA 是直角【命题 1.48】。同理，角 DFM 也是直角，所以角 ACH 等于角 DFM。又，角 HAC 等于角 MDF，所以三角形 MDF 和三角形 HAC 有两个角分别相等，且其中一条边相等，即等角所对的边 HA 等于 MD。所以，它们余下的边彼此对应相等【命题 1.26】。所以，AC 等于 DF。相似地，可以证明 AB 等于 DE。因为 AC 等于 DF，AB 等于 DE，所以两边 CA 和 AB 分别等于两边 FD 和 DE。但角 CAB 等于角 FDE，所以底 BC 等于 EF，且三角形 ACB 等于三角形 DFE，余下的角也都彼此对应相等【命题 1.4】，所以角 *ACB* 等于角 *DFE*。又，直角 *ACK* 等于直角 *DFN*，所以余下的角 *BCK* 等于角 *EFN*。同理，角 *CBK* 也等于角 *FEN*，所以三角形 *BCK* 和 *EFN* 有两个角分别相等，且一条边也相等，即两等角之间的边 *BC* 等于 *EF*，所以它们余下的边也彼此对应相等【命题 1.26】，所以 *CK* 等于 *FN*。又，*AC* 等于 *DF*，所以两边 *AC* 和 *CK* 分别等于两边 *DF* 和 *FN*，且它们的夹角都是直角，所以底 *AK* 等于 *DN*【命题 1.4】。因为 *AH* 等于 *DM*，所以 *AH* 上的正方形等于 *DM* 上的正方形。但 *AK* 和 *KH* 上的正方形的和等于 *AH* 上的正方形，因为角 *AKH* 是直角【命题 1.47】。又，*DN* 和 *NM* 上的正方形的和等于 *DM* 上的正方形，因为角 *DNM* 是直角【命题 1.47】，所以 *AK* 与 *KH* 上的正方形的和等于 *DN* 与 *NM* 上的正方形的和，其中 *AK* 上的正方形等于 *DN* 上的正方形。所以，余下的 *KH* 上的正方形等于 *NM* 上的正方形。所以，*HK* 等于 *MN*。因为两边 *HA* 和 *AK* 分别等于两边 *MD* 和 *DN*，且已经证明底 *HK* 等于 *MN*，所以角 *HAK* 等于角 *MDN*【命题 1.8】。

综上，如果有两个相等的平面角，则满足该命题的条件。这就是该命题的结论。

推　论

所以，由此命题可以得到，如果有两个相等的平面角，过两个角的顶点分别作平面外的相等线段，且该线段与组成平面角的两条直线所夹的角分别相等，则若过该线段的端点作角所在平面的垂线，则两条垂线彼此相等。这就是该命题的结论。

命题 36

如果有三条线段成比例，那么由这三条线段构成的平行六面体等于中项上所作的等边且与前面的平行六面体等角的平行六面体。

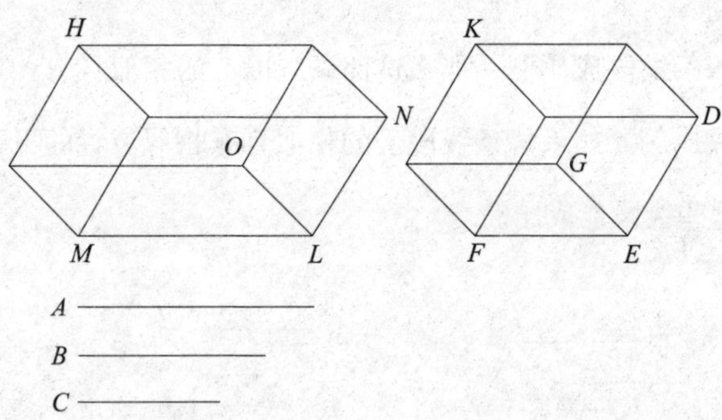

已知线段 *A*、*B* 和 *C* 成比例，即 *A* 比 *B* 等于 *B* 比 *C*。可证由 *A*、*B* 和 *C* 构成的平行六面体等于在 *B* 上作的等边且与前面的立体等角的立体。

作由 *DEG*、*GEF* 和 *FED* 构成的 *E* 处的立体角。使 *DE*、*GE* 和 *EF* 等于 *B*。完成平行六面体 *EK*。使 *LM* 等于 *A*，在线段 *LM* 上，以点 *L* 为顶点，作由 *NLO*、*OLM* 和 *MLN* 构成的立体角，且使其等于点 *E* 的立体角【命题 11.23】，使 *LO* 等于 *B*，*LN* 等于 *C*。因为 *A* 比 *B* 等于 *B* 比 *C*，且 *A* 等于 *LM*，*B* 等于 *LO* 、*ED*，*C* 等于 *LN*，所以 *LM* 比 *EF* 等于 *DE* 比 *LN*。所以，夹等角 *NLM* 和 *DEF* 的边互成反比。所以，平行四边形 *MN* 等于平行四边形 *DF*【命题 6.14】。又因为角 *DEF* 和 *NLM* 是两个平面直线角，这两个平面外的线段 *LO* 和 *EG* 也彼此相等，且这两条线段与原平面角两边的夹角相等，所以过点 *G* 和 *O* 分别作经过 *NLM* 和 *DEF* 的平面的垂线也彼此相等【命题 11.35 推论】。所以，立体 *LH* 和 *EK* 是等高的。等底同高的平行六面体彼此相等【命题 11.31】，所以立体 *HL* 等于立体 *EK*。*HL* 是由 *A*、*B* 和 *C*

构成的立体，EK 是由 B 构成的立体，所以由 A、B 和 C 构成的平行六面体等于在 B 上的等边且与前面的立体等角的立体。这就是该命题的结论。

命题 37[①]

如果有四条线段成比例，那么这四条线段上的相似且有相似位置的平行六面体也成比例。如果每条线段上的相似且有相似位置的平行六面体成比例，那么这些线段也成比例。

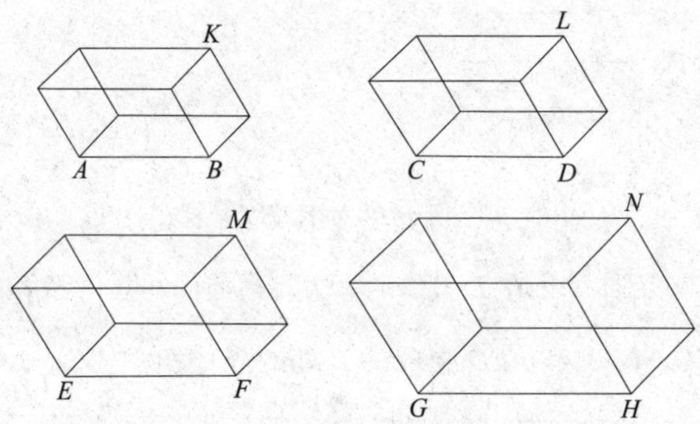

已知 AB、CD、EF 和 GH 是成比例的四条线段，即 AB 比 CD 等于 EF 比 GH。分别在 AB、CD、EF 和 GH 上作相似且有相似位置的平行六面体 KA、LC、ME 和 NG。可证 KA 比 LC 等于 ME 比 NG。

因为平行六面体 KA 与 LC 相似，所以 KA 与 LC 的比等于 AB 与 CD 的三次方比【命题 11.33】。同理，ME 比 NG 等于 EF 与 GH 的三次方比【命题 11.33】。又因为 AB 比 CD 等于 EF 比 GH，所以 AK 比 LC 等于 ME 比 NG。

---

① 该命题认为如果两个比值相等，那么前者的三次方等于后者的三次方，反之亦然。

再设立体 AK 比 LC 等于 ME 比 NG。可以证明线段 AB 比 CD 等于 EF 比 GH。

因为 KA 比 LC 等于 AB 与 CD 的三次方比【命题 11.33】，且 ME 比 NG 等于 EF 与 GH 的三次方比【命题 11.33】，KA 比 LC 等于 ME 比 NG，所以 AB 比 CD 等于 EF 比 GH。

综上，四条成比例的线段满足该命题的条件。这就是该命题的结论。

命题 38

如果二等分一个立方体相对面的边，过二等分点作平面，这些平面的交线与立方体的对角线相互平分。

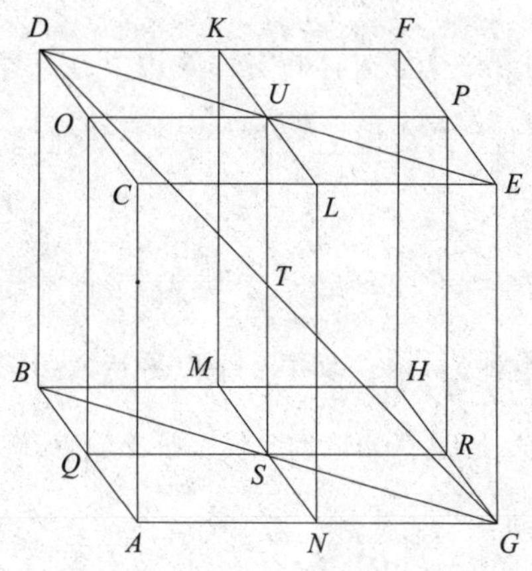

已知立方体 AF 的相对面 CF 和 AH 的边被点 K、L、M、N、O、Q、P 和 R 平分。过分点作平面 KN 和 OR。并设 US 是两平面的相交线，DG 是立方体 AF 的对角线。可证 UT 等于 TS，DT 等于 TG。

连接 DU、UE、BS 和 SG。因为 DO 平行于 PE，内错角 DOU 等于 UPE【命

题 1.29】。因为 *DO* 等于 *PE*，*OU* 等于 *UP*，且它们的夹角相等，所以底 *DU* 等于 *UE*，且三角形 *DOU* 等于三角形 *PUE*，余下的角都彼此相等【命题 1.4】。所以，角 *OUD* 等于角 *PUE*。由此，*DUE* 是一条直线【命题 1.14】。同理，*BSG* 也是一条直线，且 *BS* 等于 *SG*。又因为 *CA* 与 *DB* 平行且相等，*CA* 与 *EG* 平行且相等，所以 *DB* 与 *EG* 也平行且相等【命题 11.9】。又，直线 *DE* 和 *BG* 与它们相交，所以 *DE* 平行于 *BG*【命题 1.33】。所以，角 *EDT* 等于角 *BGT*，因为它们是内错角【命题 1.29】。又，角 *DTU* 等于角 *GTS*【命题 1.15】，所以三角形 *DTU* 和 *GTS* 中有两个角彼此相等，并有一条边彼此相等，即等角所对的边 *DU* 等于 *GS*。这是因为它们分别是 *DE* 和 *BG* 的一半，所以两三角形余下的边彼此相等【命题 1.26】，所以 *DT* 等于 *TG*，*UT* 等于 *TS*。

综上，如果二等分一个立方体相对面的边，过二等分点作平面，这些平面的交线与立方体的对角线相互平分。这就是该命题的结论。

命题 39

如果有两个等高的棱柱体，其中一个以平行四边形为底，另一个以三角形为底，且平行四边形是三角形的二倍，那么这两个棱柱体相等。

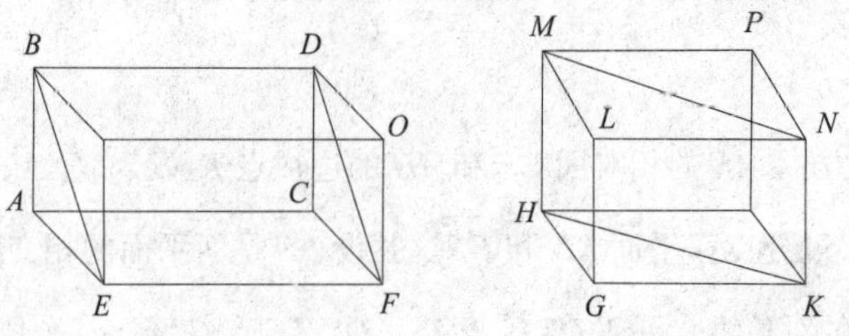

已知 *ABCDEF* 和 *GHKLMN* 是两个等高的棱柱体，前者的底为平行四

边形 *AF*, 后者的底为三角形 *GHK*, 且平行四边形 *AF* 是三角形 *GHK* 的二倍。可证棱柱 *ABCDEF* 与 *GHKLMN* 相等。

在两棱柱上补充形成立体 *AO* 和 *GP*。因为平行四边形 *AF* 是三角形 *GHK* 的二倍，且平行四边形 *HK* 也是三角形 *GHK* 的二倍【命题 1.34】，所以平行四边形 *AF* 等于平行四边形 *HK*。又，等底同高的平行六面体彼此相等【命题 11.31】，所以立体 *AO* 等于立体 *GP*。又，棱柱体 *ABCDEF* 是立体 *AO* 的一半，棱柱体 *GHKLMN* 是立体 *GP* 的一半【命题 11.28】，所以棱柱体 *ABCDEF* 等于棱柱体 *GHKLMN*。

综上，如果有两个等高的棱柱体，其中一个以平行四边形为底，另一个以三角形为底，且平行四边形是三角形的二倍，那么这两个棱柱体相等。这就是该命题的结论。

第12卷　立体几何中的比例问题

命　题

命题 1

圆内接相似多边形的比等于圆直径上的正方形的比。

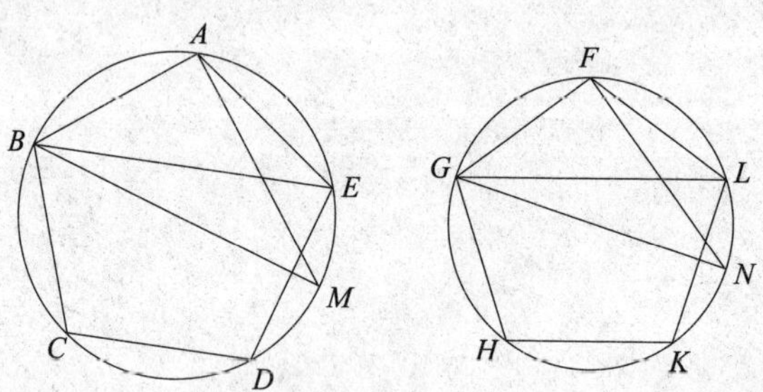

已知 ABC 和 FGH 是圆，$ABCDE$ 和 $FGHKL$ 是圆内接相似多边形，BM 和 GN 分别是两圆的直径。可证 BM 上的正方形比 GN 上的正方形等于多边形 $ABCDE$ 比多边形 $FGHKL$。

连接 *BE*、*AM*、*GL* 和 *FN*。因为多边形 *ABCDE* 与多边形 *FGHKL* 相似，角 *BAE* 等于角 *GFL*，且 *BA* 比 *AE* 等于 *GF* 比 *FL*【定义 6.1】。所以，三角形 *BAE* 和 *GFL* 有一个角对应相等，即角 *BAE* 等于角 *GFL*，且夹等角的两边成比例。所以，三角形 *ABE* 与三角形 *FGL* 是等角的【命题 6.6】。所以，角 *AEB* 等于角 *FLG*。但角 *AEB* 等于角 *AMB*，这是因为它们在同一圆弧上【命题 3.27】。又，角 *FLG* 等于角 *FNG*，所以角 *AMB* 等于角 *FNG*。直角 *BAM* 等于直角 *GFN*【命题 3.31】。所以，余下的角也彼此相等【命题 1.32】。所以，三角形 *ABM* 和三角形 *FGN* 是等角的。所以，有比例，*BM* 比 *GN* 等于 *BA* 比 *GF*【命题 6.4】。但 *BM* 上的正方形比 *GN* 上的正方形等于 *BM* 与 *GN* 的二次方比，且多边形 *ABCDE* 比多边形 *FGHKL* 等于 *BA* 与 *GF* 的二次方比【命题 6.20】，所以 *BM* 上的正方形比 *GN* 上的正方形等于多边形 *ABCDE* 比多边形 *FGHKL*。

综上，圆内接相似多边形的比等于圆直径上的正方形的比。这就是该命题的结论。

命题 2

圆的比等于其直径上的正方形的比。

已知 *ABCD* 和 *EFGH* 是圆，*BD* 和 *FH* 分别是它们的直径。可证圆 *ABCD* 比圆 *EFGH* 等于 *BD* 上的正方形比 *FH* 上的正方形。

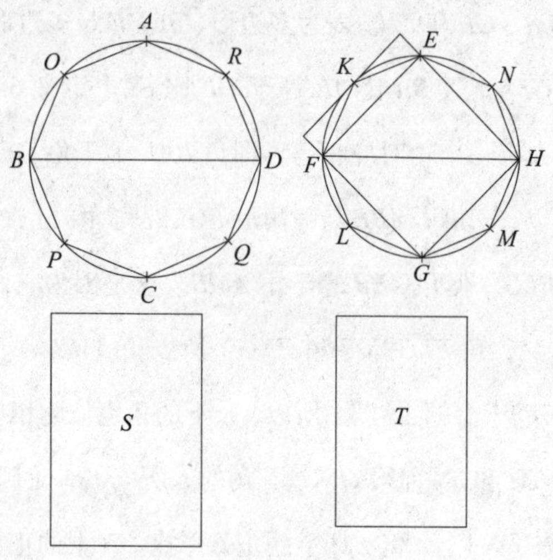

假设 BD 上的正方形比 FH 上的正方形不等于圆 ABCD 比圆 EFGH，那么 BD 上的正方形比 FH 上的正方形等于圆 ABCD 比另一个或者大于圆 EFGH，或者小于 EFGH 的面积。首先，设这个面积为小于圆 EFGH 的 S。使正方形 EFGH 为圆 EFGH 的内接正方形【命题 4.6】，所以内接正方形大于圆 EFGH 的一半。如果过点 E、F、G 和 H 作圆的切线，那么正方形 EFGH 等于圆外切正方形的一半【命题 1.47】，且圆小于外切正方形，所以内接正方形 EFGH 大于圆 EFGH 的一半。作弧 EF、FG、GH 和 HE 的二等分点分别为 K、L、M 和 N，连接 EK、KF、FL、LG、GM、MH、HN 和 NE，所以三角形 EKF、FLG、GMH 和 HNE 都大于三角形所对应的弓形的一半。如果过点 K、L、M 和 N 作圆的切线，完成线段 EF、FG、GH 和 HE 上的平行四边形，那么每个三角形 EKF、FLG、GMH 和 HNE 都是它们所对应的平行四边形的一半，而它们所对应的弓形小于该平行四边形。所以，三角形 EKF、FLG、GMH、HNE 大于它们所在弓形的一半。所以，继续二等分余下的弧，并连接等分点，一直这样做，可以得到所有

弓形的和小于圆 *EFGH* 比面积 *S* 多的部分。因为我们已经在第十卷的第一个定理中证明了，如果有两个不相等的量，则从较大的量中每次减去大于其一半的量，继续下去，最终会得到某个小于较小量的量【命题 10.1】。设这样的弓形已经得到，即圆 *EFGH* 的 *EK*、*KF*、*FL*、*LG*、*GM*、*MH*、*HN* 和 *NE* 上的弓形的和小于圆 *EFGH* 比面积 *S* 大的部分，所以余下的多边形 *EKFLGMHN* 大于面积 *S*。设内接于圆 *ABCD* 的多边形 *AOBPCQDR* 与 *EKFLGMHN* 相似，所以 *BD* 上的正方形比 *FH* 上的正方形等于多边形 *AOBPCQDR* 比多边形 *EKFLGMHN*【命题 12.1】。但 *BD* 上的正方形比 *FH* 上的正方形等于圆 *ABCD* 比面积 *S*，所以圆 *ABCD* 比面积 *S* 等于多边形 *AOBPCQDR* 比多边形 *EKFLGMHN*【命题 5.11】，所以其更比例，圆 *ABCD* 与其内接多边形的比等于面积 *S* 与多边形 *EKFLGMHN* 的比【命题 5.16】。又，圆 *ABCD* 大于其内接多边形，所以面积 *S* 也应该大于多边形 *EKFLGMHN*。但面积 *S* 小于该多边形。这是不可能的。所以，*BD* 上的正方形与 *FH* 上的正方形的比不等于圆 *ABCD* 与某个小于圆 *EFGH* 的面积的比。相似地，可以证明，*FH* 上的正方形与 *BD* 上的正方形的比也不等于圆 *EFGH* 与某个小于圆 *ABCD* 的面积的比。

所以，*BD* 上的正方形与 *FH* 上的正方形的比不等于圆 *ABCD* 与任何一个大于圆 *EFGH* 的比。

假设可能，设成比例的较大的面积为 *S*，所以该反比例为，*FH* 上的正方形比 *DB* 上的正方形等于面积 *S* 比圆 *ABCD*【命题 5.7 推论】。但面积 *S* 比圆 *ABCD* 等于圆 *EFGH* 比某个小于圆 *ABCD* 的面积（参见引理），所以 *FH* 上的正方形比 *BD* 上的正方形等于圆 *EFGH* 比某个小于圆 *ABCD* 的面积【命题 5.11】。这已经证明是不可能的。所以，*BD* 上的正方形比 *FH* 上

的正方形不等于圆 *ABCD* 比某个大于圆 *EFGH* 的面积。已经证明没有成比例的小于圆 *EFGH* 的面积，所以 *BD* 上的正方形比 *FH* 上的正方形等于圆 *ABCD* 比圆 *EFGH*。

综上，圆的比等于其直径上的正方形的比。这就是该命题的结论。

引 理

如果面积 *S* 大于圆 *EFGH*，则可以证明面积 *S* 比圆 *ABCD* 等于圆 *EFGH* 比某个小于圆 *ABCD* 的面积。

设面积 *S* 比圆 *ABCD* 等于圆 *EFGH* 比面积 *T*。可以证明面积 *T* 小于圆 *ABCD*。因为面积 *S* 比圆 *ABCD* 等于圆 *EFGH* 比面积 *T*，所以，其更比例为，面积 *S* 比圆 *EFGH* 等于圆 *ABCD* 比面积 *T*【命题 5.16】。但面积 *S* 大于圆 *EFGH*，所以圆 *ABCD* 大于面积 *T*【命题 5.14】，所以面积 *S* 比圆 *ABCD* 等于圆 *EFGH* 比某个小于圆 *ABCD* 的面积。这就是该引理的结论。

命题 3

任何一个以三角形为底的棱锥体，可以被分成以两个相等且与原棱锥相似又以三角形为底的三棱锥，以及其和大于原棱锥一半的两个相等的棱柱。

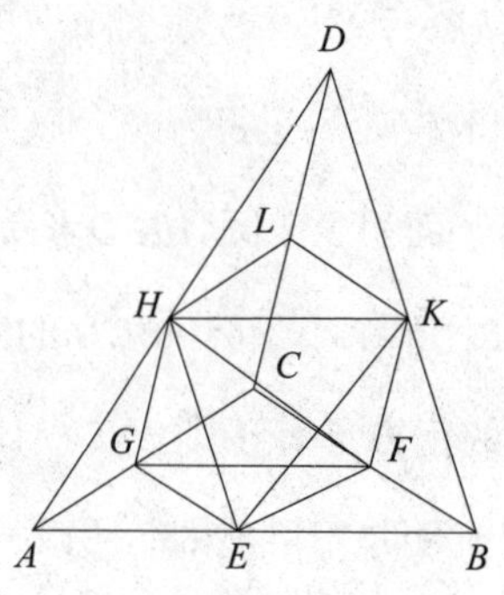

已知有一个棱锥体，其底为 *ABC*，顶点为 *D*。可证棱锥 *ABCD* 被分为两个相等且相似的以三角形为底的棱锥，且与原棱锥相似，以及其和大于原棱锥一半的两个相等的棱柱。

分别做 *AB*、*BC*、*CA*、*AD*、*DB* 和 *DC* 的二等分点 *E*、*F*、*G*、*H*、*K* 和 *L*。连接 *HE*、*EG*、*GH*、*HK*、*KL*、*LH*、*KF* 和 *FG*。因为 *AE* 等于 *EB*，*AH* 等于 *DH*，所以 *EH* 平行于 *DB*【命题 6.2】。同理，*HK* 平行于 *AB*，所以 *HEBK* 是平行四边形，所以 *HK* 等于 *EB*【命题 1.34】。但 *EB* 等于 *EA*，所以 *AE* 等于 *HK*。又，*AH* 等于 *HD*，所以两边 *EA* 和 *AH* 分别等于两边 *KH* 和 *HD*。又，角 *EAH* 等于角 *KHD*【命题 1.29】，所以底边 *EH* 等于 *KD*【命题 1.4】。所以，三角形 *AEH* 等于且相似于三角形 *HKD*【命题 1.4】。同理，三角形 *AHG* 等于且相似于三角形 *HLD*。又因为彼此相交的两直线 *EH* 和 *HG* 平行于彼此相交的两直线 *KD* 和 *DL*，且不在同一平面上，则它们的夹角相等【命题 11.10】，所以角 *EHG* 等于角 *KDL*。又因为两条线段 *EH* 和 *HG* 分别等于 *KD* 和 *DL*，且角 *EHG* 等于角 *KDL*，所以底边 *EG* 等于 *KL*【命题 1.4】。所以，三角形 *EHG* 等于且相似于三角形 *KDL*。同理，三角形 *AEG* 等于且相似于三角形 *HKL*，所以以三角形 *AEG* 为底，点 *H* 为顶点的棱锥与以三角形 *HKL* 为底，点 *D* 为顶点的棱锥相等且相似【定义 11.10】。因为 *HK* 平行于三角形 *ADB* 的一条边 *AB*，三角形 *ADB* 与三角形 *DHK* 等角【命题 1.29】，且它们的边成比例，所以三角形 *ADB* 与三角形 *DHK* 相似【定义 6.1】。同理，三角形 *DBC* 与三角形 *DKL* 也相似，三角形 *ADC* 与 *DLH* 相似。因为彼此相交的两条线段 *BA* 和 *AC* 分别平行于另两条不在同一平面的相交线段 *KH* 和 *HL*，且它们的夹角相等【命题 11.10】，所以角 *BAC* 等于角 *KHL*。又，*BA* 比 *AC* 等于 *KH* 比 *HL*，所以三角形 ABC 与三角形 HKL 相似【命题 6.6】。所以，以三角形 ABC 为底，点 D 为顶点的棱锥体与以三角形 HKL 为底，点 D 为顶点的棱锥体相似【定义 11.9】。但已经证明以三角形 HKL 为底，点 D 为顶点的棱锥体与以三角形 AEG 为底，点 H 为顶点的棱锥体相似，所以棱锥体 AEGH 和 HKLD 都与整个棱锥体 ABCD 相似。

因为 BF 等于 FC，平行四边形 EBFG 是三角形 GFC 的二倍【命题 1.41】，又因为如果有两个等高的棱柱分别以平行四边形和三角形为底，且平行四边形是三角形的二倍，则这两个棱柱相等【命题 11.39】，所以由三角形 BKF、EHG 和平行四边形 EBFG、EBKH、HKFG 围成的棱柱与由三角形 GFC、HKL 和平行四边形 KFCL、LCGH、HKFG 围成的棱柱相等。很明显，两个棱柱，即以平行四边形 EBFG 为底，以线段 HK 为对棱的棱柱，和以三角形 GFC 为底，以三角形 HKL 为对面的棱柱，都大于以三角形 AEG 和 HKL 为底，点 H 和 D 为顶点的棱锥。因为，如果连接线段 EF 和 EK，那么以平行四边形 EBFG 为底，以 HK 为对棱的棱柱，大于以三角形 EBF 为底，点 K 为顶点的棱锥。但以三角形 EBF 为底，点 K 为顶点的棱锥，等于以三角形 AEG 为底，点 H 为顶点的棱锥。这是因为它们是由相等且相似的面组成。所以，以平行四边形 EBFG 为底，以线段 HK 为棱的棱柱，大于以三角形 AEG 为底，点 H 为顶点的棱锥。又，以平行四边形 EBFG 为底，以线段 HK 为棱的棱柱，等于以三角形 GFC 为底，以三角形 IIKL 为对面的棱柱。以三角形 AEG 为底，点 H 为顶点的棱锥，等于以三角形 HKL 为底，点 D 为顶点的棱锥。所以，两个棱柱的和大于分别以三角形 AEG 和 HKL 为底，点 H 和 D 为顶点的棱锥的和。

综上，以三角形 ABC 为底，点 D 为顶点的棱锥可以分为两个相等的棱锥和两个相等的棱柱，且两个棱柱的和大于整个棱锥的一半。这就是该命题的结论。

命题 4

如果有两个等高棱锥，都以三角形为底，将这两个棱锥都分成两个与原棱锥相似的相等的棱锥和两个相等的棱柱，那么一个棱锥的底比另一个棱锥的底等于一个棱锥内所有棱柱的和比另一个棱锥内同样个数的所有棱柱的和。

已知有两个等高棱锥，分别以三角形 *ABC* 和 *DEF* 为底，以点 *G* 和 *H* 为顶点。将每个棱锥分为两个与原棱锥相似的相等的棱锥和两个相等的棱柱【命题 12.3】。可证底 *ABC* 比 *DEF* 等于棱锥 *ABCG* 中的棱柱的和比棱锥 *DEFH* 中的棱柱的和。

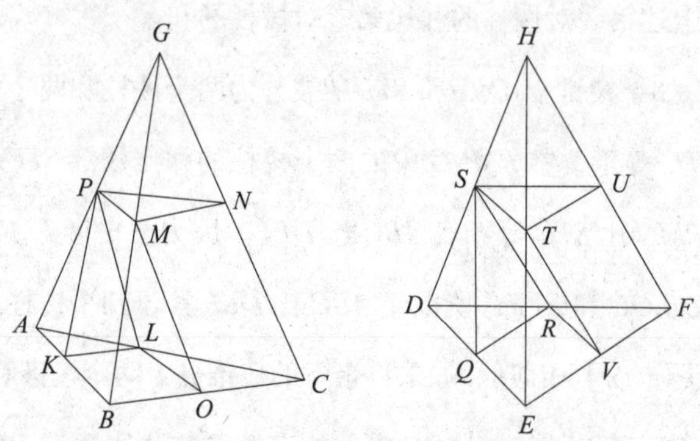

因为 *BO* 等于 *OC*，*AL* 等于 *LC*，所以 *LO* 平行于 *AB*，三角形 *ABC* 与三角形 *LOC* 相似【命题 12.3】。同理，三角形 *DEF* 与三角形 *RVF* 相似。因为 *BC* 等于 *CO* 的二倍，*EF* 是 *FV* 的二倍，所以 *BC* 比 *CO* 等于 *EF* 比 *FV*。在 *BC* 和 *CO* 上作相似且有相似位置的直线形 *ABC* 和 *LOC*，并在 *EF*

和 *FV* 上作相似且有相似位置的直线形 *DEF* 和 *RVF*。所以，三角形 *ABC* 比三角形 *LOC* 等于三角形 *DEF* 比三角形 *RVR*【命题6.22】。所以，其更比例为，三角形 *ABC* 比三角形 *DEF* 等于三角形 *LOC* 比三角形 *RVF*【命题 5.16】。但三角形 *LOC* 比三角形 *RVF* 等于以三角形 *LOC* 为底，以三角形 *PMN* 为对面的棱柱比以三角形 *RVF* 为底，以 *STU* 为对面的棱柱（参见引理），所以三角形 *ABC* 比三角形 *DEF* 等于以三角形 *LOC* 为底，以 *PMN* 为对面的棱柱比以三角形 *RVF* 为底，以 *STU* 为对面的棱柱。又，上述棱柱的比等于以平行四边形 *KBOL* 为底，以线段 *PM* 为棱的棱柱比以平行四边形 *QEVR* 为底，以线段 *ST* 为棱的棱柱【命题 11.39、12.3】，所以一个以平行四边形 *KBOL* 为底，以 *PM* 为棱的棱柱与一个以 *LOC* 为底，以 *PMN* 为对面的棱柱的和与以 *QEVR* 为底，以线段 *ST* 为对棱的棱柱及以三角形 *RVF* 为底，以 *STU* 为对面的棱柱的和的比相同【命题 5.12】。所以，底 *ABC* 比底 *DEF* 等于上述第一对棱柱的和比第二对棱柱的和。

相似地，如果棱锥 *PMNG* 和 *STUH* 被分为两个棱柱和两个棱锥，那么底 *PMN* 比 *STU* 等于棱锥 *PMNG* 中的两个棱柱的和比棱锥 *STUH* 中两个棱柱和。但底 *PMN* 比 *STU* 等于底 *ABC* 比 *DEF*。因为三角形 *PMN* 和 *STU* 分别等于三角形 *LOC* 和 *RVF*，所以底 *ABC* 比 *DEF* 等于四个棱柱的和比四个棱柱的和【命题5.12】。相似地，如果将余下的棱锥分为两个棱锥和两个棱柱，则底 *ABC* 比 *DEF* 等于棱锥 *ABCG* 内的所有棱柱的和比棱锥 *DEFH* 内所有棱柱的和。这就是该命题的结论。

引理

以下的内容还需要证明：三角形 *LOC* 比三角形 *RVF* 等于以三角形 *LOC*

为底，以 *PMN* 为对面的棱柱比以三角形 *RVF* 为底，以 *STU* 为对面的棱柱。

在上图中，过点 *G* 和 *H* 分别作平面 *ABC* 和 *DEF* 的垂线。很明显两垂线相等，因为已知两棱锥是等高的。因为线段 *GC* 和过 *G* 的垂线被平行平面 *ABC* 和 *PMN* 所截，且所截的部分成比例【命题 11.17】。又，平面 *PMN* 平分 *GC* 于点 *N*，所以平面 *PMN* 也平分从 *G* 到平面 *ABC* 的垂线。同理，平面 *STU* 平分从 *H* 到平面 *DEF* 的垂线。过 *G* 和 *H* 到平面 *ABC* 和 *DEF* 的垂线相等，所以从三角形 *PMN* 到平面 *ABC* 的垂线等于从三角形 *STU* 到 *DEF* 的垂线。所以，以三角形 *LOC* 和 *RVF* 为底，以 *PMN* 和 *STU* 为对面的棱柱是等高的。所以，由上述等高棱柱补充完成的平行六面体的比等于它们的底的比【命题 11.22】。两个平行六面体的一半也有同样的比【命题 11.28】。所以，底 *LOC* 比 *RVF* 等于上述棱柱的比。这就是该引理的结论。

命题 5

以三角形为底的等高的棱锥的比等于其底的比。

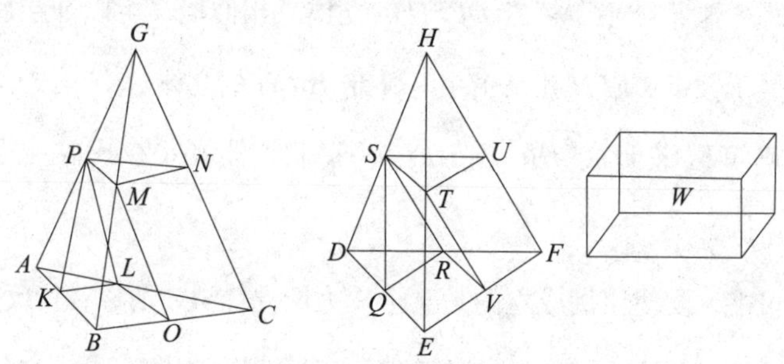

已知两等高棱锥分别以三角形 *ABC* 和 *DEF* 为底，点 *G* 和 *H* 为顶点。可证底 *ABC* 比 *DEF* 等于棱锥 *ABCG* 比棱锥 *DEFH*。

如果底 *ABC* 比 *DEF* 不等于棱锥 *ABCG* 比棱锥 *DEFH*，那么底 *ABC* 比

DEF 等于棱锥 *ABCG* 比某个或者小于或者大于棱锥 *DEFH* 的立体。首先，设比例成立的是较小的立体 *W*。设棱锥 *DEFH* 被分为两个与整个棱锥相似的相等棱锥和两个相等的棱柱，所以两个棱柱的和大于整个棱锥的一半【命题 12.3】。将上述两个棱锥再按类似的方式继续分下去，直到从棱锥 *DEFH* 中分出某些小于棱锥 *DEFH* 与立体 *W* 的差的棱锥【命题 10.1】。设最终的两个棱锥为 *DQRS* 和 *STUH*，所以在棱锥 *DEFH* 中余下的两个棱柱的和大于立体 *W*。相似地，用分割棱锥 *DEFH* 的方式和次数分割棱锥 *ABCG*，所以底 *ABC* 比 *DEF* 等于棱锥 *ABCG* 里棱柱的和比棱锥 *DEFH* 里棱柱的和【命题 12.4】。但底 *ABC* 比 *DEF* 等于棱锥 *ABCG* 比立体 *W*，所以棱锥 *ABCG* 比立体 *W* 等于棱锥 *ABCG* 里棱柱的和比棱锥 *DEFH* 里棱柱的和【命题 5.11】，所以其更比例是，棱锥 *ABCG* 比它里面的棱柱的和等于立体 *W* 比棱锥 *DEFH* 里的棱柱的和【命题 5.16】。又，棱锥 *ABCG* 大于它里面的棱柱的和，所以立体 *W* 也应该大于棱锥 *DEFH* 里的棱柱的和【命题 5.14】。但已经证明 *W* 小于棱锥 *DEFH* 里的棱柱的和。这是不可能的。所以，底 *ABC* 比 *DEF* 不等于棱锥 *ABCG* 比某个小于棱锥 *DEFH* 的立体。相似地，可以证明底 *DEF* 比 *ABC* 也不等于棱锥 *DEFH* 比某个小于棱锥 *ABCG* 的立体。

所以，可以证明底 *ABC* 比 *DEF* 不等于立体 *ABCG* 比某个大于棱锥 *DEFH* 的立体。

如果可能，设使比例成立的是某个较大的立体 *W*。所以，其反比例是，底 *DEF* 比 *ABC* 等于立体 *W* 比棱锥 *ABCG*【命题 5.7 推论】。立体 *W* 比棱锥 *ABCG* 等于棱锥 *DEFH* 比某个小于棱锥 *ABCG* 的立体【命题 12.2 引理】，这一点在前面已经证明了。所以，底 *DEF* 比底 *ABC* 等于棱锥 *DEFH* 比某个小于棱锥 *ABCG* 的立体【命题 5.11】。已经证明这是不可能的。所以，底 ABC 比 DEF 不等于棱锥 ABCG 比某个大于棱锥 DEFH 的立体。已经证明比某个小于棱锥 DEFH 的立体是不可能的。所以，底 ABC 比 DEF 等于棱锥 ABCG 比棱锥 DEFH。这就是该命题的结论。

命题 6

以多边形为底的等高棱锥体的比等于它们的底的比。

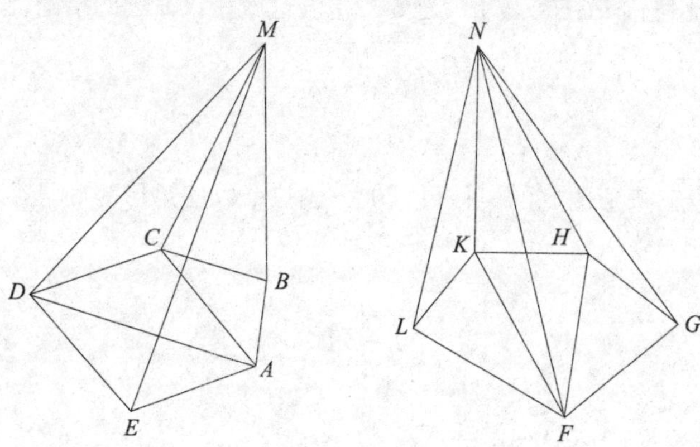

已知两等高棱锥分别以多边形 ABCDE 和 FGHKL 为底，点 M 和 N 为顶点。可证底 ABCDE 比 FGHKL 等于棱锥 ABCDEM 比棱锥 FGHKLN。

连接 AC、AD、FH 和 FK。因为 ABCM 和 ACDM 以三角形为底，且等高，所以它们的比等于它们底的比【命题 12.5】。所以，底 ABC 比底 ACD 等于棱锥 ABCM 比棱锥 ACDM。所以，其合比例为，底 ABCD 比 ACD 等于棱锥 ABCDM 比棱锥 ACDM【命题 5.18】。但底 ACD 比 ADE 等于棱锥 ACDM 比棱锥 ADEM【命题 12.5】，所以其首末比例为，底 ABCD 比 ADE 等于棱锥 ABCDM 比棱锥 ADEM【命题 5.22】；合比例为，底 ABCDE 比底 ADE 等于棱锥 ABCDEM 比棱锥 ADEM【命题 5.18】。相似地，可以证

明底 *FGHKL* 比底 *FGH* 等于棱锥 *FGHKLN* 比棱锥 *FGHN*。又因为以三角形为底的 *ADEM* 和 *FGHN* 高相等，所以底 *ADE* 比底 *FGH* 等于棱锥 *ADEM* 比棱锥 *FGHN*【命题 12.5】。但底 *ADE* 比 *ABCDE* 等于棱锥 *ADEM* 比棱锥 *ABCDEM*，所以其首末比例为，底 *ABCDE* 比底 *FGH* 等于棱锥 *ABCDEM* 比棱锥 *FGHN*【命题 5.22】。又，底 *FGH* 比底 *FGHKL* 等于棱锥 *FGHN* 比棱锥 *FGHKLN*，所以首末比例为，底 *ABCDE* 比 *FGHKL* 等于棱锥 *ABCDEM* 比棱锥 *FGHKLN*【命题 5.22】。这就是该命题的结论。

命题 7

任何以三角形为底的棱柱可以被分成三个以三角形为底且彼此相等的棱锥。

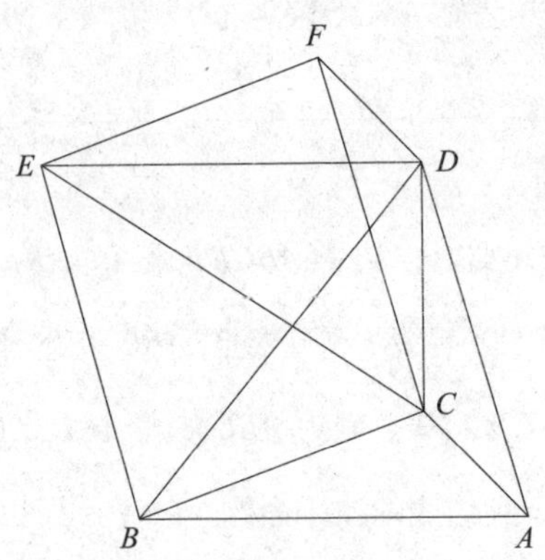

已知一个以三角形 *ABC* 为底且其对面为三角形 *DEF* 的棱柱。可证棱柱 *ABCDEF* 可以被分为三个彼此相等且以三角形为底的棱锥。

连接 *BD*、*EC* 和 *CD*。因为 *ABED* 是平行四边形，且 *BD* 是对角线，所以三角形 *ABD* 等于三角形 *EBD*【命题 1.34】。所以，以三角形 *ABD* 为底，点 *C* 为顶点的棱锥等于以三角形 *DEB* 为底，点 *C* 为顶点的棱锥【命题 12.5】。但以三角形 *DEB* 为底，点 *C* 为顶点的棱锥与以三角形 *EBC* 为底，点 *D* 为顶点的棱锥相同。因为它们包含了相同的面，所以以三角形 *ABD* 为底，点 *C* 为顶点的棱锥等于以三角形 *EBC* 为底，点 *D* 为顶点的棱锥。又因为 *FCBE* 是平行四边形，*CE* 是对角线，所以三角形 *CEF* 等于三角形 *CBE*【命题 1.34】。所以，以三角形 *BCE* 为底，点 *D* 为顶点的棱锥等于以三角形 *ECF* 为底，点 *D* 为顶点的棱锥【命题 12.5】。已经证明以三角形 *BCE* 为底，点 *D* 为顶点的棱锥等于以三角形 *ABD* 为底，点 *C* 为顶点的棱锥，所以以三角形 *CEF* 为底，点 *D* 为顶点的棱锥等于以三角形 *ABD* 为底，点 *C* 为顶点的棱锥。所以，棱柱 *ABCDEF* 被分为三个以三角形为底且彼此相等的棱锥。

以三角形 *ABD* 为底，点 *C* 为顶点的棱锥与以三角形 *CAB* 为底，点 *D* 为顶点的棱锥相同，因为它们包含相同的面。已经证明以三角形 *ABD* 为底，点 *C* 为顶点的棱锥是以三角形 *ABC* 为底，*DEF* 为对面的棱柱的三分之一，所以以三角形 *ABC* 为底，点 *D* 为顶点的棱锥也是同样以三角形 *ABC* 为底，*DEF* 为对面的棱柱的三分之一。

推 论

从这里，很明显可以得到，任何棱锥都是与其同底等高的棱柱的三分之一。这就是该命题的结论。

命题 8

以三角形为底的相似棱锥的比等于它们对应边的三次方比。

已知分别以三角形 *ABC* 和 *DEF* 为底，点 *G* 和 *H* 为顶点的相似且有相似位置的棱锥。可证棱锥 *ABCG* 比棱锥 *DEFH* 等于 *BC* 与 *EF* 的三次方比。

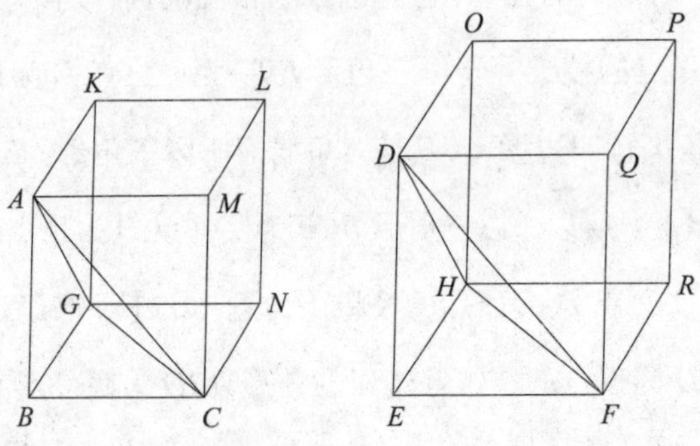

作平行六面体 *BGML* 和 *EHQP*。因为棱锥 *ABCG* 与棱锥 *DEFH* 相似，所以角 *ABC* 等于角 *DEF*，且角 *GBC* 等于角 *HEF*，角 *ABG* 等于角 *DEH*。*AB* 比 *DE* 等于 *BC* 比 *EF*，又等于 *BG* 比 *EH*【定义 11.9】。因为 *AB* 比 *DE* 等于 *BC* 比 *EF*，夹等角的两边成比例，所以平行四边形 *BM* 与平行四边形 *EQ* 相似。同理，*BN* 与 *ER* 相似，*BK* 与 *EO* 相似，所以三个平行四边形 *MB*、*BK* 和 *BN* 分别与平行四边形 *EQ*、*EO*、*ER* 相似。但三个平行四边形 *MB*、*BK* 和 *BN* 都与其相对面相等且相似，且三个面 *EQ*、*EO*、*ER* 也都与其相对面相等且相似【命题 11.24】，所以立体 *BGML* 与 *EHQP* 包含个数相等的相似且有相似位置的平面。所以，立体 *BGML* 与立体 *EHQP* 相似【定义 11.9】。相似平行六面体的比等于对应边的三次方比【命题 11.33】，所以立体 *BGML* 与立体 *EHQP* 的比等于对应边 *BC* 与 *EF* 的三次方比。立体 *BGML* 比立体 *EHQP* 等于棱锥 *ABCG* 比棱锥 *DEFH*，这是因为棱柱是平行六面体的一半【命题 11.28】，并是棱锥的三倍【命题 12.7】，所以棱锥是平行六面体的六分之一。所以，棱锥 *ABCG* 与棱锥 *DEFH* 的比是 *BC* 与 *EF*

的三次方比。这就是该命题的结论。

推 论

从这里，可以很明显地得到，以多边形为底的相似棱锥的比等于它们对应边的三次方比。因为，如果把它们分成以三角形为底的棱锥，相似多边形也会被分为数量相等的相似三角形，且对应三角形的比等于整体的比【命题 6.20】。前一个棱锥中的以三角形为底的棱锥比后一个棱锥中的以三角形为底的棱锥，等于前一个里所有以三角形为底的棱锥的和比后一个里所有以三角形为底的棱锥的和【命题 5.12】，即等于前一个棱锥的多边形的底比后一个棱锥的多边形的底。以三角形为底的棱锥的比等于对应边的三次方比【命题 12.8】。所以，以多边形为底的相似棱锥的比等于它们对应边的三次方比。

命题 9

以三角形为底的相等的棱锥，底与高互成反比；底与高互成反比的棱锥彼此相等。

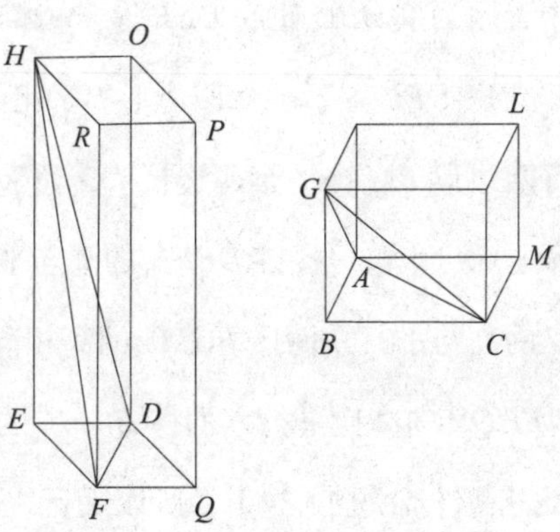

已知两个相等的棱锥分别以三角形 *ABC* 和 *DEF* 为底，以点 *G* 和 *H* 为顶点。可证棱锥 *ABCG* 和 *DEFH* 的底与高互成反比，即底 *ABC* 比底 *DEF* 等于棱锥 *DEFH* 的高比 *ABCG* 的高。

作平行六面体 *BGML* 和 *EHQP*。因为棱锥 *ABCG* 等于棱锥 *DEFH*，且立体 *BGML* 是棱锥 *ABCG* 的六倍（见前面的命题），立体 *EHQP* 是棱锥 *DEFH* 的六倍，所以立体 *BGML* 等于立体 *EHQP*。相等的平行六面体的底和高互成反比【命题 11.34】，所以底 *BM* 比 *EQ* 等于立体 *EHQP* 的高比立体 *BGML* 的高。但底 *BM* 比底 *EQ* 等于三角形 *ABC* 比三角形 *DEF*【命题 1.34】，所以三角形 *ABC* 比三角形 *DEF* 等于立体 *EHQP* 的高比立体 *BGML* 的高【命题 5.11】。但立体 *EHQP* 的高与棱锥 *DEFH* 高相同，立体 *BGML* 的高与棱锥 *ABCG* 的高相同，所以底 *ABC* 比底 *DEF* 等于棱锥 *DEFH* 的高比棱锥 *ABCG* 的高。所以，棱锥 *ABCG* 与 *DEFH* 的底与它们的高互成反比。

设棱锥 *ABCG* 和 *DEFH* 的底与它们的高互成反比，所以底 *ABC* 比底 *DEF* 等于棱锥 *DEFH* 的高比棱锥 *ABCG* 的高。可证棱锥 *ABCG* 等于棱锥 *DEFH*。

在相同的作图中，因为底 *ABC* 比底 *DEF* 等于棱锥 *DEFH* 的高比棱锥 *ABCG* 的高，底 *ABC* 比底 *DEF* 等于平行四边形 *BM* 比平行四边形 *EQ*【命题 1.34】，所以平行四边形 *BM* 比平行四边形 *EQ* 等于棱锥 *DEFH* 的高比棱锥 *ABCG* 的高【命题 5.11】。但棱锥 *DEFH* 的高与平行六面体 *EHQP* 的高相同，棱锥 *ABCG* 的高与平行六面体 *BGML* 的高相同，所以底 *BM* 比底 *EQ* 等于平行六面体 *EHQP* 的高比平行六面体 *BGML* 的高。底与高互成反比的平行六面体彼此相等【命题 11.34】，所以平行六面体 *BGML* 等于平

行六面体 *EHQP*。又，棱锥 *ABCG* 是 *BGML* 的六分之一，棱锥 *DEFH* 是平行六面体 *EHQP* 的六分之一，所以棱锥 *ABCG* 等于棱锥 *DEFH*。

综上，以三角形为底的相等的棱锥，底与高互成反比；底与高互成反比的棱锥彼此相等。这就是该命题的结论。

命题 10

圆锥是与其同底等高的圆柱的三分之一。

已知一个圆锥与圆柱同底，即圆 *ABCD*，它们的高相等。可证圆锥是圆柱的三分之一，即圆柱是圆锥的三倍。

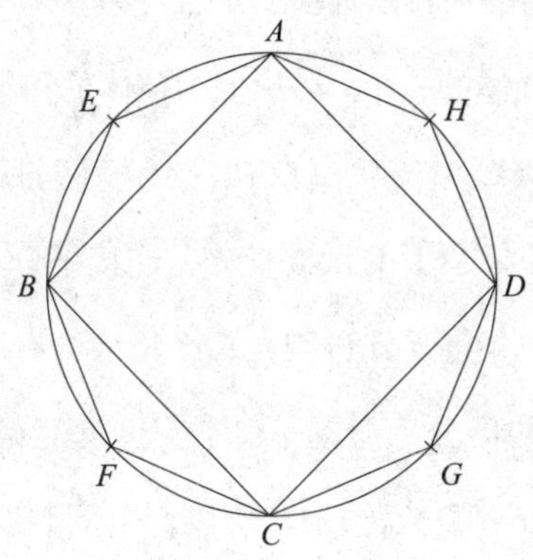

如果圆柱不是圆锥的三倍，那么圆柱或者大于圆锥的三倍，或者小于圆锥的三倍。首先，设它大于圆锥的三倍。设正方形 *ABCD* 内接于圆 *ABCD*【命题 4.6】，所以正方形 *ABCD* 大于圆 *ABCD* 的一半【命题 12.2】。在正方形 *ABCD* 上作一棱柱，使它的高等于圆柱的高，所以所作的棱柱大于圆柱的一半，这是因为如果作圆 *ABCD* 的外切正方形【命题 4.7】，那么圆 *ABCD* 的内接正方形是外切正方形的一半，且它们上的平行六面体等高。等高的平行六面体的比等于它们底的比【命题 11.32】，所以正方形 *ABCD* 上的棱柱是圆 *ABCD* 外切正方形上的棱柱的一半。圆柱小于圆 *ABCD* 外切正方形上的棱柱，所以在正方形 *ABCD* 上，与圆柱等高的棱柱大于圆柱的一半。设点 *E*、*F*、*G*、*H* 分别平分弧 *AB*、*BC*、*CD* 和 *DA*。连接 *AE*、*EB*、*BF*、*FC*、*CG*、*GD*、*DH* 和 *HA*。已经证明了三角形 *AEB*、*BFC*、*CGD* 和 *DHA* 都大于圆 *ABCD* 的弓形的一半【命题 12.2】。在三角形 *AEB*、*BFC*、*CGD* 和 *DHA* 每个上作与圆柱等高的棱柱，所以所作的每个棱柱都大于对应弓形上的柱体的一半，因为如果分别过点 *E*、*F*、*G* 和 *H* 作 *AB*、*BC*、*CD* 和 *DA* 的平行线，并作 *AB*、*BC*、*CD* 和 *DA* 上的平行四边形，并在其上作与圆柱等高的平行六面体，那么在三角形 *AEB*、*BFC*、*CGD* 和 *DHA* 上的棱柱是每个立体的一半。弓形上的柱体的和小于平行六面体的和。所以，三角形 *AEB*、*BFC*、*CGD* 和 *DHA* 上的棱柱的和大于弓形上的柱体的和的一半。所以，如果余下的弧被平分，连接平分点，并在每个三角形上作与圆柱等高的棱柱，重复此过程，那么最终会有弓形上的柱体的和小于圆柱大于三倍圆锥的部分【命题 10.1】。设已经得到弓形，设为 *AE*、*EB*、*BF*、*FC*、*CG*、*GD*、*DH* 和 *HA*。所以，余下的以多边形 *AEBFCGDH* 为底，与圆柱等高的棱柱大于圆锥的三倍。但以多边形 *AEBFCGDH* 为底并与圆柱等高的棱柱是以多边形 *AEBFCGDH* 为底并与圆锥有同一顶点的棱锥的三倍【命题 12.7 推论】，所以以多边形 *AEBFCGDH* 为底并与圆锥有同一顶点的棱锥大于以圆 *ABCD* 为底的圆锥。但该棱锥还小于圆锥。因为圆锥包含棱锥。这是不可能的。所以，圆柱不大于圆锥的三倍。

可以证明圆柱也不小于圆锥的三倍。

如果可能，设圆柱小于圆锥的三倍，所以相反，圆锥大于圆柱的三分之一。设正方形 ABCD 内接于圆 ABCD【命题 4.6】，所以正方形 ABCD 大于圆 ABCD 的一半。在正方形 ABCD 上作与圆锥同顶点的棱锥，所以该棱锥大于圆锥的一半。在前面已经证明，如果作圆的外切正方形【命题 4.7】，那么正方形 ABCD 是该外切正方形的一半【命题 12.2】。如果在两个正方形上作高与圆锥相等的平行六面体，也可以称为棱柱，那么正方形 ABCD 上的棱柱是外切正方形上的棱柱的一半。因为它们的比等于底的比【命题 11.32】，所以它们的三分之一也存在相同的比的关系。所以，以正方形 ABCD 为底的棱锥是圆外切正方形上的棱锥的一半【命题 12.7 推论】。圆外切正方形上的棱锥大于圆锥。因为棱锥包含圆锥，所以以正方形 ABCD 为底，以圆锥顶点为顶点的棱锥大于圆锥的一半。设点 E、F、G 和 H 分别平分弧 AB、BC、CD 和 DA。连接 AE、EB、BF、FC、CG、GD、DH 和 HA，所以三角形 AEB、BFC、CGD 和 DHA 都大于圆 ABCD 的每个弓形的一半【命题 12.2】。在三角形 AEB、BFC、CGD 和 DHA 的每个上都作以圆锥顶点为顶点的棱锥，所以，以同样的方式，每个所作的棱锥都大于它的弓形上的圆锥的一半。所以，如果余下的弧都被平分，连接平分点，并在每个三角形上作以圆锥的顶点为顶点的棱锥，重复该过程，那么最终会得到弓形上的圆锥的和小于圆锥大于圆柱的三分之一的部分【命题 10.1】。设这些弓形已经得到，并设它们为 AE、EB、BF、FC、CG、GD、DH 和 HA 上的弓形，所以余下的以多边形 AEBFCGDH 为底，以圆锥的顶点为顶点的棱锥大于圆柱的三分之一。但以多边形 AEBFCGDH 为底，以圆锥顶点为顶点的棱锥是以多边形 AEBFCGDH 为底，与圆柱等高的棱柱的三分之一【命题 12.7 推论】，所以以多边形 AEBFCGDH 为底，与圆柱等高的棱柱大于以圆 ABCD 为底的圆柱。但棱柱也小于圆柱。因为圆柱包含棱柱。这是不可能的。所以，圆柱不小于圆锥的三倍。已经证明它也不大于圆锥的三倍。所以，圆锥是圆柱的三分之一。

综上，所有圆锥是与其同底等高的圆柱的三分之一。

命题 11

等高的圆锥或等高的圆柱体的比等于它们底的比。

已知有分别以圆 *ABCD* 和 *EFGH* 为底的等高的圆锥和圆柱，它们的轴分别为 *KL* 和 *MN*，底面直径分别为 *AC* 和 *EG*。可证圆 *ABCD* 比 *EFGH* 等于圆锥 *AL* 比圆锥 *EN*。

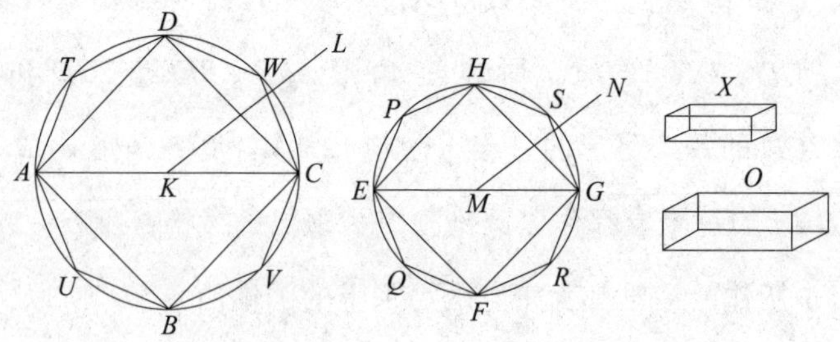

假设不是这样，那么圆 *ABCD* 比圆 *EFGH* 等于圆锥 *AL* 比某个小于或者大于圆锥 *EN* 的立体。首先，设使比例成立的是比 *EN* 小的立体 *O*。设立体 *X* 等于圆锥 *EN* 与立体 *O* 的差，所以圆锥 *EN* 等于立体 *O* 和 *X* 的和。设 *EFGH* 是圆 *EFGH* 的内接正方形【命题 4.6】，所以该正方形大于该圆的一半【命题 12.2】。在正方形 *EFGH* 上，作与圆锥等高的棱锥，所以这个棱锥大于圆锥的一半，这是因为如果作圆的外切正方形【命题 4.7】，且在它上作与圆锥等高的棱锥，那么内接棱锥是外切棱锥的一半。因为它们的比等于它们底的比【命题 12.6】。圆锥小于外切棱锥。点 *P*、*Q*、*R* 和 *S* 平分弧 *EF*、*FG*、*GH* 和 *HE*。连接 *HP*、*PE*、*EQ*、*QF*、*FR*、*RG*、*GS* 和 *SH*，所以三角形 *HPE*、*EQF*、*FRG* 和 *GSH* 都大于它们所在的弓形的一半【命题 12.2】。在三角形 *HPE*、*EQF*、*FRG* 和 *GSH* 上作与圆锥等高的棱锥，所以所作的棱锥都大于它们所在的弓形上的圆锥的一半【命题 12.10】。将余下的弧都二等分，连接等分点，在每个三角形上作与圆锥等高的棱锥，继续作下去，最终会得到某些弓形圆锥，其和小于立体 *X*【命题 10.1】。设最终的弓形是 *HPE*、*EQF*、*FRG* 和 *GSH*，所以余下的以多边形 *HPEQFRGS* 为底的棱锥，与圆锥等高，大于立体 *O*【命题 6.18】。设内接于圆 *ABCD* 的多边形 *DTAUBVCW* 与多边形 *HPEQFRGS* 相似且有相似的位置。在该多边形上作与圆锥 *AL* 等高的棱锥。因为 *AC* 上的正方形比 *EG* 上的正方形等于多边形 *DTAUBVCW* 比多边形 *HPEQFRGS*【命题 12.1】，且 *AC* 上的正方形比 *EG* 上的正方形等于圆 *ABCD* 比圆 *EFGH*【命题 12.2】，所以圆 *ABCD* 比 *EFGH* 等于多边形 *DTAUBVCW* 比多边形 *HPEQFRGS*。因为圆 *ABCD* 比圆 *EFGH* 等于圆锥 *AL* 比立体 *O*，且多边形 *DTAUBVCW* 比多边形 *HPEQFRGS* 等于以多边形 *DTAUBVCW* 为底，*L* 为顶点的棱锥比以多边形 *HPEQFRGS* 为底，以 *N* 为顶点的棱锥【命题 12.6】，所以圆锥 *AL* 比立体 *O* 等于以多边形 *DTAUBVCW* 为底，*L* 为顶点的棱锥比以多边形 *HPEQFRGS* 为底，*N* 为顶点的棱锥【命题 5.11】。所以，由其更比例得，圆锥 *AL* 比它的内接棱锥等于立体 *O* 比圆锥 *EN* 的内接棱锥【命题 5.16】。但圆锥 *AL* 大于它的内接棱锥，所以立体 *O* 大于圆锥 *EN* 的内接棱锥【命题 5.14】。但它也小于圆锥 *EN* 的内接棱锥。这是不合理的。所以，圆 *ABCD* 比圆 *EFGH* 不等于圆锥 *AL* 比某个小于圆锥 *EN* 的立体。相似地，可以证明

圆 *EFGH* 比圆 *ABCD* 也不等于圆锥 *EN* 比某个小于圆锥 *AL* 的立体。

可以证明圆 *ABCD* 比圆 *EFGH* 也不等于圆锥 *AL* 比某个大于圆锥 *EN* 的立体。

如果可能，设符合这个比的是较大的立体 *O*，所以由其反比例可得，圆 *EFGH* 比圆 *ABCD* 等于立体 *O* 比圆锥 *AL*【命题 5.7 推论】。但立体 *O* 比圆锥 *AL* 等于圆锥 *EN* 比小于圆锥 *AL* 的某个立体【命题 12.2 引理】，所以圆 *EFGH* 比圆 *ABCD* 等于圆锥 *EN* 比小于圆锥 *AL* 的某个立体。这已经证明是不可能的。所以，圆 *ABCD* 比圆 *EFGH* 不等于圆锥 *AL* 比大于圆锥的某个立体。已经证明没有符合这个比而小于立体 *EN* 的立体。所以，圆 *ABCD* 比圆 *EFGH* 等于圆锥 *AL* 比圆锥 *EN*。

但圆锥比圆锥等于圆柱比圆柱，因为圆柱是圆锥的三倍【命题 12.10】，所以圆 *ABCD* 比圆 *EFGH* 等于它们上的等高的圆柱的比。

综上，等高的圆锥或等高的圆柱体的比等于它们底的比。这就是该命题的结论。

命题 12

相似圆锥或相似圆柱的比等于它们的底的直径的三次方比。

已知有相似的圆锥或圆柱，它们的底是圆 *ABCD* 和 *EFGH*，底面的直径是 *BD* 和 *FH*，圆锥和圆柱的轴分别是 *KL* 和 *MN*。可证以圆 *ABCD* 为底，以 *L* 为顶点的圆锥比以圆 *EFGH* 为底，以 *N* 为顶点的圆锥等于 *BD* 与 *FH* 的三次方比。

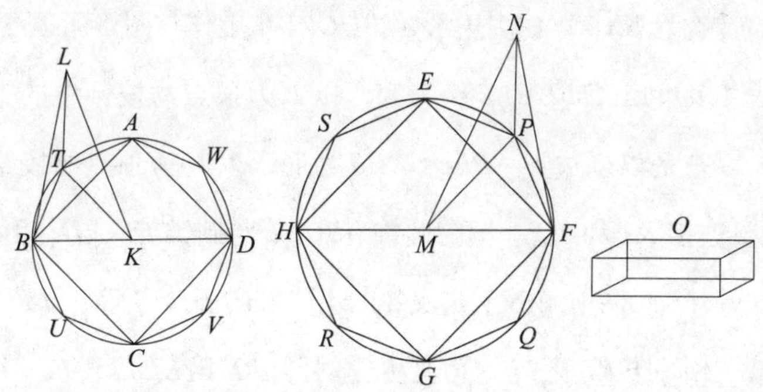

如果圆锥 *ABCDL* 比圆锥 *EFGHN* 不等于 *BD* 与 *FH* 的三次方比，那么圆锥 *ABCDL* 与某个小于或者大于圆锥 *EFGHN* 的立体的比等于 *BD* 与 *FH* 的三次方比。首先，设有这个比的是小于圆锥 *EFGHN* 的立体 *O*。正方形 *EFGH* 是圆 *EFGH* 的内接正方形【命题 4.6】，所以正方形 *EFGH* 大于圆 *EFGH* 的一半【命题 12.2】。在正方形 *EFGH* 上作与圆锥等高的棱锥，所以所作的棱锥大于圆锥的一半【命题 12.10】。设点 *P*、*Q*、*R* 和 *S* 分别是弧 *EF*、*FG*、*GH* 和 *HE* 的二等分点。连接 *EP*、*PF*、*FQ*、*QG*、*GR*、*RH*、*HS* 和 *SE*，所以三角形 *EPF*、*FQG*、*GRH* 和 *HSE* 大于圆 *EFGH* 上的对应的弓形的一半【命题 12.2】。在每个三角形 *EPF*、*FQG*、*GRH* 和 *HSE* 上作与圆锥同顶点的棱锥。所以，所作的每个棱锥大于它们所在的弓形上的圆锥的一半【命题 12.10】。所以，如果将余下的弧再二等分，连接等分点，在每个三角形上作与圆锥有相同顶点的棱锥，并重复这样作，最终会得到某些弓形圆锥的和小于圆锥 *EFGHN* 大于立体 *O* 的部分【命题 10.1】。设这样得到 *EP*、*PF*、*FQ*、*QG*、*GR*、*RH*、*HS* 和 *SE* 上的弓形圆锥，所以余下的以多边形 *EPFQGRHS* 为底，以 *N* 为顶点的棱锥大于立体 *O*。设内接于圆 *ABCD* 的多边形 *ATBUCVDW* 与多边形 *EPFQGRHS* 相似且有相似的位置【命题6.18】。在多边形 *ATBUCVDW* 上作与圆锥同顶点的棱锥。设 *LBT* 是以多边形 *ATBUCVDW* 为底，以 *L* 为顶点的棱锥中的一个三角形面。设 *NFP* 是以多边形 *EPFQGRHS* 为底，以 *N* 为顶点的棱锥的一个三角形面。连接 *KT* 和 *MP*。因为圆锥 *ABCDL* 与圆锥 *EFGHN* 相似，所以 *BD* 比 *FH* 等于轴 *KL* 比 *MN*【定义11.24】。*BD* 比 *FH* 等于 *BK* 比 *FM*。所以 *BK* 比 *FM* 等于 *KL* 比 *MN*。由其更比例得，*BK* 比 *KL* 等于 *FM* 比 *MN*【命题5.16】。夹等角 *BKL* 与 *FMN* 的边成比例，所以三角形 *BKL* 与三角形 *FMN* 相似【命题6.6】。又因为 *BK* 比 *KT* 等于 *FM* 比 *MP*，且它们所夹的角 *BKT* 等于 *FMP*，这是因为无论角 *BKT* 占以 *K* 为圆心的四个直角的多少，角 *FMP* 就占以 *M* 为圆心的四个直角的多少。因为夹等角的边成比例，所以三角形 *BKT* 与三角形 *FMP* 相似【命题6.6】。又因为已经证明 *BK* 比 *KL* 等于 *FM* 比 *MN*，*BK* 等于 *KT*，*FM* 等于 *PM*，所以 *TK* 比 *KL* 等于 *PM* 比 *MN*。它们所夹的角 *TKL* 和 *PMN* 相等，因为它们都是直角，且夹等角的边成比例，所以三角形 *LKT* 与三角形 *NMP* 相似【命题6.6】。因为三角形 *LKB* 和 *NMF* 相似，所以 *LB* 比 *BK* 等于 *NF* 比 *FM*。又因为三角形 *BKT* 与 *FMP* 相似，所以 *KB* 比 *BT* 等于 *MF* 比 *FP*【定义6.1】，所以由其首末比例可得，*LB* 比 *TB* 等于 *NF* 比 *PF*【命题5.22】。又因为三角形 *LTK* 与 *NPM* 相似，*LT* 比 *TK* 等于 *NP* 比 *PM*，因为三角形 *TKB* 与 *PMF* 相似，*KT* 比 *TB* 等于 *MP* 比 *PF*，所以由其首末比例得，*LT* 比 *TB* 等于 *NP* 比 *PF*【命题5.22】。且已经证明 *TB* 比 *BL* 等于 *PF* 比 *FN*，所以由其首末比例可得，*TL* 比 *LB* 等于 *PN* 比 *NF*【命题5.22】。所以，三角形 *LTB* 和 *NPF* 的边成比例。所以，三角形 *LTB* 和 *NPF* 是等角的【命题6.5】。所以，它们是相似的【定义6.1】。所以，以三角形 *BKT* 为底，以 *L* 为顶点的棱锥与以

三角形 *FMP* 为底，以 *N* 为顶点的棱锥相似。因为它们包含相等数量的相似面【定义 11.9】。以三角形为底的相似棱锥的比等于对应边的三次方比【命题 12.8】，所以棱锥 *BKTL* 比棱锥 *FMPN* 等于 *BK* 与 *FM* 的三次方比。相似地，连接由点 *A*、*W*、*D*、*V*、*C* 和 *U* 到圆心 *K* 的线段，连接由点 *E*、*S*、*H*、*R*、*G* 和 *Q* 到圆心 *M* 的线段，在这些形成的三角形上作与圆锥有相同顶点的棱锥，可以证明每对相似棱锥的比等于边 *BK* 与对应边 *FM* 的三次方比，即 *BD* 与 *FH* 的三次方比。前项之一比后项之一等于所有前项的和比所有后项的和【命题 5.12】。所以，棱锥 *BKTL* 比棱锥 *FMPN* 等于整个以多边形 *ATBUCVDW* 为底，以 *L* 为顶点的棱锥比整个以多边形 *EPFQGRHS* 为底，以 *N* 为顶点的棱锥。所以，以多边形 *ATBUCVDW* 为底，以 *L* 为顶点的棱锥比整个以多边形 *EPFQGRHS* 为底，以 *N* 为顶点的棱锥等于 *BD* 与 *FH* 的三次方比。已知以圆 *ABCD* 为底，以 *L* 为顶点的圆锥比立体 *O* 等于 *BD* 与 *FH* 的三次方比。所以，以圆 *ABCD* 为底，以 *L* 为顶点的圆锥比立体 *O* 等于以多边形 *ATBUCVDW* 为底，以 *L* 为顶点的棱锥比以多边形 *EPFQGRHS* 为底，以 *N* 为顶点的棱锥。所以，由其更比例可得，以圆 *ABCD* 为底，以 *L* 为顶点的圆锥比以多边形 *ATBUCVDW* 为底，以 *L* 为顶点的内接棱锥，等于立体 *O* 比以多边形 *EPFQGRHS* 为底，以 *N* 为顶点的棱锥【命题 5.16】。前面提到的圆锥大于它的内接棱锥，因为圆锥包含着棱锥，所以立体 *O* 大于以多边形 *EPFQGRHS* 为底，以 *N* 为顶点的棱锥。但它也小于该棱锥。这是不可能的。所以，以圆 *ABCD* 为底，以 *L* 为顶点的圆锥比小于以圆 *EFGH* 为底，以 *N* 为顶点的圆锥的某个立体，不等于 *BD* 与 *FH* 的三次方比。相似地，可以证明，圆锥 *EFGHN* 比某个小于圆锥 *ABCDL* 的立体不等于 *FH* 与 *BD* 的三次方比。

可以证明圆锥 *ABCDL* 比某个大于圆锥 *EFGHN* 的立体不等于 *BD* 与 *FH* 的三次方比。

如果可能，设大于圆锥 *EFGHN* 的立体为 *O*，所以其反比例为，立体 *O* 比圆锥 *ABCDL* 等于 *FH* 与 *BD* 的三次方比【命题 5.7 推论】。立体 *O* 比圆锥 *ABCDL* 等于圆锥 *EFGHN* 比某个小于圆锥 *ABCDL* 的立体【命题 12.2 引理】。所以，圆锥 *EFGHN* 比某个小于圆锥 *ABCDL* 的立体等于 *FH* 与 *BD* 的三次方比。这是不可能的。所以，圆锥 *ABCDL* 比某个大于圆锥 *EFGHN* 的立体不等于 *BD* 与 *FH* 的三次方比。已经证明与一个小于圆锥 *EFGHN* 的立体的比不等于这个比。所以，圆锥 *ABCDL* 比圆锥 *EFGHN* 等于 *BD* 与 *FH* 的三次方比。

圆锥比圆锥等于圆柱比圆柱。因为同底等高的圆柱是圆锥的三倍【命题 12.10】。所以，圆柱比圆柱也等于 *BD* 与 *FH* 的三次方比。

综上，相似圆锥或相似圆柱的比等于它们的底的直径的三次方比。

命题 13

如果一个圆柱被平行于底面的平面所截，那么所形成的圆柱的比等于它们的轴的比。

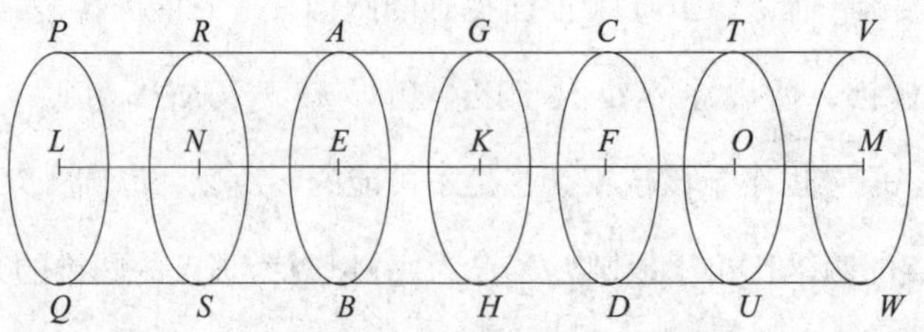

已知圆柱 *AD* 被平面 *GH* 所截，且 *GH* 平行于圆柱的两底面 *AB* 和

CD。设平面 *GH* 与轴相交于点 *K*。可证圆柱 *BG* 比圆柱 *GD* 等于轴 *EK* 比轴 *KF*。

向两端延长轴 *EF* 至点 *L* 和 *M*。在轴 *EL* 上取 *EN* 和 *NL* 等于轴 *EK*，在轴 *KM* 上取 *FO* 和 *OM* 等于轴 *FK*。在轴 *LM* 上作圆柱 *PW*，使其底是圆 *PQ* 和 *VW*。过点 *N* 和 *O* 作平行于 *AB*、*CD* 的平面并平行于圆柱 *PW* 的底。设以 *N* 和 *O* 为圆心的圆为 *RS* 和 *TU*。因为轴 *LN*、*NE* 和 *EK* 彼此相等，所以圆柱 *QR*、*RB* 和 *BG* 的比等于它们底的比【命题 12.11】。但它们的底相等，所以圆柱 *QR*、*RB* 和 *BG* 彼此相等。因为轴 *LN*、*NE* 和 *EK* 彼此相等，圆柱 *QR*、*RB* 和 *BG* 彼此相等，且前者的数量等于后者的数量，所以轴 *KL* 是轴 *EK* 的多少倍，圆柱 *QG* 就是圆柱 *GB* 的多少倍。同理可得，轴 *MK* 是轴 *KF* 的多少倍，圆柱 *WG* 就是圆柱 *GD* 的多少倍。如果轴 *KL* 等于轴 *KM*，那么圆柱 *QG* 等于圆柱 *GW*；如果轴 *KL* 大于轴 *KM*，则圆柱 *QG* 也大于圆柱 *GW*；如果轴 *KL* 小于轴 *KM*，则圆柱 *QG* 也小于圆柱 *GW*。所以，有四个量，轴 *EK*、*KF* 和圆柱 *BG*、*GD*，且已经确定了轴 *EK* 和圆柱 *BG* 的同倍量，即轴 *LK* 和圆柱 *QG*，并确定了轴 *KF* 和圆柱 *GD* 的同倍量，即轴 *KM* 和圆柱 *GW*。已经证明如果轴 *KL* 大于轴 *KM*，那么圆柱 *QG* 大于圆柱 *GW*；如果轴 *KL* 等于轴 *KM*，那么圆柱 *QG* 等于圆柱 *GW*；如果轴 *KL* 小于轴 *KM*，则圆柱 *QG* 也小于圆柱 *GW*。所以，轴 *EK* 比轴 *KF* 等于圆柱 *BG* 比圆柱 *GD*【定义 5.5】。这就是该命题的结论。

命题 14

等底的圆锥或圆柱的比等于它们的高的比。

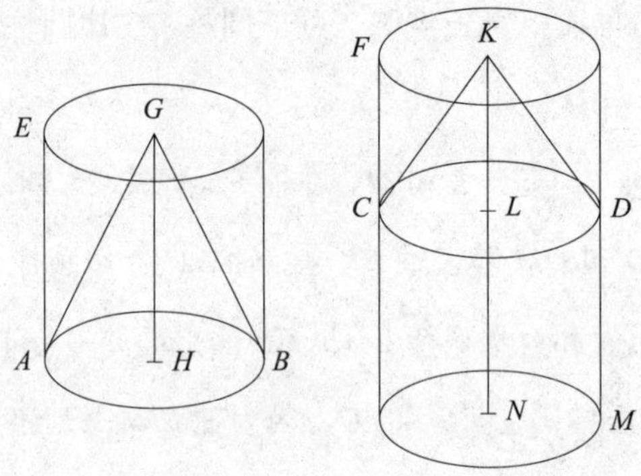

已知 EB 和 FD 是等底上的圆柱，底为圆 AB 和 CD。可证圆柱 EB 比 FD 等于轴 GH 比 KL。

延长轴 KL 至点 N。设 LN 等于轴 GH。作以 LN 为轴的圆柱 CM。因为圆柱 EB 和 CM 等高，所以它们的比等于它们底的比【命题 12.11】。它们的底彼此相等，所以圆柱 EB 和 CM 彼此相等。又因为圆柱 FM 被平行于它的底面的平面 CD 所截，所以圆柱 CM 比圆柱 FD 等于轴 LN 比轴 KL【命题 12.13】。圆柱 CM 等于圆柱 EB，轴 LN 等于 GH，所以圆柱 EB 比圆柱 FD 等于轴 GH 比 KL。圆柱 EB 比圆柱 FD 等于圆锥 ABG 比圆锥 CDK【命题 12.10】，所以轴 GH 比轴 KL 等于圆锥 ABG 比圆锥 CDK，又等于圆柱 EB 比圆柱 FD。这就是该命题的结论。

命题 15

相等的圆锥或相等的圆柱的底和高成反比，如果圆锥或圆柱的底与高互成反比例，则二者相等。

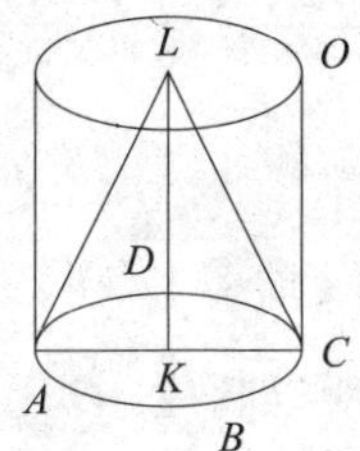

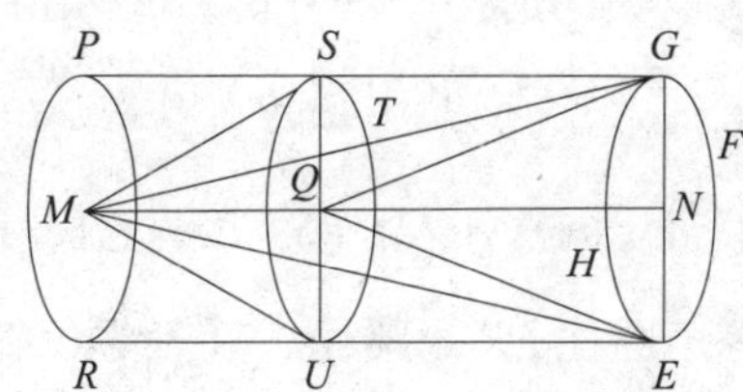

已知有以圆 *ABCD* 和 *EFGH* 为底的相等的圆锥或圆柱，底的直径分别是 *AC* 和 *EG*，轴是 *KL* 和 *MN*，它们也分别是圆锥和圆柱的高。完成圆柱 *AO* 和 *EP*。可证圆柱 *AO* 和 *EP* 的底与它们的高成反比，即底 *ABCD* 比底 *EFGH* 等于高 *MN* 比高 *KL*。

因为高 *LK* 或者等于或者不等于高 *MN*。首先，设高相等。圆柱 *AO* 等于圆柱 *EP*。等高的圆柱或圆锥的比等于它们底的比【命题 12.11】，所以底 *ABCD* 等于底 *EFGH*。所以，其反比例为，底 *ABCD* 比底 *EFGH* 等于高 *MN* 比高 *KL*。设高 *LK* 不等于高 *MN*，*MN* 较大。从高 *MN* 上截取 *QN* 等于 *KL*。过点 *Q* 作平行于圆 *EFGH* 和 *PR* 的平面 *TUS* 截圆柱 *EP*。作以圆 *EFGH* 为底，*NQ* 为高的圆柱 *ES*。因为圆柱 *AO* 等于圆柱 *EP*，所以圆柱 *AO* 比圆柱 *ES* 等于圆柱 *EP* 比圆柱 *ES*【命题 5.7】。但圆柱 *AO* 比圆柱 *ES* 等于底 *ABCD* 比底 *EFGH*。因为圆柱 *AO* 和 *ES* 等高【命题 12.11】。圆柱 *EP* 比圆柱 *ES* 等于高 *MN* 比高 *QN*。因为圆柱 *EP* 被平行于它的底面的平面截取【命题 12.13】，所以底 *ABCD* 比底 *EFGH* 等于高 *MN* 比 *QN*【命题 5.11】。高 *QN* 等于高 *KL*，所以底 *ABCD* 比 *EFGH* 等于高 *MN* 比 *KL*。所以，圆柱 *AO* 和 *EP* 的底与高成反比。

再设圆柱 *AO* 和 *EP* 的底与高成反比，即底 *ABCD* 比 *EFGH* 等于高 *MN* 比 *KL*。可证圆柱 *AO* 等于圆柱 *EP*。

作与之前相同的图，因为底 *ABCD* 比底 *EFGH* 等于高 *MN* 比高 *KL*，且高 *KL* 等于 *QN*，所以底 *ABCD* 比 *EFGH* 等于高 *MN* 比 *QN*。但底 *ABCD* 比底 *EFGH* 等于圆柱 *AO* 比 *ES*。因为它们是等高的【命题 12.11】，高 *MN* 比高 *QN* 等于圆柱 *EP* 比圆柱 *ES*【命题 12.13】，所以圆柱 *AO* 比圆柱 *ES* 等于圆柱 *EP* 比 *ES*【命题 5.11】。所以，圆柱 *AO* 等于圆柱 *EP*【命题 5.9】。该命题的结论同样适用于圆锥。这就是该命题的结论。

命题 16

有两个同心圆，求作内接于大圆的边数为偶数的等边多边形，且它不与小圆相切。

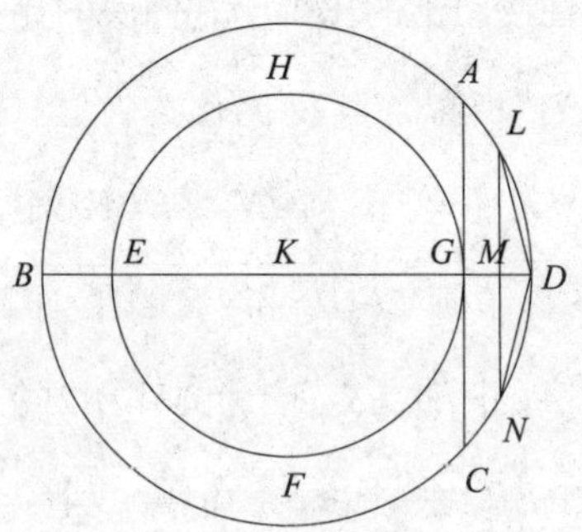

已知 *ABCD* 和 *EFGH* 是同心圆，圆心为 *K*。求作内接于大圆 *ABCD* 的边数是偶数的等边多边形，且它不与小圆 *EFGH* 相切。

过圆心 *K* 作直线 *BKD*。过点 *G* 作直线 *GA* 与线段 *BD* 成直角，延长 *AG* 至点 *C*。所以，*AC* 与圆 *EFGH* 相切【命题 3.16 推论】。所以，平分弧 *BAD*，重复平分下去，最终会得到小于 *AD* 的弧【命题 10.1】。设最终的弧为 *LD*。过 *L* 作 *LM* 垂直于 *BD*，延长至点 *N*。连接 *LD* 和 *DN*。所以，*LD*

等于 DN【命题 3.3、1.4】。因为 LN 平行于 AC【命题 1.28】，且 AC 与圆 EFGH 相切，所以 LN 与圆 EFGH 不相切。所以，LD 和 DN 与圆 EFGH 不相切。如果继续在圆 ABCD 上作等于线段 LD 的弦【命题 4.1】，那么会有一个内接于圆 ABCD 的偶数边的等边多边形，且它不与小圆 EFGH 相切。[①] 这就是该命题的结论。

命题 17

有两个同心球，求作大球的内接多面体，使它与小球面不相切。

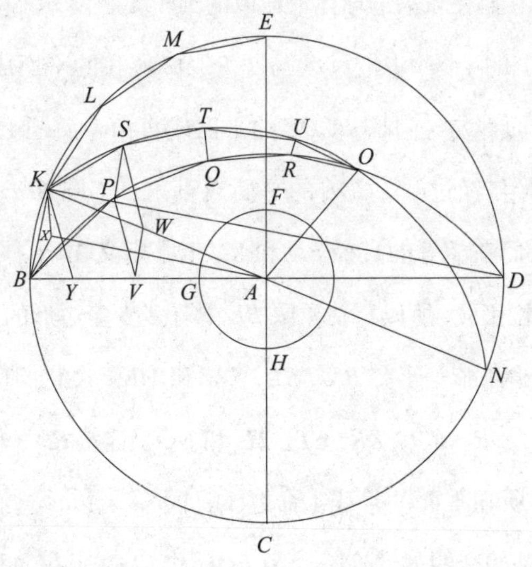

已知有两个同心球，且球心为 A。求作与小球不相切的大球的内接多面体。

作一个过球心的平面，所以切面是圆。因为球体是半圆绕直径旋转而

① 注意以弦 LN 为边的多边形也与内圆不相切。

成的【定义 11.14】，所以在任何位置都可以得到半圆，经过半圆的平面在球面上截出一个圆。显然，它是较大圆，因为球体的直径就是半圆和圆的直径，并且大于其他所有经过圆或者球体的线段【命题 3.15】。设 *BCDE* 是大球内的一个圆，*FGH* 是小球内的一个圆。设它们有成直角的两条直径 *BD* 和 *CE*，且圆 *BCDE* 和 *FGH* 是同心圆。设大圆 *BCDE* 中有一个偶数条边的内接等边多边形，它不与小圆 *FGH* 相切【命题 12.16】，设在 *BE* 象限的边为 *BK*、*KL*、*LM* 和 *ME*。连接 *KA*，延长至 *N*。过点 *A* 作 *AO* 垂直于圆 *BCDE* 所在的平面。它与较大球体的表面相交于 *O*。过 *AO*、*BD* 和 *KN* 作平面。根据前面的证明，它们在较大的球体上截取的圆较大。设 *BOD* 和 *KON* 分别是直径 *BD* 和 *KN* 上的半圆。因为 *OA* 与圆 *BCDE* 所在的平面成直角，所以所有经过 *OA* 的平面都与经过圆 *BCDE* 的平面成直角【命题 11.18】。所以，半圆 *BOD*、*KON* 与经过圆 *BCDE* 的平面成直角。半圆 *BED*、*BOD* 和 *KON* 都相等，因为它们在相等的直径 *BD* 和 *KN* 上【定义 3.1】，所以象限 *BE*、*BO* 和 *KO* 也彼此相等。所以，在象限 *BE* 中有多少多边形的边，在象限 *BO* 和 *KO* 中就有多少条弦等于弦 *BK*、*KL*、*LM* 和 *ME*。设它们是内接的，并设它们是 *BP*、*PQ*、*QR*、*RO*、*KS*、*ST*、*TU* 和 *UO*。连接 *SP*、*TQ* 和 *UR*。过 *P* 和 *S* 作圆 *BCDE* 所在平面的垂线【命题 11.11】。所以，它们落在圆 *BCDE* 与平面 *BD* 和 *KN* 的交线处，这是因为 *BOD* 和 *KON* 所在的平面与圆 *BCDE* 的平面是成直角的【定义 11.4】。设它们为 *PV* 和 *SW*。连接 *WV*。因为从等半圆 *BOD* 和 *KON* 上截取了相等的弦 *BP* 和 *KS*【定义 3.28】，且 *PV* 和 *SW* 是经过它们的垂线，所以 *PV* 等于 *SW*，且 *BV* 等于 *KW*【命题 3.27、1.26】。整个 *BA* 等于整个 *KA*，所以余下的 *VA* 等于余下的 *WA*。所以，*BV* 比 *VA* 等于 *KW* 比 *WA*。所以，*WV* 平行于 *KB*【命题 6.2】。又因为 *PV* 和 *SW* 都与圆

BCDE 所在的平面成直角，所以 *PV* 平行于 *SW*【命题 11.6】。已经证明它们相等。所以，*WV* 和 *SP* 是相等且平行的【命题 1.33】。因为 *WV* 平行于 *SP*，*WV* 平行于 *KB*，所以 *SP* 也平行于 *KB*【命题 11.1】。连接 *BP* 和 *KS*。所以，四边形 *KBPS* 在同一平面上，这是因为如果两条直线平行，在它们每一条上任取一点，那么这些点的连线与这两条平行线在同一平面上【命题 11.7】。同理，四边形 *SPQT* 和 *TQRU* 的每一个也都在同一个平面上，且三角形 *URO* 在同一个平面上【命题 11.2】。如果从点 *P*、*S*、*Q*、*T*、*R* 和 *U* 连接到 *A*，那么在弧 *BO* 和 *KO* 之间构成一个多面体，它是由四边形 *KBPS*、*SPQT*、*TQRU* 和三角形 *URO* 为底，以 *A* 为顶点的棱锥。如果我们在边 *KL*、*LM* 和 *ME* 上作与 *BK* 上同样的图，并在余下的三个象限中作同样的图，那么会得到一个球体的内接多面体，它是上述四边形和三角形 *URO* 以及与它们对应的其他四边形和三角形为底并以 *A* 为顶点的棱锥构成的。

可以证明上述的多面体不与圆 *FGH* 所在的小球体相切。

过点 *A* 作平面 *KBPS* 的垂线 *AX*，且它与平面的交点为 *X*【命题 11.11】。连接 *XB* 和 *XK*。因为 *AX* 与四边形 *KBPS* 所在的平面成直角，所以它与在四边形内的所有与它相交的直线都成直角【定义 11.3】。所以，*AX* 与 *BX* 和 *XK* 都成直角。*AB* 等于 *AK*，*AB* 上的正方形等于 *AK* 上的正方形。*AX* 和 *XB* 上的正方形的和等于 *AB* 上的正方形，因为 *X* 处的角是直角【命题 1.47】。*AX* 和 *XK* 上的正方形的和等于 *AK* 上的正方形【命题 1.47】，所以 *AX* 和 *XB* 上的正方形的和等于 *AX* 和 *XK* 上的正方形的和。从两边都减去 *AX* 上的正方形。所以，余下的 *BX* 上的正方形等于余下的 *XK* 上的正方形。所以，*BX* 等于 *XK*。相似地，可以证明连接 *XP*、*XS*，它们都等于 *BX* 和 *XK*。所以，以 *X* 为圆心，以 *XB* 或 *XK* 为半径的圆经过 *P* 和 *S*，且四

边形 *KBPS* 是圆内接四边形。

因为 *KB* 大于 *WV*，*WV* 等于 *SP*，所以 *KB* 大于 *SP*。*KB* 等于 *KS* 和 *BP*。所以，*KS* 和 *BP* 都大于 *SP*。因为四边形 *KBPS* 在圆内，且 *KB*、*BP* 和 *KS* 彼此相等，*PS* 小于它们，*BX* 是圆的半径，所以 *KB* 上的正方形大于 *BX* 上的正方形的二倍。[①] 过 *K* 作 *BV* 的垂线 *KY*。[②] 因为 *BD* 小于 *DY* 的二倍，且 *BD* 比 *DY* 等于 *DB* 与 *BY* 所构成的矩形比 *DY* 与 *YB* 所构成的矩形。在 *BY* 上作一个正方形，在 *YD* 上作以 *BY* 为短边的矩形，所以 *DB* 与 *BY* 所构成的矩形小于 *DY* 与 *YB* 所构成的矩形的二倍。连接 *KD*，*DB* 与 *BY* 所构成的矩形等于 *BK* 上的正方形，*DY* 与 *YB* 所构成的矩形等于 *KY* 上的正方形【命题 3.31、6.8 推论】，所以 *KB* 上的正方形小于 *KY* 上的正方形的二倍。但 *KB* 上的正方形大于 *BX* 上的正方形的二倍，所以 *KY* 上的正方形大于 *BX* 上的正方形。因为 *BA* 等于 *KA*，*BA* 上的正方形等于 *AK* 上的正方形，且 *BX* 和 *XA* 上的正方形的和等于 *BA* 上的正方形，*KY* 和 *YA* 上的正方形的和等于 *KA* 上的正方形【命题 1.47】，所以 *BX* 和 *XA* 上的正方形的和等于 *KY* 和 *YA* 上的正方形的和，其中 *KY* 上的正方形大于 *BX* 上的正方形。所以，余下的 *YA* 上的正方形小于 *XA* 上的正方形。所以，*AX* 大于 *AY*。所以，*AX* 更大于 *AG*。[③] 又，*AX* 是多面体的一个面上的垂线，且 *AG* 是较小球体的表面的垂线。所以，多面体与小球的球面不相切。

综上，对已知二同心球作出了一个多面体，它内接于大球而与小球的球面不相切。这就是该命题的结论。

---

① 因为 *KB*、*BP* 和 *KS* 都大于内接正方形的边，内接正方形的边的长度是 $\sqrt{2}BX$。

② 注意，实际上点 *Y* 和 *V* 是相同的。

③ 这个结论是以命题 12.16 里的多面体的边与内圆不相切为依据的。

推论

如果相似于球体 $BCDE$ 中的多面体，并内接于另一个球体，那么球体 $BCDE$ 的内接多面体与另一个球体的内接多面体的比等于球体 $BCDE$ 的直径与另一个球体的直径的三次方比。这两个立体可以被分为相同数量的相似的棱锥。相似棱锥的比等于对应边的三次方比【命题 12.8 推论】。所以，以四边形 $KBPS$ 为底，点 A 为顶点的棱锥与另一球体内的有相似位置的棱锥的比，等于对应边的三次方比，也就是以 A 为球心的球的半径 AB 与另一个球体的半径的三次方比。前项之一比后项之一等于所有前项的和比所有后项的和【命题 5.12】。所以，以 A 为球心的球体内的整个多面体与另一个球体内的整个多面体的比等于半径 AB 与另一个球体的半径的三次方比，也就是直径 BD 与另一个球体的直径的比。这就是该命题的结论。

命题 18

球体的比等于它们直径的三次方比。

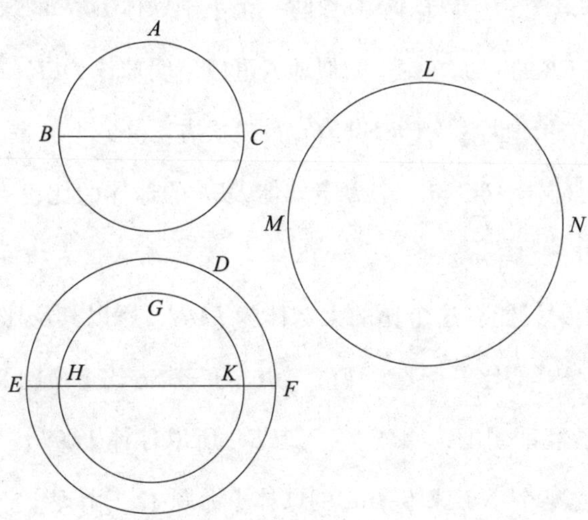

已知球体 *ABC* 和 *DEF*，*BC* 和 *EF* 分别是它们的直径。可证球体 *ABC* 与球体 *DEF* 的比等于 *BC* 与 *EF* 的三次方比。

假设球体 *ABC* 与球体 *DEF* 的比不等于 *BC* 与 *EF* 的三次方比，那么球体 *ABC* 与某个或者小于或者大于球体 *DEF* 的球体的比等于 *BC* 与 *EF* 的三次方比。首先，设使比例成立的是比球体 *DEF* 小的球体 *GHK*。设在较大的球体 *DEF* 中有一个内接多面体，它与小球体 *GHK* 不相切【命题 12.17】。在球体 *ABC* 中有一个多面体相似于球体 *DEF* 的内接多面体，所以球体 *ABC* 的内接多面体与球体 *DEF* 的内接多面体的比等于 *BC* 与 *EF* 的三次方比【命题 12.17 推论】。球体 *ABC* 与球体 *GHK* 的比等于 *BC* 与 *EF* 的三次方比。所以，球体 *ABC* 比球体 *GHK* 等于球体 *ABC* 的内接多面体比球体 *DEF* 的内接多面体。所以，其更比例为，球体 *ABC* 与它的内接多面体的比等于球体 *GHK* 与球体 *DEF* 的内接多面体的比【命题 5.16】。球体 *ABC* 大于它的内接多面体，所以球体 *GHK* 也大于球体 *DEF* 的内接多面体【命题 5.14】。但它也小于球体 *DEF* 中的多面体，因为它被球体 *DEF* 的内接多面体包含着，所以球体 *ABC* 与一个小于球体 *DEF* 的球体的比不等于直径 *BC* 与 *EF* 的三次方比。相似地，可以证明球体 *DEF* 与一个小于球体 *ABC* 的球体的比也不等于 *EF* 与 *BC* 的三次方比。

可以证明球体 *ABC* 与一个大于球体 *DEF* 的球体的比也不等于 *BC* 与 *EF* 的三次方比。

如果可能，设能有这个比的大球体为 *LMN*，所以其反比例为，球体 *LMN* 与球体 *ABC* 的比等于直径 *EF* 与 *BC* 的三次方比【命题 5.7 推论】。因为如之前已经证明的，*LMN* 大于 *DEF*，所以球体 *LMN* 比球体 *ABC* 等于球体 *DEF* 比某个小于球体 *ABC* 的球体【命题 12.2 引理】。所以，球体

DEF 与小于球体 *ABC* 的球体的比等于 *EF* 与 *BC* 的三次方比。这已经证明是不可能的。所以，球体 *ABC* 与大于球体 *DEF* 的球体的比不等于 *BC* 与 *EF* 的三次方比。已经证明小于球体 *DEF* 的球体也不能使比例成立。所以，球体 *ABC* 与球体 *DEF* 的比等于 *BC* 与 *EF* 的三次方比。这就是该命题的结论。

第13卷　正多面体

命　题

命题 1

如果一条线段分为中外比，那么较大线段与原整条线段一半的和上的正方形是原线段一半上的正方形的五倍。

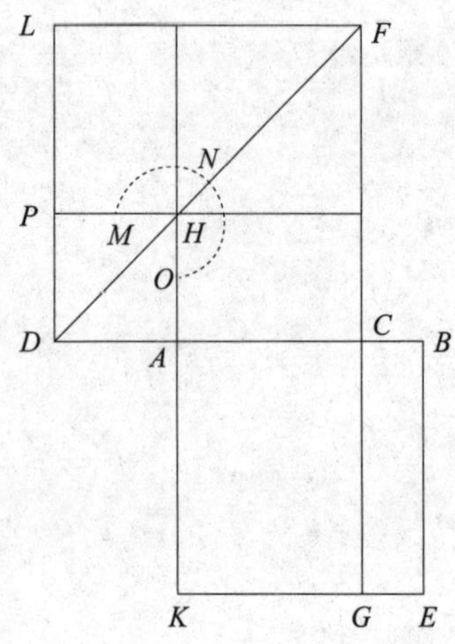

已知线段 AB 被点 C 为分为成中外比的两段，且 AC 是较大段。线段 AD 是 CA 的延长线，且 AD 等于 AB 的一半。可证 CD 上的正方形是 DA 上的正方形的五倍。

分别在 AB 和 DC 上作正方形 AE 和 DF。完成 DF 的作图。设 FC 经过 G。因为 AB 被 C 分成中外比的两段，所以 AB、BC 所构成的矩形等于 AC 上的正方形【定义 6.3、命题 6.17】。CE 是 AB、BC 所构成的矩形，FH 是 AC 上的正方形，所以 CE 等于 FH。又因为 BA 是 AD 的二倍，且 BA 等于 KA，AD 等于 AH，所以 KA 是 AH 的二倍。KA 比 AH 等于 CK 比 CH【命题 6.1】，所以 CK 是 CH 的二倍。LH 加 HC 是 CH 的二倍【命题 1.43】，所以 KC 等于 LH 加 HC。又已经证明 CE 等于 HF，所以整个正方形 AE 等于折尺形 MNO。又因为 BA 是 AD 的二倍，所以 BA 上的正方形是 AD 上的正方形的四倍，即 AE 是 DH 的四倍。又，AE 等于折尺形 MNO，所以，折尺形 MNO 是 AP 的四倍，所以整个 DF 是 AP 的五倍。又，DF 是 DC 上的正方形，AP 是 DA 上的正方形，所以 CD 上的正方形是 DA 上的正方形的五倍。

综上，如果一条线段分为中外比，那么较大线段与原整条线段一半的和上的正方形是原线段一半上的正方形的五倍。这就是该命题的结论。

命题 2

如果一条线段上的正方形是该线段的一部分上的正方形的五倍，该部分线段的二倍被分为成中外比的两段时，那么成中外比的两段中，较大段是原线段去掉部分线段后余下的线段。

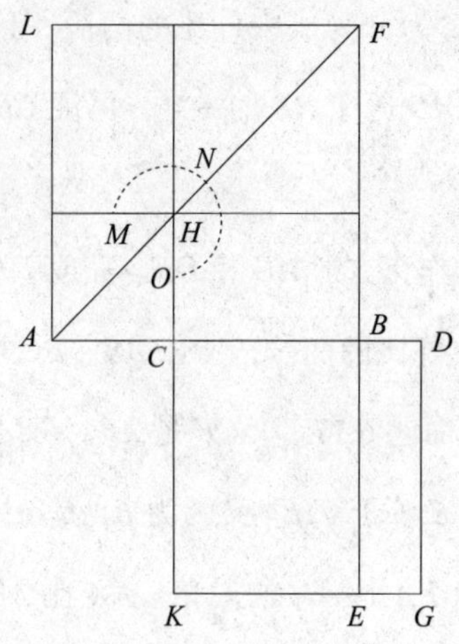

已知线段 AB 上的正方形是它的部分线段 AC 上的正方形的五倍，且 CD 是 AC 的二倍。可证如果 CD 被分为成中外比的两段，那么较大段是 CB。

分别在 AB 和 CD 上作正方形 AF 和 CG。完成 AF 的作图。作延长线 BE。因为 BA 上的正方形是 AC 上的正方形的五倍，所以 AF 是 AH 的五倍。所以，折尺形 MNO 是 AH 的四倍。又因为 DC 是 CA 的二倍，所以 DC 上的正方形是 CA 上的正方形的四倍，即 CG 是 AH 的四倍。已经证明折尺形 MNO 是 AH 的四倍，所以折尺形 MNO 等于 CG。又因为 DC 是 CA 的二倍，且 DC 等于 CK，AC 等于 CH，所以 KC 是 CH 的二倍，KB 也是 BH 的二倍【命题 6.1】。又，LH 加 IIB 是 HB 的二倍【命题 1.43】，所以 KB 等于 LH 与 HB 的和。又已经证明整个折尺形 MNO 等于整个 CG，所以余下的 HF 也等于余下的 BG。BG 是 CD、DB 所构成的矩形。因为 CD 等于 DG，且 HF 等于 CB 上的正方形，所以 CD、DB 所构成的矩形等于 CB 上的正方形。所以，DC 比 CB 等于 CB 比 BD【命题 6.17】，且 DC 大于 CB（见引理）。所以，

CB 大于 BD【命题 5.14】。所以，如果线段 CD 被分为中外比，那么较大段是 CB。

综上，如果一条线段上的正方形是该线段的一部分上的正方形的五倍，该部分线段的二倍被分为成中外比的两段时，那么成中外比的两段中，较大段是原线段去掉部分线段后余下的线段。这就是该命题的结论。

引 理

证明 AC 的二倍（即 DC）大于 BC。

假设 AC 的二倍不大于 BC，如果可能，设 BC 是 CA 的二倍。所以，BC 上的正方形是 CA 上的正方形的四倍。所以，BC 和 CA 上的正方形的和是 CA 上的正方形的五倍。已知 BA 上的正方形是 CA 上的正方形的五倍。所以，BA 上的正方形等于 BC 和 CA 上的正方形的和。这是不可能的【命题 2.4】。所以，CB 不等于 AC 的二倍。类似地，我们可以证明 AC 的二倍不小于 CB。因为这更不可能了。

所以，AC 的二倍大于 CB。这就是该命题的结论。

命题 3

如果一条线段被分为中外比，那么较小段与较大段一半的和上的正方形是较大段一半上的正方形的五倍。

已知某线段 AB 被分为中外比，C 为中外比分割点。设 AC 是较大段，且 D 平分 AC。可证 BD 上的正方形是 DC 上的正方形的五倍。

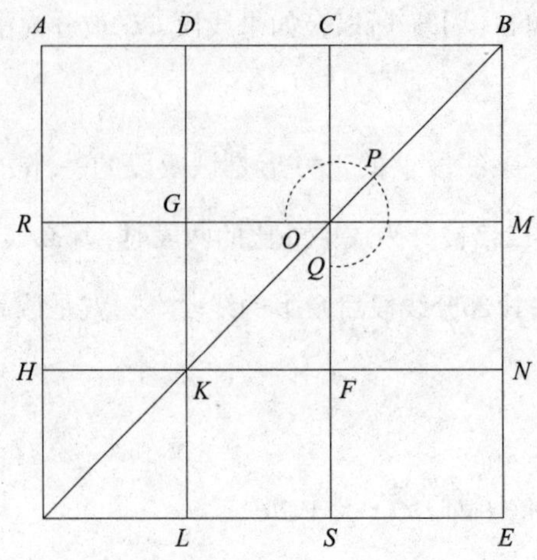

在 *AB* 上作正方形 *AE*。设图已作好。因为 *AC* 是 *DC* 的二倍，所以 *AC* 上的正方形是 *DC* 上的正方形的四倍，即 *RS* 是 *FG* 的四倍。又因为 *AB*、*BC* 所构成的矩形等于 *AC* 上的正方形【定义 6.3、命题 6.17】，且 *CE* 等于 *AB*、*BC* 所构成的矩形，所以 *CE* 等于 *RS*。*RS* 等于 *FG* 的四倍。所以，*CE* 也是 *FG* 的四倍。又因为 *AD* 等于 *DC*， *HK* 也等于 *KF*，所以正方形 *GF* 等于正方形 *HL*。所以，*GK* 等于 *KL*，即 *MN* 等于 *NE*。所以，*MF* 等于 *FE*。但 *MF* 等于 *CG*。所以，*CG* 等于 *FE*。两边同时加 *CN*。所以，折尺形 *OPQ* 等于 *CE*。但已经证明 *CE* 等于 *GF* 的四倍。所以，折尺形 *OPQ* 是 *FG* 的四倍。所以，折尺形 *OPQ* 加正方形 *FG* 等于 *FG* 的五倍。但是，折尺形 *OPQ* 加正方形 *FG* 等于正方形 *DN*。*DN* 是 *DB* 上的正方形，*GF* 是 *DC* 上的正方形。所以，*DB* 上的正方形是 *DC* 上的正方形的五倍。这就是该命题的结论。

命题 4

如果一条线段被分为中外比，那么原线段和较小线段上的正方形的和是较大线段上的正方形的三倍。

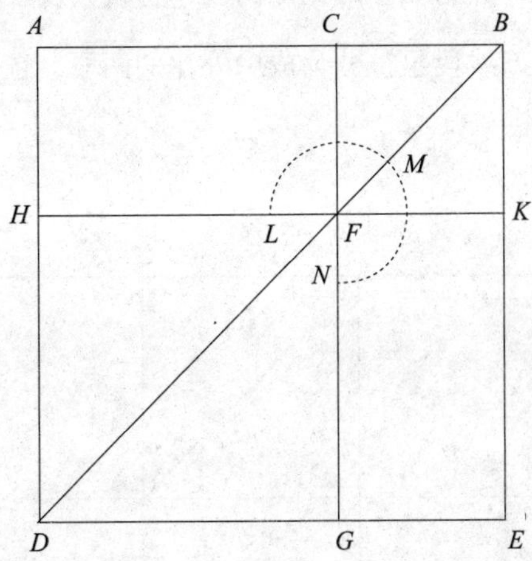

已知 AB 是线段，设 C 将它分为成中外比的两段，且 AC 为较大段。可证 AB 和 BC 上的正方形的和是 CA 上的正方形的三倍。

作 AB 上的正方形 ADEB，完成余下的作图。因为 AB 被 C 分为成中外比的两段，且 AC 为较大段，所以 AB、BC 所构成的矩形等于 AC 上的正方形【定义 6.3、命题 6.17】。AK 是 AB、BC 所构成的矩形，HG 是 AC 上的正方形，所以 AK 等于 HG。又因为 AF 等于 FE【命题 1.43】，两边同时加 CK，所以整个 AK 等于整个 CE，所以 AK 加 CE 是 AK 的二倍。但 AK 加 CE 等于折尺形 LMN 加正方形 CK，所以折尺形 LMN 加正方形 CK 是 AK 的二倍。已经证明 AK 等于 HG，所以折尺形 LMN 与正方形 CK 、HG 的和等于正方形 HG 的三倍。折尺形 LMN 与正方形 CK、HG 的和是整个正方形 AE 与 CK 的和，这就是 AB 和 BC 上的正方形的和，且 GH 是 AC 上的正方形，所以 AB 和 BC 上的正方形的和是 AC 上的正方形的三倍。这就是该命题的结论。

命题 5

如果一条线段被分为成中外比的两段，将较大线段加到原线段上构成新线段，那么整个新线段也被分为成中外比的两段，且原线段是新线段的较大段。

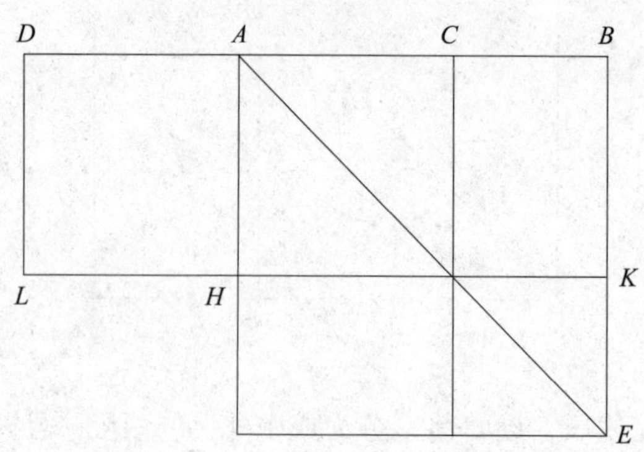

已知线段 *AB* 被点 *C* 分为成中外比的两段，且 *AC* 是较大段。作 *AD* 等于 *AC*。可证线段 *DB* 被 *A* 分为成中外比的两段，且线段 *AB* 是较大段。

作 *AB* 上的正方形 *AE*，并完成余下的作图。因为 *AB* 被 *C* 分为成中外比的两段，所以 *AB*、*BC* 所构成的矩形等于 *AC* 上的正方形【定义 6.3、命题 6.17】。*CE* 是 *AB*、*BC* 所构成的矩形，*CH* 是 *AC* 上的正方形，所以 *CE* 等于 *HC*。*HE* 等于 *CE*【命题 1.43】，且 *DH* 等于 *HC*，所以 *DH* 也等于 *HE*。两边都加 *HB*，所以整个 *DK* 等于整个 *AE*。又，*DK* 是 *BD* 与 *DA* 所构成的矩形。这是因为 *AD* 等于 *DL*，且 *AE* 是 *AB* 上的正方形，所以 *BD*、*DA* 所构成的矩形是 *AB* 上的正方形。所以，*DB* 比 *BA* 等于 *BA* 比 *AD*【命题 6.17】。*DB* 大于 *BA*。所以，*BA* 也大于 *AD*【命题 5.14】。

所以，*DB* 被 *A* 分为成中外比的两段，且 *AB* 是较大段。这就是该命题的结论。

命题 6

如果一条有理线段被分为成中外比的两段，那么每段都是称作余线的无理线段。

已知有理线段 *AB* 被 *C* 分为成中外比的两段，且 *AC* 是较大段。可证 *AC* 和 *CB* 是称作余线的无理线段。

延长 *BA* 至 *D*，使 *AD* 等于 *BA* 的一半。因为线段 *AB* 被 *C* 分为成中外比的两段，且将 *AB* 的一半 *AD* 加到较大段 *AC* 上，所以 *CD* 上的正方形是 *DA* 上的正方形的五倍【命题 13.1】。所以，*CD* 上的正方形与 *DA* 上的正方形的比是一个数与一个数的比。所以 *CD* 上的正方形与 *DA* 上的正方形是可公度的【命题 10.6】。*DA* 上的正方形是有理的。因为 *AB* 是有理的，*DA* 是 *AB* 的一半，所以 *DA* 也是有理的。所以，*CD* 上的正方形也是有理的【定义 10.4】。所以，*CD* 也是有理的。又因为 *CD* 上的正方形与 *DA* 上的正方形的比不等于一个平方数与一个平方数的比，所以 *CD* 与 *DA* 是长度不可公度的【命题 10.9】。所以，*CD* 和 *DA* 是仅正方可公度的有理线段。所以，*AC* 是一条余线【命题 10.73】。又因为 *AB* 被分为成中外比的两段，且 *AC* 是较大段，所以 *AB* 与 *BC* 所构成的矩形等于 *AC* 上的正方形【定义 6.3、命题 6.17】。所以，在与有理线段 *AB* 重合的线段上，有一个等于余线 *AC* 上的正方形的矩形，*BC* 是宽。在与有理线段重合的线段上，有一个等于余线上的正方形的矩形，由此产生的宽是第一余线【命题 10.97】。所以，*CB* 是第一余线。已经证明 *CA* 是一条余线。

综上，如果一条有理线段被分为成中外比的两段，那么每段都是称作余线的无理线段。

命题 7

如果一个等边五边形有三个相邻或者不相邻的角相等，那么该五边形是等角的。

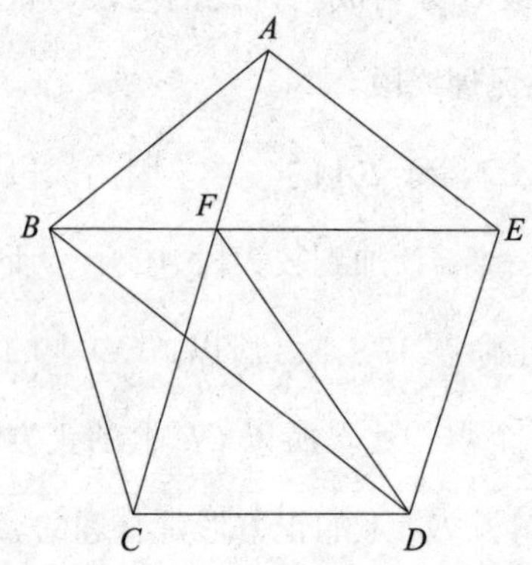

已知等边五边形 *ABCDE* 有三个相邻的角 *A*、*B*、*C* 彼此相等。可证五边形 *ABCDE* 是等角的。

连接 *AC*、*BE* 和 *FD*。因为线段 *CB* 和 *BA* 分别与线段 *BA* 和 *AE* 相等，且角 *CBA* 等于角 *BAE*，所以底边 *AC* 等于底边 *BE*，且三角形 *ABC* 等于三角形 *ABE*，余下的等边对应的角也都彼此相等【命题 1.4】，即角 *BCA* 等于角 *BEA*，角 *ABE* 等于角 *CAB*，且边 *AF* 等于边 *BF*【命题 1.6】。已经证明整个 *AC* 等于整个 *BE*，所以余下的 *FC* 等于余下的 *FE*。*CD* 等于 *DE*，所以两边 *FC* 和 *CD* 分别等于两边 *FE* 和 *ED*，且 *FD* 是它们的公共边。所以，

角 *FCD* 等于角 *FED*【命题 1.8】。已经证明角 *BCA* 等于角 *AEB*，所以整个角 *BCD* 等于整个角 *AED*。已知角 *BCD* 等于 *A*、*B* 处的角，所以角 *AED* 也等于 *A*、*B* 处的角。相似地，可以证明角 *CDE* 等于 *A*、*B*、*C* 处的角。所以，五边形 *ABCDE* 是等角的。

设已知等角不相邻，即 *A*、*C*、*D* 处的角相等。可证在这种情况下五边形 *ABCDE* 也是等角的。

连接 *BD*。因为两边 *BA* 和 *AE* 分别等于两边 *BC* 和 *CD*，且它们所夹的角相等，所以底边 *BE* 等于底边 *BD*，三角形 *ABE* 等于三角形 *BCD*，余下的等边对应的角也都彼此相等【命题 1.4】。所以，角 *AEB* 等于角 *CDB*。角 *BED* 等于角 *BDE*，因为边 *BE* 等于边 *BD*【命题 1.5】。所以，整个角 *AED* 等于整个角 *CDE*。已知角 *CDE* 等于 *A*、*C* 处的角。所以，角 *AED* 也等于 *A*、*C* 处的角。同理，角 *ABC* 等于 *A*、*C*、*D* 处的角。所以，五边形 *ABCDE* 是等角的。这就是该命题的结论。

命题 8

在一个等边等角的五边形中，顺次连接相对的两角，则连线相交成中外比，且较大段与五边形的边相等。

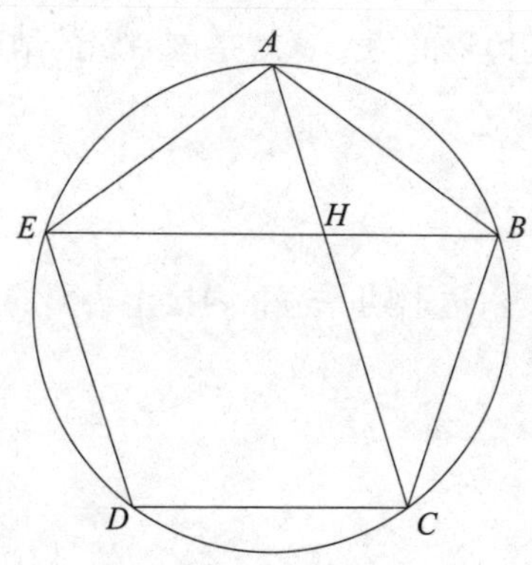

在等边等角的五边形 $ABCDE$ 中，顺次作 A、B 处的角的对角线 AC 和 BE 相交于点 H。可证 AC 和 BE 的每一条都被点 H 分为成中外比的两段，且每个的较大段都等于五边形的边。

作五边形 $ABCDE$ 的外接圆 $ABCDE$【命题 4.14】。因为线段 EA 和 AB 分别等于线段 AB 和 BC，且它们所夹的角都彼此相等，所以底边 BE 等于底边 AC，三角形 ABE 等于三角形 ABC，且余下的等边对应的角也都彼此相等【命题 1.4】。所以，角 BAC 等于角 ABE。所以，角 AHE 等于角 BAH 的二倍【命题 1.32】。又，角 EAC 也等于角 BAC 的二倍，这是因为弧 EDC 是弧 CB 的二倍【命题 3.28、6.33】。所以，角 HAE 等于角 AHE。所以，线段 HE 等于线段 EA，即等于线段 AB【命题 1.6】。线段 BA 等于 AE，角 ABE 等于角 AEB【命题 1.5】。已经证明角 ABE 等于角 BAH，所以角 BEA 也等于角 BAH。角 ABE 是三角形 ABE 和 ABH 的公共角。所以，余下的角 BAE 等于余下的角 AHB【命题 1.32】。所以，三角形 ABE 与三角形 ABH 是等角的。所以，有比例，EB 比 BA 等于 AB 比 BH【命题 6.4】。又，BA 等于 EH，所以 BE 比 EH 等于 EH 比 HB。又，BE 大于 EH，所以 EH 大于 HB【命题 5.14】。所以，BE 被 H 分为成中外比的两段，且较大段 HE 等于五边形的边。相似地，可以证明 AC 也被 H 分为成中外比的两段，它的较大段 CH 等于五边形的边。这就是该命题的结论。

命题 9

如果将同圆的内接六边形的一边和内接十边形的一边相加，那么这两条边的和可以分为成中外比的两段，且它的较大段是内接六边形的一边。[1]

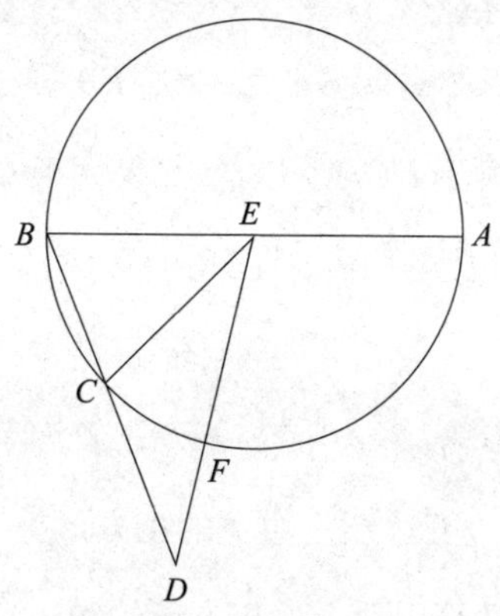

已知 *ABC* 是圆。设 *BC* 是内接于圆 *ABC* 的正十边形的边，*CD* 是内接六边形的边，且它们在同一直线上。可证整个线段 *BD* 被 *C* 分为成中外比的两段，且 *CD* 是较大段。

设点 *E* 是圆心【命题 3.1】，连接 *EB*、*EC* 和 *ED*，且延长 *BE* 至 *A*。因为 *BC* 是等边十边形的一边，所以弧 *ACB* 等于弧 *BC* 的五倍。所以，弧 *AC* 是弧 *CB* 的四倍。弧 *AC* 比 *CB* 等于角 *AEC* 比角 *CEB*【命题 6.33】，所以角 *AEC* 是角 *CEB* 的四倍。又因为角 *EBC* 等于角 *ECB*【命题 1.5】，所以角 *AEC* 等于角 *ECB* 的二倍【命题 1.32】。又，线段 *EC* 等于 *CD*，这是因为它们的每一条都等于圆 *ABC* 的内接六边形的一边【命题 4.15 推论】，角 *CED* 也等于角 *CDE*【命题 1.5】，所以角 *ECB* 是 *EDC* 的二倍【命题 1.32】。已经证明角 *AEC* 是角 *ECB* 的二倍，所以角 *AEC* 是角 *EDC* 的四倍。已经证明角 *AEC* 是角 *BEC* 的四倍，所以角 *EDC* 等于角 *BEC*。又，角 *EBD* 是

① 如果圆的半径是单位半径，那么六边形的边是 1，且十边形的边是$(1/2)(\sqrt{5}-1)$。

三角形 *BEC* 和 *BED* 的公共角，所以余下的角 *BED* 等于余下的角 *ECB*【命题 1.32】。所以，三角形 *EBD* 与三角形 *EBC* 是等角的。所以，可得比例，*DB* 比 *BE* 等于 *EB* 比 *BC*【命题 6.4】。又，*EB* 等于 *CD*，所以 *BD* 比 *DC* 等于 *DC* 比 *CB*，且 *BD* 大于 *DC*。所以，*DC* 也大于 *CB*【命题 5.14】。所以，线段 *BD* 被 *C* 分为成中外比的两段，且 *DC* 是较大段。这就是该命题的结论。

命题 10

一个内接于圆的等边五边形一边上的正方形等于同圆的内接六边形一边上的正方形与内接十边形一边上的正方形的和。①

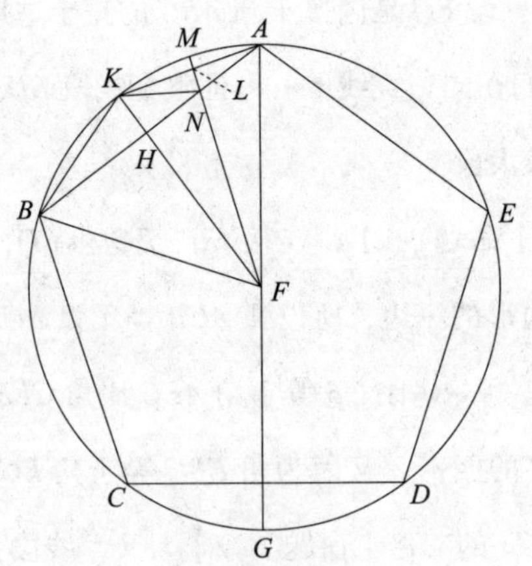

已知圆 *ABCDE*。设等边五边形 *ABCDE* 内接于圆 *ABCDE*。可证五边形 *ABCDE* 一边上的正方形等于同圆内接六边形一边上的正方形与内接十边形一边上的正方形的和。

① 如果圆的半径是单位半径，那么五边形的边是$(1/2)\sqrt{10-2\sqrt{5}}$。

设 *F* 为圆心【命题 3.1】。连接 *AF* 并延长至点 *G*。连接 *FB*。过 *F* 作 *AB* 的垂线 *FH*，且 *FH* 与圆交于 *K*。连接 *AK* 和 *KB*。再过 *F* 作 *AK* 的垂线 *FL*，且 *FL* 交圆于 *M*。连接 *KN*。

因为弧 *ABCG* 等于弧 *AEDG*，弧 *ABC* 等于 *AED*，所以余下的弧 *CG* 等于余下的弧 *GD*。*CD* 是五边形的边，所以 *CG* 是十边形的边。又因为 *FA* 等于 *FB*，且 *FH* 垂直于 *AB*，所以角 *AFK* 等于角 *KFB*【命题 1.5、1.26】。所以，弧 *AK* 等于 *KB*【命题 3.26】。所以，弧 *AB* 是弧 *BK* 的二倍。所以，线段 *AK* 是十边形的边。同理，弧 *AK* 是 *KM* 的二倍。又因为弧 *AB* 是弧 *BK* 的二倍，且弧 *CD* 等于弧 *AB*，所以弧 *CD* 是弧 *BK* 的二倍。弧 *CD* 也是弧 *CG* 的二倍，所以弧 *CG* 等于弧 *BK*。但 *BK* 等于 *KM* 的二倍，因为 *KA* 是 *KM* 的二倍，所以弧 *CG* 是 *KM* 的二倍。但实际上，弧 *CB* 是弧 *BK* 的二倍，这是因为弧 *CB* 等于 *BA*，所以整个弧 *BG* 是 *BM* 的二倍，所以角 *GFB* 是角 *BFM* 的二倍【命题 6.33】。角 *GFB* 是角 *FAB* 的二倍，因为角 *FAB* 等于角 *ABF*，所以角 *BFN* 也等于角 *FAB*。角 *ABF* 是三角形 *ABF* 和 *BFN* 的公共角，所以余下的角 *AFB* 等于余下的角 *BNF*【命题 1.32】。所以，三角形 *ABF* 和 *BFN* 是等角的。所以，由成比例可得，线段 *AB* 比 *BF* 等于 *FB* 比 *BN*【命题 6.4】。所以，*AB*、*BN* 所构成的矩形等于 *BF* 上的正方形【命题 6.17】。又因为 *AL* 等于 *LK*，*LN* 是公共边，且与 *KA* 成直角，所以底 *KN* 等于底 *AN*【命题 1.4】。所以，角 *LKN* 等于角 *LAN*。但角 *LAN* 等于角 *KBN*【命题 3.29,1.5】。所以，角 *LKN* 等于角 *KBN*。且 *A* 处的角是三角形 *AKB* 和 *AKN* 的公共角。所以，余下的角 *AKB* 等于余下的角 *KNA*【命题 1.32】。所以，三角形 *KBA* 与三角形 *KNA* 是等角的。所以，由成比例可得，线段 *BA* 比 *AK* 等于 *KA* 比 *AN*【命题 6.4】。所以，*BA*、*AN* 所构成的矩形等于

AK 上的正方形【命题 6.17】。已经证明 *AB*、*BN* 所构成的矩形等于 *BF* 上的正方形。所以，矩形 *AB*、*BN* 加矩形 *BA*、*AN*，即 *BA* 上的正方形【命题 2.2】，等于 *BF* 上的正方形加 *AK* 上的正方形。且 *BA* 是五边形的边，*BF* 是六边形的边【命题 4.15 推论】，*AK* 是十边形的边。

综上，一个内接于圆的等边五边形一边上的正方形等于同圆的内接六边形一边上的正方形与内接十边形一边上的正方形的和。

命题 11

如果一个等边五边形内接于一个圆，且该圆的直径是有理的，那么该五边形的边是称作次要线段的无理线段。

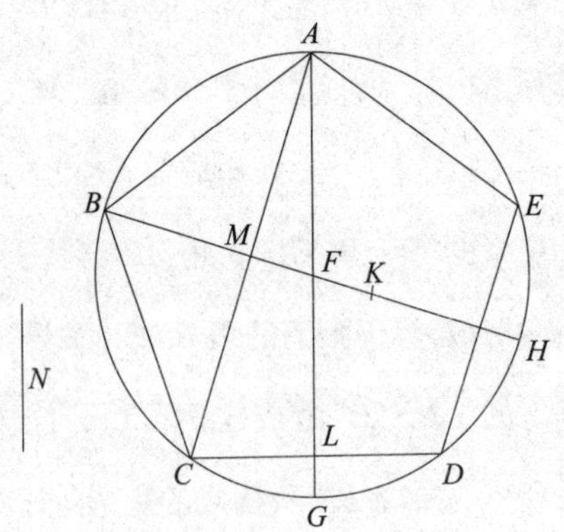

已知等边五边形 *ABCDE* 内接于圆 *ABCDE*，且圆的直径是有理的。可证五边形 *ABCDE* 的边是称作次要线段的无理线段。

设点 *F* 为圆心【命题 3.1】。连接 *AF* 和 *FB*，并分别延长至点 *G* 和 *H*。连接 *AC*。设 *FK* 等于 *AF* 的四分之一，且 *AF* 是有理的，所以 *FK* 是有理线段。又，*BF* 是有理线段，所以整个 *BK* 是有理线段。又因为弧 *ACG* 等

于弧 *ADG*，其中 *ABC* 等于 *AED*，所以余下的 *CG* 等于余下的 *GD*。如果连接 *AD*，那么 *L* 处的角是直角，且 *CD* 是 *CL* 的二倍【命题 1.4】。同理，*M* 处的角也是直角，且 *AC* 是 *CM* 的二倍。因为角 *ALC* 等于角 *AMF*，角 *LAC* 是三角形 *ACL* 和 *AMF* 的公共角，所以余下的角 *ACL* 等于余下的角 *MFA*【命题 1.32】。所以，三角形 *ACL* 与三角形 *AMF* 是等角的。所以，由成比例可得，*LC* 比 *CA* 等于 *MF* 比 *FA*【命题 6.4】。我们将两个前项扩大二倍，所以 *LC* 的二倍比 *CA* 等于 *MF* 的二倍比 *FA*。*MF* 的二倍比 *FA* 等于 *MF* 比 *FA* 的一半，所以 *LC* 的二倍比 *CA* 等于 *MF* 比 *FA* 的一半。我们取两后项的一半，所以 *LC* 的二倍比 *CA* 的一半等于 *MF* 比 *FA* 的四分之一。且 *DC* 是 *LC* 的二倍，*CM* 是 *CA* 的一半，*FK* 是 *FA* 的四分之一，所以 *DC* 比 *CM* 等于 *MF* 比 *FK*。由其合比例可得，*DC* 和 *CM* 的和比 *CM* 等于 *MK* 比 *KF*【命题 5.18】，所以 *DC*、*CM* 的和上的正方形比 *CM* 上的正方形等于 *MK* 上的正方形比 *KF* 上的正方形。又因为五边形两相对角的连线 *AC* 被分为成中外比的两段，且较大段等于五边形的边【命题 13.8】*DC*，较大段与整个一半的和上的正方形是整个线段一半上的正方形的五倍【命题 13.1】，且 *CM* 是整个 *AC* 的一半，所以 *DC*、*CM* 的和上的正方形是 *CM* 上的正方形的五倍。已经证明 *DC*、*CM* 的和上的正方形比 *CM* 上的正方形等于 *MK* 上的正方形比 *KF* 上的正方形，所以 *MK* 上的正方形是 *KF* 上的正方形的五倍。*KF* 上的正方形是有理的。这是因为它的直径是有理的。所以，*MK* 上的正方也是有理的。所以，*MK* 也是有理的。又因为 *BF* 是 *FK* 的四倍，所以 *BK* 是 *KF* 的五倍。所以，*BK* 上的正方形是 *KF* 上的正方形的二十五倍。*MK* 上的正方形是 *KF* 上的正方形的五倍。所以，*BK* 上的正方形是 *KM* 上的正方形的五倍。所以，*BK* 上的正方形比 *KM* 上的正方形不等于某个平方数比某个平方数。所以，

BK 与 *KM* 是长度不可公度的【命题 10.9】。它们每个都是有理线段，所以 *BK* 和 *KM* 是仅正方可公度的有理线段。如果从一条有理线段减去一条与整个线段是仅正方可公度的有理线段，那么余下的线段是无理线段，称作余线【命题 10.73】，所以 *MB* 是余线，且 *MK* 是附加线段。可以证明它也是第四余线。设 *N* 上的正方形等于 *BK* 上的正方形与 *KM* 上的正方形的差，所以 *BK* 上的正方形与 *KM* 上的正方形的差是 *N* 上的正方形。因为 *KF* 与 *FB* 是长度可公度的，由其合比例可得，*KB* 与 *FB* 是长度可公度的【命题 10.15】。但 *BF* 与 *BH* 是长度可公度的，所以 *BK* 与 *BH* 也是长度可公度的【命题 10.12】。因为 *BK* 上的正方形是 *KM* 上的正方形的五倍，所以 *BK* 上的正方形比 *KM* 上的正方形等于 5 比 1。所以，由其换比例可得，*BK* 上的正方形比 *N* 上的正方形等于 5 比 4【命题 5.19 推论】，不是一个平方数比一个平方数。所以，*BK* 与 *N* 是长度不可公度的【命题 10.9】。所以，*BK* 上的正方形与 *KM* 上的正方形的差是与 *BK* 长度不可公度的某条线段上的正方形。因为整个 *BK* 上的正方形与附加线段 *KM* 上的正方形的差是与 *BK* 长度不可公度的某条线段上的正方形，且整个 *BK* 与已知的有理线段 *BH* 是长度可公度的，所以 *MB* 是第四余线【定义 10.14】。一条有理线段和一条第四余线所构成的矩形是无理的，它的正方形的边是无理的，称作次要线段【命题 10.94】。*AB* 上的正方形等于 *HB*、*BM* 所构成的矩形，这是因为连接 *AH* 后，三角形 *ABH* 与三角形 *ABM* 是等角的【命题 6.8】，且有成比例可得，*HB* 比 *BA* 等于 *AB* 比 *BM*。

所以，五边形的边 *AB* 是一条称作次要线段的无理线段。[①] 这就是该命

---

① 如果圆的半径是单位半径，那么五边形的边是 $(1/2)\sqrt{10-2\sqrt{5}}$。但是，这个长度写成“次要线段”的形式（见命题 10.94）为：$(\rho/\sqrt{2})\sqrt{1+k/\sqrt{1+k^2}}-(\rho/\sqrt{2})\sqrt{1-k/\sqrt{1+k^2}}$，且 $\rho=\sqrt{5/2}$，$k=2$。

题的结论。

命题 12

如果一个等边三角形内接于一个圆，那么该三角形的一边上的正方形是圆的半径上的正方形的三倍。

已知圆 ABC，设等边三角形 ABC 内接于圆【命题 4.2】。可证三角形 ABC 一边上的正方形是圆 ABC 半径上的正方形的三倍。

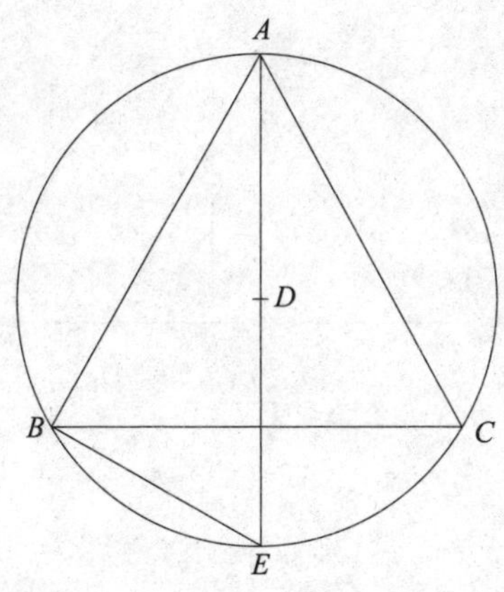

设 D 是圆 ABC 的圆心【命题 3.1】。连接 AD 并延长至 E。连接 BE。

因为三角形 ABC 是等边的，所以弧 BEC 是圆周 ABC 的三分之一。所以，弧 BE 是圆周的六分之一。所以，线段 BE 是六边形的边。所以，它等于半径 DE【命题 4.15 推论】。因为 AE 是 DE 的二倍，所以 AE 上的正方形是 ED 上的正方形的四倍，即 BE 上的正方形。AE 上的正方形等于 AB 和 BE 上的正方形的和【命题 3.31、1.47】。所以，AB 和 BE 上的正方形的和是 BE 上的正方形的四倍。所以，由其分比例可得，AB 上的正方形是 BE 上的正方形的三倍。BE 等于 DE。所以，AB 上的正方形是 DE 上的正方形的三倍。

综上，如果一个等边三角形内接于一个圆，那么该三角形的一边上的正方形是圆的半径上的正方形的三倍。这就是该命题的结论。

命题 13

求作一个正棱锥（即正四面体）内接于已知球体，并证明球体直径上的正方形是棱锥一边上的正方形的一倍半。

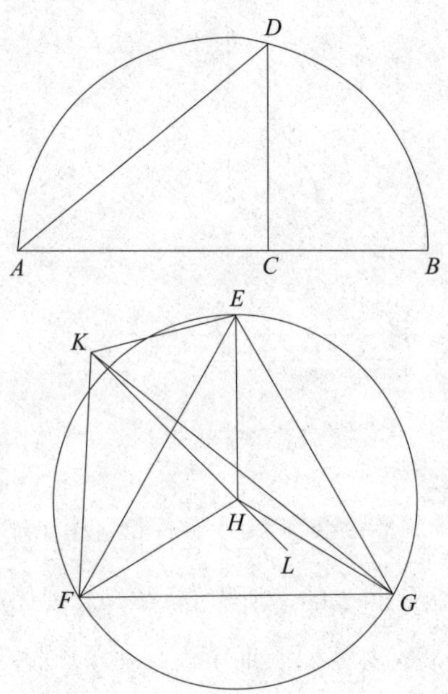

已知 *AB* 是已知球体的直径，设点 *C* 分割线段 *AB* 为 *AC* 和 *CB*，使 *AC* 是 *CB* 的二倍【命题 6.10】。在 *AB* 上作半圆 *ADB*。过点 *C* 作 *CD* 与 *AB* 成直角。连接 *DA*。设圆 *EFG* 的半径等于 *DC*，设等边三角形 *EFG* 内接于圆 *EFG*【命题 4.2】。设圆的圆心为点 *H*【命题 3.1】。连接 *EH*、*HF* 和

HG。过点 H 作 HK 与圆 EFG 所在的平面成直角【命题 11.12】。设 HK 上截取 HK 等于线段 AC。连接 KE、KF 和 KG。因为 KH 与圆 EFG 所在的平面成直角，所以 KH 与圆 EFG 所在的平面内所有与它相交的直线成直角【定义 11.3】。HE、HF 和 HG 都与 KH 相交。所以，HK 与 HE、HF 和 HG 都成直角。又因为 AC 等于 HK，CD 等于 HE，且它们所夹的角是直角，所以底 DA 等于底 KE【命题 1.4】。同理，KF 和 KG 都等于 DA。所以，线段 KE、KF 和 KG 彼此相等。又因为 AC 是 CB 的二倍，所以 AB 是 BC 的三倍。AB 比 BC 等于 AD 上的正方形比 DC 上的正方形，这个后面会给出证明（见引理），所以 AD 上的正方形是 DC 上的正方形的三倍。FE 上的正方形是 EH 上的正方形的三倍【命题 13.12】，DC 等于 EH，所以 DA 等于 EF。但已经证明 DA 等于 KE、KF 和 KG，所以 EF、FG 和 GE 分别等于 KE、KF 和 KG。所以，三角形 EFG、KEF、KFG 和 KEG 是等边的。所以，以三角形 EFG 为底，点 K 为顶点的棱锥包含这四个等边三角形。

所以，令该棱锥内接于已知球体，并证明球体直径上的正方形是棱锥边上的正方形的一倍半。

设线段 HL 是线段 KH 的延长线，且 HL 等于 CB。因为 AC 比 CD 等于 CD 比 CB【命题 6.8 推论】，且 AC 等于 KH，CD 等于 HE，CB 等于 HL，所以 KH 比 HE 等于 EH 比 HL。所以，KH 和 HL 所构成的矩形等于 EH 上的正方形【命题 6.17】。且角 KHE 和 EHL 的每一个都是直角，所以在 KL 上作半圆将经过 E。如果我们连接 EL，那么角 LEK 是直角，所以三角形 ELK 与三角形 ELH 和 EHK 都是等角的【命题 6.8、3.31】。所以，如果 KL 固定不动，使半圆旋转到开始的位置，它也一定经过点 F 和 G。因为如果连接 FL 和 LG，则 F 和 G 处的角是直角。且棱锥内接于已知球体。因为球体的直

径 *KL* 等于已知球体的直径 *AB*，这是因为 *KH* 等于 *AC*，*HL* 等于 *CB*。

可以证明球体的直径上的正方形是棱锥边上的正方形的一倍半。

因为 *AC* 是 *CB* 的二倍，所以 *AB* 是 *BC* 的三倍。所以，由换比例可得，*BA* 是 *AC* 的一倍半。*BA* 比 *AC* 等于 *BA* 上的正方形比 *AD* 上的正方形，所以 *BA* 上的正方形也是 *AD* 上的正方形的一倍半。*BA* 是已知球体的直径，*AD* 等于棱锥的边。

综上，这个球体直径上的正方形是棱锥一边上的正方形的一倍半。[①] 这就是该命题的结论。

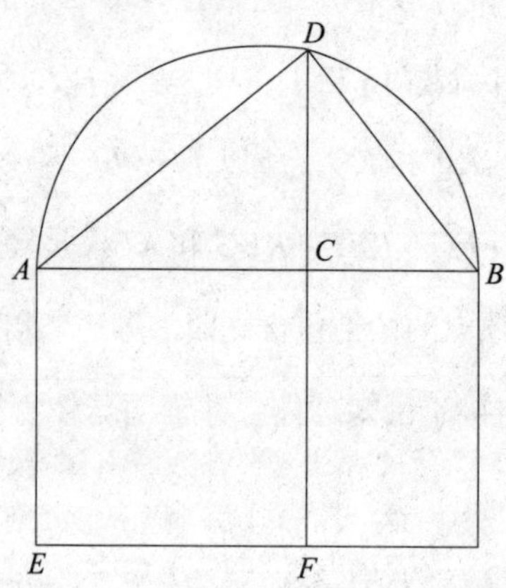

引 理

求证 *AB* 比 *BC* 等于 *AD* 上的正方形比 *DC* 上的正方形。

作半圆，并连接 *DB*。设 *EC* 是 *AC* 上的正方形。作平行四边形 *FB*。因为三角形 *DAB* 与 *DAC* 是等角的【命题 6.8、6.4】，有成比例可得，*BA* 比

① 如果圆的半径是单位半径，那么棱锥（即正四面体）的边是 $\sqrt{8/3}$。

AD 等于 *DA* 比 *AC*，所以 *BA* 与 *AC* 所构成的矩形等于 *AD* 上的正方形【命题 6.17】。*AB* 比 *BC* 等于 *EB* 比 *BF*【命题 6.1】。*EB* 是 *BA* 与 *AC* 所构成的矩形，因为 *EA* 等于 *AC*，*BF* 是 *AC* 与 *CB* 所构成的矩形，所以 *BA* 与 *AC* 所构成的矩形等于 *AD* 上的正方形，*AC*、*CB* 所构成的矩形等于 *DC* 上的正方形。垂线 *DC* 是底 *AC* 和 *CB* 的比例中项，因为角 *ADB* 是直角【命题 6.8 推论】。所以，*AB* 比 *BC* 等于 *AD* 上的正方形比 *DC* 上的正方形。这就是该命题的结论。

命题 14

作一个球体的内接正八面体，如之前的命题，并证明该球体的直径上的正方形是该八面体一边上的正方形的二倍。

设 *AB* 是已知球体的直径，设 *C* 将它平分。在 *AB* 上作半圆 *ADB*。过 *C* 作 *CD* 与 *AB* 成直角。连接 *DB*。作正方形 *EFGH*，使它的每条边都等于 *DB*。连接 *HF* 和 *EG*。过点 *K*，作线段 *KL* 与正方形 *EFGH* 所在的平面成直角【命题 11.12】。设它穿过平面到另一侧的线段是 *KM*。截取 *KL* 和 *KM*，使它们都等于 *EK*、*FK*、*GK* 和 *HK* 中的任意一条。连接 *LE*、*LF*、*LG*、*LH*、*ME*、*MF*、*MG* 和 *MH*。

因为 *KE* 等于 *KH*，角 *EKH* 是直角，所以 *HE* 上的正方形是 *EK* 上的正方形的二倍【命题 1.47】。又因为 *LK* 等于 *KE*，且角 *LKE* 是直角，所以 *EL* 上的正方形是 *EK* 上的正方形的二倍【命题 1.47】。又已经证明 *HE* 上的正方形是 *EK* 上的正方形的二倍，所以 *LE* 等于 *EH*。同理可得，*LH* 等于 *HE*，所以三角形 *LEH* 是等边的。相似地，可以证明以正方形 *EFGH* 的边为底，以点 *L* 和 *M* 为顶点的余下的三角形均为等边三角形。所以，一个由八个等边三角形构成的八面体作好了。

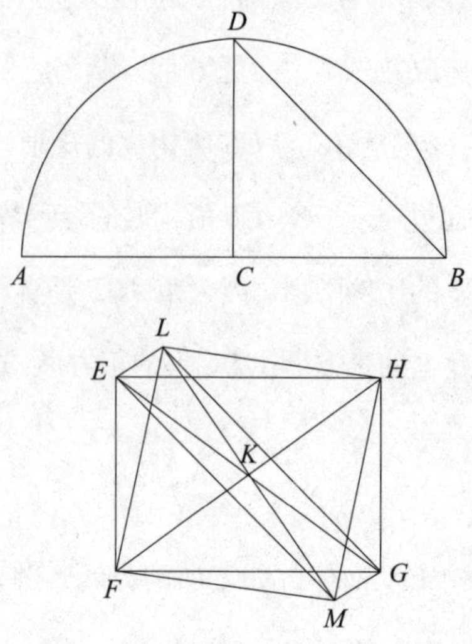

令它内接于已知球体，并证明该球体的直径上的正方形是八面体边上的正方形的二倍。

因为线段 *LK*、*KM* 和 *KE* 彼此相等，所以 *LM* 上的半圆经过 *E*。同理可得，如果 *LM* 是固定不动的，旋转半圆到开始的位置，那么它将经过点 *F*、*G* 和 *H*，八面体内接于球体。可以证明它内接于已知球体。因为 *LK* 等于 *KM*，*KE* 是公共边，且它们所夹的角是直角，所以底 *LE* 等于 *EM*【命题 1.4】。又因为角 *LEM* 是直角，因为它所对的弧是半圆【命题 3.31】，所以 *LM* 上的正方形是 *LE* 上的正方形的二倍【命题 1.47】。又因为 *AC* 等于 *CB*，*AB* 是 *BC* 的二倍，*AB* 比 *BC* 等于 *AB* 上的正方形比 *BD* 上的正方形【命题 6.8、定义 5.9】，所以 *AB* 上的正方形是 *BD* 上的正方形的二倍。已经证明 *LM* 上的正方形是 *LE* 上的正方形的二倍。*DB* 上的正方形等于 *LE* 上的正方形。因为 *EH* 等于 *DB*，所以 *AB* 上的正方形等于 *LM* 上的正方形。所以，*AB* 等于 *LM*。且 *AB* 是已知球体的直径。所以，*LM* 等于已知球体的直径。

综上，在已知球体内作出了正八面体，并证明了球体直径上的正方形是八面体边上的正方形的二倍。[①] 这就是该命题的结论。

命题 15

像作棱锥一样，作一个球体的内接立方体；并证明球体的直径上的正方形是立方体一边上的正方形的三倍。

已知 *AB* 是已知球体的直径，*C* 分割 *AB*，使 *AC* 是 *CB* 的二倍。在 *AB* 上作半圆 *ADB*。过 *C* 作 *CD* 与 *AB* 成直角。连接 *DB*。作边长等于 *DB* 的正方形 *EFGH*。分别过点 *E*、*F*、*G* 和 *H* 作 *EK*、*FL*、*GM* 和 *HN* 与正方形 *EFGH* 所在的平面垂直。截取 *EK*、*FL*、*GM* 和 *HN*，使它们分别等于 *EF*、*FG*、*GH* 和 *HE*。连接 *KL*、*LM*、*MN* 和 *NK*。所以，包含六个相等正方形的立方体作好了。

令它内接于已知球体，并证明球体的直径上的正方形是立方体一边上的正方形的三倍。

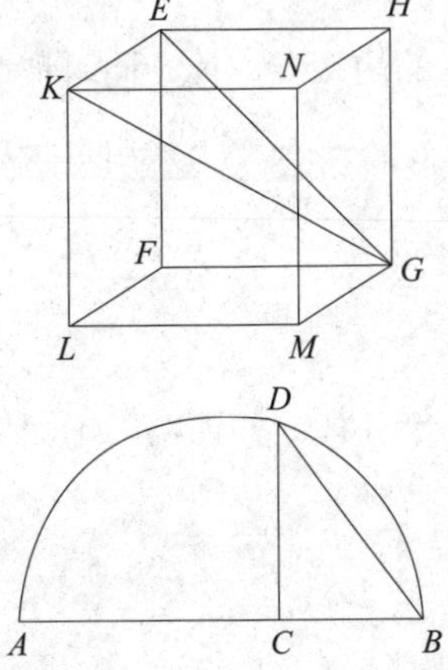

① 如果以球体的半径作为单位，那么八面体的边长是 $\sqrt{2}$。

连接 KG 和 EG。角 KEG 是直角，KE 与平面 EG 成直角，显然 KE 与线段 EG 也成直角【定义 11.3】，所以 KG 上的半圆经过点 E。又因为 GF 与 FL 和 FE 都成直角，所以 GF 与平面 FK 也成直角【命题 11.4】。所以，如果连接 FK，那么 GF 与 FK 也成直角。所以，在 GK 上的半圆经过点 F。相似地，它也经过立方体余下的角的顶点。如果 KG 固定不动，将它上的半圆旋转到开始转动的位置，那么立方体将内接于一个球体。可以证明它也内接于已知球体。因为 GF 等于 FE，F 处的角是直角，所以 EG 上的正方形是 EF 上的正方形的二倍【命题 1.47】。EF 等于 EK。所以，EG 上的正方形是 EK 上的正方形的二倍。所以，GE 和 EK 上的正方形的和，即 GK 上的正方形【命题 1.47】，是 EK 上的正方形的三倍。又因为 AB 是 BC 的三倍，且 AB 比 BC 等于 AB 上的正方形比 BD 上的正方形【命题 6.8、定义 5.9】，所以 AB 上的正方形是 BD 上的正方形的三倍。已经证明 GK 上的正方形是 KE 上的正方形的三倍。KE 等于 DB。所以，KG 等于 AB。AB 是已知球体的直径，所以 KG 等于已知球体的直径。

综上，作出一个球体的内接立方体，同时证明了球体的直径上的正方形是立方体一边上的正方形的三倍。[①] 这就是该命题的结论。

命题 16

作一个球体的内接二十面体，并证明二十面体的边长是称作次要线段的无理线段。

① 如果设球体的半径为单位，那么立方体的边长为 $\sqrt{4/3}$。

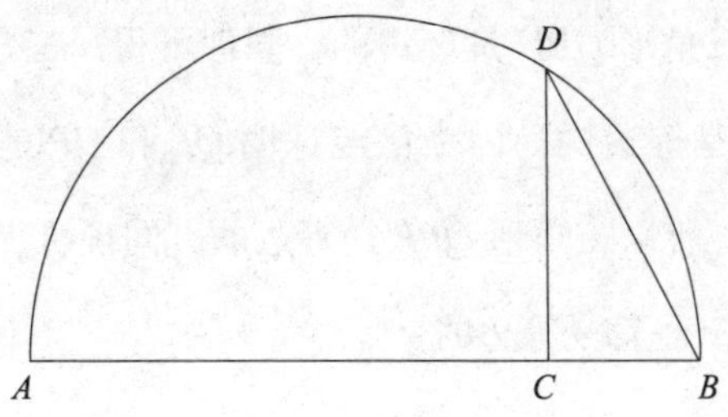

已知 AB 是给定球体的直径，设 C 分割 AB，使 AC 是 CB 的四倍【命题 6.10】。在 AB 上作半圆 ADB。过 C 作 CD 与 AB 成直角。连接 DB。作圆 EFGHK，使它的半径等于 DB。作圆 EFGHK 的内接等边且等角的五边形 EFGHK【命题 4.11】。设点 L、M、N、O 和 P 分别平分弧 EF、FG、GH、HK 和 KE。连接 LM、MN、NO、OP、PL 和 EP。所以，五边形 LMNOP 是等边的，且 EP 是圆内接十边形的边。分别经过点 E、F、G、H 和 K 作线段 EQ、FR、GS、HT 和 KU 等于圆 EFGHK 的半径，并且与圆所在的平面成直角。连接 QR、RS、ST、TU、UQ、QL、LR、RM、MS、SN、NT、TO、OU、UP 和 PQ。

因为 EQ 和 KU 都与同一平面成直角，所以 EQ 平行于 KU【命题 11.6】。又，它们彼此相等，相等且平行的线段的同侧端点的连线彼此相等且平行【命题 1.33】，所以 QU 等于且平行于 EK。EK 是圆 EFGHK 的内接等边五边形的边，所以 QU 也是圆 EFGHK 的内接等边五边形的边。同理可得，QR、RS、ST 和 TU 都是圆 EFGHK 的内接等边五边形的边，所以五边形 QRSTU 是等边的。边 QE 是圆 EFGHK 的内接六边形的边，EP 是十边形的边，角 QEP 是直角，所以 QP 是圆的内接五边形的边。因为圆的内接五边形的边上的正方形等于同圆的内接六边形和十边形边上的正方形的和【命题 13.10】，所以，同理可得，PU 是五边形的边。QU 也是五边形的边，所以三角形 *QPU* 是等边的。同理可得，三角形 *QLR*、*RMS*、*SNT* 和 *TOU* 也都是等边的。因为已经证明 *QL* 和 *QP* 是五边形的边，*LP* 也是五边形的边，所以三角形 *QLP* 是等边的。同理可得，三角形 *LRM*、*MSN*、*NTO* 和 *OUP* 也都是等边的。

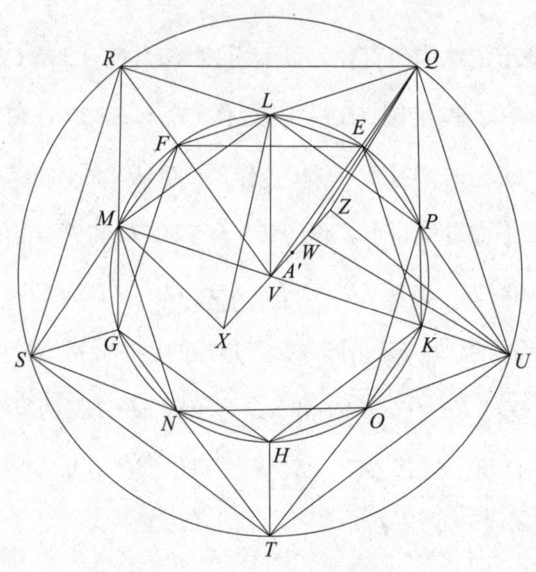

设 *V* 是圆 *EFGHK* 的圆心【命题 3.1】。过点 *V* 作 *VZ* 与圆所在的平面垂直。并延长 *VZ* 到圆的另一侧成 *VX*。从 *XZ* 上截取 *VW* 等于六边形的边，*VX* 和 *WZ* 都等于十边形的边。连接 *QZ*、*QW*、*UZ*、*EV*、*LV*、*LX* 和 *XM*。

因为 *VW* 和 *QE* 都与圆所在的平面成直角，所以 *VW* 平行于 *QE*【命题 11.6】。且它们彼此相等。所以，*EV* 和 *QW* 彼此相等且平行【命题 1.33】。又，*EV* 是六边形的边，所以 *QW* 也是六边形的边。又因为 *QW* 是六边形的边，*WZ* 是十边形的边，角 *QWZ* 是直角【定义 11.3、命题 1.29】，所以 *QZ* 是五边形的边【命题 13.10】。同理可得，*UZ* 也是五边形的边，这是因为，如果连接 *VK* 和 *WU*，那么它们是相等且相对的。又，*VK* 是六边形的边，也是圆的半径【命题 4.15 推论】，所以 *WU* 是六边形的边。*WZ* 是十边形的边，且角 *UWZ* 是直角，所以 *UZ* 是五边形的边【命题 13.10】。*QU* 也是五边形的边，所以三角形 *QUZ* 是等边的。同理可得，余下的以线段 *QR*、*RS*、*ST* 和 *TU* 为底边，点 *Z* 为顶点的三角形都是等边的。又因为 *VL* 是六边形的边，*VX* 是十边形的边，且角 *LVX* 是直角，所以 *LX* 是五边形的边【命题 13.10】。同理可得，如果连接 *MV*，*MV* 是六边形的边，那么 *MX* 是五边形的边。因为 *LM* 也是五边形的边，所以三角形 *LMX* 是等边的。类似地，可以证明余下的以线段 *MN*、*NO*、*OP* 和 *PL* 为底边，点 *X* 为顶点的三角形都是等边的。所以，由二十个等边三角形构成的二十面体作好了。

令该二十面体内接于已知球体，证明二十面体的边是称作次要线段的无理线段。

因为 *VW* 是六边形的边，*WZ* 是十边形的边，所以 *VZ* 被 *W* 分为成中外比的两段，且 *VW* 是较大段【命题 13.9】。所以，*ZV* 比 *VW* 等于 *VW* 比 *WZ*。*VW* 等于 *VE*，*WZ* 等于 *VX*，所以 *ZV* 比 *VE* 等于 *EV* 比 *VX*。又，角 *ZVE* 和 *EVX* 都是直角，所以如果连接线段 *EZ*，那么角 *XEZ* 是直角，因为三角形 *XEZ* 和 *VEZ* 是相似的【命题 6.8】。同理可得，因为 *ZV* 比 *VW* 等于 *VW* 比 *WZ*，且 *ZV* 等于 *XW*，*VW* 等于 *WQ*，所以 *XW* 比 *WQ* 等于 *QW* 比 *WZ*。同理，如果连接 *QX*，那么 *Q* 处的角是直角【命题 6.8】，所以在 *XZ* 上的半圆经过 *Q*【命题 3.31】。如果保持 *XZ* 不动，使该半圆绕 *XZ* 旋转到它开始转动的位置，那么它将经过点 *Q*，且经过二十面体上所有余下的顶点。所以，二十面体内接于该球体。可以证明它也内接于已知球体。设 VW 被 A' 平分。因为线段 VZ 被 W 分为成中外比的两段，ZW 是较小段，所以 ZW 加较大段一半，即 ZA' 上的正方形是较大段一半上的正方形的五倍【命题 13.3】。所以，ZA' 上的正方形是 $A'W$ 上的正方形的五倍。ZX 是 ZA' 的二倍，VW 是 $A'W$ 的二倍，所以 ZX 上的正方形是 WV 上的正方形的五倍。因为 AC 是 CB 的四倍，所以 AB 是 BC 的五倍。AB 比 BC 等于 AB 上的正方形比 BD 上的正方形【命题 6.8、定义 5.9】，所以 AB 上的正方形是 BD 上的正方形的五倍。已经证明 ZX 上的正方形是 VW 上的正方形的五倍。DB 等于 VW。因为它们都等于圆 $EFGHK$ 的半径，所以 AB 等于 XZ。AB 是已知球体的直径，所以 XZ 等于已知球体的直径。所以，这个二十面体内接于已知球体。

可以证明二十面体的边是称作次要线段的无理线段。因为球体的直径是有理的，且它上的正方形是圆 $EFGHK$ 半径上的正方形的五倍，所以圆 $EFGHK$ 的半径是有理的，所以它的直径也是有理的。如果一个等边五边形内接于直径是有理线段的圆，那么该五边形的边是称作次要线段的无理线段【命题 13.11】。又，五边形 $EFGHK$ 的边是二十面体的边，所以二十面体的边是称作次要线段的无理线段。

推 论

由此可以得到，球体直径上的正方形是内接二十面体所得到的圆的半径上的正方形的五倍，球体的直径是内接于同圆的六边形一边和十边形的两边的和。[①]

命题 17

与前面的命题一样，作球体的内接十二面体，并证明十二面体的边是称作余线的无理线段。

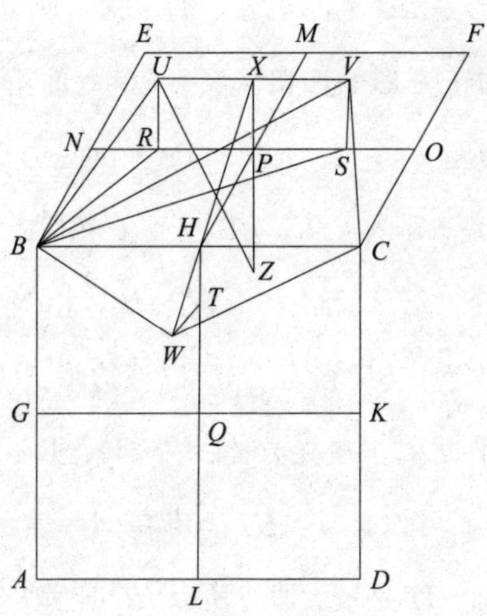

已知之前提到的立方体的两个平面 *ABCD* 和 *CBEF* 成直角，且点 *G*、*H*、*K*、*L*、*M*、*N* 和 *O* 分别平分边 *AB*、*BC*、*CD*、*DA*、*EF*、*EB* 和 *FC*。连接 *GK*、*HL*、*MH* 和 *NO*。设点 *R*、*S* 和 *T* 分别将 *NP*、*PO* 和 *HQ* 分为成中外比的两段，且它们各自的较大段分别是 *RP*、*PS* 和 *TQ*。分别过点 *R*、*S* 和 *T* 作 *RU*、*SV* 和 *TW* 与立方体的平面成直角，并使它们分别等于 *RP*、*PS* 和 *TQ*。连接 *UB*、*BW*、*WC*、*CV*、*VU*。

---

① 如果以该球体的半径作为单位，那么圆的半径是 $2/\sqrt{5}$，六边形、十边形和五边形 / 二十面体的边长分别是 $2/\sqrt{5}$、$1-1/\sqrt{5}$ 和 $(1/\sqrt{5})\sqrt{10-2\sqrt{5}}$。

先证明五边形 *UBWCV* 是一个平面上等边等角的五边形。连接 *RB*、*SB* 和 *VB*。因为线段 *NP* 被 *R* 分为成中外比的两段，*RP* 是较大段，所以 *PN* 和 *NR* 上的正方形的和是 *RP* 上的正方形的三倍【命题 13.4】。又，*PN* 等于 *NB*，*PR* 等于 *RU*，所以 *BN* 和 *NR* 上的正方形的和是 *RU* 上的正方形的三倍。*BR* 上的正方形等于 *BN* 和 *NR* 上的正方形的和【命题 1.47】。所以，*BR* 上的正方形是 *RU* 上的正方形的三倍。所以，*BR* 和 *RU* 上的正方形的和是 *RU* 上的正方形的四倍。又，*BU* 上的正方形等于 *BR* 和 *RU* 上的正方形的和【命题 1.47】。所以，*BU* 上的正方形是 *UR* 上的正方形的四倍。所以，*BU* 是 *RU* 的二倍。*VU* 也是 *UR* 的二倍，这是因为 *SR* 是 *PR* 的二倍，即 *RU* 的二倍，所以 *BU* 等于 *UV*。相似地，可以证明 *BW*、*WC*、*CV* 的每一个都等于 *BU* 和 *UV*，所以五边形 *BUVCW* 是等边的。可以证明它在同一个平面上。在立方体的外部，过 *P* 作 *PX* 平行于 *RU* 和 *SV*。连接 *XH* 和 *HW*。可以证明 *XH*、*HW* 在同一直线上。因为 *HQ* 被 *T* 分为成中外比的两段，*QT* 是较大段，所以 *HQ* 比 *QT* 等于 *QT* 比 *TH*。又，*HQ* 等于 *HP*，*QT* 等于 *TW*，又等于 *PX*。所以，*HP* 比 *PX* 等于 *WT* 比 *TH*。*HP* 平行于 *TW*。它们都与平面 *BD* 成直角【命题 11.6】，且 *TH* 平行于 *PX*。它们都与平面 *BF* 成直角【命题 11.6】。三角形 *XPH* 和 *HTW* 对应边成比例，如果使它们的角的顶点重合，使相应的边平行，那么余下的两条边在同一直线上【命题 6.32】，所以 *XH* 与 *HW* 在同一条直线上。每一条直线都在同一个平面内【命题 11.1】，所以五边形 *UBWCV* 在一个平面上。

接着证明它是等角的。

因为线段 *NP* 被 *R* 分为成中外比的两段，*PR* 是较大段，所以 *NP* 与

PR 的和比 *PN* 等于 *NP* 比 *PR*，又 *PR* 等于 *PS*，所以 *SN* 比 *NP* 等于 *NP* 比 *PS*，所以 *NS* 被 *P* 分为成中外比的两段，*NP* 是较大段【命题 13.5】。所以，*NS* 和 *SP* 上的正方形的和是 *NP* 上的正方形的三倍【命题 13.4】。*NP* 等于 *NB*，*PS* 等于 *SV*。所以，*NS* 和 *SV* 上的正方形的和是 *NB* 上的正方形的三倍。所以，*VS*、*SN* 和 *NB* 上的正方形的和是 *NB* 上的正方形的四倍。*SB* 上的正方形等于 *SN* 和 *NB* 上的正方形的和【命题 1.47】。所以，*BS* 和 *SV* 上的正方形的和，即 *BV* 上的正方形（角 *VSB* 是直角），是 *NB* 上的正方形的四倍【定义 11.3、命题 1.47】。所以，*VB* 是 *BN* 的二倍。*BC* 是 *BN* 的二倍。所以，*BV* 等于 *BC*。因为两边 *BU* 和 *UV* 分别等于两边 *BW* 和 *WC*，且底 *BV* 等于 *BC*，所以角 *BUV* 等于角 *BWC*【命题 1.8】。相似地，可以证明角 *UVC* 等于角 *BWC*，所以角 *BWC*、*BUV* 和 *UVC* 彼此相等。如果一个等边五边形中有三个角彼此相等，则该五边形是等角的【命题 13.7】，所以五边形 *BUVCW* 是等角的。已经证明它是等边的。所以，五边形 *BUVCW* 是等边且等角的，且它在立方体的一条边 *BC* 上。所以，如果在立方体的十二条边上都作相同的五边形，就可以得到由十二个等边且等角的五边形构成的立体，称作十二面体。

所以，需要证明它内接于已知球体，且十二面体的边是称作余线的无理线段。

作 *XP* 的延长线 *XZ*。所以，*PZ* 与立方体的对角线相交，且相互平分。这已经在第 11 卷倒数第二个命题中证明了【命题 11.38】。设它们相交于 *Z*，所以 *Z* 是立方体外接球体的圆心，*ZP* 是立方体边长的一半。连接 *UZ*。因为线段 *NS* 被 *P* 分为成中外比的两段，较大段是 *NP*，所以 *NS* 和 *SP* 上的正方形的和是 *NP* 上的正方形的三倍【命题 13.4】。又，

NS 等于 *XZ*，这是因为 *NP* 等于 *PZ*，*XP* 等于 *PS*。但 *PS* 也等于 *XU*，因为它等于 *RP*。所以，*ZX* 和 *XU* 上的正方形的和是 *NP* 上的正方形的三倍。*UZ* 上的正方形等于 *ZX* 和 *XU* 上的正方形的和【命题 1.47】。所以，*UZ* 上的正方形是 *NP* 上的正方形的三倍。立方体外接球体的半径上的正方形是立方体一边的一半上的正方形的三倍。前面已经说明了将立方体内接于一个球体的作法，并证明了该球体的直径上的正方形是立方体一边上的正方形的三倍【命题 13.15】。如果整体上的正方形是整体上的正方形的三倍，那么整体一半上的正方形是整体一半上的正方形的三倍。*NP* 是立方体一边的一半。所以，*UZ* 等于立方体的外接球体的半径。*Z* 是立方体外接球体的球心。所以，点 *U* 在球体的表面上。相似地，可以证明十二面体余下的角的顶点也都在球体的表面上。所以，十二面体内接于已知球体。

可以证明十二面体的边是称作余线的无理线段。

因为 *NP* 被分为成中外比的两段，*RP* 是较大段；*PO* 被分为成中外比的两段，*PS* 是较大段，所以 *NO* 被分为成中外比的两段，*RS* 是整个 *NO* 的较大段。*NP* 比 *PR* 等于 *PR* 比 *RN*，且二倍之后等式也成立。因为部分与部分的比等于它们对应的同倍量的比【命题 5.15】，所以 *NO* 比 *RS* 等于 *RS* 比 *NR* 与 *SO* 的和。*NO* 大于 *RS*，所以 *RS* 也大于 *NR* 和 *SO* 的和【命题 5.14】。所以，*NO* 被分为成中外比的两段，*RS* 是较大段。*RS* 等于 *UV*。所以，*UV* 是 *NO* 的较大段。因为球体的直径是有理的，且它上的正方形是立方体的边 *NO* 上的正方形的三倍，所以边 *NO* 是有理线段。如果一个有理线段被分为成中外比的两段，那么两段都是称作余线的无理线段。

所以，UV 是十二面体的一边，是一条称作余线的无理线段【命题 13.6】。

推 论

所以，由此可以得到，当立方体的一边被分为成中外比的两段时，十二面体的边是立方体的边的较大段。① 这就是该命题的结论。

命题 18

作前面提到的五种图形的边，并作比较。②

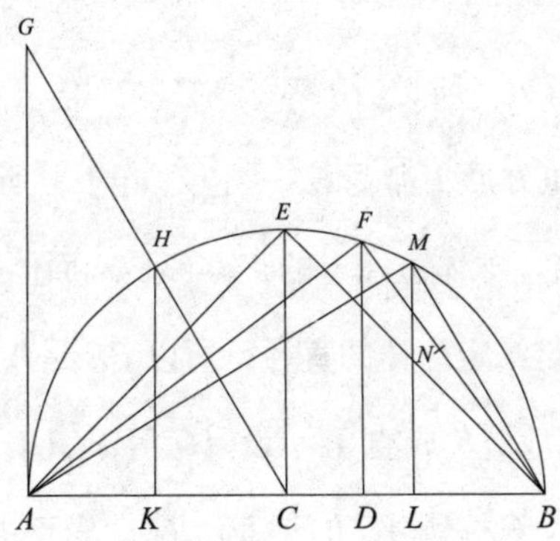

已知 AB 是给定球体的直径。设它被 C 分成 AC 等于 CB，被 D 分成 AD 是 DB 的二倍。在 AB 上作半圆 AEB。分别过 C 和 D 作 CE 和 DF 与 AB 成直角。连接 AF、FB 和 EB。因为 AD 是 DB 的二倍，所以 AB 是 BD

① 如果以外接球体的半径为单位，那么立方体的边长为 $\sqrt{4/3}$，十二面体的边长为 $(1/3)(\sqrt{15}-\sqrt{3})$。

② 如果以给定球体的半径为单位，那么棱锥（即四面体）、八面体、立方体、二十面体和十二面体的边长满足下面的不等式：$\sqrt{8/3}>\sqrt{2}>\sqrt{4/3}>(1/\sqrt{5})\sqrt{10-2\sqrt{5}}>(1/3)(\sqrt{15}-\sqrt{3})$。

的三倍。所以，代换后，*BA* 是 *AD* 的一倍半。又，*BA* 比 *AD* 等于 *BA* 上的正方形比 *AF* 上的正方形【定义 5.9】。因为三角形 *AFB* 和 *AFD* 是等角的【命题 6.8】，所以 *BA* 上的正方形是 *AF* 上的正方形的一倍半。该球体的直径上的正方形是棱锥一边上的正方形的一倍半【命题 13.13】。*AB* 是球体的直径，所以 *AF* 等于棱锥的边。

又因为 *AD* 是 *DB* 的二倍，所以 *AB* 是 *BD* 的三倍。*AB* 比 *BD* 等于 *AB* 上的正方形比 *BF* 上的正方形【命题 6.8、定义 5.9】，所以 *AB* 上的正方形是 *BF* 上的正方形的三倍。球体直径上的正方形是立方体边上的正方形的三倍【命题 13.15】，*AB* 是球体的直径，所以 *BF* 是立方体的边。

又因为 *AC* 等于 *CB*，所以 *AB* 等于 *BC* 的二倍。*AB* 比 *BC* 等于 *AB* 上的正方形比 *BE* 上的正方形【命题 6.8、定义 5.9】，所以 *AB* 上的正方形是 *BE* 上的正方形的二倍。球体直径上的正方形是八面体边上的正方形的二倍【命题 13.14】，*AB* 是给定球体的直径，所以 *BE* 是八面体的边。

过 *A* 作 *AG* 与线段 *AB* 成直角。设 *AG* 等于 *AB*。连接 *GC*。过 *H* 作 *HK* 垂直于 *AB*。因为 *GA* 是 *AC* 的二倍。*GA* 等于 *AB*，且 *GA* 比 *AC* 等于 *HK* 比 *KC*【命题 6.4】。所以，*HK* 是 *KC* 的二倍。所以，*HK* 上的正方形是 *KC* 上的正方形的四倍。所以，*HK* 和 *KC* 上的正方形的和，即 *HC* 上的正方形【命题 1.47】，是 *KC* 上的正方形的五倍。*HC* 等于 *CB*。所以，*BC* 上的正方形是 *CK* 上的正方形的五倍。因为 *AB* 是 *CB* 的二倍，*AD* 是 *DB* 的二倍，所以余下的 *BD* 是 *DC* 的二倍。所以，*BC* 是 *CD* 的三倍。所以，*BC* 上的正方形是 *CD* 上的正方形的九倍。*BC* 上的正方形是 *CK* 上的正方形的五倍。所以，*CK* 上的正方形大于 *CD*

上的正方形。所以，CK 大于 CD。设 CL 等于 CK。过 L 作 LM 与 AB 成直角。连接 MB。因为 BC 上的正方形是 CK 上的正方形的五倍，AB 是 BC 的二倍，KL 是 CK 的二倍，所以 AB 上的正方形是 KL 上的正方形的五倍。球体直径上的正方形是二十面体所作的圆的半径上的正方形的五倍【命题 13.16 推论】。AB 是球体的直径。所以，KL 是二十面体所作的圆的半径。所以，KL 是之前提到的圆的内接六边形的边【命题 4.15 推论】。又因为球体的直径是之前提到的圆的内接六边形一边和十边形的两边的和，AB 是球体的直径，KL 是六边形的边，AK 等于 LB，所以 AK 和 LB 都是二十面体所作的圆的内接十边形的边。LB 是十边形的边。ML 是六边形的边，它等于 KL，也等于 HK，因为它们与圆心的距离相等。HK 和 KL 都是 KC 的二倍。所以，MB 是圆内接五边形的边【命题 13.10、1.47】。五边形的一边是二十面体的一边【命题 13.16】，所以，MB 是二十面体的边。

因为 FB 是立方体的一边，N 将它分为成中外比的两段，NB 是较大段，所以 NB 是十二面体的边【命题 13.17 推论】。

因为已经证明球体的直径上的正方形是棱锥一边 AF 上的正方形的一倍半，是八面体一边 BE 上的正方形的二倍，是立方体一边 FB 上的正方形的三倍，所以球体直径上的正方形有六部分，棱锥边上的正方形有四部分，八面体边上的正方形有三部分，立方体边上的正方形有两部分。所以，棱锥一边上的正方形是八面体一边上的正方形的一又三分之一倍，是立方体边上的正方形的二倍。且八面体一边上的正方形是立方体一边上的正方形的一倍半，所以前面提到的三个图形，即棱锥、八面体和立方体的边的比是有理的。余下的两个图形，即二十面体和十二面体的边的比不是有理的，与前面的三个图形的边的比也不是有理的。因为它们是无理线段：一条是次要线段【命题 13.16】，另一条是余线【命题 13.17】。

可以证明二十面体的边 *MB* 大于十二面体的边 *NB*。

因为三角形 *FDB* 与 *FAB* 是等角的【命题 6.8】，由成比例可得，*DB* 比 *BF* 等于 *BF* 比 *BA*【命题 6.4】。因为三条线段成连比例，第一条比第三条等于第一条上的正方形比第二条上的正方形【定义 5.9、命题 6.20 推论】，所以 *DB* 比 *BA* 等于 *DB* 上的正方形比 *BF* 上的正方形。所以，由其反比例可得，*AB* 比 *BD* 等于 *FB* 上的正方形比 *BD* 上的正方形。*AB* 是 *BD* 的三倍，所以 *FB* 上的正方形是 *BD* 上的正方形的三倍。*AD* 上的正方形是 *DB* 上的正方形的四倍。因为 *AD* 是 *DB* 的二倍，所以 *AD* 上的正方形大于 *FB* 上的正方形。所以，*AD* 大于 *FB*。所以，*AL* 更大于 *FB*。*AL* 被分为成中外比的两段，*KL* 是较大段，因为 *LK* 是六边形的边，*KA* 是十边形的边【命题 13.9】。*FB* 被分为成中外比的两段，*NB* 是较大段，所以 *KL* 大于 *NB*。*KL* 等于 *LM*，所以 *LM* 大于 *NB*，*MB* 大于 *LM*。所以，二十面体的边 *MB* 大于十二面体的边 *NB*。这就是该命题的结论。

可以证明，除上面提到的五种图形，没有其他的由等边且等角且彼此相等的面构成的图形。

因为一个立体角不能由两个三角形或者两个平面构成【定义 11.11】。棱锥的角由三个三角形构成，八面体的角由四个三角形构成，二十面体的角由五个三角形构成。一个立体角不能由六个等边且等角并有同一个顶点的三角形构成。因为等边三角形的一个角是一个直角的三分之二，六个角加起来等于四个直角。这是不可能的。因为立体角是由其和小于四个直角的角构成的【命题11.21】。同理，六个以上的平面角不能构成一个立体角。立方体的角由三个正方形构成，但由四个正方形构成的立体角是不存在的，因为它们的和是四个直角。十二面体的角由三个等边且等角的五边形构成。但四个等边五边形不能构成立体角。因为等边五边形的角是直角的一又五分之一，所以四个这样的角大于四个直角。这是不可能的。同理可得，其他等边多边形也不能构成立体角。

综上，除上面提到的五种图形，没有其他的由等边且等角且彼此相等的面构成的图形。这就是该命题的结论。

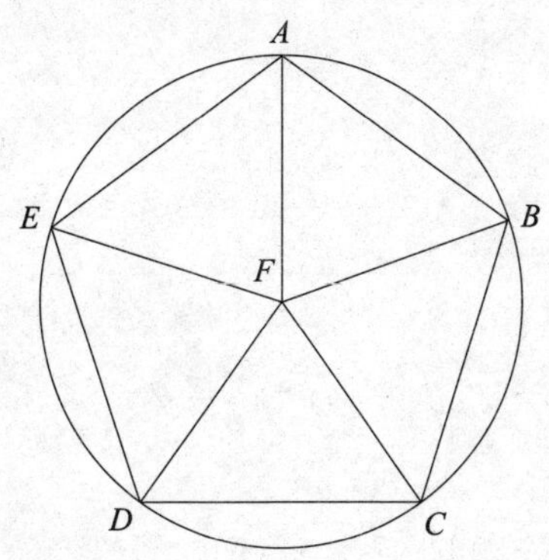

引 理

证明等边且等角的五边形的角是一个直角的一又五分之一。

设 $ABCDE$ 是等边且等角的五边形，圆 $ABCDE$ 是它的外接圆【命题4.14】，圆心是 F【命题3.1】。连接 FA、FB、FC、FD 和 FE，所以它们分别平分 A、B、C、D 和 E 处的角【命题1.4】。因为 F 处的五个角的和等于四个直角，且它们彼此相等，所以任意一个角，如角 AFB，是一个直角的五分之四。所以，在三角形 ABF 中，余下的角 FAB 与 ABF

的和是直角的一又五分之一【命题 1.32】。角 *FAB* 等于角 *FBC*。所以，五边形的一个整体角 *ABC* 是一个直角的一又五分之一。这就是该命题的结论。